行銷學

原理與觀點

第五版

MARKETING

Principles and Perspectives
Fifth Edition

William O. Bearden

Thomas N. Ingram

Raymond W. LaForge 著

郭常銘　翻譯

 Education

US　　Boston　Burr Ridge, IL　Dubuque, IA　Madison, WI　New York
San Francisco　St. Louis

International　　Bangkok　Bogotá　Caracas　Kuala Lumpur　Lisbon　London
Madrid　Mexico City　Milan　Montreal　New Delhi　Santiago
Seoul　Singapore　Sydney　Taipei　Toronto

國家圖書館出版品預行編目資料

行銷學：原理與觀點 / William O. Bearden,
Thomas N. Ingram, Raymond W. LaForge 著 ；
郭常銘譯.
--二版. -- 臺北市 ：麥格羅希爾, 2008. 5
　　　面 ；　　公分. -- (行銷叢書)
含索引

譯自 ：Marketing: Principles and Perspectives, 5th ed.
ISBN 978-986-157-433-2(平裝)

1. 行銷學

496   96014241

行銷叢書 R024

行銷學：原理與觀點　第五版

作　　　者　William O. Bearden, Thomas N. Ingram, Raymond W. LaForge
譯　　　者　郭常銘
業 務 行 銷　林妙秋 曾時杏 黃永傑 李本鈞
出 版 經 理　張景怡
企 劃 編 輯　朱紋寬
教科書編輯　許絜嵐

出　版　者　美商麥格羅‧希爾國際股份有限公司 台灣分公司
地　　　址　台北市 100 中正區博愛路 53 號 7 樓
網　　　址　http://www.mcgraw-hill.com.tw
讀 者 服 務　E-mail: tw_edu_service@mcgraw-hill.com
　　　　　　TEL: (02) 2311-3000　　FAX: (02) 2388-8822
法 律 顧 問　普華商務法律事務所蔡朝安律師
總經銷(台灣)　全華圖書股份有限公司
　　　　　　台北縣土城市忠義路 21 號
　　　　　　TEL: (02) 2262-5666　　FAX: (02) 2262-8333
　　　　　　http://www.chwa.com.tw
　　　　　　E-mail: book@ms1.chwa.com.tw
　　　　　　郵政帳號: 0100836-1
出 版 日 期　2008 年 5 月（二版一刷）
定　　　價　新台幣 720 元

ISBN：978-986-157-433-2

尊重智慧財產權！

本著作受銷售地著作權法令暨國際著作權公約之保護，如有非法重製行為，將依法追究一切相關法律責任。

譯者序

　　當前商業環境已走向地球村的境界，若到 7-11 便利商店、家樂福量販店或各著名的高級百貨公司，就會發現我們的購物環境其實都與其他已開發國家一樣。除了可以方便地買到各種日常用品外，也可以買到世界各國名牌的產品。

　　再看我們的經營環境變遷迅速，一些原先只有在本業裡經營的商品或服務，紛紛被其他異業跨越，例如便利商店販售便當或經營宅急便的業務，即是跨越餐飲業及運輸業的範圍。科技的進步，也迫使產品的生命週期縮短，試看手機的更新速度令人咋舌。這種種的一切，讓行銷學成為一門顯學，也讓有志從商的學子與行銷從業者不得不重視行銷理論的學習，以及行銷策略的應用。

　　本人教授行銷課程多年，關於行銷學方面之教材應用，不論是中文或原文之教科書不下十餘本，但認為 Bearden 等所著作之 *Marketing: Principles and Perspective* 第五版的內容可讀性甚高，它深入淺出地清楚說明理論與實務，是一本值得推薦的行銷學教科書。

　　美商麥格羅‧希爾公司台灣分公司有鑒於本書內容豐富，為使其更能為國人接受，特囑咐本人翻成中文。本書第四版譯本雖仍由本人翻譯，但第五版原文內容變動甚多，資料也更新不少，相信第五版中譯本將可多少滿足日新月異的國內商業環境之需要。本人才疏學淺，膽敢接下翻譯工作，錯誤地方一定不少，尚祈各界顯達先進不吝斧正！又翻譯期間承蒙麥格羅‧希爾公司的林妙秋及許潔嵐小姐協助，在此一併致謝。

郭常銘

2007 年 7 月於
樹德科技大學

作者簡介

William O. Bearden
南卡羅萊納大學（南卡羅萊納大學博士）

　　Bearden 是南卡羅萊納大學企業管理系教授，他的教學和研究興趣專注於消費者行為及行銷研究。此外，他也講授行銷原理和行銷管理課程，並在教學方面獲得許多獎項，包括傑出 MBA 教師獎等。

　　Bearden 目前是《消費者研究》、《消費者心理學》、《行銷》、《零售》、及《行銷教育回顧》等多種期刊的編輯委員。經驗包括曾任南方行銷協會及美國行銷協會教育部門的會長，也是美國行銷協會董事會董事。

Thomas N. Ingram
科羅拉多州立大學（喬治亞州立大學博士）

　　Ingram 是科羅拉多州立大學企業管理系教授，他講授的課程有：行銷學原理、行銷管理和銷售管理等課程。他未任教職之前，曾於艾克森美孚（ExxonMobil）公司擔任銷售管理與產品管理的工作。

　　他獲得多項教學與研究方面的獎項，包括國際銷售及行銷管理的年度行銷教師獎等。他也擔任《個人銷售與管理》、《行銷理論與實務》等期刊的編輯，並擔任國際銷售及行銷管理協會的董事。

　　他出版多種包括《行銷》、《行銷研究》、《行銷科學》、《個人銷售管理》等專業期刊，也是《銷售管理：分析與決策》（*Sales Management: Analysis and Decision Making*, 4th ed），以及《專業銷售：信任基礎的方法》（*Professional Selling: A Trust-Based Approach*, 3rd ed）的共同作者。

Raymond W. (Buddy) LaForge
路易斯維爾大學（田納西大學工商管理博士）

　　LaForge 是路易斯維爾大學行銷學系 Brown-Forman 教授，他創辦《行銷教育回顧》期刊，並擔任編輯 8 年，最近升任執行編輯。他同時也與其他人共同撰寫多本著作。其研究發表於多種期刊，如《行銷》、《行銷研究》、《行銷科學》、《個人銷售管理》等。他也擔任直銷教育協會的董事及執行委員、杜邦公司行銷團隊，及美國行銷協會研究部門副總裁等。目前他正在路易斯維爾大學研擬一項銷售方案。

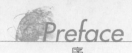
序

　　行銷世界正快速地轉變，全球經濟狀況、政治情勢與競爭現象也不斷地變遷。昨天的行銷方式也許明天就不適用了，而要想行銷成功，必須有不同的嘗試。學生們將面對與課堂上所學到不同的行銷環境，若只學習以往的經驗，則將無法為準備明天的需要。因此，在本書中，我們仍將提出重要而相關的主題，同時也強調在行銷實務上的新思維及方法。學生得為未來詭譎多變的行銷世界之經營能力做準備，以便在困難及不確定的環境下，發展出像行銷從業者一樣的思考能力及行為。這種能力必須評估複雜及變動中的行銷情勢，得以在這些情勢下做出最佳的行銷策略，並且有效地加以執行。

　　本書所提出的每一個觀念，以及伴隨的教學資源之詳細論述，將可幫助學生們得到所需的知識和技巧，而成為成功的行銷從業者。本書的設計在於方便學生從個別的研讀中學習，而教學資源也為提供給教師們課外的有用工具。書中教學內容及教學資源是一個完整的組合，足以替學生替未來的行銷做好準備。

　　這些年來，有不少學生們對本書提出許多正面性的意見，他們認為本書內容深入淺出，很容易被接受。尤其是由具有實務經驗的行銷從業者所提供的案例與內容，可以讓學生在課堂上進行言之有物的討論。因為本書是為學生而編寫的，所以非常感謝這些讚許的評語，我們很高興能夠在行銷的教育上略盡綿薄之力。

主要特色和更新

　　我們在第五版的《行銷學：原理與觀點》中，仍將保留原先的特色，除對每一章增添新資料外，亦增補一些章首個案，並保留了原已編排完善的各基本圖表內容和章節。茲將這一版本的一些重大更改列示如下：

- 第 1 章裡列示了美國行銷協會對行銷最新的定義，除與原先的定義互做比較外，並將其引用於本書的各章節裡。其中，「創造顧客價值」專欄和相關觀念將在本書中予以整合，用以配合新的行銷定義。
- 第 1 章也同時列入了美國行銷協會新頒布的倫理規範，而「倫理行動」專欄也在本書各章穿插出現，俾使行銷從業者對倫理與社會責任加以重視。
- 對於行銷理念、行銷概念、行銷導向、顧客關係管理（CRM）和顧客權益，提出更完整的架構加以探討。
- 對於有關全球化行銷環境的內容，全部以最新的數據與趨勢加以更新。

- 提出更多有關多元文化行銷的探討與例子。
- 增添區隔化策略中有關消費模式的變動，以及消費者偏好應用等內容探討。
- 更深入探討行銷研究的方法，諸如田野實驗與研究、線上研究、觀察研究和跨文化的研究。
- 增列有關新的行銷邏輯觀念，並加強服務導向而與顧客共創價值的探討。
- 重新修正有關創立品牌過程，並詳細說明與舉例過程中的各步驟。
- 特別強調業務員建立顧客價值和關係的重要規則。
- 增列一些在行銷傳播裡新出現的方法，包括部落格、互動式手機通訊、線上影像廣告、消費者競賽等內容。
- 增列有關全美電話勿擾名冊內容，以及新公布的電話行銷規則所帶來的衝擊。
- 新增價格捆綁效應和兩層次價格與品牌的需求，以及在中國和印度的市場實施。
- 增列 2003 年反垃圾郵件法案（CAN-SPAN Act）條款。
- 新增社會責任的利用部分，如行銷策略、勸說原則和消費者行為、資料探勘和個人層次資料分析、新產品訂價、價格變動彈性，以及產品生命週期。
- 在「倫理行動」專欄裡，增添新例子包括緬因湯姆（Tom's of Maine）、聯邦商業委員會、CompUSA 和其供應商、百視達、隱私權問題、減量包裝或加價、肯夢（Aveda）公司的社會責任。
- 在「創造顧客價值」專欄裡，增添新例子包括戴爾電腦、SAP、韋氏（Wegman's VF）公司、Big Idea、蘋果蜂、泰森食品、聯邦快遞、Buzzmetrics、ING Direct、上選，以及便利商店。
- 在「運用科技」專欄裡，增添新例子包括 TexYard、IBM、Springboard Networks、無線頻率辨識（RFID）、網路電視、電子海灣公司為小企業服務、Ralph Lauren、耐吉、M&M、Kidrobot、InnerSell.com、Jigsaw Data、www.shopzilla.com。
- 在「企業家精神」專欄裡，增添新例子包括 Hawthorone Direct、戈爾（W.L. Gore & Associates）和 Hindustan Unilever 等公司。
- 在章首案例，增添新例子包括 IMS 健康中心、埃克希姆（Acxiom）、沃爾瑪、辦公用品倉儲、Timbuk2、上選、聯邦快遞、麥當勞、司凱捷（Skechers USA）等公司。
- 在「經驗分享」專欄裡，增添了包括米其林（Michelin）公司傳播處經理、漢斯（Hanes）行銷研究公司執行長、IBM 公司的主管、某家防竊公司策略規劃經理等談話資料。
- 增添新的章末個案，包括紅牛（Red Bull）、愛迪達、悍馬、Google、PaperPro、卡夫（Kraft）等公司。

學生學習重點

行銷學教育日益受到重視。原因之一是大多數的大專院校比以前更重視行銷學，而對其教學

看法也與以往不同。如果學生不認真學習，老師們的教學就顯得不重要了。所以學生的學習方法也應有所不同，學生的學習應不只是針對課文內容的記憶，也應了解行銷概念和適當運用它們的能力，而這樣的學習方式需要學生主動的參與。

在本版裡的整個撰寫架構，是以學生的學習為導向，課文和教學資源則依此目的而設計。本書在編寫時均力求生動有趣，俾讓學生能在閱讀和學習中引起注意和興趣。主要的概念是以清晰和深入淺出的方式提出，並方便學生的理解。本書編輯的原則是，只編入學生應該知道的內容，而不將我們所知道的每一主題納入。而我們也藉著概念的討論，然後以有趣的例子、生動的版面，再搭配上學習工具以方便學習的進行。本書教學特點在強調以學生為學習重心的學習法：

章首個案

每一章均以知名公司或組織的探討為始，這些公司包括電子海灣（eBay）、輝瑞（Pfizer）、迪士尼、英國航空和戴爾電腦公司等。本書列舉的公司，均可透過網路連接到相關公司的網站。

關鍵思維

每章都會有關鍵性思考問題，強調有效決策的重要性。每個問題都與每章中提出的概念有關，以鼓勵學生對複雜問題認真地思考，並可從其得到實際和理論之間的決策範例。

經驗分享

本版也包括來自各企業專家的行銷評論。我們在每一章裡會列舉一位這類人士，並在該章討論其對主要問題的意見；而透過這些經驗分享，進而增加課本內容的生動性和理解的深度。本書所謂行銷從業者，是代表各行各業大小不同的公司行號之從業人員，例如，美國銀行、ConsumerMetrics、The Pampered Chef、Brown-Forman、惠普和杜邦等公司。有趣的是，這些行銷從業者在其公司的職位則涵蓋了資深人員和年輕專業人士。因此，學生應該好好地辨識和了解在行銷上各種可茲利用的機會，以及行銷的重要性，並期許自己在企業的不同部門裡成為專家。

網際網路在行銷上的應用

在每一章章末會提出網際網路的練習題。這些練習題可以讓學生思考如何將網際網路運用在行銷的概念或決策上。另外，你也能上我們的網頁 http://www.mhhe.com/bearden07，以得到更多行銷的例子和最新的訊息。

其他的學習特點

在第五版裡的全部章節均已重新編排過，我們期許這樣的教學特色有助於學生對教材的學習，包括各章節裡的原理和概念。

學習目標

每一章從學習指南開始，可幫助學生在研讀和學習該章的過程中，將注意力集中在主要的概念上。而在每章章末，對這些學習目標也會列出摘要。

插入專欄

每章都會插入專欄，用來討論當前四個重要的主題：創造顧客價值、企業家精神、運用科技和倫理行動。

圖表和照片

每章的插圖是為了要幫助學生的學習。這些圖表、照片和廣告得以增強章節的討論性和延伸性。

理解行銷名詞和概念

首次出現重要的名詞和概念時，會使用中英對照，並加以定義。名詞索引也會列在本書的最後面。

習題

在每章結束時會列舉回顧和討論的問題。這些問題目的是在增進本教科書相關決策的應用，包括在本章最重要的關鍵思維和回憶該章最重要之內容。

行銷技巧的應用

每章將包括三個應用題，這些練習題即可做為家庭作業也可當作在班上討論的題目。而這些練習題可以讓學生將其在課堂上所學或所讀的，以各種不同且有趣方式應用之。

行銷決策

每章章末均有著名的代表公司和當前局勢的兩個個案。每兩個個案中，至少有一個是以全球化為導向，而所提出的問題皆為了鼓勵學生對每家公司現行活動做出決定。在消費者和企業對企業的個案組合裡，皆與跨國公司和小型企業情況有關，而此個案也反映了服務業和零售業的情勢，並反映出當今工商界的差異性。

編排方式

第五版行銷原理和觀點將分成五篇。第 1 篇「變動環境中的行銷」，定義並檢視行銷的範圍。

第 1 章「當代行銷概論」，提出行銷概述和引申各種不同的行銷理論，並闡述行銷概念和滿足顧客需求、發展與顧客長期獲利關係的重要性，也順便探討顧客權益的建立。第 1 章也敘述了七個主要行銷觀點：全球化、人際關係、倫理、生產力、顧客價值、科技和企業家精神，除了在課文中予以整合外，並指出為何在行銷實務中須加以考慮的原因。第 2 章「全球行銷環境」，強調影響行銷從業者決策的全球化市場和外部環境（例如，社會、經濟、政治和競爭）。第 3 章「行銷策略在組織中的角色」，內容敘述在組織裡的不同層次之行銷角色和有效行銷策略的重要性。

第 2 篇「購買行為」，包含兩章。首先敘述的有關消費者購買行為和決策的概念，與其影響因素；其次介紹企業對企業市場和組織的購買行為。第 3 篇「行銷研究和市場區隔」，也有兩章。在第 6 章「行銷研究與決策支援系統」，提出行銷研究過程和資訊系統的概述。第 7 章「市場區隔化與目標化」，包括區隔化、目標化、市場定位和產品差異化的概念。

其他的四篇包括行銷組合要素：產品、價格、配銷和促銷或整合行銷傳播。在第 4 篇「產品及服務的概念和策略」有三章，提出基本的產品和服務概念（第 8 章），新產品開發（第 9 章），以及產品和服務策略（第 10 章），此篇皆在強調行銷服務。

第 5 篇「訂價概念與策略」，涵蓋了基本的訂價概念和顧客對價格的評估（第 11 章），以及價格決定與訂價策略的管理（第 12 章）。

行銷組合的配銷方式則放在第 6 篇「行銷通路及物流」。第 13 章「行銷通路」，討論不同類型的直接和間接通路。零售業單獨放在一章（第 14 章）討論，包括新穎的零售科技和方法。批發業和物流管理的配銷組合則以一章來論述（第 15 章）。

第 7 篇為「行銷整合」，共有五章。首先，在第 16 章概述提升和結合傳播的過程，敘述傳播過程和行銷傳播規劃，對於配合促銷的主要組件，在剩餘的四章中討論。最新的廣告和公共關係在第 17 章提出。消費者和中間商促銷的目標和方法則在第 18 章論述。人員銷售和銷售管理，特別強調關係行銷，是第 19 章的重點。關於直效行銷則以單獨的一章納入第 7 篇，比較特別的是，最新直效行銷包含在第 20 章，它和行銷傳播的相互作用是一樣的。

本書另有附錄章節，附錄 A 討論如何擬定一個延伸的行銷計畫，附錄 B 則敘述許多經常用來做為決策的數學和金融工具。因篇幅所限，本書的附錄、註解與資料來源置於本公司中文教科書資源網（http://www.mcgraw-hill.com.tw/Date/9789861574332.zip），供有需要的讀者隨時下載查閱。

Bill Bearden

Tom Ingram

Buddy LaForge

目次

第 2 篇
購買行為

第 4 章
消費者購買行為及決策 86

第 5 章
企業對企業市場與採購行為 122

第 12 章
價格決定與訂價策略 326

Part One

變動環境中的行銷

Marketing in a Dynamic Environment

當代行銷概論

An Overview of Contemporary Marketing

1

學習目標

研讀本章後,你應該能夠

1 探討行銷的意義及其對組織與個人的重要性。

2 區別行銷是一種組織理念與一種社會過程。

3 了解行銷策略的構成因素,以及行銷產品和服務所涉及的不同活動。

4 認識各種行銷機構,以及這些機構各種不同的行銷職位。

5 了解當代行銷架構的基本因素與關係。

亞馬遜

首先，該公司在 www.amazon.com 網站上提供了如音樂 CD、錄影帶、電子商品、廚房與房屋修繕用品、拍賣服務及結婚禮品等，各種不同的產品與服務。

其次，經由國際性網站增加對英國、德國、日本、法國、加拿大與中國的銷售。

第三，有超過 925,000 個商家透過亞馬遜網站銷售，這些商家從大零售商如諾得史脫姆（Nordstrom）與標的（Target）百貨公司，到小的零售商如 Silver 與 eBags。該公司約有 25% 的銷售量以及 5% 的營業收入，是由這些獨立的商家提供。

第四，亞馬遜網站持續尋找新商機，以增強其力量。例如該公司最近購併 BookSurge，就是希望在未來進入專屬的印刷業務。有鑒於網際網路的廣告正方興未艾，該公司也思考在這方面能有立錐之地。

顧客的滿足與忠誠度的提升，則是亞馬遜網站成功的主因。亞馬遜網站藉著提供顧客更多產品的選擇，以及體貼而滿意的購物經驗，除了開發新客源外，並延伸與既有顧客的關係。

亞馬遜網站（Amazon.com）的創業故事名聞遐邇。1995 年，貝佐斯（Jeff Bezos）創辦了該網站，做為書籍的零售商，網路購書成為更簡便的購物經驗。該網站並不像一般零售店有書籍的庫存，卻能讓顧客在網站上盡情地挑選各式各樣的書籍，且可在網站上不分晝夜地選購與下單。該網站也增加了各種服務，使購物成為輕鬆有趣又有價值的體驗，從此之後，該網站的成長可以說是一日千里。

1997 年，亞馬遜網站的業績約為 1.5 億美元，至今已超過 70 多億美元。該網站在 2001 年第四季的獲利為 580 萬美元，去年則達到 5.88 億美元。該公司提出許多行銷措施，以確保業績的成長及其獲利能力。

Part One
變動環境中的行銷

亞馬遜網站的故事說明了成功行銷的基本原則：能挖掘市場機會，且比競爭對手做出更快速的反應，並將其發展為更佳的行銷策略加以推行。貝佐斯領悟到網路將帶給顧客嶄新而快樂的購物經驗之可能性，而之所以從書籍零售開始，是因網站能夠提供比傳統書店更好的書籍選擇、客製化的服務與更低的售價。最後，也最重要的是，亞馬遜網站始終聚焦於顧客身上，所以該公司的主要優勢是擁有龐大、且持續成長的忠誠客戶群。

面對波詭雲譎的企業環境，行銷從業者必須要一再地修正策略，以達到成長的目標，而亞馬遜網站則藉著增加新產品和新服務項目來達成。目前該公司正面臨網路競爭者及傳統零售業等對手的威脅，所以更須不斷地尋找改善營運的方法，以提供顧客更具價值的服務，並與顧客建立長期的關係。

亞馬遜網站積極地投入行銷工作，以美國行銷協會（AMA）對**行銷**（marketing）的定義最為世人所接受，該定義提出至今也將近有 20 年了：「行銷是一種規劃的過程，並落實構想、訂價、促銷、理想的配銷組合，以完成產品和服務的交易，來滿足個人及組織的目標。」[1] 雖然這個定義涵蓋行銷的重要意義，但並未指出當前行銷的重點，因此美國行銷協會最近又對行銷做了下述的定義：

> **行銷**是一種組織功能，以及一連串為創造、傳播與傳遞價值給顧客，並經營顧客關係的過程，其目的在使組織及其利害關係人獲益。[2]

這個新定義從原先強調短期交易，改為創造價值與經營顧客的長期關係。亞馬遜的行銷的確符合這個新定義。亞馬遜網站不斷地藉著增加新產品和新服務項目，以及經營顧客的關係，並對顧客的購物體驗力求改進與個人化。在詳述各項內容之前，我們先檢視一下行銷的重要性，以及各種不同的行銷觀點。

行銷
在構想、訂價、促銷及配銷作規劃及執行過程，對商品及服務去創造交易，以滿足個人與組織之目標。

1-1 行銷的重要性

行銷通常與大型商業組織聯想在一起。大部分的人都熟悉一些消費性產品公司的行銷活動，如：寶僑（Procter & Gamble）、新力（Sony）、耐吉（Nike）、麥當勞（McDonald's）、通用汽車（General Motors）和施樂百（Sears）。而對以下公司的行銷活動，如：全錄（Xerox）、孟山都（Monsanto）、卡特彼勒（Caterpillar）、波音（Boeing）及杜邦（DuPont）等，多少也略知一二。

對許多非營利組織而言，行銷也很重要。例如，美國人道協會即以廣告宣傳動物保護的觀念。

　　行銷也在許多不同類型的組織中扮演重要的角色，擁有行銷技巧與知識的行銷從業者，在許多情況下是身價非凡的。試看下例就可得知端倪：

- 維多利亞‧海樂（Victoria Hale）是一位慈善的企業家，她創立大同世界健康（OneWorld Health）公司，是專對發展中國家銷售藥品的非營利性組織。她嘗試找出一些藥效不錯，但因利潤有限而被其他製藥公司放棄的藥品。經過 5 年時間，她的第一批藥品已在測試階段。若能成功的話，在貧窮國家因遭受白蛉咬螫而染黑熱病的 150 萬人民，將有能力購買這些藥品。該公司開發了三款藥效不錯的藥品，其中一款瘧疾藥每劑的單價低於 1 美元。該公司接受比爾與美琳達‧蓋茲基金會（Bill and Melinda Gates Foundation）的捐款，希望能夠加速克服發展中國家的疾病。[3]

- 農人與農場主人都在不穩定而充滿風險的環境下過活。為能掌控風險且有更豐厚的利潤，許多人參加了不同的行銷俱樂部。雖然俱樂部不同，但大多有發言人，不時地提出各種行銷策略給農人。這些俱樂部的做法各異，例如，有一項研究發現耕種小麥的農人參加了行銷俱樂部的集會，在應用新的行銷觀念後，他們所收穫的小麥每單位可多賣 0.12 美元。[4]

- 位於華盛頓的 Arena Stage 劇院，是美國第一家非營利劇院。該劇院自 1950 年創立之後業務即蒸蒸日上，但在 1990 年代晚期，其售票業績與捐款卻漸呈疲態，致使該劇院陷入財務危機。董事會因而研擬一套長程的行銷方案，藉以重整旗鼓，期盼觀眾與捐款再度恢復榮景。它在行銷研究方面列出了有價值的資訊，以引導出不同的行銷活動，包括：新商標、直效信函、新網站、定期對持有季票者發簡訊、重新設計宣傳小冊子、印製廣告單。此行銷方案終於使售票業績及捐款撥雲見日。[5]

- 許多產業裡的合併趨勢使廠商家數變少，但規模卻變大了，金融界的合併更是如此。有意思的是，小社區銀行利用行銷有效地與全國性的銀行相抗衡，而這些小銀行的目標市場，正是被大型銀行所忽視的對象，如小企業、少數族群、鄉村地區。它們對這些客戶提供優越的顧客服務，例如：延長營業時間、個別的關懷、免費投資諮詢、免費咖啡、嬰兒看顧服務等。這些行銷策略的效果不錯，這些年來使得這些小銀行的利潤增加了。[6]

- 在行銷領域裡，有許多令人羨慕的工作機會和生涯路徑，本章稍後將繼續討論並延續於全書各章裡。在同一個公司裡的升遷機會是平等的，但

如果具備行銷背景再加上努力，則將更出色。例如，許多公司會從行銷行伍中挑選執行長（CEO），因爲這些人具有以顧客爲中心的強烈想法及良好的溝通技巧。伊梅特（Jeffrey Immelt）在接替威爾許（Jack Welch）的位置之前，曾在奇異電氣（GE）擔任行銷職務達 20 年之久。[7] 在行銷上的其他機會也能開創新事業，例如，夏畢洛（Ellen Shapiro）原先在華德·迪士尼（Walt Disney）推銷以少女爲對象的影視遊戲光碟，後來轉換跑道創辦了 Trixie 玩具公司；古尼（George Gunn Jr.）以在廣告界 30 年的經歷，成爲一家非營利機構公司的執行長。[8]

以上的例子均說明了行銷在不同組織（慈善企業家、農人、非營利機構、小型企業），及個人（在組織裡或選擇不同職業時的機會將比別人優先）的價值。時至今日，已有更多的組織及個人知道，若想成功，行銷是不可或缺的。

1-2 行銷觀點

雖然本書大多強調本章開頭所敘述的行銷定義，但行銷也可視爲一種組織理念和社會過程。

■ 行銷是一種組織理念

每個組織通常都存在著一些理念，藉以引導組織成員的努力方向。這個理念有時可以像對任務一樣加以敘述；或透過最高管理階層的傳播與行動，而用非正式的方式建立。組織理念能夠指出組織中各種活動的價值觀，以下有三種不同的理念值得注意。

生產理念（production philosophy）存在於強調生產功能的組織裡。這種理念活動的重點在於強調改善生產效率，或生產精密產品及服務。以生產爲導向的組織，認爲只要產品精良，就可以被市場接受，行銷只是扮演次要的角色而已。一般高科技公司即常抱持這種理念。

銷售理念（selling philosophy）認爲銷售的功能價值高於一切，並相信只要在銷售上做了足夠的努力，任何東西都可以賣出去，而行銷工作就是出售組織所生產的任何東西。雖然銷售是行銷的一部分，但以銷售理念爲導向的組織，只是在強調銷售的努力，卻因而忽略了其他重要的行銷活動。

行銷理念（marketing philosophy）認爲組織要聚焦於滿足顧客的需要，此種聚焦不僅應用在行銷功能上，也適用於生產、人事、會計、財務及其他

生產理念
認爲組織要強調生產的功能，要重視生產效率的改善，或生產精密產品及服務。

銷售理念
認爲組織要強調在銷售的功能，而非其他的行銷工作。

行銷理念
認爲組織要強調滿足顧客需要，專注在行銷概念上。

的功能上。在這種理念裡，生產與銷售依然是重要的，但組織則更要強調以滿足顧客需求為導向。應用材料公司（Applied Materials）每天都在強調行銷理念的重要性，該公司員工的薪資支票上也都印著「你的薪水是由應用材料公司的顧客來支付」的字樣。[9] 從 1950 年代開始，許多公司利用行銷理念去執行其行銷概念。[10] 近年來，許多公司對行銷概念是聚焦於擬定市場導向、推展顧客關係管理（CRM），以及建立顧客權益等上面。

推動行銷概念

以行銷做為組織理念，是以**行銷概念**（marketing concept）為基礎。此概念包含了三個相關的原則：

1. 組織的基本目的在於滿足顧客需要。
2. 要滿足顧客需要，就得靠整個組織的整合與努力。
3. 組織應聚焦於長期的成功。

行銷概念
三個有相互關係的原則：(1) 組織之基本目的在滿足顧客需要；(2) 要滿足顧客的需要，得靠整個組織的同心協力；(3) 組織應聚焦於長期的成功。

許多公司在行銷概念的推動上，是將組織的努力聚焦於滿足顧客的需求，以及強調長期性的成功，一般是指獲利性而言。然而，許多事實證明在今日企業環境競爭劇烈的年代裡，僅滿足顧客需求是不夠的。

過去對公司滿意的顧客常會離去，轉而向競爭對手購買。例如，全錄公司每年都會對其 48 萬名的客戶，進行從 1 分（低）到 5 分（高）尺度的滿意度調查；而從調查的資料分析上顯示，回答 5 分的顧客再度購買公司產品的可能性，較填 4 分者高出六倍以上。而今，該公司的目標是要讓顧客對全錄的產品與服務滿意度達到百分之百。[11] 全錄與其他成功的行銷從業者一樣，皆致力將顧客滿意度轉移至顧客忠誠度上。

擬定市場導向

近年來，許多公司是以擬定市場導向做為一項行銷理念來執行。**市場導向**（market orientation）包括規範與價值觀的建立，用以鼓勵整個組織有顧客導向的行為。它通常包括獲得有關顧客與競爭市場情報，再透過組織的傳達，努力因應之。研究發現，擬定市場導向需要高階層管理的重視、中間階層部門的聯繫，以及獎勵員工以顧客為導向行為的制度。該研究也指出，市場導向對利潤、產品品質、創新和顧客忠誠度皆有正面的影響。擬定市場導向並不簡單，但它有利於推動行銷理念，並改善公司的績效。[12]

市場導向
公司用來執行其行銷概念的一種方式。

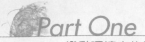
推展顧客關係管理（CRM）

雖然有不同的定義，但**顧客關係管理**（customer relationship management, CRM）在組織策略中對選擇與管理顧客的關係是相當重要的。它意味著不同的顧客有不同的需求，要滿足這些需求的成本則需加以權衡。[13] 新的科技發展讓許多公司可以追蹤所有與公司有來往的顧客。該資料庫可用來辨認個別顧客的偏好、或相同偏好的顧客群，再擬定特別的策略來滿足這些顧客或顧客群的需求，並且管理與他們的關係。顧客關係管理的成功關鍵在於擬定、執行有效與可獲利的策略，科技僅是此過程的一項工具而已。一般來說，要成功推展顧客關係管理得靠策略導向，推展失敗則是因科技導向所造成。

加拿大皇家銀行（RBC）是加拿大最大的金融機構，它有一套成功的推展顧客關係管理之範例。加拿大皇家銀行的行銷策略是儘可能讓銀行業務便利化。不過，有一份行銷研究報告指出，便利化固然重要，但顧客挑選銀行是根據該家銀行能照顧他們多少、如何看待他們、能否將他們視為獨立個體，而非銀行能與他們做多少生意而已。加拿大皇家銀行決定推展一項顧客關係管理策略，以符合其顧客之需求，特別是一些最具有價值的需求項目。該銀行利用科技工具記錄每一位與其有往來的顧客資料。該資料可用來鎖定最適當的顧客，並提供客製化的產品。加拿大皇家銀行在推展該顧客關係管理推展之後業績非凡，高檔顧客的人數增加了 20％，對顧客的獲利能力增加了 13％，向顧客銷售產品的成功率從以往的 2 至 5％，提升到 45％。[14]

建立顧客權益

公司通常會面臨要重視短期或長期業績與利益成長的抉擇，以及到底要重視新客戶或既有客戶的問題。大部分的做法是將短期績效與新客戶的取得，排列在長期績效及對既有客戶的服務前面，而顧客權益或許能幫助公司在這方面取得均衡。

顧客權益（customer equity）是指公司顧客關係的財務價值，它包含來自首次惠顧的顧客那裡獲取之利潤，與他們未來會再重購而獲利的期望值。下列幾種方法可增加顧客權益：[15]

- 以較低的成本獲得更多可獲利的顧客。
- 留住可獲利的顧客更久。
- 贏得可獲利的顧客再回來惠顧。
- 減少不能獲利的顧客。

- 賣給可獲利的顧客更多的東西。
- 減少服務與營運成本。

　　建立顧客權益是整合短期與長期的環境，並致力於新客戶的開拓與既有顧客的維繫。短期業績與利潤的成長是來自於新客戶的獲利，以及既有客戶關係的延伸；而長期業績與利潤的成長，則要靠新客戶與既有客戶的長期惠顧，以及能夠售出低行銷費用而高利潤的產品給他們。[16] 要重視可獲利的顧客，增加顧客權益的方法是靠獲得與留住可獲利的顧客，減少不能獲利的顧客。這是相當重要的，卻常被許多公司忽略。在推動行銷理念上面，聚焦於顧客權益是一種相當新穎而有前途的方法。[17]

　　建立顧客權益之過程如圖 1-1 所示，且基於下列三種關係：

1. 高忠誠度的顧客會帶來較高的業績與利潤成長。
2. 讓顧客滿意與快樂，是獲得顧客忠誠度的不二法門。
3. 提供物超所值的產品以取悅顧客，並使其完全滿意是需要的。

　　研究指出，圖 1-1 所列示的關係是最有可能將顧客變為忠誠的購物者，從而對該公司及產品有正面的態度，他們通常是公司的最佳顧客。有些顧客是忠誠的購物者，但不是態度的忠誠者；而有些顧客則非忠誠的顧客。不同的行銷策略應使用在這些不同的顧客群上面。[18]

　　顧客忠誠度與業績、利潤及顧客權益之間的關係，如圖 1-2 所示。忠誠顧客會帶來業績的成長，因其所購物品會隨著時間而增加，且也會推薦其他同儕前來捧場。因由顧客的同儕處取得新客戶的成本較低，故有些公司把顧客重購及其同儕的購買所導致獲利的增加，稱為**忠誠顧客的終身價值（lifetime value of a loyal customer）**。[19]

　　一般而言，對爭取忠誠顧客所花費的成本及其作業成本較低，而利潤較高。經驗顯示，對新顧客的服務成本至少為既有顧客的五倍。有時，為了爭取新顧客而做的一些努力可能是無利可圖的。例如，MBNA 銀行花費了其行銷費用的 98% 爭取新顧客，而該銀行發現，每發行一張新信用卡要花費 50 美

忠誠顧客的終身價值
某家廠商從一位顧客一生中或某段時間內，購買其產品所獲得的銷售或利潤。

圖 1-1　顧客權益關係

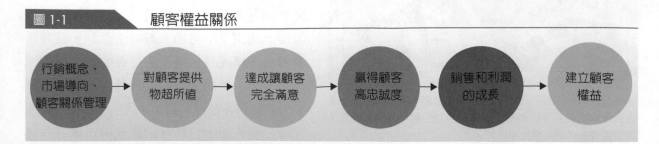

行銷概念、市場導向、顧客關係管理 → 對顧客提供物超所值 → 達成讓顧客完全滿意 → 贏得顧客高忠誠度 → 銷售和利潤的成長 → 建立顧客權益

圖 1-2	顧客忠誠度、銷售業績、利潤與顧客權益

1. 留住忠誠顧客不須取得成本，獲得一位新顧客則需高昂的取得成本。
2. 公司將顧客留住愈久，從顧客持續購買中所獲取之利潤愈多。
3. 忠誠顧客會對同一公司有愈買愈多的傾向。
4. 與忠誠顧客做生意的成本低於新顧客。
5. 由忠誠顧客介紹其同儕是新業務的最佳來源。
6. 忠誠顧客願意支付較高價格以獲得想要的價值。

元，這些新顧客在第二年之前是無利潤可言的，然而許多人卻在滿兩年之前就停卡了。因此，該銀行隨即改變策略，將重點放在既有持卡人身上，並將顧客留住率提高到 50%，因而成為美國獲利最豐厚的銀行之一。[20]

顧客滿意度與顧客忠誠度之間的關係也值得留意。一項針對汽車、企業用個人電腦、醫院、航空公司及地區性電話公司的研究指出，完全滿意的顧客比滿意的顧客之忠誠度要高出甚多。而另一項針對銀行業的研究則顯示，完全滿意的顧客之忠誠度比滿意的顧客高出了 42%。[21] 這些研究的結果與前述全錄公司研究的結論如出一轍，故顧客滿意度與顧客忠誠度之間，確實存有密切的關係。

組織如何讓其顧客完全滿意呢？答案很簡單，就是讓顧客持續感受到物超所值（with exceptional value）。所謂的**顧客價值**（customer value），就是顧客的支付（付款獲得使用產品的成本）與顧客的取得（從產品使用或相關服務得到的好處）之比較，而價值是由顧客來決定的。例如，西南航空（Southwest Airlines）是過去 25 年來唯一獲利的航空公司，而其成功的一項原因，在於西南航空公司對於顧客價值是提供較多起降班次、準時、友善的空服員及低廉的票價。因西南航空公司堅持讓顧客有物超所值的感覺，並將其轉化為完全的滿意及顧客的忠誠度。西南航空公司並不指定座位、沒有免費餐點也無票根，原因在於顧客對這些服務並不認同，所以公司乾脆就不提供。[22]

顧客價值
顧客的支付（付款與購物時間）與顧客的取得（從產品使用或相關服務得到的好處）之比較。

然而組織要持續提供顧客物超所值，並完全滿足其需求以獲得其忠誠度確實不易。但從上述例子中可知，若無法做到，就無法達到高業績成長、獲利與更高的顧客權益。而在未來，組織要以市場為導向，聚焦於顧客，方能勝券在握。圖 1-3 列示了推動行銷理念的一些方法，它將行銷概念與市場導向結

要提高顧客忠誠度的做法之一，是獎勵顧客的忠誠行為。星期五餐廳對顧客採以消費額為基礎累積點數，這些點數在下次蒞臨餐廳時可兌換免費食物。

圖 1-3	行銷理念的執行

1. 所有的業務要聚焦於顧客。
2. 傾聽顧客。
3. 定義與培養自己獨特的競爭力。
4. 將行銷定義為市場情報（market intelligence）。
5. 準確地鎖定顧客。
6. 管理的重點在於獲利，而非銷量。
7. 將顧客價值視為指導方針。
8. 讓顧客來定義品質。
9. 對顧客的期望要加以衡量與管理。
10. 建立顧客關係與忠誠度。
11. 將企業定義為提供服務的企業。
12. 持續改善與創新的承諾。
13. 將公司的文化融入策略與組織的結構裡。
14. 夥伴與結盟關係要有所成長。
15. 打破行銷的官僚化。

合到顧客權益上，而這些方式對組織而言，不論是對行銷或非行銷功能均有其關聯性。

行銷是一種社會過程

行銷是一種社會過程（marketing as a societal process），可將之定義為一種在社會裡將產品及服務，從生產者流向消費者的過程。其強調的重點是：

- 社會行銷制度下包含哪些機構？
- 這些機構從事哪些活動？

> **行銷是一種社會過程**
> 一種在社會裡將產品及服務從生產者流向消費者的過程。

經驗分享

「鮑爾創新公司曾被當作一家廣告與行銷規劃的公司，但處在今天的商業社會，由於緊縮預算以及達成較高利潤的壓力，客戶遂將我們視為真正的企業夥伴。我們的目標是改善客戶的根本問題，它有兩點好處：第一，完全滿意的顧客會保持忠誠度，例如，多年來奇異家電（General Electric Appliances）公司已成為我們的老顧客。第二，忠誠顧客會幫我們開拓新業務，例如，最近有一位奇異家電公司的人跳槽到凌諾（Lennox）公司，除擔任副總經理職務外，並兼任銷售、行銷與配銷部的經理。他與我們簽約，改善該公司暖氣鍋爐與空調設備對房屋建造商的運送過程。若無先前不錯的關係，這項業務根本無法獲得。」

鮑爾創新（Power Creative）公司提供國內外大型績優公司相關的行銷傳播業務整合服務。大衛在 1993 年獲得 Louisville 大學的行銷學士學位，爾後進入鮑爾創新公司擔任會計主任。

由於負責處理湯姆笙（Thomson）電子公司有關 RCA 品牌問題，因此榮升為該公司資深會計主任、副總經理及總經理職務。

大衛‧鮑爾
鮑爾創新公司
總經理

- 在行銷制度下，滿足消費者需要具備的效果如何？
- 在行銷制度下，有能力提供消費者所需的商品與服務之效能如何？

社會行銷制度與政治及經濟制度的關係非常密切。東歐國家劇烈的變動，即為此密切關係的佐證。在共產政治體制下的中央計畫經濟，其行銷體制是提供消費者產品與服務。而大部分的行銷則是由政府官僚集中決定，此種行銷體制毫無效率可言，且毫不考慮顧客的需求，這些官員就逕自決定所要生產的種類、數量與售價。

這種無效率的行銷體系，對東歐共產政權的瓦解有推波助瀾之效。目前這些國家正努力發展以市場為基礎的經濟制度，茲舉波蘭為例說明。從一個實施計畫經濟的共產國家，轉換為一個以自由市場經濟為基礎的民主國家，且成為歐盟的一員，該國花了 15 年的時間，不過卻形成了兩個波蘭。其中之一是創造了超過 150 萬家新公司的企業家團體，例如 Kross 腳踏車公司、Delphia 遊艇公司和 ComArch 公司等，其發展迅速，且達成了強勢的市場定位。而另一個波蘭則仍留有共產時代的福利國家行賄的影子，以及充斥著辦事緩慢的官僚氣息，這種情況限制了波蘭的自由市場經濟和行銷制度的發展。[23]

然而，發展市場基礎的經濟則仰賴於有效率的行銷體制，才能了解哪些產品與服務可以滿足消費者的需求。以波蘭的情況為例，它花了一段很長的時間發展社會式的行銷體制。中國的情況則說明其中的成功與問題所在。雖然中國仍在共產政治體制下運作，但它卻朝向自由市場經濟和行銷體制前進。它有強勁的經濟成長，從而產生了不少高檔與中產階級的消費者，特別在一些大城市與沿海地區更是如此。雖然財富分配不均勻，在一些小城市和偏遠地區的所得依然很低，但許多公司卻對這些情況做出了回應，而聚焦於這些不同的市場。例如，柯達（Kodak）為中國高檔市場出售特別設計的數位相機，而出售廉價的數位相機給中產階級市場，及傳統底片給低所得的市場。中國社會式的行銷體制對整個國家在經濟發展與成長，有非常大的不同影響。[24]

波蘭與中國的情況，是轉換為市場經濟和新行銷制度的典型例子。雖然市場經濟和行銷體制並非十全十美，但經過一段時間

轉向自由市場的經濟和更開放的行銷體系，對許多廠商提供了無數的商機。在上海有許多公司也出售各種雜貨品給消費者。

後，相信大部分的人會感受到其好處。最近一項行銷體制針對美國社會貢獻研究的發現則是優劣參半，優點包括它對每一位工人的經濟福祉、生活品質、社會與心理的貢獻；缺點則是它對社會價值、不道德的行銷方式與生態環境造成的負面影響。不過，其結論是美國在此行銷體制中，得到的貢獻大於負面的影響。[25]

行銷在組織層面與社會層面之間存在著密切的關係。從計畫經濟轉變為市場經濟體制，人們必須學習與應用一些基本的行銷措施。一個社會的行銷體制要能成功，有賴於組織裡的人員能否有效辨識與反應消費者的需要。

1-3 行銷是一種過程

將行銷視為組織理念及社會化過程，與組織及個人的執行行銷方式有關。以下則就行銷是一個組織功能及一種過程來加以討論。

■ 行銷交易

交易（exchange）通常被視為行銷的核心要素。[26] 交易可定義為「在兩個或兩個以上的社會群體間，對於有形或無形的、實體或象徵性的東西之移轉。」[27] 因此，行銷的基本目的是在於個人或組織之間，交換有形或無形、實體或象徵性有價值的東西。最熟悉的交易方式則是，顧客用貨幣向零售店交換產品。每當顧客付款給約翰老爹（Papa John's）披薩店的送貨員並收取披薩時，行銷交易就產生了。

> **交易**
> 在兩個或兩個以上社會群體間，對有形或無形的、實體的或象徵性的東西之移轉。

如圖 1-4 所示，行銷交易並不局限於貨幣與產品間的交易。企業之間從事以物易物（barter）的方式，彼此間交換商品及服務等亦屬之。非營利組織、大專院校、政客及許多其他的社會角色（social actors）也會從事交易。例如，志工及捐

波蘭與馬來西亞兩個發展中國家正試圖改善其行銷體制。高露潔－棕欖公司（Colgate-Palmolive）就是利用這些國家的商機，出售其不同的消費性產品。

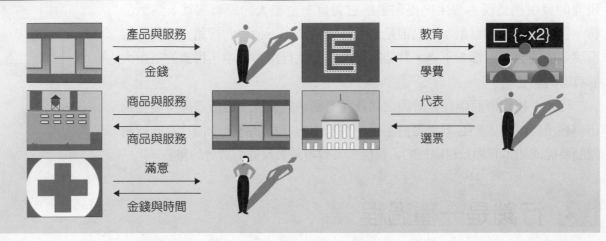

圖 1-4 　行銷交易

贈人以時間及金錢交給非營利組織，用來換取行善所得到的滿足；學生支付學費給學校以換取受教育的機會。甚至在政治上也會涉及交易，如選民以選票換取候選人所做的承諾。

行銷交易的主要目的是在滿足個人與組織之間的需要。當雙方願意放棄某些東西以換取另外的東西時，交易便發生了，而且雙方對所得與失去的東西都顯出滿意。某人若決定購買約翰老爹披薩，該披薩店就必須讓其覺得物有所值；同時，約翰老爹必須覺得從顧客處所得到的金錢與賣出的披薩是等值的。

藉著創造顧客價值使交易方便，依行銷的新定義而言，它僅是行銷的一個基本要素而已。行銷的第二個要素是經營顧客關係。我們要改變重點，亦即對任何顧客的短期交易關係，轉變為對挑選過的顧客建立起各種長期關係。為了要使交易方便，以及經營顧客的長期關係，則須先擬定行銷策略，再執行行銷活動。這個過程會涉及到擔任各種行銷職位的人，他們須規劃有關的行銷活動，然後加以執行。擔任行銷職位的人可受僱於生產產品的廠商，也可受僱於公司而從事特定的行銷工作。

行銷策略
包括目標市場的選擇，以及行銷組合的擬定，用來滿足市場的需要。

目標市場
係指公司想與一群消費者或組織從事交易。

行銷組合
以目標市場為訴求之整體行銷，它包含四個基本決策領域：產品、訂價、傳播及配銷。

■ 行銷策略

行銷策略（marketing strategies）包括目標市場的選擇，及行銷組合的擬定，以用來滿足市場的需要。所謂**目標市場**（target market），係指公司想與一群消費者或組織從事交易。**行銷組合**（marketing mix）則指以目標市場為訴求之整體行銷，包含四個基本決策：產品（為交易而開發的商品、服務或構想）、訂價（為交易而收取的價格）、整合性行銷傳播（如何與可能交易的目標

市場聯繫）及配銷（如何將產品、服務及構想等送進目標市場以完成交易）。圖 1-5 中列示了產品、訂價、傳播及配銷等領域的許多行銷決策。

化妝品業有許多關於不同行銷策略的範例可供參考。圖 1-6 說明媚比琳（Maybelline）、玫琳凱（Mary Kay）及倩碧（Clinique）等均有各自目標市場的化妝品。各種品牌的價格、配銷方法及行銷傳播等均不同，且每家公司都企圖將產品、價格、配銷及整合性行銷傳播做有效的行銷組合，以便服務各目標市場。

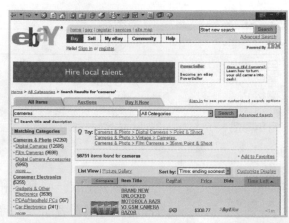

行銷的基本目的在於方便交易。電子海灣（e-Bay）透過網路拍賣方便交易。

行銷活動

將產品從生產者運送至最終使用者手上，不論組織從事的是哪些行銷策略，皆涉及許多不同的行銷活動。圖 1-7 列示這些重要活動的架構。

圖 1-5　　　　行銷組合決策

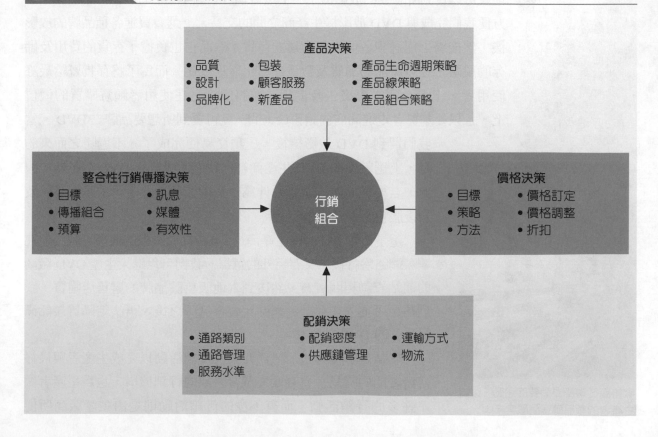

圖 1-6	行銷策略		
	媚比琳	玫琳凱	倩碧
目標市場	低階	中階	高階
產品	化妝品	化妝品	化妝品
價格	低	中	高
配銷	大眾化經銷商	直接對消費者	高級百貨公司
行銷傳播	大眾媒體廣告	對居家的消費者進行人員銷售	鎖定來店的消費者進行目標廣告和人員銷售

關鍵思維

必須從事於所有主要的行銷活動，行銷交易方能發生，而這些活動在網路上有逐漸增多的趨勢。假設你對購買新車發生興趣則：

- 假如你想跟本地一家汽車經銷商購買，而非利用網路方式，請問你將如何進行行銷的活動？
- 你與汽車製造商及行銷從業者要如何利用網路去進行這些行銷活動？

零售商從事許多必要的活動，以將生產者的產品轉送到顧客手中。

為了完成一項交易和維持一種關係，必須有購買與銷售的活動，而生產者也需將購買者所要的產品運送到適當的地點存放。存貨是必須花費資金，且需負擔各項風險的。而產品的品質與數量也必須加以標準化與分級化。此外，尚需具備購買者及競爭者的相關行銷資訊，以利於行銷之決策。

假設我們要買一部 DVD 放影機，而 DVD 放影機的生產商包括了東芝（Toshiba）、夏普（Sharp）、松下（Panasonic）、新力等，皆冠上其品牌從事銷售。我們並不需去參訪各個生產工廠及產品之後，再跟這些廠商購買。為了交易的方便，各廠商均透過如上選（Best Buy）等零售商來銷售其產品。

所以我們可以到上選零售店，試用各種不同品牌的 DVD 放影機，且很快地就可以買到所想要的放影機了。上選需執行如圖 1-7 中的許多行銷活動，以方便我們完成與 DVD 放影機生產商之間的交易。上選會買進各種品牌的放影機，然後將之運送到各個零售店建立存貨；然而它也負擔了存貨的費用及儲存的風險，並將產品的品質及數量標準化與等級化。而為了將存貨賣給最終使用者，上選必須從事廣告及促銷，並將價格訂在使用者願意購買的價位上，且只要購買者走進商店向銷售員詢問，就可買到所想要品牌之 DVD。當我們買到 DVD 放影機後，一項交易便完成了。不過隨之而來的是，上選就要向 DVD 生產商補進我們所購買的 DVD 放影機。因此，若要把此次的交易延伸為一長期關係，在上選的購物經驗及售後服務工作就很重要了。

這是消費者要想從生產商得到 DVD 放影機的典型方式。但在網際網路盛行後，又有另外的選擇。我們可以進入生產 DVD 廠商的網站查詢相關資料，然後到本地販售該品牌的零售店購買。我們甚至可進入如亞馬遜網站比較各品牌之後，再決定購買最能滿足需要的 DVD 放影機。

無論是哪種方式，皆需要某些行銷活動以完成生產者與最終使用者間的交易。有時像上選零售商的行銷機構，也為生產者做了許多的行銷活動。而有不少的行銷活動則是由生產廠商所促

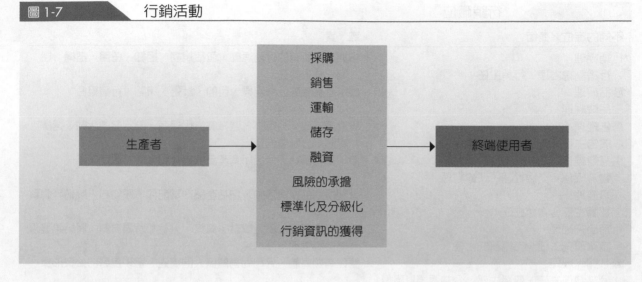

圖 1-7　行銷活動

成，但有時則由消費者個人所為。

行銷職位

在大多數的組織裡均有不同的行銷職位，如圖 1-8 所示。有些職位如廣告經理、配銷經理或銷售經理等，是屬於專業的行銷領域，其他則是跨越行銷的領域（如行銷經理、生產經理與行銷研究經理）。事實上，大部分的行銷職位與不同的行銷和商業部門間均有密切的關係，例如，廣告、銷售、生產、行銷、產品及會計等經理，會為了擬訂與執行某特定產品的行銷計畫而一起工作。

在大部分的企業中皆設有行銷職位，且在非營利組織、醫院、政府機關、博物館、會計事務所等，也有類似職位的存在。有些組織雖無正式設立的行銷職位，但因其服膺行銷理念，所以員工也都會從事行銷的活動。

鮑爾創新公司的總經理大衛‧鮑爾談到他過去在行銷的職業生涯體驗時說：「成功的公司會逐漸對顧客增加聚焦，而與顧客發展成一對一的關係。在這些公司裡的每個人皆休戚相關，從執行長到產品發展工程師或是接待員等，皆可對顧客關係做出貢獻。而這也意味著公司的每個人都要參與行銷的活動，不同的職位會完成不同的行銷活動。例如，我擔任會計經理時的大部分工作是維繫和延伸與大客戶的關係，而目前我擔任總經理，就得投入更多的時間在所有與顧客有關的策略議題上。我會持續拜訪潛在客戶以拓展新業務，並拜訪老客戶以延續原有的業務關係。」

不同的職位／頭銜	職 責
行銷經理 　行銷副總經理、行銷主任	指揮公司所有的行銷活動，包括規劃、組織、任用、指揮、控制、績效評估
產品經理 　品牌經理	擬定產品線或品牌目標、目的、計畫、策略、行銷組合
廣告經理 　廣告主任、傳播主任、媒體經理	設計廣告政策和策略、選擇廣告代理商、擬定促銷活動、選擇媒體、分配廣告支出
供應鏈經理 　物流經理、交通經理、運輸經理	管理配銷系統，包括所有產品的儲存和運輸，以及服務
採購經理 　採購主任、物資主任	管理所有的採購活動，包括產品、零配件、原物料、設備等購買
行銷研究經理 　商業研究主任、市場研究主任	擬定特定問題的研究設計；蒐集、分析和解釋資料；將結果呈現給最高管理階層
公共關係經理 　公共關係主任、傳播主任、公共事務辦事員	管理有關媒體、公司利害關係人的溝通，呈現良好的公眾形象
顧客服務經理／顧客關係主任	提供顧客服務、處理顧客抱怨
銷售經理 　銷售副總經理、銷售主任、全國銷售經理、 　區域或分公司銷售經理	銷售人力的組織、擬定、指揮、控制和評估

行銷機構

　　有些組織則專門處理特定的行銷活動，而成為這方面的專家。因此，公司也可以與這些行銷機構共同處理所需的行銷活動。

　　我們曾討論到零售商所扮演的重要角色，例如，上選零售商將不同產品及品牌提供給消費者。有時批發商也會對生產者及零售商從事特定的行銷活動。批發商會先與生產者從事交易，然後再將其存貨與零售商從事交易，以滿足零售商的需要，而它也會對生產者及零售商提供一些特定的服務。在這方面居領導地位的批發商有麥卡森（McKesson，保健用品）、佛萊明（Fleming，食品）、Produce Specialties（進口水果及蔬菜）及 United Stationers（辦公用品）等公司。

　　行銷研究公司及廣告代理商也會為客戶提供專業的服務。有些公司強調特定的行銷研究，而大型行銷公司則提供了全套的行銷研究服務，包括焦點團體、概念測試、顧客訪談、郵寄問卷調查、實驗或其他行銷研究等。美國最大的行銷研究機構有 AC 尼爾森（ACNielsen）、IMS International、資訊資源（Information Resources）及艾比創（Arbitron）等。

　　廣告代理商也提供各種不同的服務，以幫助廠商擬定與推動有關行銷的傳播活動。這些公司在特定領域裡提供專業服務，有些則提供包括行銷研究

的完整服務。在美國領先的廣告代理商有揚雅（Young & Rubicam）、上奇（Saatchi and Saatchi），BBDO Worldwide、伊登（DDB Needham Worldwide）及奧美（Ogilvy & Mather Worldwide）等公司。

1-4 當代行銷架構

　　圖 1-9 列示了本書的討論重點，即當代行銷架構。此架構涵蓋行銷環境、主要的行銷觀點及行銷等三項主要因素。

行銷環境

　　最外一圈是行銷從業者所無法掌控的環境。行銷環境又可進一步區分為社會、經濟、競爭、科技、法律與政治，以及機構環境等，其中每一項環境將在第 2 章（全球行銷環境）詳加討論。

　　只要是行銷，大多會涉及市場機會的辨識，並藉著制定及執行有效的行銷策略來回應這些機會。而市場機會在基本上則是行銷環境或條件改變的結果。

　　因此，成功的行銷必須不斷地對行銷環境進行評估，以辨認各種機會，並決定實現這些機會的最佳方法。行銷環境的困難度則在於它的複雜、多變及不確定。

主要的行銷觀點

　　我們將對七項主要的行銷觀點加以辨識，以便有效地回應行銷環境所提供的機會（見圖 1-9），而這些觀點可以將行銷與行銷環境銜接。圖 1-10 列示了這七項行銷觀點的內容及定義，我們也將以各種方式在本書的章節裡加以述說。倫理行動、企業家精神和運用科技等專欄會在章節裡依序舉例說明。

　　雖然這些觀點皆是重要而互有關聯，但我們會以適當方式去強調倫理的觀點。絕大

成功的行銷從業者對機會的辨認與掌握能贏過其競爭者。

圖 1-9　　　當代行銷架構

行銷環境
企業家精神
全球化
倫理
生產力
行銷
顧客價值
關係
科技
行銷環境

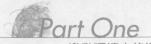

圖 1-10	主要的行銷觀點
行銷觀點	**定義**
全球化	將世界視為一個潛在市場，對於圍繞這個世界的市場機會及其間不同文化群體加以辨認和回應。
關係	與外界廠商建立夥伴關係，鼓勵組織內不同功能之團隊工作，建立長期的顧客關係。
倫理	致力於行銷決策的道德性，負起社會責任，考慮生態環境。
顧客價值	不斷尋求讓顧客得到物超所值的方法。
生產力	試著將花費在行銷上的支出得到最大的報酬。
科技	將新科技轉換為成功的產品與服務，並利用科技來改善行銷實務。
企業家精神	專注於創新、承擔風險，積極努力於行銷工作。

多數的行銷從業者都會以倫理的方法去運作，但仍有商業新聞報導了一些違背倫理的情事。美國行銷協會針對這些情況做出了回應，推出一套新的倫理規範鼓勵行銷從業人員遵守倫理行為（見圖 1-11）。許多公司正根據這些規範研擬適合其公司的條款，並強制實施之。因為行銷人員要與顧客、競爭者和利害關係人等接觸，其所面對的倫理情況之複雜性相當高。因此，確保所有的行銷決策與動作皆符合倫理要求是相當重要的。美國行銷協會倫理規範與各公司能夠幫助其行銷人員決定最佳的倫理做法。

鮑爾創新公司的總經理大衛·鮑爾談到這些主要行銷觀點的重要性時說：「這些主要行銷的觀點對於我們的公司相當重要。我們的顧客是對全球營運，所以我們也必須用全球的觀點去滿足他們的需求。我們的成功則決定於顧客關係和我們公司的配合，所以我們必須繼續尋找方法，以創造我們顧客的價值和確保商業倫理，而增加我們的生產力和顧客的生產力則是一個不變的關係。再者，這需要有企業家的精神，尤其是在運用新的科技方面。所以我們在創新方法上，必須運用『尖端』（cutting edge）的新科技；如網路在行銷上的使用和電子商務的成長等，將會是一項不斷的挑戰。」

行銷

圓圈內圈之行銷就是組織的理念和過程。本書大部分均在介紹這個內圈：即行銷概念、市場導向、顧客關係管理（CRM）、顧客權益，以及行銷交易、關係、策略、活動、職位、機構等。為了要有效地制定行銷策略，在此特別要注意目標市場的選擇和行銷組合訂定之過程。

檢視第 2 章（全球行銷環境）行銷環境之後，我們將在第 3 章（行銷策略在組織中的角色）討論組織裡行銷策略的角色。

在選擇目標市場時需了解購買者的行為，故在第 4 章（消費者購買行為

圖 1-11	行銷人員的倫理規範與價值觀

前言

美國行銷協會承諾提升其會員的職業倫理規範及價值觀達到最高標準。規範是用來建立社會或職業團體所期望或要求的行為標準，價值觀則用來評估他人行為的標準。從事行銷工作的人員必須知道，他們不但要服務其企業，而且也要擔負起社會管家之責，以便在經濟活動中創造、便利和執行有效率的交易。為扮好這個角色，行銷人員應採取職業人員最高的職業規範和倫理價值，以對其利害關係人（即顧客、雇主、投資人、通路成員、立法者及社會）負責。

一般規範

1. 行銷人員要心存善念，這意味他們要有良好的訓練或經驗，以增進其組織和顧客的價值。它也意味要全力支持所有適用的法令規章，並在行為上遵守高倫理標準。
2. 行銷人員要在行銷體系裡取信於人，這意味產品的用途是確實的。在商品與服務的行銷傳播上，不存心欺騙或誤導。要與顧客建立關係，以便正確判斷或平息顧客的抱怨。致力建立良好的信用，有效處理交易過程。
3. 行銷人員必須欣然接受，並傳播與執行基本的倫理價值，以便在整個交易體系裡增進消費者的信心。這些基本的倫理價值是大家所期盼的。

倫理價值

誠實：與顧客及利害關係人交易時，我們要真實而坦誠。
- 我們隨時隨地都要陳述事實。
- 我們提供的產品價值要與我們在傳播上的聲明一致。
- 我們的產品若未達到所宣稱的效益時，就要致歉。
- 我們信守我們在公開或私下場所的各種承諾。

負責：承擔我們行銷決策和策略的一切後果。
- 我們致力達成顧客的需求。
- 我們不以高姿態與利害關係人對話。
- 我們有責任增加利害關係人的行銷和經濟力量。
- 我們對市場上的弱勢族群，如小孩、老年人和貧寒者，給予特別的承諾。

公平：以公正態度平衡買賣雙方的需求與利益。
- 我們在銷售、廣告和傳播上，要以光明磊落的做法去展現我們的產品，避免以誤導和欺騙方式促銷產品。
- 我們拒絕操弄，以及有損及顧客信任的做法。
- 我們不從事協議訂價、破壞性訂價、掠奪式訂價，或「上鉤掉包」（bait-and-switch）的做法。
- 我們不明知故犯從事有違背利益的事情。

尊敬：承認所有利害關係人都具有最基本的人性尊嚴。
- 我們尊重個人之差異，在促銷時避免對顧客有刻板印象，或以負面方式陳述不同的人口統計群體（如性別、種族、兩性關係）。
- 我們願意聽從顧客的需求，且會持續努力與增進顧客的滿意。
- 我們致力了解供應商、中間商和批發商的背景差異。
- 我們願意向幫助我們行銷工作的人，如顧問、員工和同事致謝。

公開：我們對行銷工作力求透明化。
- 我們願意竭誠與我們所有的消費者清楚地溝通。
- 我們會從我們的顧客和利害關係人處接受建設性的建議。
- 我們會說明重大的產品或服務風險、零組件的替換，或其他可能會發生影響顧客的事情。
- 我們願意充分揭露價目表和信用條件，以及費用數目與調整幅度。

公民義務：以策略的方法對利害關係人盡到經濟的、法律的、博愛的和社會的責任。
- 我們在執行行銷工作時，努力去保護自然環境。
- 我們通過志工制度和慈善捐贈，回饋給社會。
- 我們致力於改善行銷和其信譽。
- 我們鼓勵供應鏈成員確保對所有參與者之交易是公平的，包括對發展中國家的生產商。

執行

最後，我們得體認到任何一種行業下的行銷紀律（即行銷研究、電子商務、直銷、直效行銷、廣告）皆有其獨特之倫理議題，各有其政策和註解。本章程所列舉之條文，可連結 AMA 網站得到。我們鼓勵所有的團體擬定或重新定義其行業，並在一般規範及價值上面補列倫理訓練章程。

及決策）和第 5 章（企業對企業市場與採購行為），將從消費者和組織的觀點來呈現購買行為。有關購買行為及其他重要資訊的過程則在第 6 章敘述（行銷研究與決策支援系統）。第 7 章（市場區隔化與目標化）將呈現如何使用資訊去區隔市場，以及界定特定的市場所發展出來的行銷組合。

接下來也將詳細討論每一個行銷組合因素。在第 8 章（產品與服務概念）、第 9 章（開發新產品與服務）、第 10 章（產品與服務策略）裡，均說明了產品策略決策的重要性，包括經由生命週期來發展新產品和服務，管理多元化產品和服務等。訂價策略則在第 11 章（訂價概念）和第 12 章（價格決定與訂價策略）裡做詳述。配銷產品到消費者分別在第 13 章（行銷通路）、第 14 章（零售業），和第 15 章（批發業與物流運籌管理）論述。擬定有效整合行銷傳播策略，以完成特定的目標，將在第 16 章（行銷傳播概論）、第 17 章（廣告與公共關係）、第 18 章（消費者促銷與中間商促銷）、第 19 章（人員銷售與銷售管理）和第 20 章（直效行銷傳播）論述。為說明這些領域是有相互關係以便制定有效的行銷策略，請見附錄 A「擬定一行銷計畫」（附錄 A 請至本公司網站下載）。

摘要

1. 探討行銷的意義及其對組織與個人的重要性。行銷是「一種組織的功能，以及一連串創造、傳播與傳遞價值給顧客，並經營顧客關係的過程。」對於任何形式的組織，行銷都是重要的。因其能滿足顧客的需要，而個人也可像政客在競選期間一樣，為擬定與執行政策而必須投入行銷的工作。行銷工作在不同的組織裡，由不同職位的人完成。大部分的行銷職位都得與人接觸。

2. 區別行銷是一種組織理論和一種社會過程。行銷可用不同方式定義之。做為一種組織理論時，行銷會指引組織裡的每一個人，應用行銷概念來滿足顧客的需求。而在社會層面，行銷是決定商品和服務從生產者到消費者的過程。

3. 了解行銷策略的構成因素，以及行銷產品和服務所涉及的不同活動。行銷策略包括目標市場的選擇，及接近此目標市場所制定的行銷組合。行銷組合是整合產品、價格、傳播和配銷決策，並針對目標市場提供比競爭者更卓越的服務。而應用行銷策略完成交易，需要許多活動，包括採購、銷售、運輸、儲存、融資、風險承擔、標準化及分級化，以及行銷資訊獲得。

4. 認識各種行銷機構，以及這些機構各種不同的行銷職位。必要的行銷活動需要靠不同的機構，和這些機構裡不同職位的人來完成。雖然有些生產者能夠單獨完成所需的行銷活動，但對某些特別的行銷活動，則常會用到一些專業的機構。典型的行銷機構如批發商、零售商、行銷研究公司、廣告代理商。重要的行銷職位包括行銷經理、產品經理、廣告經理、採購經理、銷售經理、行銷研究經理，而機構內有些

人則必須對這些經理負責。行銷活動也可被一些非行銷職位的人來完成。

5. 了解當代行銷架構的基本因素和關係。當代行銷架構描述了在行銷與行銷環境間的重要關係。七種主要的行銷觀點可用來認清環境，以做為與外界環境互動的指引。

習題

1. 組織內的高階管理者要如何保證讓所有員工都受到行銷理念的引導？

2. 試舉行銷交易中以物易物之一例。

3. 試敘述你所就讀之大專院校，其主要目標市場和行銷組合為何？

4. 生產高露潔牙膏的廠商需要哪些行銷活動，才能將牙膏送到你的手上？

5. 如電子海灣（eBay）拍賣網站所從事的是哪些行銷活動？

6. 在一個國家裡，行銷被當做是一種社會過程，其與經濟和政治制度間的關係為何？

7. 過去幾年裡，你認為最有創新的行銷實務是什麼？為什麼？

8. 你對哪一種行銷職位有興趣？為什麼？

9. 為何建立顧客權益是重要的？

10. 如何發展行銷知識和技巧來幫助你的事業？

行銷技巧的應用

1. 選擇一家你常去購物的零售店，確認並論這家店的目標市場和管理當局所擬定的行銷組合，包括特定的商品、價格、完整的行銷傳播和配銷決策等。

2. 訪問一些擔任行銷職位的人，詢問他或她對這個職位相關的活動及任何預期未來職位可能的改變，以及有關職位發展的機會。

3. 試著去認識你的社區內某個非營利組織，並藉著閱讀有關這個組織的推廣資料，並和組織中的一些人交談，以判斷這個組織中的行銷角色。

網際網路在行銷上的應用

活動一

請上亞馬遜的網頁（http://www.amazon.com）。

1. 亞馬遜提供哪些最新的產品和服務？

2. 亞馬遜提供哪些服務，讓你可以買到所需要的DVD放影機？

3. 就協助顧客購買書籍而言，請你評估亞馬遜所提供的書籍及其服務。

活動二

請上邦諾（Barnes & Noble）書局的網頁（http://www.bn.com）。

1. 比較與對照亞馬遜和邦諾書局的網頁。

2. 請你就邦諾書局協助顧客購買書籍而言，對其所能提供的書籍選擇及服務做一評估，並請與亞馬遜所提供的做比較。

3. 為提供更多的價值給購書顧客，你建議邦諾書局該做哪些工作？

行 銷 決 策

個案
1-1
可口可樂：行銷巨人的復活

可口可樂曾是世界上最偉大的行銷從業者之一，在郭思達（Roberto C. Goizueta）的領導下，可口可樂在世界上建立了一個無可匹敵的市場地位，也達成了鉅額的業績，更讓業績連續成長了16年，公司股票在這段期間則躍升了 3,500% 之多。然而很不幸地，郭思達在 1997 年逝於癌症，而當時的財務長艾華士（M. Dogulas Ivester）則接任為執行長。

艾華士在任期內面對了許多挑戰。由於國際市場的經濟衰退等一些問題，可口可樂的世界市場成長率也變得趨緩了。它在美國國內的情況也不佳，除墨西哥外，美國消費者早已比任何其他國家的人喝太多的清涼飲料了，所以成長趨於緩慢。因此，想謀求國內銷售的成長，則有賴於市占率的增加。

雖然可口可樂的問題不全然是艾華士的過錯所造成，但公司黯然的表現卻反映在股票價格上，也帶給艾華士無比的壓力。1999 年 12 月 6日，他發表了令人錯愕的消息，指出他將於 2000年 4 月退休，並指定達夫特（Douglas N. Daft）為新任執行長。

達夫特面臨了與艾華士一樣的問題，他嘗試將行銷導向理念灌輸至整個公司內部，且提高行銷支出並試圖改善與裝瓶工人的關係。但這些努力並未扭轉可口可樂的處境。

艾思迪爾（E. Neville Isdell）於 2004 年繼任為新的執行長。可口可樂在美國國內擁有 44% 的

軟性飲料市占率，而百事（Pepsi）只有 33%。但美國國內軟性飲料市場每年僅成長 1% 而已，非碳酸飲料類的情況卻是相反。瓶裝水、果汁、茶和運動飲料在美國每年的銷售量成長了 8%，百事在其中擁有 24% 市占率，比可口的 16% 市占率略勝一籌。不過，可口在國際市場的情況稍微好一點，特別是在中國的成長相當迅速。而 Dasani 瓶裝水和 Powerade 運動飲料在全球的銷售一片大好，但在印度、德國和菲律賓的銷售則欠缺穩定。

艾思迪爾的行銷策略是在美國的廣告上改進與增加核心品牌，並增強在海外的銷售。他要加速新產品的研發，特別是增加更多的健康飲料。由於利潤不高，可口可樂曾放慢腳步進入非軟性飲料市場。然而，艾思迪爾的成敗將繫於他如何對國內外的軟性市場，以及非碳酸飲料市場提出正確的決策。

問題

1. 你認為可口可樂應把焦點放在美國或國際的非碳酸飲料市場上，原因何在？
2. 艾思迪爾要如何做，方能增加非碳酸飲料市場的占有率？
3. 你要向艾思迪爾建議可口可樂應如何做，方能增加在美國國內市場之清涼飲料的業績？
4. 你要向艾思迪爾建議可口可樂應如何做，方能增加在國際市場之清涼飲料的業績？

行銷決策

快樂蜂：打敗麥當勞的漢堡

麥當勞是速食業的巨擘。它提供顧客始終如一的品質和服務，且掌控大部分的市場，但在菲律賓就不是如此了。

快樂蜂（Jollibee）食品公司是一家家族性連鎖企業，在菲國擁有 52% 的市場（麥當勞只有 16%），其店面數量是麥當勞的兩倍。在菲國市場，快樂蜂是如何打敗麥當勞的呢？

成功的關鍵在於了解和符合當地市場的需求。快樂蜂提供辣味漢堡、炸雞、義大利麵，所有的主餐都提供米飯服務。它的食物非常具有「菲國媽媽的味道」，以及「合乎菲律賓人的口味」。此外，快樂蜂的訂價也比麥當勞低 5% 至 10%，而這樣物美價廉的餐點，讓顧客感覺划得來。

快樂蜂的一些行銷手法則師法於麥當勞，它極力對小孩做廣告，並提供店內的遊戲活動，以及名人簽名和有版權的玩具和產品，而且餐廳大多開設在環繞麥當勞出口的地方。快樂蜂在迅速服務和整潔上也維持著高水準。

該公司嘗試將菲國成功的經驗複製到其他國際市場上，目前快樂蜂的餐廳，包含美國在內已遍布 10 個國家了。雖然快樂蜂有意向亞洲、中東和中國等地發展，但其主力還是放在菲國，且希望能成為食品服務業的領導者。

該公司在菲國的 1,000 家餐廳，一天要服務 100 萬的菲律賓人。它藉著購併 Greenwich Pizza、Delifrance 和 Chowking 的經營權，也得以進入到披薩、法國咖啡、麵包和傳統餐廳等不同的市場領域。所有餐廳的基本行銷策略是在提供高格調的菜色、不同的行銷方案、有效率的製造與物流設備，再加上溫馨的服務態度等，使得菲律賓人對該公司抱有最高的尊崇。事實上，每當有一家新店開張，尤其是在國外，菲律賓人總是會大排長龍以表支持。

問題

1. 為何在菲律賓的麥當勞無法像快樂蜂一樣成功？

2. 你對增加麥當勞在菲律賓的市占率有何好建議？

3. 你對快樂蜂在發展亞洲、中東和中國的市場策略上有何評價？

4. 若想在美國市場營運成功，你會推薦快樂蜂採用什麼行銷策略？你認為麥當勞對快樂蜂進入美國市場會有什麼反應？

全球行銷環境

The Global Marketing Environment

研讀本章後，你應該能夠

1　了解行銷環境的性質及其對行銷從業者的重要性。

2　描述社會環境的主要因素與其影響行銷的趨勢。

3　了解經濟環境如何影響行銷。

4　探討政治與法律環境如何對行銷從業者提供機會與造成威脅。

5　了解科技環境對行銷從業者的重要性。

6　了解競爭環境的差異性。

7　了解影響行銷從業者的機構環境如何變化。

戴爾

1984 年麥可‧戴爾（Michael Dell）還在就讀德州大學的時候，就以 1,000 美元創立了戴爾電腦公司（Dell Computer Corporation）。如今，戴爾已成為電腦直銷的巨擘，它每年的營業額超過 400 億美元，而員工也有 34,000 人以上。

戴爾為何會如此地不同凡響呢？主要是麥可‧戴爾藉由直銷模式顛覆了電腦業。在戴爾之前，大部分的個人電腦均透過中間商（如批發商、零售商）賣給客戶，但戴爾認為這些中間商並不會增加任何的價值，因此他發展出一個模式來規避它們。此直銷模式的基本目的是「按顧客要求的規格、服務與支援程式，為顧客量身訂做合乎其所需的電腦。再透過直銷給顧客不一樣的體驗，以強化與顧客之間的關係，並與科技夥伴們建立合作的研發關係。」只要連上戴爾網站，就會有許多選項讓我們選購一部想要的個人電腦，且這部電腦將會直接交送給我們，並且可以透過網站，來追蹤組合過程與整個交易的處理過程。

戴爾目前交易的對象為企業用戶、政府單位、教育機構及一般消費者。公司為了強化直銷模式，而把整個交易網路化。因為戴爾的營運費用較其競爭對手更低，所以它出售低價而利潤微薄的產品，卻仍然賺大錢。

戴爾在全球個人電腦的市占率遙遙領先，在美國的桌上型電腦、筆記型電腦、伺服器的市占率，以及獲利與成長率上也都獨占鰲頭。戴爾的未來看好，它目前正從個人電腦製造商，擴大成為伺服器、儲存器、行動產品、軟體周邊產品、印表機、薄型液晶電視機等製造商。在消費市場方面，戴爾企圖搭上個人電腦在數位化家庭日漸重要的班車；而在企業市場方面，它逐漸成為中小型企業實施 e 化管理必需品的供應商。在 2005 年，戴爾被《財星》（Fortune）雜誌評選為美國最值得讚揚的公司，這是該公司自 1984 年從自家車庫創業以來，所得到的最大殊榮。

行銷環境
無法控制的環境，
行銷人員必須去運
作包括社會、經
濟、政治與法律、
科技、競爭與組織
的環境；所有這些
在組織外圍的因素
皆能影響它的行銷
活動。

　　戴爾的例子說明了行銷環境如何影響公司的運作。**行銷環境**（marketing environment）係指影響公司行銷活動的外部因素，雖然行銷從業者可以影響其中的一部分，但這些因素仍無法完全掌控。所有行銷從業者都必須為其公司辨識行銷環境中的重要因素，以評估這些因素在目前與未來之間的可能關係，並擬定因應環境改變後的策略。這些年來，因為行銷環境因素詭譎多變，益顯其吉凶難卜。本章目的在幫助你了解行銷環境裡的重要因素與關係。

2-1 行銷環境

　　在第 1 章裡曾用圖 1-9 表示當代的行銷架構，最外圍者即為行銷環境。現在我們將行銷環境擴大，藉以描述行銷環境的主要因素。圖 2-1 是在原先的圖形中，增加了社會、經濟、政治與法律、科技、競爭，以及機構等環境。

圖 2-1　　擴大當前的行銷架構

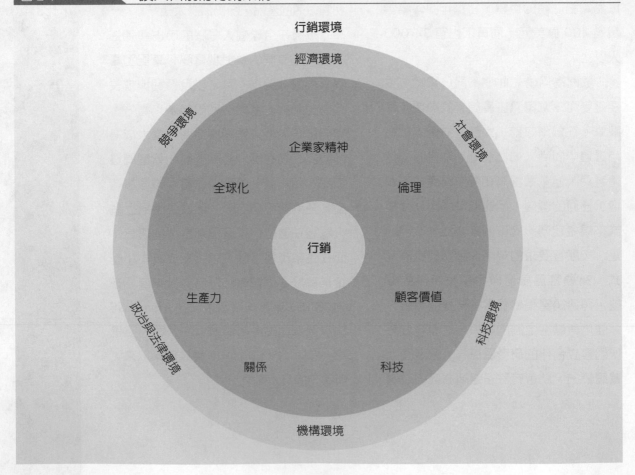

了解行銷環境的最佳方法，則是將自己置身於行銷圓圈的中間，把自己當成是某家公司的行銷從業者，且必須為公司做出有關行銷的變革，包括策略、活動、職位、人事等的決策。無論如何，在無法掌控的行銷環境中，仍有些決策是可依因素與趨勢來加以控制的。因此，做為一個行銷從業者的任務，就是辨識這些行銷環境中的機會或威脅，爾後才能做出利用機會與減少威脅的決策。

市場機會及威脅的產生

行銷環境中所產生的機會與威脅可分為兩方面。第一，行銷環境的改變，可能會影響到某些特定市場。**市場**（market）是指一群人或組織具有共同相互滿足的需求，或有一些問題待解決，而他們有權決定透過金錢的支付來滿足這些需求或解決這些問題。然而行銷環境的改變可能使市場變大或變小，有時甚至還能夠創造新的市場。當市場具備規模或新市場產生時，市場的機會就跟著產生了。

我們以前述戴爾的情況為例，當解僱的人數增加、失業率上升、股價在低檔徘徊時，消費者與企業就會降低對個人電腦的購買意願。而戴爾對低靡的電腦市場之因應措施，就是加強其對低檔伺服器的努力。縱使經濟情況不佳，但許多企業依然需要更多的伺服器，以擴增它們的網路容量，而戴爾以低價提供伺服器的方式，果然吸引了企業客戶的注意。所以在這段期間，整個產業界的銷量減少，但戴爾的伺服器銷量卻增加了。[1]

行銷環境產生機會與威脅的第二方面，則是透過特定的行銷活動直接加以影響。網路科技的迅速進步，給予戴爾進入新市場的機會，並能為顧客做更有效的服務。顧客現在也可享有量身訂製的電腦之下單服務，並可得到終日無休的技術支援。而透過網路與顧客互動，不僅方便顧客，也降低了戴爾的成本。所以網路的利用也帶給顧客較佳的體驗，而且也增加了戴爾的收益。然而，行銷環境的改變也會造成些許威脅，許多公司正使用直銷模式，並將網路納入其行銷的運作中，此舉將使這個產業增加許多的競爭性。

總而言之，行銷從業者必須了解行銷環境，方能做出好的決策。行銷環境的改變可能產生機會與造成威脅，而二者皆會衝擊市場或直接影響行銷活動。

辨識市場機會與威脅

許多公司應用**環境掃描**（environmental scanning）來辨識重要的趨勢，

以確認現在或未來是否有市場機會或威脅的存在。圖 2-2 顯示其步驟為：辨識相關因素、決定未來可能趨勢、評估其對公司的市場與行銷活動所帶來的潛在衝擊。然而說的比做的容易，因為這些潛在的重要環境因素是互有影響、且持續改變的。

行銷從業者必須持續監督行銷環境，以確認相關領域的趨勢，而做出適當的回應。行銷環境中的某些部分較其他部分來得容易掌控。例如，公司可以透過遊說、贊助選舉及各種政治活動等，直接影響政治與法律環境；因此，許多公司均積極地運用對業務上的有力發展方式以影響政治與法律環境。反之，公司對人口統計環境就無能為力了，所以必須對當前與預期的人口統計趨勢做出判斷。最重要的是，公司的行銷環境已經發生了什麼？可能會發生什麼？然後，再決定該公司應採取哪些積極的行動來捕捉機會或避開威脅。

2-2 社會環境

社會環境
涵蓋所有有關群體的因素與趨勢，包括人口數量、特質、行為、成長預估。

社會環境（social environment）涵蓋了有關群體的因素與趨勢，包括人口數量、特質、行為、成長預估。而消費市場有許多特別的需要與問題，因此，社會環境的演變對市場的影響也有不同。社會環境的演變趨勢可能擴大某個市場的規模，卻縮減了另一個市場的規模，甚至可以創造出新的市場。我們將討論社會環境的兩個重要組成物：人口統計環境與文化環境。

圖 2-2 環境掃描法

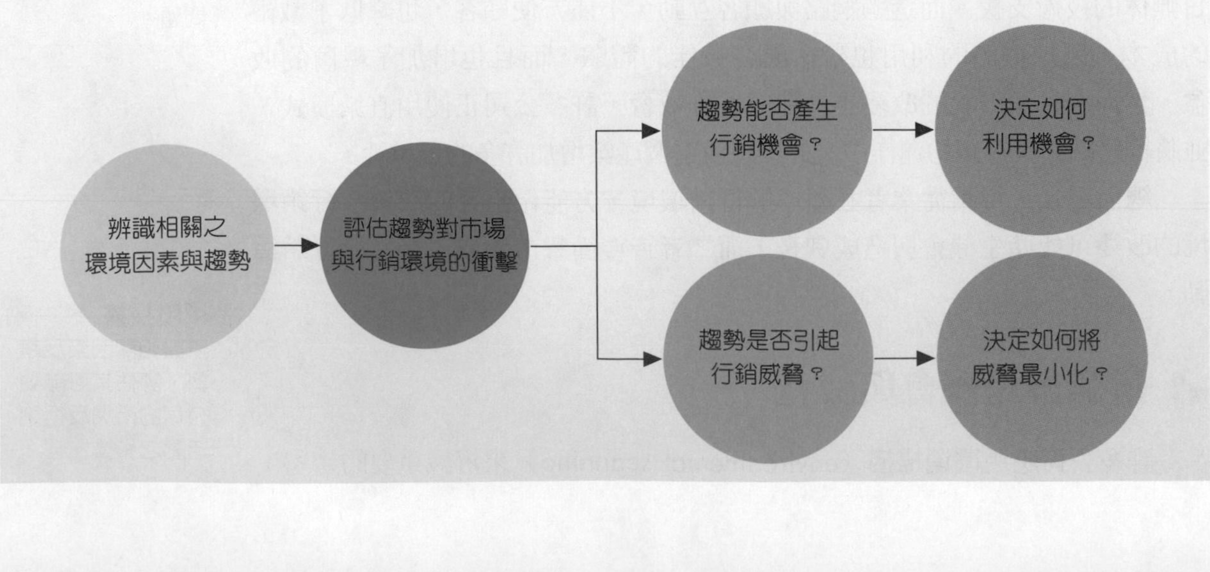

「香港過去幾年經歷了經濟蕭條，消費者與企業信心跌落到谷底，房地產崩盤，失業率攀高。然而最近兩年，商業環境則大有改善。2004年，中國政府開放內地數省人民至香港觀光，大幅地增加了零售消費額，降低了失業率，房地產價格更因此增加了30%。這些變動已經提升了消費者與企業的信心。」

李志雄（Samuel Chi-Hung Lee）的公司業務遍及亞太各國，如日本、南韓、台灣、澳洲、紐西蘭、新加坡、馬來西亞、越南、中國等地。他本身擁有 MBA 的學位，投入以香港為基地的國際行銷顧問公司工作已有 20 年之久了。

李志雄
SamLink International 公司
國際行銷顧問

人口統計環境

人口統計環境（demographic environment）是指具有不同特質的群體規模、分配和成長率。行銷從業者感興趣的人口統計是相關的購買行為，因為國家、文化、年齡層、家庭所得的不同，連帶會產生購買行為的差異。因此，具有世界觀的行銷從業者，需要熟悉包括美國在內的世界重要之人口統計趨勢。

> **人口統計環境**
> 不同特質的群體對有關購買行為之人口規模、分配和成長率，屬社會環境的一環。

全球人口成長與數量

人口數量與成長率提供了潛在市場機會的一個指標。目前全世界人口已超過 64 億，每年增加約 740 萬人。有關狀況略為整理如下：大約每秒鐘就有 4.1 個嬰兒出生，1.8 人死亡，平均每秒淨增加 2.3 人。換算為每分鐘增加 141 人，每小時則增加 8,434 人，每天增加 202,419 人，每月增加 620 萬人，每年增加 7,400 萬人。最近幾年來，世界的人口成長率趨緩了，但預估 2025 年全世界人口將會達 78 億，而在 2050 年則有 92 億之多。[2]

由圖 2-3 所顯示，各國的人口數量與成長率的差異非常大。目前人口以中國為最多，印度次之，美國居第三。印度人口的快速成長，預期未來將成為世界人口最多的國家。其他人口多且成長快的開發中國家尚有印尼、巴西、巴基斯坦、孟加拉和奈及利亞等。在已開發國家的人口成長率相當緩慢，例如，德國目前的人口約 8,240 萬，預估在 2025 年將下降為 8,060 萬人，而在 2050 年更下降到 7,360 萬人。[3]

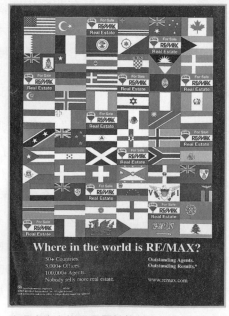

Where in the world is RE/MAX?
50+ Countries.
5,000+ Offices.
100,000+ Agents.
Nobody sells more real estate.
Outstanding Agents.
Outstanding Results.
www.remax.com

許多廠商在世界各國銷售其產品與服務。

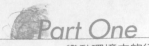
圖 2-3　　2025 年人口最多的國家

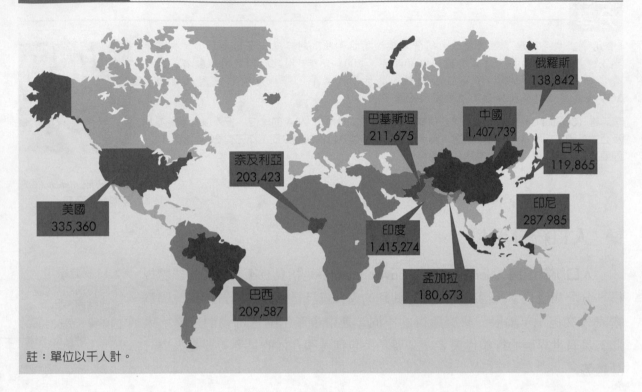

註：單位以千人計。

這些世界人口統計明顯指出，行銷從業者不能只依賴已開發國家的人口成長來做為其市場規模成長的依據。依人口數及市場成長估測，最大的市場是在開發中國家，然而，開發中國家的所得偏低，這也將限制了許多產品實際的市場規模。因此，行銷從業者必須仔細找出已開發及開發中國家裡具有吸引力且能成長的市場。

全球人口之特徵與趨勢

雖然全球與各國的人口統計是相當重要的資料，但大多數的行銷從業者卻只將目標放在人口眾多的群體裡，因此，這些群體的人口趨勢對行銷從業者之重要性是不言而喻的。

許多國家的都市人口成長是一重要的趨勢。圖 2-4 列示了世界各大都市人口之目前及未來的預估數。通常最大及最快速成長的都市都是在開發中國家，例如，墨西哥、巴西及印度。然而，許多已開發國家的都市亦有所成長，例如，1900 年美國都市人口占 39.6%，鄉村占 60.4%；但 2000 年的數字已變爲都市人口占 79%，鄉村占 21%。[4] 此意味著，大多數產品的最大與最快成長市場，都是在大部分國家的都市地區。

圖 2-4			世界最大的都市		
都市	2000 （千人）	2015 （千人，預估）	都市	2000 （千人）	2015 （千人，預估）
1. 東京，日本	34,450	36,214	6. 加爾各答，印度	13,058	16,798
2. 墨西哥市，墨西哥	18,066	20,647	7. 上海，中國	12,887	12,666
3. 紐約，美國	17,846	19,717	8. 布宜諾斯艾利斯，阿根廷	12,583	14,563
4. 聖保羅，巴西	17,099	19,963	9. 德里，印度	12,441	20,946
5. 孟買，印度	16,089	22,645	10. 洛杉磯，美國	11,814	12,904

圖 2-5			幾個參考國家的平均年齡		
國家	過去與未來之平均年齡		國家	過去與未來之平均年齡	
	1990	2010		1990	2010
義大利	36.2	42.4	中國	25.4	33.9
日本	37.2	42.2	巴西	22.9	29.2
英國	35.7	40.0	墨西哥	20.0	26.5
美國	32.9	37.4	奈及利亞	16.3	18.1
韓國（南北韓）	25.7	34.4			

　　另一有趣的趨勢則是許多國家的人口老化。圖 2-5 為一些國家過去與未來預估的平均年齡。人口老化的現象在義大利、日本、英國及美國等地特別顯著；反之，在開發中國家的人口則是年輕化的，如奈及利亞、墨西哥、巴西和中國。

　　美國人口的年齡分配也反映了這個趨勢，其中成長最快的是在 45 至 64 歲及 65 歲以上的這兩個年齡層，而所有較年輕的年齡層則有稍微減少之現象。此趨勢也帶給行銷從業者很大的啟示，亦即老年人的需要和消費習慣與年輕人是不同的。因此，行銷從業者針對不同的年齡層市場則有多種方式來因應，以下舉例說明之。

- 年幼兒童吃水果總是懶得削皮或將整顆水果拿起來啃，香吉士公司（Sunkist Fun Fruits）提供小杯容量包裝的切片水果，包裝上有兒童的圖片。香吉士採用像洋芋片包裝一樣的開啟方式，讓兒童很容易打開而享用該水果。[5]

- 不久之前，11 至 24 歲的男子很少使用香水噴霧器，但今天已經超過有 30% 的 11 至 24 歲男子使用它，甚至會搭配除臭劑和古龍水。這個成長中的市場約有 1,800 萬美元規模，而 Axe 香水噴霧公司的占有率超過 80%。但競爭者也不甘示弱，如 Old Spice 公司與 Tag 公司分別推出 Red Zone Body Spray 和 Right Guard 產品。[6]

- 許多汽車公司針對 20 歲世代及 30 歲世代的顧客層，提出不同的外型和訴求。例如，馬自達公司的 Mazda 3 強調一些突出的設計，使開車感覺輕鬆愉快；而本田公司正重新將喜美（Civic）車款改成時髦、活潑、大馬力引擎，另附有漂亮的懸吊式避震器。[7]

- 老年人口的增加，使抗老護膚產品炙手可熱。該項產品年銷售超過 100 億美元，從 2000 年至今已成長超過 71% 之多。舉例來說，這些產品有 Perfectionist CP+〔雅詩蘭黛（Estee Lauder）〕、Regenerist Perfecting 乳霜〔歐蕾（Olay）〕、Anew Clinical Line 和 Wrinkle Corrector〔雅芳（Avon）〕。[8]

另一有趣的人口統計趨勢是，美國的家庭組成方式正在改變中。美國有婚姻的家庭，從 1950 年代的 80%，降至目前的 50%；結婚而有小孩的家庭則約在 25% 左右；幾乎有 30 % 的家庭是獨居的。此外，各種不同的家庭組成方式普遍存在，例如：離婚家長撫養小孩、同性戀配偶領養小孩、單身家長、寡婦、鰥夫、同居者。不同家庭的組成方式就有不同的需要與購買行為，而這些重要趨勢都足以影響到行銷從業者。[9]

◢ 文化環境

文化環境（cultural environment）係指人類的生活與行為舉止間之相關因素與趨勢。文化因素則指特定群體中的價值觀、思想、態度、信仰與活動等，皆會影響消費者的購買行為。因此，行銷從業者需要了解不同市場的重要文化特徵與趨勢。

文化多元性

無論在國際或國內市場，文化差異性都很重要。例如，全世界有 12 億伊斯蘭教徒要求金融機構對伊斯蘭教價值觀得忠實以待，諸如不收利息或不做短線炒作或投機生意。然而，對居住伊斯蘭教國家與非伊斯蘭教國家的伊斯蘭教徒之行銷方式，卻為之不同。居住在非伊斯蘭教國家的伊斯蘭教徒，大多會權衡當地文化與伊斯蘭教價值觀，因此，行銷從業者對他們的傳播必須小心，可以利用名人代言和聯絡網方式接觸。[10]一個族群中的文化特徵，會影響到其所需的產品類型、購買方式與產品的使用。

在國際市場上有各種不同的文化族群，行銷從業者必須經常針對這些族群擬定各種特殊的行銷策略。在這方面，湯廚（Campbell's Soup）公司的策略是成敗互見。成功之例有澳洲的健康無油蔬菜湯、香港的鴨肝湯及日本的

> **文化環境**
> 指人類的生活與行為舉止之相關因素與趨勢，包括特定群體中的價值觀、思想、態度、信仰與活動等，屬於社會環境的一環。

Godiva 巧克力系列等。但該公司在某些市場卻因欠缺文化差異的了解而招致失敗，如德國的消費者不喜歡罐裝濃縮湯，他們偏好袋裝的濃縮湯顆粒；而波蘭消費者也不喜歡湯廚的速食湯，因為他們寧願在家自己煮湯。[11]

美國在人口數量及購買力上成長最多的部分，可依不同的文化族群予以說明。這些成長人口中大部分是西語裔、非裔、亞裔及中歐與東歐的人。西語裔人口成長特別快，從 1990 年至今增加 85%，達到 4,130 萬人，預計在 2050 年會有 1 億 250 萬人，占美國總人口的 25%。行銷從業者最感興趣的是不同文化族群的購買力，圖 2-6 列示各文化族群目前大致的購買力與未來預計成長數字。[12]

另一有趣的趨勢，則是不同種族與族群間的通婚。據估計，到 2050 年時，美國人口中具有黑人、白人、西語裔或亞裔血統的混血兒比例，將成長三倍，而達到 21%。歌手瑪麗亞・凱莉（Mariah Carey）及電視新聞主播索萊達・歐布來恩（Soledad O'Brien）（以上兩位均具有黑人、白人與西班牙人的血統），高爾夫球選手老虎・伍茲（Tiger Woods）（具有黑人、白人、印第安人及亞洲人血統）是這個趨勢的顯著例子。[13]

文化上的複雜性帶給行銷從業者不斷的挑戰。許多公司投入了多元文化行銷。有效的**多元文化行銷**（multicultural marketing）包含對不同的文化市場投入更深的了解與關心，以及對這些市場裡的目標族群研發相關產品。[14] 寶僑公司在多元文化行銷提供一個範例。該公司成立「多元文化事業發展處」，積極對不同文化族群展開銷售，特別是西語裔市場，它僅鎖定 12 種品牌，但為符合各個文化族群的需求，而量身訂製不同的行銷措施；其成果令人印象深刻，12 種品牌中有 6 種在西語裔市場排名第一，另外有 5 種排名第二。[15]其他多元文化行銷的成功範例列示如下頁所示：

圖 2-6　　　文化族群之購買力（以十億美元為單位）

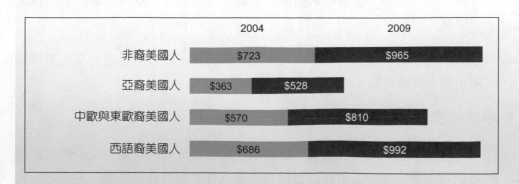

	2004	2009
非裔美國人	$723	$965
亞裔美國人	$363	$528
中歐與東歐裔美國人	$570	$810
西語裔美國人	$686	$992

已開發國家的人口正在老化，而開發中國家的人口卻很年輕。這些不同的人口統計環境趨勢，對許多廠商而言，代表著行銷機會的挑戰。

- 在一種文化市場裡，通常有許多不同的區隔。例如，有一項研究將西語裔市場劃分成 19 種不同生活型態的區隔。美國手機（U.S. Cellular）公司即鎖定年輕、都會區西語裔爲區隔市場，從這個族群獲得不少新的客戶。[16]

- 好事達（Allstate）保險公司將亞裔美國人區隔爲華人、菲律賓人、印尼人、越南人、韓國人和日本人。該公司鎖定華人市場，而對這個市場投入不少時間與金錢進行研究，並擬定一項特定語言整合行銷傳播宣傳活動，藉以吸引華人消費者。它包括廣東話和國語的電視、收音機和平面印刷品廣告，以及一個特別的中文網站，並聘用會講中文的經紀人。這個行銷方法非常成功，以致該公司必須聘用更多會講中文的經紀人。[17]

- 在美國的中歐與東歐裔市場大約有 2,000 萬人，最大的區隔市場分別是波蘭裔、俄羅斯裔、匈牙利裔、捷克裔和希臘裔。德國漢莎（Lufthansa AG）航空公司則鎖定波蘭裔與俄羅斯裔美國人爲目標，該航空公司設立一個特別網站，波蘭裔或俄羅斯裔美國人可在該網站以英文或自己的母語尋找航班。這個網站也透過收音機、電視和平面媒體，與波蘭裔或俄羅斯裔美國人接觸。這個行銷措施一開辦之後，購往中歐及東歐國家的線上機票比以往增加超過一倍以上。[18]

這些例子說明了如何利用多元文化行銷方法，在吸引特定的文化市場與區隔市場上發揮效果。

角色的變遷

已有愈來愈多的婦女進入工作職場，而家庭成員的改變也使得傳統家庭的角色爲之變化。男人不再以發展事業來支撐家庭財務做爲唯一的責任，女

人也不再以處裡家庭瑣事、照顧小孩、上雜貨店購物為其唯一責任。許多家庭的角色已改變了，區分也變得模糊。已有更多的男人將時間花在家庭與購物的瑣事上，也有愈來愈多的婦女就業而成為家庭的經濟來源。以高爾夫球為例，美國的高爾夫球人口中，女性就占了 21%，而這個比例還在成長中。其成長原因之一是有更多的婦女走出家庭當職業選手，而也有不少婦女則將其當做娛樂活動。婦女每年約花費 30 億美元在高爾夫用具、衣服、交通費、球場費及相關產品上。一項研究發現，婦女比男人更願意上高爾夫球課、對價格較不敏感、關心時尚的高爾夫球裝；而女性高爾夫球人口的成長，對於高爾夫球產品及其他相關產品的行銷從業者相當具有吸引力。[19]

婦女擔負了許多新角色，這將對行銷從業者提供具有吸引力的商機。

健康與健身的重視

另一文化趨勢則是逐漸重視健康與健身。健康生活的追求，包括更有營養的食品、規律的運動、參加各類運動活動、注重舒適健康。而對於提供此類產品與服務的廠商而言，這將是大展身手的好機會。

巧克力食品公司對潛在的商機提供一個好例子。每年全世界的巧克力銷售超過 580 億美元，其中大部分是來自不怎麼健康的牛奶巧克力糖。百樂嘉科寶集團（Barry Callebaut AG）是世界最大的可可和巧克力製造廠商。可可富有多種氨基酸可以做為抗氧化劑，對預防膽固醇、癌症、高血壓及失憶症有效。然而，這些多種氨基酸在製造巧克力的過程中被破壞殆盡。百樂嘉科寶集團公司在遏阻其被破壞的製程取得專利權，它富有多種氨基酸而對身體有好處的巧克力，目前正測試中。該公司也努力製作一些其他更有益健康的巧克力，例如加添纖維質與無糖份的巧克力食品。這些產品打算在全世界的消費者，對健康與健身重視之際及時推出。[20]

便利性的需求

家庭成員的變動、職業婦女的增加、工作的忙碌等，均會促使對便利性的需求增加。雙薪家庭通常是有錢無閒，寧願花錢免除一些如煮飯、洗衣等的家常瑣

多元文化行銷日漸重要，以便在眾多的市場中符合不同文化族群的需要。

Part One
變動環境中的行銷

Excuse me, could we have this magazine when you're done with it?

And while you're at it, give us those old office memos and that 60-page presentation you stuck in a file five years ago and haven't looked at since. We know how to make good use of it all. Since 1994, Weyerhaeuser has been collecting and recycling paper that used to be thrown into landfills – about 60 million tons in all. That's enough to fill the Empire State Building 111 times over. Today, our office paper recycling program serves three million participants, and it's growing every day. To find out how Weyerhaeuser can help your company or small business with recycling, call us at 800-867-2693.

Weyerhaeuser
The future is growing™
www.weyerhaeuser.com/recycling

很多消費者與企業都關心環保問題。

事，如此一來，能為他們提供需求的公司，就會有新的市場商機了。

市場上有許多產品與服務，都是為了因應此便利性的需求增加而產生的。現在有許多長營業時間的商店，甚至是 24 小時無休。為了購餐、領錢、取藥的方便，而增設汽車專用窗口，其他還有如洗衣、快餐、雜貨的遞送服務，以及上網購物、付帳、e-mail 溝通等，更便利性的措施也會愈來愈多。這也給行銷從業者有更多提供此類產品與服務的機會。請參閱「創造顧客價值：即使是便利商店也要更便利」專欄。

消費者主義

消費者主義（consumerism）是一種建立與保障購物者權利的運動。有人說消費者主義會在 21 世紀發展得更蓬勃，原因在於消費者的學歷普遍提高，變得更有知識與組織力了。所以消費者將會要求更多的消費資訊、更好的品質與服務，以及更可靠的產品與合理的價格。因此，回應消費者主義的最好方法，即是給消費者物美價廉的產品，誠實經營並肩負起社會的責任。

環保主義是一項逐漸受到重視的消費者議題。當全世界的消費者開始關心環保問題，其購買行為也將隨之改變。而成功的行銷從業者之回應則是提供有環保概念的產品，以傳達公司對環保問題做出貢獻的訊息。

這股環保趨勢可應用在消費與企業市場。例如，奇異電氣（General Electric）生產具有環保概念的吸塵器產品，計畫在 2010 年的企業市場上增加

創造顧客價值

即使是便利商店也要更便利

在美國，138,000 多家便利商店的大多數是銷售汽油、香菸、速食，以及消費者能在雜貨店找到的商品。目前有不少便利商店逐漸開賣更多美味的咖啡、高檔產品和昂貴的餐點，其目的是要使消費者覺得更便利，更願意來店購物與用餐。例如，Thorton's Quick Café & Market 便利商店銷售名牌產品，以及新鮮的沙拉、三明治、漢堡；The Markets of Tiger Fuel 便利商店銷售精緻熟食，以及新鮮海產；Run 便利商店裡有美味咖啡專櫃；而在 7-11 便利商店裡則賣酒、壽司、手機預付卡。

一倍的銷售。該公司也在其內部推行生產更多具有環保概念的產品，例如一項稱之為「綠色科技新主張」（Ecomagination）的宣傳活動，雖然它將努力的重點放在工業部門上面，但這種環保形象將有助於奇異電氣的小家電與照明產品在消費市場的銷售。[21]

許多開發中國家有龐大且正成長的中產階級消費者之區隔市場。在印度，許多公司鎖定其一大群中產階級的消費者。

2-3 經濟環境

經濟環境（economic environment）是指包括所得水準、商品與勞務生產等相關之因素與趨勢。人口統計及文化趨勢通常會影響各個市場規模及需要，而經濟趨勢則會影響這些市場的購買力。因此，在一些開發中國家只是人口多且增加迅速，但尚不足以提供良好的市場機會，還有賴經濟提供足夠的購買力，方能使消費者滿足其欲望及需要。

世界某一地區的經濟趨勢會影響到另一地區的行銷活動。例如，歐盟利率的調整會影響到世界貨幣市場的美元價值，而除了影響美元價格外，美國進出口額也將會連帶地受到影響。

市場機會也是經濟規模及成長的函數。**國內生產毛額**（gross domestic product, GDP）代表著一個國家生產的商品及服務之經濟規模，而 GDP 的變動會顯示經濟活動的趨勢關係。因此，各國經濟成長的變動即意味著市場機

> **經濟環境**
> 指包括所得水準、商品與勞務生產之相關因素與趨勢，而它會影響市場的購買力。

> **國內生產毛額**
> **（GDP）**
> 代表一個國家生產的商品及服務之經濟規模。

企業家精神

創造商機

在世界總人口裡，大約有 65% 的年收入不到 2,000 美元。在印度，像這樣的窮人大多居住在遠離城鎮的鄉村地區。許多公司的行銷工作鎖定在城鎮裡的中產階級及上層階級人士，但 Hindustan Lever 公司卻充分利用居住在鄉村地區之窮人的商機。該公司推出含有糖與水果成分的高品質糖果，每盒只賣 1 分美元。由於利潤不錯，該公司遂認為 5 年內就可開發出這個產品在印度的市場，而且每年具有 2 億美元營收的潛力。該公司

面臨的困難點之一是，這些居住在鄉村地區的消費者要如何得到這些產品。該公司決定利用這些地區的婦女來銷售該產品。目前有 13,000 位貧苦的婦女，在印度 50,000 個鄉村地區銷售 Lifebuoy 香皂、Clinic 洗髮精等產品。這些婦女並非是該公司的員工，而是獨立的商人。她們接受 Hindustan Lever 公司的些微貸款購買這些商品，爾後再轉售給消費者以賺取利益。

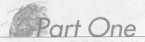
　　會也持續在變。 2001 年世界經濟成長緩慢，直至 2002 年底才開始復甦。然而，各國之間的經濟衰退與復甦情形卻又大大不同。

　　在美國和世界許多開發中國家的經濟成長率，每年大約在 3% 左右，但比日本及部分的西歐國家少。日本雖然是世界第二大經濟體，不過在 2004 年國民生產毛額成長率卻僅有 0.3% 而已，但由一些跡象顯示，其未來會逐漸好轉。西歐的情況稍微好一點，經濟成長率約 1.5% 左右。許多公司如 IBM、艾默生（Emerson）、莎拉・李（Sara Lee）、通用汽車（General Motors）均已撤退或縮小營運，以因應這種緩慢成長的局面。[22]

　　開發中的國家，特別是中國和印度，預期將有大幅的經濟成長。中國在過去 20 年間的 GDP 成長率平均為 9.5%。印度有 4.6% 的成長，預計未來 GDP 的成長將會在 5 至 8 % 左右。但並非所有的開發中國家皆成長迅速，奈及利亞和大部分非洲與中東的國家，經濟成長非常緩慢。不過，西門子（Siemens）、飛利浦電子（Philips Electronics）、花旗集團（Citigroup）、奇異電氣及其他公司，其營收成長的絕大部分是來自於開發中國家。[23]

　　注意這些國家的經濟差距，常常可以發現商機的存在。[24] 例如，許多開發中國家雖有龐大的人口襯托其經濟潛力，但消費者的平均購買力並不大。不過，這些國家裡的某些小群體也可能有很大的購買力，或未來在經濟成長後可帶來龐大的機會。例如，印度人口眾多且在持續地增加中，其國民所得雖低但仍有成長的機會；而在這個相當貧窮的國家裡，卻有約 2 億 5,000 萬中產階級的消費者，已大於全美國的市場了。在中國也有類似情形，雖然平均國民所得不高，卻有一群龐大、人口超過 1 億的中產階級快速崛起。通用汽車、寶僑、摩托羅拉等公司發現，這個中產階級市場對其銷售汽車、洗髮精和手機非常有吸引力。[25] 以下說明一些公司何以能夠找出成功的方法來對最貧窮的消費者銷售。

　　SamLink 國際行銷顧問公司李志雄論述中國的行銷機會：「中國經濟的成長帶給香港許多公司相當多的行銷機會。自從中國進入世貿組織（WTO）後，對香港產生了正面的影響，也創造了許多商機。很多本地與國際公司早已往北方的北京、上海、廣州遷移。而 2008 年夏季奧運也將在北京舉行，這將帶給香港及國際公司更多的機會。香港與中國政府也預計一起在中國南方的珠江三角洲興建自由貿易區，而它將會帶動這個區域中香港、澳門與珠海的經濟發展。」

2-4 政治與法律環境

政治與
法律環境
指影響行銷實務之
政府法令規章相關
的因素與趨勢。

　　政治與法律環境（political/legal environment）包括影響行銷實務之政府
活動、特定法令規章相關的因素與趨勢。政治與法律環境和社會及經濟環境
緊緊相扣，社會環境的壓力，如生態或健康的考量；或經濟環境的壓力，如
經濟成長減緩或失業人數高漲等，常引發政府企圖以立法來改善這些特殊情
況。而法令管理機構則透過規章的擬定與實施來執行法律。因此，行銷從業
者應重視對特定政治過程、法律、規章及其重要趨勢的了解。

◼ 全球政治趨勢

　　當今的世界經濟裡，國際政治事件對行銷活動會有重大的影響。或許全
球最大的政治趨勢，是由美國帶動並聯合世界上許多國家所組成的反恐戰
爭，這些國家對美國遭受 911 恐怖攻擊、以色列的自殺炸彈，以及喀什米爾
與菲律賓等恐怖事件都做出了回應。恐怖主義的威脅與反恐戰爭改變了人們
的生活方式，也改變了許多公司在世界各地的業務活動。例如，許多消費者
減少或變更出國旅遊的行為，大大地衝擊了所有的旅遊業者，尤其是航空
業；相反地，由於安全需要的增加，因而也產生對提供安全產品與服務的廠
商之商機。

　　另一重要政治趨勢則是從保護主義迎向自由貿易的運動。當今在世界各
地形成不同的貿易集團（trading blocs），其中最大者首推歐盟（European
Union, EU）。歐盟是由 25 個歐洲國家所組成，境內擁有 4 億 5,400 萬的消費
者及 12,500 億美元的 GDP。[26] 其成立之目標是為了排除境內所有的貿易障
礙，而使貨物相互流通。若此發展一直持續下去，各貿易集團的潛力將會帶
給行銷從業者更多機會。

　　然而自由貿易的趨勢，卻不只限於貿易集團的形成，甚至還蔓延至全球
性的層面。如關稅暨貿易總協定（General Agreement on Tariffs and Trade,
GATT），這個協定是於 1994 年由 124 個國家所簽訂的，目的在消除全球貿易
障礙。根據此協定，設立了世界貿易組織（World Trade Organization, WTO）
以做為執行單位，並在日內瓦成立法院以解決貿易上的糾紛。儘管成效不見
得盡如人意，但是它還是朝向世界自由貿易的目標邁進。WTO 目前擁有 148
個會員國，而中國則在 2001 年被允許成為 WTO 的成員之一，俄羅斯也可望
在不久的將來加入。WTO 目前正投入「多哈發展議程」（Doha Develop-ment
Agenda）的貿易談判。[27]

自由貿易具有相當大的利益。例如，最近的研究指出，在自由貿易區之內的國家擁有高度的 GDP 成長幅度。[28] 但現今要達到完全自由貿易是相當困難的，原因有二。一是受到政治壓力對某些產業過度保護的影響，美國雖是自由貿易最大的擁護者，但對進口鋼鐵反而加增關稅，並給予其國內的加拿大軟木新的農業補貼。[29] 二是自由貿易要求資金、人員、貨物都可以自由進出口，但這在反恐戰爭上會有安全方面的顧慮，因此也是很難達到的。因為保護主義有政治上的需要，以及為打擊恐怖主義的安全考量，所以自由貿易很難達成。

SamLink 國際行銷顧問公司李志雄談到 1997 年以後的香港政治環境時說：「香港回歸中國大陸已有 8 年，2005 年 3 月，香港首位特首董建華辭去了香港政治首長的職務。2005 年 7 月，舉行了首次行政長官選舉，由任職於香港公家機關已超過 30 年的曾蔭權當選。這並未對現今的政治環境帶來太多變化，然而人民有信心他能帶領香港邁向新紀元。」

■ 立法

在美國，所有組織都得面對各種國際、聯邦、州及地方政府的法律。美國法律會直接影響行銷的部分，基本上可分成兩類：鼓勵廠商間的競爭，與保護消費者及社會。每一類型之例子列示於圖 2-7 中。

鼓勵競爭之法律重點，在於避免少數廠商欺壓其他廠商，而有不當競爭得利之非法行為。這些法律所引起的特別影響，則視州或聯邦政府等不同層級法院在不同時間內的判決而有所差異。近年來，最顯著的案例即是美國政府與微軟公司之間的官司。美國政府控告微軟以壟斷力量打壓競爭者，初審由美國地方法院法官湯瑪斯・傑克生（Thomas P. Jackson）判定美國政府勝訴，微軟不服而再上訴，目前已與司法部達成和解。

消費者保護法規定廠商必須給予消費者必要的資訊，以方便他們做明智的購買決定，並確保所購買的產品是安全的。例如，正當包裝及商品標示法即規定包裝要誠實標示；而兒童保護法則限制出現在兒童電視節目裡的廣告數量。

商業新聞的報導曾充斥著一些公司題材。例如：恩隆（Enron）、世界通訊（WorldCom）、安達信（Arthur Anderson）、奎斯特通訊（Qwest Communications）、泰科（Tyco International）、環球電訊（Global Crossing）等公司，另外有關執行長的報導如瑪莎・史都華（Martha Stewart）、鄧列普（Al Dunlap）、雷肯尼（Kenneth Lay）、柯茲勞斯基（Dennis Kozlowski）等人。這

圖 2-7	影響行銷之美國重要法律

A. 促進競爭方面

法案	目的
・雪曼法（Sherman Act, 1890）	禁止壟斷
・克雷頓法（Clayton Act, 1914）	禁止反競爭性之活動
・聯邦商業委員會法（1914）	設立管理單位以執行對抗不公平競爭
・羅賓森－派特曼法（Robinson-Patman Act, 1936）	禁止價格歧視
・蘭姆商標法（Lanham Trademark Act, 1946）	保護商標與品牌名稱
・麥格尼森－摩斯法（Magnusson-Mass Act, 1975）	管理商品的保固
・美加貿易法（1988）	允許美加之自由貿易
・沙賓公司責任法（Sarbanes-Oxley Corporate Responsibility Act, 2002）	防止詐欺，並要求公司負起責任

B. 保護消費者和社會方面

法案	目的
・食品、藥品和化妝品管理法（1938）	管理食品、藥品和化妝品業
・正當包裝和標示法（1966）	管理商品的包裝與標示
・消費者信用保護法（1968）	貸款費用要完全揭露
・兒童保護和玩具安全法（1969）	禁止對兒童銷售危險之商品
・正當信用揭露法（1970）	管理信用資訊的揭示與使用
・正當債權收取措施法（1970）	管理代收債務的方法
・兒童保護法（1990）	管理對兒童電視節目的廣告
・美國身心障礙者法（1990）	禁止對身心障礙消費者的歧視
・電話勿擾法（2003）	管理電話行銷業者以電話騷擾
・電子垃圾郵件法（2003）	防止電子垃圾郵件

些新聞報導包括了偽造盈餘消息、內部交易、逃稅、抵押品詐騙、違背公平及其他不法活動，而因這些活動所引起的不公平競爭對消費者是不利的。相關政府機關則正在對這些案件進行起訴，另有可能通過新的法律以要求增加公司責任，並將以強勢手腕起訴違規者。其他國家如德國、法國、義大利、芬蘭、瑞典、香港、日本等，亦均採取不同措施，以增加公司對全球經濟的責任及義務。[30] 美國在 2002 年通過沙賓公司責任法，用以阻止公司的詐欺行為，並鼓勵公司善盡責任。

法令與管理機構

在美國，大多數的法律都是透過不同單位來執行，行銷從業者必須遵守聯邦、州及地方政府等相關單位的規定。圖 2-8 列示一些重要的聯邦機構，有些機構橫跨各產業（FTC 、 CPSC 、 EPA），有些則只是針對某些特定產業（FDA 、 ICC 、 FCC）的管理，這些管理機構對製藥業的影響力尤為顯著。一件新藥上市前，須先經過食品暨藥品管理局（FDA）的批准，以及在使用

反恐戰爭與公司醜聞將會對行銷從業者及消費者造成一段很長時間的衝擊。

科技環境
影響新產品開發與行銷過程的相關創新因素與趨勢。

上的限制規定。從 2001 年開始，由於使用不被 FDA 認同的藥品促銷方法，以及一些詐欺性的銷售與行銷做法，FDA 對許多製藥公司的罰鍰已經超過了 20 億美元。[31] 其中包括一件 8 億 7,500 萬美元的罰鍰，另外有 4 億 3,000 萬美元是對一些個別的製藥公司的罰鍰。[32]

尚有一個領域的法令逐漸受人注意，即消費者隱私權，它包括限制將消費者資訊提供給公司行號、保護消費者免於受電話或垃圾郵件（SPAM）的困擾。聯邦商業委員會（FTC）正努力以 Can Spam 法來處理眾多相關問題。[33] 它起訴首批違反電話勿擾法的廠商，是兩家分時享用（timeshare）公司與其電話行銷者，分別打電話到已依 FTC 規定登記為電話勿擾的上千位客戶，而被罰鍰 50 萬美元。[34]

2-5 科技環境

科技環境（technological environment）包括足以影響新產品開發與行銷過程的相關創新因素與趨勢。這些科技趨勢對新產品的開發提供了各種機會，並影響了各種行銷活動的推動。例如，先進的資訊與通訊技術為廠商帶來推行新產品的機會，而這些新產品的購買者又利用這些產品，改變他們自己產品的行銷方式。所以利用這些新科技產品，也能幫助行銷從業者更具生產力。

新科技能產生新的產業、新的企業，或在既有企業中產生新產品，而科技發展領先的廠商，則處於有利的地位。因此行銷從業者需要常注意科技環境，以尋找改變其地位的潛在機會。

行銷從業者也須監控科技環境的演變，以降低其對公司或產業之威脅。

圖 2-8	美國重要法律管理機構

機構	責任
• 聯邦商業委員會（FTC）	管理商業活動
• 消費者產品安全委員會（CPSC）	避免消費者使用不安全之產品
• 環保局（EPA）	保護環境
• 食品及藥品管理局（FDA）	管理食品、藥品和化妝品業
• 州際商業委員會（ICC）	管理州際運輸業
• 聯邦通訊委員會（FCC）	管理州際通訊業

新科技可讓整個產業蓄勢待發,也可讓此產業因此崩盤。例如,光纖網路影響了通訊產業,而診斷科技則影響健保產業,系統單晶片(system-on-a-chip)正影響著微處理器產業,網際網路亦大大地衝擊了零售業、金融服務業及教育事業等。[35]

請參閱下列新的且已出現之科技,如何帶來潛在的行銷機會:

- 奈米科技有控制個別原子而產生新物質的能力。此科技早已被利用且生產了許多有趣的產品:汽車兩側車板將會更輕而堅固、聚氯乙烯地板不會磨損、床墊表面不受汙染、透明的防曬油、比以前耐用兩倍時間的網球。目前已開發的產品為:更快速的半導體晶片、自動配藥器、能產生汽車動力的氫電池、能清潔海洋及清除細菌的小機器人。[36]
- 在園藝學的發展方面,也將出現一種比以前更堅韌的原料,可做為新食物與醫藥的來源,以及體力增長的新方法。雖然這些發展還在萌芽階段,但在園藝研究上卻早已生產出一種比鋼更強韌的植物纖維了。[37]
- 超長波(Ultawideband, UWB)代表無線電信號脈動能穿越電波,卻不會妨害手機交談或廣播節目。未來消防隊員可能使用 UWB 閃光燈,因它的光線能穿越牆壁,可用來搜尋受難者;而攝影錄像機裝設 UWB 晶片,可跨越房間傳送影片到電視機上;一輛有 UWB 防碰撞器的汽車則可約束其速度,以避免太接近前車而追撞。[38]

新科技是眾多新產品與服務的源頭,例如衛星收音機。

2-6 競爭環境

競爭環境(competitive environment)是由所有嘗試要服務相同顧客之組織所組成,而這些競爭者主要分成兩類:品牌競爭者和產品競爭者。**品牌競爭者**(brand competitors)與競爭對手供應同類型的產品,而做最直接的競爭。例如,耐吉與銳步(Reebok)、愛迪達(Adidas)等競爭對手,會提供同一類型運動鞋做品牌競爭。這些廠商也會鎖定相同的市場,彼此之間針鋒相對,互奪顧客。

產品競爭者(product competitors)會提供不同類型產品來滿足相同的需

競爭環境
所有嘗試要服務相同顧客之組織,包括品牌競爭者與產品競爭者。

品牌競爭者
提供相同類型產品的直接競爭者,例如達美樂披薩與必勝客披薩的競爭。

產品競爭者
多家公司提供不同類型產品來滿足相同基本需求的顧客。例如,達美樂披薩、肯德基炸雞等速食均嘗試滿足消費者需求,而各自提供不同的產品與服務。

關鍵思維

本書曾論及金融服
務業的競爭界線已
被打破。但請思考
包括本地電話業、
長途電話業、行動
電話及網路通話業
等在內的電信產業
之變化情形：

- 本地電話、長途
  電話、行動電話
  及網路電話等市
  場中，誰是主要
  競爭者？
- 這些公司的行銷
  策略是什麼？
- 電信產業發生了
  什麼競爭上的變
  化？
- 未來將發生什麼
  變化？

求。例如，達美樂披薩（Domino's Pizza）、麥當勞、肯德基等均為產品競爭者，它們嘗試以大同小異的菜單及服務來滿足顧客對速食的需要。而達美樂、麥當勞及肯德基也是品牌競爭者，它們銷售相同類型的速食給相同的顧客群。所以，達美樂的品牌競爭者有必勝客（Pizza Hut）、約翰老爹（Papa John's）及小凱撒（Little Caesar's）等。

競爭環境對大多數的廠商而言，是非常激烈而具全球性的。所以為了尋求市場機會及擬定行銷策略，行銷從業者必須找出與其相關的品牌及產品競爭者。競爭情勢正在改變的趨勢正侵襲著許多產業，某些產品競爭者為延伸其產品供應，已變成了品牌競爭者。

以金融服務業為例，以往是銀行與銀行競爭，保險公司與保險公司競爭，經紀公司與經紀公司競爭。而現在有許多銀行、保險公司、經紀公司等，都提供了一系列的金融服務產品，彼此直接競爭，尤其是透過網路進入市場的新競爭者。目前在線上開闢銀行業務、買賣證券與購買其他金融服務產品，均已十分普遍。

DVD 光碟片出租行業有種競爭現象，可能還會持續一段時間。百視達（Blockbuster）等一些零售店最先開始出租 DVD 光碟片，隨後 Netflix 在網路上推出 DVD 光碟片租借服務，爾後沃爾瑪（Wal-Mart）如法泡製，百視達也跟著跳進來，亞馬遜也緊隨而入。最後，沃爾瑪決定讓 Netflix 來經營其業務。而今，麥當勞開始在其一些速食店裡擺設自動販賣機出租 DVD 光碟。MoviebankUSA 也緊跟其後，在各地到處擺設攤位做類似工作。[39] 下一步將會如何演變呢？雖然具有複雜性與困難性，但對行銷從業者而言，隨時掌握競爭者的數量、型態及活動是極為重要的事。

2-7 機構環境

機構環境
由所有銷售產品及
服務之組織所組
成，包括行銷研究
公司、廣告代理
商、批發商、零售
商、供應商及顧
客。

機構環境（institutional environment）是由所有銷售產品及服務的組織所組成，它包括了行銷研究公司、廣告代理商、批發商、零售商、供應商及顧客。而這些機構的特徵及特別趨勢，在後面章節中將會詳細地討論。

許多組織正在改變其結構及管理方式，而這些機構環境趨勢包括再造工程、組織再造、虛擬公司、扁平化組織及授權等。組織一旦採用了這些概念，即意味著其結構及過程將做某些部分的改變，這些改變可能會影響廠商對產品種類與數量的需求，以及採購過程。

外包持續增加與延伸是一個趨勢。許多公司將一些內部工作以外包方式委託外部廠商處理。因為這些廠商專長於這些工作的處理，公司就可以較低

的成本完成它。外包從國內移向國外,從基本的生產移轉為研究發展與設計工作。例如,許多印度公司靠撰寫程式、債務處理、營運電話中心替顧客服務、半導體的設計等工作,每年賺了超過170億美元。[40]在亞洲有不少國家的公司設計不少最先進的電子產品。戴爾、惠普、新力公司銷售的筆記型電腦,約有65%是由台灣廠商提供設計與製造。[41]外包的現象將愈來愈普遍,對許多公司的未來會繼續產生變化,提供了更多的機會與威脅。

產業整合將是另一個重要趨勢。未來許多產業將由市占率高的少數廠商,以及市占率有限的眾多小廠商所組成。大部分的產業將出現整合,特別是在製藥業、金融服務業、航空業、手機業及零售業等。

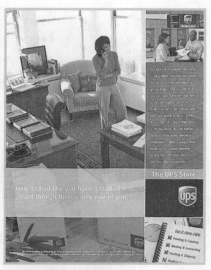

各種業務和行銷功能的外包有逐漸增加的趨勢。

企業整合對行銷從業者有兩項意義。第一,組織必須研擬行銷策略,才能在少數大廠商與多數小廠商之競爭環境下生存。第二,組織必須研擬有效的行銷策略,以服務規模大小呈現兩極化的顧客。

這些機構的趨勢也將會影響組織的營運方式。行銷從業者在服務企業顧客時,必須注意這些趨勢中的各種市場機會,並擬定有效的行銷策略。此外,對所有行銷從業者而言,這些趨勢必將影響競爭結構及行銷策略之有效性。

2-8 未來

對未來唯一能確定的,即是發生不確定性與變動性的事情將與日俱增,而且變得十分詭譎。企業與消費者,現在則必須在恐怖主義及缺乏互信下運作,而在這樣的情形下,社會、經濟、政治與法律、科技、競爭、機構環境之間的互動結果,將對行銷從業者產生複雜的未來。此時,請認清主要關鍵趨勢的因素,了解如何因時而變,以趁風氣之先而取得行銷機會的有利地位,並將威脅極小化。

行銷從業者在動盪的行銷環境下,必須創新以掌握商機。

摘要

1. **了解行銷環境的性質及其對行銷從業者的重要性。**行銷環境涵蓋了能影響組織行銷活動的外部因素。雖然行銷從業者能夠影響其中的一些因素，但這些行銷環境的大部分因素是無法掌控的。環境因素能影響市場規模與成長率，也能影響行銷的活動。而行銷環境的變化則帶給了行銷從業者機會與威脅，要認清並有效地因應這些機會與威脅，則是一大挑戰。

2. **描述社會環境的主要因素與其影響行銷的趨勢。**社會環境是指與人群有關的因素和趨勢，包括人口數量、特徵、行為、成長預測等，主要是由人口統計和文化環境所組成。人口統計環境即規模、分配與不同特徵人口的成長率；文化環境則為有關人如何生活與行為的因素與趨勢。人口統計因素與不同市場人口數量有關，文化因素則會影響這些市場的需要。

3. **了解經濟環境如何影響行銷。**經濟環境包括有關商品和服務的生產因素與趨勢，以及生產與所得之間的關係。而決定市場規模最重要的則是受經濟環境影響的消費者購買力。

4. **探討政治與法律環境如何對行銷從業者提供機會與造成威脅。**政治與法律環境包括有關政府的措施，以及法律和規章，它會直接影響市場活動。法律與規章是限制行銷從業者在一定範圍之內營運，且其與當前的政治趨勢有關。總之，行銷從業者要從這些法律與規章中辨識市場機會。

5. **了解科技環境對行銷從業者的重要性。**科技環境包括有關影響新產品發展或行銷實務改善的一切創新。科技日新月異，行銷從業者必須持續不斷地對科技環境加以觀察，以便與最新的發展並駕齊驅。

6. **了解競爭環境的差異性。**競爭環境係由所有企圖服務相同顧客之組織所組成。品牌競爭者提供了相同產品在相同市場上直接競爭。而產品競爭者則提供不同產品以滿足相同需求市場的間接競爭。

7. **了解影響行銷從業者的機構環境如何變化。**機構環境是由行銷產品及服務之所有組織所組成，它包括行銷研究機構、廣告公司、批發商和零售商。當這些機構的特徵起變化時，行銷策略就必須去服務不同的顧客群，並且要在不同的產業中做有效的競爭。

習題

1. 行銷環境的變化如何為行銷從業者帶來機會與威脅？

2. 人口統計與文化環境有什麼主要不同之處？

3. 機構環境的趨勢為何對行銷從業者很重要？

4. 網路對眾多廠商所面臨的競爭環境有什麼影響？

5. 請閱讀「創造顧客價值：即使是便利商店也要更便利」，你有何想法可以讓便利商店變得更便利？

6. 政治環境的改變如何影響法律與執行機關？

7. 在 21 世紀的行銷從業者將面臨什麼最重要的社會趨勢？

8. 請參閱「企業家精神：創造商機」一文，你有何想法可以讓行銷更有效地到達貧困的消費者之處？

9. 社會與經濟環境有什麼關聯性？

10. 新科技如何能夠幫助行銷從業者掃描與監視行銷環境？

行銷技巧的應用

1. 辨認幾項會影響你所就讀大學之註冊人數的行銷環境趨勢。討論每一項趨勢所代表的機會與威脅。你的學校應採什麼策略利用這個機會，或減少它的威脅？

2. 閱讀刊登在主要網路上的晚報新聞。在此新聞底下，請檢視並勾勒出重要的行銷環境趨勢。在看完此新聞後，請提出每個趨勢在行銷實務上可能帶來的影響。哪些趨勢代表機會？哪些趨勢代表威脅？假如行銷從業者是以一位企業家的觀點來看，請問這些潛在的威脅會變成機會嗎？

3. 拜訪一位本地公司的行銷主管，請教他如何評估行銷環境的變化。辨識在其公司裡，誰擔任環境掃描工作。並詢問這位主管哪些趨勢會影響他的公司，又有哪些廠商會對這些趨勢做出適當的回應。

網際網路在行銷上的應用

活動一
請上戴爾的網站（http://www.dell.com）。

1. 戴爾網站上，如何對顧客增加附加價值？

2. 請利用在網站上的資訊，描述與評估戴爾對全球行銷的努力。

3. 你對戴爾網站有何看法？

活動二
如同本章所言，法令規章係設計來促進廠商之間的競爭，藉以保護社會與消費者。有些網站提供法律的資訊，如：

- 聯邦商業委員會（Federal Trade Commission, http://www.ftc.gov）

- 消費者資訊中心（Consumer Information Center, http://www.pueblo.gas.gov）

- 美國資訊局（United Sates Information Agency, http://www.usia.gov）

- THOMAS: 網路法律資訊（Legislative Information on the Internet, http://www.thomas.loc.gov）

- 國家檔案管理室（National Archives and Records Administration, http://www.nara.gov）

請登上前述中的幾個網站：

1. 請挑選一條欲促進廠商之間競爭的法律，列出大綱，說明其如何影響行銷實務。

2. 請選一條要保護社會與消費者福祉的法律，列出其大綱，並說明其如何影響行銷實務。

3. 這些網站之中，哪些網站是你要推薦行銷從業者須按時經常瀏覽的？為什麼？

行 銷 決 策

個案
2-1 女子 **NBA**：女性團體運動的起飛

女性的個人運動如高爾夫球和網球早已風行多年，但在團體運動上就不太出色。在 1997 年之前，至少有三次機會可以成立女子籃球聯盟，可惜都失敗了。為什麼還有人想嘗試呢？原因在於行銷環境改變了！

近幾年來，女子大學的運動項目大有發展，並已培養出一批年輕女性運動員與球迷。尤其 1996 年在亞特蘭大舉行的夏季奧運會，女性運動員的驚人表現令人刮目相看。從此就有四種新的女性職業聯盟成立，其中之一即為女子國家籃球聯盟（WNBA）。

WNBA 成立於 1997 年 6 月，最初是由 8 個城市中的 8 支 NBA 球隊所組成。比賽季節開始於 NBA 的 6 月決賽之後，在 8 月 30 日最後一場錦標賽後結束。

WNBA 致力經營這個聯盟，而獲得許多贊助，以及在固定季節轉播球賽的合約，並獲准在 NBA（男子國家籃球聯盟）比賽期間做廣告。如此行銷努力的結果，獲得了很大的成效。

第 9 屆 WNBA 季賽在 2005 年由熱身賽開始。此聯盟一開始有 8 支球隊參賽，到 1999 年擴增為 12 支球隊，目前則有 13 支球隊參加比賽。贊助廠商諸如耐吉、施樂百、安海斯布奇（Anheuser-Busch）等增加贊助款，並陸續有新加入贊助廠商如佳得樂（Gatorade）共襄盛舉。

WNBA 的前景似乎是看好的，最近也與 ABC 及 ESPN 簽訂電視轉播合約。 WNBA 也設立一個受歡迎的網站（www.wnba.com），可以透過它與球迷溝通，並促銷該聯盟與銷售相關的商品。在 2005 年，它展開主要的促銷活動，稱之「這是我們的體育比賽」。有許多明星球員配合宣傳活動，例如：桃瑞西（Diana Taurasi）、韓默（Becky Hammer）、莎莉（Nykesha Sales）、芭恩斯（Adia Barnes）等。 WNBA 也希望其球員能夠擔負特殊角色，參與各種不同的社會服務活動。其中一項增進青少年健康快樂的活動，稱之為「WNBA 是活潑的、健康的、你也是」；另一項則為乳癌防治活動。

問題

1. 在行銷環境中，是什麼趨勢幫助 WNBA 成功？

2. 在行銷環境中，是什麼趨勢會給 WNBA 威脅？

3. 為何像耐吉、施樂百、安海斯布奇、佳得樂等公司要贊助 WNBA ？

4. WNBA 的網站（www.wnba.com）在聯盟行銷策略中扮演著什麼角色？

個案 2-2 柯達：抓住行銷機會

柯達在 2003 年推出 EasyShare 系列的數位相機。好消息是該系列相機頗受消費者喜愛，它帶給柯達數位事業部門的營收達 53 億美元，也讓柯達數位相機成為美國的市場龍頭。壞消息是該系列相機之利潤微薄，它僅給柯達數位事業部門帶來 4,600 萬美元的利潤。相反地，在高利潤的傳統底片事業部門的營收超過了 80 億美元。然而，今年傳統底片的營收預計將減少 30%，而這使得柯達的整個營收下降了 17%。

柯達對這個情勢做了幾項回應。在 2005 年的 6 月，該公司突然宣布彭安東（Antonio M. Perez）替換鄧凱達（Daniel A. Carp）為新任總經理。彭安東自 2003 年起即擔任該公司的生產部門經理，他先前曾替惠普（HP）公司創立印表機事業部門，每年的營收超過 100 億美元。他認為柯達應聚焦於三個基本事業領域：消費影像、醫療影像、商業列印。

柯達在消費數位攝影市場推出幾項新產品與服務：

- EasyShare-One 是最新型的數位相機，它能為消費者儲存與組合 1,500 張相片，並可將其以無線的電子郵件寄出。
- 新的家用印製相片機即將推出，強調附在上面有高利潤的相紙，及彩色墨水匣的銷售。
- EasyShare Gallery（www.ofoto.com）提供給 190 萬名會員存放相片的地方，且可下單印製相片及相簿。
- 消費者可以到零售商那裡列印相片。柯達在各地的零售商設置了超過 30,000 個相片列印機攤位，消費者可從那兒直接由相機或手機印製相片。

這些變革預期可以替消費者數位事業部門帶來豐碩的利潤。

在醫療影像及商業列印事業方面，也有不少的商機。柯達銷售數位放射機器及軟體，該設備可用來處理有關診斷與 X 光影像的資訊。該設備的最大目標是替醫院建立資訊網路，以及完整的醫療系統。柯達的數位健康照護事業去年成長了 20%，但也面臨了強大的競爭者，例如奇異、飛利浦、麥卡森、西門子。

在商業列印事業方面深具潛力，但目前並不賺錢。柯達必須在這個市場裡與全錄（Xerox）力拼。柯達的機器可以印製 40 英尺長的相紙，它的售價從 11,000 美元到 550 萬美元不等，有些機器每分鐘可列印 1,000 份彩色相紙。目前的數位技術已有可能對訂製的相紙列印任何數量了。一些直銷商對顧客量身印製的小張廣告傳單，這對柯達而言是一個具有吸引力的市場。

新的數位技術給柯達帶來無限商機。但要新的數位事業部門達到令人滿意的利潤收益，對該公司是一個真正的挑戰。

問題

1. 行銷環境中的什麼趨勢，驅使了柯達進入目前的市場？
2. EasyShare 系列的相機為何如此成功？
3. 你建議柯達可以在哪個行銷機會上加強？為什麼？
4. 柯達還有哪些行銷機會可以利用？

行銷策略在組織中的角色

Marketing's Strategic Role in the Organization

Chapter 3

學習目標

研讀本章後，你應該能夠

1 探討組織的三個基本層次，以及各層次的策略計畫之擬定。

2 了解組織的策略規劃過程，以及此過程中行銷的角色。

3 說明公司策略的主要決策擬定。

4 了解一般事業策略與事業行銷、產品行銷和國際行銷策略之間的關係。

5 認識在執行策略規劃中的關係與團隊的重要性。

迪士尼

透過強勢品牌及加盟連鎖店之特性，迪士尼（Disney）長期的目標是要成為世界頂尖的家庭娛樂公司。的確，該企業是以「讓人美夢成真，並帶來喜樂」為主軸。迪士尼如今已成為媒體界的一朵奇葩，它在 2004 年的營收達到 307 億美元，其中大部分來自美國與加拿大以外的地區。

該公司劃分為四個事業領域，各有其響叮噹的產品系列。其中，媒體網包括 ABC、ESPN、迪士尼頻道、ABC 家庭頻道、廣播與電視頻道及 Toon 網路等。其次，迪士尼也生產及配銷電影與電視卡通片。它的遊樂園及觀光景點包括了佛羅里達州、加州、巴黎及東京等

地，以及一艘遊輪的旅遊航線。此外，該公司有一大筆的收入是來自著名卡通人物肖像及智慧財產權之授權。每個事業領域皆需一個行銷策略，包括明確的市場區隔，再對這些不同的區隔擬定有效且具吸引力的市場組合。

儘管迪士尼有強勢的品牌及寬廣的產品線，但近年來發生資金週轉及有瑕疵的決策，曾帶給迪士尼在制定行銷策略時很大的教訓。至於現在還會浮現哪些問題，則端視該公司對其繁多而複雜的事業之管理能力了。

ABC 有兩部相當成功的影集《慾望師奶》（Desperate Housewives）和《Lost 檔案》（Lost），但其他影片的製作成本卻太高而影響收益。ESPN 現收取較高利潤的播放費率，盈餘可觀。紅極一時的影集如《海底總動員》（Finding Nemo）等之 DVD 錄影光碟銷售極佳，而動畫生產公司皮克斯（Pixar）提供迪士尼影片收益超過了 15%。複雜而不同之產品線，跨越那麼多的區隔市場，這對於一家令人尊崇、價值非凡的公司而言，在擬定行銷策略時更是一種挑戰。

是什麼原因讓微軟在創新方面有不平凡的成就，且在那麼多的軟體產品中獨占鰲頭？是什麼原因讓沃爾瑪能夠打敗昔日曾是其強大的競爭對手？是什麼原因使勞氏（Lowe's）模仿其競爭對手家居貨棧（Home Deport）後而嶄露頭角？這些問題的答案，就在於它們對行銷策略非常了解而已。[1]

迪士尼集團的複雜性，凸顯其對行銷策略妥為設計的重要性。該公司係由多個獨特事業單位所組成，各自提供廣泛的產品與服務。而策略的制定與執行，則必須考慮到公司層次、事業層次與產品層次。公司的願景陳述了公司的使命，也指引了策略與長期的規劃。在事業層次上，規劃的第一個步驟是檢視當前的情況，包括科技的變化與競爭者的影響。根據這項分析，來辨識各種威脅及各種商業機會。在決定追求新機會後，緊隨著的是目標的建立，這些目標常常以市占率、銷售量或獲利性等來表示。最後，就是訂定營運與行銷策略來完成這些目標了。在公司願景之下，對各種可行的策略均應仔細考慮與合理評估之後，策略才算完成。分析公司的優勢與弱勢，以及機會與威脅，對制定成功的策略是相當重要的，當策略開始執行，開創性即變成規劃過程的主要部分。[2]

全球許多著名公司都有其複雜的組織，它們在不同的事業領域裡出售不同的商品，而在不同的事業板塊、事業領域、法人組織、利潤中心等皆有行銷措施須規劃與執行。在現今的環境下，組織常會碰到意料之外的事件，或將它稱之為危機，它會讓公司瀕臨高度的不確定，並陷入可能的威脅裡。過去 10 年來遭遇過的經濟與政治的劇變，包括 911 恐怖事件、恩隆公司和世界通訊公司的突然倒閉、某些國家貨幣如巴西里拉與墨西哥披索的混亂，亦為明證。[3]

許多公司有單獨的事業單位，奇異電氣是一家全球性公司，有相當多的事業單位在不同的市場，從事不同產品的銷售業務。

經常有小公司在一個定義明確的市場出售少量商品。然而，公司要集中心思在產品的製作與目標市場，如此的行銷並不容易。但若公司因此成長且成功了，那麼競爭者將會一擁而入，經過一段時日後，公司就會遇上同樣的產品在同樣市場中銷售下降的情況。為了要持續成長，公司就必須擬定新的策略。通常它需要在目前的市場中提供不同樣式的產品，並將相同的產品販售到各個不同的市場，或提供新產品到新市場。這對於相當單純的單一事業、少量產品的廠商而言，將可變為多重事業、多種產品的公司。

著名的哈佛大學策略學教授波特（Michael Porter）談到，長期策略在不確定或撲朔迷離的時代裡是相當重要的。高階的行銷經理人將不斷面臨問題，即如何提出具有競爭性的策略性措施。例如，公司到底要加強廣告，或投入更多資金鞏固顧客忠誠度，或從改進服務品質著手？要去評估這些替代方案相關的優點不容易，而其決策常帶有主觀性。[4]在變化迅速的今天，公司

的執行長常淡化了行銷策略的重要性。然而成功的公司，如英特爾（Intel）、沃爾瑪、戴爾等，卻證明了須先有一個明確清晰的策略與目標，然後才能提供公司持續性的競爭優勢。[5]

迪士尼與其他公司所面臨的複雜性，對今日的行銷從業者形成了極大的挑戰性。本章將對當代多重事業、多種產品的廠商，檢視行銷對其擔負的重要角色。我們將組織分成公司（corporate）、事業（business）、功能（functional）等層次，並討論每一層次的策略規劃與策略決策。我們將討論重點放在行銷的角色上，並以探討執行策略計畫之團隊做為結束。

3-1 組織層次

公司層次（corporate level）為組織中之最高層次。公司經理處理有關整個組織的問題，而其決策與行動則會影響到所有組織裡的其他層次。**事業層次**（business level）涵蓋組織裡所有獨立管理自己業務的單位，設立的理由是為了將一個複雜的組織分解成較小的單位，並且能像獨立事業一樣地經營。這個層次會產生競爭，換言之，是事業單位與競爭的事業單位間的對抗，而非公司層次與公司層次的對抗。

功能層次（functional level）包含了事業單位內的各種功能領域。在事業單位內，大部分的工作是由不同的功能單位完成。一般的大學就是不同組織層次的最好說明，校長、副校長及其他中央管理職位代表著公司層次；大學裡的各個學院，如商學院、文學院、理學院等代表事業單位。而在每個學院中要執行不同學系的功能，這些功能包括教學、研究及行政工作，則是由教員、職員及管理員來擔任。

公司層次
任何組織中的最高層次。該層次的經理處理有關整個組織的問題，而他們的決策與行動則影響到所有組織裡的其他層次。

事業層次
將一個複雜的組織分解成較小的自給自足單位。

功能層次
事業單位內的不同功能領域。在事業單位內，大部分的工作是由不同的功能領域完成，例如行銷、會計等功能領域。

3-2 組織的策略規劃

在多重事業與多種產品的組織裡，策略規劃一般都由組織的各個層次為之。較高組織層次的策略性計畫，則用來提供較低層次的策略性計畫方向。一般來說，低層次的計畫是用來執行高層次的計畫，因此，組織層次之間的策略規劃必須加以整合，且要有一致性。

有一項針對美國及南非廠商的研究，對策略規劃做了一個說明。[6]這份報告指出，這些廠商實施策略規劃的最大效益，就是改善目標以達成績效，以及更佳的專注與願景。大多數的廠商在公司、事業、功能層次方面，均訂有

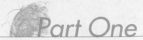
正式的策略性計畫。而在規劃的過程中，不同功能性的經理均參與其中，包括銷售經理、生產經理、行銷研究人員、產品經理、財務經理等。很多公司也將顧客的意見納入規劃的過程中。公司的部門可依產品、品牌、產品類別、地理區域、市場或稍後將解釋的子公司型態來組成，寶僑公司即為沃爾瑪公司專設了一行銷單位。不過，研究顯示，最佳方式是屬於服務顧客最有效率的組織結構，而非那些向公司採購的通路商方式。[7]

策略性計畫的類型

圖 3-1 列示了不同類型的策略性計畫及重要的策略性決策。**公司策略性計畫**（corporate strategic plan）為組織所有層次的策略性計畫提供了指導方向。完善的公司策略性計畫，與公司願景的擬定、公司目標的制定、資源的分配、成長率達成的方法、事業單位的設立等均有關聯。這些決策決定了公司的類型與期盼的類型。

事業策略性計畫（business strategic plan）表示在公司的策略性計畫中，公司裡的每一個事業單位在既定的願景、目標及成長策略下，如何在市場上做有效的競爭。同一組織內的不同事業單位可能有不同的目標與策略。例如，寶僑最近購併吉列（Gillette），亦說明了公司策略性的思維。近年來，許多公司以削減成本來改善其基本問題。現在有不少的合併公司有更多的市場力量，可以用來增強其創新產品的能力、更吸引消費者購買，或得到零售業巨擘如沃爾瑪前來採購新產品。除此之外，以這種方式將可使許多公司更有能力去開發如中國和印度的市場，而對其未來的銷售成長有所助益。合併也能增強與大零售商在談判時的價格定位，也能對私有品牌廠商帶來壓力。[8] 每

公司策略性計畫
決定公司想成為什麼樣公司的一項計畫，為組織裡所有層次的策略性計畫提供指導方向。它涉及公司願景的擬定、公司目標的制定、資源的分配、成長率達成的方法、事業單位的設立。

事業策略性計畫
指在公司策略性計畫之下，各事業單位在既定的願景、目標及成長策略下，如何在市場上做有效競爭的一項計畫。

圖 3-1	組織策略性計畫	
組織層次	**策略性計畫類型**	**主要的策略決策**
公司	公司策略性計畫	• 公司願景
		• 公司目標與資源分配
		• 公司成長策略
		• 事業單位的組成
事業	事業策略性計畫	• 市場範圍
		• 競爭優勢
行銷	行銷策略性計畫	• 目標市場方法
		• 行銷組合方法
	產品行銷計畫	• 明確的目標市場
		• 明確的行銷組合
		• 執行行動計畫

個事業皆須對相關的市場範圍，以及所強調的競爭優勢類型做決策，而這些決策是指對一般的事業策略而言。

每一事業皆有不同的功能需要執行，而各主要功能亦均須擬定策略性的計畫。因此，許多組織都會有行銷、財務、研發、製造及其他功能的策略性計畫。**行銷策略性計畫**（marketing strategic plan）描述行銷經理如何執行事業策略性的計畫，而該計畫是強調一般性的目標市場與行銷組合的方式。高露潔公司與寶僑公司的 Crest 牙刷拚得很起勁，該公司採先聚焦而後逐漸推銷到世界各地的做法亦十分奏效。高露潔公司的行銷計畫是利用媒體廣告維持「聲音市場的占有率」（share of voice），其策略是「圍繞」（surround）消費者，並單純地將目標瞄準大學生與年輕的成年人。⁹

各個事業單位皆有自己的產品行銷計畫，因而會將焦點集中在目標市場及各產品的行銷組合上。**產品行銷計畫**（product marketing plan）包括策略性決策（做什麼）及執行決策（如何做）兩項。在產品行銷計畫的層次裡，有關短線的做法與執行的問題均予列入。

必能寶（Pitney Bowes）公司初創時是一家製造郵件設備與郵資計算器的公司，但現在已是個多重事業與多種產品的公司了。影印機系統部門是該公司新事業單位之一，為了擬定與執行可以與全錄、佳能、美能達（Minolta）、柯尼卡（Konica）品牌相抗衡的行銷與產品計畫，該部門的基本事業策略是鎖定《財星》1,000 大企業，以產品品質及配銷效率，將其產品與競爭對手區隔開來。必能寶公司不以提供最低價產品做為訴求，光是這一點就與其他新進業者大不相同了。¹⁰

對許多經理人而言，品牌策略的規劃與擬定是其重要的課題。目前寶僑在品牌管理與品牌策略擬定的做法包括下列幾點：(1) 持續創新；(2) 迅速推出創新產品及技術；(3) 與其他顧客建立關係，以減少對沃爾瑪的依賴；(4) 利用不同的媒體，並對各種媒體量身製作相關的訊息；(5) 從解決消費者問題的角度進行思考。¹¹

> **行銷策略性計畫**
> 指行銷經理如何執行事業策略性的計畫，強調一般性的目標市場與行銷組合的一項功能計畫。

> **產品行銷計畫**
> 各個事業單位皆有自己的計畫，專注於特定的目標市場及各產品的行銷組合，包括策略性決策（做什麼）及執行決策（如何做）。

■ 品牌忠誠度的策略角色

如同前面第 1 章所論述美國行銷協會的定義，行銷是一種組織的功能，以及一連串為創造、傳播與傳遞價值給顧客，並經營顧客關係的過程，其目的在使組織及其利害關係人獲益。

行銷策略的目標之一就是在建立市占率，並鞏固其顧客基礎。決定市占率的因素是多方面的，然而某些特定的重要概念被認為是關鍵因素。讓顧客

Part One
變動環境中的行銷

一開始就信任與心繫於廠商的品牌，即為成功之基石。信任尤其是建立成功交易關係及一對一行銷的重心。從品牌信心開始，進而影響其購買，就會產生態度上的忠誠。經常性購買，並對品牌抱持長久而正面的態度，就是所謂的顧客基礎。顧客有堅定而正面的忠誠態度，就可防止競爭者以新的品牌進入市場，並可讓廠商將產品價格訂得高一點。[12]

大致上來說，品牌忠誠度、品牌知名度、品質認知、品牌內涵和認知聯想，在消費者心中會形成品牌權益的基礎。對消費者而言，品牌權益可以增進對市場資訊處理的能力，對決策產生自信與滿意度。對廠商而言，品牌權益可以提升行銷方案效益、提高價格的利潤、促進品牌延伸，以及強化商業關係。[13]

對大部分廠商而言，**顧客權益**（customer equity）是指廠商對所有顧客終其一生的折現值，它也確實是決定廠商長期價值的一項重要因素。顧客價值決定了廠商的價值（如同資產、不動產與研發能力一樣），而這些顧客價值也就是廠商的長期營收及利益來源，因此，建立顧客權益是行銷策略的重點。總之，行銷策略應把它們的品牌（亦即代表品質、服務、便利）做為顧客權益最重要的驅動者。[14]

顧客權益
專注於顧客的滿足，使其再次惠顧進而增加銷售與利潤。

◼ 策略規劃的過程

雖然不同的組織對策略規劃的過程方式不一樣，但其過程大致如圖 3-2 所示，這個過程適用於組織各層次的策略規劃。為方便了解策略規劃內容，我們採取逐步探討的方式。在企業世界裡，大多數公司都會同時涉及規劃過程中的各個不同步驟，並非一定要是逐步遵循。

檢視目前的情況

首先，經理人必須從公司、事業、行銷或產品的層次評估目前的情況。通常是從歷史資訊的分析來描述目前的策略，以評估目前的績效及競爭情

| 圖 3-2 | 一般策略規劃的過程 |

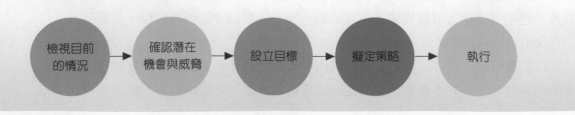

況。這種背景資訊對策略規劃過程中的其他步驟，也提供了一個基準點。在詭譎多變的時代裡，這種規劃過程可以讓經理人保持銳利的眼光；而對於嶄新的新產品，特別要注意來自政治、經濟、社會與科技來源的環境變化。[15]

在檢視目前情況的部分，許多廠商經常應用標竿學習法。**標竿學習法**（benchmarking）是一種以市場為基礎的學習過程，廠商要找出比其他廠商更佳的作業方法，以此過程增強其本身的競爭優勢。標竿學習的做法，包括了解其他廠商的產品及行銷策略之長處，以及產生該長處的潛力是什麼。[16]

標竿學習法
以市場為基礎的學習過程，廠商要找出比其他廠商更佳的作業方法，以此過程增強其本身的競爭優勢。

確認潛在的機會與威脅

其次，將焦點從已發生的事情轉移到可能會發生的事情上面。經理人要能辨認行銷環境中的主要趨勢，並評估這些趨勢對目前情況可能造成的衝擊，而將其區分成威脅或機會。威脅代表在目前的情況下，可能會有負面影響的潛在問題；機會則代表績效可能有改善的空間。[17]因此，Specialized 自行車零件公司就必須體認到零售業以及消費者偏好改變的趨勢。經理人要將各種威脅及機會加以排序，以便在下一個策略規劃的步驟中，能從最重要的項目開始著手。而在尋求機會時，問題項目往往會產生機會。例如，加州電力供應短缺問題，造成了一連串的停電事件；Capstone 渦輪公司對此問題做出的回應是，馬上販售以小渦輪機發動的小型電冰箱給小企業使用。[18]

設立目標

在此步驟中，經理人必須針對公司、事業、行銷及產品的層次，設立特定的目標。有代表性的目標包括了銷售、市占率與獲利能力，而這些特定的目標應以當前情況與行銷環境的分析為基礎。我們稍後將會討論不同的組織層次之目標必須一致性。例如，所有事業單位銷售目標的設立，必須符合並達成公司層次的銷售目標。

擬定策略

最後，經理人擬定策略以利各項目標的達成。而這些策略也將指引組織如何將潛在威脅降到最低，以及如何利用特定機會以獲利。此階段所擬定的策略是能在目前的情況，以及在預期的行銷環境變化下達成目標的組織計畫。請見附錄 A 的產品行銷計畫範本（附錄 A 請至本公司網站下載）。

執行

雖有明確的策略和完善的計畫，但若在執行上的努力方向錯誤或不足，

仍屬白費。當員工均具有共同的價值觀，且願接受適當的訓練，以及有充分的資源與人力做為後盾時，方能提高執行的有效性。此外，組織全體對已選擇的策略要有認同感，經理人員也能承諾盡責執行，這將是有效執行的關鍵所在。[19] 最近的研究顯示，組織上下人員對策略的認同感、執行期間高階與次階經理人的磋商，以及員工對其單位策略與公司願景一致性的了解程度，將大大地影響行銷策略的執行。[20]

行銷的角色

在許多組織裡，行銷在策略規劃過程中扮演著重要的角色。雖然有些行銷職位是列在公司層次裡，但大部分是位在事業單位內的功能層次中。圖 3-3 顯示了整個組織層次中，行銷在策略規劃中的角色。

策略性行銷（strategic marketing）係指影響公司、事業及行銷策略性計畫的行銷活動。策略性行銷活動可分成三個基本功能。第一，行銷從業者需幫助組織中的每一個人皆以市場及顧客為導向。因此，他們負責協助組織在整個策略規劃的過程中執行行銷理念。

策略性行銷
行銷活動分成三項功能：(1) 幫助組織中的每一個人皆以市場及顧客為導向；(2) 協助蒐集與分析所需要的資訊，用以檢視目前的情況、辨識行銷環環中的趨勢，以及評估這些趨勢帶來的潛在衝擊；(3) 幫助擬定公司、事業及行銷等層次之策略計畫。

圖 3-3 行銷在策略規劃中的角色

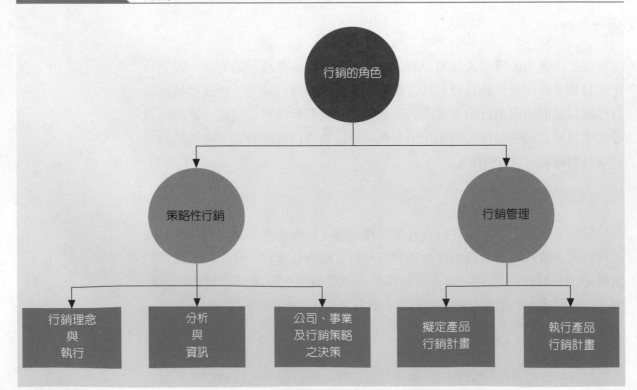

其次，行銷從業者協助蒐集與分析所需要的資訊，並用以檢視目前的情況、辨識行銷環境中的趨勢，以及評估這些趨勢所帶來的潛在衝擊。而這些資訊與分析是提供做為編製公司、事業和行銷策略計畫之用途。

第三，行銷從業者要參與公司、事業及行銷等層次之策略計畫的擬定。在各組織裡，行銷的影響力各有不同。以行銷理念為導向的組織，行銷將在策略性決策中扮演著主要角色。而將策略規劃的責任進一步推向組織下層之趨勢，會逐漸增加行銷在組織策略的規劃過程中之影響力。[21]

有一種值得推薦的事業策略做法，即組織應追求四種可行的方案。先驅者（pioneer）策略包括辨識與開發市場商機。快速追隨者（fast followers）模仿先驅者成功的產品和研發成果。成本領先者（cost leaders）經常是後來才加入該行業者，但卻加倍努力與競爭者爭取其市場位置。以顧客為中心者（customer centrics）藉著以優異服務做為後援而提供高品質產品，來創造顧客價值，其價格比先驅者低，但高於快速追隨者或成本領先者。[22]

行銷管理（marketing management）則與特定產品的行銷策略有關，其與策略性行銷的基本導向不同。策略性行銷聚焦於公司與事業層次的一般策略性決策；相反地，行銷管理則是努力地去執行個別的產品及每日所需的活動之策略。在作業層次上，行銷經理必須聚焦於顧客和競爭，以及行銷組合上的四個 P：價格（price）、產品（product）、促銷（promotion）與通路（place）。[23]

行銷的策略性角色與行銷管理，現正處於一個相當大的變化及發展的時期。而這些變化是由於一些重大的環境現象，影響了企業營運方式所造成的。起先，許多著名的公司會與供應端的專業夥伴（經常是單一的供應夥伴），以及配銷商密切合作，並希望其配銷商在服務與行銷策略的擬定上能擔任積極的角色。例如，今天的耐吉公司自己幾乎已不從事生產了，轉而將精力聚焦於行銷方面。由此而知，這些公司實際上在**企業網絡**（business networks）上，與供應商、配銷商及行銷廠商之間構成了策略聯盟。[24]

其他對於行銷發生影響的尚有知識經濟、全球化與產業整合、零碎的市場，以及苛求的顧客與消費者等。在這些變化之下，新的競爭者出現了，而市場的分布亦持續地跨越國界而變得更均勻，大眾化市場將因高度的客製化而崩解。企業顧客與個人顧客不只是要知道公司所提供的產品，更希望有多樣化及多種管道能獲得產品。某些觀察家預測，未來網際網路將促成自動化採購、匿名交易，並跳過大部分的中間商以完成任務。[25]

廠商內部的行銷角色也在轉變中。例如，一些學者型的觀察家預測，當廠商徹底變成市場導向時，跨功能的行銷活動將會應運而生。在這個假設

行銷管理
努力執行對個別的產品及每日所需的活動之特別策略決策。

企業網絡
與供應商、配銷商及行銷廠商之間構成的策略聯盟。

下，一項針對不同功能（如行銷、人際關係、會計、財務）的經理人員之研究指出，行銷除有其本身的功能績效外，還能幫助公司財務、客戶關係、新產品等績效的達成。[26] 因此，在市場變化莫測的今天，了解策略規劃過程就益顯得重要了。

以上對組織策略規劃的探討，我們已略述了各種類型的策略計畫、一般策略規劃的過程，以及行銷在這方面扮演的基本角色。有了這些背景之後，就可準備來檢視公司、事業、行銷與產品層次的主要策略性決策了。

網際網路與行銷策略

不少行銷專家曾做過夸夸之言，指出網際網路將改寫企業版圖。如今在許多網路公司倒閉之後，廠商也許就可從網際網路的業務中獲得一些寶貴的經驗了。全球對網際網路的使用持續增加，許多傳統的廠商也發現網路科技確實好用，就企業對企業（B2B）或以消費者為導向的廠商更是如此。不過，這些能脫穎而出的企業之基本條件依然是一樣的，即顧客、能力及競爭優勢，而公司也必須有吸引與留住可獲利的顧客，且能利用自己獨特能力的優勢。保持某些較具特色的競爭優勢，無論是產品或品質上的優勢、便利性、價格或價值等都屬必要。當只在線上（online-only）經營的公司確定能生存且經營甚佳，那麼大部分的公司都將會拼命地把網路科技融入其企業體制內，或利用它來改善現有的作業程序。

但問題並非廠商是否應該使用網際網路，而是要將目標放在如何利用網際網路的好處，以做為其營運及行銷策略的一部分。假如行銷策略只是單純地用來辨識所要追求的市場區隔，爾後再對這些區隔市場擬定適當的行銷組合，那麼網際網路所擔任的重要角色就變得很清楚了。[27]

很多企業也利用網際網路與供應商、大客戶聯繫；網際網路亦可直接對消費者銷售，且常被當作是另一種傳播與互動的管道。網際網路可延伸市場的普及率，以及先前未曾接觸的區域與市場。網際網路也能帶給顧客的便利性，並增進與顧客個人的關係。波特教授曾言，藉著網際網路，可擴張市場的規模，也可增加產業的效率性，以及改進傳統的作業方式。這種延伸市場的普及率，也讓先前受到地理限制的廠商及潛在的競爭者因此而受益。

網際網路最主要的效果是資訊的利用度增加，尤其是價格的透明度。這些變化確實造成廠商獲利趨於困難，因此，要擬定並維持廠商能力與競爭優勢一致的行銷策略就更加重要了。[28]

3-3 公司策略性的決策

　　圖 3-1 列示公司主要策略性的決策內容，它包括公司願景、公司目標和資源分配、公司成長策略及事業單位。

公司願景

　　公司願景（corporate vision）代表著一個組織的基本價值。願景指出組織目前的位置、預計到達的境界、如何到達該境界的方法等。如圖 3-4 所示，全面性的願景應訴求於組織的市場、主要的產品及服務、地理區域、核心競爭力、目標、基本理念、自我概念及期望的公眾形象。[29] 例如，Specialized 自行車公司即將這些議題納入其願景的陳述：「顧客滿意度、品質、創新、團隊精神及獲利能力」。

　　擬定願景的能力取決於公司對哪些事情會持續經營、以及對哪些事情會有變化的了解程度。惠普、3M、摩托羅拉、寶僑等享有長期性成功之公司，均因具有固定不變的核心價值與核心目標，而不斷地修正其策略和措施，以因應變動的世界。公司的**核心價值**（core values）代表了公司持續信念中的指導原則之一小部分，如迪士尼公司對想像力與健康的重視，也反映了該公司最重要的核心價值。**核心目標**（core purpose）則反映公司存在的理由，或為其工作套上一個理想化的動機，例如，迪士尼的核心目標是娛樂大眾，3M 則是「有創意的解決問題」（見圖 3-5）。[30]

　　有時組織則會研擬一份正式的任務聲明，並將公司的願景傳達給所有相關的團體。因此任務聲明（mission statement）即成為策略規劃過程中的一個重要因素，因為它述說了事業單位、行銷與其他功能所必須的作業範疇。

　　班傑瑞（Ben & Jerry）公司的任務聲明包括三方面：(1) 生產與銷售最佳品質的天然冰淇淋及相關產品；(2) 公司要在獲利成長且財務健全的基礎下經營，並為股東增加價值，為員工創造事業機會與金錢上的報酬；(3) 經營公司，則需知企業所扮演的角色，是在社會架構下開啟創新方法以改善社區的生活品質。[31] 該任務聲明強調了產品品質、公司績效及員工的成就，以及企業社會責任方面之重要性。

　　惠而浦（Whirlpool）公司的願景與任務聲明類似，但未提及企業在社會中的角色：「我們要製造全世界最好的家電用品，使眾人的生活變得更容易、更享受。我們的目標則是

公司願景
代表一個組織的基本價值、組織目前位置、預計到達的境界、如何到達該境界的方法，以及說明組織的市場、主要產品及服務、地理區域、核心競爭力、目標、基本理念、自我概念及期望的公眾形象。

核心價值
代表公司持續信念中指導原則的一小部分。

核心目標
反映公司存在的理由，或為其工作套上一個理想化的動機。

圖 3-4

公司願景的組成要素

- 市場
- 產品和服務
- 地理區域
- 核心競爭力
- 組織的目標
- 組織的理念
- 組織的自我概念
- 期望的公眾形象

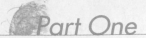
圖 3-5	核心目標：公司存在的理由

3M：以創意解決問題。
嘉吉（Cargill）：增進全世界的生活水準。
范妮梅（Fannie Mae）：藉著實施住有其屋運動，強化社會結構。
惠普：以技術來增進人類的進步與福祉。
Lost Arrow：做為角色的模範和社會變遷的工具。
Pacific Theatres：提供人們歡樂的地方，並促進社區的繁榮。
玫琳凱：給婦女無限的機會。

麥肯錫（McKinsey & Company）：協助帶領企業與政府更為成功。
默克（Merck）：維護與改善人類的生活。
耐吉：體驗競爭、獲勝、擊敗對手的心境。
新力：體驗應用進步科技使大家受益的喜悅。
Telecare Corporation：幫助心智缺陷者充分發揮其潛能。
沃爾瑪：讓一般大眾有機會買到與有錢人買到一樣的東西。

讓世界各地的每個家庭皆有惠而浦的產品。我們相互以工作為榮，建立顧客對我們品牌無懈可擊的忠誠度，以及令全球投資者興奮的高報酬績效。」[32]

而萬豪飯店（Marriott）的做法也與一些公司相類似。當管理階層擬定公司與旅館部門的任務聲明後，公司所屬的 250 家旅館便分別釐訂其任務聲明。而每家旅館的幹部則花了三天時間參加願景訓練，訂定了其旅館的任務聲明。[33]

為有效地面對未來的競爭，圖 3-6 中列舉了一些問題，以供高階主管在建構公司願景時，可以不斷地自我詢問。最後兩題則是近來被視為成功的競爭基礎，亦即廠商的相對優勢與卓越核心競爭力構成競爭優勢的來源。**核心競爭力**（core competency）反映出組織內員工所擁有的各種技術。聯邦快遞（Federal Express）對包裹的傳遞，是建立在條碼科技、無線通訊與網路管理三者的整合管理上。國際飛機製造者波音公司，在其網站上列出了三種核心競爭力，即：(1) 詳盡的顧客知識與聚焦；(2) 大規模的系統整合；(3) 細膩而有效的設計及生產系統。[34] 對微軟而言，管理當局的素質決定了它做為成功的軟體供應商之要件。人力資本（human capital）和眾多的資源相結合，構成重要的資產，帶給 IBM 輝煌成果與卓越的核心競爭力。[35] 由這些核心競爭力產生的競爭優勢，可轉變成卓越的財務績效。

核心競爭力
反映組織內員工所擁有的各種技術，提供了競爭優勢的基礎。

圖 3-6	公司願景的主要問題

1. 未來要服務哪一類的顧客？
2. 未來要透過什麼通路接觸這一類的顧客？
3. 誰是未來的競爭者？
4. 何處是未來的獲利來源？
5. 未來要參與何種最終產品的市場？
6. 未來的競爭優勢基礎是什麼？
7. 擁有何種技術或能力，能夠在未來出類拔萃？

任務聲明

　　聯合利華的使命，乃是將活力注入生活中，提供各種營養、衛生與個人保養的產品，滿足消費者的日常生活需求，讓大家神清氣爽，容光煥發，生活更有勁。

　　我們在世界各地融入當地的文化，並努力耕耘其市場，俾使我們與消費者建立起牢固的關係，而成為我們未來成長的基礎。我們將以我們所擁有的廣大知識與國際專技，跨越地區性與國家界線，來為各地的消費者服務。

　　為了永續經營的成功，我們承諾對經營績效與生產力要訂定較高的標準，也願意接受新的觀念與不斷的學習，並將其有效地融入我們工作之中。

　　我們相信，為了成功，就得以最高標準要求公司的行為，要以誠懇的態度對待與我們一起工作的任何人、接觸的社區，以及會受我們影響的環境。

　　為了我們的股東、員工和企業夥伴的福祉，讓公司持續不斷且要獲利的成長，是我們堅持要走的路。

使命陳述可以提供公司的領導方向，以及行銷策略的釐訂。聯合利華（Unilever）公司願景分享，讓其各個不同部門的員工對日常的決策有所遵循。

經驗分享

「米其林對於新策略的擬定已超過百年。米其林在 1891 年以製造第一條自行車輪胎而進入輪胎業。自行車的修理工作從 3 小時（另外加上夜間的烘乾）降低到 15 分鐘，這是米其林偉大的發明。當世界的移動工具從自行車轉為汽車、火車、飛機，以及重型挖土機和農業耕耘機、摩托車，甚至於太空梭，米其林在這場移動革命中從不缺席。除其輪胎製造技術多元化外，並延伸其市場範圍。最近米其林開拓許多新事業領域，但不直接觸及輪胎的銷售。米其林對產品經營的態度是開發與移動有關的新產品，諸如在『米其林人』部門的擋風玻璃擦拭布、汽車後面行李箱、駕駛手套等均屬之。除此之外，在『米其林商業解答』部門則是一個從搖籃到墳墓相關成本的節省都可諮商的地方。」

楊潔英
米其林公司傳播處經理

楊潔英（Jaye Young）是米其林（Michelin）美國卡車輪胎公司的傳播處經理。她畢業於南加州大學，獲有行銷學士學位，早先在銷售及人力資源部門擔任管理職位。

公司目標與資源分配

　　第二項主要的公司策略性決策領域，涉及了整個組織目標的設定，以及如何將這些目標與資源分配到各事業單位及各項產品上。雖然公司願景對公司提供一般整體的方向，但公司目標則是希望在某特定時間內能達成的績效水準。公司需建立多方面的目標，其中最重要的是財務目標，而具有代表性的財務目標有銷售成長、利潤、利潤成長、每股盈餘、投資報酬率及股價等。有些投資分析師提議，公司的一切活動應以顧客資產價值（the value of customer assets）的提升為主。所謂顧客資產價值是依顧客滿意度、顧客關係的強弱勢而定的，顧客資產價值包括新爭取到且能影響公司未來獲利能力的

顧客，而此點也最爲重要。[36]

對行銷從業者而言，最關心的莫過於銷售與銷售成長目標了。雖然與銷售相關的目標是由公司層次來設定，但實際的銷售則是要靠販賣一件件的產品給一位位的顧客來達成。因此，公司的銷售目標會影響到組織各單位的行銷活動，如圖 3-7 所示。

假設公司今年的銷售成長目標爲 10%，要達成這個結果，管理當局必須將這個目標分配給每一個事業單位及產品部門。如果所有的產品部門與事業單位皆能達到公司所指派的目標，則組織將可達成其預期的成長目標。

圖 3-7 中列示了銷售成長目標，分派給第 1 事業單位的爲 10%、第 2 事業單位爲 8%、第 3 事業單位則是 12%。然後將每一事業單位的銷售成長目標，進一步分配給每一事業單位特定產品的銷售。由於各種產品的銷售成長機會均各不相同，因此銷售成長目標並非是平均地分配到每一產品上。若每一產品均達成預期的銷售成長，則該事業單位亦將完成其銷售成長的目標，而假設每一單位皆如此，那麼組織就可達成 10% 的目標了。

這種目標層級代表著組織的銷售成長計畫。我們將公司的資源分配到事業單位，而事業單位也將資源分配到產品部門。第 3 事業單位接受到比其他單位更多的資源，B 產品部門接受第 1 事業單位的資源較其他兩種產品部門爲多。事業單位或產品部門的成長目標愈高，就需要愈多的資源來完成所要的成長目標。

公司目標與資源分配有兩方面會影響到行銷從業者。首先，行銷從業者要參與不同組織層次目標的設定。雖然各公司行銷從業者參與的程度各有不同，但若要設定合乎實際的目標，則往往需要行銷從業者提供市場的資訊與分析。評估市場規模與成長的趨勢，以及競爭者可能的動向，則是目標設定與資源分配中不可或缺的資訊。

其次，公司目標與資源分配之決策，爲擬定及執行事業與行銷策略提供了指導方針。例如，第 1 事業單位 B 產品部門與 C 產品部門的行銷經理有不同的目標，並接受不同程度的資源以用來達成這些目標。因此，他們可能會針對其產品擬

圖 3-7　銷售成長目標階層

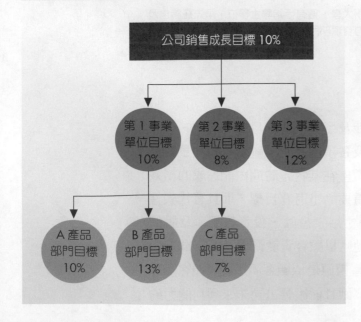

定並執行不同的行銷策略。

　　雖然成長與新顧客的產生，在傳統上是相當重要的，但是各公司已逐漸把加強顧客關係及慰留顧客做為組織的目標。經常提到以顧客關係為公司目標，是為了基於：(1) 慰留最能獲利的顧客；(2) 對既有顧客增加銷售量；(3) 保護核心顧客不致被競爭者搶走。事實上，**顧客關係管理**（customer relationship management, CRM）已成為許多公司的指導方針。簡言之，CRM 是設計來與顧客持續交換意見，並應用各種維持聯繫的方法，對最有價值的顧客施以個人專有的待遇，以便增加顧客慰留率之有效的行銷策略。華頓商學院（Wharton School of Business）的戴喬治（George Day）教授歸納出成功的市場導向，公司有兩項重要的能力：

1. 對市場有靈敏感覺的能力：卓越的組織應能持續不斷地嗅出市場的變化，並以行銷行動投入這個變化中。
2. 維繫顧客的能力：要有技巧地處理個別顧客之需要，並將其快速傳達給相關部門而加以解決，以達成和諧的顧客關係。[37]

　　不幸的是，許多公司推行顧客關係管理失敗而遭受慘痛的代價。許多公司欣然把顧客關係管理當做萬靈丹，以為有它就能讓公司聚焦於顧客上面，卻忽略了若沒有以顧客為中心的文化也是枉然。失敗的理由包括只重視科技、忽視顧客的終身價值、缺乏管理當局的支持。[38]

■ 公司成長策略

　　公司成長策略說明達成公司成長目標的一般方法，圖 3-8 顯示了四種選項。

　　市場滲透策略（market penetration strategy）是指以既有產品在既有市場內達到成長目標的決策。組織需要說服既有顧客增購其產品，或增加新的顧客群。而這特別需要積極的行銷策略，亦即增加行銷傳播、推展促銷活動、降價或其他活動等，以使生意興隆。

　　市場擴張策略（market expansion strategy）是指將既有的產品銷售到新的市場上。新的市場可能是同一地理區域內不同的市場區隔，或是不同的地理區域上相同的目標市場。例如，Specialized 自行車公司經由新的零售經銷商擴大了配銷通路，進而擴張了新的市場。[39]

　　產品擴張策略（product expansion strategy）是指在相同的市場銷售新的產品。組織想從既有之顧客基礎上做更多的生意，例如，耐吉公司不願放棄

顧客關係管理（CRM）
設計來與顧客達成長期交往，建立各種聯繫，對最有價值的顧客實施個人化方式的待遇，用以增加顧客的維繫及行銷的有效性。

市場滲透策略
以既有產品在既有市場內達到成長目標的決策，說服既有顧客增購其產品，或增添新的顧客群。

市場擴張策略
一種公司的成長策略，將既有產品銷售到新的市場（同一地理區域內不同的市場區隔，或是不同地理區域之相同目標市場）。

產品擴張策略
對相同的顧客銷售新的產品。

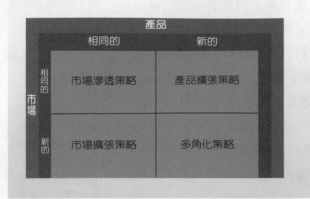

圖 3-8　公司成長的策略選項

每年在全球有 40 億美元營收的運動鞋事業，但是運動鞋又屬成熟事業，所以耐吉想要擴張事業版圖而進行擴張策略，希望轉型爲全球性的運動與健身公司。[40] 耐吉於是計畫爲高爾夫球員提供 82 種新庫存單位（stock keeping units, SKU）的球鞋，以做爲其擴張策略的一部分。這些新增產品上有老虎‧伍茲的簽名字樣，這項擴張至高爾夫產品的業務，將以「耐吉高爾夫」（Nike Golf）做爲商標，而以獨立公司方式來經營。[41]

有一種對新產品推出的有趣現象，亦即現今許多市場上的大公司，幾乎已沒有新的創新產品上市了。而這種（錯誤）的看法，稱之爲「在職者魔咒」（incumbent's curse）。許多學者與從業者認爲，這些大公司反應遲鈍，只會偶爾推出一些新品應景而已。不過，事實卻相反，由最近的一份歷史資料分析得知，二次世界大戰以後，一些完全嶄新而有創意的耐久財及辦公用品，都是由現今市場上某些大公司所推出的。[42]

多角化策略（diversification strategy）係指擴張新產品到新的市場上。這是一種極具風險的成長策略，因爲組織無法將其直接建立在既有市場或既有產品的優勢上。然而，多角化的經營在程度上也有所不同。**非關聯多角化**（unrelated diversification）是指新產品及新市場與現在的經營方式無共通性；**關聯多角化**（related diversification）則發生在新產品及新市場與現在的經營方式有一些共通性。百視達公司進入音樂零售業後，與原錄影帶出租業也有一些關聯，因爲兩者均屬電子娛樂業的零售活動。

杜邦公司追求「永續成長」的策略，希望有更多的各國人士成爲其顧客，期使市場的開發能夠促進與維繫經濟繁榮、社會公平以及環境保護。爲了追求這些崇高的目標，杜邦的成長目標建立在以其科學的資源，應用在強化環境品質之基礎上，而這也增加了新的事業機會。例如，該公司的地板材料事業單位，已從銷售地毯業務擴增爲規劃地毯使用年限、回收老舊地毯，以及鋪設與維護等業務了。[43] 惠而浦的成長策略是以「建立無懈可擊的顧客忠誠度」爲基礎，它意味著原以生產導向的組織，轉爲聚焦顧客導向的組織。這個承諾也證明了品牌權益的評估，需要包括顧客的認知與態度，以及財務績效的評估。[44]

楊潔英論述國際策略導向的重要性：「米其林很清楚地認定今天的市場

多角化策略
擴張新產品到新的市場，它是極具風險的成長策略，因爲組織無法將其直接建立在既有市場或既有產品的優勢上面。

非關聯多角化
與既有的經營毫無共通性的產品或服務方式。

關聯多角化
新產品及新市場與現在的經營方式有一些共通性（例如錄影帶出租業進入音樂零售業）。

是全球化的市場。如今，米其林集團在各大洲設有工廠，銷售產品到 170 多個國家。雖然，米其林在不同的國家採用適合當地的行銷策略，並在各國銷售不同的產品，卻都在各國投入重金來建立一句口頭禪『前途光明』（A better way forward）。在美國對輪胎使用者則為『你的輪胎經得起考驗』（Because so much is riding on your tires），它逐漸成為一項寶貴的廣告資產了。對任何公司而言，全球化策略的重要性是無可置疑的。在重視環境之際，『前途光明』意味著我們的奉獻逐漸對全球的可搬動機械工具產生了進步。無論我們住在哪個國家，這個願景與傳達的訊息都是一樣的。」

事業單位的組成

在追求公司成長策略時，組織可能會經營許多不同的產品與市場領域之業務，而它須透過設計好的事業單位來執行特定的事業策略。**策略事業單位**（**strategic business unit, SBU**）將焦點放在「單一產品或品牌、單一產品線，或滿足共同市場需要的相關產品組合上，而該事業單位的管理階層需要負起全部（或大部分）的事業功能。」[45] 公司將會面對該組織的架構問題，是否要將相關功能聚集一起，或是以半自治的事業單位來運作。獨立的事業單位之好處在於盈虧自負，且可產生更多的創業行為。

從法律觀點來看，策略事業單位有時是屬於獨立的事業。例如，施樂百公司一度是由 Dean Witter Reynolds（投資公司）、Coldwell Banker（房地產）、好事達保險公司（Allstate Insurance），以及基本的零售事業——施樂百商品集團（Sears Merchandise Group）所組成。而在其他的個案中，公司管理階層建立策略事業單位（SBU）是為了方便規劃與營運控制。此外，當情況需要時，也可以改變這些策略事業單位（SBU）的任務指派。奇異電氣公司也是由約 20 個事業單位所組成，其中包括飛機引擎、設備用品、NBC 與工業系統等；在其設備用品的領域中，有多達 11 條產品線在營運，包括洗衣機、烘乾機、冰箱與微波爐。

如今，廠商改變事業的組成，已是件稀鬆平常之事了。公司的瘦身動作常會導致廠商從某些事業領域中退出。例如，施樂百公司賣掉了所有或部分的投資、不動產及保險事業後，回頭專心於經營零售事業。[46] 然而不論公司是否決定增加或減少策略事業單位的數目，一旦事業組成建立後，各事業單位就要擬定其個別獨立的策略。理光（Ricoh）公司藉著併購如 Lanier 和 Savin 公司，以發展其影印事業的投資版圖，而這些被併購的單位品牌名稱仍保留著，以便在特定的市場區隔內發揮優勢。[47]

關鍵思維

- 請你挑選一家公司，你認為該公司可以從公司成長策略的制定中得到哪些好處？
- 請討論本章所述及的每一項成長策略如何在該公司裡被推行？
- 請依該公司每一項成長策略的優缺點，評估其成功的可能性後，你決定哪一項策略成效最大？

策略事業單位（SBU）
屬於公司的一個單位，專注於單一產品或品牌、單一產品線，或滿足共同市場需要的相關產品組合，而該事業單位的管理階層要負起基本的事業功能。

新力公司成功地推出混合相關產品線，以對抗其他的競爭對手。

對許多公司而言，擴張決策是由其策略事業單位群共同的決定。家庭用品，特別是非食品類、調味品和調味醬，代表 Clorox's 三個策略事業單位的產品。

在策略事業單位層次是強調行銷策略，並將重心放在市場區隔化、目標市場與定位（第 7 章將詳細討論這些主題），以便決定如何在所選定的事業上去做競爭。[48] 公司事業單位的結構也可用波士頓顧問集團（Boston Consulting Group）的成長—占有率矩陣，來評估市占率及市場成長率。圖 3-9 即是一個簡易的描述矩陣。

該矩陣圖將公司策略事業單位的組合劃分為四大類：即明星、金牛、落水狗及問題。明星事業在高成長的市場裡有很大的占有率，而這些產品是有利潤的，且需要公司的投資以維持其持續性的績效。相反地，金牛事業則在緩慢成長的市場裡有很大的市占率，這些產品產生的現金大於維持市占率所需的費用；因此，金牛事業提供資金以支援其他的策略事業單位。落水狗事業在低成長的市場裡之市占率不大，且是準備結束或脫手的事業。剩下的即為問題事業，是屬於有問題的策略事業單位。可以想像到的是，這些單位的市占率低，但若處於高成長的市場中，應該被支持並投資以躍升其市占率；若有可能的話，這個問題事業應該也可變為明星事業。

多年來，這項評估公司產品或事業版圖的策略事業單位之方法，已被證明是有用的。考慮事業單位層次的策略，有助於管理當局更接近顧客、競爭者與成本，以保持策略的重心。這種以市占率及市場成長率為基礎的簡易矩陣，現已擴大納入市場吸引力（不是市場成長率）及事業優勢（不是市占率），而使其定義達到更完整的境界。[49] 遺憾的是，這些事業投資組合均過於強調市占率的成長，以及進入高度成長的事業中，而忽略了既有的事業管理之問題。[50]

最近對策略形成的想法，已不再探討明星及問題的策略事業單位了。新的行銷策略思想強調「可以是什麼」（what can be），而非「是什麼」（what is），並且去重視那些既有事業單位的技術所無法做到的成長機會。許多公司也開始重新定義策略，以尋求具有創意的成長與有效競爭的方法。思考如何將產品與事業在產業中定位，

則策略應著重於具有挑戰性的產業規則，以創造明日之產業。沃爾瑪在零售業的做法，以及嘉信（Charles Schwab）在經紀業的做法等亦為其例。[51]

現在許多公司常成立以能力為基礎的策略事業單位，企圖建立持久的競爭優勢，亦即其策略在一些困難的情況下不會被競爭對手取得應用，也無法將其複製。換言之，公司獨特的優勢和資源要用來指引事業單位的布局，以替代目前的市場定位與成長之做法。[52]

| 圖 3-9 | 簡易的成長—占有率矩陣 |

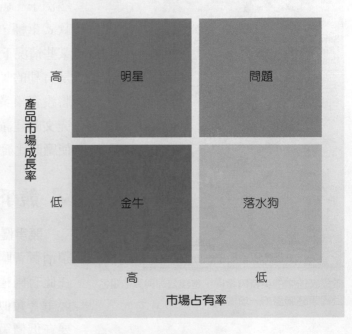

3-4 事業策略的決策

事業策略之基本目標，在於決定事業單位如何在競爭上獲得成功，亦即如何將事業單位的技術與資源，轉成市場中的優勢定位。管理當局應該要草擬一份令競爭者難以複製的策略，俾使其事業能維持優勢。例如，有些零售業者選擇在最佳地點開設零售店，並有效地將競爭者排除在該地區之外，因而獲得持久性的優勢。其他的零售業者雖然嘗試以低價取得優勢，然而價格的優勢是難以維持的，因為競爭者通常也都會馬上跟進。

事業策略是由一般策略，以及像行銷等不同的事業功能之特定策略所組成。一般策略是基於兩個構面，即市場範圍與競爭優勢。

▪ 市場範圍

市場範圍（market scope）是指事業單位如何界定其目標市場有多寬廣。一個極端的做法是，一事業單位可選擇一寬廣的市場範圍，並將市場裡的大多數消費者做為其訴求之對象。也可以將所有的消費者視為大眾市場裡的一部分；可能的做法則是把整個市場加以區隔，再鎖定其中的部分或全部區隔後的市場。採取寬廣市場範圍策略的例子如耐吉公司，它從運動鞋推展到幾乎占整個運動用品的市場。另一極端的例子，則是一事業單

市場範圍
一個事業單位如何界定其目標市場的大小。

反集團化
集團化公司的分解行為，將其投資事業組合轉變成為一相關性較低的事業。

可口可樂利用著名的品牌和預期的口味，做為固定的軟性飲料產品組合工具。

戴爾廣告中的英特爾零件，是該公司與其他知名
公司策略聯盟的一項做法。

位僅重視市場的一小部分。集焦式市場範圍策略的一個例子，就是國際知名的本田汽車公司推出的限量新款式車輛，不同於美國汽車廠商大量推出的策略。在某些情況下，廠商若應用**反集團化**（deconglomeration）是有利的；反集團化是指集團化的公司之分解行為，將投資事業組合轉變成為一相關性較低的事業。有研究文獻建議，這樣的公司策略會影響到事業策略，而使廠商比競爭對手更具創新與顧客導向。[53]

競爭優勢

競爭優勢（competitive advantage）是指企業試圖讓消費者購買其產品，而對競爭者的產品視若無睹，在此有兩種基本策略可供利用。企業可以嘗試提供與競爭者類似，但價格較低的產品及服務與之競爭；而要在低價策略上成功，一般的做法是事業單位的成本

競爭優勢
試圖透過較低的價格或差異化的方式，讓消費者購買其產品，而對競爭者的產品視若無睹。

結構需較競爭者為低。沃爾瑪是實施低價策略成功的範例，它提供了與其他零售商相同品牌而較低售價的商品，使它能夠維持這種優勢且又能獲利的主要原因，在於它有低廉的成本結構，並且還能持續不斷地尋求成本降低方法，唯有此能力方能產生競爭優勢。沃爾瑪的低成本結構是來自於營運管理與採購的技巧。廠商應尋求這些具有特色的技巧或能力，以便擁有獨特的競爭優勢。[54]

當然企業也可透過差異化方法來從事競爭，亦即提供消費者一些不同而

創造顧客價值

聯邦快遞：顧客關係帶來了成功

當運輸市場顯出蕭條冷清的時候，聯邦快遞公司傾力提高顧客價值，以提升其市場定位。增強顧客關係管理亦為其中的一部分，諸如列帳、請款、貨品追蹤，都成為其整合系統裡可分享的資訊。該公司 4,000 多家代理商的顧客滿意度及生產力已獲改善。在投遞貨品的服務方面，前台員工與顧客之間更具默契。與 Kinko's 連鎖店的合併後，顧客可直接從 Windows 的螢幕上抓取交運資料，再列印出來。此外，該公司正進行一項線上忠誠方案，用以促進與中小企業更密切的關係。在中國，聯邦快遞公司正發揮其國際優勢，而成為業務發展最迅速的地方。為支援在中國的業務發展，該公司更在美國阿拉斯加州安格治（Achorage）建立了一座大型貨品轉運中心。

優於競爭者的產品。若使這個差異化做成功了，那麼該企業通常就會開始索取比競爭者更高一點的價格。例如，妮夢‧瑪珂絲（Neiman Marcus）百貨公司提供不同於競爭者的產品組合與額外服務，而消費者也樂意支付高價來換取這些好處。

■ 一般事業策略

結合市場範圍與競爭優勢的決策，會產生如圖 3-10 所示的四種一般事業策略。而此圖表是以航空業的策略為範例。[55]

大部分的主要航空公司，如美國航空（American Airlines）、聯合航空（United Airlines）及達美航空（Delta Airlines）等，均採用廣泛且有差異的策略。這些全球航運業者在許多相同的航線上相互競爭，但試圖在服務、常客優惠方案及其他優點上顯示差異化。所以，這些航空公司就必須具有價格競爭力，不過其主要策略卻聚焦於非價格因素的差異化上面。

在航空業常可見範圍寬廣與低價之策略，但有數家業者在執行此策略時並未成功，例如 People's Express 、 Braniff 及 Eastern 等航空公司。這些失敗業者的原因是無法充分地降低成本結構，因而導致無法在低票價下獲利。

西南航空（Southwest Airlines）算是採行這種策略而獲得成功的業者。該公司於 1971 年開始採用狹窄範圍及低價策略，使其連續 29 年均獲利。目前其航線遍及 58 個城市，而且尚在擴充中，因此，其市場範圍也正在加寬中。西南航空能做到其他大多數業者所無法做到的事：即使市場範圍是處在寬廣之中，也不添加任何一點多餘的服務（no-frills）。[56]

當西南航空擴充其市場範圍時，許多主要的業者也宣布進行短程載運市場的計畫。大陸航空（Continental Airlines）早已與 CALite 航空進入短程載運市場，美國航空、達美與聯合航空也有類似的計畫。主要業者都試圖借用西南航空的成功策略。[57] 例如，達美與法航（Air France）及瑞航（Swiss-air）以策略聯盟來擴充航線。此外，達美航空與美國其他東南部地區的業者也以合作方式進入短程的旅遊市場；而最近為了方便進入美國東部的市場，更併購了 Comair 航空公司。[58]

三強之說（The Rule of Three）認為在許多成熟的市場裡，會因競爭關係而造成彼此之間有

圖 3-10　　一般事業策略

		市場範圍	
		集中	寬廣
競爭優勢	低價	● 易捷航空（Easyjet） ● 萊恩航空（Ryanair） ● 捷藍航空（Jet Blue）	● 西南航空
	差異	● Comair ● 阿拉斯加航空 ● Midwest	● 美國航空 ● 達美航空 ● 聯合航空

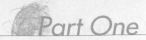
類似的結構。而這三大玩家也常提出一系列廣泛相關的產品與服務，在最主要的市場區隔裡互相競爭。例如，石油業的埃克森美孚（ExxonMobil）公司與雪佛龍德士古（Chevron Texaco）公司，以及嬰兒食品業的嘉寶（Gerber）、比納（Beech-Nut）食品及亨氏（Heinz）食品。謝斯（Sheth）及席索迪亞（Sisodia）兩位學者認為小玩家（smaller players）必須去精彫細琢較小的利基市場，而那個市場則是它們能夠服務周到的地方。[59]

3-5 行銷策略決策

本書第 1 章曾論及，行銷策略就是選擇目標市場與擬定行銷組合，而其他章節將就這些內容細節加以討論。本節將提出兩種基本行銷策略概論，並討論其國際行銷策略。

行銷策略在事業單位的層次上是屬於功能性策略，在產品層次上則屬於作業策略。這兩種策略在決策特定性上有所不同，事業策略決策相對的是一般性，用以提供所有事業層次行銷活動的方向；產品策略決策則是非常特定的，因為這些決策要指導個別產品行銷活動的實際運作。圖 3-11 列示這兩種行銷策略決策類型的比較。

事業行銷策略

事業行銷策略必須與一般事業策略一致。例如，若一般事業策略包括一集中的市場範圍，那麼目標市場策略即必須聚焦於僅存的少數區隔化後的市場上，或許只有一個也說不定。如果一般事業策略是低價格，那麼價格策略也必須是低價格。除了這些明顯限制外，一般來說每一行銷策略內容皆有數項策略可供選擇。

由於來自投資者對財務監控的要求，再加上內部及材料成本的遞增，以及競爭對手的增加，吉列公司更新其行銷策略。策略的改變包括淘汰沒有績

圖 3-11	事業與產品之行銷策略	
決策內容	事業行銷策略	產品行銷策略
目標市場	區隔化或大眾化	對特定目標市場的定義
產品	不同產品的數目	每項產品的特色
價格	一般競爭價格的層級	特定的價格
配銷	一般配銷政策	特定的配銷商
行銷傳播	強調一般性的行銷傳播工具	特定的行銷傳播方案

效的產品、推出女性專用的新型除毛刀、對有前途的產品線增加品牌支援等。2001 年時，吉列公司在其 Mach 3 的品牌上與廣告代理商 BBDO 密切配合，動用了 4,200 萬美元的廣告費。[60]

在這幅廣告裡，新科技的特色被用來強調 Land Rover 車款能克服任何自然環境。

鈖星（Saturn）汽車則鎖定廣泛的市場範圍，但卻細分成幾個明確的區隔市場，並分別擬定個別的策略。它提供較窄的產品線，但每一款車又有許多選擇性。此外，以價值做為訂價基礎，經銷商無權談判，只有經其選定的經銷商方能銷售鈖星汽車。在行銷傳播方面，對於告知消費者到經銷商地點的廣告與推銷人員銷售車輛的廣告，二者之間皆採取中立立場。

把社會責任當成一項策略

有些公司把社會責任做為其策略的驅動者，這種誠摯的策略導向是有利且被稱許的。根據一項對利害關係人團體（再次參閱美國行銷協會的新定義）包括股東、員工、少數族群、公眾和顧客之調查指出，排名最佳的公司有通用磨坊（General Mills）、英特爾、IBM、雅芳（Avon）和美國電話電報公司（AT&T）。以社會責任做為公司與行銷策略的原則有下列幾點：[61]

進入策略
進入國際市場銷售產品的方法，一般採取出口、合資創業與直接投資。

企業家精神

Abercrombie & Fitch 公司：區隔化青少年

　　Abercrombie & Fitch 公司體認到大學生不願意與一般國中生混在一起，因此，A&F 要擴張其業務到較年少者的市場區隔時，在原先區隔的市場裡仍努力維持其主力。這就是 A&F 想要在大學生年齡與年輕成年人維持酷的一面，又不想讓 A&F 的定位上對較年少者的顧客缺乏吸引力之原因。A&F 開始成立名為 Hollister 的低價連鎖店，專門接待 14 到 18 歲的顧客。這家連鎖店有足夠的本錢去和以價值為導向的美國之鷹（American Eagle）商店火拼。第三家連鎖店名為「小 a 的

Abercrombie」，鎖定 7 到 14 歲的顧客，現已有 100 多家分店。這種創業工作需要創新的策略，以便有效管理與協調不同但有互補性的產品線與行銷組合。

　　最近，A&F 考慮往國際發展，進行工作之一是建立一個名為 Ruehl 的新品牌。它似乎是想定位在年紀比 A&F 大的顧客群，在風格上則較 J. Crew 及 Banana Republic 等品牌新穎，但在價格上卻能與之相抗衡。

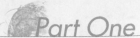

關鍵思維

- 是什麼樣的規劃議題，使鈛星汽車製造商必須決定是否使用標準化的行銷策略，以便在歐洲促銷它們的汽車？
- 在行銷成本上，是什麼因素的影響讓標準化的策略無用武之地？
- 哪一種行銷策略讓 BMW 在美國行得通，但卻在歐洲受挫？

出口

將產品賣給國際市場購買者，可以採取直接或利用中間商的方式。

1. 以公平、公開的態度對待顧客，對顧客查詢與客訴立即回應。
2. 以公平態度對待員工、供應商和配銷商。
3. 關心公司和供應鏈的營運措施對環境的衝擊程度。
4. 所做所爲與道德標準一致。

產品行銷策略

產品行銷策略需要非常明確性的決策（見圖 3-11）。如目標市場的詳細定義、產品特色與選擇、建立精確的價格、辨識可靠的經銷商、擬定詳細的行銷傳播方案。

這些決策必須與一般事業策略和事業行銷策略相一致。例如，鈛星每一款車之目標市場，需適合於一般事業策略的市場範圍。事業單位對每一產品線內的每一車款做決定，而對這事業內的產品設立價格指導方針，並選擇合適的經銷商，擬定與事業傳播策略類似的傳播策略。

國際行銷策略

擬定有效的國際行銷策略需要有創意的思考。但基本上，現代的行銷均聚焦於已開發國家（或國家中已開發的區隔市場），雖然大部分的世界市場都在這些區隔市場之外。銷售洗衣機給日本消費者，需要了解應如何向擁有狹小居家空間者推銷。而全球網路則提供爲家人購置產品並貨送到府的機會，由於通訊基礎設備不足，卻也造就了可以與顧客之間溝通的手機之出現。[62]

擬定國際行銷策略必須提出兩項關鍵內容：選擇進入策略與決定策略導向。

進入策略

進入策略（entry strategy）是指進入國際市場銷售產品的方法。一般的選擇包括出口、合資創業與直接投資，而每一項在投資程度與控制權方面均各有利弊。

出口（exporting）是將產品賣給國際市場的購買者之一種方法。出口

西門子以全球化觀念做爲行銷策略的基礎，來橫跨各個市場。

者可以將產品直接賣給國際市場之購買者，或利用中間商，如本國之出口商或進口國之進口商來運作。出口只需要最低限度的投資，但它給行銷從業者的控制權也是有限的。開利（Carrier）冷氣、卡特彼勒施工設備、克萊斯勒（Chrysler）汽車等，都是積極從事出口的廠商。[63]

另一極端例子是**直接投資**（direct investment），即業者直接在國外投資生產、銷售、配銷或其他作業。直接投資通常需要大筆的資源，但它可讓業者在行銷作業上獲得最大的控制權限。例如，王安電腦（Wang Laboratories）強調直接投資，它在世界各地設立了 175 個銷售及配銷辦事處。[64] 英國的吉百利（Cadbury Schweppes PLC）食品公司併購了 Industrias Dulciora SA 公司，使吉百利擁有西班牙糖果市場的第二大市占率。[65]

而介於上述兩種極端之間的則是各種**合資創業**（joint ventures）。合資創業包括在兩個或更多組織之間，或在國際市場從事銷售產品的任何安排，如授權合約、締結製造協議、策略夥伴的權益投資等。創業投資例子如蘋果電腦將其 PowerPC 晶片授權給亞洲廠商，如台灣的宏碁；而瑞士的西巴－蓋吉（Ciba-Geigy AG）公司與中國的青島藥業（Qingdao Pesticides Factory）為殺蟲劑合資創業，成立名為青島西巴農產（Qingdao Ciba Agro）的公司；達美航空也與維京大西洋航空（Virgin Atlantic Airways）簽訂行銷夥伴關係，成立共用航班與使用倫敦希思羅（Heathrow）機場的起落權。[66]

國際策略導向

在國際市場營運的公司，亦可以使用兩種不同導向的行銷策略。在**標準化行銷策略**（standardized marketing strategy）下，廠商將在所有的國際市場發展與執行相同的產品、價格、配銷及促銷計畫。而在**客製化行銷策略**（customized marketing strategy）下，廠商則在每一目標市場國家中發展與執行不同的行銷組合。[67] 大部分的國際行銷策略均介於此兩者之間，或傾向於其中之一端。

這些不同的行銷組合可能涉及傳播組合、產品本身或兩者之間的改變。在公司層次裡，**全球化策略**（global strategy）視全世界為一全球化的市場。**多國策略**（multinational strategy）也體認到國家的差異性，而將不同國家的結合視為一個投資組合的市場。

例如，可口可樂除了人工糖精成分與包裝外，即應用了大型標準化行銷策略，使其品牌名稱、濃縮配方、市場定位及廣告等在世界各國皆相同。[68] 包括花旗銀行、麥當勞、百事、銳步等行銷從業者，致力於以一種品牌和訊息來吸引今天全世界的消費者。如百事公司的幽默形象為人所公認，該公司

直接投資
直接在國外投資生產、銷售、配銷或其他作業，需要大量的資源投資，可讓業者在行銷作業上獲得最大的控制權限。

合資創業
安排兩個或兩個以上的組織之間在國際市場從事銷售產品，如授權合約、締結製造協議、策略夥伴的權益投資等。

標準化行銷策略
在所有的國際市場裡均應用同樣的產品、價格、配銷及傳播計畫。

客製化行銷策略
在國際行銷上對各個目標市場國家採取不同的行銷組合。

全球化策略
視全世界為一全球化市場的公司層次策略。

多國策略
承認國家的差異性，而將不同國家結合視為一個投資組合的市場。

麥當勞是一家能夠用全球化標準策略精神做為其推廣工作的公司。但在各國之間，產品的差異也是常見之事。

也將相同的策略行之於全球。同樣地，麥當勞正以全球相同的方法，向年輕的成年人揮手。[69]

一些行銷專家則建議，創立全球品牌要注意其需求性。事實上，若從國外營收百分比來看，只有極少數的全球化品牌，如可口可樂、吉列、幫寶適（Pampers）、萬寶路（Marlboro）、家樂氏（Kellogg）與雀巢（Nescafé）等，能從國外市場獲得約 50% 的營收。相反地，許多知名的品牌並非如我們所想的全球化，如湯廚只有 6% 的營收是來於自海外。而在許多案例中，尤其在 911 之後，國外市場有了文化抵制的動機，反而給本土性或區域性品牌提供了公司擴張的機會。[70]

反之，日產（Nissan）則使用了更客製化的行銷策略，將汽車調整成適合當地的需要與品味；日產 Micra 車款的成功，是因其乃特別為英國狹窄道路而設計的。[71] 同樣地，湯廚濃湯將產品調配為適合當地的口味，而獲得更多的銷售額，例如在墨西哥市場推出辣椒奶油濃湯，而使其銷量大增。[72]

有些公司將客製化轉為標準化行銷策略。傳統上，家電用品是以客製化產品方式在各國銷售，但是惠而浦經深入研究後發現，從葡萄牙到芬蘭的家庭主婦有太多的共同性了。所以現在該公司在 25 個國家裡，均以相同的行銷策略販售相同的家電用品。[73]

標準化決策的適用，有時也會存在一些衝突的因素，但這些因素有利於包括生產、行銷努力、研發等標準化，而達到經濟規模利益。此外，歐洲加速經濟整合及全球化競爭的加劇，皆有利於標準化。不過，在許多案例中，由於需求與使用情況的不同，也使行銷組合必須做一些修正。不同的使用情況、政府相關管制的影響、不同的消費行為及當地的競爭等因素，均有利於國際策略的實施。適應問題也須與行銷觀念的市場導向原則一致。因此，標準化可能僅適用在品牌已具全球化的認知，以及只需一點知識就能使用的產品，如汽水及牛仔褲等之類。[74]

一項針對 35 家發展強而有力且成功的日本、歐洲及美國公司之跨國品牌的研究顯示，要有效地將品牌全球化，有以下四個觀念：

1. 在跨國之間促使洞察力與最佳實務的分享。
2. 支持全球化共同品牌規劃過程。

3. 指定各品牌管理責任，建立跨國觀念以去除本土化偏見。

4. 實施建立傑出品牌策略。[75]

3-6 執行策略性計畫

發展策略是一件事，而有效地執行又是另一件事。有效執行策略性計畫的途徑之一，是鼓勵組織裡的人合作以達成組織目標，並引起組織裡關係的發展。在此，有兩種重要的團隊類型：跨越不同功能領域的團隊，以及行銷功能之內的團隊。此外，在某些情況下合作行銷聯盟則有助於進行策略性的目標。

跨功能的團隊

在傳統上，組織內的不同功能部門大多各自獨立運作。製造部門從事製造、工程部門從事工程設計、行銷部門從事行銷、會計部門從事會計工作，而這些功能之間均少有直接聯繫。其原始工作的本身，有時往往是敵對甚於合作，尤其是因每個功能皆有不同目標，於是遂各就各有利之位置去運作。

圖 3-12 即顯示了行銷功能與其他不同組織功能的原始工作。為了要讓不同功能人員形成一個團隊一起工作，顯然有其困難。當生產部門有可能生產更多的便宜產品時，為何要去關心行銷部門的利益呢？在這種情況下，一個功能部門沒有理由去關心另一部門，而基本上它們也不會這麼做。

問題是，若一組織不生產消費者要買的產品，則無論其生產成本多低都沒有用。已有愈來愈多的組織了解到這一點而採取行銷理念，亦即組織中的每一個人要專注於滿足顧客的需要，但滿足顧客的需要則得靠組織內的團隊合作。

藉由團隊的聯繫，許多組織已克服了功能部門的目標與原始工作的差異性。它鼓勵達成組織的目標，例如，以顧客滿意度取代諸如僅以低成本生產之功能目標。

在跨功能團隊中令人關注的範例，是組成多重功能的團隊來服務顧客。例如，惠普、杜邦、拍立得（Polaroid）及信諾保險（CIGNA）等公司，組合了包含行銷、製造、工程及研發部門的多重功能團隊，定期拜訪特定客戶。其目的為促使含有不同功能專長的員工之團隊，能全方位去發展以客為尊

圖 3-12	事業功能導向
功能	**基本導向**
行銷	吸引並留住顧客
製造	以最低的成本製造產品
財務	預算之控制
會計	財務報表的標準化
採購	以最低的成本採購產品
研發	開發最新科技
工程	設計產品規格

的觀念，並蒐集對顧客相關且可用的行銷資訊，以改善與顧客的關係。

日產成立了 9 個跨功能團隊（CFTs），以做為其轉換中心。CFTs 代表一種強而有力的手段，能讓管理階層看清楚超越功能與區域界線的眞正職責。例如，銷售與行銷團隊由國內外銷售行政副總經理、採購與銷售及行銷經理組成。此團隊後來成功地決定了一家全球廣告代理商，並減少日本的配銷商，而使得行銷成本減少了 20% 。[76] 一項針對 141 個跨功能團隊的研究顯示，成功的跨功能團隊在創新方面可產生下列功能：擴展成員對團隊的認同而非僅限自己的領域、資深管理階層的關心與監控、增加團隊成員的內聚力、讓團隊關心顧客的投入。[77]

■ 行銷團隊

在行銷功能中，團隊的工作並不普遍。不同的行銷功能常是獨立運作的，如廣告人員從事廣告活動、業務員販售產品、品牌經理管理其品牌，而行銷研究人員則從事其行銷研究。在許多公司裡，不同行銷功能部門之間亦很少合作。但今天具領導地位的公司正對其行銷工作加以整合，並要求不同行銷功能的部門之間加強聯繫。

例如，許多消費品製造商的品牌經理、業務員及銷售經理，與行銷研究人員之間加強協調，以便執行爲各家零售店量身訂製的行銷方案。他們以團隊工作的方式，找尋每家商店有關顧客的資訊，然後銷售及品牌經理一起爲每家商店進行改善營收及利潤的特定行銷計畫。

柯達公司的組織重組，即說明了行銷團隊的重要性。爲了將產品導向轉爲行銷導向的理念，該公司成立了一個小組，以整合過去各自營運的廣告、促銷、公共關係、銷售及行銷研究等行銷功能。而整合後的小組，則一起工作並擬定與推行所有的行銷計畫。[78]

寶僑公司利用「事業管理團隊」的方法來經營其 11 個產品品項，以促進全球化品牌的成功。該團隊由四位經理組成，並由行政副總領軍，他有權決定每一地區的研發、製造及行銷事宜。例如，歐洲健身及美容用品主管也兼任全球美髮類品團隊的主管。因為這個團隊皆由高階主管組成，故在執行決策時不會有組織的障礙。[79]

許多組織都強調跨功能的團隊，以克服因追求功能性目標而造成的障礙，例如低成本的生產而非長期性的顧客滿足。惠普公司以跨功能團隊推出新產品，增強了市場的接受度。

■ 合作行銷聯盟

合作行銷聯盟（comarketing alliances）包括提供各公司間在市場上互補產品之協定。如微軟與 IBM 的聯盟，也幫助了微軟的成長。這一類的聯盟將會愈來愈多，而促使原先相互競爭的廠商得到特別資源。成功的合作行銷聯盟決定於對夥伴人選的細心挑選，以及夥伴之間力量及利潤的平衡關係。類似與供應商、顧客及員工之間的關係，對合作行銷聯盟關係的信任與承諾，將有助於提升合作與互利的績效。[80] IBM 過去一年裡曾邀請 50 位企業軟體專家為其策略夥伴，透過硬體、服務及資料庫方案的銷售，而增加了 7 億美元的營收。[81]

解決方案的銷售現已相當普遍了，這種方式係同時搭配數種產品進行銷售。值得玩味的是，過去彼此競爭的廠商，如今竟團結在一起。例如，泰森（Tyson）與貝氏堡（Pillsbury）公司建立全面性的夥伴關係，雙方從使用全國性廣告到爭取零售商支持等一起合作，共同致力於切丁蔬菜與切塊雞肉的銷售。[82]

其他聯盟如西北航空與威士（Visa）、家樂氏的水果餡餅（Pop-Tarts）與 Smuckers 公司的果凍（Jelly）、克魯伯（Krups）的咖啡機與 Godiva 巧克力。此外，還有桂格燕麥（Quaker Oats）與雀巢合作，開發類似糖果的格蘭諾拉（granola）燕麥捲；美泰兒（Mattle）也與寶僑合作共享資訊，一起促銷它們的紙尿褲品牌「幫寶適遊戲時間」（Pampers Playtime）。被零售商接受的共同品牌信用卡（如 Rich's 和威士）也日漸增多，它也可提高參與聯盟的零售商之可見度。決定這些聯盟的成功因素，則包括了消費者以前對兩種品牌的態度，以及兩種品牌與產品之間合適性之認知。愈是眾所皆知的知名品牌，在品牌聯盟上愈能產生正面效果，尤其是知名的品牌〔如英特爾、紐特（NutraSweet）〕有明確的權益存在，因其傳達了在品質與績效強於一般品牌的特色。[83] 研究顯示，競爭者之間的水平聯盟，在新產品聯合開發案上常會有提升效果的能力，原因在於對市場及產品有共識，可以有效增進資訊的利用性。[84]

合作行銷聯盟
兩家不同的公司協定提供在市場裡可以互補的產品或科技。

摘要

1. 探討組織的三個基本層次以及各層次的策略計畫之擬定。組織可定義為三個基本層次，公司層次是最高級，負責提出所有組織內相關的議題；事業層次是市場競爭中的基本層次，由組織裡各單位所組成，運作如同獨立的企業一樣；功能層次則包括事業單位裡的所有各不同功能的部門。在每一個層次上均需擬定策略計畫，而公司與事業的策略計畫是提供行銷策略計畫與產品計畫擬定的準則。

2. 了解組織的策略規劃過程以及此過程中行銷的角色。一般行銷規劃過程包含檢視當前情況、評估行銷環境的趨勢以辨識潛在的威脅與機會，以及在此分析的基礎下設定目標。策略行銷描述公司與事業層次的行銷活動，行銷管理則強調為個別產品及服務擬定與執行行銷的策略。

3. 說明公司策略的主要決策擬定。公司層次的主要決策包括建立公司願景、擬定公司目標與分配資源、確認公司成長策略、界定事業單位組成體制。公司策略的決策影響所有較低層次的策略規劃，在所有較低層次的策略規劃，則是被設計來執行公司策略。

4. 了解一般事業策略與事業行銷、產品行銷與國際行銷策略之間的關係。一般事業策略需要有關市場範圍與競爭優勢的決策。市場範圍可從集中延伸到寬廣地區，競爭優勢則可根據訂價或差異化而來。結合市場範圍與競爭優勢選項可產生四個一般策略。廠商的事業行銷策略必須由其一般事業策略所組成。市場範圍與競爭優勢之決策直接影響事業行銷策略，產品行銷策略則必須被結合與用來執行事業行銷策略。國際行銷策略需要有關進入之方法與策略導向的決策。

5. 認識在執行策略規劃中的關係與團隊的重要性。在當今複雜的企業環境裡，需要橫跨不同事業功能領域和在行銷功能各部門的合作。為了徹底執行策略計畫，組成跨功能及行銷的團隊是必要的。

習題

1. 廠商的公司願景如何影響其行銷的運作？

2. 新的、單一產品企業與大型、多重產品公司，在行銷上有何不同？

3. 公司成長策略的基本選項有哪些？

4. 請回顧「創造顧客價值」一文。什麼因素決定了聯邦快遞的顧客長期價值？

5. 如何區分事業行銷策略與產品行銷策略的不同？

6. 什麼是影響執行策略性計畫的關鍵因素？

7. 請列出不同的 Abercrombie & Fitch 商店類型？不同類型的商店將目標鎖定在不同地區的市場有什麼危險？

8. 在第 2 章所論述的「了解行銷環境」，對擬定行銷計畫有何助益？

9. 為何廠商要改變其事業層次的組合？

10. 公司層次目標如何影響行銷的運作？

11. 品牌權益是什麼？為何它對行銷策略具有重要性？

12. 策略性規劃過程的每一步驟如何增進顧客基礎的發展？

13. 策略性行銷與行銷管理主要差異是什麼？這些差異如何與各組織層次發生關聯性？

14. 進入國際市場的各種策略之優缺點是什麼？

行銷技巧的應用

1. 閱讀任何一家廠商的年報,以年報中的資訊描述該廠商的公司、事業與行銷策略。

2. 挑選《商業週刊》、《財星》或任何一本商業刊物,指出其中一些不同的公司應用成長策略的例子。

3. 拜訪本地廠商的一位行銷主管,詢問其公司擬定的策略計畫有哪幾種,每一種計畫內容又為

何。這個方法與附錄 A 之行銷計畫是否一樣?

4. 請指出目前哪一項廣告活動是合作行銷聯盟的例子。推論是什麼原因使這兩家公司成為夥伴,以及想從市場中獲得何種合作行銷聯盟的綜效(亦即它們彼此的產品之間所無法得到的好處)?

網際網路在行銷上的應用

活動一
請上迪士尼的網頁。

1. 在此網站所提及的核心競爭力與公司願景是什麼?

2. 在這家大公司裡,其事業群如何組成?

3. 此網站如何描述迪士尼重視其產品與服務的品質?

活動二
找一家供應多條產品線且為你所欣賞的公司之網頁

1. 你為何會選擇此家公司?

2. 這家公司的策略事業單位如何組成?

3. 此公司的任務有哪些?哪些行銷策略用來支持這些任務?

4. 描述對此公司產品行銷策略中較感興趣的一項主要產品優點。

行銷決策

個案 3-1 　紅牛公司:Y 世代的飲料

當新時代飲料在 1990 年代裡出現時,紅牛(Red Bull)公司就以精力(energy)飲料進入市場。該公司光是這一項產品,在非咖啡因市場就有 70% 的占有率。產業分析家預估在 2007 年時,精力飲料市場將有 10 億美元的規模。對「反權威性」產品的渴望,且與極限運動綁在一起,使其更增添一股流行風潮。紅牛公司的行銷逐漸從口耳相傳,轉到正式的電視廣告。小巧的瓶罐及小容量的產品包裝,讓配銷工作很容易跨越社團或直營店來達

成,且以較高而有利潤的售價,大約以 1.99 美元賣給奧斯汀(Austrian)公司及其他配銷商。

在新的競爭者,包括南灘(SoBe)公司的 Adrenaline Rush 和 Amp 之品牌飲料的競爭壓力下,專家認為紅牛公司應找尋新方法,將產品賣給極限運動愛好者以外的人。直到最近,該公司已成功地將產品推向 18 到 24 歲年齡的消費者。不過,由於品牌具有鮮明的形象,以致無法吸引 30 歲以上年齡層的消費者。有些人表示,該飲料

喝起來似乎有酒精調配的味道。

　　為應付日漸競爭的局面，紅牛公司改變其策略，轉而支持歐洲 PGA 運動比賽（一項非極限的運動）。 2004 年推出一種無糖飲料，以吸引婦女及擔心碳水化合物會致胖人士的喜愛。由於市占率已掉到 54.4%，目前該公司打算除吸引年輕的男性運動員飲用之外，也加強對夜貓族、大學生的推廣。

問題

1. 紅牛公司的行銷組合是什麼？該公司嘗試要進入哪一個市場？行銷組合要素與目標市場如何結合而成為公司的行銷策略？
2. 哪一種成長策略最有可能在未來帶來商機？
3. 該公司面臨哪些倫理問題？
4. 當紅牛公司擴張到其他國家時，有哪些國際行銷問題要加以考慮？

個案
3-2　維京大西洋航空：正飛向美國市場

行銷決策

　　維京航空相對於老大臃腫的英航（British Aurways），可是相當地出名。維京在英國是從劣勢中脫穎而出，並在有利可圖的大西洋航線中成為最大贏家。在小而狹窄的英國環境裡，維京廣獲好評，此家公司的積極促銷，以及對空中旅遊費率和服務的訂價方式，已建立起強烈的品牌認同感。公司的商譽、不顧一切勇往直前的精神，在創新、金錢價值與歡樂元素的努力，確實是歷歷在目。

　　維京正利用此理念積極努力地進入美國市場。但在美國市場中將面對更頑強的敵手，以及在大量應用行銷的環境下，維京是否有能力在美國成功依然是個問題。維京採取的行動之一是在紐約時代廣場開設一家面積擁有 7,500 平方呎的大型商場，它被形容為全世界最大的唱片、電影、書籍及多媒體的商店。在英國，維京的軟性飲料品牌排名在百事之上，而現也已引進美國市場。維京航空在英國確實受到商務旅遊人士的肯定，最近它也開始積極地促銷可用來支付全部或部分的假日旅遊、推薦旅館、搭機及租車的優惠卡。

　　維京也爭取到更多的貸款來與英航一比高下，其酷炫（cool）的形象已在英國建立起很好的利基。維京可樂事業的成功在於其價格，而航空事業的成功則在於獨特的顧客服務與創意的促銷及廣告。然而，橫阻維京在美國努力奮鬥的眼前事物卻是險峻的。

　　重大的改變極可能對維京航空在行銷策略和營運上帶來衝擊。橫渡大西洋班機的業績受到國際事件的影響，這些航線是維京與英航的生命線。最近該公司首航澳大利亞，並將添購飛機，準備發展重要的市場。該公司也尋求改善與香港和中國的相關航線問題，而在其國際計畫方面，也包括可能與另外一家公司合作以進入利潤不錯的中國市場，以及新近獲得進入印度的飛航權。

問題

1. 維京航空要擴張英國以外的市場，其主要障礙是什麼？
2. 當產品是以同品牌（維京）在不同的基礎上（價格對照服務）被差異化，請問會發生什麼問題？
3. 911 事件之後，航空公司如何改變其行銷策略？

Part Two

購買行為

Buying Behavior

消費者購買行為及決策

Consumer Buying Behavior and Decision Making

研讀本章後，你應該能夠

1 論述消費者行為的重要性。

2 了解消費者的決策和影響決策之重要因素。

3 區分低度涉入和高度涉入的消費者行為。

4 了解態度如何影響消費者的購買。

5 了解社會環境如何影響消費者行為。

6 確認個別消費者影響購買決策和行為的眾多差異性。

7 滿意與不滿意的感覺來自產品績效是高於或低於期望。

威士卡

在摻雜辱罵和崇拜聲中，信用卡早已是美國人和全球付款系統的一部分了。威士（Visa）信用卡是世界上使用最多的「塑膠」付款方式。從該公司的網站得知，2004年是美國威士卡打破紀錄的一年。雖然經濟不景氣，但美國威士公司營收創歷史高峰達 9,560 億美元，超過預期營收 24 億美元。在 300 多個國家中，有超過 2,100 萬家商店接受威士信用卡。由此可知，威士卡在許多消費者心目中和行為上具有無比的崇高地位。該公司提供消費者購買及可能擁有的能力，並提供信用讓消費者能藉此能力支持其購買行為。

威士卡的競爭對手除了包括美國運通卡（American Express）、探索卡（Discover）、萬事達卡（MasterCard）之外，就是現金與支票了。該公司品牌經理以獲得消費者在交易中使用威士卡為其目標，目前，威士卡在媒體廣告的支出超過其他所有業者約 3 億 1,900 萬美元。此外，它的品質評價和知名度也超過其他所有業者。網路的潛力是無窮的，但威士卡專注的是在傳統型商店內的購物；相對地，美國運通卡及探索卡則致力於網路購物的刷卡行為。

威士卡的營收來自使用威士標識的聯名卡之酬金及交易活動的收費，市場接受度是消費者對品牌廣泛喜愛的主要驅動力。威士卡行銷的著力點在於努力加深信用卡使用者的認知程度，它的首要目標是提供持卡者更高的價值。最近該公司的工作重點是鎖定有錢的消費者使用 Visa Signature 卡。此外，威士卡的國際市場目標是中國的消費者，並成為 2008 年北京奧運的指定信用卡。

威士卡的成功，在於該公司對詭譎多變的環境，和漂浮不定的顧客需求有應變能力。威士卡之所以會那麼地虔誠信奉行銷概念，完全是因為該公司懂得消費者決策和一些影響消費者選擇的內外部因素。行銷從業者逐漸重視消費者的忠誠度、慰留顧客的方案和編製相關的行銷預算資金。這些方案有許多名詞，包括忠誠度、交易頻率、慰留及關係行銷等。但所有這些都離不開同樣的基本概念：藉著聯繫與獎勵的動作來確認、區隔及慰留可獲利的顧客。[1]

對於行銷方案的擬定和實施，公司必須考慮消費者偏好、購買決策背後的動機與隨後的產品使用。要記住，銷售概念是建立於消費者需要和消費者滿意度的確認。同樣地，抓緊公司目前與未來的顧客，以建立顧客忠誠度與取得長期的獲利能力則是必要的。行銷策略的成功，得靠目標市場區隔化和行銷的組合，以及了解消費者偏好與其決策如何形成。雖然已有許多網路公司失敗，但從事線上的行銷從業者仍要像傳統廠商一樣，必須去了解消費者。要成為一家受歡迎的企業，且能慰留住顧客，現在都成了最大挑戰的課題，然而了解這些消費者確屬必要。[2]

消費者行為是一個頗複雜的課題，難以用一章的篇幅概括之。消費者行為在行銷課程裡算是一門單獨的學科。此外，過去的消費者行為是一門跨學域研究的課程；研究者分別從心理學、人類學、經濟學、社會學及行銷學等不同的角度，連同消費者行為專家，幫助我們了解有關消費者偏好與決策的問題。

本章將敘述許多有關消費者行為的重要問題。消費者行為的研究有助於對行銷概念原則的堅持與有效行銷策略的擬定。首先，我們提出消費者行為的正式定義，並解釋這個題目為何如此重要的原因。然後以消費者決策過程模型來探討消費者問題的解決及決策。接著再說明有關影響消費者行為的重要環境、個人及情境因素。本章最後以產品及服務的購買及使用，以及涉及個別消費者一些倫理問題做為結束。

4-1 消費者行為的性質及決策

消費者行為
消費者為滿足其特定需要與欲望，在選擇、購買、使用與處置產品或服務時所表現之心理、情緒過程與動作。

消費者行為（consumer behavior）係指消費者為了滿足其特定需要與欲望，而在選擇、購買、使用與處置產品或服務時，所表現之心理、情緒過程與動作。這意味消費者要從事採購、交易、租借或出租、物物交換或禮品贈與，而得到商品與服務。[3]企業在追求有利的商機時，辨認及了解消費者的需要、偏好與其決定均不可或缺。

今天，了解消費者市場及個別消費者行為的
因素，諸如有關消費者市場規模的變化、消費者
購物習慣與購買決策的改變、消費者導向行銷的
重視，以及有效行銷策略的設計等，已經變得非
常重要。

Weight Watchers 公司利用獨特的廣告，吸引關心健康
與營養的消費者。

■ 消費者的市場規模

美國消費者市場是由全體美國人所組成。這
個市場在 2004 年的消費支出十分驚人，在 11 兆
7,000 億美元的國民生產毛額中即占了 8 兆 2,000
億美元。[4]這麼大的市場需求值得了解。此外，當美國及一些國家的老年人口
增加時，爭取消費者荷包的動作亦將加劇，對某些產品的支出就會相對地減
少。廠商若能了解這些消費者行為，亦將有助其從事有效的競爭。

■ 消費者市場的改變

消費者市場的改變也值得注意。圖 4-1 裡詳列了一些成長顯著的市場，其
中有消費者對合理品質及公平價格的關心程度；而環境、健康與節食等亦影
響其購買方式。

有幾項基本的人口統計變化將影響未來的消費者市場，包括嬰兒潮世代
的老化及兒童消費者大幅上升，貧富之間的差距，以及社會人口的多元化增
加等。家庭在保健及電腦用品的支出預算大增，而在家具、食品及服飾上的
支出則相對地減少。[5]

過去 5 年來一些快速崛起的趨勢仍會持續，這些趨勢包括便利品的重要
性逐漸增加（如瓶裝水），冷凍披薩、冷凍餐點及新鮮沙拉等即食消費品，以

圖 4-1	成長中的消費市場

1. 零售商的型態改變，三個新模型為：(1) 價格中心的零售商；(2) 生活型態組織的零售商（如 Museum Company）；(3) 外燴中心（occasion-centric）的零售商（如美食佳餚供應）。
2. 戶外生活的市場：花園、露台、中庭和游泳池的設計。
3. 消費者的電子用品：新型數位便利品。
4. 增加經驗的商業：溫泉、主題活動的旅遊。
5. 抗老化產品和服務：當嬰兒潮人口到達退休時。
6. 健康成為全國性的愛好：受過教育的消費者對健康維護的熱中。
7. 上層社會的運動服飾和裝備：高爾夫球俱樂部、網球、滑雪、滑冰、單車等。
8. 安全包裝、純天然及對綠化的關心：對生態環境的重視和安全的關心。

多元文化的差異性，提供許多行銷從業者獲得不同偏好的消費者區隔市場之商機。

及在健康、營養食品等產品銷售上也倍增。根據美國人口統計局研究報告，西語裔人口是成長最快的消費市場，每年花費在產品和服務上約為 4,000 億美元。更重要的是，該研究指出西語裔美國人對電子或廣告傳單相當感興趣，因而對這些公司的服務及產品出現了更多的忠誠度。[6]

家庭最大的變化是性別角色及丈夫與妻子之間的責任分工。而這種重大的變化對產品和服務的設計，以及廣告對象等均值得深思。

現在的消費者花費在網路購物、比價，以及搜尋想法的時間愈來愈長。體認這個現象後，零售商就設立了「生活品味中心」（lifestyle centers），用以吸引有網路知識的消費者到設計新穎的購物中心。不像以往的封閉式購物中心，生活品味中心讓購物者更方便進入，以及更注意到餐廳、電影院、景色美麗的庭院。[7]

這種情形以食品業最為複雜而顯著。有一個頗為矛盾的現象，即許多消費者想減肥，便以低脂、低膽固醇的沙拉做為午餐，以魚為晚餐，但又選擇奶油冰淇淋當做餐後點心。這表示走中間路線的老樣式產品如傳統冰淇淋，不但受到低卡冷凍優格的侵蝕，也受到了口味香甜濃郁的冰淇淋之擠壓。消費者尋求更健康、以節食為導向的飲食習慣正成形中，迫使卡夫（Kraft）公司重新思考其產品線的產品，以及如何銷售的問題。目前該公司已在市場上推出低熱量的零食、低糖麥片與調味醬。[8]

中產階級的消費者對高品質與高品味的愛好正逐漸增加，在美國，年收入 5 萬美元以上的消費群，估計其可支配所得總額約 3.5 兆美元。許多公司為這一族群提出不少新款的奢侈品與服務，儘管價格不菲卻也賣出龐大的數量。其中一例是賓士（Mercedes）汽車在原豪華車款之外，另在中產階級市場開闢一新豪華品牌 C 系列的車款。[9]

■ 消費者導向的行銷

要成為一個更重視消費者導向，並建立與顧客具有長期關係的公司，則需要了解消費者的購買動機，而這個行銷概念十分重要。例如，福特汽車公司將重心擺在顧客滿意度及員工承諾的提升上，該公司致力於下列事項：

- 以顧客為驅動力的來源。
- 對於以顧客為訴求的每一項產品，都經過深思熟慮後再做決定。

- 研究潛在顧客，以及了解什麼是他們最需要的東西。
- 擬定更細膩的產品屬性以滿足顧客需要，不抄襲別人的做法。
- 追蹤顧客以確認該產品及行銷方案是否符合預定目標。[10]

　　許多廠商現在聚焦於顧客價值，認為這些顧客具高度長期價值，並將其視為顧客導向的一部分。研究顯示，廠商將低顧客慰留率、高價格折扣導向轉為強調高顧客慰留率、低價格折扣時，顧客的價值幾乎是廠商所認定價值的兩倍。[11]

　　為堅持達到高品質的產品及服務，行銷從業者也必須了解及回應消費者不斷改變的需要與期望。[12] 對消費者的需要能徹底了解且判斷無誤時，這種行銷從業者將最具競爭力。[13]

■ 策略的設計

　　要有效地設計與執行行銷策略，就得去了解消費者行為。根據經驗與行銷研究而得到的知識，為發展品牌形象及市場定位策略奠定了基礎。而這些努力的成就也決定了往後品牌的強勢，或所謂的品牌權益（brand equity），即品牌市場價值。像柯達、蓋普（Gap）、可口、納貝斯克（Nabisco）等強勢的知名品牌，即能夠讓消費者對其產品產生迅速而正面的反應，並有利於推出使用相同品牌名稱的新產品。了解消費者行為，可以幫助行銷從業者致力於服務修補（service recovery）工作，亦即爭取出走的顧客回流。顧客出走的原因可能是因顧客的抱怨未能及時處理，也可能是競爭者提供更有價值的商品或服務，或是顧客搬家所造成；然而，造成顧客掉頭離去的主要原因卻常被忽略了。因此，了解消費者行為，即可增進行銷從業者對消費者動機與需要的察覺力，進而加強對消費者有效的溝通能力。[14]

倫理行動

百視達的宣傳活動灰頭土臉

　　百視達大力推展的「逾期免罰款」的宣傳活動，在美國一些州受到州政府檢察官相當強烈的反彈。批評言論導致該公司停止這項廣告活動，因為該廣告內容讓消費者無法分辨真實與否，而目也違反了消費者保護法。百視達與所有廣告業者，皆有義務不做虛偽與誤導消費者的廣告。只要廣告內容讓人印象惡劣，就會被認定是欺騙，並不須以客觀的角度去做判定。

「大部分的公司把消費者區隔化做為研究工作的最後一個階段。事實上，它可以幫助這家公司利用該資訊做為行銷努力的開始。有太多公司都未盡力讓其組織利用消費者區隔化的結果，以便發展新的服務、設計更恰當的傳播方式，或考慮改變一下原先的方法。」

位於亞特蘭大的 ConsumerMetrics，是一家專營一般研究服務的行銷研究公司，特別專長於解析複雜的議題與數理的分析工作。吉特・雷力斯基（Chet Zalesky）擁有南卡羅來納大學 Darla Moore 商學院行銷學碩士學位。

吉特・雷力斯基
ConsumerMetrics, Inc
總裁

了解電子商務的顧客

當所有不同類型的消費者都上網採購時，網際網路購買者的基本資料必然會有所變化。研究者觀察網路上的消費者行為，努力地去了解能夠讓這些消費者產生支持、決定和忠誠度的原因是什麼。而從 400,000 位網路消費者的調查中，亦有不少發現。那些受歡迎網站的 10 項重要屬性順序是：產品呈現、產品價格、產品選擇、交貨準時、訂貨容易、產品資訊、消費者重視的品質與水準、產品運送和處理、郵寄的隱密性、網站的導覽與顯示方式。[15]

一項以地理和人口統計特徵結合而成的 Claritas PRIZM 程式研究發現，網路使用者上至王公貴族下至平民大眾，而最大的網路使用族群則是初次接觸網路者與高收入消費者。不過，喜歡上網參加活動和上網時間較多的那一群人，則是勞工階級和低收入者；事實上，高收入消費者每月上網的次數正逐漸衰退中。[16]

有時消費者的言行並不一致。Webvan 是一家網路服務的商店，公司在成立的第一年，有一半的訂單來自於舊金山的家庭，約占家庭訂購戶的 6.5%。然而，緊接下來的訂單卻從未超越前一年的水準，顯然地，線上購物商店的規劃與努力必須要多於消費者的參與。[17]

4-2 消費者決策

消費者決策的一般模型及其影響力如圖 4-2 所示。模型的中心顯示消費者的決策過程，假設它是一個知覺及邏輯的決策過程，即是從需求或問題的認知、資訊的搜尋，到不同購買方式的評估等過程。此順序可能受到社會環境、個人差異性及情境因素的影響，若要設計一個成功的行銷策略並能順利執行，就得考慮這些影響的因素。

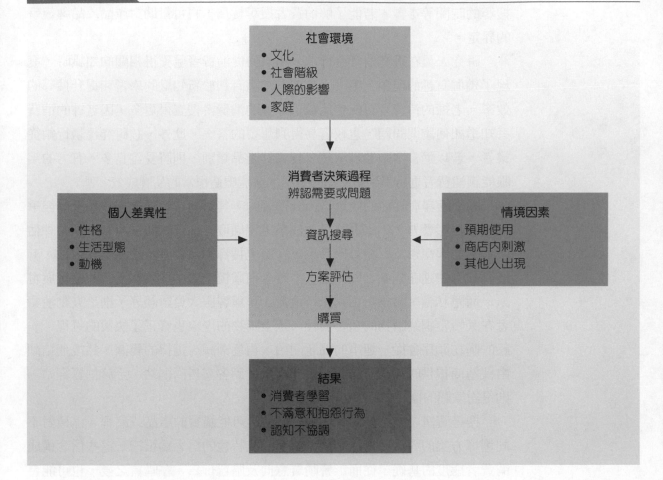

圖 4-2　消費者決策和影響力的一般模型

消費者決策過程

消費者對需要或問題的認知，可能來自於其內心對某產品想擁有的欲望、或對某產品有欠缺或未能取得的遺憾，亦或受到類似廣告等的外部因素影響。這種認知可能簡單的如口渴而想喝汽水、以新產品取代曾使用過或過時或不再具吸引力的產品等。而廣告也可能會引起消費者的需求。事實上，透過公司的廣告、產品形象的宣傳活動、引發需求的廣告等行銷工作，均能影響消費者在尚未辨認需要或問題之前的資訊搜尋。

辨認出問題後，消費者便可從事資訊的搜尋工作。內部搜尋（internal search）係指檢視儲存於記憶中的資訊，內部資訊隨時可用，但可能不完整或不正確。外部搜尋（external search）是指資訊來自廣告等行銷來源，或來自朋友或《消費者報導》（*Consumer Reports*）雜誌等非行銷來源。非行銷來源的資訊比較沒有偏袒，用處也比較大。搜尋程度則可能受到：查看品牌的數

目、拜訪店家的數目、考量屬性的變化、諮詢資訊來源的數目，以及花費在搜尋的時間等影響。若能了解消費者搜尋行為，將可幫助對產品或品牌競爭的界定。

研究人員在研究消費者行為，和如何從消費者處獲得相關的知識時，發現了幾個有趣的現象。第一，先前的知識有利於新知識的學習和提升搜尋的效率。老練的消費者可能會比較低知識的消費者搜查得更多，因老練的消費者知道如何詢問問題，也較容易得到想要的答案。此外，該研究建議行銷從業者，若以適當字眼教導消費者認識其產品類別，則將受益良多。有力的字眼能讓消費者更易學到新產品的資訊，並能塑造穩當的品牌成效。[18]

線上搜尋與評估的效果是十分顯著的，其對消費者購物方法和廠商競爭方式深具影響力。網際網路早已成為迅速擷取外部資訊的來源和方便的評估工具。心理學家及行銷專家發現，在線上搜尋的消費者特性為：沒耐性、有控制欲且快速在網站之間移動。消費者在虛擬空間中要求有更多的選擇與資訊。而隱私權、價格折扣大、可退貨、可與客服人員對談等，則是鼓勵消費者在某特定網站購物的重要屬性。線上購物的現象也修正了決策的過程，一般的購物順序會從一連串的問題開始，再逐漸減少選擇的範圍，然後連結到由製造商提供的詳細產品說明書，最後連到各零售商網站。至於拍賣網站，則是對欲購的標的物輸入可能的出價數字。[19]

搜尋資訊之後，消費者便會評估各種可能購買的產品或品牌。這種對不同選擇方案的評估，是以其個人對產品及特色的信念為根據，這些信念構成消費者態度的基礎，從而影響購買意向及購買行為。在購買之後，也可能會產生一些滿意或不滿意的感覺，然後再發展為品牌忠誠度。

消費者行為是一種複雜的現象，許多內部及外部因素會影響到個人的決定。許多決策也是因有特定的需要與價值才形成的；有一些決策涉及察覺與邏輯的決策過程，其他決策則可能只做一點思考或未經思考。一項在 4,200 家雜貨店及大賣場裡針對購物者所做的調查研究，對消費者決策有下列的發現：

1. 有 59% 的人是無計畫性購買的，30% 則有特定計畫，而其餘的人通常有計畫或欲更換品牌。
2. 在商店內才做決策者，大多屬於家庭成員多、家庭所得高或是婦女。
3. 當產品陳列在走道末端時，消費者較有可能做非計畫性的購買決策。[20]

轉換率
一種統計測量方法，用來說明有多少逛街者轉變為購買者的百分比。

與消費者決策相關的概念還有其他兩項。第一，**轉換率**（conversion rates）是用來說明有多少逛街者轉變為購買者的百分比。轉換率隨著商店或百貨公

司的不同，而有不同的變化。在食品雜貨店的某些部門裡，轉換率接近100%；而在藝術畫廊，轉換率則幾近於零。由於有「被放棄的購物籃」（abandoned basket）現象，故電子商務的轉換率較低，消費者經常還未進入決策過程就離開了。有些人則因隱私權與擔心信用卡資料外洩，而不敢進入網站購物，其他理由大概是因無法檢視產品而缺乏信心的不確定性。第二，**代理購物者**（surrogate shopper）在消費者決策中占有重要的分量。所謂代理購物者是指一商業機構接受消費者付費，或代表消費者之利益團體協助消費者做決策，常見的例子有財務顧問、旅行社、服裝顧問等。代理購物者可能從事消費者決策中的一部分或全部的活動，包含從資訊搜尋到品牌考慮、選擇與決定。[21]

高度與低度涉入決策

涉入（involvement）代表對一項產品或決策的重要性或興趣之大小，它會隨著情況或產品決策而變動，也會因個人的需要或動機而受到影響。涉入受到購買決策與消費者自我概念的關聯性，以及產品與消費者個人相關性的影響。

涉入是一種重要的概念，因為它會影響推廣產品與服務的傳播性質或複雜度。換言之，涉入會影響消費者的資訊處理性質。**消費者資訊處理**（consumer information processing）代表著消費者在生活中解釋與整合資訊的認知過程。[22]

高度涉入決策（high-involvement decisions）的特徵是：極度的重要、徹底的資訊處理、差異性大的替代方案。如選擇就讀大學、購買房子或汽車、或運動愛好者購買自行車等，皆是高度涉入決策的例子。因此，高度涉入決策與圖4-2消費者行為模型中所列示的邏輯思考順序是一致的。

高度涉入可能由個人、產品及情境等一些因素所造成。[23]採購的重要性會在一個人的自我概念中提高涉入的程度，若財務或績效風險愈高，決策愈有可能成為高度涉入。採購禮品或有社會壓力時，也較有可能是高度涉入。

在個人興趣、關聯性或重要性相對較小時，採購便成為**低度涉入決策**（low-involvement decisions）。低度涉入決策所涉及的，都是較圖4-2所敘述的決策過程更為簡單、資訊處理更少的。對於低度涉入的決策，消費者不會積極尋找大量的資訊，低度涉入的購買包括汽水、速食、牙膏及多種的零食。在此情況下，可能會形成重複性的購買行為，因為這些決策的涉入風險小。而試買則常常是消費者資訊搜尋、產品或品牌評估的主要方法。[24]

代理購物者
代表消費者之利益團體，協助消費者去處理其決策中的一部分或全部的活動。

涉入
代表對一項產品或決策產生興趣或重要程度。它會隨著決策隨時變動，也會因個人的需要或動機而不同。

關鍵思維

試著思考在一次採購中，你經歷過消費者決策過程中四個步驟的每一項（見圖4-2）。
- 你如何辨認這項產品或服務確實有需要？
- 這次採購導致例行的反應行為，是屬於擴張問題解決或有限問題解決？對於每一種問題解決的方式，廠商的行銷努力有何不同？
- 你的家庭在這次採購中發揮了什麼影響力？
- 在採購這項產品或服務後，你曾經歷過任何的認知失調嗎？

消費者資訊處理
消費者從環境中解釋與整合資訊的認知過程。

高度涉入決策
購買決策涉及極度重要或與人相關的事物，得在差異性大的替代方案中做徹底的資訊處理。

低度涉入決策
在購買決策中涉及個人興趣、相關性或重要性相當少之決策過程。

關鍵思維

我們所有的態度是隨著人、目標及行為而不同。態度可分成正面與反面兩種。

- 了解消費者對其產品的態度，為何對公司是重要的事情？行銷從業者如何在行銷傳播上利用此資訊？

- 在消費者滿意與不滿意之中，態度擔任什麼樣的角色？

消費者選擇的型態

事實上，在取得商品與服務之前，會經過許多的選擇。在消費者行為方面，至少會有六種一般性的選擇項目：產品、品牌、購買地區、商店型態、商店以及逐漸受重視的非商店來源（目錄、PC 與電視購物）。[25] 本章討論的這些決策過程及其影響，皆可應用於這六種選擇項目上。

如今消費者面臨的選擇太多了，一些專家相信，太多的選擇，甚至只是一種類別而有多項的產品，確實能夠增加銷售。消費品製造商每年推出超過了 34,000 項新產品，今天一般的雜貨店至少要供應 40,000 款以上的產品。因此導致了家樂氏公司 Eggo 品牌的小脆餅有 16 種口味，Kleenex 公司有 9 種紙巾，而 Glad 公司則有多種不同綁帶的垃圾袋。[26]

消費者也必須分配其有限的預算在各類產品上。美國都會區的家庭支出，平均有一半是花費在住家、水電、交通及食物上，且另外每年至少有 5%是用於服飾、保險、健保及娛樂支出。因此，大多數的消費者之金錢都是直接花在這些項目上的。[27]

心理歷程

情感與認知是消費者決定購買的兩個心理歷程。**情感**（affect）是依據感覺的反應而來，而**認知**（cognition）則是根據思維或內心的反應而來。這兩個過程可同時在一起，並相互支援。以情感為基礎的決策常常是自發性，且來自見景觸情的結果。當產品令人賞心悅目時，此時最易發生情感歷程。以認知為基礎的決策牽涉到更多的思考，以及對資訊的謹慎處理過程。在認知歷程中，消費者最容易從品牌訊息著手，小心考慮並做出更合理的決策。當產品的功能性與功效相關的特性顯著時，認知可能最為重要。[28]

態度

態度及態度的形成，與消費者決策過程中的評估階段有關。**消費者態度**（consumer attitudes）是消費者先前的學習，進而對喜愛或厭惡的產品或品牌所產生的反應。大部分的人都承認，我們有傾向於喜歡的餐廳或汽水的態度。然而，態度是做為選購與使用產品與品牌的決定工具。態度本身具有某些特性，所以行銷從業者要了解其重要性，嘗試讓消費者在第一次就購買他們的商品，並保持其忠誠度。首先，態度具有價值，亦即態度可以是正面的、負面的或中性的。廠商使用具有創意的訊息，並投入大筆經費來創造或

鼓勵正面的態度。其次，擁有強烈自信的態度是不易改變的，因此，在市場上建立正面的品牌態度，也是行銷從業者的一種策略性目標。最後，態度若不增強，隨著時間的消逝，態度也會軟化，因此廣告的作用就是要維持認知，以強化既有品牌的印象和態度（將在第 17 章討論）。特別要注意的是，態度是決定購買行為的基本因素，它在消費者行為中所扮演的角色，是行銷研究人員經常需要去探知的領域。

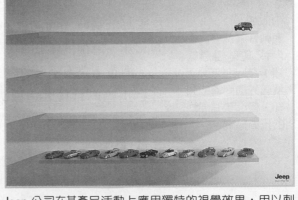

Jeep 公司在其產品活動上應用獨特的視覺效果，用以刺激消費者對訊息的處理和定位其優越的品牌。

　　了解消費者態度對行銷而言，存在著最基本的意義，其理由有二。態度是根據消費者對產品屬性或特色（價格、服務水準、品質）評估而來的信念。在很多例子裡，這些屬性形成擬定行銷策略的基礎。例如，本田汽車想在北美地區增加銷售，於是推出一款耐寒、四輪驅動、大載貨空間之高性能小貨車。這些屬性是本田新設計的一部分，也是最重要的產品特色，以便用來使消費者產生正面的消費者態度。[29] 再者，態度是產生行為的基本因素，它是行銷從業者最想知道消費者為何會買或不買其產品的根源所在。

> **情感**
> 所有的消費者感覺反應。

> **認知**
> 思維或內心的反應。

　　這正好與一著名的心理模型一致，亦即消費者在評估產品選擇時，態度常被當做是有關產品顯著屬性信念的組合。本書附錄將詳盡介紹模型和範例。在理論上，消費者的態度對於擬定有效的行銷策略具有重大的意義。簡言之，態度反映消費者對產品屬性（例如價格、清洗能力、耐用性）與權數的信念，或者評估個人具備有哪些不同的屬性。這種消費者態度的多重屬性觀點，將有助於行銷從業者評量哪些屬性對消費者是重要的，再根據這些屬性從而得知品牌的優缺點，並對態度盡可能地加以改善。

> **消費者態度**
> 消費者先前學到對喜愛或厭惡的產品或品牌處理之反應。

▪ 經驗的選擇

　　截至目前為止，我們把消費者決策當做是一種邏輯過程，它涉及有關產品屬性的資訊或其他選擇方案特徵的考慮。我們假設消費者的長期目標會引導他們的偏好，並促使他們深思熟慮且有條理地做購買決策。在此，常規性或習慣性的決策並不在我們的討論之列。然而，消費者經常是根據他們的情緒與感覺來做決策，再加上經驗的觀點。這種啟發式的選擇有一專有名詞，稱之為**情感式參考**（affect referral）。消費者單純地從記憶中來評估各種產品，並選擇最對味的產品，而情感式參考可用以解釋為何有那麼多的便利品

> **情感式參考**
> 消費者單純地從記憶中來評估各種產品，選擇他們最對味的產品。

是習慣性的購買。另一類的購買決策則是屬於很少或沒有經過認知的，稱之為**衝動性購買（impulse purchases）**；衝動性購買是心血來潮，沒有先前問題的認知，但卻帶有正面的感覺。[30]

消費者常有不理性的選擇，當他們違背自己正確的判斷，而做了一些通常會拒絕的行為，這種決策稱之為時間不一致的選擇（time-inconsistent choices）。例如，衝動性購買反映出消費者的急躁與衝動。心理學家多年來研究這種選擇，認為其與節食和成癮有關，但我們有時也會急著購買卻沒有謹慎判斷的衝動。[31]

■ 說服消費者的原則

羅勃特・塞迪尼（Robert Cialdini）是一位著名的消費者研究學者，在深入研究說服理論後，將其歸納為說服的六項原則。這些原則可用來幫助說明行銷公司如何去影響消費者，分別為互惠性、一貫性、社會認可、喜愛、權威性、稀少性。「互惠性」是指對接受的事物有義務以某物償付，如產品樣品的好處是讓消費者因得到免費禮物而心存感激。「一貫性」以支持非營利組織人士為例，他會許願日後對該組織捐款，這兩種相關行為（許願與捐款）在一段時間後就會一貫了。

「社會認可」在提升同儕認同與社會接納的廣告活動後最為顯著。「喜愛」的例證則是我們對喜歡的人有說「是」的傾向；老虎・伍茲是一位對任何產品皆適宜且不錯的公司代言人（例如別克汽車、美國運通），因為他個人的魅力廣受歡迎。不少廣告如「五位醫生中有四位的推薦」，即具有「權威性」的說服影響力。最後，消費者會因有價值的產品供給變少了，而產生「稀少性」的感受；例如，雜貨店的限量購買，便是想要增加稀少性的效果。[32]

■ 消費者決策類型摘要

韓士・波加那（Hans Baumgartner）教授對消費者決策做過深入的研究，他利用三個基本層面，列出八種不同的購買行為。這三個層面分別為理智與感覺的購買、低度與高度涉入的購買（亦即購買者關心或投入的程度）、自發與蓄意的購買行為（預先規劃的程度或牽涉到的經驗）。茲將這八個購買行為列示如下：

1. 延伸性的購買決策來自於合理與客觀的原則。
2. 象徵性的購買行為來自於形象或社會的認可。

3. 重複性的購買行為來自於品牌的忠誠度。

4. 愉悅性的購買行為來自於單純的喜歡。

5. 促銷性的購買行為是因為產品正在大拍賣。

6. 探索性的購買行為來自於好奇或期望變化。

7. 緣故性的購買行為不涉及思考。

8. 衝動性的購買行為。[33]

4-3　社會環境的影響

　　許多外部因素會影響消費者行為和購買決策過程，而社會環境則直接影響了消費者決策和產品評估所使用的資訊來源。在許多情況下，個人資訊來源如家庭和朋友，對消費者的可信度與影響力，大於其他任何的資訊來源。

　　最重要的社會影響力是文化、次文化、社會階級、家庭和人際關係，或參考團體的影響力。圖 4-3 中列示這些影響力在社會環境中的流程。

圖 4-3　　　　社會環境影響力之流程

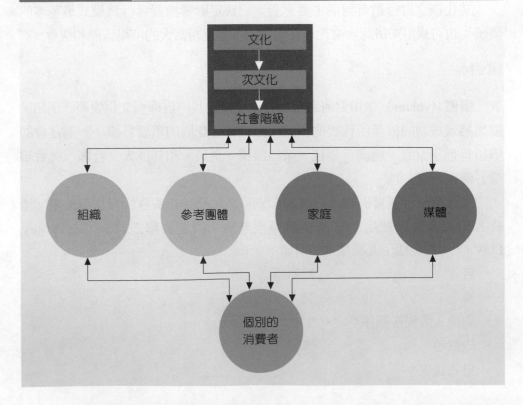

文化影響力

文化（culture）是指做爲社會成員的人在溝通、解釋和互動時，所採用的價值、想法、態度與符號。文化描述了一個社會的生活方式，是一代又一代的學習與傳承。它具有抽象要素（如價值、態度、觀念和宗教等）和實體要素（如符號、建築物、產品和品牌等），而吸收文化的過程稱之爲**社會化**（socialization）。它在人的一生中不斷持續著，而且產生對產品和服務、購物型態與他人互動的許多特殊偏好。將它應用在行銷和消費者行爲上，即稱爲消費者社會化（consumer socialization）。

一個國家的文化，尤其會影響到不同廣告策略的適當性。有一位研究人員利用曾任 IBM 公司經理的吉特·侯士得（Geert Hofstede）所開發之著名文化分類法後，發現有些國家如德國和阿根廷的人民，較不重視社會角色和團體歸屬，所以功能性的品牌形象最有效力；法國和比利時等較重視社會角色的國家，則較重視社會和傳遞訊息的形象；而亞洲各國的個人主義文化較低，因此社會訴求較偏向於團體歸屬。[34] 文化的影響又被發現與產品的創新程度有關，例如，在相對上屬於個人主義及陽剛性國家的消費者，較有創新性的傾向；而創新思想較少的國家，則較屬於熱情主義者，態度上也會更沉湎於過去。[35]

文化概念對行銷有兩個主要意義：它決定影響消費者行爲模式最基本的價值；也可以用來辨認次文化，而這也意味著有相當大的市場區隔和機會。

價值

價值（values）係指對何者爲重要或正確的共同信仰與文化規範。例如，歸屬感或成功的欲望所代表的價值，是消費者認同的重要目標。一個社會的價值是通過家庭、組織（學校、宗教機構、企業）和其他人（社區、社會環境）傳遞給個人的。

文化價值會直接影響消費者對個別產品、品牌和服務的看法與使用。消費者研究人員所使用的一種價值類型是爲「價值表單」（List of Values, LOV），[36] 它包括了九種基本的價值：

- 自尊
- 安全
- 與他人的親密關係
- 成就感
- 自我實現
- 歸屬感
- 受人尊敬
- 生活樂趣與享受
- 興奮

另一種研究消費者價值的商業方法，稱之為「價值與生活型態方案」，它將類似價值分為八種市場區隔。我們將在第 7 章中詳述這種區隔化的架構。

價值影響個人所追求的目標和達成此目標的行為。許多行銷傳播活動皆體認到價值的重要性，將它當做廣告主題的基礎及判斷採購的依據。例如，認同和自我實現的欲望，常被銷售健身及運動器材的公司所利用；而歸屬感則成為推銷個人產品及禮品的出發點。

次文化

一個社會裡次文化或特定團體的規範和價值，稱為**族群型態**（ethnic patterns）。族群或次文化可能由國家、宗教、種族或地理因素而形成。次文化的成員分享著相同的價值與行為模式，因此被當做是特定產品和品牌的行銷目標。

獨特的次文化常常在一個國家的地理區域裡發展出來。例如，美國西南部以休閒生活、戶外活動和熱衷運動聞名；[37] 而東南部則是保守的生活型態、友善的氣氛。有人將北美分成下列九種地區：Foundry（工業化的東北部）；Dixie（美國南部各州）；Ecotopia（西北部環太平洋地區）；Mexamericana（西南部地區）；Breadbasket（堪薩斯、內布拉斯加、愛荷華等州）；Quebec（加拿大法語區）；Empty Quarter（加拿大西北部）；Islands（佛羅里達南端、加勒比海群島和一些拉丁裔美國人影響地區）和新英格蘭，[38] 在每一個地區裡，皆會有許多人的價值和生活型態是相同的。

本身差異非常大的黑人和西語裔，是美國最大的次文化族群。黑人次文化的規模和購買力一直在增長中，西語裔則是成長第二快速的次文化，亞裔的次文化則在其後。多數西語裔使用共同的語言，以及有強烈的家庭觀念。而保守的基督教徒地區和猶太人聚居區，也呈現了有影響力的次文化。

許多人口統計的特徵也被用來辨識不同的次文化。例子如下：

- 國籍——西班牙、義大利。
- 族群——非裔美國人、美洲印地安人、亞裔。
- 地區——新英格蘭、南方。
- 年齡——老年人、青少年。
- 宗教——天主教、猶太教、基本教義派。

這些次文化包含一群與消費者行為有關的

在年輕人的市場中，文化差異提供了行銷區隔的機會。

共同價值、行為模式和信念之消費者（注意，一個人可以歸屬於一個以上的次文化）。而在這些次文化裡，個人的消費者社會化也會影響他們的購買決策。[39]

人口統計分析是另一種用來了解消費者現象的方法。例如，消費者若屬吃苦耐勞的一代，當他們的年齡漸長時，此特點依然會保留下來。行銷從業者得以利用這些世代共有的經驗，來接近和區隔消費者。對於不景氣世代者，意味著要強調節儉；對二次世界大戰世代者，要強調愛國主義；而嬰兒潮世代者，則將其視為獨立不受社會拘束的。當年輕人長大後，這些習性是不會改變的。[40]

年齡是最常用來做為區隔的變數，也可用來了解次文化的差別。嬰兒潮、X 世代和現在的 Y 世代各擁有其共同的價值，這很像其他文化的次團體。Y 世代出生在 1977 至 1994 年之間，且大約已成年了，許多公司將其定位為複雜而有購買力的市場。比較特別的是，這些年輕消費者的偏好和忠誠度卻可持續多年而不變。此外，群體經驗（cohort experience）也意味著透過消費者對其生活的一連串經歷感受，所形成的價值與生活技能，再提出與眾人分享。因此，在同一個時間裡，會因年齡差異而形成不一樣的消費群，亦即代表著有不同的市場區隔存在。此外，同年齡層世代或群體分享著共同的經驗，代表日後將成為具有共同價值的區隔市場。[41]

性別也能提供清晰的區隔化商機。在消費者行為上有個有趣的現象，多數的婦女厭惡討價還價，研究發現，婦女們通常對需要協商談判的事宜感到厭煩，例如購買汽車。依據一項調查報告，大約有 40% 的婦女會比男人更易接受車商第一次的開價。[42]

■ 社會階級的影響力

社會階級（social classes）是指在社會裡，一群具有相同價值、需要、生活型態和行為的人，聚集在一起而形成相當具有同質性的群體。消費者分析方法之一是將社會階級分為四種：上層階級、中產階級、勞動階級和下層階級，而每一階級又可再加以區分。[43] 而教育水準和職業對社會階級的認同影響很大，當然社會階級也受到社交技巧、地位抱負、社區參與、文化水準和家庭背景等的影響。[44] 另一項對社會階級最新的看法，有四個因素會影響社會階級：社會資本（你認識哪些人）、證書資本（你的地位在哪些地方被接受）、收入資本和投資資本（股票與公債）。有 20% 的美國人生活優渥，有工作保障、高薪資、優異的技能，但剩餘 80% 的百姓卻存有相當大的變數，多

數的消費者欠缺工作保障與高薪資。[45] 社會階級相當穩定，但是教育經歷和工作會改變一個人的社會階級。今天，美國中產階級的規模正在衰退中，經濟條件也限制了勞動階級向上爬升的機會，使許多在貧苦邊緣的家庭陷入更貧困之中。[46]

最近一項要求受訪者對其階級的自我歸類研究中，有 46% 的人自認是勞動階級，47% 的人則自認為中產階級，職業與教育再度成為受訪者自行評估的主要依據。研究也顯示，勞動階級愈來愈年輕化了，族群亦較多元化，其中也不少為女性。這些變化也給行銷從業者一個了解消費者行為的機會，可用來辨認廣大的潛在購買者市場。[47]

社會階級會影響消費者的購買方式及其從事的活動。例如，哪個社會階級的人會去看摔角？誰會去聽歌劇？誰會去打馬球？誰會去玩保齡球？雖然在階級內的偏好會隨著時間而變動，但在階級之間的購買行為卻有著顯著的差異。

順流（trickle-down）理論提供了影響社會階級的另一個觀點。「頂尖族」（top levels）是自行決定什麼可接受或追求的一群人，無法由今天的社會階級和財富來下定義。年輕的消費者創造了許多新潮流，而這些人都沒有高收入，這個現象就是所謂的「獵捕時尚」（cool-hunting）。市場研究者密切地觀察著這些潮流創造者，而在這些新風格尚未成為主流市場和文化之前，就得去學習了解這些最新的風格。

家庭影響力和家庭生命週期

家庭影響力扮演兩個重要角色：人們的社會化與個人購買決策的影響。家庭是一個人的行為、價值和態度的最大影響因素，在生活中愈早學到的行為模式與價值愈不容易改變。生活型態（運動競賽、對戶外的喜愛）通常是孩提時代從父母身上學習的**孩提消費者社會化（childhood consumer socialization）**，而這也是年輕人獲得市場與消費者相關技術、知識和態度的過程。[48]

家庭的個別成員在家庭裡扮演著各種不同的角色，對購買決策也都會造成影響。一個家庭或其成員可假設為不同的角色，並在不同的購買情況下，改變其角色的扮演。舉例來說，在選擇玩具的時候，父母通常會從小孩可能選擇的品牌中決定可接受的產品，因此，父母做的是購買決策，而小孩子則是選擇玩具的品牌。在某些情況下，所有的家庭成員可能會影響大宗物品的購買決定，如房子和汽車。此外，男性和青少年也開始負責採購食品雜貨，於是行銷從業者便針對這些購物者，在他們會購買的雜誌上刊登廣告。

孩提消費者社會化
年輕人獲得市場與消費者相關技術、知識和態度的過程，幫助他們在市場上成為消費者。

在本幅品牌廣告中，Timberland 公司體認到家庭影響力的重要性。

在成長階段中某個年齡層的兒童，會對某些事物產生期待或信念是很正常的現象。社會化依成長階段而有所不同，從近來的日本和美國父母身上可一目了然。具體而言，日本母親希望她們的小孩發展消費者相關技巧和廣告的理解力，較之美國同齡的小孩要慢一點。除此之外，日本小孩在消費行為上受到的限制也比較多。[49]

今天，兒童和青少年在家庭裡，甚至在市場上所扮演的角色已不容低估了。一名 10 歲的兒童，平均每個星期會和父母一起購物二或三次。服飾花費是所有支出中成長最快的項目，年輕人喜愛的款式也會影響其他年齡層對品牌上的認同。當單親家庭和職業母親的數量逐漸攀升時，小孩的影響力也會跟著增加。美國每年家庭總支出達 5,000 億美元之多，而其中有 1 億美元是屬於小孩的直接支出。[50] 圖 4-4 顯示出家庭成員如何影響不同產品的購買決策，縱軸代表使用者數目，而橫軸代表購買決策者數目，共分為九個方格。以第 4 格為例，早餐麥片是許多家庭成員的食品，但由主要的購物者做購買決策。[51]

電視、網際網路和其他媒體正影響著全球的青少年，也導致全球年輕人有共同的消費文化。例如，MTV 聯播網可以直接影響各地年輕人的消費習慣和品牌偏好。在美國和英國，知名品牌如李維（Levi's）系列、耐吉或 Timberland，均廣受世界各地的青少年和年輕的消費者所喜愛。[52]

家庭生命週期（family life cycle）也與消費行為有關，它描述一個家庭經歷不同階段的順序：從年輕單身的成年人、結婚生子到小孩離家、再至退休生活。家庭生命週期意味著不同行銷策略的擬定，和不同產品與服務方法的設計。家庭的消費模式在整個家庭生命週期裡有著巨大的變化。例如，家庭設備和保險通常會在生命週期早期第一次購買；奢侈品、旅遊和娛樂對中年且無子女的家庭則是典型的消費。有的公司還會針對家庭生命週期的特定階段量身訂作產品，如湯廚濃湯或是 Chef-Boy-R-Dee 的通心麵等，都是為小家庭或年長的消費者製造的小包裝產品。

家庭生命週期的改變，也會對產品的需求與購買行為發生影響。首次結婚的年齡提高、婦女離家工作、單親家庭、未婚生子、獨居家庭、無子女的夫婦、離婚、再婚、同居及低生育率等，都會使家庭產生顯著地改變。[53] 如圖 4-5 所示，已婚夫妻有兒女的家庭與單親和獨居家庭相較的數據，顯示了家庭本質的改變。這些數據可能減少對大型餐桌的需求，但對於銷售小型餐

家庭生命週期
一個家庭經歷不同階段的順序：從年輕單身的成年人、結婚生子、小孩離家、到退休生活。家庭的消費模式在整個家庭生命週期裡有巨大的變化。

圖 4-4　　　　在購買種類上，家庭採購者與使用者的差異

	購買決定者		
	一位成員	一些成員	所有成員
一位成員	1 書籍	2 父親與 Eric 一起購買 Eric 的網球拍	3 生日禮物
一些成員	4 母親為小孩購買早餐麥片	5 晚宴用的酒	6 小孩就讀的私立學校
所有成員	7 冰箱	8 個人電腦	9 每人都參與披薩的選擇

（左側直排標示：使用者）

圖 4-5　　　　家庭類型的轉變

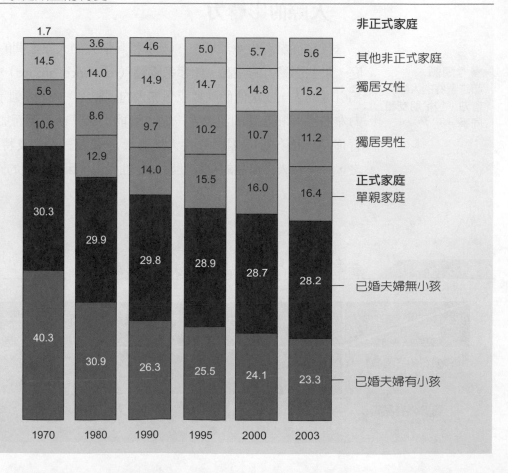

	1970	1980	1990	1995	2000	2003	
	1.7	3.6	4.6	5.0	5.7	5.6	**非正式家庭** 其他非正式家庭
	14.5	14.0	14.9	14.7	14.8	15.2	獨居女性
	5.6	8.6	9.7	10.2	10.7	11.2	獨居男性
	10.6	12.9	14.0	15.5	16.0	16.4	**正式家庭** 單親家庭
	30.3	29.9	29.8	28.9	28.7	28.2	已婚夫婦無小孩
	40.3	30.9	26.3	25.5	24.1	23.3	已婚夫婦有小孩

利用名人為產品代言，是應用價值表現人際影響力的方法。

桌、電冰箱、電視、清洗工具和其他單身貴族產品的企業，卻是個好消息。[54]

在傳統家庭生命週期的改變中，雙薪家庭的盛行和成人子女與父母同住，被行銷從業者認為是好現象。現今，許多廠商研究雙薪家庭所花費的心力，就像 25 年前他們研究家庭主婦一樣多。例如，受過大學教育的家庭會參與大宗購物的決定，低教育程度的雙薪夫婦工作只為了不斷採購昂貴的必需品。現今年輕人留在家裡的時間也比以前長了，在大多數的情況下，這種時間延長也讓年輕人不須負擔房租，從而將薪資花費在奢侈品上面。[55]

人際的影響力

參考團體
超越家庭的人際影響力，包括朋友和同事。

行銷從業者也承認朋友、同事和其他人的人際之間的影響力已超越了家庭。這些影響力的來源，如**參考團體**（reference groups），或一些其他想協助和引導的人，或是他們欣賞或想加入的團體等。圖 4-6 列示了參考團體的影響力左右品牌和產品的決策。一個人可能因羨慕或需要而加入該團體。在公眾奢侈品上面，參考團體會大大地影響消費者對產品及特別品牌的購買。反之，許多私人必需品的可見度與功能性受限，因此人際的影響力不大。

圖 4-6　參考團體對產品與品牌購買決策的影響力

產品 / 品牌	弱勢參考團體之影響力（－）	強勢參考團體之影響力（＋）
強勢參考團體之影響力（＋）	公眾必需品 影響力：弱勢產品與強勢品牌 例子：手錶、汽車、西裝	公眾奢侈品 影響力：強勢產品與品牌 例子：高爾夫俱樂部、滑雪、划船
弱勢參考團體之影響力（－）	私人必需品 影響力：弱勢產品或品牌 例子：床墊、壁燈、冰箱	私人奢侈品 影響力：強勢產品與弱勢品牌 例子：電視遊樂器、撞球桌、CD 播放機

人際的影響過程

人際過程可分為三大類：資訊、功利和價值表現，從而構成人際影響力的基礎。**資訊影響力**（informational influence）來自於消費者想做周全的選擇以減少不確定性的欲望。當我們需要購買複雜的產品或面對新的決定時，我們通常會尋求資訊，並從所信賴的人那裡得到建議。

功利影響力（utilitarian influence）則是依據期望、現實或想像等而反映出來。我們將這些期望稱為規範（norms），順從規範意味著要努力以獲得獎賞或避免處罰。獎賞和處罰在消費者日常的行為中，包括接納和同儕的贊同，這些規範的影響力對年輕人則特別敏銳。有時，這些可能是負面的影響力，像是在同儕的壓力下嗑藥、喝酒或抽菸。

價值表現影響力（value-expressive influence）是指透過他人的認同，以提升自我概念的欲望。許多消費者廣告經常會利用知名的代言人或模特兒來達到這些影響力。例如，利用演員比爾‧寇斯比（Bill Cosby）和小甜甜布蘭妮（Britney Spears）等名人的背書，鼓勵消費者購買這些品牌，以便與這些名人產生認同。另外，消費者購買某一產品或品牌，主要是為了想支持其真正或期待的形象。

後面兩種影響力的結合，稱之為**規範性影響力**（normative influence）。行銷從業者企圖利用規範性影響力，來彰顯使用與不使用他們品牌的不同後果。許多人想要的就是得到同儕的認同，特別是年輕消費者，所以「酷」是青少年追求個性和歸屬感的決定因素。像李維公司就花費了數百萬美元的廣告費，希望將其產品在同儕團體之間營造出正面的認同。[56]

社會影響力形成說服原則的基礎。著名的社會學家羅勃特‧席里尼形容這個假設是「社會論證原則」（principle of social proof）。身為社會的參與者，消費者非常仰賴周遭人們的看法、感覺以及行動。對管理者而言，當滿意的消費者代言人要與潛在購買者分享類似的特色和情況時，來自滿意的消費者所做的推薦是最好的。影響力以水平方式運作經常最有效，而在適當的時機下，廠商可對現實與想像的同儕影響力好好地加以應用。[57]

資訊影響力
人與人的交際過程，源自消費者想做周全的選擇以減少不確定性，會從信賴的人那裡得到建議。

功利影響力
配合他人的期望以獲得獎賞或避免處罰（例如同儕的壓力）。

價值表現影響力
透過他人的認同，以提升自我概念的欲望（例如購買由名人背書的品牌產品）。

規範性影響力
行銷從業者使用的一種策略，企圖利用消費者來彰顯使用他們品牌時之有利情勢，與不使用他們品牌時之不利後果。

青少年的同儕影響力在全球都是消費者行為的重要決定要素。產品與服務的購買常與獲得他人的認同，或期待表達的形象一致。

4-4 個人的差異性

　　大部分的個人差異性會對消費者行為產生影響。許多人受到各種形式的口耳相傳（word-of-mouth communications）所左右。而個人差異性又源自於性格、生活型態與心理統計變數，以及動機等。

■ 口耳相傳

意見領袖
凡是透過其本身對特定產品的興趣或使用，經口耳相傳方式影響其他消費者行為的人，均屬之。

　　傳統上，利用口耳相傳影響消費者行為者，稱之為**意見領袖**（opinion leaders）。意見領袖可說是消費者與廣告、或其他媒體等資訊來源之間的媒介，他們的影響力通常來自於其對特定產品的涉入、興趣或專業。行銷從業者現已認清意見領袖資訊流動的來回路線，在運用意見領袖的概念上，某研究公司將焦點放在被稱為具影響力的 10% 之美國人身上，這部分約有 2,000 萬人。藉由他們使用最先進的（cutting-edge）產品，以他們的收入、地位及意見，在商品與服務上將對朋友、同事和相識者產生極大的影響力。信用卡業者 First USA 為 Pepperdine 大學與南加州大學學生支付學費，答謝他們為其擔任傳媒與公共關係的發言人。其中有兩位學生是以他們在學校的課外活動和聲望而獲選，並以意見領袖的身分服務而得到報酬。[58]

市場行家
屬於與其他消費者分享相關資訊如產品的類別、何處可購，以及市場其他事情的人。

　　市場行家（market mavens）是另一類型的資訊散播者。這類型的消費者知道哪些產品何處可購得，以及這方面市場的其他資訊，而他們也樂於和其他消費者分享這些資訊。[59] 不同於意見領袖只知道少數幾種產品的資訊，市場行家則知道更多的產品訊息，而且樂於與人討論其所知。市場行家在資訊傳遞與談話過程中所表達的言詞，和意見領袖比較起來是屬於一般性的概念。市場行家不需去挑選新產品或甚至有關使用此產品的知識，但卻可以影響其他人對新產品的選擇，而且散播有關新產品的資訊。

　　來自朋友和家人的口耳相傳，是消費者行為中重要的影響力。因為口頭訊息的可信度高，因此很容易影響購買的決策，尤其是在可供我們選擇的項目受到限制時。有 40% 以上的美國人在選擇醫生、律師或購買汽車時，會從家庭和朋友的身上尋求建言。而口耳相傳對餐廳、娛樂、銀行及個人的服務之選擇亦相當重要。[60] 最近一項針對大學生大型的研究顯示，口耳相傳對購買新產品的影響力（44%）中，是價格（22%）或廣告（22%）的兩倍。[61] 家庭、朋友和公司同事，則是個人電子商品和電腦購買的主要影響來源。口耳相傳影響消費者的決策有三個步驟：察覺、資訊蒐集，以及決策。負面的口耳相傳大多是在顧客經歷了不滿意之後發生的。研究顯示，不滿意的顧客會

向其他 5 到 10 位消費者發洩其不滿。所以，鼓勵消費者向公司聯繫，俾讓顧客有申訴的管道，這對公司是一件重要的事。[62]

數十年來，影響力的類型已從順流理論（或是時尚流行公司），轉移到向上聚集理論（trickle-up）了。利用觀察和深入訪談的市場研究方式，現在的目標則鎖定在難以捉摸的馬路時尚文化（street-cool）或獵捕時尚。例如，耐吉公司加強對馬路新理念（new-idea）的回應，並迅速推出新品牌。不過當獵捕時尚的好手（cool-hunter）將最先進產品推上主流後，下一波的最先進產品就愈不易找尋了。[63]

在網路上的口耳相傳現象，常常使負面的訊息更易流傳。從聊天室、部落格、簡易網址等，消費者很快就能將其不滿宣洩給其他的消費者。為了希望獲得正面的文字，有些公司會贈送免費產品給主要的評論家。許多公司也把產品評論家發表的評論，寄給有興趣的消費者做為參考。網際網路能夠將消費者每天對任何產品的意見表達出來。[64]

◼ 個性

個性反映出一個人對其所處環境的一致性反應，它銜接了說服力及社會影響力之間不同的敏感度，進而與購買行為結合。與消費者行為有關的個性特質包括外向、自尊心、固執（思想封閉）和積極。例如，個性固執的消費者可能無法忍受產品試用或接納新的事物；而個性積極的消費者則可能會購買某些漂亮時髦的款式車輛，並在消費者的抱怨行為上，反映出其購物的不滿。自尊心被認為和說服力相反，自尊心強的人不容易被說服，而行銷傳播的有效性也將受到限制。

利用一般個性量表解釋購買行為，會令人感到失望。研究者需要發展行銷或與消費者相關的量表，以便用來決定個性在消費者決策過程中所扮演的角色，並探究調查結果是否能夠廣泛地運用在產品及服務上。這種與消費者相關的量表，可用來協助辨認市場的區隔，並創造持久有效的促銷活動。

自我概念（self-concept）是用來解釋消費者購買，以及使用產品的看法。自我概念的觀念是個人對整體的認知和感受。消費者購買產品與品牌，是為了要達成與他們的自我概念一致化或將其強化。[65]

行銷從業者嘗試去創造產品或服務與消費者之間的關係。行銷從業者能夠影響消費者的動機，慫恿消費者去學習、進而購買該企業所贊助的品牌，並影響消費者對該產品的知覺程度，這都與其自我概念相關。透過使用廣告者品牌的產品或服務來強調形象提升與個人生活改善的廣告中，其目的昭然

若揭。[66]

在此，自我概念也出現了幾個不同的看法。自我概念可分為實際自我概念、理想自我概念，以及社會自我概念，而最後一項被認為是個人自我概念的反映（looking glass）。理想、渴望與自我概念反映出一個人在別人面前願意展現的形象；社會自我概念則是反映一個人認為別人對他的看法。消費者以購買、展示與使用商品，來反映他們自己的眼光，或是藉由購買象徵性商品來提升自我概念。因在當今的西方經濟裡，財產對於界定個人身分時扮演著相當重要的角色。[67]

生活型態和心理統計變數

嘗試利用性格量表來解釋消費者行為，是生活型態和**心理統計變數**（psychographics）的概念。生活型態描述了個人在活動、興趣和意見的生活方式（第 7 章將詳加討論），生活型態的特徵比個性的特徵更為具體，而對商品和服務的取得、使用和處置則更是直接發生關聯。[68]

心理統計變數是根據消費者的興趣、價值、看法、個性特徵、態度與人口統計變數，來進行生活型態的區隔。[69] 行銷從業者利用生活型態和心理統計變數的資訊，擬定行銷傳播和產品策略。例如，對於戶外活動的頻率、文化藝術欣賞及社會議題意見等回應，常與產品使用相關，因此可做為廣告的主題和其他行銷傳播的基礎。

吉特·雷力斯基論述：「區隔化的基礎將決定其對整個組織的使用性，一個以態度為基礎的區隔（生活型態／心理統計變數）對廣告、傳播和定位

創造顧客價值

Buzzmetrics 公司：利用最新的消費者閒言碎語

Buzzmetrics 是一家設立於紐約的行銷研究公司，特別專長於消費者口耳相傳的行銷，並從線上消費者的對話中來分析與衡量消費者的反應。該公司監視著名的論壇網站與部落格，以評量圍繞著商業廣告主題的閒言碎語。依據 Buzzmetrics 提供的危機管理與預防服務資料，不少公司的品牌經理在建立消費者價值上面，比以往更積極地建立公共關係。Buzzmetrics 公司蒐集線上交談資料，並將新潮倡導者與有影響力消費者所散布的負面訊息結合成相關的問題。為提供製藥廠與汽車製造商的使用，該公司對線上交談、留言版、部落格與牢騷網站展開追蹤。這些廠商利用這些資訊，很快就能平息消費者的問題。

等都有用處。另一方面，以消費者需求或利益爲基礎的區隔，可以認清獨特產品獲利的部分，且可用於重新設計既有的產品或服務，並提出新產品或著手改變組織，以增加與顧客的互動與提升需求。」

■ 動機

　　動機是指引起個人產生有目的行爲的狀態或情況。動機通常發生在某些需求或問題的確認，而且會對資訊搜尋、處理和購買行爲產生影響。[70] 例如，已經擁有洗衣機的人，平常是不會對洗衣機廣告有所評價的，但是當他們的美泰克（Maytag）牌洗衣機故障時，他們就會有動機評估洗衣機的品牌。動機也涉及精力和專注，而動機本身可能是明顯的或是隱藏的。

　　研究人員也常引用馬斯洛（Abraham Maslow）的動機理論。[71] 該理論論述，人們對其個人在成長演變中，只有在較低層次的需求（生理、安全）滿足後，對較高層次的需求（自尊、自我實現）才會變得重要。任何未實現的需求都被假設爲「最迫切的」，並提供最立即的動機行爲。馬斯洛的需求層級理論結合產品購買的例子如下：

- 自我實現需求——藝術、書籍、娛樂。
- 自尊需求——服飾、居家設備。
- 愛與歸屬感需求——紀念品、禮物、相片。
- 安全需求——警鈴、安全帶。
- 生理需求——食物、暖氣、住所。

　　消費者行爲的動機受其個人所處環境的影響，包括行銷傳播和參考團體等。更重要的是，生產消費品的公司要符合消費者較高層次的需求，方能達到成長的新境界。消費者尋求喜愛的品牌，就像是尋求其內心的平靜與安全的感覺，這種自我肯定與其個性是有一致性的。[72]

4-5 情境因素

　　除了社會環境和個別消費者特徵外，情境的影響力也左右著消費者的行爲。[73] 情境影響力包括預期購買的情境（如特殊的場合），和不能預料的事件（如時間壓力、不能預期的支出、計畫的改變等）。商店內的促銷和廣告，可以讓消費者在購物做決策時，發揮情境影響力。最普遍的商店情境因素就是音樂，其長久以來一直被當做觸動情緒的有效工具。一項研究顯示，播放慢

板歌曲的食品雜貨店，其銷售量較播放快板歌曲的食品雜貨店來得高。[74]

消費者行為的情境決定因素摘要如下：

- 消費者在某種特殊情境下會購買許多商品，而預期使用的方式會影響其選擇。送禮與社交場合通常也是購買行為的重要決定因素。
- 情境因素不但是限制因素，也是動機因素。限制因素是指消費者行為受到限制，包括時間或預算限制。
- 情境的影響力也可能隨產品而異。消費者購買服飾、書籍和食品，是因為其心中早已預期要去使用。

在零售環境中，商店的情境因素也相當重要。這些商店情境包括物品的布置、氣氛、地點、其他人的出現、店員的協助及店內的誘惑物等。商家也會試著利用情境因素來發展他們的行銷計畫。例如，加油站引進多車道便利商店，速食連鎖店則迎合免下車服務情境的需求。

廣告的消息主題通常會結合情境的運用，例如，廣為人知的廣告詞「請用 Arm & Hammer 小蘇打做冰箱的除臭劑」，這個廣告暗示目標品牌（Arm & Hammer）在目標情況下，是最合理的選擇。相反地，有些廣告會將目標品牌與已結合情境的產品加以比較（「下午茶時，以 Orville Redenbacher 爆米花來取代洋芋片」）。另一種廣告則是針對目標品牌在新的情況和已熟悉的情況下使用的比較（「特別的 K 早餐麥片，讓點心時間也可以像早餐一樣好」）。[75]

4-6 購後行為

消費者行為的研究並非在購買後即終止，因為還會發生其他現象或結果，包括消費者學習、消費者滿意、不滿意和抱怨行為，以及認知失調等。

消費者學習

當行銷從業者開始試圖影響消費者時，他們通常嘗試利用廣告、產品標籤及人員銷售告知訊息，而這些方法真的相當有效，而且行銷從業者也能控制得很好。行銷從業者希望消費者能夠注意、了解，然後記住這些訊息，而消費者也會從經驗中學習。來自經驗的學習是高度的互動，消費者常給其特殊的名詞：「經驗是最佳良師」。

當知識或行為模式發生改變時，**消費者學習**（consumer learning）也會跟著發生。學習是為了獲得知識，和我們描述的決策過程是一致的。[76] 學習是

消費者學習
透過行銷傳播或經驗，改變消費者知識或行為模式的過程。

行為，也是重要的結果，因為成功的行銷有賴於重複的購買行為，而其對預期行為也提供了相當重要的正面強化作用。[77] 簡言之，學習會涉及下列的因素組合：個人驅策力（需求）、環境的暗示或是刺激、回應（消費者行為），及其他行為的強化。正面經驗的學習結果，是增強消費者忠誠的基礎。消費者對其喜愛的品牌，以及對其此品牌的忠誠度與忠誠關係，能夠讓許多公司受益。與新的顧客做比較，忠誠顧客傾向購買更多與更高價的產品；再者，對忠誠顧客的服務成本也較低。[78]

　　除了學習品牌和行銷組織外，知識也可從過去行銷從業者說服消費者的一些技巧上獲得。這樣的**說服知識**（persuasion knowledge）也可幫助消費者了解行銷從業者為什麼以及如何嘗試說服我們，且如何適當地回應這些企圖。兩位消費者研究人員 Marian Friestad 和 Peter Wright 形容，學習在我們一生中都持續發生，它來自我們做為消費者對銷售人員、家庭和朋友、廣告等的接觸，以及觀察行銷從業者與一些遊說團體的經驗結果。[79]

■ 消費者滿意、不滿意和抱怨行為

　　消費者滿意、不滿意和抱怨行為，在消費者購買決策過程裡也相當重要。滿意和不滿意描述可能發生在購買後正面的、中性的或負面的感覺，而消費者抱怨則是一種明顯不滿的表達。消費者滿意是行銷觀念的核心，且是支持顧客忠誠度的根源。高忠誠度可增加收入，降低個別交易的成本，並減少價格的敏感性。顧客滿意對企業也會帶來好處，例如，退貨處理和保固要求的成本得以下降，因為這些成本常與抱怨處理相連一起。[80]

　　滿意和不滿意的判斷，通常被認為是來自個人對所購產品的期待和產品的實際成效之間的比較。[81] 乍看之下，服務和滿意似乎有著相同的觀念，服務是指行銷從業者提供什麼和消費者得到什麼；滿意則反映了服務水準的評估。[82] 購買結果比預期結果差，會導致**負面困惑**（negative disconfirmation）與感覺；購買結果高於預期〔來自**正面困惑**（positive disconfirmation）〕，則會產生正面的評價。消費者期望對於滿意的決定，其重要性是不可言喻的。行銷從業者為達成效果，公司就一定要了解期望是如何形成，以及競爭對手在該產業的廠商中，對建立期望標準所擔任的角色。此外，行銷從業者也要監視期望，並學習了解期望在一段時間之後是停滯或改變了。[83] 在實務上的最佳做法，是廠商將企業經營的重心放在超越顧客的期望上面。無論是經營服務業與非服務業的公司，吸引和維繫顧客的最簡單方法，是讓消費者有感受到超越期望（物超所值）的感覺。[84]

說服知識
幫助消費者了解行銷從業者為何及如何嘗試說服的原因，進而對這些嘗試採取因應措施。

負面困惑
消費者對購買結果不如預期美好的經歷。

正面困惑
消費者對購買結果比預期美好的經歷。

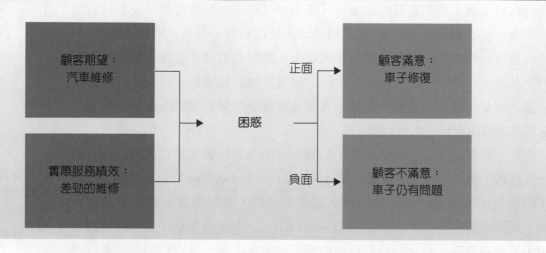

圖 4-7　　消費者滿意模型

一個簡單的消費者滿意－不滿意的關係模型，如圖 4-7 所示。首先是消費者依據先前對產品及品牌的經驗而建立的期望。行銷傳播包括廣告、口耳相傳，也會影響期望。當你開車去維修的時候，你會有什麼樣的期望？消費者便是以此發展出產品或服務應該被提供的期待。比較購買者的期待與產品或服務的績效水準之間的差距，便產生確定或困惑的期望，以及最終是滿意或不滿意的結果，而這些正面或負面的感覺便會逐漸形成未來的態度和期望。雖然困惑一般被視為滿意最重要的決定因素，但是期望和績效也會直接影響滿足感。高期望消費者感受高水準的滿意與研究結論是一致的，而且績效不受正面與負面困惑的影響，它能直接發揮滿足的效果。[85] 同樣地，在汽車方面的研究顯示，高涉入傾向的消費者，在其購車時，比低涉入的車主有更高的滿足感。[86] 然而，不管公司採用的是哪一種消費者價值，都一定要利用行銷傳播來傳達實際可行的期望。

許多公司現在會定期衡量顧客滿意度，認為其可做為慰留顧客的重要決定因素。然而，滿意度的衡量不僅要考慮顧客接受什麼，還包括他已接受的是什麼。亦即公司必須跟其他競爭對手學習，若要讓顧客有持續購買的意願，那麼品質比滿意度更可以做為較佳的預言者。[87] 現在的業者認為，只有顯著的績效，才能在消費者忠誠度上產生真正的差異性。衡量滿意度的計畫是否能成功，則端賴基準點的建立，不但要與競爭者的績效抗衡，也要由管理階層處建立績效目標。顧客滿意度的衡量，就確認改善需求的範圍而言，不但可加強和顧客的關係，而且可順便評估已提供的服務和產品之有效性與滿意度。[88]

近年來的研究顯示，許多滿意的觀點比傳統困惑的期望模型更為複雜。在此就消費者對科技產品購買所進行一系列的深入訪談中，目前消費者研究人員確認滿足感是一種動態的過程：

1. 滿意度的判斷會隨著產品的使用而改變。
2. 滿意度的判斷中存在社會的因素，是由家庭中成員的滿足程度來決定。
3. 情緒相當重要，在簡單的比較標準上會產生洞察力。例如，期望和績效。
4. 在某些情況下，產品滿意、生活品質、生活滿意是息息相關的。[89]

最近的研究發現，滿意度與公司的現金流量有很大的關聯。研究人員從美國顧客滿意度指數（American Customer Satisfaction Index）的資料分析，平均每家公司的指數（指數衡量範圍由 1 至 100）增加一個百分點，其未來的現金流量就會增加 7%。對於「低涉入、重複性及購買頻率高」的產品與服務，例如服飾、旅館、食品和飲料等，其滿意度對現金流量的影響最為顯著。[90]

此外，對隨後的期望、購買行為，和忠誠度及不滿意的影響，也會造成一些消費者抱怨的情形：如**口頭反應**（voice responses），直接從販售者尋求滿足；**私下反應**（private response）是在朋友面前苛刻批評；以及**第三者反應**（third-party responses）則透過法律控訴、向消基會申訴。[91] 記住，個人的口耳相傳是相當可信且具影響力的。

抱怨是消費者對產品、服務與公司績效的回饋，行銷從業者不可輕忽。不滿意的顧客會告訴更多人，甚至會超過滿意的顧客；而通常不滿意的顧客是不會直接向公司抱怨的。[92] 因為新的顧客群不易尋得，故維持既有顧客的滿意度方是首要之務。

為了獲得回應，有些公司甚至鼓勵其顧客提出抱怨。能知道顧客困擾原因的公司，就能擁有修正問題、保住銷售及預防進一步損失的機會。[93] 戴爾電腦公司個人電腦郵購部門的行銷人員、職員和經理，每週五早上均進行會談，並檢討顧客抱怨事件。戴爾的看法是，要讓每個顧客一定都能感到高興，而不只是滿意而已。[94] 同樣地，當可口可樂公司遇到問題時，它們也希望能夠聽到顧客的看法。根據客服部的說法：與我們公司有美好經驗的消費者，平均會告訴另外五個人，但擁有差勁經驗的，則將會告訴多達兩倍的其他人。[95]

口頭反應
一種抱怨方式，想直接從販售者尋求滿意的答覆。

私下反應
顧客向其朋友或家人苛刻批評某產品的抱怨方式。

第三者反應
消費者對某項產品的抱怨，進而透過法律控訴或請求消基會代其申訴。

Geico 保險公司的廣告要求消費者從購買中來預期其成果。

認知失調

最後一個要考慮的消費者行為結果是**認知失調**（cognitive dissonance），其為一種購後懷疑決定是否適當的形式。[96] 認知失調可能發生在重要的選擇，例如大學的決定，房屋與昂貴家具、立體音響器具及設備的購買等。大多數的學生都還記得在大學院校的選擇上，擔心所做的是否為最好的選擇，由於每個替代選擇都具有吸引人的特徵，所以才會產生焦慮。認知失調也很可發生在重要的採購、高度知覺風險、眾目睽睽之下的購買，及一個涉及長期承諾的決定。

失調可能會影響購後的態度、行為的改變，並引起額外的資訊搜尋。行銷從業者的策略則是降低認知失調，包括向購買者做定期跟催的溝通，避免懷疑並增強產品優點的說服力。可靠的服務及維修計畫也可提供保證，並能增加購後的滿意度，故保證書可以提供購買後的保證，若有問題發生時，將可維護購買者的權益。

認知失調
消費者在購買之後懷疑其購買決定是否適當，它可能是由資訊不平衡所造成，因為每個替代方案選擇都有吸引人的特徵，可能發生在重要及眾目睽睽之下的購買、高知覺風險，以及一個涉及長期承諾的決定。

4-7 倫理的和社會的議題

某些消費者與企業的行為，也會引發倫理上和社會上的關心。

消費者行為

不道德的消費者行為，包括店內行竊和濫用退貨措施。對零售商而言，店內行竊的損失代表龐大的金錢流失，其結果常常是零售商將這些成本轉嫁到其他消費者身上。濫用公司的退貨措施也是一種不道德的行為，應該要有合理的理由才能退貨。[97]

就積極面而言，消費者逐漸將社會關心問題納入其購買決策中。關心環境的消費者會對產品標籤訊息和產品內容表現出高度的認知。有些公司已體認到，利用對環境關心的訊息和產品資訊，將有利於他們推銷產品。

其他受到倫理和社會動機驅使的消費者行為，則較不屬於個人的行為，而多帶有政治色彩。例如，1970 年代，幼兒奶粉被禁運至第三世界國家銷售，此案到了 1980 年代中期再度被提起，因為消費者認為製造業者並沒有實

踐倫理上的承諾。少數的同性戀團體則利用他們的購買力，來表達對政治議題的看法。[98] 從「購買國貨」的活動中，可確認個人的消費者行為對工作和地方經濟的效應。許多抵制的動機均很單純，所以銷售人員就應該遵守某些倫理的標準。利用童工或廉價勞工生產產品，已成為眾所矚目的議題。而購買者要被負責告知相關銷售人員的倫理行為，因為購買者在決定購買時會考慮這些行為。[99]

消費者與行銷從業者要對行為倫理負起責任。本幅廣告為強調喝酒不開車的重要性。

企業行為

企業行為可依據兩個標準來評估：企業的社會責任和企業倫理。例如，公司被期望在合理的價格下提供安全的產品；公司的行動並不期望會損害到消費者的一般福祉。而盡力監控廢棄物，及阻止對環境造成影響等，都是這些公司應負的責任。同樣地，行銷措施也不能傷害到個人或特定團體。因此，近幾年來，菸酒的廣告都已受到了約束，而且香菸廣告已經禁止在網路上刊登。許多啤酒公司如酷爾斯（Coors）和百威（Budweiser），現在則強調對其產品善盡責任。銷售人員和消費者之間涉及私人的互動領域中，銷售人員為了銷售通常會感到壓力，甚至意味著無法坦率面對潛在購買者。無論如何，行銷觀念及黃金定率的原則便是強調倫理需求，誠實且公平地看待消費者即為有利的。[100]

摘要

1. **論述消費者行為的重要性。** 行銷從業者必須了解消費者行為，以便擬定成功的策略，並辨識目標市場的區隔化。再者，了解消費者市場即將出現的趨勢，以穩當的行銷策略辨識問題及機會，並做出快速的回應。

2. **了解消費者的決策和影響決策之重要因素。** 消費者行為描述人們從事選擇、採購、使用與處理所購置產品及服務，為滿足需要和欲望所做出心理上與身體上之活動。消費者決策的傳統看法，依序為辨認問題、資訊搜尋（內部與外部）、評估選擇方案、購買與購後評價。

3. **區分低度涉入和高度涉入的消費者行為。** 涉入代表著對一件產品或一項決策發生興趣或重要程度。個人對一項決策高度涉入（購買與其個人相關之物），可能經過全部決策過程之順序，從辨認問題到購後評價。高度涉入決策的特徵是對資訊細心處理，因此決策與個人有顯著的關聯性，以及與選擇方案之間有相當大的差異性。
   低度涉入的消費者可能不從事廣泛的資訊搜尋。而低度涉入的決策也極少與個人有關聯性，極可能是例行性或習慣性的決策而已。

4. 了解態度如何影響消費者的購買。消費者態度是指具有對一項產品或服務反映出喜愛與否的察覺性向，它是構成行為的主要原因。對於改變中的消費者行為，消費者態度對解釋消費者行為與設計行銷傳播是相當重要的。態度在購買行為上，是指產品屬性與這些屬性間的相關評價兩者結合的信念表現。

5. 了解社會環境如何影響消費者行為。在擬定穩當的行銷策略之前，必須了解社會對行為的影響力。社會階級及家庭之影響力會對消費者行為造成影響，並可將其做為市場區隔化之用途。

文化決定消費者對事件的價值看法，文化可用來辨識獨特需要並將其區隔出來（次文化）。許多學習是由觀察和與他人互動而來的（人際資訊影響力）。有些行為則發生在內心對他人的期望（功利影響力），有些是他人對我們行為的反應（價值的表達），後兩者是規範性的

社會影響力。消費者也會受情境影響而引起行為，或產生預期之行為。

6. 確認個別消費者影響購買決策和行為的眾多差異性。個別消費者的差異性會影響消費者的決策與行為。其中包括個性及生活型態的差異，通常以消費者活動、興趣、看法來加以衡量，在動機上也會有差異。

7. 滿意與不滿意的感覺來自產品績效是高於或低於期望。有些結果相當重要，如消費者購買後會發生學習、滿意與不滿意的感覺，以及認知失調等。然而學習來自經驗，而知識則得自廣告與行銷傳播。

不滿意會導致消費者抱怨，而喪失未來的商機。認知失調則是購後對當初決定的懷疑，它最有可能發生在重要的或涉入的採購、高知覺風險和眾目睽睽之下購買，以及一個含有長期承諾的決定。

習題

1. 敘述了解消費者行為的重要性。而此項了解與目標市場的辨識有何關係？

2. 列舉並討論消費者決策過程的每一步驟。此順序對例行反應行為與有限問題的解決，可能有何差異？

3. 何謂低涉入的消費者行為？

4. 為何消費者態度很重要？消費者對產品屬性的信念，在消費者決策中擔任著什麼角色？

5. 列舉三種人際影響力，並解釋每一種可能如何影響購買行為。

6. 解釋了解社會階級及家庭生命週期如何能增強行銷的有效性。

7. 文化如何影響消費者行為，行銷從業者可如何運用？

8. 討論消費者在市場交易中的倫理責任。

9. 比較認知失調與消費者不滿意。說明什麼是決定滿意與不滿意感覺的因素？

10. 如何利用網站產生忠誠度，有哪些網際網路搜尋與購物行為會妨礙顧客忠誠度的特徵？

11. 敘述最近消費者市場的變化，並說明為何這些變化對行銷從業者是很重要的。

12. 什麼是心理統計變數？為何其對行銷從業者很重要？以一知名公司為例，說明如何以心理統計變數定位消費者的需求。

13. 口耳相傳如何影響消費者行為？哪些本章提及的其他因素與口耳相傳的影響力相關？

行銷技巧的應用

1. 回想最近一次服飾的購買。你在購買之前的動機是什麼？這個需求位在馬斯洛需求層次理論中的哪個位置？當你在購買時，做了什麼口耳相傳來源的驗證？你認為這些來源如何影響你購買此款式的服飾？你的朋友在這一次決策中的重要性如何？你的朋友在這件服飾的外觀與必要性上發揮了什麼影響力？

2. 顧客的不滿意，是由於顧客對產品或服務的預期績效大於實際所獲得而造成的。請提出例子說明你曾在何處有過一件不滿意的採購？當你經歷了一件不滿意的採購後，你都會做什麼？為何一些公司想在第一現場即預防不滿意的發

生？當不滿意的情事已發生，公司要做什麼方能減少負面的結果？

3. 舉出利用下列消費者行為概念的廣告例子：安全需求、消費者滿意度、家庭的影響力，以及次文化。

4. 比較以一般大眾為對象的某產品在流行雜誌上刊登的平面廣告，與同一產品在拉丁裔或西語裔雜誌或非裔雜誌刊登之異同。這些廣告都強調同樣產品的優點嗎？這兩種廣告所傳達的訊息，是否使用到不同的文化價值觀？從這些差異能否看出該廠商是顧客導向的反映，或只是想抓住族群認同機會主義的效應而已？

網際網路在行銷上的應用

活動一

比較下列的購物網站 www.bizrate.com 、www.mysimon.com 或 www.bottomdollar.com 。這些網站的資料來源可被用來挑選未熟知的產品。

1. 其資訊是如何組成的？而這些資料來源如何影響如本章中所敘述的邏輯化決策過程？

2. 這些網站如何獲利或營運？

3. 評論消費者為何要從這些網站搜尋及取得各種資訊而獲益，卻不願從商店內搜尋已被零售商動過手腳的資訊？

活動二

在迪士尼網頁上，辨識迪士尼對下列消費者購買行為的影響力：

a. 社會影響力

b. 家庭

c. 情感式參考

d. 衝動性購買

行 銷 決 策

個案
4-1

賓士：提高銷量或失去尊重

豪華車商面臨了年輕買者市場的成長及競爭增加的情形。賓士、凌志（Lexus）、BMW、富豪（Volvo）和紳寶（Saab）等目前所提供的基本型轎車，價格都在 30,000 美元上下。迄今，賓士的市場定位仍非常清楚，即高格調、技術、品質及高價格。在高檔層級的車輛中，沒有品牌能夠勝過賓士。2001 年是賓士之銷路紀錄中最好的一年，銷量達 206,639 輛。其中銷量最大的是基本型 CL-Class 的新車，它鎖定在年輕車主追求動力感和良好的性能上，以及更多的皮革裝潢，開起車來的感覺勝過打 18 洞的高爾夫球。

新雙門跑車不同於賓士其他款式車輛。雙門的 C230 比其他賓士的車款便宜了 4,000 美元，其外觀幾乎類似高速賽車車輛，但車內沒有木製飾板，而它也特別強調性能和機動性的優越點。

可惜的是，這些改變的效果並非正面的。從歐洲和美國的研究中顯示出，賓士的品質和滿意度排名自 1999 年起就逐漸下滑。J. D. Power 機構將賓士的品質排名從「優等」降到「中等」，而其他競爭對手的品質排名都上升了。賓士提供了比市場要求更小型且更便宜的汽車，使得賓士自1993 年起全球銷售增加了一倍；然而，這些改變反倒傷害了其品牌名聲。

最近賓士的業主戴姆勒－克萊斯勒（Daimler-Chrysler）發起一項整合行銷傳播活動，企圖在年輕的消費者中增加知名度，該項活動包括直效信函與網路廣告。這項活動的用意是吸引網路使用者，並將其納入直效信函郵寄名單裡。賓士在美國本土之外推出小型的休旅車（SUV），以取代更小型之 Smart 車款的銷售。一些產業分析師相信，賓士認為汽油會上漲，而將賭注押在車主會買更省油而較小型的休旅車車款。

問題

1. 品質在態度的形成上扮演著什麼樣的角色？
2. 賓士要如何排除顧客對品牌認知的削弱？
3. 評論消費者對凌志和其他品牌在資訊搜尋及決策上，是否有逐漸增加競爭的效應。
4. 年輕的消費者與年長的成年人在資訊搜尋、人際影響力和對汽車產品的偏好上，有什麼不同？

行銷決策

個案
4-2 蓋普公司：吸引全球青少年

蓋普（Gap）是美國青少年認為最「酷」的品牌之一。蓋普公司是由 2,400 多間商店所組成，如 Gap outlets、Gap Kids、Banana Republic，以及 Old Navy Clothing。該公司主要是以休閒服飾聞名，蓋普起源於 1969 年舊金山一間以「世代隔閡」（generation gap）為名的小商店。在 1970 年代，公司將焦點從本國的青少年轉向國外，擴張其消費群。目前專賣店不但分設於 48 個州，且在加拿大、法國、波多黎哥和英國等地也都設有專賣店。此外，公司在日本擴展店面的同時，也尋求在亞洲其他的投資機會。在 1998 年第四季時，其銷售額已上升到 30 億美元，而比前一年上升了 40%。

日本的顧客不像美國的消費者，他們不會對某些知名品牌的產品有所渴望。然而，文化與價值的差異，使蓋普在日本面臨了艱辛的競爭。零售商要成功地擴張其市場，傳統上都以通常的生活型態做為訴求點，該公司對此也頗為了解。最近的趨勢都受休閒服飾購買的影響，特別是設計師設計的牛仔褲需求持續增加，通常這些牛仔褲的訂價是為蓋普或李維牛仔褲價格的兩倍之多。此外，現在每個年齡層的消費者都在追求新的款式及亮麗的色彩。

蓋普傳統上視其商店櫥窗為廣告宣傳的主要工具。因此，公司的廣告花費通常都低於那些競爭的零售商。產業專家對於該公司不願意使用普受年輕目標視聽眾歡迎的媒體，如收音機和電視的政策頗為質疑。

最近蓋普在日本擴增 Banana Republic 零售店，其目的在加強其國際化的區隔，以彌補其先前努力不足的地方。日本的消費者對其高檔的服飾產生了興趣，新的零售店代表該公司將這個市場視為長期商機成長的地方。

2004 年蓋普發表一份「社會責任」報告書，反映出它強烈的真誠與坦率本性。這家擁有 65 億美元資產的零售商，發現與其有合約生產 Gap、Old Navy 和 Banana Republic 品牌的工廠，存在著一系列包括工資、健康和安全等違害工人的問題，這些問題在中國、非洲、印度、與中南美州的生產工廠裡被發現。這份報告贏得讚許，以及對零售服飾業的關切。蓋普把這問題攤開後，緊接著是其如何去處理這些問題，以及如何將其坦誠的作風延伸為競爭優勢。

專家們贊同繼續保持商店的格調，但應加強廣告，且這兩者之間的搭配要一致，而連鎖店在消費者心中的定位也要明確化。不幸的是，一些行銷問題減損了該店競爭與爭取顧客的能力。商品化、服飾分類與品質的問題層出不窮，蓋普公司就像一個上了年紀的組織一樣，也需要進行改善了。不過，因為流行的式樣和財務出現了問題，所以要靠消費者的光顧而重新對市場加以定位，蓋普不愧是一個令人注目的策略個案。

問題

1. 蓋普努力在日本擴張，全球青少年的觀念扮演著什麼樣的角色？適度地使用電台廣告來影響消費者決策，可以成功打進日本的市場嗎？

2. 一旦年輕的消費者在某個區域中發現有新商店的開幕，決定光顧此商店是屬於延伸問題或限制解決問題？

3. 在美國以外地區如日本，其文化及次文化因素如何影響蓋普的績效？

4. 蓋普必須如何在消費者心目中順利地重新定位？

企業對企業市場與採購行為

Business-to-Business Markets and Buying Behavior

Chapter

5

研讀本章後，你應該能夠

1 定義企業對企業採購行為和市場的本質。

2 解釋企業對企業採購和消費者購買行為之間的差異。

3 辨識不同採購決策的類型。

4 定義企業採購過程的不同階段。

5 描述採購中心概念和其中具有影響力的決定因素。

6 了解政府、轉售商和其他機構市場的本質。

辦公用品倉儲

辦公用品倉儲（Office Depot）公司是一家以銷售辦公用品與服務而名聞遐邇的零售商，透過其在 24 個國家的 1,200 家零售店，以及型錄、合約銷售與網際網路，銷售了超過 10,000 種不同的產品。近年來，該公司徹底地修改採購、存貨及產品類別後，其業績得以大幅成長。早先，該公司使用一套採購與配銷系統將產品分送到各零售店；而在服務其企業客戶時，又採用另一套完全不同的採購與配銷系統。將這些個別的系統整合成為單一的供應系統後，辦公用品倉儲公司從這個新系統（或稱供應鏈）獲得 1.8 到 2.5% 的銷售成長，以及減少了 6,000 萬到 7,500 萬美元的存貨成本。

辦公用品倉儲公司新的供應鏈與該公司欲發展新的零售方式有關，新方式稱為「千禧年 2」（Millenium 2）。它是用以協助該公司與其他大型辦公用品供應商如辦公總匯（Office Max）、史泰博（Staples）有所差異化。「千禧年 2」是在商店的入口處，以顯而易見的縱槽格架清楚地陳列產品，再把科技產品與日常用品安放在商店的中央。如此可以讓一些只是為了購買文具的顧客更方便進出；但若要購買較昂貴的產品，則可沿著科技產品與日常用品線做更深入的訪視。

為了使新的供應鏈成功，該公司在資訊科技上投入大筆資金。跨功能的團隊對整合採購與物流工作非常重要，它需要商店經理、存貨經理、倉庫與運輸管理員，以及 400 家主要的供應商共同對顧客服務。雖然辦公用品倉儲公司仍持續對其供應鏈進行改善，但公司高層人員認為先前的改善，已經帶給該公司一項競爭優勢了。

許多類似辦公用品倉儲的公司,每年要花費可觀的經費在產品與服務上,再將其出售給其他消費者或企業購買者。如同辦公用品倉儲公司一樣,這些公司也做出了許多改變,以提高其採購的績效。而企業對企業和其他組織的銷售需要了解其採購行為,以便有效地擬定與執行行銷策略。

在本章中,我們將定義企業對企業的採購,並討論其重要性,辨識趨勢走向,檢視重要的企業採購概念,敘述政府、轉售商及其他機構之採購實務,以及述說相關的倫理考量。身為行銷從業者,我們的目標是要去了解這些購買者的行為與需求,如此方能進行有效的行銷。

5-1 企業對企業採購的本質

企業對企業採購行為的定義

企業對企業採購行為(business-to-business buying behavior)是指以組織做為買者時的決策與措施,其涉及組織之間採購和銷售的交易,因此常稱為組織間的採購。企業對企業採購的主要決策因素之一是**供應商**(suppliers)、**貨源**(sources)或**賣主**(vendors)的選擇。對於將產品及服務直接賣給買方的公司或個人而言,這些名詞則是通用的。在實務上,工業或製造業的廠商將採購分為兩類:屬於生產或維修所需之例行性作業與生產的產品(原料、固定器、軸承、顏料),和具資本支出的產品(銑床、發電機、電腦及通訊系統)。

組織可分為四類:企業廠商(business firms),包含有形商品的製造商,以及提供醫療、娛樂及運輸等服務的公司;政府市場(government markets),包含聯邦、州及地方政府;轉售商市場(resell markets),例如眾多的批發商及零售商;和其他機構市場(institutional markets),如醫院(營利或非營利)、教育和宗教機構與商會。每一類組織皆需要向其他組織採購,許多企業買者之間已逐漸涉及**供應鏈管理**(supply chain management),即指「將提供顧客產品、服務和資訊之供應商與最終使用者之間的企業流程加以整合,以增加對顧客提供的價值。」[1] 供應鏈管理的基本概念在於跳脫組織和公司的隔閡,而對顧客提供更好的服務,以取得競爭優勢。因此,採購人員與公司內外人員合作共事,是供應鏈管理的主要工作。如此,採購人員方能投入資訊蒐集和傳遞,並協商和監控系統、供應商評估及其他採購任務。

供應鏈管理和一般採購作業不同,前者係將重心放在末端對末端的(end-

企業對企業採購行為
指組織做為買者時之決策與措施。

供應商、貨源、賣主
將產品及服務直接賣給買方的公司或個人。

供應鏈管理
將提供顧客產品、服務和資訊之供應商與最終使用者之間的企業流程加以整合,增加對顧客提供的價值;它是跳脫組織和公司的隔閡,為了對顧客提供更好的服務,以取得競爭優勢。

to-end）過程，而非放在如採購、製造及行銷等個別功能部門上面。與供應商的關係，則需要參與企業做更多的承諾，且要更自由地分享資訊。除了財務績效目標外，訂定改善顧客滿意度目標，以及衡量這些目標的進展也變得更重要。

供應鏈管理的重點涉及更廣義的**供應管理**（supply management），供應管理學會（Institute of Supply Management）對其定義爲「組織爲了達成策略性目標，對組織需要的或潛在需要的資源進行辨識、取得、儲存之管理。」[2]在此定義下，供應管理已從有形物品及資訊的供給，延伸至金融流通和買賣雙方的共事關係上。更準確地說，供應管理結合組織策略的優先性，而在組織未來的需求上扮演著積極的角色。

一些組織將採購工作認爲純粹是一項購買的功能，另有一些組織將其加入供應鏈管理功能的一部分，也有一些則將其列入供應管理的主要工作。企業行銷從業者要確定特定客戶的採購方法與過程，再依其方式來做銷售。

> **供應管理**
> 組織為了達成其策略性目標，對組織需要的或潛在需要的資源進行辨識、取得、儲存之管理。

企業對企業採購行為的特徵

消費者購買行爲和組織採購行爲有些類似，但也有差異。消費者購買主要是爲了自己使用和家庭消費；企業採購則爲了加工品（如原料、組件）、或公司營運（如辦公用品、保險）、或轉售其他消費者而購買。企業對企業採購行爲之主要特徵區分，如圖 5-1 所示。

企業對企業產品的需求經常取決於消費市場的需求，這個現象稱之**衍生需求**（derived demand）。例如，許多產品的需求衍生於消費者對新汽車的需求，而當新車需求增加時，則用以製造汽車的材料如鋼鐵、塑膠和紡織品的需求也隨之增加，反之亦然。

> **衍生需求**
> 企業對企業產品的需求取決於消費市場對其他產品的需求。例如，當新車需求增加，對於用來製造汽車的材料需求也隨之增加。

圖 5-1	企業對企業採購行為與消費者購買行為之差異

1. 企業對企業的買者較消費市場的買者人數少、採購量大，且在地理位置上較為集中。因此企業對企業的行銷，更強調人員銷售和商業廣告。
2. 企業採購決策常涉及更審慎或徹底的產品評估，且容易受到公司內部不同來源（採購部門、工程部門）的影響。
3. 消費產品的需求，連帶地帶動產品製造商的採購。因此，企業採購行為與消費市場的經濟波動息息相關。
4. 某些產品的需求與其他產品的採購有關（聯合需求）。例如，企業個人電腦的需求下降，則軟體應用程式和印表機的需求可能也隨之下降。
5. 工業品採購經常因價格高、購量大而顯得複雜。因此，許多採購決策係建立在詳盡的產品規格或挑選準則上，而企業市場也常利用租賃方式。
6. 企業的買賣雙方存在著更大的相互依賴性，故有必要建立長期買賣雙方之關係，來加強售後服務。

企業對企業市場的評估

行銷從業者可以使用人口統計的特徵，以評估消費市場之規模和成長率。許多人口統計資訊指出在不同人口統計地區之年齡和所得水準的特徵，但這些人口統計特徵並不適合用來評估企業市場。

北美產業
分類系統
美國聯邦政府所編纂的一套數據，以方便對不同企業加以分類。

美國聯邦政府制定了**北美產業分類系統（North American Industry Classification System, NAICS）**，藉以區別不同的企業。如圖 5-2 所示，NAICS 是以前兩位數字表示經濟部門，例如資訊產業。第三位數字表示經濟次部門（廣播及通訊），第四位數字做為產業分組（通訊），第五位數字則做為 NAICS 產業（衛星以外的無線電通訊），以及第六位數字用來表示國家特定產業，此處指的是美國傳呼產業。

NAICS 分類中，每一個分類均有重要的經濟資料可供利用，其中包括公司及員工數目、銷售額、大型組織與小型組織的銷售百分比等。行銷從業者以這些資料來估計企業市場的規模及成長率，非常有用。墨西哥和加拿大也都使用 NAICS 格式，因此可利用其來比較整個北美洲的市場。

5-2 企業對企業採購的重要性

企業對企業市場和採購行為重要的理由有二：一是企業市場的規模為聰明的行銷從業者提供了許多機會；二是許多廠商試圖以改善採購作業而來提高利潤。

在總金額方面，企業的採購也遠超過消費者消費金額。而企業也是原料的主要購買者，例如，礦產及農產品中的全部或一部分被加工而轉售。企業及其他組織也會向廣告商、會計師、顧問、律師、航空公司、鐵路等購買服務。

奇異電氣、杜邦、沃爾瑪和福特等公司的採購預算，都超過許多國家的國民生產毛額。顯然地，這些企業對許多提供產品與服務的供應商而言，它代表利潤豐厚的潛在市場。

圖 5-2　　　北美產業分類系統範例

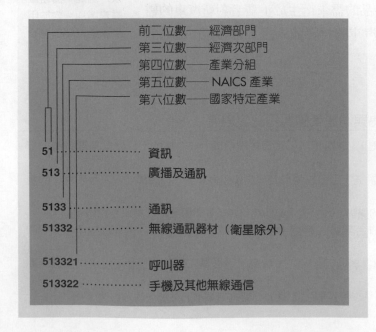

　　大致上來說，降低產品的採購成本是提高利潤的有效方法，茲以下列簡例說明之。假設某廠商一年的營業額為 1 億美元，淨利率為 5%。如果這家廠商要增加 100 萬美元的利潤，則必須增加 20% 的銷售量（增加 2,000 萬美元的銷售 × 0.05 淨利率 = 增加 100 萬美元的利潤）。面對成長緩慢的市場，廠商想要增加銷售是有困難的，但若以改善採購作業使成本降低 100 萬美元，則可達成其利潤成長的目標。而在多數情況下，這也是較為可行的。

　　多數廠商均會採取較務實的做法，即同時增加銷售和降低採購成本，以用來增加利潤。不過，已有愈來愈多的廠商體認到改善採購對獲利的重大影響。所以當企業買者改變採購慣例時，行銷從業者必須了解此種變化，並要適當地調整其行銷努力之方向。

5-3 企業對企業採購的趨勢

　　許多廠商的採購作業現正面臨巨大的變革。在圖 5-3 裡，我們可以看到一項有關未來採購的廣泛研究結果。在這項研究中，160 位採購主管被詢問到有關對 2008 年重要採購趨勢的看法。由圖 5-3 可知，企業行銷從業者為尋求有效迎合採購者的需要時，必須特別注意幾個重要的行銷觀點。

■ 生產力的改善

　　許多公司都強調生產力的改善，其至少有三方面會影響到採購。第一，廠商發現向其他公司採購產品和服務，常比自行生產這些產品和服務更有效率，此稱之為**委外**（outsourcing）。第二，企業精簡常涉及採購功能部門的精簡。第三，採購將更重視完成企業流程所需的全部時間——**週期時間**（cycle time）的減少。

　　委外剛開始只受到製造業的歡迎，但現在已擴大到各行業了，其中還包括服務業和政府單位。許多公司在追求生產力改善之際，委外的專業技術亦在提升。因此在全球經濟持續萎靡不振之際，例如埃森哲（Accenture）顧問

> **委外**
> 廠商發現向其他公司採購產品和服務，常比自行生產這些產品和服務有效率，例如電腦零件、運輸、通訊、薪資管理等。

> **週期時間**
> 完成一項企業流程所需的全部時間。

圖 5-3　1998 至 2008 年採購趨勢之選項

1. 電子商務	7. 全球供應商的發展
2. 策略性的成本管理	8. 向協力廠商採購
3. 策略性委外	9. 競標
4. 供應鏈夥伴的選擇和貢獻	10. 策略性供應商聯盟
5. 關係管理	11. 雙贏談判策略
6. 績效衡量	12. 複雜性之管理

公司，卻受到這股委外風潮影響而使業績炙手可熱。另一個委外成長的市場則是公司保全。許多公司也希望藉由委外而非自行發展專業能力，為其員工、內部設備和資訊系統提供一個更為安全的環境。公司亦可藉由委外夥伴的協商保證，使其生產力獲得進一步的改善。例如，埃森哲公司向貝爾南方（BellSouth）公司保證，若由它來負責處理銷售和客服資訊系統，將可降低 13% 的訓練時數，更快速地使員工上手，並減少重複撥打的電話，5 年一期將可使貝爾南方省下 5.2 億美元。[3] 除了資訊科技外，熱門的委外種類包括人力資源管理、設施管理、財務會計、公司保全，以及電話客服等。[4] 圖 5-4 為決定委外與否的幾個主要探討之問題。

委外的主要動機是潛在成本的節省。根據一些產業專家的說法，透過委外節省成本固然重要，但公司利用委外之際，仍要考量其內部的核心專長與策略的優先性。著名的委外顧問麥可・葛比特（Michael F. Corbett）表示：「委外並不只是降低成本的附屬品，而是公司追求卓越策略所不可或缺的部分……，它也讓公司更清楚地專注在其核心專長上，以創造突破性的思維；更重要的是，它可以和具有獨特才能和專業的夥伴合作。從這個角度來看，委外已成為提升組織競爭力的一大工具了。」[5]

委外另一件值得注意的事，是對組織採購作業所造成的衝擊，使許多大公司在採購和供應鏈管理的委外上均有增長之趨勢。根據埃森哲公司的供應鏈管理顧問部門之全球客戶數目顯示，將委外交其負責的公司增加了，而這些公司不但可節省成本，還可增進委外功能及競爭力之效能。[6]

採購人員通常會參與策略性的規劃、新產品開發和其他不同的活動。由於科技的進步，使採購功能更為精簡了，特別是與往來的供應商之例行訂單作業的自動化。而享受科技的成果，也使得生產力提升到僅需少數人力即可做許多工作。

◾ 科技的運用

買方逐漸運用科技提升了採購作業的生產力，而縮短週期時間則是一個

圖 5-4　委外合適嗎？

決定是否委外的幾個關鍵問題：
- 委外是否可以降低勞力或材料成本、減少資本支出、增加收入、或擴大經濟規模，而使公司獲利能力增加？
- 具有潛力的供應商是否能夠提供難以獲得的專長？
- 具有潛力的供應商是否能夠提供安全邊際，以降低供給的過剩或不足？
- 這些功能或活動是否可以在公司核心能力下進行？若否，委外可能是適當的。
- 透過委外，是否能降低公司的財務風險？

重要的採購趨勢（見圖 5-3）。時間就是金錢，買方希望找到減少採購、產品發展、產品運輸、製造和存貨週期的方法，藉著週期時間的縮短，提升生產力，降低營運成本，幫助銷售的增加。新科技的運用常能縮短週期時間，例如，運動家倉儲（Sports-man's Warehouse）公司是一家專賣室外產品，並在美國各地設立 30 家分店之零售商，它裝設一套新的電腦存貨管理系統，用來減少對各零售店的補充存貨時間。該公司現在對其 6 家零售店的補貨，比以前對其 4 家補貨所需要的時間還少。通用汽車公司利用無線科技與供應商合作開發 H2 型悍馬（Hummer）車款，從設計、模型製造到組裝的週期時間降為 2 年，這在汽車產業裡是前所未有的壯舉。[7]

企業採購者常常聚焦於其企業生產力的提升。在本幅廣告中，SAS 指出其軟體能夠協助企業增加利潤，它已對全球 98% 的大企業造成了影響。

許多產業利用電腦對電腦的系統，將顧客與供應商銜接起來，因而可以做到適時的自動補充存貨。應用這類共用網路（shared networks）系統者，如沃爾瑪與寶僑、釷星汽車與汽車零件供應商、多家醫院與 Allegiance 等公司。這些公司對公司的系統也可連結公司私有的內部系統，稱之為內部網路（intranets）。當兩個或兩個以上的公司內部網路銜接時，就可形成外部網路（extranet），故有愈來愈多的電子資料在網際網路互相交換時，就被當成了外部網路。

但期望透過網路進行更進步的組織採購，卻尚未發展成熟。例如，電子市場交易常被用來做為企業對企業交易，或稱 **B2B 交易**（B2B exchanges），在組織採購中被視為下一個革命性的發展。在該項交易中，數以千計的供應商公布其欲出售的產品和服務。因此，在訂價及產品資訊一覽無遺的情況下，最後將發展出一個高度競爭的市場，而組織的採購者將享受到較低成本的好處。過去幾年來因電子商務熱潮稍退，使得這種交易方式被犧牲了。然

> **B2B 交易**
> 電子市場交易。

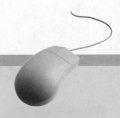

運用科技

TexYard.com 讓服飾業在網上完成交易

TexYard.com 是一個歐洲服飾業的線上交易網站，它利用電腦科技及網路，讓買賣雙方可以在公平採購環境下集聚一起。該 B2B 交易能夠讓採購者更容易找到供應商，讓買賣過程更有效率，壓低了管理成本，並得到有競爭性的價格，以及縮短貨品上市的週期時間。 TexYard 以拍賣方式，讓買主可以對貨品的製造規格、運送及品質要求，依其本身的需求條件而自行訂定細節。 TexYard 成功的主要關鍵，在於該交易系統大幅減少與供應商聯繫、比價與磋商成交價的時間。

而在公開擷取（open-access）網上交易中尚有一問題，即部分供應商不願意公開敏感的資訊，以免讓潛在競爭對手來分享。

雖然曾預期這樣的交易會對採購發生影響，但影響採購實務的，卻是公司之間因採購成本的節省，而導致競爭更加劇烈。例如，GlobalNetX-Change LLC 與 WorldWide Retail Exchange LLC 結合設立一個網上交易站，用以幫助眾多零售商更有力量與沃爾瑪對抗。這個國際交易網涵蓋了約 50 家食品、藥品和服飾之零售商，例如克羅格（Kroger）、華格林（Walgreen's）、施樂百，以及歐洲的零售商家樂福（Carrefour）。這個交易網利用網上拍賣方式，可以讓零售商從供應商那裡找到最低價。[8]另一成功的國際性 B2B 交易範例，請參閱前頁的「運用科技：TexYard.com 讓服飾業在網上完成交易」。

最成功的交易網站之一是電子海灣（eBay），它對企業採購者和消費者服務；另一家是自由市場（Free Market），現在歸屬於艾瑞柏（Ariba）公司。電子海灣剛開始時是屬於消費者交易網站，現在已經是在組織採購與銷售之交易中擁有相當大影響力的網站。艾瑞柏供應商網站涵蓋在世界各地的 12,000 家供應商，每月在 115 個國家完成 50 億美元的交易。[9]**私人交易網**（private exchanges）僅限於連結接受邀約的買賣雙方，較目前大部分公開擷取網上交易有更多的承諾約定。惠普、IBM 和艾思硬體公司（Ace Hardware）都是成功的私人交易網廠商。

私人交易網
僅限於連結接受邀約的買賣雙方之電子市場。

企業採購者同意，從事網際網路採購最大的阻礙是安全性。但從網際網路所得到的報告，幾乎所有的企業採購人員都認為，電子商務在企業市場已建立完善且成長迅速。圖 5-5 列示了企業採購者如何應用網際網路的情形。

◼ 關係的觀點

採購者對供應商關係的重視，迫使賣方亦強調關係行銷。許多採購趨勢反映了對買賣雙方關係的重視（見圖 5-3），這些關係包括供應鏈夥伴的選擇、關係管理、績效衡量、全球供應商的發展、策略性供應商聯盟和雙贏談判策略等。堅固的買賣雙方關係之目標，乃是鼓勵創新與企業效率的改善（見圖 5-6）。一旦達成這些目標後，顧客滿意度與獲利能力就一定會受到影響。

採購人員的處境則較為特殊，因為他們均直接與供應商相處並共事，為他們公司（內部顧客）採購產品，且又為外部顧客將其加工製造為產品。內部顧客的需要固然重要，但最後

圖 5-5 電子商務在採購上的應用

企業採購者常利用網際網路從事下列活動：
- 索取建議書和報價。
- 投標公告。
- 傳送採購訂單。
- 電子資料交換。
- 電子型錄訂貨。
- 找尋供應商。
- 追蹤貨物的遞送行程。
- 合約管理。
- 存貨管理。
- 付款。

圖 5-6　　堅固的買賣雙方關係之重要特徵

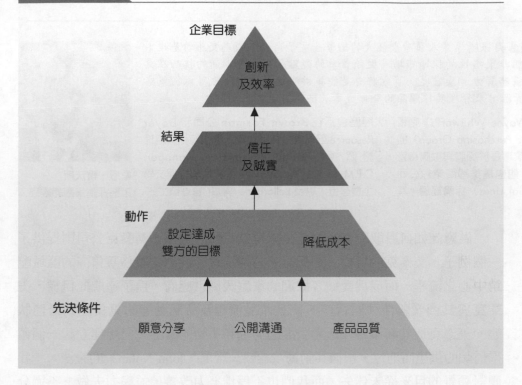

的成功則是依賴外部顧客的貢獻。採購人員會花費甚多時間在外部顧客身上，以便深入了解他們從供應商那裡採購的商品，是如何成為影響外部顧客購買之產品對象，而這也將可幫助他們在採購時降低成本和提升顧客的滿意度。

　　倫理是供應商關係的另一項重要因素。成功的關係建立在相互信任的基礎上，買賣雙方彼此分享眾多資訊，而且確信這些資訊不會外漏，雙方也互信將為共同利益而合作。誠實與公開的溝通也是不可或缺的，只要建立後，互信在供應商關係上終究是一項有力的資產；然而一旦失去，則很難或幾乎不可能再重新建立了。

　　思科系統（Cisco System）是一家電腦網路公司，曾要求其供應商變更 30 天付款的慣例，而改為 90 天且不受罰鍰的付款，導致一些供應商對其喪失信心。該公司又強迫供應商修改保固期限，由原來的 1 年延長為 3 年。雖然供應商對這些壓力相當不滿，但又不願失去生意，也只有順服於思科的要求。[10] 在汽車產業裡，主要製造商如通用、福特和戴姆勒克萊斯勒公司，也曾因不合理的要求而讓眾多供應商對其失去信任。[11]

某些供應商致力於改善顧客對其客戶的關係。在本幅廣告裡，Renaissance 賀卡公司強調其如何加強零售商與其客戶之間的關係。

經驗分享

「科技將持續地對銷售與採購專業人員帶來極大的衝擊。電子商務將成為交易的基礎，以及網際網路上一個非策略性的採購市場。從銷售員的觀點，則是要以新的技巧在更深入的策略層次中服務買方。換言之，買方將會是銜接供應鏈的智者，也可以從策略夥伴中得到充分的資源，來管理其採購品的全部成本及供應商關係。」

韋恩·懷沃斯（W. Wayne Whitworth）是策略採購集團（Strategic Purchasing Group）的總經理，該公司是一家專長於採購與供應鏈管理策略的顧問公司。他也是美國商業線公司（American Commercial Lines）採購經理，其經歷包括在 Brown-Forman 公司和 Dover Resource 公司擔任採購主管。他也有採購經理證照（Certified Purchasing Manager, C.P.M.），並獲有 Louisville 大學理學士與文學士雙學位，以及 Bellarmine 學院的管理碩士。

韋恩·懷沃斯
策略採購集團總經理

供應商如何贏取顧客的信任，以建立良好的關係，美泰克公司則提供了一個例子。美泰克的目標，是想藉著迅速運送產品到其服務零售商的區域配銷中心之流程，而成為受顧客歡迎的家庭設備供應商。為了達成此目標，美泰克與其商業夥伴共同合作，使其產品流程及資訊動態的蒐集達到最佳狀態。美泰克與其商業夥伴透過公開的溝通和不斷的改善，已經建立起一個值得信賴的供應商地位，根據其副總裁約翰·諾蘭（John Nolan）的說法，「我們對願景的目光從未迷失，而我們也不停地努力改善，並盡力去做。不過分急躁，則讓我們看清楚所要走的路徑。」[12]

關係觀點的最後一項則是廠商內部的工作團隊。在選擇供應商時，採購人員會與工程師及其他功能部門的人員組成工作團隊，在許多狀況下，採購人員會在其公司內部整合採購程序。他們協調買賣雙方之間的資訊動態，並且仰賴公司內外人員的專業知識，以用來評估產品與供應商的優劣。

策略採購集團總經理暨美國商業線公司採購經理韋恩·懷沃斯，強調採

創造顧客價值

戴爾公司頒獎給其排名前茅的供應商

過去的 12 年，首席電腦製造商戴爾每年頒獎給其排名前茅的供應商，這些供應商為戴爾的營運及顧客帶來超凡的價值。依據戴爾公司全球採購部資深副總馬丁·蓋文（Martin J. Garvin）的說法：「我們的顧客對我們的要求，只不過是想得到最佳品質與價值，而我們的供應商的確幫助戴爾完成這一項任務。」戴爾分別以品質、世界公民、供應不中斷、成本做為評審基礎，而從上千家的供應商之中選拔六家加以獎勵。很顯然地，戴爾知道要做為一家優秀供應商的條件是什麼，而它也經常被頒授為最佳賣主。最近，戴爾剛獲得飛機製造商波音頒發的年度最佳供應商獎。

購關係的重要性時說：「採購的傳統角色將繼續朝供應商管理的方向改變，這將會對人際技巧和內外部顧客關係管理有更高度的需求。新採購角色性質也需要一種獨特的能力，把內外關係人發展成為合作的夥伴，而將新產品帶進市場，並減少所有採購品的成本。聚集具有各種紀律、功能和跨功能的工作團隊，可以一起藉著信任關係的建立、支持與願意適應改變的意願，共同達成策略性的組織目標。」

顧客價值的考量

　　成功供應商關係的關鍵之一，即是建立顧客價值。買方關心的是供應商要不斷提升品質、降低成本，而為買方提升價值能力。所謂品質與成本的考量，不只是採購產品而已，尚包括了所有與企業有關的大小事務。更多有關買賣雙方關係的顧客價值重要性，請參閱「創造顧客價值：戴爾公司頒獎給其排名前茅的供應商」。

　　格雷巴（Graybar）是一家電子、通信和網路產品的大型配銷商，我們以其為範例，說明它如何從一家單純僅搬運產品的供應商，轉變成專注以專業技術、服務為加值導向，且不斷改善其供應貨品品質的供應商。它與台梭羅（Tesoro）公司有生意往來，而後者是一家大型的提煉商，專門銷售石油製品。格雷巴公司傳授其專業技術，並協助台梭羅成立改善小組，而將石油提煉達到一定的標準，終於使台梭羅煥然一新，遂專心於生產工作上，從而達到最佳的生產狀況。格雷巴也幫助台梭羅追蹤費用支出的動向，提供員工在技術方面的教育工作，釐定最佳的存貨數量，以及推動品質保證方案。很顯然地，格雷巴對台梭羅已經不再只是一家供應商而已，由於其加值的導向，已進一步促成企業夥伴關係。[13]

環境的衝擊

　　許多採購人員會考慮產品的事後處置成本，以及產品回收或再生方法。當採購人員對環境更積極投入時，這些做法在未來將會愈形重要。

　　為了使企業經營更加符合環保及安全，149 個國家正與國際標準組織（ISO）努力加強釐定環境管理標準。這對採購者而言，代表著幾種意義：首先，應確認哪些活動、產品與服務會對環境產生影響，它包括回收計畫、廢氣排放、污水處理、原料使用、有毒物質的儲存與搬運，以及對土地與社區的影響。採購者可以與供應商一起合作，以減少不必要的包裝、節約自然資源，並降低可能對環境有害的產品與處理過程。

關鍵思維

假設你是一位地板清潔劑的採購員，在下列各種情況下，你將利用哪些最重要的採購原則去挑選供應商：
- 擔任一家全國性五金連鎖零售店的採購員。
- 擔任一家匹茲堡地區大型製造商的採購員。
- 擔任一家批發商的採購員。

環保問題對許多企業採購者非常重要。豐田公司的回收計畫是將
4億磅的鋼鐵及金屬碎片從全世界的土地上移走。

辦公設備製造商赫爾曼·米勒（Herman Miller）與供應商合作推廣對環境有利的採購措施。樹木對赫爾曼·米勒公司而言是重要的原料，熱帶森林國家是其主要的供應來源。這些國家多半是開發中的國家，而樹木的濫伐往往毀掉了整座森林，威脅著各種野生動、植物的生存。透過環境設計計畫（Design for the Environment, DfE），在促進全球受威脅森林的生機運動下，米勒公司鼓勵供應商使用分解影響性低和能夠回收的環保材料。

而在 DfE 計畫裡，也設定一套新產品對環境的評比工具，將一些對環境造成衝擊的材料直接列為採購決策的考量。[14]

5-4　採購決策類型

在第 4 章裡，我們將消費者決策劃分成廣泛問題解決（需要對決策擬定準則）、例行性反應行為（只需要價格和供應能力的資訊）。企業對企業採購決策則分為：單純再購、修正再購和新購等決策。[15] 圖 5-7 中列出了各種類別，這些類型區分為：購買決策新穎度、資訊需求度，以及需要選擇其他採購方案的考慮，例如不同的供應商。

■ 新購決策

新購決策

企業的採購決策，發生在當採購問題是新的，而必須蒐集大量的資訊時。該決策在企業裡不常發生，而其決策錯誤的代價很高。

新購決策（new-task decisions）如圖 5-7 所示，存在於當採購問題是新的，而必須蒐集大量的資訊時。對一個公司而言，新購決策並不常發生，但若決策錯誤，代價卻不小。供應商為了要讓採購者相信，購買其產品將可解決採購者的問題，則不應只仰賴價格優勢而贏得銷售。新購決策與一般採購過程中的各項活動順序均一致（稍後再做討論）。

圖 5-7　購買決策一覽表

購買決策類型	問題新穎度	資訊需求度	新選擇的考量
新購	高	大	重要
修正再購	中	中	有限
單純再購	低	小	沒有

當沃爾瑪考慮一項新購決策時，它會從不同的角度來思考此採購案。產品和服務供應商都必須填寫一張綜合性的調查表，詳列有關其供應品及營運情形的資訊；而要成為其供應商之前，均須經過謹慎的評估。接下來，沃爾瑪供應商發展小組會分析它們的財務情況，並審查這些供應商之中有無符合「少數族裔與女性企業主發展方案」（Minority & Women-Owned Business Development Program）條件者，以及審查是否符合不同科技、法律和績效的需求。此外，這些未來可能成為供應商的申請書中，必須正式提列相關的問題，包括成本節省、服務改善、未來成長來源、主要競爭者的辨識、目標市場的特徵，以及對競爭產品的定位等。[16] 對這些潛在供應商要求那麼多的資訊，也增加了沃爾瑪做出穩健的新購決策之機會。

名單內供應商的業務員提供想法和計畫，協助其客戶拓展業務。在中國，高露潔公司的業務員正對一位零售業者提出對店內展示和商品推銷方法的建議。

修正再購決策

修正再購決策（modified rebuy decisions）需要評估購買決策的新替代方案。修正再購可能涉及到目前採購的需求而考慮新供應商，或考慮既有供應商提供新產品。所要求的資訊量及需要新選擇的考慮，較新購決策為少，但比單純再購決策為多。對決策愈熟悉，愈是意味著不確定性與可認知風險低於新購決策。[17] 向新供應商採購複雜零組件，通常就是修正再購的決策。在這情況下，公司的採購人員需要管理階層者的協助，以便進行決策。

> **修正再購決策**
> 評估新替代方案的購買決策，涉及目前採購需求而考慮新供應商，或考慮既有供應商提供新產品。向新供應商採購複雜零組件亦為一例。

單純再購決策

單純再購決策（straight rebuy decisions）是最常見的方式，只是簡單地重新採購先前已買過的產品或服務而已。在單純再購中，運送、績效和價格都是主要的考慮因素。名單外供應商（outsuppliers）或不屬既有供應商均處於不利的局勢，因為名單內供應商（insuppliers）在過去的時日裡，已符合買方採購期望而穩固了地位，因此，買方通常不願再花時間去評估其他供應商，或冒著風險更換供應商。辦公用品、原料、潤滑劑、鑄件和經常使用的零組件等，皆屬於單純再購決策，而企業採購者通常做的都是這些決策。

> **單純再購決策**
> 企業採購中最簡單的形式，只是簡單地重新採購先前已買過的產品或服務而已。運送、績效和價格，都是主要的考慮因素。

5-5 採購過程

採購過程如圖 5-8 所示，與許多消費者決策一樣，決策順序從問題或機會確認開始。問題確認可能是用料消耗、設備破損或因技術改善需要而引起的，這些都有可能在下列各個部門出現：操作、生產、採購、工程或規劃等。新的企業機會也可能產生採購的需要，一旦公司確認需要採購，就會決定欲購產品之特徵和數量，接著生產、研發或工程人員為了每項產品而決定詳細的規格，這些「詳細規格書」（specs）也就是產品特徵的需求面。

接下來，廠商會尋找合格的來源或供應商，而有關潛在供應商的資訊，可能從業務員、貿易展覽、直效信函的廣告、媒體報導、商業新聞和商業廣告、口耳相傳和專業研討會等來源取得。評估供應商目的是確定他們可以生產，並運交所需的產品和提供購後服務。根據調查發現，採購者也會在其供應商之中，找尋更多產品品質優良和服務績效卓越者。[18] 很多採購者期待能與供應商密切合作，以便改善績效水準、控制成本和研發新科技。採購者當然也期望供應商能夠分享資料與資源，以便完成其共同的目標、幫助改善採購者的營運、快速回應緊急的事件。[19] 評估供應商之正式程序，可見附錄 B 所示（附錄 B 請至本公司網站下載）。

策略採購集團總經理暨美國商業線公司採購經理韋恩‧懷沃斯，對選擇潛在供應商的考慮因素為：「當評估一個潛在或既有的供應商時，有數不清的因素需要考量。能看得見的和可量化的是那些與價格和品質相關的因素，這些屬性都極易辨識和容易測量，但最難以量化的部分則是服務，因其涵蓋的範圍屬於主觀性。在評估這一部分時，我較偏好去調查供應商的成本貢獻。凡對成本節省有貢獻、會創新、有開發新產品的活動，以及可計算出影響我們購物總成本因素之供應商，均予以獎勵。而這一程序的目的在將主觀標準從評估程序中移開，以確認那些持續建立附加價值、成本效益產品和服務的供應商。」

關鍵思維

假設你是一家頗負盛名的工業包裝材料公司的業務代表，剛接替一位不久前才離職同事的職缺。你做初次業務拜訪時，有一位客戶告訴你，他不會向你採購了，因為前一任業務代表欺騙他，他已失去了信心。請問你該如何讓這位客戶重建信心？

圖 5-8   企業採購過程

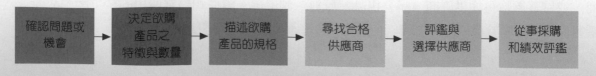

確認問題或機會 → 決定欲購產品之特徵與數量 → 描述欲購產品的規格 → 尋找合格供應商 → 評鑑與選擇供應商 → 從事採購和績效評鑑

一旦達成決議，公司便開始進行採購。採購人員通常會做最後採購的協商，他會嘗試為其公司取得最好的籌碼，例如較佳的付款條件、交貨時間或其他優惠等。而採購結束後，採購人員也會繼續監管供應商的表現。

企業採購過程依採購決策類型而有不同。新購決策是最為複雜的，其過程我們已討論過；而修正再購情形則較不複雜，但一般仍包括採購程序的大部分階段；單純再購經常是向目前供應商再次訂購。

5-6 採購中心

有時公司的採購決策是由一個人做決定的。這種由單一個人做成的決策，最常見於一般性、例行性、非優先性及簡單的修正再購。不過，有很多採購是由一位以上的專業採購人員所組成之採購中心聯合做成決策的。**採購中心**（buying center）在企業採購中是一個重要的觀念，它不僅涵蓋了採購部門或採購功能，同時也包括組織各階層的人員。採購中心的組成也會隨著採購決策的變動而有所不同。

對於新購與複雜的修正再購決策，則需涉及不少的代表人員與部門及管理階層。影響採購決策的角色包括提議者、決定者、採購者、資訊守門人及使用者。所謂**資訊守門人**（gatekeepers）是指掌管採購中心參與人員之間的資訊溝通及流程者。

向企業推銷的銷售者必須認識這些多重角色，潛在供應商則必須接觸決策過程中的每位相關人員。亦即銷售人員不只與工程和採購部門接觸，舉凡相關決策者和資訊守門人等影響決策的人都得接觸。IBM 在這一方面則是提供很好的例子，IBM 銷售人員會確認參與採購案的每一個人，了解這些人彼此之間的關係、每個人對此案的貢獻度、每個人用來評估採購物品或服務的準則。

國際性採購在採購決策和程序上愈來愈複雜了，也使得全球化企業面臨到更多的挑戰。許多廠商偏愛設立海外採購處，可以雇用具有採購及技術訓練的當地員工；而有些公司則雇用進口商來處理國際採購事務。

採購中心成員都以網路聯繫工作流程與溝通，並從幾個來源獲得資訊。這些資訊來源可能是個人或非個人的、商業性或非商業性的。商業性的來源來自某些提案人（sponsor），即提議採購某特定產品或服務的人。非商業性個人來源，如與專業人員的接觸，因是產品實際的使用者，故亦深具影響力，且他們可能沒有偏見，所以顯得較具信服力。

以企業為目標的行銷工作，相當依賴人員銷售；但是，透過商業刊物和

採購中心
企業採購由組織中各階層相關的人員聯合決策，而非只是採購部門而已。它的組成會隨採購決策的變動而有所不同。

資訊守門人
指掌管採購中心參與人員之間的資訊溝通及流程者。

其他銷售文獻，則能刺激顧客的買氣，以增進銷售者的形象，強化人員的銷售。此外，網際網路也可能是企業採購人員一項有價值的資訊來源。例如，在亞洲的企業對企業是電子商務成長快速的區域，亞洲的供應鏈經常是由台灣延伸至中國大陸到菲律賓和美國，網際網路對企業採購人員而言就是一項豐盛的資源。因此，為了打進企業市場，行銷從業者正在加緊抓住機會，把網際網路列入做為與採購人員溝通的工具。在亞洲，買賣雙方偏愛面對面的接觸已長達數世紀之久，但科技又再一次走到了企業採購的前端。

5-7 政府市場

政府市場
包括從事許多活動而採購商品與服務的各級政府機構。

美國的**政府市場**（government market）包括從事採購商品與服務的聯邦、州和地方政府組織。美國政府市場是全世界最大的市場，總金額達數兆美元，而美國聯邦政府則是這個市場中最大的客戶。傳統上，美國國防部是聯邦政府最大的花錢者，但現已居於健康與人力服務部（Department of Health and Human Services）之後了。[20] 美國政府採購的浮濫向來惹人非議，但政府的採購作業近年來也已有所改善；而納稅人較無法忍受的不當採購行為，政府採購人員也注意到了。

《商業日報》（*Commerce Business Daily, CBD*）為聯邦政府每日公布有關政府採購公告、合約簽訂、政府財產出售和其他採購資訊。《商業日報》在每個營業日發行一次，每次刊登約有 500 到 1,000 筆公告，每筆公告只出現一次。所有的聯邦採購單位，都必須將所有合約或超過 25,000 美元支出的轉包合約，公告在《商業日報》上。[21]

投標書
在政府市場中，合乎資格的供應商針對政府公告的需求或規格所提出之書面建議書。

爭取政府業務是一項複雜、耗時和常令人感到挫折的工作。政府採購決策受到立法的牽制，聯邦政府就受到外屬單位如預算管理局（Office of Management and Budget, OMB）的監督。而大部分的政府機關，不論是聯邦、州或地方等，其採購均需透過公開招標或議價。**投標書**（bids）係符合資格的供應商針對政府公告的需求或規格，所提出之書面建議書，通常會由最低出價者獲選。在某些情況下，小企業供應商在競標評選中也會有被優先考慮的待遇，一旦政府單位與某家公司共同決訂合約條件時，合約協商即告完成。

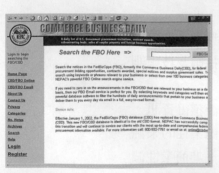

《商業日報》線上版提醒供應商有關美國政府採購的訊息。它每天刊出 500 到 1,000 筆聯邦政府要採購的商品與服務之公告訊息。

5-8 轉售商市場

轉售商市場（reseller market）是指採購商品後再收取一定利潤的價格轉售之廠商所組成的市場。該市場包括批發商及零售商，在美國約有 350 萬家，員工數超過 2,000 萬人。在第 14 章與第 15 章裡，我們將再對零售商與批發商做詳細討論。

零售業隨處可見，它們以合理的價格出售各式各樣的商品和服務給消費大眾。大多數的商品是由轉售商先採購後，再直接賣給消費者。而批發公司通常都集中在人口密集的商業中心區。

零售業經常使用專業的採購人員從事選購。以雜貨連鎖店為例，銷售人員到批發中心拜訪買方；而其他零售廠商如百貨公司，則常在貿易展覽上直接向製造商下單訂購。

不屬於大型連鎖店或加盟店的小型零售商，則可能採用聯合採購的方式，將可獲得比單獨採購更大的折扣或折讓。

產品種類與數量的決定，則是零售業和批發業成功的基石。轉售商必須採購能夠吸引或因應消費者需求的產品，因競爭壓力和消費者對價格敏感性的提高，更是增加正確決策的重要性。

消費性產品公司常常對消費者與轉售商市場做廣告。在本幅由 Chomp 公司向零售商傳達的廣告中，讓零售商得知該公司提供一系列的寵物產品。

> **轉售商市場**
> 指採購商品後收取一定利潤的價格轉賣他人之廠商所組成的市場，包括批發商及零售商。

5-9 其他機構市場

非營利組織同樣也要採購產品和服務，以維持其運作。這些組織包括教育機構、公私立醫院、宗教和慈善組織機構，以及商業公會等。它們反映了可能的行銷機會，許多專業廠商即適合此獨特市場利基的需要。例如，有些建築師擅長教堂或學校的設計和施工；也有一些公司專為公私立學校提供所需物品。當然，機構採購人員也有標準的業務需求，許多廠商生產及銷售健康醫療儀器和物品，為預防接觸性傳染病，維護健康設備的行業也就因應而生，例如拋棄式手套。

5-10 倫理議題

本章稍早曾論述，倫理規範在企業對企業談判和交易中所扮演的重要角色。賄賂是一個特別棘手的問題，其有多種形式：如賣方送禮給有決策權的人、祕密送錢、對未來許諾等。有些供應商會提供金錢的誘因，以增加獲選機會；另一個情形則是公司之間互相採購，也就是所謂的**互惠**（reciprocity）。互惠是指 A 公司購買 B 供應商的產品或服務，而 B 轉回來購買 A 的產品或服務。這種做法若妨害了競爭，則屬違法行為；除非這個安排是合法的，否則不能當做選擇供應商的決定。

公平、誠實和信任的重要價值，也會影響企業採購者和供應商所有的協商，包括供應商或賣方的選擇。對供應商的評斷應公正無私，對於有緊急需求或處境不利的公司，也不得藉機敲詐。當廠商非法或缺德地以相同產品與服務對不同顧客索取不同價格，就是一種變相的價格歧視。採購人員不應該要求不同供應商對相同產品

企業採購者有時會到供應商處，以進一步了解他們欲採購產品的相關知識。西門子醫療系統公司是一家醫療設備的供應商，在紐澤西州總部設立了一個場所做為其機器設備操作展示用途。

或服務有不同的價格。[22]

追求全球化的公司，可能會遭遇許多倫理的困境。有些國家的做法與美國的預期差異相當大。例如，在日本、南韓和台灣，若不接受商業饋贈則被視為不敬，因此許多國際性的公司必須妥為訂定接受海外供應商贈禮的政策。

互惠
指 A 公司購買 B 供應商的產品或服務，而 B 回頭購買 A 的產品或服務。

摘要

1. **定義企業對企業採購行為和市場的本質。**企業對企業的採購行為是指組織進行採購決策時，會涉及供應商等一些組織。公司採購人員逐漸重視供應鏈管理，其整合了從最終使用者到原始供應商的整個企業流程，對顧客提供產品、服務和有加值性的資訊。四大主要企業市場是企業廠商，包括製造商和服務供應商；聯邦、州和地方政府；買進產品再轉售的批發和零售商；醫院、教育機構和商業公會。

2. **解釋企業對企業採購和消費者購買行為之間的**

差異。企業採購者在方法上有許多不同於消費者。整體而言，企業採購者較集中於同一區域、採購量大、決策受到多重影響，常以深入分析為方法，市場需求來自消費者市場與趨勢走向。組織的購買決策通常是依據不同的選擇標準，包括品質和績效可信度、價格、存貨服務、供應者商譽，以及提供技術和服務支援的能力等。

3. **辨識不同採購決策的類型。**企業對企業採購可依複雜程度分成三類：新購決策，決定選擇的

準則,蒐集大量的資訊;修正再購,狀況與先前相同而評估新的供應來源,其決策稍微複雜一點;單純再購,則是向先前已購產品和服務之既有供應商採購。

4. 定義企業採購過程的不同階段。最複雜的採購決策順序為:(1) 確認問題或機會;(2) 決定需要的產品特徵和數量;(3) 描述所需要的產品規格;(4) 找尋合格的供應商;(5) 評估並且選擇供應商;(6) 績效評估。

5. 描述採購中心概念和其中具有影響力的決定因素。採購中心為組織負責挑選供應商及安排採購項目。它由參與例行和非例行採購決策的人所組成,他們來自不同的部門(採購、工程、產品)和組織裡不同的層級,可能擔任一個或更多的角色:提議者、決定者、採購者、資訊守門人及使用者。採購中心的成員在決策上有不同的影響力,在企業對企業採購中,他們握有一些具相對影響的權力因素。

6. 了解政府、轉售商和其他機構市場的本質。主要市場組織包括政府市場、轉售商和其他機構企業。聯邦政府是最大的單一採購者;州和地方政府也有許多採購案。轉售商是採購產品後,再以較高價格轉售給其他公司或直接賣給消費者的批發商與零售商。

習題

1. 什麼是企業對企業採購行為的特徵?

2. 什麼是北美產業分類系統?在行銷上,如何使用它來幫助企業採購者?

3. 敘述目前企業對企業採購行為的趨勢。

4. 請參閱「運用科技:TexYard.com 讓服飾業在網上完成交易」一文,使用網際網路來改善採購及供應鏈管理有何主要益處?

5. 請參閱「創造顧客價值:戴爾公司頒獎給其排名前茅的供應商」一文,並請上戴爾網站(www.dell.com)點選「Small Business」欄位,列舉幾個例子說明戴爾如何為小企業在採購過程中提升價值。

6. 採購決策有哪些不同類別?在不同決策之間,資訊的需求又有何不同?

7. 新購決策作業的一般順序是什麼?

8. 什麼是採購中心?其成員通常有哪些?

9. 比較個人及非個人的資訊來源。對組織採購者而言,利用不同資訊來源的可信度如何?

10. 什麼是互惠(reciprocity)?為何它可能是違法的?

行銷技巧的應用

1. 假設你必須為你中型規模的企業採購新的個人電腦。需考慮哪些決策準則?你該如何達成?

2. 假設你的公司已經決定從 X 國進口重要的組裝零件,而在這些國家中,贈送個人禮物及小額現金給顧客則是普遍現象。這些組裝零件對於貴公司的成功有關鍵性之影響,並且和先前美國的供應商相比較,在 X 國可以用較低價格購進,你該建立何種政策做為公司採購人員在行為上與決策上的指引?

3. 敘述一小型零售布商(一位老闆和四位員工)和工業起重機製造商的採購需求有何不同?製造商透過他的採購中心進行採購,請討論兩者的決策過程不同之處。

網際網路在行銷上的應用

活動一

比較以下兩個線上購物網：辦公用品倉儲（www.officedepot.com）與 Corporate Express（www.corporateexpress.com）。假設你是美國某全國性辦公器材製造商的採購人員，你要向一家廠商採購。為完成評比，請比較下列屬性：進入難易度、產品可用度、顧客支持度、訂購的難易度。請在每個項目做出評比，並加總評量兩個網站的各自優缺點。

活動二

線上拍賣已經成為企業採購的一部分了。請到 www.ebay.com 查看線上拍賣狀況，並請點選企業及工業選單。你認為線上拍賣對企業採購人員的效益有多大？請根據你在 ebay 網站所見，你是否認為某些企業買主較受益於線上拍賣？若是如此，線上拍賣的哪些產品類別對企業買主來說是較可能購買的？

活動三

惠普電腦公司以網際網路吸引不同的企業及政府買主。請到 www.hp.com 查看，並比較提供給聯邦政府及中大型企業的資訊有何不同？惠普公司提供給可能的買方哪些特定資訊？資訊是否充足？兩種資訊是否有顯著的不同？

行銷決策

個案 5-1 哈雷機車以顧客為核心的供應鏈

哈雷機車（Harley Davidson）公司的高品質機車眾所皆知，但該公司以顧客為核心的供應鏈卻遭遇了不少壓力。為了傾聽顧客意見，也使供應商聽從顧客意見，哈雷公司建立了非常穩固的供應鏈基礎，而其也讓哈雷強化了顧客的忠誠度，成為美國機車製造商的一朵奇葩。

哈雷供應鏈的改善，極大部分需歸功於電腦科技。它設立了一個全球的外部網路，使經銷商能確認價格與產品可獲得性、訂單與銷售，以及補救服務資訊。供應商也能透過網路連結察看其商業細節，如付款到期日、產品設計、運送，以及監看其績效。

在為其供應鏈挑選供應商的過程中，哈雷希望所有的供應商偕同參與其公開溝通、市場研究和研發過程。供應商也必須承諾降低供應鏈的成本，提供一週 7 天一天 24 小時的運作，並與哈雷公司的組織有效整合，與哈雷策略方向協調一致。為了提升供應鏈更有效率地達成經銷商和顧客的需求，哈雷公司減少了 80% 的供應商，從 4,000 家降至 800 家。而在這 800 家之中，哈雷公司和 125 家主要的供應商建立策略夥伴關係，此舉大大地降低了材料成本、產品的研發週期和不良率，這些改善也減少了浪費和裝配線的延遲。

一切均來自顧客，哈雷公司都是從其最終客戶那兒學習的。聆聽顧客意見的最佳時機，是每半年在佛羅里達州和南達科塔州等地舉行的機車同好集會。來自全美各地同好齊聚一堂，哈雷公司將在會場上設立展示區與舉辦試車活動。主要供應商也都共襄盛舉，與哈雷公司一起投入調查、訪談和非正式地與騎士一對一面談，以蒐集

顧客意見。哈雷公司親自與供應商一起聯繫顧客，確保供應鏈中從顧客傳遞到重要夥伴的資訊均能一致。

除了聚會外，哈雷公司為經銷商主辦的產品展示會，也讓供應商代表參加。哈雷公司從這些展示會上得知經銷商關心的事務，而主要供應商也能提供有關這些事務在技術方面的資訊。所有經銷商的資訊，與騎士同好聚會上基本客戶的情況一樣，經過文件處理後，輸入供應鏈的資料庫，以便適當地追蹤。最後，哈雷公司將以對供應商的簡短回答，而共同達成符合雙方需求的決策。

資訊蒐集過程的細節程度是令人印象深刻的。例如，哈雷騎士對車身的噴漆和鍍鉻等小細節都很挑剔。哈雷公司和供應商也會詢問顧客該噴什麼顏色和鍍多少鉻，才能讓機車外表看起來更像哈雷的樣子。

建立以顧客為核心的供應鏈，也讓哈雷公司獲利豐碩。它吸引了世界級的供應商，例如由戴爾菲自動電子系統（Delphi Automotive Delco Electronics Systems）公司提供計時器、轉速器、導航控制器和其他電子設備，而效率高的供應鏈也使得經銷商更易與對手競爭。

哈雷公司也設立了 RoadStore 網站，以支援它的經銷商。RoadStore 網提供顧客有關哈雷公司的產品資訊，同時也允許顧客在線上購買哈雷公司授權經銷商的產品。哈雷公司也支援經銷商的廣告、商品諮詢和店內教學方案。該公司最成功的方案之一，是挑選美國的經銷商聯合舉辦「新騎士駕駛課程」（Rider's Edge New Rider's Course）。而參與的經銷商都很高興有這樣的方案，因為這給了他們開發 35 歲以下女性顧客的商機。這種供應鏈的經營模式，將供應鏈擺在經銷商與騎士兩個焦點上，讓哈雷公司維持了可觀的銷售成長。還有一件事，那就是經銷商和顧客不須等待新款哈雷機車，因供應鏈改進的結果，已使得供需雙方達到平衡了。

問題

1. 哈雷公司的行銷與銷售人員，如何和採購人員加強供應鏈和增進顧客忠誠度？

2. 哈雷公司供應鏈在技術上扮演什麼角色？你能辨識還有什麼能讓以經銷商和最終顧客為重心的哈雷公司使用之技術？

3. 有些哈雷公司的供應商也供應哈雷公司主要競爭者，哈雷公司如何確信這些供應商不會把具有競爭性的資訊給其他的競爭者？供應商和企業買主的信任有多重要？

行銷決策

個案 5-2　三大汽車製造商壓榨供應商

三大汽車製造商（福特、通用和戴姆勒克萊斯勒）與其供應商的關係顯出有趣的對照。一方面，製造商和供應商必須對產品的開發和品質的改善加緊合作，而為了滿足顧客喜好的改變，以及有效地對抗其他的主要製造商，如豐田、本田、日產和來自競爭性較低的德國、韓國等國家的公司競爭，這樣的合作被視為必要。

另一方面，底特律車商有時與其供應商的關係是敵對的。在 1990 年代，車商與其供應商的緊張關係，成了企業界的頭條新聞。通用汽車被描述為事件的主角，由當時具有爭議性的採購主任盧培（J. Ignacio Lopez de Arriotura）帶頭，盧培認

為採購就是一個輸贏的過程，在這個遊戲的過程中他不斷壓低採購價格，目的是為通用打敗他們的供應商。即使當時盧培的通用採購方法使其形象被認為相當的負面，但他卻為通用從供應商處節省下了巨大的成本節餘，此舉也引起其他車商購買單位的注意。當然，所有重要的製造商都不願負擔他人不利的成本開支，尤其在 2000 年至 2002 年的經濟成長遲緩期裡，更是一個不爭的事實。

戴姆勒克萊斯勒因為前景黯淡，也開始採用與通用一樣的手法和供應商周旋。為了縮減成本，公司開始要求供應商結束舊合約，並簽訂一份比原先價格少 5% 的新合約。許多大供應商不願意，有些則私下抱怨戴姆勒克萊斯勒以強硬手段來解決他們的獲利問題；而有些揚言，不願讓戴姆勒克萊斯勒在新車款設計上看到第一手的新技術與構想。

另一個發展也讓許多主要供應商感到苦惱，那就是三大車商推動了公開交易網或電子交易市場。車商藉由公開揭露價格迫使供應商降價，然而供應商卻不甚喜歡將他們的東西展示給所有人看，當然也包括其競爭者。通用首先啓用了 TradeXchange 網站，福特則以其自己的交易網跟隨。如今三大車商共用一個名為 Covisint 網站，它們希望所有主要的供應商都在 Covisint 網上進行活動，但許多事都讓許多供應商感到不愉快。

在掌控汽車供應市場權力的拔河賽中，三大汽車商明顯地具有經濟上的優勢。福特和通用擁有全美企業前兩大採購預算金額，而戴姆勒克萊斯勒的預算也是相當驚人的；但數千家的汽車供應商集合起來的影響力也不小，而有些供應商本身就很大了。一家主要供應商戴爾菲（Delphi），擁有全美第 17 大的採購預算，甚至比戴爾電腦、

國際紙業（International Paper）公司和洛克希德‧馬丁（Lockheed Martin）還大；另一家主要的供應商江森自控（Johnson Controls）則擁有全美第 38 大的購買預算，也都排名在一些大型公司如必治妥（Bristol-Meyers）、斯普林特（Sprint）、康納和（Conoco）之前。

像戴爾菲和江森自控等大型供應商，在汽車行業中被稱為第一級供應商，它們直接賣產品給車商；第二級供應商則是比第一級小，通常是賣給第一級的供應商，它們也可以直接賣給車商，但大部分都以賣給第一級供應商為主；第三級供應商則賣給第一級和第二級供應商，很少直接賣給車商。第一級供應商購進第二級與第三級供應商貨品，以壯大自己在市場中的實力，對於車商 Covisint 網站的控訴，絕大多數的第一、二和三級的供應商都參與了。許多第二和第三級供應商是屬於小企業，擔心減價的結果會迫使它們退出商場；而萬一發生了，財務健全的的供應商將會收購它們，或乾脆擴充以應付需求。分析家說供應商正在聚集影響力，如同車商減價需求一樣，最後會有愈來愈多的供應商結合在一起。過去 10 年以來，北美供應商數目從 30,000 家已降到了 8,000 家，下降了 75%。

問題

1. 三大車商強調低成本，對於滿足消費者需求能力的實現有決定性的影響嗎？

2. 在三大車商的採購實務裡，你發現了任何有關倫理的問題嗎？

3. 供應商要如何和三大車商協議互惠的合約？就供應商觀點而言，加入 Covisint 網有哪些利弊得失？

Part Three

行銷研究與市場區隔

Marketing Research and
Market Segmentation

行銷研究與決策支援系統

Marketing Research and Decision Support Systems

研讀本章後，你應該能夠

1 了解行銷研究之目的與功能。

2 熟悉行銷研究過程的階段。

3 討論不同型態的研究設計、資料蒐集方法、初級及次級行銷研究資料的來源。

4 了解涉及調查設計與抽樣的許多重要問題。

5 辨別行銷研究在決策支援系統中的角色。

IMS Health

IMS Health 是美國排名第二大行銷研究公司，以及提供研究資訊給全球製藥業最多的公司。由於服務的對象遍布 100 多個國家，因此 IMS 熟悉世界各地的健保醫療狀況。在該公司的書面簡介資料裡，IMS 是一家提供資料和解決企業之健保相關事務難題的公司。

　　IMS 在 2003 年的總營收為 14 億美元，其中 8 億 4,390 萬美元是美國境外收入。 IMS 成立至今已超過 50 年了，如今儼然成為提供有關藥品發展、購買趨勢、醫生處方箋，以及病患治療資料等訊息的公司。此外，該公司也提供有關銷售人員訓練、代管醫療藥品與非處方藥品等服務。為辦理上述列舉之相關業務，該公司在世界各地聘用專業人員達 6,100 人。

　　IMS 的服務項目之一是協助製藥公司藥品品牌管理。總部設立在康乃狄克州的 IMS，顯然是要協助製藥公司確認市場的商機、決定最佳的產品與品牌的組合、追蹤品牌的績效與品牌成長最大化。因此，IMS 要做為一家行銷研究公司，就得提供給製藥公司基本的行銷資訊，俾讓這些公司從而擬定與執行其有效的行銷策略。

行銷研究被用來做為規劃辨認產品使用者的需求，以及提供什麼樣的產品來解決這些需求的問題。

行銷研究公司如資訊資源公司（Information Resources, Inc., IRI）及尼爾森（Nielsen），是行銷研究資料和各種廣泛且多樣化服務的最大供應商。而較小型的研究公司通常聚焦於產業型態或個別服務上，如顧客慰留與顧客滿意度的調查。 IRI 公司營收的主要來源是雜貨店和西藥店的產品資料追蹤調查，而其他的研究公司則為其客戶提供特殊情況或問題的個別設計研究。 IRI 的研究讓其客戶能夠監控所有產品的銷售及促銷活動，並從消費者的行動中了解促銷成果，確認其在配銷上的問題與機會。

行銷研究之整體目標在於協助管理階層了解，由消費者與競爭者所組成的市場之不確定性與變化性，以降低決策的風險。行銷研究過程包括資料蒐集、詮釋及利用資料從事決策，而這種了解則有助於廠商提供更符合顧客所期待與需求的產品和服務。行銷研究也可加強廠商與市場之間的溝通，且其目的在於改善管理決策。研究之目的並不在確認早已做成的決策是否正確，而是辨識不同的選擇方案以支援決策的過程。[1]

6-1 何謂行銷研究？

行銷研究
透過資訊連結消費者、顧客及大眾，將其用在：辨識與定義行銷機會、產生及改正與評估行銷活動、監控行銷的績效、提高對行銷過程的了解。行銷研究要列出解決上述問題特別的資訊需求、設計蒐集資訊方法、管理與執行資料蒐集過程、分析研究結果、傳達研究發現與含意。

依據美國行銷協會對**行銷研究**（marketing research）的定義，認為是執行過程錯綜複雜而不同的活動。

行銷研究是透過資訊與消費者、顧客及社會大眾的連結，其用途在：

* 辨識與定義行銷機會。
* 產生、改正及評估行銷活動。
* 監控行銷的績效。
* 提高對行銷過程的了解。

行銷研究包括：

* 列出解決這些問題所需的特別資訊。
* 設計蒐集資訊的方法。
* 管理與執行資料蒐集之過程。
* 分析研究的結果。

經驗分享

「無庸置疑地，許多行銷研究人員有時被人批評欠缺對環境的客觀性認識，特別是來自那些位列高階的人員（如品牌經理、創意總監等）的批評。但局勢已改觀，今天很少經理人可以被允許獨自以直覺方式去運用公司的資源。有愈來愈多的證明，唯有靠正確的研究設計支持才行。」

泰利‧瓦拉（Terry G. Vavra）是加州大學洛杉磯分校的行銷學學士與碩士，伊利諾大學行銷學博士。他是 Metrics 行銷公司創辦人之一，2004 年該公司改名為 Ipsos Loyalty 公司，是一家專門從事顧客滿意度與維繫的國際公司。瓦拉有五本關於行銷、滿意度和忠誠度的著作。

泰利‧瓦拉
Ipsos Loyalty, Inc.
榮譽董事長

- 傳達研究的發現與含意。[2]

　　此定義在強調協助產生管理決策的資訊。在本章中，我們將以此定義做為討論行銷研究過程各階段的大綱。

　　如圖 6-1 所示，行銷研究可以幫助做行銷規劃、解決問題與控制。行銷從業者借助行銷研究做為決策的指引，將更有效地運用其資源；而行銷從業者在從事研究時，也必須了解研究過程、行銷過程，以及廠商在產業中的運作情形。[3] 例如，以管理私人餐廳和俱樂部為業務的 Stouffers 公司的研究團隊，其研究人員除了必須了解組織的成長與形象目標外，尚需確認其新的行銷機會，並從事顧客滿意度的調查。只有在熟悉俱樂部業務後，才能進行有意義的研究。必勝客公司目前將其單位經理的獎金與顧客滿意度調查結果做連結，問卷內容包括服務、食物品質及其他有關滿意度的問題。

　　利用行銷研究，那麼一些重要及有趣的問題就可能有答案了。麥當勞究竟是否要聚焦於更清晰的行銷定位上，而不要老是改變菜單？如今該公司也面臨了從原先強調績效與管理，而轉移到品牌下滑的振興上了。線上的雜貨店 Webven 能夠避開行銷研究所發現的問題，而聚焦於優先發展複雜存貨及配銷系統嗎？在 Webven 的實例上，令人感到驚訝的是，它幾乎沒有投入任何有關消費者需要什麼服務的研究下，其業務卻蒸蒸日上。[4]

　　行銷研究也常用來評估市場特徵和潛力，以便做成新產品推出和進入新市場的決策。行銷研究有助於新產品概念和廣告活動的評估，而它也可監控行銷績效和競爭者的反應。尼爾森是歷史最久且最大的行銷研究公司，其提供給可口可樂及納貝斯克等包裝商品製造業者有關產品銷售的資料，此研究資料亦可用來辨識和解決問題。例如，美國市政當局經常利用行銷研究辨識市民之需求，並提出吸引購物者到該地區消費的方法。

　　最重要的是，行銷研究應該支援的是廠商的整體市場導向。將行銷從業

圖 6-1	行銷研究可以解答的問題類型

I. 規劃

  A. 什麼人會買我們的產品？他們住在哪兒？他們的所得有多少？有多少這種人？

  B. 我們的產品在市場的銷售是增加或減少？有哪些潛力市場是我們尚未觸及的？

  C. 我們的產品配銷通路正在改變嗎？有新的行銷機構成立嗎？

II. 問題解決

  A. 產品

    1. 何項產品設計可能是最成功的？

    2. 我們應該使用什麼樣式的包裝？

  B. 價格

    1. 我們的產品應該如何訂價？

    2. 當生產成本下降時，我們應該減價或開發更高品質的產品？

  C. 地點

    1. 我們的產品應該交給誰，以及在何處銷售？

    2. 我們應該提供哪些誘因，讓經銷商來推銷我們的產品？

  D. 推廣

    1. 我們應該花費多少錢在促銷上？而這些經費應該如何分配到產品和地理區域內？

    2. 報紙、收音機、電視和雜誌等媒體，我們應該如何加以組合利用？

III. 控制

  A. 我們在整體市場的占有率有多少？在每個地理區域的占有率是多少？各類型顧客的占有率又有多少？

  B. 顧客對我們的產品滿意嗎？我們服務的紀錄如何？退貨情形多嗎？

  C. 大眾對我們公司的看法如何？我們在經銷商之間的名聲如何？

者與市場經由資訊和科學的研究銜接，以便挖掘機會與問題、監控績效、修正行銷策略及改善對行銷努力與市場的了解。因此，行銷研究也增強了公司與其顧客間的親密關係，讓行銷從業者能夠推測它們未實現的需求與欲望。[5]

6-2 新千禧年的行銷研究

    未來 10 年及往後的日子裡，行銷研究這個行業將受到各種大環境的影響。首先，在許多情形下，傳統上需耗時 4 到 6 週的研究專案將不再被接受；雖然如此，研究人員仍然需要在時間壓力與品質之間拿捏得宜。第二，資訊守門人技術（gatekeeper technology），如來電者顯示及與隱私權相關的服務，將會限制研究人員與消費者的接觸機會。美國聯邦與州政府正在立法限制對資料蒐集的過程。而未來行銷研究亦可能變成行銷策略擬定過程中的一部分，更加重其諮詢的角色，此即意味著傳統行銷研究在測試和評估的角色上已不再重要了。[6]

    互動性、電子商務和網際網路的確會影響行銷實務，也會影響行銷研究的做法。新的消費者資訊以令人難以置信的速度，從掃描器、忠誠度方案的

紀錄帶、綜合資料服務公司及網際網路中一傾而出。無論是公司內部和行銷研究行業裡的研究人員，都得去適應這股技術變革的浪潮。今日的問題已不再只是如何尋得資訊，而是在能夠如何管理資料。例如，湯廚公司與寶僑公司已將其研究部門，分別更名為「資訊管理」部門和「消費者市場與知識」部門了。

百視達公司擁有一個具 3,600 萬筆家庭資料的資料庫，並利用這些資料做為挑選影片的參考，也為其附屬機構如 Discovery Zone 向兒童做交叉銷售的依據。從這些資料庫的分析，又再次地肯定了帕列多法則（Pareto's Law）。例如，13% 的健怡可樂飲用者，占產品銷售量的 83%；而 4% 的 Taster's Choice 產品之顧客，亦產生了其 73% 的銷售量。這些資料庫和顧客層次的資料，也成為幫助公司建立長期核心與忠誠顧客關係的必要工具。[7]

行銷研究產業現也正處於轉變中。公司之間合併的結果，使得市場由前 25 家大公司所主宰，像尼爾森、IMS、IRI 及 Westat 等公司，就占據了大部分的市占率。從顧客層面及研究項目來看，這些公司也真的做到了全球化。值得注意的是，這些公司從市場與意見的研究，轉變為資料供應商、顧問和資料交換的公司，而這些變化也使得進入這個行業的門檻更高。以前，僅以極少資本投資的小公司也能很容易地生存與成功，如今好景不再。[8]

6-3 行銷研究過程

圖 6-2 列示了**行銷研究過程**（marketing research process）的步驟，其順序是從了解問題開始，到問題分析與詮釋為止。[9] 整體目標就是要產生有用、適時與具成本效益的資訊，亦即能夠降低風險並改善決策制定，且證明研究成本的支出是正當的。甚至是使用電話訪問 500 位本地顧客的小型研究，所花費的時間和其他成本加起來往往超過 10,000 美元，因此研究的成本與效益之取捨，對公司一直都是相當重要的議題。

供選擇的研究方法不是只要考慮競爭性，也要考慮替代性及互補性。事實上，在很多例子裡，公司應該考慮到「三角測量研究」的多元方法之使用。使用不同的研究方法，不僅可獲得新的見解（如焦點團體、電話調查），而且若使用其他替代方法研究的結果相同時，則此調查之結果有效性的信賴度將會提高。同樣地，小規模的質化資料也可用來引導隨後更正式及更標準的問卷。舉例來說，一組深入訪談的小樣本，可能被引導產生研究議題和關係的基本認識。接著，大樣本的調查也可能使用所得到的資料進行統計的顯著性檢定，並且將調查結果予以量化。[10]

關鍵思維

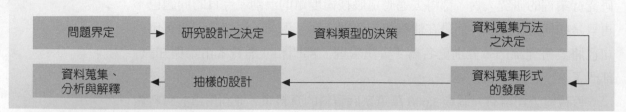

圖 6-2　行銷研究過程

問題界定 → 研究設計之決定 → 資料類型的決策 → 資料蒐集方法之決定

資料蒐集、分析與解釋 ← 抽樣的設計 ← 資料蒐集形式的發展

問題界定

問題界定
行銷研究過程的第一步，確認應然狀況與實際狀況之間的差異，或確認需要調查的議題。

　　如圖 6-2 所示，**問題界定**（problem definition）是任何行銷計畫的第一個步驟，而其對成功與否也具有關鍵性。企業問題常被定義為應然與實際狀況之間的差異，研究人員和管理當局（研究結果的使用者）都須清楚地了解研究的問題所在。

　　行銷從業者應該注意的是，行銷研究中大多數的工作都是持續進行，且應用在一般的控制和規劃目標上。例如，許多公司利用 IRI 和尼爾森公司所提供商店內的產品銷售和流動資料，以便持續監控競爭對手的市場活動。因此，在行銷研究過程中的問題界定階段，通常無法對問題正式加以確認。反之，只能以持續性的研究來確定問題，例如銷售衰退、週轉率降低、品牌訴求下降或競爭性產品的出現等。

　　在問題界定的階段中，管理者的預期與研究人員的期望之間往往會發生落差，因此，在行銷研究過程中，問題界定是一個相當困難的階段，因為管理者所期待的常與研究人員有誤差。研究人員通常都抱著探究的觀點，而管理者則希望研究的結果能確認他們所期待的，而不願有意外的結果產生。所以，為獲致最佳結果，在研究問題的界定上，雙方都必須抱著積極的態度，他們必須專注於真正的問題上，而非僅在問題表面的徵狀上；應事先考慮如何使用資訊；直到問題充分了解和界定前，要避免從事特定的研究。

研究設計

行銷研究設計
為研究問題、資料蒐集與分析過程所提出的一般性策略或行動計畫。

　　行銷研究設計（marketing research designs）是為研究問題、資料蒐集與分析過程，所提出的一般性策略或行動計畫。在問題界定的階段裡，可能會建議採用行銷研究設計的方法。[11] 研究通常有三個目的：探究、敘述，以及解釋；其研究設計為：探索性、敘述性，以及因果性。這些設計的一般方法及研究範例列示於圖 6-3。

圖 6-3	三種一般性的研究設計	
類型	**一般方法**	**研究範例**
探索性設計	文獻回顧 個案分析 向有知識者、焦點團體進行 　深度訪談	評估新產品概念並分析環境趨勢，以辨識重要產品屬性
敘述性設計	橫斷面調查 追蹤調查 產品動向調查 商店稽核 電話與郵寄調查、人員訪談	市場潛力、形象研究、競爭定位分析、市場特徵檢視、 顧客滿意度研究
因果性設計	實驗設計（實驗室和田野研究） 市場測試	評估不同行銷組合（價格調整程度、促銷訴求的改變、 銷售人員重新配置）

探索性設計

探索性研究（exploratory research）通常是為了滿足研究人員徹底了解問題的願望，或做更詳細的後續研究，或做為擬定初步背景與建議問題之用。

如圖 6-3 所列示，探索性研究能夠以文獻回顧、個案分析、訪談和焦點團體的方式進行。[12] 為了對問題有較佳的理解，亦可從過去的研究回顧開始。例如，在進行文獻回顧以了解銀行形象決定因素之前，銀行研究人員不會開始對銀行形象做任何研究工作。而在進行深度訪談時，若能對受訪者個人先有些許認識，那麼在議題上就能引伸出一些眉目來。

訪談技術可以將消費者在生活中的角色做敘事式的描述，如此則有利於創新思想的產生。對消費者日常生活中重要的「導向價值觀」（orienting values）做深入訪談，是一種辨識消費者內心衝突與矛盾的方法。例如，導向價值觀包括「從事專業行業」或「從事尖端行業」，而敘事式的描述是指在探索性的訪談中得知有關這些目標的追求，與消費者在日常生活中追求代表著潛在新產品概念價值時所出現的衝突。[13]

> **探索性研究**
> 為完成更詳細的後續研究，而發展初步的背景與建議問題；包括文獻回顧、個案分析、訪談和焦點團體。

敘述性設計

敘述性研究（descriptive research）通常需經過一個或多個正式問題研究或假設。較具代表性的是從與公司具有利害關係的母體中做抽樣調查，如以女性為主的家庭或一家企業的採購代理，將有助於調查員完成問卷調查表。例如，消費者調查以評估行銷潛力，或市場區隔研究而確認人口統計的消費者區隔、態度和意見調查，以及產品使用的調查等。

敘述性研究依觀察時間分成橫斷面或縱貫面。例如，在某一既定的時間

> **敘述性研究**
> 經過一個或多個正式問題研究或假說做直接的研究；包括調查或問卷。

點對顧客調查，以評估其對公司服務之滿意度的感覺，稱之橫斷面研究（cross-sectional study）；而消費者參與一段長時間的購買行為之追蹤調查，則屬縱貫面研究（longitudinal research）。

因果性設計

探索性及敘述性研究能協助解答確定的問題，但其因果關係的確認，則需要使用**因果性研究**（causal research）。因果性設計需要進行實驗（experiments），而研究人員也要能操縱獨立變數，然後再觀察與衡量其自變數或依變數。

假設一家直效行銷公司欲知折價券從 50 美分增加到 1 美元對銷售的影響。公司挑選了兩個市場加以測試，利用主要的變數如產品銷售、消費者人口統計變數和市場規模等。在其中一個市場上，消費者收到 1 美元折價券；而在另一個市場，消費者則收到 50 美分的折價券。此時公司分別比較兩個市場銷售試驗的結果，發現 1 美元折價券會產生較多的銷售額。但當合計各折價券的成本獲利分析後，公司卻發現 1 美元折價券是虧損的，而 50 美分的折價券才是獲利的。這個分析，讓公司確定繼續採用 50 美分的折價券促銷活動。

許多型錄公司也有特別的機會可以進行實驗研究，例如隨機寄不同版本的型錄給抽樣的消費者。這種設計方式可以對其結果與差異予以解析，不同版本的型錄帶來不同的利潤，將顯著地告訴管理者其不同的實驗或版本所產生之效果。[14]

> **因果性研究**
> 進行實驗，研究人員要能操縱獨立變數，然後觀察與衡量自變數或依變數，確認其因果關係。

▌ 資料類型

行銷研究的方法和資料也分成不同的類型。美國 2004 年以敘述性研究方法，在行銷、廣告及意見調查上花費了約 64 億美元。以方法區隔，此項花費可分成：質化研究占 18.2%，資料服務公司研究 41.8%，調查研究為 40.0%。而從前幾年開始，綜合研究有顯著的增加。[15]

行銷研究資料分為初級資料與次級資料。不同類型資料間的關係，及各種資料蒐集方法摘錄於圖 6-4 中。

焦點團體通常用於探索新概念，以及獲得消費者對所擬定的廣告活動之反應。南海農場公司利用顧客焦點團體及潛在顧客，協助其決定旅遊主題、標誌、電視廣告及宣傳手冊。

圖 6-4	資料蒐集的方法與範例

資料來源

初級資料	次級資料
調查	**內部資料**
● 郵寄問卷	● 公司紀錄
● 電話	● 行銷設計支援系統資料
訪談	**外部資料**
● 購物中心採樣	專屬性
● 人員訪談	● 客製化研究
	● 產業服務
焦點團體	非專屬性
● 人員	● 公布的報告
● 機械式	● 普查的資料
	● 期刊

初級資料

初級資料（primary data）是為了特定研究問題所特別蒐集的資料。這些資料大多與行銷研究有所關聯，例如，從一群顧客中抽樣，進行有關滿意度與服務的調查；另一個例子則是，在選前對候選人支持度的民意調查。初級資料的優點為反映現狀與適合做特定的研究問題，而缺點則是成本太高。

次級資料

次級資料（secondary data）是為了某些目的所蒐集的，其為可從不同的來源處獲得的資料。通常，研究人員在蒐集初級資料之前，應先查閱次級資料，如公司的圖書館和外部資料供應商（專門以從事研究資料銷售為業的公司）等所提供的次級資料，而一些公私立大學也提供次級資料的服務。日本廠商長期以來即體認到其公司內部次級資料的價值，並將之定期用來做為產品變動的比較分析。[16]

內部次級資料（internal secondary data）是從公司內部蒐集的資料，包括會計紀錄、銷售人員報告或顧客回饋報告。外部次級資料（external secondary data）則可能是非專屬性或是專屬性。非專屬性（nonproprietary）的次級資料可以從圖書館或其他公共來源處獲得，例如《銷售行銷管理》（*Sales & Marketing Management*）雜誌所發行的「購買力調查」之關於人口、收入及年齡層等資料，其可協助管理人員用以評估市場潛力和辨識可能的市場區隔。

顯然地，次級資料發展最快速的來源是網際網路。網際網路是由機器、電腦、線路和設備等所組成的基本設施，而支援的網路稱之為全球資訊網

初級資料
為特定研究問題而蒐集的資料，例如經調查而得到的資訊，一般比次級資料的時效性新而有相關，但蒐集成本太高。

次級資料
為某些目的而蒐集的專屬性及非專屬性的資料，它由不同的來源所提供（例如圖書館）；它一般比蒐集初級資料便宜，但時效性差而相關性小。

初級資料是對一特定產品或情況的蒐集。家庭調查就是一種蒐集初級資料的方法，它能提供實際產品使用的詳細情形。

掃描資料
透過二維條碼而獲得的銷售資料。

大型研究公司提供專屬的、次級的研究資料給一些廠商，做為分析消費者購買模式和品牌轉移的情形。尼爾森公司的家庭資料庫含有40,000 戶家庭在所有類型商店裡的採購紀錄。

（World Wide Web），或簡稱「網路」（the Web）。無論是個人和公司的個人電腦、數據機和軟體或瀏覽器等，皆可從網站及網頁（home pages）上獲得相關資訊。這些資訊包括產品和公司資料、企業相關文章之評論，以及來自道瓊（Dow Jones）和鄧白氏（Dun & Bradstreet）等公司的資料。[17]

泰利‧瓦拉在提到有關次級資料的使用問題時表示：「消費者行銷研究的回應率正在逐漸下降，這或許是行銷研究面臨的最大問題。我們的資訊蒐集全仰賴於個別消費者和生意人，但卻忽略了成本增加和研究結果準確度降低的問題。有些要求較新技術的回答（如網際網路的訪談），但訪談的形式卻是一個不同的問題，然而不論是哪一種訪談形式，各行業的回應率卻是低得令人難以接受。對此回應率下降的問題有兩個解決方法：更好的訓練（訪談實務部分）和強化那些同意參與者的利益。」

在圖書館使用光碟技術以進入線上電腦資料庫經常是免費的，或僅需支付極少的費用。現在有許多公司會購買含有人口統計變數和地理變數的人口普查資料之唯讀光碟（CD-ROM），以做為選擇商店地址、規劃銷售轄區和市場區隔之用途。[18]

產業的次級資料可由商業化行銷研究廠商來銷售給其他需要的公司，而這些商業化廠商設立具有家庭代表性的追蹤日誌，以記錄產品和品牌購買之情況。這些資料也能夠幫助公司評估市占率和購買型態。透過二維條碼（universal product code, UPC）來讀取顧客在雜貨店裡實際的購買行為之即時資料，而獲得**掃描資料**（scanner data）。公司也可利用掃描資料建立各種決策模型，俾讓管理當局可以分配廣告與促銷經費在各種行銷活動上，以達成最佳的市場績效。[19]

這些進步的技術也可以讓零售商監控產品的移動，評估廣告效果和店內促銷之績效。有幾家廠商，包括尼爾森和資訊資源公司，共同開發專利系統（proprietary system）以結合產品購買行為與電視收視行為，用以產生**單一來源資料**（single-source data）。[20]

　　新穎的電腦技術，也使美國人口普查資料與內部顧客資料相互結合。例如，地理資訊系統（geographic information systems, GIS）提供可顯示在彩色電腦終端機上的數位化地圖。[21] 而一疊印有顧客姓名、地址的紙條，和一個可顯示顧客坐落位置的彩色圖，兩者之間是有很大差異的。GIS 系統節省了行銷研究人員許多繪圖的時間，例如，前次柯林頓與高爾（Gore）在總統選戰時，GIS 圖便幫了助選員及媒體很大的忙。[22]

　　地理展示圖在行銷研究上具有很大的潛力。美國人口普查局現在也開始出售都市街道明細，並附有人口、經濟資料的地圖光碟。程式設計師也將顧客的資料與這些特殊資料庫結合，並以三度空間（3D）的方式顯示顧客位置。漢華銀行（Chemical Baml）使用 GIS 以確保其銀行業務合乎社會責任，且能將資金公平地貸放到鄰近貧窮地區。[23]

從消費者抽樣蒐集購買資料，可以辨識消費者購買何物、誰是新的使用者、哪些廠商是競爭者。

單一來源資料
由專屬性系統所得到的資料，它係結合產品購買行為與觀看電視行為的資訊而成。

資料蒐集方法

　　普遍的初級資料蒐集方法，包括焦點團體、電話調查、郵寄問卷調查、人員訪談、購物中心採樣及網際網路調查等。其優缺點分別摘要於圖 6-5。

焦點團體

　　最常見的探索性方法是**焦點團體**（focus group）。焦點團體通常是由 8 到 12 人所組成，並由一位主持者負責領導，對一特定題目進行深入探討。會議設計是為了獲取在特定主題下的與會者回應，開會時間通常不超過 2 小時。消費者的焦點團體最適合用於檢視新產品概念和廣告主題、審查採購決策準則、研擬消費者問卷以產生資訊等。[24]

　　運用焦點團體的指導方針，常會根據公司的研究問題或廠商的情況而有所不同。例如，由主管所組成的焦點團體可能會堅持己

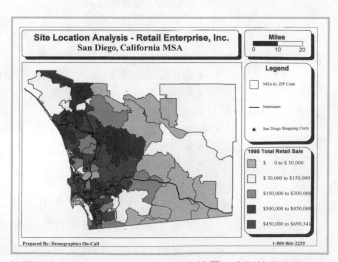

地理資訊系統提供消費市場的數位化地圖。它以簡易的顏色區別顯示在某一地理區域裡，有效購買所得的差異性及其他特徵。這個系統能有效地應用在找尋零售地點的決策上。

圖 6-5　經常使用的資料蒐集方法之優缺點

方法	優點	缺點
焦點團體	• 深入的資料蒐集 • 在使用上較具彈性 • 較低的成本 • 資料蒐集迅速	• 需要專業主持者 • 有團體規模和參與者認識的問題 • 主持者可能有偏見 • 樣本數小
電話調查	• 可集中控制所蒐集到的資料 • 較人員訪談更具成本效益 • 資料蒐集迅速	• 在蒐集所得和財務資料時有阻力 • 深入的回答有限 • 對低所得區隔不均衡 • 推銷者的電話濫用 • 令人有被打擾的感覺
郵寄問卷調查	• 每次回收具有成本效益性 • 地理分散較廣 • 較容易管理 • 資料蒐集迅速	• 拒絕接觸問題的某些環節 • 深入的回答有限 • 未回應的傾向難以預估 • 蒐集所得、財務資料的抗拒和成見 • 難以控制郵寄後的情況
人員（深度）訪談	• 較電話訪談有更深入的答覆 • 與團體方法相較，可產生較多創意	• 容易傳達有偏見的訊息 • 受訪者常外出不在家 • 廣大的範圍常無法實行 • 接觸面談的成本高 • 資料蒐集的時間可能過長
購物中心採樣	• 具彈性的資料蒐集、問題答覆、探索回答 • 資料蒐集迅速 • 良好的概念測試、拷貝評價及其他可以目視的評價 • 相當高的答覆比例	• 有限的時間 • 抽樣的敘述或代表性的質疑 • 成本取決於事件發生比率 • 不易掌握受訪者
網際網路調查	• 成本便宜，執行迅速 • 可以評估視覺刺激 • 可以即時資料處理 • 方便回答	• 可能有造假回覆或複製回覆，必須確認 • 受訪者自行選擇回覆可能引發的偏見 • 取得答覆和確認答覆的能力有限 • 因抽樣機率，使抽樣結構產生一定的困難
投射（影射）技術	• 新品牌名稱可利用文字協助測試 • 回答敏感話題時，對受訪者較不具威脅性 • 可辨識選擇背後的重要動機	• 需要訪談的訓練 • 訪談成本高
觀察	• 可以蒐集敏感資料 • 測量外顯行為的正確性 • 與自我答覆調查有不同觀點 • 利於跨文化差異研究	• 僅適用於經常發生的行為 • 無法用於評估引發行為的意見或態度 • 資料蒐集的時間成本可能過高

見，而由青少年消費者所組成的迷你焦點團體可能覷睞於爭論。此外，焦點團體並不需要由同質性的人組成。經驗法則顯示出，探討的主題要能讓彼此感覺舒適自在，所以一些差異反而是有益的。在許多個案裡，每一個市場的人口統計組成團體運作費用高達 20,000 美元，因此一直都無法給焦點團體編列太多的預算。[25]

頗值得玩味的是，目前焦點團體已變得相當普遍了，在美國至少有 10 齣電視喜劇是利用焦點團體做為部分的情節。然而不幸的是，這些描述卻容易使人產生誤解。故訂定大規模決策之前，基本上是需要多元團體的參與，而這些參與者也必須是合適者，以及無偏見者和勝任的主持者，唯有如此，團體才不會被單一或少數的有力人士所把持。[26]

寶僑公司利用研究來制定大多數的新產品決策，每年約有 1 億 5,000 萬美元花費在 4,000 至 5,000 個研究上，而整個活動大部分是由焦點團體所構成。坊間專攻焦點團體研究的公司經常會招募和選拔參與者，如寶僑公司位在辛辛那提市（Cincinnati）母公司的居民，從幫寶適紙尿褲到清洗衛生產品的測試等，這些居民也時常是研究主題的來源。[27]

線上焦點團體可以獲得分散在各地的消費者團體的迅速回應。此外，現代科技的進步帶來視覺上的刺激，更容易得到消費者團體的參與。然而，線上焦點團體無法觀察該團體成員之非言語反應，以及無法從口頭表達與反應上得知其差異處。有些公司利用線上告示版，以便對各研究問題獲得較完整而有效的回應。[28]

焦點團體、深度訪談及觀察研究方法提供了**質化資料**（qualitative data）。質化資料具有深度的回應及豐富的敘述內容之特徵，但因開放式答覆的本質，加上樣本較小，故較難用於預測及概化的試驗。不過，來自焦點團體的質化資料，對於需要了解問題和最初見解的探討性研究則特別有用。

反之，敘述性調查可利用如 IRI 公司所提供的**量化資料**（quantitative data），以做為商店銷售追蹤，或做為大樣本電話調查之用途。這些以結構式的回答模式所蒐集的資料，較容易從事較大母體之分析。例如，從政治性民意調查取得的量化資料，可以用來預測選民意見。而行銷調查也可用來確認顧客滿意度的理由和其順序。

焦點團體
探索性研究方法之一，通常由一位主持者領導 8 到 12 人，對一特定的題目進行深入探討；常使用在新產品概念和廣告主題的檢視、採購決策準則的審查、擬定消費者問卷資料的取得。

質化資料
從深度訪談、焦點團體及一些觀察研究方法獲得的開放式回應，具有深度回應及豐富敘述之特性。

量化資料
以結構化的回答模式蒐集資料，較容易從事較大母體的分析。

運用科技

線上購物和聯合分析

聯合分析（conjoint analysis）是一種經常應用的研究技術，其包括消費者對各種促銷活動意見的蒐集。消費者的偏好（通常按順序排列資料）代表各種產品組合是由特性或偏好所組成，研究人員要能夠確認其相對的價格、服務、規模、擔保程度和其他的貢獻度，以決定什麼才是最重要

的產品偏好。蘭斯恩德（Lands' End）公司採用新方式來利用其網站做簡單的問卷調查。例如，向購買者展示 6 件套裝，請他們挑選最喜愛的，並在蒐集這些選擇及其他一些問題回答的資料後，再透過聯合分析，而從 80,000 件服飾中選出最受消費者歡迎的一件。

電話調查

電話訪談相對地較具成本效益性，透過眾多的電話號碼，可以越過廣大的地理區域，迅速且有效地與受訪者聯繫，所以有許多廠商都利用電話訪談為其主要的調查工具。

電話訪談也能將蒐集的資料集中控制與管理。在電話訪談過程中，隨機撥號（random digit dialing）和加一號撥號（plus-one dialing）方法，已變得愈來愈普遍了。其中一種普遍的隨機撥號方式為，將四個隨機數字加到三位數電話交換號碼內；而在加一號撥號的情況下，電話號碼則是從當地電話簿隨機抽取，將其加一個數字或幾個數字，如此便能涵蓋許多未登記的電話號碼，以提高有效號碼的樣本數。

由於一些使用上的問題，也使得電話訪談的有效性受到限制。有關問卷倫理實務，如將行銷研究運用在銷售活動上，而傷害了研究業者的立場。電話行銷人員為一件產品或服務而進行推銷，但是行銷研究人員是為了要徵詢消費者的意見而忙碌，兩者之間是有差異性的。但不幸的是，這種差異性對接聽電話的人來說卻無法分辨清楚。[29] 歐洲意見與行銷研究協會（European Society for Opinion and Marketing Research, ESOMAR）和美國調查研究組織協會（Council of American Survey Research Organizations, CASRO）皆要求從事電話訪談的公司自我節制，以消除一般大眾對研究人員的不滿。[30] 美國的許多州也正在考慮以立法約束電話調查法的研究。另外，從電話訪談中得到的資料廣度與深度均極為有限。[31]

郵寄問卷調查

郵寄問卷調查能取得廣闊的市場地理範圍內之資料，相較於其他的方法，在蒐集資料上更為便宜而迅速。因在一份問卷中可調查一系列的問題，所以郵寄問卷會比使用電話和人員訪談的方式承受較多未回覆的困擾。而郵寄名單的錯誤、不能確定回答者的身分，以及無法處理回答者的疑問等，皆是郵寄問卷調查的缺點。

儘管郵寄問卷調查的花費不多，但對小型廠商而言，仍是一筆可觀的費用，不過也有一些方法可降低成本。例如，Plymart 公司是美國東南部一家大型建材供應商，它委託一位大學教授設計和執行一項顧客認知的調查。調查結果建議管理當局增加木架的供應，因而增加了公司 22% 的銷售額，該調查的花費尚不到 5,000 美元，但公司卻獲得了具有 10 萬美元價值的資訊。[32]

人員訪談

人員訪談會涉及消費者、顧客或應答者，與研究者及一些田野訪談者之間的一對一互動。人員訪談一般會有相對較高的回應率。另外，它也有助於蒐集大量而深入的資訊，並提供產品和廣告物的視覺刺激。一些研究人員相信，人員訪談比焦點團體調查更具有彈性，如果需要的話，可在訪談之間進行問題的調整。[33] 此外，對於靦腆的應答者也能有發言的機會，而一些敏感的題目亦較焦點團體來得容易採訪。

人員訪談的缺點包括時間和旅途的成本，而基於採訪者個人的安全，也無法涵蓋較廣的地區。雖然人員訪談回應率平均高達 70%，但會因受訪之區域類型的不同而有差異，且都會區的居民有回應率最低的傾向。[34]

人員訪談能以一對一方式蒐集更深入的資訊，這種訪談能夠在家裡或商店裡執行。在商店裡，研究人員可以實際觀察店內的消費者，以便挑選做為訪談的對象。

購物中心採樣

因人員訪談的缺點，而致使**購物中心採樣**（mall intercept interviews）運用的增加。購物中心採樣是指消費者於購物行程中被接洽且同時接受訪談，其一對一的互動提供了視覺傳達之機會，同時也克服了許多如時間、旅程和有關挨家挨戶訪談的個人安全問題。研究顯示，購物中心採樣的調查結果和回應的品質，不輸給電話和郵寄問卷調查等方法。[35]

科技的進步也增加了購物中心採樣研究的生產力。 MarketWare 公司徵求參與者加入其「虛擬購物」的模擬遊戲：他們透過電腦螢幕在虛擬的商店街開逛，該研究同時也有價格、包裝資訊和商品展示架位置等不同的變數。[36]

> **購物中心採樣**
> 在購物行程中，對消費者進行一對一的訪談之市場研究方法。

網際網路調查

如前面所討論的修正焦點團體調查，網際網路已迅速地成為最普及的調查研究方法之一。在科技的迅速演變下，未來以網際網路為基礎的研究既可期待又難以預料。線上研究的基本方法為：(1) 設立參與線上調查的網站，接著吸引或徵求參與者進入網站；(2) 電子郵件的調查。[37] 不過，如圖 6-5 所示的網際網路之調查研究，就像其他實施的調查方法一樣，皆有其優點和缺點。就優點而言，網際網路調查比郵寄問卷、購物中心採樣、或透過電話等，都來得便宜、迅速且容易，而此調查法也較不會受干擾，更便於答覆，且又具有視覺傳達的優勢，此也是不同於傳統的電話訪談之處。

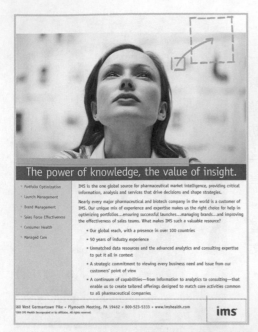

The power of knowledge, the value of insight.

有些網站利用誘因鼓勵參與回應，不過它有來自網路樣本的代表性自我選擇偏誤的問題。

隱私權和有效性也值得關心。就後者而言，目前關注的是，網際網路調查提供廣泛的自我選擇及方便的樣本，而樣本結構卻比電話訪談和郵寄問卷調查方法更難以定義。多數的網際網路調查都是以自願參加為基礎，參加者可以選擇他們感興趣的調查，因此從事網際網路調查時必須注意，它並非是 1-800 或 1-900（美國免費電話碼）電話的民意調查。[38]

美國許多公司逐漸減少使用電話訪談，部分原因來自電話勿擾法案通過所形成的外部壓力，部分原因則是為了節省成本。網際網路調查特別是要從一群指定者之中取得回應，例如，從屬於公司自己的顧客之中，對其傳播有關產品與行銷的概念，能夠迅速獲得價廉而有價值的回應。然而從事線上調查時，有些事情要注意。邀請參與者進行調查時，問卷長度切忌太長。最近有一項傳送給醫生的研究問卷，內容是有關醫生使用個人數位助理（PDA）看診病患的情形，由於調查的對象混淆，

而使研究難以進行。[39]

投射技術和觀察

行銷研究者有時會運用投射技術和觀察法來蒐集資料。研究者利用**投射技術**（projective techniques），如文字的聯想或句子的完成，以便獲得在正常情況下無法表達的感覺。這對於尋求敏感議題上的真實意見也特別有用，此法可有效地用於焦點團體、購物中心採樣及人員訪談等研究調查上。在應用

企業家精神

線上市場研究

聯合利華（Unilever）公司正因網際網路可以更快速、更有成本效益，故加以利用以進行消費者知覺、態度和購買意願的調查。有愈來愈多的公司像聯合利華一樣，逐漸體驗線上研究超越電話訪談、面對面訪談的優點，如今線上研究占該公司總研究預算的 30%。在線上對每一回應者的成本相當低，而且能夠以影像、聲音和圖片即時

傳遞結果，又因其便利性與隱密性，更增進了回應者的參與性。該公司的主管很驚訝消費者的參與意願，以及其回應的深度。聯合利華公司現在將一些新概念和包裝測試放到線上，以進行調查的工作，並深深認為該方法可以迅速得知結果，而減少了決策的風險。

上，消費者會被要求在沒有任何品牌或產品資訊的情況下，對不同的廣告方式或圖片做出回應；加上品牌名稱之後，再重新評估其回應。[40]

觀察研究（observation research）是由研究者或以攝影機監控顧客之行為。觀察顧客如何使用一家公司的產品或其競爭者的產品，其中有許多不易察覺的學問，則要靠敏銳觀察力。在一些實例中，觀察可提供比調查資料更準確的資訊。[41] 當傳統調查方法不能展現產品和服務被購買和使用的過程時，觀察研究將相當有助益。

另一種觀察研究則是以祕密購物者評估服務品質的一致性，銀行界即經常以此法評估其出納人員和服務人員的服務品質。數位照相機的普及，讓祕密購物者得以利用它在資料的蒐集上益發高科技化和效率化，由於相片可快速印出，將使祕密購物者在觀察產品與服務品質時，對其要蒐集的研究資料更客觀且詳盡。[42] 觀察員在現場觀察時需要耐性、紀律和熱忱，不過，若在店內的觀察能再搭配上一些開放式的問題，即可洞悉有關價格決策、相關措施的重要性、包裝效果等資訊了。在任何情況下，研究者或田野工作者，均應在消費者或購買者的行為發生時身處現場。[43]

攜帶式個人收視監視器（Portable People Meter）是另一種有趣的科技儀器，它如傳呼機一般大小，可繫綁在消費者的手臂上，更便於進行觀察研究。該儀器可透過收音機與電視頻道監視周遭環境，並將時間與監視過程的資料傳遞到艾比創行銷研究公司，它於每天晚上繳回，並做為收費標準。[44]

種族誌研究（ethnographic research）是企圖記錄消費者每天如何實際使用產品、品牌和服務活動的情形。這種直接觀察的方式，須借用社會學和人類學的技巧，故稱之為種族誌研究。例如，研究者可能得進入消費者家中，實際觀察其消費行為，並記錄食品儲藏情形，甚至於垃圾的內容，而這些結果能蒐集到實際可用的資料，且能詳盡地描述消費者行為。[45]

種族誌研究的運用方式之一為圖片的使用。消費者被徵求去選擇圖片，那些圖片則可傳達他們在觀念方面更深入的感覺。此研究法是由哈佛大學的傑利‧薩特曼（Jerry Zaltman）教授所設計，目的是在幫助廠商學習什麼是消費者真正想要的，以提高行銷從業者的能力而去研擬競爭活動，並在情感層面引起消費者的共鳴。被挑選的人會被要求選取研究網站的圖片，而該圖片即隱喻著消費者對某一概念的內心思維，此技術成功地幫助匹茲堡（Pittsburgh）公司提升其藝術價值，也幫助了卡夫公司在食品設計方面的成就。[46]

從種族誌研究觀察獲得的詳盡資料說明及獨特觀點，對一些大型的行銷公司將有所幫助。例如，寶僑公司為了記錄消費者每日的作息習慣，而在英國、義大利、德國和中國等 80 個家庭中配置照相機。Best Western 公司則雇

觀察研究
市場研究技巧，由一位研究者或一部攝影機監控顧客行為，或由祕密購物者評估服務的品質。

種族誌研究
市場研究人員進入消費者家中，觀察其消費行為，記錄其食物儲藏室以及垃圾內容。

用了 25 對 55 歲以上的夫婦，錄製他們跨國旅行的紀錄片。而在觀察了 64 個家庭如何處理他們複雜的計畫後，3Com 公司因此設計了一本家庭萬用電子記事本。[47]

■ 資料蒐集工具

行銷研究資料的蒐集，通常會應用到調查（survey）、問卷（questionnaire）等資料蒐集工具。在選取調查工具之前，應對一些代表性的樣本進行測試和修正。而最後的工具將是使用清楚、簡明、無偏見的問題，讓受訪者願意回答。

資料蒐集工具在結構上互有差異。結構化程度受研究設計（探索性與敘述性）和資料蒐集方法（焦點團體與郵寄問卷）的影響，問題也許可採開放式、多重選擇，或尺度化的答覆格式。茲將部分問題和答覆格式之例子列示於圖 6-6 中。

錯誤的問題設計至少包括下列五種型態：

• 雙重目的之措詞：「就操作能力和省油而言，您對豐田汽車的評比為

| 圖 6-6 | 調查研究使用的問題型態 |

尺度

　李克特（Likert）同意－不同意

　　我贊成增加對核能的運用。（圈出一項）

　　強烈同意　同意　無意見　不同意　強烈不同意

　語意差異

　　對我而言，網球是……

　　重要 ＿＿＿＿ : ＿＿＿＿ : ＿＿＿＿ : ＿＿＿＿ : ＿＿＿＿ : 不重要

多重選擇

　下列何項是您選擇到本行開立私人支票戶的主要理由？

　＿＿＿＿地點　　＿＿＿＿服務

　＿＿＿＿利率　　＿＿＿＿其他（請說明）

　＿＿＿＿商譽

分類

　＿＿＿＿您在 2000 年的年收入為？（請勾選）

　＿＿＿＿30,000 美元及以下

　＿＿＿＿30,001 ～ 35,000 美元

　＿＿＿＿35,001 ～ 50,000 美元

　＿＿＿＿50,001 ～ 65,000 美元

　＿＿＿＿65,000 美元以上

開放式

　您建議我們如何改善服務？＿＿＿＿＿＿＿＿＿＿＿＿＿＿＿＿＿＿＿＿＿＿

何？」（非常好，好，尚可，不好，非常不
好）

- 填鴨式的措詞：「在產品召回率增加的情況
  之下，您對新車採購問題可能會抱怨嗎？」
  （很可能，不可能）
- 含糊不清的措詞：「過去六個月裡，您曾經
  購買家庭用品嗎？」（有，沒有）
- 不適當的詞彙：「您認為目前的貼現率太高
  嗎？」（是，不是）
- 遺失的選擇：「您屬於下列哪個年齡層？」
  （25 以下，26 到 49，超過 50）[48]

瑪格麗特，我希望了解真正的妳……當然這很容易遭受抽樣誤差正負 3 個百分點的影響。

抽樣與非抽樣誤差會影響行銷研究的結果。儘管非常小心以機率抽樣，但若無法正確反映母體，抽樣誤差仍會發生。非抽樣誤差來自於訪談者偏誤、未回應偏誤與措詞不當的問題。

對品牌權益、行銷的投資報酬率（ROI），以及顧客長期價值的重視，使行銷研究的重要性與變數範圍／複雜類型等，成為行銷研究中常被提及的問題。完整而必要的測量類型將在後面的章節介紹，對於評估 ROI 的行銷努力則將會繼續探討，其中包括品牌知覺、品牌形象，以及既有和潛在顧客的顧客滿意度測量。對相關交易的測量應包括每筆銷售利潤、交易獲利性和其銷售成本，預計銷售資料應包括原始回應率和行銷傳播方案所產生的資料，而持續測量則應包括顧客慰留率及所有時間內的購買資料。[49]

■ 抽樣設計

抽樣涉及決策和順序，內容如圖 6-7 所示。任何研究的特殊目的都會影響其抽樣過程的本質，而研究的母體或群體則依所關心的問題所決定。如果一批發麵包商的商店面臨了銷量下降，那麼要抽樣的對象是個人購買者和食用者；但就研究者而言，決定的抽樣對象應該是定期採購麵包的一家之主。

抽樣是假設以一小群體（或樣本）來代表大母體，它可節省時間與成本，而從樣本的反應再推論到母體的特徵。這些方案的品質，完全依賴樣本具有何種代表性而定。

在企業對企業的研究情況下，常常需要對組織裡的多元資訊加以調查。例如，對有關策略性願景的調查，以資深主管最佳；而直接與顧客發生接觸的調查，則以員工來回答相關日常作業問題最為適宜。一項針對保健產品行銷從業者的研究，研究者必須調查醫院的醫生與行政管理人員；而在進行企業對企業的行銷研究時，若要編列適當的顧客抽樣名單，則將特別困難。[50]

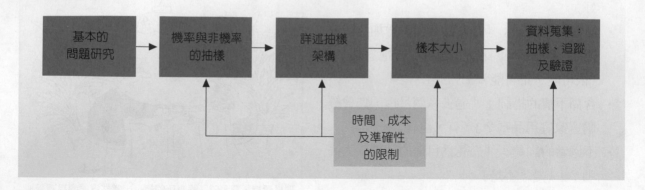

圖 6-7　抽樣決策與資料蒐集

機率抽樣

機率抽樣
市場研究方法之一，在母體中每個人均以已知與非零方式被客觀的程序選出；這種無偏見選擇增加了樣本的代表性。

在**機率抽樣**（probability sampling）裡，母體中的每個人或單位均以客觀程序，且在均等的機會下被選出。機率抽樣的結果常是令人滿意的，因為它是客觀、無偏見的選擇技術，因而也增進了樣本的代表性。機率抽樣有幾種方法：簡單隨機抽樣（simple random sampling），每個樣本均有相等被選出的機會，例如在一組亂數表中選取電話號碼；分層抽樣（stratified sampling）將母體分割成互斥的群組，例如將消費者依不同所得層級進行劃分，然後再從每個層級中隨機選取樣本；群集抽樣（cluster sampling）將母體分出較小的群體或群集，例如相似的鄰里或人口普查區，然後隨機選取群集，在樣本中所選取的群集將包括所有的家庭。

非機率抽樣

非機率抽樣
在市場研究中，樣本的選擇是以研究者或田野工作者的判斷為基礎。

在**非機率抽樣**（nonprobability sampling）中，樣本的選擇是以研究者或田野工作者的判斷為基礎。當經費或時間受限制，或只需對問題做初步了解即可時，非機率抽樣是相當適合的。非機率抽樣包括方便性樣本，例如學術研究中使用學生樣本；配額樣本則是在已知的分配中加以選取，例如半數的女性或 30% 的少數民族；至於判定樣本，其抽樣成員則是被挑選的，因為研究者相信他們會對研究問題帶來獨特的觀點。

抽樣架構

抽樣架構
在市場研究裡，對母體選取樣本的工作描述或大綱。

一旦決定抽樣形式及目標母體後，則**抽樣架構**（sampling frame）就明確了。抽樣架構是用來對母體選取樣本的工作描述，電話簿即是一個經常使用的抽樣結構。而在企業對企業的行銷研究中，顧客和廠商名錄也可做為抽樣架構。在今天，許多廠商常向一些專門供應名錄的公司購買。選取抽樣架構

（例如一份電話名冊）時務必小心，避免遺漏相關的母體成員，然而電話簿並不包括未列冊的家庭和沒有電話的家庭。

樣本大小

樣本大小（sample size）是基於以下一些因素而成：預期回應率、資料的變異性、成本和時間的限制，以及精確性的預期水準。

在實務上，樣本大小經常是一個偶數（例如 500 或 1,000），並且要大到足以讓使用者有信心獲得結果可以支持其決定的基礎。通常研究者會以更嚴謹但可能較昂貴的機率抽樣程序，以選取較少的樣本，此將較爲有利；亦即研究者使用無偏見的選擇過程，對所選擇的樣本將更具信心。

回應率

近 25 年以來，在抽樣中持合作態度的比例有持續下降的趨勢。依行銷與意見研究協會（Council for Marketing and Opinion Research, CMOR）一項最新的研究估計，在 2001 年有 45% 的消費者拒絕參加研究調查，而這個估計數字尚不包括須身分認證方能接通的電話，及以答錄機避開電話調查等之案例，否則其估計的拒絕率將會高出許多。[51]這個趨勢成長的原因，包括了婦女工作比率的增加、電話行銷的增加及電話錄音過濾的增加等。因高品質的抽樣將僅用於成本高和成果佳的研究個案上，若要獲得較高的回應率，則需增加報酬給受訪者、採訪者，以及努力尋找受訪者的人員，並增加網際網路的研究。

研究人員也應了解，回應者與不回應者在研究問題和人口統計的構成上是有差異的。因此，必須與那些不回應者接觸，以便調整調查結果。此外，回應率的計算也是必須的，而且也應包括在行銷研究的報告及摘要中。例如，電話調查的回應率計算方式如下：

$$回應率 = \frac{完成接觸的全部數量}{完成的數量＋拒絕的數量＋終止的數量}[52]$$

田野調查

田野調查是接觸回應者、進行訪談及完成調查的過程。以郵寄問卷調查爲例，田野調查者必須準備郵寄標籤、詳盡的介紹函及追蹤信件，並完成郵寄。電話調查、人員訪談和購物中心採樣需要招募採訪者，並實施蒐集過程的訓練。

在許多情況下，資料的蒐集過程或資料分析，會轉包給供應商或從事田野調查服務的廠商，亦即實際訪談可以透過專門從事蒐集行銷研究資料的公司來進行。在此情況之下，承包商必須監督資料蒐集的過程，並確認其資料蒐集的品質，應包括確認訪談是否確實實施，而對於某些關鍵問題的回應是否具備有效性或正確性。

泰利‧瓦拉強調去監控田野調查資料蒐集工作失敗的陷阱：「雖然許多研究計畫有很好的構想和設計，然而大多數的失敗在於『不妥當』（the rubber meets the road）的田野調查所造成。許多田野調查都是發包給專業的田野調查公司（例如電話訪談公司）執行，當研究者在尋求成本節省下進行田野調查工作時，他們通常會依賴那些訓練不足的和不適任的田野調查工作人員。當你涉及行銷研究時，就必須非常小心地監控你的資料是如何從回應者那裡蒐集而來，而田野調查在研究流程鏈中經常是最弱的一環。」

■ 分析和解釋

分析行銷研究資料有許多不同的技巧，依其複雜程度有單純的次數分配、平均數、百分比，以及複雜的多變量統計測試等。統計分析一般用在觀測群組的差異性（男性對女性、使用者對非使用者）或行銷變數之間（廣告與銷售、價格與銷售）的關聯性。使用頻率較多的統計檢定包括平均差異數（t 分配檢定、變異數分析）及相關檢定（卡方分配的檢定、Pearson 相關檢定、迴歸分析）。

在設計階段時要考慮到採用的資料分析類型，以便擬定適當的資料蒐集表格。通常管理者偏愛於簡單易懂的研究報告，報告內容應集中於最初的問題和研究之目標上。

■ 科技演變

科技對行銷研究有正面的和負面的影響。如前所述，掃描資料和對家庭蒐集單一來源資料的能力，會大大地影響研究調查行業。正面的影響如電腦輔助電話訪談有利於增加抽樣、資料輸入和資料處理的能力，而訪談者能夠從電腦螢幕閱讀和直接記錄問題，這個程序也致使資料能夠即時更新，並可降低電話調查的成本。然而在電話訪談的使用上，運用科技也會有一些負面結果，如答錄機和語音信箱回應，限制了消費者和企業對企業的電話調查工作。[53] 而話中插接功能（call waiting）也阻礙了電話調查的進行，此為另一個

造成電話回應率降低的原因。更嚴重的是，電話推銷的撥打，增加了電話推銷和研究調查之間的辨別困難，這也是回應率下降的主要決定因素。[54]

科技同樣影響了行銷研究的其他層面。例如，視訊會議的功能，讓客戶能從螢幕上觀看遠方的焦點團體，且可提供更多參與者加入觀察的機會。由於視訊會議可以讓客戶不必長途跋涉去參與焦點團體會議，因此節省了不少經費。科技的突破，使傳真在研究調查的應用潛力上也增加了。稍早有關調查效果的研究指出，簡短的問卷調查，利用傳真調查較郵寄問卷調查更為迅速且便宜。同樣地，利用電子郵件也具有提升調查效果的潛力。最後，在零售攤位設立觸碰式螢幕的電腦，也可用來實施較複雜的調查工作，除了展現全彩的影像和錄影剪輯外，並可播放編輯過的立體音響。由於所需的操作說明不多，進入商店的客人亦不須受到任何限制，即可自由地使用具有人機互動功能的電腦攤位。[55]

■ 國際化的考量

將美國的研究方法應用到其他的國家可能並不合適。就連營運橫跨全球的廠商，也必須了解國與國之間的文化和經濟差異之複雜性。一項研究發現，在進行國際性的研究計畫時，常見下列八個錯誤：[56]

1. 選擇本國研究公司去做國際性的研究：最好能選擇一家具有進行全球性研究經驗的公司。

2. 各國之間皆有嚴格的標準化方法：在某些國家，郵遞是個相當困難的問題；而有不少國家的通訊系統不良，所以並不適合進行電話訪談。

3. 以為世界各地皆可英語訪談：使用當地語言則可以獲得較深度的回應。

4. 執行不適當的抽樣技術：在許多國家裡執行抽樣設計是有困難的。

5. 無法與當地研究公司有效地溝通：每一件事情均以書面為憑，所有截止期限均明確規定以避免延誤。

6. 欠缺對既定語言的考慮：就某些研究而言，衡量工具應該可「轉換回來」，並確保與原義相符。

跨越文化的行為研究有其困難度。國際行銷研究人員會遭遇較多的問題，如語言差異、產品使用差異、科技差異等，限制了資料蒐集的可選擇性。本幅隔音窗戶的廣告，是以文化考量做為基礎。

7. 跨國資料的誤解：文化和種族的不同，可能會影響回應、概念意義，甚至衡量尺度。例如，亞洲人可能使用中間尺度，而英國人傾向於含混的回應。

8. 未能了解外國研究人員對質化研究的偏好：例如，歐洲人期待焦點團體主持者是接受過心理學訓練；而亞洲男女混合的焦點團體討論，則無法產生有用的資料。

　　當研究工作涉及日本人時，美國和歐洲的方法便需要再做一些調整。訪談主持者或訪談者必須要讓日本的受訪者確信，負面命題是可接受的。若是開放式的問題，如果欠缺一些圖解實例說明，將不會從日本消費者口中引導出適當的回覆。非口語的回應，如肢體動作和臉部表情等，通常比可能的口語回應較能產生更多的資訊。[57] 回應衡量項目也能跨越文化而成功地改變，三位回應者在同一個行銷測試中可能會購買相同一件產品，但在他們對評價尺度的解釋上，可能會給予不同的回應基礎。而在全球化的研究上解釋這些含意，可能會變得相當困難。例如，對巴西和日本消費者的研究，以 7 點衡量尺度中的 5 點而言，在巴西相當於 75% 的購買機率；而對日本消費者而言，3.8 點就相當於 75% 的購買機率了。[58] 根據一些實際從事研究的人員之經驗法則，住在美國的消費者在表達他們的意見時，住在愈北部者就愈保守。衡量尺度在拉丁美洲的國家要高，在美國一般平均尺度即可，而在加拿大則要低一點。[59]

　　在拉丁美洲從事研究時，常常遭遇到不少有關跨文化與跨國公司的難題。大部分在拉丁美洲的研究公司，常以非機率配額抽樣跳過所得的項目。此外，當地人口中僅有 18% 才有電話，這將大大地影響資料的蒐集。由於安全的疑慮，以及無法進入到偏遠的鄉村地區，也都限制了行銷研究資訊的有效蒐集。[60]

■ 行銷研究的評估

　　進行一項研究前，通常要事先擬定研究計畫書。計畫書的大綱需列示研究目的、專案活動、成本和時間的限制，以及可能的暗示或結果。在進行研究之前的評估研究設計時，應列出最重要的問題，如圖 6-8 所示。

　　一旦研究計畫完成，即應評估相關使用程序的有效性和可靠性。調查的**有效性**（validity）是根據其研究測量內容的真正概念。例如「我喜歡 BMW 轎車」這句話，其結果僅是顯現象徵性的同意，對於購買態度，這樣的陳述將無法有效地測量消費者的意見，不如說只是他們表明了對該品牌整體的喜

有效性
根據研究以測量或詢問相關內容而反映真正概念。

Chapter 6
171
行銷研究與決策支援系統

圖 6-8	研究設計的評估

| 設計是否能提供決策者對研究問題所需要的資訊？ | 研究的預期結果是否可執行？ | 資訊價值與研究成本是否相稱？ | 研究結果會受到問題的有效性和可歸納性之限制嗎？ | 建議的研究過程是否合乎倫理的運用？ |

好程度而已。**可靠性**（reliability）係指回應的一致性或其測量結果是可重複的程度。在決定許多研究計畫價值時，關於有效性的重要問題則是外部有效性之概念。外部有效性（external validity）則指研究結果能一般化，並被反映於其他內容、情境和母體上。[61]

> **可靠性**
> 反應出回應一致性或其測量結果是可重複的。

廠商在進行行銷研究時，若遵守下列幾項原則將可增加其有效性。第一，研究範圍不只限於自家的產品，研究競爭性產品可以了解諸如消費者對品牌轉移行為的想法。第二，研究產品時必須連同研究其附屬的服務，許多消費者會移情別戀往往是服務造成的結果。第三，研究項目不應只限於滿意度，例如忠誠度的問題也應包括在內。[62]

6-4 行銷研究的倫理議題

研究倫理愈來愈受爭論。美國行銷協會、廣告研究基金會（Advertising Research Foundation, ARF），以及美國調查研究組織協會（Council of American Survey Research Organizations, CASRO）等，正在合作制定倫理規範，以要求從事研究的廠商加強自我節制，努力改善行銷研究的慣例。如果不做這些努力，那麼將會持續地傷害到受訪者的合作。[63]

在行銷研究中被認為手段有問題而招致批評的，包括過度的訪談、欠缺考慮和濫用受訪者，以及偽裝行銷研究實則推銷產品等。[64] 對研究行業而言，最後一項則特別重要，三分之二的美國人都認為調查研究和電話行銷是同樣一回事。[65] 目前法律只限制了那些商業廣告電話，未來將可能會擴大涵蓋到調查研究的內容。[66] 歐盟國家為了保護消費者隱私權，亦立法約束研究業者之行為。

倫理的考量，涉及到研究人員在研究過程裡與所有參與者的關係，其中包括受訪者、一般大眾和委託當事人。首先，行銷從業者有責任告知受訪者研究的目的與性質，並以公正的態度去處理答覆的正當性與否，而不會利用研究做為推銷的幌子，且不可洩露受訪者的機密。研究者對一般大眾的義務

關鍵思維

以兒童為對象的行銷研究，招致許多倫理上的批評。雖然現在有許多公司如 Nickelodeon 應用不同方法成功地對兒童蒐集資料，但很多人認為那是一種不正當的蒐集方法。請討論當涉及兒童的行銷研究時，是否需考慮倫理問題。暫且不論你對以兒童為對象的行銷研究抱持的倫理意見，你認為在什麼情況下，有關兒童的行銷研究是可被接受的？

應包括不打擾、體諒以及保護個人隱私。

同時，研究人員也有責任為其委託人蒐集精確和可靠的資料。[67] 研究人員不應運用研究結果來凸顯自己或公司更有利的形象。研究結果的重要性不應過於誇張，而不完整的結果報告、誤導性的報導及偏見等，皆會導致整個研究過程出現瑕疵。例如，一則香菸廣告聲稱在一次 Triumph 香菸測試的結果中，有「60% 的受試者認為它與 Merit 香菸一樣好，甚至比 Merit 更好」；雖然這種說法在技術上是正確的，但研究同樣也顯示 64% 的受訪者認為 Merit 香菸跟 Triumph 香菸一樣好，卻未向大眾告知這個結果。[68]

另一議題則是從事行銷研究的專業廠商，為客戶蒐集機密的資訊，以及資料的後續使用。必須了解的是，為一家客戶蒐集的資料，不應再轉給另一家客戶來使用。

6-5 行銷決策支援系統

行銷決策支援系統（MDSS）
一種完整的實體，包括所有資料、活動和電腦化元件，去處理與行銷決策有關的資訊；其目的在增強管理決策的制定，可及時提供廠商內外部的資訊。

葛蘭素（Glaxo）公司是北卡羅萊納州 Research Triangle 園區的一家藥品製造商，一年大約花費 200 萬美元在銷售和行銷決策支援系統的硬體、軟體之採購，以及使用者與員工的訓練上。葛蘭素公司的行銷分析和決策支援經理唐納・瑞歐（Donald Rao）宣稱，自 1987 年開發這個系統以來，投資報酬率高達 1,000%，而該系統提供銷售轄區內所有醫師的詳細資料，允許管理者調整行銷計畫和樣品的分配，並節省了管理者不少的管理時間。[69]

許多廠商也像葛蘭素公司一樣，將所有的行銷資料和資訊視為**行銷決策支援系統**（marketing decision support system, MDSS）的一部分。所有用來處理相關行銷決策的活動和電腦化要素的資訊，皆視為構成組件。在《財星》500 大企業中的許多大公司，如航空公司、銀行業、保險業及藥品業等，皆普遍應用此類系統。

| 圖 6-9 | 行銷決策支援系統 |

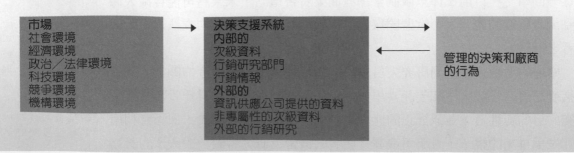

市場
社會環境
經濟環境
政治／法律環境
科技環境
競爭環境
機構環境

決策支援系統
內部的
次級資料
行銷研究部門
行銷情報
外部的
資訊供應公司提供的資料
非專屬性的次級資料
外部的行銷研究

管理的決策和廠商的行為

關於行銷決策支援系統之概述，如圖 6-9 所示。該系統結合了不同部門的不同資訊來源，並以清晰的觀點陳列出來。行銷決策支援系統對製造業和服務業皆可適用。

行銷決策支援系統通常被設計以做為： [70]

- 支援而非取代管理決策。
- 適用於中高管理階層的半結構化決策，如訂價、促銷和地點的決定。
- 提供人員和系統之間的互動。
- 集中某一區隔的相關決策（行銷努力和資源的分配）。
- 對使用者具有親和力。

行銷決策支援系統的設計，是為了能夠及時提供相關的內部與外部資料，以便提升管理決策與廠商的績效。本系統投入了許多資料來源，如經濟環境、社會趨勢和消費者偏好的改變，以及法律環境等，而這些資料均來自於消費者、顧客和相關的競爭者。先前的體驗和決定也會回饋到系統中，某些行銷決策支援系統也能夠與顧客做長時間的連結。例如，李維公司和紡織品製造商 Milliken 公司的系統連結，除了讓兩家公司降低成本，並使得李維公司能夠依時尚的改變而做出適當的反應，且讓其新產品的行銷更為迅速。[71]

外部的行銷研究資料可能來自於資料供應公司，或各種非專屬性的次級資料。資料供應公司的市場資料庫可用來比較內部銷售資料，並測量市場滲透能力。而內部資料通常來自於行銷研究部門自己的輸入、會計的紀錄和銷售人員的報告。

今日的電腦科技能讓行銷決策支援系統輸出各種結果，包括銷售預測、實際銷售與預測的差異比較、競爭對手業績分析、市場潛力的評估、廣告效益評估，以及消費者期望與滿意度的監控等。一些研究者預言，未來的 10 年裡，大部分的行銷決策將因資料、模型和電腦的強力組合而自動化，因此，某些行銷決策支援系統將會納入行銷決策的自動化。當廠商要增加其行銷活動以進入較小單位（即個人商店、顧客和買賣交易）時，這些改變就會發生。這也將導致大量資料和許多決策可透過自動化系統而更有效地處理。[72]

6-6 資料庫行銷

資料庫行銷（database marketing）是一項相當重要的科技創新，其蒐集與使用個別顧客的特殊資訊，使行銷更有效率。所謂的資料庫（database）是指將顧客相關的資料，儲存於一部包括有處理資料軟體的電腦裡。而電腦科

資料庫行銷
蒐集與使用儲存於電腦裡的個別顧客之特殊資訊，使行銷更有效率。

技也能將過去對資料的分離和重組不易之工作化爲可能，透過資料的分析，廠商若能事先得知顧客想要購買的產品，就能對個別顧客從事特定的行銷措施了。

資料庫行銷能夠成功地幫助公司在直效行銷方面的成效。在許多個案中，顧客回應這種努力的方式，就是以免付費電話下訂單與查詢。許多公司運用行銷研究之原則來發展顧客資料庫，而從顧客對直效行銷成果的反應，則可獲得分析資料，例如電視行銷和直接郵購。在顧客層面上，這些資料能賦予一家公司去修改個人通訊聯繫的能力，並經由所包含的購買紀錄、人口統計資料、心理統計資料及媒體運用資料等，資料庫行銷也可擴充到傳統的顧客地址名冊。然而值得注意的是，消費者和政府官員逐漸關注對倫理的議題，因此使用了這樣的資料，可能造成對於個人隱私的侵犯。

資料探勘

運用複雜的分析和統計程序，從公司資料庫中挖掘有用的類型之過程。

資料探勘（data mining）是指從公司資料庫裡，依其資料組合方式進行分析，進而發現其顧客之消費類型。Harrah 賭場曾利用這種分析過程，對玩吃角子老虎機的顧客增加服務措施及獎金額度。因爲如此的做法，Harrah 賭場利潤的 80% 是來自於這類型的遊戲機，也讓該賭場穩坐該行業的第二把交椅（僅次於 MGM 賭場）。透過玩吃角子老虎機的卡片，再依據依其所蒐集資料中的顧客年齡層、離家距離、性別和遊玩累積數做分析。爾後對貢獻利潤最多的顧客設計直效信函，提供更多的獎金鼓勵他們再度光臨。[73]

顧客關係管理（CRM）

設計來與顧客達成長期交往，建立各種聯繫，對最有價值的顧客實施個人化方式的待遇，用以增加顧客的維繫及行銷的有效性。

深入利用顧客層級之資訊，已有**顧客關係管理**（customer relationship management）理論的提出，即行銷從業者所謂的 CRM。就行銷實務而言，由交易導向轉爲顧客關係管理，是一項重要的發展，而將研究和 CRM 系統連結，則對行銷從業者有很大的幫助。然而要將 CRM 和行銷研究合併，組織必須設立一致的系統，以便掌握顧客特徵和其過去交易的資料，這些資料也要能反映消費者的偏好等級、認知和行爲意向。使用這些詳細的顧客資料，將能夠使行銷從業者更深入了解顧客，更能有效地界定清楚的區隔，甚至對個別顧客提供量身定做的產品。[74]

泰利‧瓦拉對行銷支出報酬率有一套新的看法：「行銷投資報酬率（return on marketing investments, ROMI）正演變爲行銷措施的重要評估標準。這卻對行銷研究造成不幸，非常多數傳統行銷研究部分的主管，也以此價值標準做爲評估其部門的依據。他們未能蒐集足夠的論點證明他們的研究計畫對其部門的貢獻，以及對組織績效的貢獻。由於缺乏這樣的證據，所以有很多的執行長就逐漸刪除行銷研究預算，而這方面開銷很容易被砍的理由是缺乏貨幣的獲利能力。再者，由於行銷研究計畫被刪除，造成有關市場資訊的

真空，因此更容易造成企業學習的困難。因此，呼籲所有行銷研究專家必須追蹤他們的研究計畫對其雇主的績效貢獻，並保留其紀錄，當再被質疑其貢獻問題時，可茲為證。」

　　資料庫行銷的另一重要觀點，則是對行銷支出的投資報酬率（return on investment, ROI）之評估能力。透過結合態度描述資料與購買行為紀錄，可幫助行銷從業者製作和郵寄精巧的信件，以鎖定對他們最有利的顧客。對一項鎖定目標的廣告活動及經費，消費者行為資料將能夠運用以評估可能增加的購買量。此外，諸如預計投資報酬率這類的資訊，亦能用來做額外增加的資料資源，及支援廠商內部行銷措施。[75]

資料庫行銷涉及個別消費者特定資訊的蒐集與利用。型錄公司現在分析個別的顧客購買模式，以便量身訂製其有效的行銷方法。

　　資料庫行銷更能鎖定產品的潛在顧客，以及提升促銷方面的效率，若運用得宜，資料庫行銷將能讓回應率達到兩位數，而不同於垃圾郵件只有 2% 到 4%。例如，希爾頓飯店舉辦尊貴長者活動，以年長者為其鎖定的促銷對象，引起幾乎有一半以上原先未計畫旅遊者的興趣，並因此而住宿在希爾頓飯店。[76]

　　最後，開發和使用含有顧客個人資訊的資料庫，也會引起有關隱私權倫理考量。首先，行銷從業者必須持續致力於有關隱私權保護的自我約束。第二，廠商必須要從內部建立起自己的資料庫，而不得從其他來源處購買名單，如此方能保護顧客的隱私。第三，必須定期向顧客告知並尋求其同意。第四，廠商必須注意到顧客通常希望減少型錄和廣告信函的數量，同時希望廠商要提高資訊的適當性。[77]

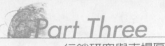
摘要

1. **了解行銷研究之目的與功能。** 行銷研究的功能是產生資訊，以協助廠商管理者做決策。在企業營運中，行銷研究可幫助管理者對任何環境改變做出反應，對於問題解決、未來計畫及工作進行的控制或監控，它是非常管用的。行銷研究也結合了行銷從業者、顧客及大眾，透過資訊的利用，可以確認和定義行銷機會；產生、推敲及評估行銷活動；監控行銷績效；以及將改善行銷當成是一個過程。

2. **熟悉行銷研究過程的階段。** 行銷研究過程有六個階段，從基本資料的獲得到特定行銷問題的提出。第一階段為問題的定義，研究者和使用者共同擬定一個將要研究的明確易懂之問題概念。

   第二階段則是適當的研究設計詳細說明；爾後再運用第三階段，決定資料蒐集的型態和蒐集的方法。

   在第四階段，研究者將發展出一個資料蒐集模式，通常是調查或問卷調查。第五階段，研究者做抽樣設計，以確定田野調查需求而去蒐集資料。最後，將蒐集的資料做分析、摘要，並呈現給使用者或公司的管理階層。

3. **討論不同型態的研究設計、資料蒐集方法、初級及次級行銷研究資料的來源。** 探索性研究設計習慣於採取一般熟悉的論點或問題。焦點團體、文獻回顧、個案分析、訪談有見識的個人及方便抽樣，則是探索性研究的範例。

   敘述性設計一般是用在某些特定的研究問題或假說上。在既定的時間內，橫斷面的設計涉及調查方面的管理問題；而縱貫面設計的研究問題調查，有時是經由一般樣本的重複測量而得。因果性設計涉及實驗，由研究者操弄相關的獨立變數，如訂價或廣告。

   行銷研究資料可以是原始的或次級的。次級的資料也許來自於公司內部的資料，或來自於外部。外部次級資料來源則可能是任何一非私有的（非營利的）或私有的。

4. **了解涉及調查設計及抽樣的許多重要問題。** 每一種調查方法皆有其優點和缺點。不同的調查方法包括電話訪談、郵寄問卷調查、人員訪談及購物中心採樣等。研究者必須小心地建構項目或問題，而在調查時應確保資料的蒐集是可靠性（其結果是前後一致的回應）及有效性（反應的概念是可以研究的）。

   研究者依目標、特徵及研究預算來決定使用機率或非機率抽樣。機率抽樣是依據某些目標、無偏頗過程來選擇。而以簡單隨機抽樣的應用最為廣泛。

   若從事一非機率性的抽樣調查，應由研究者來做考慮、選擇及判定。非機率抽樣的例子如方便抽樣和配額抽樣。研究者也必須決定抽樣母體、抽樣大小及抽樣架構。

5. **辨別行銷研究在決策支援系統中的角色。** 在廠商內部，行銷決策支援系統（MDSS）包括所有使用軟硬體處理的活動，及產生相關的行銷資訊去做行銷決策。廠商也可雇用外部代理商，以提供行銷資料輸入的服務。

習題

1. 為了所謂的「酷」，服裝製造業者應如何利用焦點團體參與他們的研究？觀察是否為較好的方法？

2. 什麼是行銷研究目的？什麼是行銷研究過程的主要階段？

3. 解釋探索性、敘述性、因果性設計，並舉例說明其中的差異。

4. 區別下列各組的觀念：

a. 橫斷面設計與縱貫面設計。

b. 次級資料與初級資料。

c. 田野市場測試與模擬市場測試。

5. 請說明郵寄問卷調查、電話訪談、人員訪談和購物中心採樣等初級資料的優點與缺點。而虛擬購物科技較之模擬市場測試的優點是什麼？

6. 機率和非機率抽樣的類型有什麼不同？各舉例說明之。

7. 投射技術和觀察研究兩者之間有什麼不同？什麼是種族誌的觀察研究？

8. 什麼因素決定樣本大小？田野調查了涉及什麼？

9. 什麼是行銷決策支援系統（MDSS）？請敘述其主要優點。

10. 辨識行銷研究中的三個倫理問題。並引用一些廠商從事行銷研究時所面臨的相關事件。

11. 有哪些環境因素的出現，對行銷研究的角色以及技術的使用造成影響？行銷研究人員如何適應這些變化？

12. 請說明許多公司在進行國際性的行銷研究時，常常會犯錯的特定原因。

13. 如何評估行銷研究的設計，以及從資料蒐集中所獲得的結論？

行銷技巧的應用

1. 在你就讀大學的所在地，擬定一份抽樣計畫以進行一項居民電話調查。假設你要調查的是關於當地附近建造一座核能發電廠的意見。你應該去訪問誰？如何擬定抽樣計畫？

2. 單排輪溜冰鞋製造業者對於評估它的零售商顧客滿意度甚感興趣。在蒐集廠商的顧客滿意資料時，選擇資料蒐集方法的優缺點是什麼？

3. 假設你考慮出售一種專門為大學生設計的新穎個人數位助理（PDA）。為了確保你的成功，了解大學生的需求是有其必要的，例如，這些學生是否願意去購買 PDA，且如何讓這些學生知道此產品。什麼類型的行銷資訊是你需要顧及的？你將從何處獲得此資訊？什麼資訊僅透過原始資料的蒐集就可使用，而你又將如何去蒐集它？

4. Research 是一家設立在加州地區性的行銷研究公司，它接受各種量身訂製的研究專案。由於資料顯示，有關購買服務目錄的需求是一個有利可圖的研究項目，而該公司也已經與 ABC 公司有所接觸。最近 Research 公司剛為 ABC 公司競爭對手 XYZ 公司完成了一個類似的專案。ABC 和 XYZ 公司皆為美國西南部擁有超過 50 家的大型零售折扣連鎖店。試問，Research 公司應該接這個專案嗎？應該將 XYZ 公司獲得的資料轉給或賣給 ABC 公司嗎？

網際網路在行銷上的應用

活動一

本章有系統地環繞在行銷研究過程的描述上。進入 IMS Health 網站，並思考上述解釋。

1. IMS Health 公司是世界最大的研究公司之一。在網際網路上做為次級資料的來源，能夠學習到什麼相關資訊？

2. IMS 對於處方藥品之相關資料提供什麼服務？

活動二

思考 TNS NFO 公司網站（www.nfow.com）。

1. 該公司提供哪些服務和產品？

2. 它們的資訊服務代表初級或次級資料？

3. 哪些公司最適於利用這家公司的資訊？

行 銷 決 策

個案
6-1 拜耳： **Aleve** 復甦的道路

1996 年，拜耳（Bayer）接手了寶僑公司經營不善的 Aleve 品牌之止痛藥，該品牌的市占率一直未能超過 6%。在 1997 年，拜耳小組雇用了 CLT 研究團隊進行家庭訪談，從年齡 18 歲到 75 歲的男性和女性中，隨機抽樣了 800 人，這些人在過去一年裡曾經未憑處方箋購買過止痛藥。CLT 發現有 24% 樣本是屬於「疼痛剋星」（pain busters）——即大量使用止痛藥之消費者。另外，研究也發現 Aleve 習慣於使用各種說明書來說服這類的顧客購買。拜耳的經理也分析來自 Medioscope 公司對開架式（Over-The-Counter, OTC）藥物所提供的資料，以及尼爾森網站、Simmons 公司和來自焦點團體的資料。

後來，BBDO 公司幫 Aleve 設計了「重大差異」廣告活動，成功地大幅提升銷售量，而使其品牌深植人心。新的廣告活動強調一整天只需要兩劑藥量，慫恿那些想減輕痛苦的消費者服用 Aleve 的止痛藥。

在目前 20 億美元止痛藥市場的銷售中，Aleve 的市占率排名第三，為 1.45 億美元；而 Tylenol 名列第一，為 5.41 億美元。在廣告策略上，拜耳目前將 Aleve 品牌促銷為解除長期疼痛的處方藥，使其直接與一般非處方藥的競爭者做區隔。

問題

1. 在診斷品牌問題時，互補研究的類型有何不同？
2. 在目前的市場上，需要用什麼類型的研究來監控 Aleve 的經營成果？再購在這個品牌獲致的成功下扮演著什麼樣的角色？
3. 哪一類型的研究可用來協助擬定策略，以對抗 Tylenol 的止痛藥而提升市占率？

行 銷 決 策

個案
6-2 愛迪達：風險經營

在追求運動用品行業龍頭地位之際，德國的愛迪達－莎樂緬（Adidas-Saloman）公司持續專注在其品牌的建立。該公司依消費者興趣不同而區隔為四個市場，包括追求成績的運動員、追求生活品味的消費者、追求流行的消費者和一般的運動員。為追求建立強大的品牌，該公司的目標是預測並滿足消費者的欲望與需求。在 2004 年時，該公司的銷貨淨額達 65 億美元，而毛利也已達到 30 億美元，雇用的員工超過 17,000 人，真正是一家全球性的公司。

愛迪達利用行銷研究，從而在行銷措施的延伸與改變上擁有獨特機會。例如，推出一雙 250 美元的「愛迪達 1 號」高科技鞋，它附有可調整鞋墊軟硬度的鞋跟感測器，該公司深信該項科技可能就是它的 iPod（蘋果公司靠此產品重新崛起），並且可以持續推向足球與籃球等球鞋來滿足所有年輕人的需求。愛迪達希望這項創新球鞋能加強其與耐吉、銳步競爭的能力。該公司的策略是在該項科技進入低價鞋範圍之前，先以高價模式建立消費者的信賴度。不過，在此之前有一個疑問：消費者會支付 250 美元買一雙鞋嗎？

愛迪達也被獲准供應運動鞋給中國參與 2008

年北京奧運的隊伍，當全世界都在爭先恐後與中國套交情之際，這是一項了不起的成就。此外，以愛迪達為品牌的零售店將由目前的 1,300 家增加為 4,000 家，這是該公司做為其積極成長策略的一部分。另外，該公司與固特異（Goodyear）輪胎公司結盟，而後者將以一款名為 Eagle F1 的輪胎，專為愛迪達設計最時髦的 Tuscany 鞋子。

問題

1. 行銷研究在協助評估不同的行銷措施和新產品發展時，擔任什麼樣的角色？

2. 消費者將如何對「愛迪達 1 號」鞋所具備的科技成就做評價？

3. 在進行評估新品牌接受度的行銷研究裡，文化現象會對此造成如何的影響？

4. 請問對於新鞋子品牌之價格彈性，要進行哪一種研究方能決定之？

市場區隔化與目標化

Market Segmentation and Targeting

Chapter 7

學習目標

研讀本章後,你應該能夠

1　定義並解釋市場區隔化、目標市場、產品差異化和定位。

2　評估區隔化策略成功的準則。

3　了解市場區隔化在擬定行銷策略和方案中的角色。

4　敘述有關產品與品牌定位的問題。

5　了解消費性市場和企業對企業市場區隔的不同選擇基礎。

6　評估追求區隔化策略的不同選擇方法。

埃克希姆

埃克希姆（Acxiom）公司在蒐集與管理消費者資訊方面的能力，穩坐世界第一把交椅。該公司提供客戶有效地分析他們顧客的方法，因此，埃克希姆公司除要增進廠商們追求顧客關係管理的能力外，也加強所有與其往來廠商的顧客關係。如同該公司網站之論述，埃克希姆是要幫助眾多廠商建立有關他們顧客的喜好，以及如何以最佳方式去接觸他們的知識，俾使這些廠商更容易留住最佳的顧客。

對顧客的需求與偏好了解愈多，就愈能幫助市場區隔化策略的擬定——此即本章的主題。這家以經營資訊為主的公司是世界最大的消費者資料處理者，它的顧客包括頂尖的信用卡發行商、多家重要銀行、保險公司和汽車製造商。

目前埃克希姆的資訊資源讓許多公司能夠更深入地素描其顧客輪廓，用以設計更有效的行銷方案，以便接近可獲利的目標市場區隔。最重要的是，該公司前景十分亮麗，埃克希姆除在美國設立公司之外，也向歐洲及亞洲拓展。再者，埃克希姆對於消費者隱私權的保護措施令人稱許，該公司也經常被列為最佳工作夥伴之一。

市場區隔化涉及市場的辨認，以便結合不同的行銷組合因應之。福特公司提出的產品，是以追求最終效益為基礎的汽車購買者區隔，做為訴求對象的廣告。

在整個行銷領域中，市場區隔化是最流行且最為重要的主題。市場區隔化與行銷概念若一致，即可增強廠商了解其核心顧客或辨識誰是未來核心顧客的能力，所以區隔化可幫助行銷從業者確認重要的消費類型。因此，無論是消費品和服務業的行銷從業者，或是從事企業對企業市場的廠商，市場區隔化策略之重要性不言而喻。區隔化是從一家公司無法供應所有顧客全部需求的想法開始，當廠商了解顧客需求的種類，以及滿足這些需求的獲利性之後，再以不同的方式因應之。[1]

本章將探討市場區隔化概念，以及廠商如何擬定市場區隔化策略。我們定義目標市場、產品差異化和定位，也討論有關擬定市場區隔化策略的步驟。

7-1 市場區隔化、目標市場和產品差異化

在往昔，大眾市場和廣泛的品牌忠誠度被企業視為理所當然，然而今日卻被以不同嗜好、需求，以及對競爭產品相當敏感的市場區隔所取代。這些分裂市場的出現、新的經濟需求、技術的變革和強烈的國際競爭，也改變了廠商的競爭方式。有關顧客與購買型態（從忠誠度方案到廉價網路調查等研究資料）的資訊大量湧現，並對其做更加精細的分析處理，進而使眾多的廠商有能力去鎖定特殊的、有利潤的市場區隔，從而量身打造更具吸引力的行銷組合。[2]

在這一節裡，我們要對市場區隔化、目標市場和產品差異化加以區分，並將討論有關市場區隔、目標區隔和選擇目標市場的問題；雖然這些術語類似，但反映出不同的概念。簡言之，市場區隔（market segments）是指一群潛在顧客，彼此分享類似的需要和欲望。沒有一家廠商有能力吃遍每一個市場和滿足每一個人的需要，也沒有廠商能夠在廣闊的市場裡有效地經營。因此，目標區隔（target segments）是指廠商選定一群人為對象，從而對其專門運作不同的行銷組合。緊接著，目標化（targeting）就是要對已挑選的市場區隔加以重視，並對這個區隔設計獨特的差異性和動機，以做為訴求重點。

市場區隔化

　　許多廠商常尋求一套市場區隔化方式，以迎合市場的現況。正如第 1 章之論述，市場是廠商想與一群消費者或組織達成交易的地方。**市場區隔化**（market segmentation）則是將市場中具有相同生活方式、相同意願，或在購買行為中具有相同特性的潛在顧客，分成幾個不同的小市場區隔。而整個產品市場是由不同的區隔（segments）所組成，在每一區隔裡的顧客，對不同行銷組合會有不同的反應。市場區隔化即是試圖去說明那些擁有相同特性的顧客群體之間的差異，而將這些差異轉變成一種優勢。[3] 誰是公司最好的顧客、他們的想法、在何處且如何與他們接觸，以及他們正要買什麼等，諸如此事若能知曉，那麼行銷的效果將加倍。

　　區隔化策略可透過行銷組合要素（產品、行銷傳播、訂價、配銷）的某一部分，或所有部分的變化來進行。例如，許多被一般人所採購的產品如飲料、電腦和衣服等，均應用產品的差異和行銷傳播，來達成其市場區隔和增加銷售量的目標。另一個例子則是，單一產品可用不同的行銷傳播活動，銷售到不同區隔的市場中。例如，藥品製造商可以使用不同的傳播方案，將相同的新藥促銷給醫生、藥劑師及醫院。喜來登（Sheraton）旅館每年花費 5,000 萬美元的忠誠方案，就是以商務旅客、休閒客人等為基礎的資料庫區隔化計畫。[4] 麥當勞也曾鎖定年輕人及媽媽做為其兩個主要的區隔。[5]

　　有一些相關因素，可幫助我們對市場區隔化的了解：

- 緩慢的市場成長率，伴隨著國外競爭的增加，將使競爭加劇，從而更加需要去辨識目標市場的特殊需求。
- 社會和經濟的力量，包括媒體的擴張、教育水準的提高和世界意識的通俗化，產生了更多不同而時髦的需求、愛好和生活型態的顧客。
- 科技的進步，讓行銷從業者對定義清晰的市場區隔，更易擬定各種有效的行銷方案。[6]
- 行銷從業者現在發現屬於少數族群的購買者，其社會與經濟習俗與白人的主流社會不同。例如，許多會說西班牙語與英語的西語裔移民，雖然選擇了美國的生活型態，但仍保留相當多自己的文化，特別是住在德州和加州、只會講西班牙語的西語裔移民更是如此。[7]
- 大概有十分之四的美國居民認為，一些區隔或利基團體，無法反映出傳統被定義為行銷主流的白種、異性戀消費者的特徵。[8]

　　市場區隔化不但適合公司銷售有形的產品，對非營利和服務機構也有其

用處。例如,關節炎基金會（Arthritis Foundation）知道贊助者和志工有許多不同的類型,因此尋求一種有效且能要求捐助適當金額和提供合適訊息的方法,並在適當的時間裡找到適當的人選。為使可能贊助者和志工具有多元性,基金會以地點、住宅類型和所得分成 12 種類型的家庭,該基金會發現「都市士紳」（urban gentry,高收入的都市居民）類型,比其他捐贈金錢和時間的團體多出約四倍。[9]

國際行銷可採取跨越國界,以區分同類型的顧客做為基礎,而發展為**跨市場區隔**（intermarket segments）。這種區隔化的觀點,讓公司能在全球化基礎下確認每一個區隔,而分別擬定行銷方案和供應品。[10] 但若只憑單一標準的全球化策略,可能會使廠商失去重要的目標市場或做出不適宜的產品定位。同理,只對個別國家制定客製化行銷策略,也可能使廠商失去潛在的規模經濟,和大規模開發產品創意的機會。[11]

一些以消費性產品為主的企業,例如麥當勞、可口可樂、高露潔,則以全球化標準的產品和行銷主題來做行銷。但對多數的消費性產品和品牌而言,國際行銷可從區隔化的原理受益,亦即對不同的國家或一群國家擬定客製化策略。例如,最近一項針對肥皂和牙膏偏好的研究,將美國、墨西哥、荷蘭、土耳其、泰國和沙烏地阿拉伯等國家的消費者分成四個區隔,其中最大的區隔是由沙烏地阿拉伯、墨西哥和荷蘭的消費者所組成,他們都有精挑細選的偏好。

很多國際行銷從業者相信,青少年代表著第一個真正的全球化區隔,全球的青少年普遍出現相似的態度和偏好。青少年在外表的打扮和消費類型上也差不多,這種共同點的出現,意味著全球化區隔的行銷將更為有效。不過,公司在促銷非當地品牌的廣告訊息時,仍然要注意各地文化和國民偏好的微妙差異。

印度的人口異質性很大,但是市場規模對消費性產品的行銷從業者則具有相當大的吸引力。由於其人口超過 10 億,潛在需求很大,消費性產品業者如必勝客披薩、肯德基炸雞、本田汽車、通用汽車等,均將目標集中在大都市裡 2 億 5,000 萬受良好教育、且生活西化的中產階級的人口區隔上。[12]

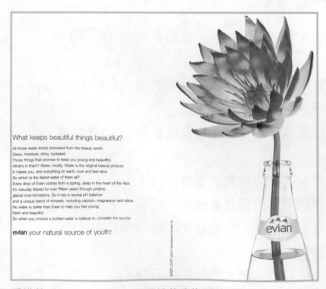

愛維養（Evian）礦泉水跨國性的廣告活動已體認到各國之間存在著區隔性。本幅廣告刊登在瑞士、日本、法國、西班牙、新加坡、義大利、澳大利亞、香港、德國、美國和英國的女性雜誌上。

「漢斯公司賣給全世界消費者的 T 恤、內衣和短襪超過了 10 億件，我們深深體會到消費者需求的不同。所以，漢斯一定要知道有哪些消費者區隔正在尋找漢斯的產品組合，也要知道這些區隔的消費者曾買過哪些漢斯的產品。因此，我們發展出有深度輪廓素描的消費者區隔，而盡其所能滿足其需求。將 AIO 陳述表應用在行銷研究裡，我們發現一般的消費者想要高品質的 T 恤，卻不願支付太高的價格，也不會去尋求高價品。我們也發現，我們的消費者不僅是價格關心者，也是時間關心者。這些消費者通常是忙碌的媽媽，不但為其自己，也為整個家庭裡的每一人購買。」

克莉斯汀・狄克翰（Christine Dickhans）是 Visual Merchandiser 公司的助理，畢業於南卡羅萊納大學，獲有行銷學位。目前在北卡羅萊納州 Winston-Salem 郡莎拉・李（Sara Lee）服飾公司的漢斯（Hans）部門服務。

克莉斯汀・狄克翰
Visual Merchandiser
公司的漢斯部門助理

目標市場

市場區隔化讓公司得以對特殊顧客群的獨特需求和偏好，量身訂製或開發新產品及擬定策略。廠商通常把想要開拓行銷交易的顧客群或組織，視為其目標市場。[13] 例如，對年長者、西語裔移民或大學生，分別設定為不同的目標，再分別挑選其特定的產品，透過特殊的行銷方案達成。**目標化（targeting）**是指選擇一個適當的區隔，再鎖定這個市場，設計一些接觸它的方法。若以整個市場做為訴求，通常成本會太高；而鎖定其中某一市場，則可增加行銷工作的效果，因此，廠商要把目標放在可以有效接觸和服務的市場。此外，對自認界定不錯的區隔所搭配的行銷組合策略，也應通過投資報酬率的評估加以證明。

> **目標化**
> 選擇一個合適的區隔，再專注於這個市場，並設計接觸這個市場的方法。

例如，以西語裔市場做為目標，需要一套較為深入的方法。Geico 保險公司起初碰到的難題，是將英文網站直譯為西班牙文，而忽略了要以西班牙文做為互動工具，導致在銷售與服務的成績相當難看，大大地削減了這家公司當初對目標化的努力。[14] 在航空業裡，有相當大比率的飛行班機存在著多元化區隔，其中一個區隔是在固定的飛行航班裡，飛機起飛前才訂票者要付全額票價；另一個區隔則是使用事先預訂機票與忠誠方案的旅客。[15]

本章稍後將論述，區隔化可適用於各種規模的企業，並非只適用於有許多產品的大公司。許多中小型規模的公司也發覺，將力量集中在幾個占有率大的區隔，勝過市占率低的所有區隔。例如，費城自由銀行（Liberty Bank of Philadelphia）從許多競爭者所忽視的市場區隔中獲利，那個區隔就是指小型企業。

產品差異化

產品差異化（product differentiation）與市場區隔化有關。當廠商提供的產品，包括價格在內的屬性與競爭廠商不同或感覺不同時，就形成產品差異化。產品差異化策略是將產品在市場裡定位。業者企圖將產品或服務在顧客的心中定位，以便說服顧客相信這些產品具有獨特和值得持有的特性。由這些觀點發展，即可建立與競爭廠商類似產品或品牌相抗衡的競爭優勢。

例如，在 1980 年代中期，冷凍食品市場的品牌是以便利性來區分，而消費者也捨棄口味偏好而遷就便利性。在當時，Stouffer's 公司推出一系列定位在美味可口而價格優惠的冷凍餐點，從而改變了其經營狀況。該公司鎖定其他業者忽視的冷凍餐點，讓其得以擴展冷凍食品市場，終於成為市場的領先者。產品差異化和定位在本章稍後將有詳細說明。

7-2 從大眾行銷到大眾客製化

從大眾行銷轉移到**大眾客製化**（mass customization），是本世紀最顯著的變革，像戴爾電腦公司也已經證明，複雜的產品是可被訂製的。現在全世界的公司均已利用大量客製化，以滿足其顧客不同的需要，並提供獨特價值的產品。這種概念也藉著製造和資訊科技的進步，讓廠商透過彈性化和快速回應，得以提供多樣和客製化的產品。

有許多不同的方法可測出與顧客之間的互動程度。「合作客製者」（collaborative customizers）是直接跟顧客進行對話，以確定其需要，並確認所提供之產品與服務能滿足他們的需求。有些廠商僅將其產品拆開而分別包裝，此稱之為「外表式客製化」（cosmetic customization）。日本國際自行車公司（National Bicycle Company）有兩個不同的製造部門，其一是以大眾客製化產品分別服務兩種大眾市場；其二是以大量生產部門來迎合其大型的市場區隔，並擁有傳統工廠的生產效率。大眾客製化自行車工廠直接與零售商門市部結合，顧客可選購多達 8 萬餘種不同款式的自行車。[16]

對不同選擇的可能性簡單列述如下。在低特殊層次下，公司大量行銷標準化的產品到世界各地，如可口可樂公司的低糖（diet）飲料。有些公司聚焦於市場的利基，如 Godiva 巧克力直接鎖定其特殊口味的消費者市場。有時公司會聚焦於市場方格（market cell），方格的數量和變化大於傳統的大型目標市場，而這些市場方格來自於公司資料庫，並透過資料探勘過程，運用複雜的分析和統計程序，從公司資料組合中挖掘出有用的類型。資料探勘也讓第

一資本（Capital One）銀行對萬事達卡（MasterCard）和威士卡擁有 7,000 種不同的銷售方法。

廠商擬定大眾客製化的策略會面臨許多的挑戰。這些潛在問題包括顧客資訊的獲得、確認對每位顧客重要的有形和無形要素、對顧客更高期待的處理、將複雜的選擇項目限制到合理數目，以及對客製化產品的訂價等。[17]

7-3 市場區隔化何時適宜？

市場區隔化對創新和成熟品牌一樣有用處，行銷從業者應挑選其目標區隔，積極地推出新產品。當然，這些產品在市場上沒多久就會面臨逐漸增多的競爭產品，此亦造成大眾行銷從業者不易去掌握市場。因此一些解決方法便順勢而出，包括品牌線延伸、產品重新定位、辨識特殊區隔需求、區隔化，以及擬定各種行銷策略。[18]

在此，冷凍食品再次提供了一項組合範例。 Stouffer's 公司成功地推出冷凍餐點系列，而其競爭者也隨後跟進，然而該公司又延伸其產品線，成功地開拓了對肥胖敏感的消費者另一重要區隔市場。該公司以低卡、口味佳和方便烹飪的 Lean Cuisine 冷凍餐點，專門供應這個市場區隔。冷凍餐點一直是食品雜貨店裡最具競爭性的產品之一，但該公司卻透過目標行銷方法而維持其領先地位。

不過，市場區隔化策略並不一定奏效。廣告與行銷研究業者建議，當整個市場小到無利可圖，或品牌在市場具有優勢、且對所有區隔都具吸引力時，區隔化則可能無效。[19] 當廠商鎖定消費者是以簡單的人口統計變數為基礎，或在企業對企業的行銷是以「企業統計變數」（firmographics）為基礎，但在各區隔裡仍到處可買到相同的產品、或是對不同的行銷傳播都沒有反應時，市場區隔化策略經常會失敗。例如，以所得差異來建立區隔標準，很容易演變成一張直效信函的名單，因為簡單的人口統計變數可能與顧客的行為無關。[20]

▪ 有效區隔化的準則

市場區隔化策略有賴於整個市場和各區隔市場的幾個特徵表現。要執行策略時，行銷從業者應判斷可能的區隔是否違背下列五個準則：可衡量性、可接近性、足量性、耐久性和差異反應性。

可衡量性

> **可衡量性**
> 區隔市場的規模和
> 購買力可以評估的
> 程度。

　　可衡量性（measurability）指區隔市場的規模和購買力是可加以評估的。假如區隔市場很容易由所獲得資料中的具體變數界定，即有可衡量性。廠商可利用人口統計變數的特徵如所得、年齡等資料來完成區隔，並估計目標市場的規模和潛力。行銷從業者認為，當今西方經濟人口的年齡正在改變。從歐洲委員會（European Commission）的資料顯示，許多國家約有 30% 的人口超過 65 歲。預估在 2050 年超過 65 歲的比率為：義大利和西班牙 70%、德國 57%、法國 53%、英國 49%。[21]

可接近性

> **可接近性**
> 廠商以其產品及傳
> 播能夠達到目標市
> 場的程度。

　　可接近性（accessibility）說明廠商可接觸到預定目標區隔的程度。亦即所選定的市場區隔，是可以利用獨特行銷傳播和配銷策略到達的。西語裔市場是一個可以被特定媒體（報紙、收音機、電視）觸及的成長區隔例子。擁有特定觀眾的有線電視與衛星電視的崛起，帶給許多廣告主更多機會接觸使用不同語言的觀眾。另一個例子是，早先暢銷的唱片現在均已轉成 CD 光碟，如齊柏林飛船（Led Zeppelin）的專輯，藉由運動（ESPN）、藝術（Arts）及娛樂（Entertainment）有線頻道的廣告向中年消費者推銷。[22] 可接近性與購買者及其所使用的傳播管道有關，為了了解顧客傳播特徵，有時「資訊圖文」（infographics）業者應考慮三個問題：顧客喜歡什麼資訊、他們喜歡傳播到什麼程度，以及他們偏好以什麼方式購買。[23]

足量性

> **足量性**
> 確認目標區隔的規
> 模，或以獨特或不
> 同行銷方案可以證
> 明有足夠銷量和利
> 潤潛力的程度。

西語裔美國人代表一群龐大和敏感的人口統計區隔。Telefutura 公司即有效地利用市場區隔化方法，鎖定這個正在成長和可獲利的消費者區隔。

　　足量性（substantialness）是確認目標區隔的規模，或以獨特或不同的行銷方案可以證明有足夠銷售和利潤之潛力。成長中的西語裔人口具有相當規模的市場，其需要特別的產品設計、廣告活動，甚至配銷方法。在 2000 年的人口普查顯示，亞裔美國人是成長最快速的族群，而在區隔化和購買力方面，亞裔人平均擁有最高的教育水準和家庭收入、最昂貴的房舍，並且大多具有科技背景（tech-savvy）。[24] 充裕的購買力與持續的成長力使不少公司分別以四種最佳策略：特定語言的促銷、草根性的行銷、亞裔語文的電視廣告與節目、亞裔語文的網站，進入亞裔六大區隔市場（華裔、菲律賓裔、印尼裔、越南裔、韓國裔和日裔）。例如，好事達保險公

司有專為華人消費者服務的中文網站 www.Chinese.Allstate.com 。 [25]

耐久性

　　耐久性（durability）與區隔市場穩定性有關，即產品類別或市場本身之成熟度是否會減少或消失。[26] 不同產品的開發、廣告活動或配銷策略，常涉及到可觀的資金和時間的投入，故所選擇的目標區隔，應該能夠提供合理又持久的商機。西語裔市場即符合此項準則，因為它是一個顯著、或說是重要的人口成長區隔，以目前的人口趨勢顯示，西語裔在未來幾年將是主要的區隔市場。另一個趨勢則是美國人口的老化現象，以健康和穩定收入為導向的產品和服務之區隔市場算是已成熟了。

差異反應性

　　差異反應性（differential responsiveness）是指市場區隔對不同的行銷組合有不同的反應。[27] 區隔後，若對不同的行銷傳播或產品供應沒有不同的反應，那麼就不需要區隔了。對價格感興趣者，以及那些追求高品質且相信一分錢一分貨的人，彼此間對低價格的反應是不一樣的。

　　以 Hartmarx 公司藉價格敏感度來區隔目標市場的範例說明之。該公司是一家全國性的男女時裝生產商和銷售商，它開發許多品牌和策略，用以填補特殊市場的空缺。[28] 當該公司發現不同消費群體對不同價格等級有敏感度時，它就設計各種不同的產品（品質）、傳播（廣告類型）和配銷（零售經銷店型態）之策略。例如，該公司將 Hart Schaffner & Marx 的目標訂為高檔區隔， Jaymar 正式運動褲和 Sansabelt 便裝列在中檔區隔， Kuppenheimer Men's Clothiers 和 Allyn St. George 則被包括在一般的流行區隔中，亦即對價格敏感度不相同的區隔各設計一種產品，並給予一種品牌名稱。圖 7-1 是零售商如何藉價格等級來區隔男性服裝市場的例子。

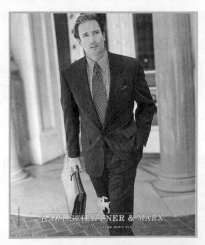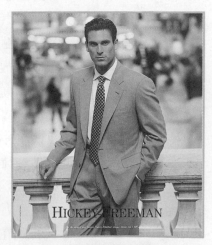

價格敏感度常被做為市場區隔化的定義，Hartmarx 公司依據對不同價格的敏感度區隔，提供各種不同的產品線。這些產品包括 Hart Schaffner & Marx 和 Hickey-Freeman，後者是以價格更具敏感度的區隔做為訴求對象。

零售市場 區隔	上班服裝			服飾		休閒服	
	套裝	夾克	正式長褲	正式襯衫	領帶	運動衫	休閒褲
高檔	$600 以上	$475 以上	$150 以上	$55 以上	$45 以上	$47.5 以上	$95 以上
中高檔	$450-$600	$350-$475	$100-$150	$39.5-$55	$37.5-$45	$37.5-$47.5	$65-$95
中檔	$375-$450	$250-$350	$75-$100	$30-$39.5	$25-$37.5	$32.5-$37.5	$45-$65
重視價格	$375 以下	$250 以下	$75 以下	$30 以下	$25 以下	$32.5 以下	$45 以下

圖 7-1　假設的零售市場區隔和價格點

滿足區隔化的準則

藉著滿足這些不同的準則，公司可依管理條件（可衡量性）的描述，傳播和配銷管道（可接近性）的利用，足夠的獲利潛力（足量性），一段合理期間（耐久性）的持續，不同行銷努力的不同反應（差異反應性）來挑選其市場區隔。

西語裔市場提供了一個結合區隔化準則評估市場的範例。雖然該區隔內又有次區隔，但就整個西語裔市場而言，其所擁有獨特的文化特質，也使它成為具有吸引力的目標區隔。獨特語言和文化特質也具有可衡量性和差異反應性的訴求，顯然地，這可設計成為一個區隔市場，西語裔美國人在 2000 年底已超過美國四分之一的人口，因此這個市場即代表有足量性和耐久性的機會。而這個市場也是有可接近性的，利用專業廣告，即廣播（收音機、電視）和印刷品（報紙、雜誌）媒體，就可以有效地觸及西語裔社區。

對西語裔消費者行銷，也具有國際性的啟示，沃爾瑪、施樂百、麥當勞、福特汽車、通用汽車和百事可樂等公司對墨西哥拓展外銷，並在當地設立營業據點。麥當勞甚至撥出 5 億美元在墨西哥開設了 250 家新餐館；而貿易限制的放寬，也帶給福特和通用汽車外銷豪華型車款的機會。[29] 預計到 2010 年，美國將有五分之一的青少年是屬西語裔人口，而當所有年輕消費者不願再接觸曾伴隨他們成長的媒體時，西語裔年輕人就更難列入為媒體捕捉的目標了。不像其他族裔的同伴，許多西語裔青年是雙語者，他們很容易接近另外一種語言的媒體。在早期，西班牙語傳播媒體對西語裔成人的行銷是足夠的。[30]

事實上，由於民族習性的關係，使母語行銷也可以到達各國的次文化層次，特別在美國更是如此。例如，在美國的阿拉伯、亞洲、西語裔、俄羅斯、東歐、非洲、加勒比海移民的購買力，現在已超過 4,000 億美元。文化差異確實存在於國家內部，而行銷到他國的企業，應該要承認區隔市場的差

異。就像印度、中國擁有眾多人口，許多公司也看上了有 13 億多人口的中國，然而許多產品最重要的市場是在中國東部沿岸的主要都市，在那裡居住了 2 億至 2.5 億的中產階級居民。[31]

7-4 擬定市場區隔化策略的步驟

擬定市場區隔化策略之步驟，如圖 7-2 所示。組織核心事業決定了經營的產品和服務市場，該市場可能是餐館業、電腦軟體、割草機、辦公大樓清潔服務或其他行業等。無論是哪種行業的產品或服務市場，公司對市場內的區隔均要確認其顯著的特徵，或稱為**區隔化基礎**（bases of segmentation）。在敘述這些區隔特徵後，公司也要評估其潛力和成功的可能性，然後選擇主要的區隔或區隔化目標。最後，公司要擬定行銷組合策略，其中包括各種產品和服務方式、價格、配銷策略，以及對每一個區隔的傳播訴求。[32]

> **區隔化基礎**
> 無論是哪一行業的產品或服務市場，公司對市場內的區隔要確認其顯著的特徵（例如人口統計變數、效益的尋求）。

區隔化的基礎

定義市場區隔的合理基礎，必須與廠商的顧客或其行為銜接起來。圖 7-3 描述消費者和企業對企業行銷的市場區隔化基礎。[33] 李維公司的策略是使用一些最容易辨識的消費者區隔化基礎，包括年齡、種族和性別；而品牌忠誠度的區隔和重度使用者的區隔則最為重要，現在已成為其努力慰留顧客的主要對象。在企業對企業的行銷方面，以電腦公司為例，它們依照銀行業、保險業和教育機構等不同行業別而組成不同的銷售團隊；此外，公司也需要辨識相關變數，用以協助其預測購買者的態度與行為。以消費者市場而言，此過程意味著要了解消費者的購買動機，以及區隔的特殊紀錄，例如人口統計、生活型態變數和預期效益。[34]

圖 7-2　擬定市場區隔化策略

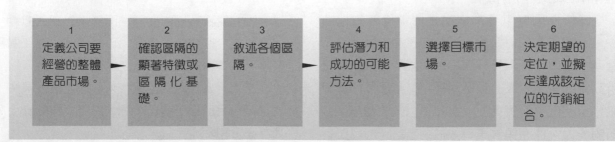

| 1 定義公司要經營的整體產品市場。 | 2 確認區隔的顯著特徵或區隔化基礎。 | 3 敘述各個區隔。 | 4 評估潛力和成功的可能方法。 | 5 選擇目標市場。 | 6 決定期望的定位，並擬定達成該定位的行銷組合。 |

| 圖 7-3 | 消費者和企業對企業之市場區隔化常使用的基礎 |

消費者行銷

使用者相關因素

人口統計：年齡、性別、種族、所得、教育、家庭規模、家庭生命週期

社會階級：下層、中層、上層

文化：宗教、國籍、次文化

地理：區域、州、都會地點和大小、都市與鄉村

生活型態和心理統計變數：安靜的家庭成員、傳統主義者、積極者、保守者

行為因素

效益：期望產品屬性

使用頻率：使用者與非使用者、輕度與重度使用者

價格或促銷的敏感性：高與低

品牌忠誠度：忠誠與不忠誠

購買狀況：商店種類、提供贈品（購物種類）

經濟性：獲利性和潛力

企業對企業

與使用者相關因素

客戶規模：年度銷售量

地理位置：美國東北部和西岸

組織結構：集權與分權

採購程序階段：隨時決策與決策初期

對供應商的態度：目前採購者與新客戶

購買決策準則：價格或品質

產品類型：設備、供應品、服務、原料、零組件

組織類型：製造業、政府、公用事業行為因素

行為因素

最後使用：轉售或產品零組件

使用頻率：使用者與非使用者、輕度或重度使用

產品／服務的應用：保險業或銀行業

經濟性：獲利性和潛力

倫理行動

區隔化與資料隱私權

　　資料探勘與以資料庫為主的市場區隔化做法，已被許多公司採用。甚至為了追求顧客關係管理，必須更深入分析與使用從個別消費者那兒所蒐集的資訊。在很多例子裡，這些已獲取的資訊是用在個別消費者上。雖然這些做法增加了公司的能力，從而提供更有效益的產品，但立法者卻注意到有關隱私權的問題，而尋求更深入的資料保護。由於欺騙與濫用私人資料日增，導致要求管制私人資料的提供與使用的壓力增大。在最近一些被經紀人濫用或盜取私人紀錄之意外案件發生之後，目前立法者已將個人財務資料的安全性列為優先考慮。

人口統計變數

人口統計區隔對消費者行銷特別重要。有些產品以青少年為目標，有些以年長者為目標，而有些產品則是為剛成家的新婚夫婦所設計。休假的決定特別和家庭生命週期的特徵相關，甚至當小孩尚年幼也會列入攜帶同遊的考慮。所以行銷研究人員常依據職業和教育來區分社會階級之區隔。

美國一般家庭的人口組成一直在改變。已婚夫妻現在勉強算是多數，而家庭戶數的成長緩慢且逐漸老化中。受大學教育者比未受大學教育的消費者有更多收入，可悲的是兩者差距逐漸拉大。服務業的工作機會愈來愈多，而美國人口則持續地往西部和南部各州遷移。[35] 屬於中產階級的消費者，由於其所得增加而帶動了不少高檔新奢侈品品牌的出現，這些品牌包括星巴克（Starbucks）、潘娜拉麵包、Sam Adams、陶瓷倉（Pottery Barn）、肯夢（Aveda）和 BMW。[36]

許多產品是針對正在成長和可獲利的 50 歲以上消費者區隔而設計的。

這些人口統計現象和趨勢，對行銷從業者了解區隔特徵有很大幫助。例如，年齡差異經常被單獨使用，或與性別、所得和教育一起描繪市場區隔輪廓。而年齡的差異經常以下列六個世代表示：

- 千禧世代：1977 年至 1994 年間出生，這群龐大的新世代人數達 7,000 萬人。
- X 世代：1965 年至 1976 年間出生，這群受良好教育且有媒體常識的世代，現為構成美國年輕成年人口的分子。
- 嬰兒潮世代：1946 年至 1964 年間出生，這群最大的單一世代美國人，依然是行銷從業者的焦點。
- 搖擺世代：1933 至 1945 年間出生，這群較少的單一世代美國人，在企業與政府中現仍位居要津。
- 二次世界大戰世代：1933 年以前出生，這群年紀最長的消費者，是美國史上是最富裕的一代。[37]
- Y 世代：做為嬰兒潮的小孩，在 2005 年時的年齡為 16 至 24 歲，這群人數量大於嬰兒潮，在 2010 年時大約有 6,300 萬人將要購買車輛。廠商需要和他們建立關係，而不僅限於與他們的父母打交道而已。[38]

這當中有三個年齡群對於行銷特別重要：即青少年、X 世代和嬰兒潮世

關鍵思維

· 請辨識一家受益
於公司策略性成
長的公司。
· 請依本章所論述
之各種成長策略
討論你所列舉的
公司。
· 請依各種成長策
略的優點與缺點
評估其成功的可
能性，你認為哪
一種策略最具有
效果。

都會統計地區
（MSA）
由普查資料中確認
之地理區域，至少
是有 5 萬人口的城
市或有 10 萬居民
的縣，其中有 5 萬
人是住在「已都市
化地區」。

主要都會統計
地區（PMSA）
經常位於綜合都會
統計地區（CMSA）
裡，至少有 100 萬
居民。

綜合都會統計
地區（CMSA）
根據人口普查資料
列示之最大地理區
域，在美國大約有
20 個最大市場，
至少包含兩個主要
都會統計地區。

代；在消費者行為上，這些類似的群體卻有著不一樣的獨特看法。值得注意的是，青少年每年花費他們自己的錢已超過 650 億美元，並影響其父母親對家庭開銷的決策，其累計的支出數量十分驚人。

X 世代比嬰兒潮的人更喜歡追求休閒和工作之間的平衡，他們很在乎購買符合自己形象需要的酷品牌，常被大眾視為新潮追求者。此外，在他們大學畢業後，現在的年輕人剛就業時仍住在父母家裡，所以他們有大筆所得可隨意支配。這群人實際上是由三個重要且重疊的次市場所組成，亦即大學生及研究生、能幹有為的專業人士和已婚夫婦。許多廠商也利用網際網路的廣告與電視廣告成功地與這群人接觸。不過要注意這些廣告活動的設計，因為 X 世代的消費者常常會對廣告內容發出質疑。[39]

由於嬰兒潮的人正逐漸老化，所以老年人口的行銷機會增加了，而上一代的人退休後，僅靠固定收入為生；但嬰兒潮的人則期望繼續工作，在生活中依然擔任著積極的角色。因此，以年輕、積極的自我形象做為訴求的產品和服務，對年長的消費者十分具有吸引力。此外，這一代的主要日常生活事宜如飲食改變、離婚和退休，無不替行銷從業者開闢了另一片沃土。[40]

行銷從業者已注意到，辨識家庭中小孩的出生和長大離家之市場區隔的潛在利益。由嬰兒潮小孩組成的 Y 世代超過了 7,900 萬人，購買力遠超過其父母。幾乎有 3,000 萬早已是青少年了，估計他們每年花費 1,500 億美元，影響其父母的花費約為 3,000 億美元。相反地，已決定不生小孩的家庭，也代表著一個有利可圖卻被忽略的市場區隔。依據《美國人口統計》（*American Demographics*）報導，無小孩的夫婦在任何一項消費品的花費上，幾乎比結婚有小孩的同輩多，他們的獨特購買力和市場成長規模，也讓行銷從業者不得不注意此區隔化的情況。[41] 另一獨特的市場區隔是「窩居者」（twixters）。有不少年齡在 21 至 29 歲之間的年輕消費者，雖已成年卻仍繼續與父母同住，但可自由支配自己的豐厚所得，以致有所謂窩居者市場的出現。這種區隔在許多已開發國家如加拿大、日本、法國、德國和美國到處可見。[42]

地理變數

有時，地理的差異對擬定行銷策略也很重要，例如手機業者利用地理分析來評估其配銷效果。此外，對於手機電波尚未發射到的地區，必將引起手機業者相互廝殺。[43]

地理差異分類法之一是利用人口普查資料來辨識都會區。它有三個類型：**都會統計地區**（metropolitan statistical area, MSA）、**主要都會統計地區**（primary metropolitan statisticalarea, PMSA）和**綜合都會統計地區**（consolidated metropolitan statistical area, CMSA)。都會統計地區（MSA）必須至少是有 5 萬人口的城市，或至少是有 10 萬居民的縣市，其中有 5 萬人是住在「已都市化地區」（urbanized area）。最大區域是綜合都會統計地區（CMSA），在美國大約有 20 個最大市場，其中至少包含兩個主要都會統計地區（PSMA）。主要都會統計地區（PSMA）通常都位於綜合都會統計地區（CMSA）內，且至少有 100 萬的居民，美國最大的綜合都會統計地區（CMSA）是紐約、洛杉磯、芝加哥。這些市場內的居住區域，如亞特蘭大附近的瑪莉雅大（Marietta）和洛杉磯附近的維度拉（Ventura）等，都代表著主要都會統計地區（PMSA）。

結合地理資訊和人口統計特徵，稱之為**地理人口統計變數**（geodemographics）。大多數已出版的人口統計資料，對於公司評估潛在市場區隔規模相當有用，產品通常是直接依地理區域做區隔，特別是兩個地區之間的偏好不同時。再者，行銷從業者可藉著它來了解哪些區域成長最快，亦即代表未來的發展機會最大。

> **地理人口統計變數**
> 結合地理資訊和人口統計特徵，用來區隔與鎖定特定的區隔市場。

克莉斯汀·狄克翰提到以下的趨勢：「目前漢斯公司消費性產品（T 恤、內衣、襪子）最大的區隔市場是嬰兒潮世代，因為我們的產品是日常生活的必需品，而其通常都是很平民化的價格，嬰兒潮世代的顧客知道漢斯公司有符合他們需要且付得起價格的產品。因為嬰兒潮世代的人對價格比較關心，而 X 世代與千禧世代的人則不會，嬰兒潮世代的人一看到有他們正想要的產品就會付款購買。年輕的一代則較具有高科技的常識，例如，當漢斯公司為年輕世代設計一系列的服飾時，我們就必須依賴媒體廣告來擄獲這群消費者。」

廠商利用地理人口統計資料系統整合從人口普查中得知的地理資訊。地理人口統計系統的基本前提是鄰近地區家庭過著相同的生活型態（物以類聚），且這種生活型態會一直延續下去，此地區便可歸類為市場區隔。[44] 利用地理資訊系統（GIS）的生活型態群集系統，可把住家分成 40 種住宅類型。業者也可應用生活型態代碼增補顧客紀錄，用以擴大顧客的檔案，增加其生活型態與購買類型關係之研究。[45] 西南貝爾公司（SBC）利用地理人口統計分析，擬定了在英國的歐洲有線網營運之行銷策略；該公司使用這些資料，並透過直效行銷活動，辨識易於銷售的區域，而避開了會發生呆帳的地區。[46]

地理群集也反映了區隔化的目標，使業者更有效地利用這些資源。想想你的鄰居們，車子和房屋可能價值相同，信箱可能塞著許多相同的雜誌，廚櫃裡可能擺置著相同的產品，而大家都有類似的所得、教育、態度和產品偏好。[47]

從各國之間的文化差異性，可確認在某些區隔裡的國家是否擁有相同的價值。 Hofstede 分類法以五個文化層面將不同國家分類為：個人主義對集體主義、權力距離、避開不確定性、男子氣概、長期導向。例如，澳洲、德國、瑞士、義大利、愛爾蘭構成了一個中高度個人主義和高度男子氣概的區隔，這些文化特徵顯示他們偏好高性能產品和「成功的自我實現者」的廣告主題。而美國對日本的消費者有關個人主義與集體主義，亦可類推。[48]

心理統計變數和生活型態

心理統計變數（psychographic）或**生活型態研究**（lifestyle research）是嘗試以顧客的活動、興趣和意見來做區隔。[49] 該研究調查有關顧客個人活動、興趣和意見的反應，簡稱 **AIO 陳述表**（AIO statements），用以擬定消費者群體或區隔的深度輪廓。在得知顧客偏好習性後，廠商對其訊息的接受度就會提高。假如行銷從業者把重點放在顧客生活型態上，並提升其功效，那麼銷售產品和服務的機會就增加了。[50] 以下為 AIO 陳述表的例子：

- 在商店折扣優待期間購物會節省很多錢（價格意識）。
- 我生活中最重要的部分是衣著光鮮亮麗（流行意識）。
- 我寧願在家過寧靜的夜晚，而不願去參加宴會（常留在家中者）。
- 當我的房子不乾淨時，我會很不舒服（衝動的管家）。[51]

將心理統計變數研究應用在不同的區隔上十分地有效。當行銷研究人員認為以人口統計變數與地理變數做為區隔化的基礎，卻無法對可獲利的目標市場做更深一層的了解與素描時，以心理統計變數做為區隔化的方法即逐漸受到歡迎。經濟的變遷使階級特徵為之模糊，產品品類的氾濫導致競爭品牌之間的產品幾乎沒有差別。[52] 一項針對 65 歲以上婦女的媒體偏好，與心理統計變數結合形成的區隔研究可做為範例說明。該研究發現對於正在成長中的 65 歲以上市場具有下列媒體消費型態：

- 參與型：高度的報紙閱讀率和高度的電視新聞節目收視率。
- 自律型：中度的報紙閱讀率和低度的媒體使用率。
- 接受型：高度的電視喜劇節目收視率，中度的報紙閱讀率。[53]

再以 AIO 陳述表做追蹤研究，對這些區隔的生活型態則提供了較豐富的描述。例如，在參與型區隔裡的婦女，使用較多的化妝品，認為烹飪和烘焙相當重要，對大公司和其業務做法相當排斥。

心理統計變數分析也可用在辨識 7,000 多萬人口的 Y 世代對特定事件的

認同上。最引人注目的事件，包括科倫拜（Columbine）校園事件、奧克拉荷馬市聯邦大樓爆炸、柯林頓訴訟審判和911事件。MTV節目類型影響了行銷和廣告訊息；冷漠和資訊的氾濫，是這個大型消費者區隔正面臨的當今媒體環境之結果。相對於X世代的前輩，18至24歲年齡層的人則沉迷於科技的互動，以及使用遙控器快速轉換頻道，而其對賺錢與花錢也都抱持著積極的態度。[54]

SRI國際公司的**價值與生活型態方案**（Values and Lifestyle Program, VALS），是一項將生活型態與心理統計變數應用在區隔化的方法。VALS將消費者區隔為八個群體：自我實現者、履行者、信仰者、成就者、奮鬥者、經驗者、製造者和掙扎者。許多廠商使用這套系統有效地開發廣告和促銷活動，包括媒體的選擇和訊息內容的設計。如圖7-4所示，這些群體的排列都循著兩個層面：自我導向和資源。自我導向意指人們用來維持其自我形象和自尊的態度和活動；資源則包括教育、所得、年齡、體力、自信，甚至於健康等屬性。[55] 例如，自我實現者是最小的區隔，約占美國人口8%，但有最高的所得和自尊；其餘的七個區隔，每一個代表有11%至16%的人口。[56]

效益區隔化

很多廠商根據消費者需求的特殊屬性或效益來區隔市場。[57] **效益區隔化**（benefit segmentation）可增強產品的設計和行銷，以迎合消費者要求的品質、服務或特色。事實上，效益區隔化與區隔之間的需求變化假設非常一致。例如，蘋果（Apple）公司認為消費者是因電腦操作複雜而遠離電腦，故鎖定容易使用的電腦以做為區隔。定義此利基市場和學習過程的簡單化，則是促使蘋果公司進入此市場的主要因素。

效益區隔化與提供顧客價值是一致的，而其行銷概念就是顧客導向，以提供顧客效益，讓顧客長期感到滿意。效益區隔化的基本信念是，真正的區隔能將購買的因果因素或基本理由說明清楚。[58]

效益區隔化亦適用於服務行銷和產品行銷。IBM以新奇的促銷訊息，將其塑造成為眾多公司的效益提供者，該訊息內容是「採用資訊系統不會對公司員工構成威脅，電腦科技終將成為公司績效真正的貢獻者。」

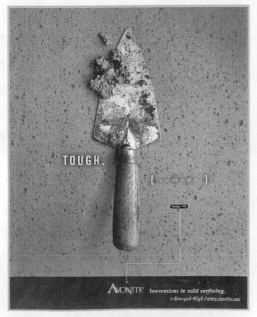

Avonite公司在企業對企業的市場區隔化中鎖定企業客戶，強調尋求預期的最終效益。

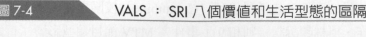

圖 7-4　　　VALS：SRI 八個價值和生活型態的區隔

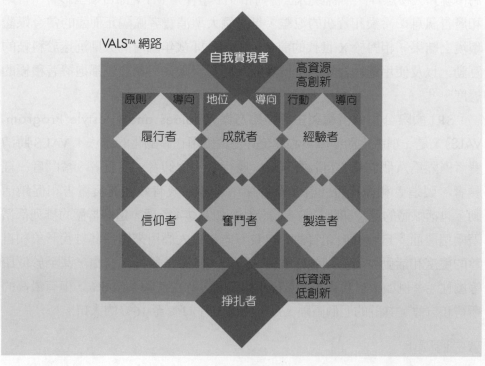

經濟區隔化

許多廠商逐漸以個別客戶的獲利潛力，做為區隔顧客的基礎。這種以經濟為基礎的區隔化會發生在消費者行銷上，也會發生在企業對企業的競爭市場中。如圖 7-3 所示，經濟考量是行為因素下區隔化的特徵。例如，銀行經常根據顧客帳戶的資訊，和他們以往帳戶活動所產生的獲利資料，將其區隔為 A、B、C 類。低收益與低獲利顧客得到最少的服務，銀行對其可能索取較高的費用；相反地，高收益與高獲利顧客被鎖定為銀行行員溝通的對象，而中收入與中獲利的顧客則使用直效信函。慰留顧客成本、擴充的潛力和顧客對獲利貢獻等因素，均有助於做區隔的確認。[59] 密西根大學商學院的美國顧客滿意指數資料指出，航空公司、銀行、商店、旅館、個人電腦公司和電話公司等，在服務滿意度上有持續衰退的現象，這些衰退的原因是處理顧客區隔的方式不正確。金融機構偏好天天上門存放款的商人，和支付大筆利息費用的重度信用卡使用者。嘉信理財公司讓擁有存款 10 萬美元，或至少每

區隔化的做法在企業對企業的情況下亦有益處。例如，嬌生公司鎖定少數族群經營的企業，做為其努力建立關係的對象。

月都有交易往來的簽約客戶，不必等候 15 秒鐘即可得到電話回覆的服務。[60]

最常使用在企業對企業的區隔變數，則是廠商的人口統計變數、採購方法（採購中心方法）和採購特徵（特別用途、產品急迫性、訂單大小）。經濟價值（economic value）法是將區隔化建立於廠商如何傳達顧客所需要之價值的基礎上，例如，聯邦快遞的區隔即是建立在顧客對包裹安全和準時送達的需求基礎上。此外，在區隔裡提供比競爭者優越的價值，則是行銷從業者的重要工作。價值基礎（value-based）區隔法是建立在廠商的差異化或競爭優勢基礎上，讓廠商體認到優惠價和重複訂貨的關係。[61]

國際區隔化

區隔化也是國際行銷重要的一部分，廠商可以應用下列方法之一項或多項：（一）公司的所有國際行銷均使用單一標準策略。（二）對不同的國家或一群國家擬定客製化策略，而這些國家均代表不同的區隔。（三）如前所述，跨市場區隔是指在不同的國家而有同樣的顧客群集，它可以被辨認出來。通常被用來做爲國家區隔的，包括個人所得和國民生產毛額（GNP）、平均每人擁有電話機和電視機比率、農業人口百分比和政治穩定性等。例如，一家銷售耐久性電子產品（錄放影機和 CD 播放機）的公司，用以確認兩組國家組成的區隔是：(1) 荷蘭、日本、瑞典和英國；(2) 澳洲、比利時、丹麥、芬蘭、法國、挪威和瑞士。這兩組區隔都接受同類型的新產品，因此可採取同樣的行銷方式。[62]

國際行銷需重視下列事宜：(1) 由於減少重複行銷工作而導致成本效益的問題；(2) 透過分支機構在不同國家銷售產品、品牌和創意的機會；(3) 全球性顧客區隔的出現，例如青少年和全球性的組織團體。國際區隔化需要辨識特殊的顧客區隔，例如，在跨國之間的國家群體或消費者群體，它們可能具有同質性的態度而展現出同樣的購買行爲。[63]

■ 市場區隔化基礎的結合

圖 7-5 列示了廠商結合消費者特徵，以決定市場區隔化策略的方法。它有兩個階段的過程，起始於研究設計，以便確認產品和服務的重度使用者。假如重度使用者區隔有獨特或一致的人口統計特徵如所得、教育，那麼廠商就可以很容易地完成該區隔的決策；亦即不管任何雜誌或電視節目，皆可充分加以利用。同樣地，確認重度使用者區隔的生活型態特徵，也可增加公司對產品布局和廣告主題更深入的了解。

圖 7-5　　兩階段區隔化的例子

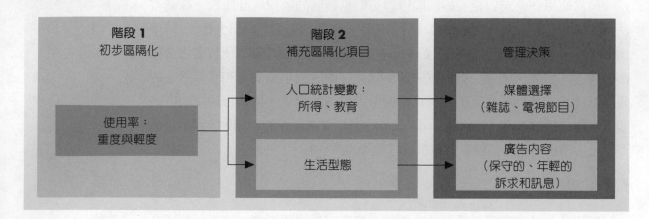

　　圖 7-6 為另一個結合不同變數以描述青少年消費者區隔的方法。日產公司 2002 年更新 Maxima 車的廣告內容，鎖定 30 歲後段班、年所得在 12 萬 5,000 美元以上，且喜歡大馬力車輛的已婚男子為目標。這種人口統計區隔透過有線電視加以行銷，如 A&E、探索（Discovery）和歷史頻道（History

圖 7-6　　青少年區隔基礎

青少年區隔	主要定義者	活動和購買之物	青少年區隔	主要定義者	活動和購買之物
激動和冷靜者	樂趣 朋友 不恭敬 感覺	外出用餐 上酒吧 參加音樂會 速食 粉刺療程 香水／古龍水 手環 染髮 香菸 酒精	默默成就者	成功 匿名 反個人主義 社會樂觀主義	讀書 聽音樂 參訪博物館 音樂光碟片 立體音響設備
聽天由命者	朋友 樂趣 家庭 低期望	飲酒 抽菸 重金屬音樂 速食 低價衣服 染髮 香菸 酒精	自立奮發成就者	成就 個人主義 樂觀主義 決定 權力	讀書 維修房屋 花時間與家人同聚 拜訪親戚 參加宗教服務 高價品牌 奢侈品
世界拯救者	環境 人本主義 樂趣 朋友	參與表演 露營／健行 學校社團 上酒吧 製作創作品	支持者	家庭 風俗習慣 傳統 尊重個人	閱讀書籍 花時間與家人同聚 拜訪親戚 運動／觀賞運動

Channel），而印刷廣告也安排在 *Smithsonian*、《財星》和《富比士》（*Forbes*）雜誌上。[64]

基本上，廠商確認和結合不同購買者的區隔是基於：

- 幫助他們設計產品和服務，以便銷售到目標消費者的區隔裡。
- 幫助他們挑選媒體工具。
- 幫助他們擬定行銷主題，以做為對特殊區隔或各區隔的傳播用途。

▪ 區隔化策略

區隔化策略的進行，通常分為無差異化、差異化或集中化。這些不同的策略提供廠商多項選擇方法，以增強其對行銷方案的實施；從大眾行銷的基本訴求，到專注於目標市場的策略皆有。從我們較早的討論可知，其他更特定的區隔化方法是以大多數的市場方格為目標，或以顧客為基礎的行銷。而大眾客製化則是以不同方式為每位顧客提供基本產品組件，或以客製化行銷專為每位個別顧客開發產品。圖 7-7 以圖解方式列示了三種方法。

無差異化策略

對大眾市場使用單一傳播及配銷組合去行銷單一產品時，公司都會採用**無差異化策略**（undifferentiated strategy），不論是產品或是促銷主題皆無不同。無差異化方法最常用在產品生命週期的早期，產品於上市的初期，如早年的汽車剛上市時，即使用單一大量行銷方法。無差異化策略有規模經濟的優勢，但公司需面對競爭壓力，時至今日，甚至連瓶裝水都要以不同品牌向不同的區隔行銷。真正的無差異化策略在理論上大都是可行的，但至少並不是常發生的現象。

差異化策略

另一方法則是**差異化策略**（differentiated strategy），廠商對不同的區隔使用不同的策略。在其他廠商視為無差異化的大眾市場裡，以創新的行銷策略而能更精確地迎合顧客的需求，或可辨認出區隔化的商機。[65] 在某些情形下，每一區隔會擬定一件獨特產品和傳播活

無差異化策略
對大眾市場使用單一促銷組合去行銷單一產品，它最常用在產品生命週期的早期。

差異化策略
對不同的區隔使用不同的策略。在各區隔擬定一件獨特產品和傳播活動，或一件普通產品以不同的傳播策略行銷到不同的區隔。

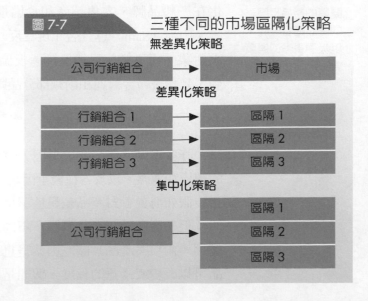

圖 7-7　三種不同的市場區隔化策略

動；而另外一種情況則是，一件普通產品以不同的傳播策略行銷到不同的區隔。切記，差異化策略並非只是產品改變而已，在行銷組合上還要有不同的變化。例如，Hartmarx 和李維公司，即採取多重產品樣式和廣告活動的複合式區隔方案。差異化策略常被軟性飲料製造商和保險公司所採用，它們提供許多產品類別以迎合不同的偏好。例如，麥當勞公司利用區隔化原則，對小孩提供快樂兒童餐和遊樂場，而對成人則供應餐盤墊紙上的營養資訊和親子互動商品，同時也提供傳統漢堡與較健康的沙拉和三明治的套餐組合。雖然差異化策略常可增加銷售和收益，但對區隔化方案不斷地更新，成本花費也相當高。

集中化策略

集中化策略

在此策略下，廠商尋找整個市場中少數或僅有一個獲利區隔的大市場占有率，常以創意和創新而非訂價來服務區隔裡的顧客。

當公司只是尋求整個市場中的少數，或僅有一個能夠獲利區隔的大市占率時，就是進行**集中化策略（concentrated strategy）**的時候。在此策略下，公司要集中更多的創意和創新，而非在訂價上服務區隔裡的顧客。[66] 事實上，這對許多公司選擇哪一種區隔來專注發展的行銷策略是相當重要的。公司是要對高所得者做差異區隔，還是要以低成本的方法對價格敏感的消費者服務？[67] 例如，美國運通公司傳統上是為了找尋高所得而非中所得的顧客，因此，該公司集中其廣告資源，以便掠奪高所得消費市場中的大片江山。

反區隔化策略

反區隔化

將市場區隔和消費者願意接受低價而簡單的產品及服務的假設結合一起，以吸引更多的消費者。

反區隔化（countersegmentation）是傳統區隔化策略的另類選擇，它將市場區隔和消費者願意接受低價而簡單的產品及服務的假設結合一起。反區隔化在一般品牌、零售超商和倉儲量販店均可見到，其反映出低價需求的區隔。山姆（Sam）專賣店和玩具反斗城（Toys"R"Us）以廣大的消費者做為訴求對象，而不鎖定目標區隔。反區隔化在 IBM 公司和克萊斯勒公司也可看到，其藉著聯合營運和削減部分品牌，並簡化其產品線。

影響區隔化策略的因素

許多市場、產品和競爭因素會影響到公司區隔化策略的選擇，包括市場的規模和型態，以及各種競爭因素。

假如消費者對產品差異性不是特別敏感，那麼無差異化策略或許是適合的；但若廠商銷售產品到許多不同的區隔，差異化或集中化方法則是較好的選擇。兩項與產品有關的因素是息息相關的：即產品生命週期的階段，和產品可以改變或修正的程度。假如是新產品，集中化區隔策略可能最佳，亦即

僅提供一種或一些產品樣式；假如廠商志在開發基本需求，那麼無差異化策略可能就是不錯的選擇。在產品生命週期後面的階段，大廠商較傾向於實施差異化區隔策略。

例如，消費品巨人寶僑公司，在其洗衣清潔劑產品實施差異化策略，該公司行銷 Cheer 和汰漬（Tide）洗衣粉到不同的產品市場區隔。公司持續以不同品牌在不同的區隔提供產品差異化，力求區隔化成功。而有成長潛力的區隔是產品差異化的主要挑選對象，當液態清潔劑的區隔正在成長時，寶僑公司適時推出液態汰漬洗衣精；後來，該公司又對另一具成長潛力的區隔，另外推出濃縮汰漬洗衣精。

競爭因素在廠商市場區隔化策略中也特別重要，如果主要競爭者進行無差異化方法，那麼該廠商就可進行差異化或集中化方法。若廠商有許多競爭者，那麼最好的策略則是在一個或少數幾個目標區隔，集中發展強勢品牌的忠誠度和購買者偏好。最後，廠商規模和財務狀況也會影響策略的選擇，小廠商因受限於資源，而須進行集中化區隔策略方為上策。

廠商若採無差異方法或僅追求最大的區隔，可能會引起許多競爭，此即**多數謬誤**（majority fallacy）。雖然大的「多數」區隔似乎可提供公司潛在利益，但只追求這些區隔卻會引起極大的競爭。在此情形下，廠商最好集中一個或少數幾個區隔，並以集中化策略方式獲得大的市占率，方是有效的競爭方法。

7-5 目標市場區隔和產品定位

一旦廠商決定其整體市場區隔化策略後，就必須選擇特定的區隔和產品的定位，以做為這些區隔的有效訴求。影響區隔化策略選擇的因素，也會對特定的目標區隔發生影響。

▪ 評估區隔的潛力

為了評估市場潛力和可能的銷售，廠商應該要區別廠商潛力與產業潛力，以及最佳結果預測和預期結果預測的區別。如圖 7-8 中所示，**市場潛力**（market potential）是指產業在某一特定期間內，某一產品或服務可能的最大銷售量。同一期間的**市場預測**（market forecast）是指在市場上競爭的所有公司，其投入行銷努力（支出）之函數。整個市場潛力代表著總銷售的上限，**銷售潛力**（sales potential）則指某一特定廠商在某一特定期間所獲得的最大

多數謬誤
追求大的「多數」之市場區隔似乎可提供公司潛在利益，但只追求這些區隔卻會引起極大的競爭。

市場潛力
指產業在某一特定期間內某一產品或服務可能的最大銷售量。

市場預測
指在市場上競爭的所有公司，在特定的期間內出售某一特定產品投入行銷努力（支出）之銷售預測。

銷售潛力
指某一特定廠商在一某特定期間能獲得的最大銷售。

Part Three
行銷研究與市場區隔

図 7-8　廠商和市場潛力與預測

	最佳可能結果	既定策略下的預期結果
產業水準	市場潛力	市場預測
廠商水準	銷售潛力	銷售預測

銷售。

　　爲了進行銷售預測，廠商應該排除銷售潛力不足的市場區隔，並進一步分析其餘的區隔。公司預測也必須考量競爭的活動，以及配銷通路和行銷媒體的有效性，何種品牌早已在市場流通？哪些是競爭的優勢和劣勢？何種配銷經銷商和配銷支援通路可加以利用？取得適當媒體之成本爲多少？而廠商可利用來估計區隔潛力的步驟是：

1. 設定估計的期間。
2. 界定產品水準。
3. 列舉出區隔特徵或基礎。
4. 確認市場的地理界線。
5. 提出行銷環境（不可控制的因素如競爭活動）的假設。
6. 提出公司本身的行銷努力和方案（可控制的因素）的假設。
7. 提出市場潛力、產業銷售和公司銷售等估計。[68]

　　圖 7-9 舉出有關四個年齡層對披薩市場的潛力資料，這些人口的資訊來自於美國人口普查或州政府的紀錄檔案。產品購買百分比資料來自於《銷售和行銷管理》雜誌的「購買力調查」年報，而這些資料的用法說明如附錄 B（附錄 B 請至本公司網站下載）。

図 7-9　評估亞利桑納州和科羅拉多州的冷凍披薩市場潛量（單位：千美元）

年齡層	購買冷凍披薩（%）	人口		潛在披薩銷售量	
		亞利桑納	科羅拉多	亞利桑納	科羅拉多
18–24	10.4	384	341	39.94	35.46
25–34	25.8	634	607	163.57	156.61
35–44	24.3	568	622	138.02	151.15
45–54	14.5	381	384	55.25	55.68
				396.78	398.90

展開預測

預測為公司預期在某一特定期間市場的銷售量，各公司用來預測的時間會有所不同。預測被用在機會的評估、行銷活動的預算、費用支出的控制及銷售績效的評估等，預測過高可能導致過度的投資和支出，預測過低則可能導致機會的喪失。

銷售預測方法有很多種，其中幾種說明如下，這些方法可分成兩大類：一為質化（qualitative）程序法，應用判斷性意見和看法；二為量化（quantitative）法，使用歷史資料去做趨勢延伸或預估銷售。主要的質化預測法有購買者意願調查法、專家意見法和銷售人力綜合預估法等，而主要的量化法有趨勢分析法、市場測試法和統計需求分析法等。

購買者意願調查法（survey of buyers' intention）可在某些情況下採用，本方法是根據消費者或組織購買者意願調查而完成之預測。首先，購買者必須有明確的購買意願，並且也願意遵循這些意願，此外，這些購買意願的內容必須要清楚。這些事項在耐久性消費財和企業對企業行銷的大宗採購中最易達成。

專家意見法（expert opinion）則代表另一種質化或判斷的預測方法。採用本方法時，分析者會要求公司主管或其他專家，依照他們的判斷或經驗提出預測。這可能是一種快速或廉價的方法，然而預測的準確性，則有賴於主管或專家的知識，以及他們實際的預估能力。

銷售人力綜合預估法（composite of sales force estimates）也提供了另一種銷售預測方法。在此方法下，銷售代表對其個人的業務轄區提供預測，然後再與其他的業務轄區相加而成。銷售代表對競爭和市場趨勢有特殊的見解，加上對這些預估值可便宜和定期地獲得，但這些代表也可能為了減輕其銷售配額的壓力，而提出偏低的預測值。

趨勢分析法（trend analysis）是一種量化預測法，又稱為時間序列分析法（time series analysis），它是一種以檢驗歷史銷售資料而得的預測模式。假若銷售環境相當穩定，以外插法推定過去銷售資料，則可提供一快速有效的預測法，廠商常用此法來確認趨勢、經濟循環或過去銷售方式的季節效果。指數平滑法是經常使用的方法，它把最近的銷售資料加權以決定新的預測式。時間序列法或趨勢分析法最重要的問題是，公司假設過去發生的也會持續在未來發生，故不須探究其銷售原因。

當公司無法以主觀判斷或以過去資料去預測未來時，市場測試法在評估新產品上市成功的可能性上即特別有用。**市場測試法**（market tests）法是利

購買者意願調查法
根據消費者或組織購買者意願調查而完成預測。當購買者有明確的購買意願，並且也願意遵循這些意願時，本調查法最為可靠。

專家意見法
一種質化的預測方法，分析者要求公司主管或其他專家依照他們自己的判斷提出預測。

銷售人力綜合預估法
一種銷售預測方法，銷售代表對其業務轄區提出預測，然後再與其他的業務轄區相加而成。

趨勢分析法
一種量化預測法，常被稱為時間序列分析，係檢驗歷史銷售資料而成的預測模式。

市場測試法
利用規劃好的促銷、訂價和配銷策略，在測試地點行銷一件新產品。

用預定的傳播媒體、訂價和配銷策略，在測試地點銷售產品，至於其他地區的預測也可從這個測試市場的銷售中獲得。

統計需求分析法（statistical demand analysis）認為產品決定要銷售時，應該從最重要的因素展開預測。本方法的銷售預測來自於獨立變數的價格、廣告和促銷、配銷、競爭與經濟因素的方程式，而迴歸分析則是最常用的估計程序。統計需求分析法的優點，是強迫廠商考慮決定銷售的相關因素，此外，也有一些相關的重要獨立因素可用以評估。雖然電腦對需求分析預測有幫助，但是此法的有效性則有賴於適當的應用。顯然地，本方法在資料分析的過程上會較為複雜一點。

不論上述方法的可用性如何，預測至今仍非一門嚴謹的科學，因此，預測者應該小心避免下列幾個共同的錯誤：(1) 未能仔細檢定任何的假設，如預期社會和科技的變化；(2) 過度樂觀而未能思考負面效應的風險；(3) 未能列舉有關預測的時間架構和目的；(4) 未能將量化和質化預測方法融合在一起，例如將機械式的外插法與理性判斷相結合。[69]

◾ 目標市場區隔

為選擇目標區隔，廠商必須考慮各種因素的組合，包括各區隔的潛在銷售量和利潤、目前各區隔的競爭情形和廠商的能力與目標。

雖然大區隔擁有相當數量的購買者，也似乎擁有很大的潛在銷售量和利潤；但在小區隔裡以獨特的行銷組合方式，也會有豐碩的商機存在，位於大型購物中心裡的精品店就屬於這樣的區隔。例如，通用營養中心（General Nutrition Center）鎖定有健康意識者，而 Lady Food Locker 則鎖定婦女運動愛好者。

規模大的市場也可能吸引大量的競爭廠商（多數謬誤）。通常，廠商必須依據競爭問題而去評估市場的潛力。假如廠商的競爭優勢不易被模仿，那麼就可進行較大的市場區隔。

目標市場的選擇和廠商的目標、特殊競爭力有關。例如，一個專長於創新科技產品的廠商應在整體價值，而非單獨在價格上做競爭；應聚焦於一個區隔或少數區隔，並以高品質、創新產品做為其訴求。

要達到預定的目標區隔，也需要廣告設計和促銷組合的配套動作。如果廣告重複或觸及非目標市場的消費者，那麼資源就浪費了。而如果廠商想要有效地鎖定目標區隔，確認適合該區隔市場的特定產品便很重要。

科技也提高了對特定目標市場的選擇和接觸能力之準確性。當別克

S3 - Inner Suburbs

The four clusters of the S3 Social Group comprise the middle income suburbs of major metropolitan areas, straddling the United States average. Otherwise, the clusters are markedly different. Two clusters have more college-educated, white-collar workers; two have more high school-educated blue-collar workers; two are young; one is old; one is mixed; but all show distinct, variant patterns of employment, lifestyle, and regional concentration.

23 Upstarts and Seniors   Middle-Income Empty Nesters

Cluster 23 shows that young people and seniors are very similar if they are employable, single, and childless. *Upstarts and Seniors* have average educations and incomes in business, finance, retail, health and public service. Preferring condos and apartments, they live in the Sunbelt and the West.

Middle (28)   Age Groups: 25-54, 65+   Predominantly White

24 New Beginnings   Young Mobile City Singles

Concentrated in the boomtowns of the Southeast, the Southwest, and the Pacific coast, *New Beginnings* is a magnet for many young, well-educated minorities who are making fresh starts. Some are divorced, and many are single parents. They live in multi-unit rentals and work in a variety of low-level, white-collar jobs.

Middle (29)   Age Groups: 18-44   Ethnically Diverse

25 Mobility Blues   Young Blue-Collar/Service Families

These blue-collar counterparts of *New Beginnings* are young, ethnically mixed, and very mobile. Many are Hispanics and have large families with children. These breadwinners work in transportation, industry, public service, and the military.

Middle (41)   Age Groups: Under 18, 25-34   Ethnically Diverse, High
                                                                                                     Hispanic

26 Gray Collars   Aging Couples in Inner Suburbs

The highly skilled blue-collar workers of Cluster 26 weathered the economic downturn of America's industrial areas and now enjoy a resurgence of employment. Their kids grew up and left, but the Gray Collars stayed in the Great Lakes "Rust Belt."

Middle (42)   Age Groups: 65+   Ethnically Diverse

本區隔化說明書是依地理人口統計變數特性,而對主要目標市場區隔加以界定的論述。

（Buick）公司在分析大型休旅車區隔時發現,位於美國中西部和東北部大都市郊區的高所得群是特別具有獲利潛力的市場,於是該公司依照郵遞區號,將刊登其廣告的雜誌郵寄給目標消費者。它特別鎖定 Roadmaster 車款的休旅車促銷廣告,將其寄送全美 4 萬多個郵遞區號中的 4,940 個,這幾乎占了 20% 的美國家庭,但這些家庭卻代表了 50% 大型休旅車的購買者。[70]

目標化在雜貨業、服飾業、鞋業等市場中相當流行。例如,條碼掃描器和雜貨業忠誠聯名卡方案的使用,讓雜貨零售商更能精準地鎖定消費群。在經濟區隔的應用上, Sav-O's Piggly Wiggly 商店鎖定其前 50% 的顧客,這些人占了該商店 90% 的生意;因此針對這些顧客,使用特別的促銷和廣告設

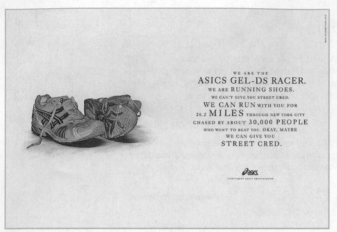

區隔化計畫涉及依地理人口統計變數和期待最終效益辨認來界定群體，本幅亞瑟士（Asics）公司廣告亦為一例。

計，以增加其每次造訪商店的交易額，並利用這些顧客的偏好資料分析，來決定在貨架做競爭品牌的分配，亦十分有效。紐巴倫（New Balance）公司就特別鎖定嬰兒潮消費者，使該公司得以在競爭劇烈的運動鞋市場上與耐吉公司對抗，而成功地拔得頭籌。[71]

■ 產品定位

一旦區隔被選定且做為目標後，廠商就必須為其產品和服務，在顧客心目中加以定位。產品或服務的**定位**（positioning）牽涉到行銷方案的設計，包括產品的組合，公司思考如何使其產品或服務與顧客的認知一致，而在產品定位之後，公司才能選擇所要的策略。定位的目的在影響或調整顧客對產品或品牌的認知，一個有效的產品定位，可以讓品牌在顧客心目中占有偏好和獨特的地位，而與廠商的整體行銷策略一致。[72] 因此，定位涉及目標區隔的選擇，以及品牌之產品屬性的形成。最近 Snackwell's 公司成功地藉由產品重新定位，而避免了銷售量的衰退，其產品的重新定位包括產品重新製作、增加行銷預算，對新的核心顧客——婦女增加廣告。納貝斯克公司也成立了一個以婦女為目標的網站，和一項以婦女為促銷目標的直效信函之活動。[73]

新品牌的定位需要與其他品牌有所區別。新品牌必須讓顧客感覺到與其他品牌具有相同重要的屬性，而非僅在屬性差異上占優勢而已。[74] 所謂產品**重新定位**（repositioning）是指廠商為了要轉變消費者對既有品牌的看法，而重新擬定一個新的行銷方案。近年來，有不少懷舊品牌重新流行與重新定位。如 Oxydol 清潔劑、Breck 洗髮精和 Fanta 香皂重新被推出，此乃基於一個信念，即其品牌數量仍有殘存影響力，而品牌權益又與這些已存在數十年的品牌有關，因這些品牌在某些區隔裡或區隔市場仍是有利可圖的。[75]

產品屬性、價格和形象強化是產品定位的主要組件。**知覺圖**（perceptual maps）代表著消費者對產品或品牌的認知空間，它常被用於評估市場中品牌的位置。圖 7-10 是軟性飲料市場的知覺圖，在這個圖上的品牌定位，是根據顧客對價格和品牌表現的認知而製作的。請注意，品牌的市場定位在經過一段時間後，有可能會變動。

知覺圖常可顯示出競爭者品牌的位置，亦傳達給公司需要改變消費者多

定位

擬定在市場區隔裡想達成的一個整體形象，而對產品或服務設計行銷方案，包括產品的組合。

重新定位

擬定一行銷方案轉變消費者對一既有品牌的信念及意見，請參見定位。

知覺圖

代表消費者對產品或品牌的認知空間，常被用於評估市場中品牌的位置。

少認知，方能達成與競爭者相同或不同的位置。若將區隔化和定位的研究結合，公司則可以得知哪些區隔是令人垂涎的，以及在特定區隔裡的消費者，是如何認知公司與競爭者的產品和品牌。[76]

個體行銷

目標行銷之最終目的是**個體行銷**（micromarketing），它常結合人口普查和人口統計資料，以確認具有相同消費類型的家庭群集，**PRIZM** 市場區隔化系統即為一例。郡、郵遞區號和人口普查地區的人口統計描述，可以結合有關地區價值、偏好和購買習慣的資訊，讓公司瞄準可能的或預期的顧客。許多廠商使用個體行銷以提高其行銷支出的生產力，而行銷從業者也可應用下列方式，使個體行銷能增加行銷努力的效果：

* 透過郵件和電話行銷活動，來確認直效信函的潛在市場。

性別與年齡常被流行產業用以界定市場區隔。

本幅 Kinko's 公司的廣告，敘述一張有趣的知覺圖，它指出重要的特點，即使是學生在其市場裡也必須加以定位。

個體行銷
結合人口普查和人口統計資料經電腦分析後，確認具有相同消費類型的家庭群集（例如 PRIZM 市場區隔化系統）。

創造顧客價值

「無價」的萬事達卡

萬事達卡是世界上最受人喜愛與尊敬的品牌之一，它一直持續努力打造顧客的忠誠度與提升顧客的身價。該公司的顧客包含 210 個國家的 25,000 家金融服務機構下的消費者，市場區隔化的原則，是用來做為服務顧客目標的一部分，而這些原則被用在推展命名為「無價」（Priceless）的全球性有獎廣告活動上。例如，該公司了解在美國 4,400 億美元的交易市場中，僅有三分之一者持有信用卡，此亦為一塊具有吸引力的信貸機會。但萬事達卡公司則以不一樣的主題「無價」，配合著教育的意味展開一系列活動，並協助美國西語裔新移民建立信用責任感的觀念。不過，這個活動卻為這塊利基市場留下是否有效的問號。萬事達卡另已開發一個以網路為基礎的自動櫃員機（ATM）定位服務，提供給顧客有關其 900,000 個裝設 ATM 地點的更多資訊。除此之外，另設計一種新電影院獎勵方案，以便接觸屬於年輕又不富裕之區隔的信用卡顧客。

圖 7-10　15 種飲料的知覺圖

PRIZM（市場區隔化系統）
以郵遞區號區分的市場之潛在購買指數，在美國將各個家庭的分布情況區分為 40 個不同群集的消費者資料；如 PRIZM14 利用郵遞區號 14，可以查閱個人統計資料、個人信用紀錄、登錄的車輛款式和購買行為資料。

- 將顧客與人口統計變數和生活型態群集配對，而描繪出顧客的輪廓。
- 在地點的選擇上知道哪個地區潛力最大，可將其做為開設新商店或辦事處之地點。
- 廣告主題的量身訂做和媒體的規劃。[77]

7-6 市場區隔化和倫理

鎖定所揀選的市場區隔，對行銷從業者和消費者均有很大的效益：行銷從業者由此贏得銷售，而消費者得到了他們最想要的產品和服務，以及價值。然而，實施區隔化的效果可能很好，以致它充斥著唯利是圖的利用機會。因此，行銷從業者必須考慮一些有關區隔化和目標化實施的倫理議題。

對兒童的廣告

兒童是一個廣大而有影響力的區隔市場，向兒童做廣告，會刺激其對昂貴而非必需品的需求。這樣的廣告屢遭批評，因為對一些負擔不起的年輕消費者而言，會產生不實際的期望和需求，而且它也很容易助長昂貴運動鞋或夾克及首飾的需求。此外，年幼的兒童有時也難以辨別節目內容和廣告訊息的良莠。

進入具有影響力及自由動用資金成長超過通貨膨脹的兒童市場，是一筆不錯的生意來源。不過，一些歐盟國家認為，電視廣告公然地向兒童兜售是種不道德的行為。例如，英國獨立電視委員會規定，不可針對兒童做下列的廣告：

- 利用兒童易於相信的本性。
- 誘導兒童去相信，若沒有這些廣告產品就低人一等。
- 傷害兒童。
- 強迫兒童糾纏他們的父母。

美國對年輕消費者也同樣關注，美國政府與國會利用法令規章限制廠商透過網際網路向兒童蒐集資訊。兒童線上隱私權保護法（Children's Online Privacy Protection）是在父母親的關心下所成立的法案，而聯邦商業委員會也已關切到有關兒童受網際網路行銷的影響性。[78]

有害的產品

向年輕人銷售有害產品如香菸或含酒精飲料，也會引起嚴重的倫理問題。有些香菸品牌，如 Virginia Slims 是以年輕女性做為其產品定位。而香菸和啤酒廣告中的模特兒總是年輕、充滿活力和魅力，這些產品的訊息常常強調社會對喝酒和吸菸的接受性，以減少包裝上負面警告用語的影響作用。

隱私權問題

當行銷從業者逐漸能夠精確地鎖定消費者區隔時，就會發生有關隱私權的問題。消費者過去所購買的資料、信用資料和電話號碼，都成為擬定直效行銷活動的用途，但是利用這些資訊時要謹慎小心。

產品氾濫

在美國每天有超過 30 種的食品上市，意味著每年有 25,000 多種包裝產品，包括食品、飲料、健康美容用品、家庭用品和寵物產品等上市。而這些持續不斷的增加有需要嗎？市場和產品的區隔似乎永無止境，消費者則常因選擇太多而困惑。[79]

一些研究人員和行銷從業者，現正為一項名為「有效率的消費者反應」（effective consumer response）的活動而爭論，它是由雜貨業極力鼓吹的**有效搭**

有效搭配
減少品牌數量的做法，而不致影響銷售或對消費者有不同的認知。

配（efficient assortment）活動。有關產品問題將在後面三章討論，但請記住，企圖以更華麗的產品設計做為賣點，藉以吸引某特定的市場區隔之做法，已受到有見識的消費者和績優零售商的質疑了。從許多的研究顯示，品牌數量或品牌大小（如庫存單位），在不影響銷售或消費者認知下是可以減少的。故除了簡化消費者決策外，庫存單位（SKUs）類別的減少，也可以讓零售商減少滯銷的存貨，減少囤積而降低倉儲成本。就像一份產業研究摘要中所指出，一項有關填充布偶貓的選擇品項，由 26 種減為 16 種後，其在銷售類項上並沒有受到影響，但此舉確實能節省物流運籌成本，而使營運利潤增加 87%。[80]

摘要

1. **定義並解釋市場區隔化、目標市場、產品差異和定位。**市場區隔化使用在顧客群組（區隔市場）具有與其他區隔不同需要或偏好的時候，市場區隔化策略企圖利用這些差異去迎合每一個區隔的需求，而這種區隔通常稱為目標市場。

   當顧客認為廠商提供的產品，不論在實體或非實體的屬性上與那些競爭廠商不同時，產品的差異化就存在了。對市場內的產品加以定位，則是實施差異化策略的過程，可讓消費者相信該產品有被期許的獨特特徵。

2. **評估區隔化策略成功的準則。**設計市場區隔化策略有五個準則：可衡量性，指區隔的購買力和規模可以界定的程度；可接近性，是廠商有效達成預定的目標區隔的程度；足量性，則是目標區隔的規模、潛在銷售和利潤的足夠性；耐久性，是指區隔裡的良好商機將持續一段時間；差異反應性則是指不同的行銷組合在市場區隔的不同反應程度。

3. **了解市場區隔化在擬定行銷策略和方案中的角色。**市場區隔化可應用在新穎或成熟產品與服務上面，新產品可鎖定上市期和成長期做行銷機會的區隔。成熟的品牌可能要重新定位、擴展或行銷到特別訴求的區隔。一個適當的市場

區隔化策略，能幫助行銷從業者在競爭加劇的市場裡，專注在成長和擴展的機會。

4. **敘述有關產品和品牌定位的問題。**在決定區隔化策略之後，行銷從業者必須小心選擇適當的區隔和定位這些區隔的廠商之品牌。定位是指消費者對特別產品或競爭者品牌的認知。總之，廠商必須確認市場內既有的競爭產品或品牌，然後對市場上的品牌評估哪些屬性決定產品的偏好。一項既有偏好和信念、理想的偏好和品牌能力，將可幫助廠商對新品牌的定位，或對一個早已存在的品牌重新定位。

5. **了解消費者市場和企業對企業市場區隔的不同選擇基礎。**以使用者基礎或行為基礎的變數來擬定區隔方案，可用在消費者或企業對企業的行銷情況下。有關使用者的特質，包括消費者人口統計和心理變數、顧客規模，以及企業對企業市場的地理位置。有關行為的特質，包括預期效益、顧客使用率和企業對企業市場的產品應用。

6. **評估追求區隔化策略的不同選擇方法。**區隔化策略有三類：無差異化、差異化、集中化。無差異化策略是僅利用一組行銷組合，迎合整個市場的需求。假如消費者對產品變化不敏感，或競爭不大，亦或產品本身不容易改變，則非

常適於使用這個策略。

差異化策略是利用不同的行銷組合，以迎合所有或許多的區隔。集中化策略是以達成在一個或一些區隔大的占有率為目標。

事實上，許多廠商利用一項無差異化或集中化策略，而成為一個差異化的方法，廠商即能生產多樣化產品，亦能開發超越上市階段的產品。另一方法則是反市場區隔化，它結合了不同的市場區隔，以提供消費者更低價和變化更少的產品。

習題

1. 何謂市場區隔化？其與產品差異化有何不同？
2. 行銷從業者如何從競爭產品中嘗試對產品做差異化？
3. 區隔一市場的準則有哪些？每一準則的意義為何？請比較差異反應性與區隔可接近性。
4. 請敘述區隔化的不同基礎，並請解釋使用者相關與行為相關特徵的差異。如個案 7-1 所敘述，請問如何以這些基礎使用 PRIZM 軟體？
5. 什麼基礎可以用來定義下列產品的區隔：卡式錄音機、掌上型計算機、個人電腦、公立大學？
6. 何謂效益區隔化？人口統計變數區隔化與心理統計變數區隔化有何不同？
7. 請定義不同的區隔化策略，並請相互比較與說明各個策略適用在何種狀況。
8. 在追求集中化策略時，請問多數謬誤的假設有何含意？
9. Fingerhut 公司如何使用資料庫以加強它的行銷效果？
10. 為什麼市場區隔化與目標化的推行較以往重要？
11. 有哪些因素造成的市場區隔化對行銷從業者特別重要？這些因素如何影響跨市場區隔化？
12. 試對大眾行銷轉移為大眾客製化做一討論。有哪些區隔化的挑戰涉及到大眾客製化？

行銷技巧的應用

1. 試比較《時代》（*Time*）雜誌與《滾石》（*Rolling Stone*）雜誌之讀者的異同。若要在這兩種雜誌上做廣告，請問如何做市場區隔化？
2. 一家製造辦公大樓用的厚地毯的大廠商，正考慮要擴充其業務至歐洲國家，該公司以人口統計變數及經銷商的規模做為行銷工作的區隔。

請問該公司擴充業務至東歐及西歐國家時，要採取什麼方式的市場區隔化？
3. 請應用第 6 章「行銷研究與決策支援系統」的概念，請問哪一類的研究能夠引導辨識某一市場區隔，而在該區隔裡的消費者會定期選購股票或債券等金融性服務？

網際網路在行銷上的應用

活動一

　　請登上 VALS 網站（http://www.sric-bi.com）。選取「價值與生活型態」項目，然後在網頁上點選「發現你自己的 VALS 類型」選項。

1. 何種人口統計項目是用來定義 VALS 區隔的？

2. 請對這些態度說明的同意與不同意項目做一評論？你對你自己的反應是很確定還是模稜兩可？你會對自己的 VALS 歸類感到驚訝嗎？你自己的價值及生活型態與其他人比較起來感覺如何？

3. 公司在有效實施區隔化計畫之前，還有哪些資訊是必須蒐集的？

活動二

　　許多電子商務公司正大量利用廣告推銷其線上服務。請至邦諾書店網站： http://www.bn.com 。

1. 請問這個網站在哪方面是設計來發展一個「忠誠」的區隔市場？

2. 試比較邦諾書店與亞馬遜書店（Amazon.com）的異同？

3. 線上購書者的何項行為區隔化特徵，將有助於行銷策略的設計？

行 銷 決 策

個案 7-1

克麗塔的 PRIZM 軟體：你住在哪裡，就是哪裡的人

　　過去的 20 年，位在維吉尼亞州 Alexandria 鎮的克麗塔（Claritas）公司之地理統計區隔化軟體—— PRIZM，其在辨識消費者上是使用率最高的工具之一。 PRIZM 是個體行銷工具，它依消費者的生活型態分類。 PRIZM 背後的基本觀念是「物以類聚」，意味著住在一起的人，常有相同的購買形式。 PRIZM 資料庫的原始設計者強拿生‧羅賓（Jonathan Robbin），將美國中央普查局的資料依郵遞區號分類，再對每一類依社會階級、族群、家庭生命週期、住宅等進行分析。而這些資料再由 AC 尼爾森公司及其 1,600 家各地的代理商，以市場研究調查和統計方式加以補足，目前 PRIZM 也可用區域和郵遞區號加四碼方式將消費者區隔。最新版本的 PRIZM 軟體包含了 62 個消費者的區隔，而消費者區隔數字的增加，則意味著消費市場裡經濟力量提升及族群的複雜性。

　　這 62 種區隔群從鄉村到大都市，依都市化的程度區分成 15 個標準化社會群體。這 15 個群體從居住鄉村地區到都會地區的各種社會階級都有，也涵蓋了不同的財富範圍。 Survey Sampling 公司將 PRIZM 數字套上它們的電話隨機樣本，再加上相關的生活資訊，如興趣、嗜好、教育程度和消費模式等。辨識既有顧客居住地的鄰里生活形式，可以正確地預測潛在顧客居住在什麼地方，而這些資訊都可以做為設計直效信函、廣告媒體規劃、立地分析、產品定位以及顧客關係管理之用途。

　　PRIZM 的使用者包括餐廳連鎖業者、銀行業者，以及找尋地點開拓新店的零售業者。例如，在路易斯安那州 Baton Rouge 的 Premier 銀行，將 PRIZM 與其內部資料庫結合，以便找出其認為最佳顧客特徵的家庭居住區域。此外，直銷業者以

PRIZM 所提供的資訊，鎖定其直銷對象。最後，廣告業者利用 PRIZM 資料庫，開發出相關消費者狀況的資料。另一個例子，客艙郵輪航線公司（Cabin cruise lines）利用克麗塔公司提供的資訊擬定一種直效信函，以促銷其夏季觀光景點。只有那些符合其獲利最大的家庭，方為鎖定促銷的對象。這個促銷活動使該公司住房率增加 15%，營收也增加了 20%，而追蹤分析更指出其投資報酬率超過 40%。

克麗塔公司成功地對原創版 PRIZM 軟體加以發展，最近則推出了一種區隔化系統；它可以正確地描述上班族輪廓，以及他們在白天與晚上的上班族之人口統計變數之差別。這些以工作場所為區隔的產品，提供有關各地區白天上班族人口統計變數，對行銷從業者是一項非常有價值的資訊。因此，許多公司可以評估其產品和服務是否適合白天上班族的需要。

工作場所版本的 PRIZM 軟體，是根據原創版 PRIZM 中居民特質發展而成的。工作場所版本的 PRIZM 將居民工作類別以百分比方式表示之，而新版本則以上班族為主要特色，與原創版以人口為主之特色完全不同。

總之，PRIZM 軟體是以社區中各區隔群依居住地點、教育程度、族群和嗜好等變數發展而成，零售商與購物中心的行銷從業者，可利用它對特定區隔群推銷。因此，行銷從業者利用 PRIZM 軟體，可做為區隔消費者之工具，以獲得消費者有價值的資訊。

問題

1. 為什麼 PRIZM 軟體是一有效的行銷工具？
2. PRIZM 軟體如何滿足有效區隔的原則？
3. 西語裔與亞裔族群的區隔群變化，會如何影響 PRIZM 軟體的有效性？
4. 最新開發的工作場所 PRIZM 軟體版本有哪些優點？

行銷決策

個案 **7-2**

萬豪國際公司：「套房的經營」

萬豪（Marriott）國際公司是一家全球性旅館與老人住宅經營者及加盟業者。該公司在 65 個國家及地區設有分公司，經營包括超過 2,600 家的直營或加盟旅館。該公司目前有 9 條旅館及套房的連鎖線，行銷重點是放在中產階級與商務旅客上。不同於其他競爭者的做法，萬豪國際公司使用不同的品牌名稱，以區隔其不同的產品線，而每一品牌的產品組合、訂價及目標市場列示如下：

- Fairfield Inn：住宿價格在 45 至 65 美元之間，屬於經濟型之商務及休閒市場。
- Spring Suites：住宿價格在 75 至 95 美元之間，屬於寬闊優雅型之商務及休閒市場。
- Courtyard：住宿價格在 75 至 105 美元之間，屬於 Road Warrior 型之旅遊者。
- Residence Inn：住宿價格在 85 至 110 美元之間，屬於追尋賓至如歸型之旅遊者。
- Marriott Hotels/Resorts：住宿價格在 90 至 235 美元之間，屬於聰敏型之商務及休閒市場。
- Ritz-Carlton：住宿價格在 175 至 300 美元之間，屬於高階主管及奢華路線者。

萬豪公司近年對其管理階層做了重整，以確保其繁雜的運作能更有效地協調。最特別的是成立了三個企業類項，分別由一位資深副總經理負責：全方位服務（如 Marriot Hotels）、延長留宿（如 Residence Inns），以及選擇型服務（如 Courtyard、SpringHill）。這種組織方式可以在策略擬定、市場分析與忠誠回饋方案等活動上共享資源。而這三種不同類項團隊將可提升決策，以及執行行銷變動與策略。

萬豪酒店最近推出的新產品是 SpringHill 套房。萬豪酒店繼續擴充並改進其客房設施，包括重新將健身中心命名為「復甦」（Revive）。其他的擴充計畫包括將酒店改裝成度假客人和長住房客兩用的場所。在同樣地點和設施服務兩種不同區隔的顧客，隨之而來的將是水電費分擔、停車和服務等一些問題。

問題

1. 旅館連鎖業提供多元的服務具有什麼優缺點？
2. 該旅館尚有哪些區隔未開發？
3. 在旅館及套房的不同選擇上，價格具有哪些敏感度？
4. 區隔不同的旅館顧客市場的基礎是什麼？

Part Four

產品及服務的概念和策略

Product and Service
Concepts and Strategies

Chapter

產品與服務概念

Product and Service Concepts

學習目標　　　　　　Chapter

8

研讀本章後，你應該能夠

1 了解商品與服務之間的差異。

2 區分消費性產品與企業產品，並論述其各個不同的類型。

3 辨識行銷從業者如何去透析消費者的需求。

4 定義與論述產品品質、產品設計、品牌化、包裝，以及顧客服務的重要性。

5 闡釋如何整合不同的產品組件以符合消費者的需求。

菲
多利（Frito-Lay）是一家名聞全球
的零食業者，其發展過程頗為有
趣。艾默‧杜林（Elmer Doolin）以菲多
（Frito）玉米片起家，於 1932 年創立了
Frito 公司；而赫曼‧雷（Herman W. Lay）
則在 1938 年成立 H. W. Lay 公司販售馬
鈴薯片。 1945 年菲多公司授權 H. W.
Lay 公司在美國東南部製造及配銷菲多玉
米片，這兩家公司從此展開了密切的合
作關係，遂於 1961 年合併成為菲多利公
司；在 1965 年，菲多利公司與百事可樂
合併成為百事食品（PepsiCo），但菲多
利在百事食品公司中仍維持著獨立的運
作部門，所創造的利潤幾乎占母公司的
60%。

今天，菲多利公司一年的銷售額超
過 9 億美元，其中有許多知名品牌，如
樂事（Lay's）、 Ruffles 、多力多滋
（Doritos）、 Tostitos 、 Fritos 、 Rold Gold
及 Sun Chips ， 10 個在全美主要超市的
最暢銷零食品牌中，有 9 個是屬於菲多
利品牌。樂事及 Ruffles 馬鈴薯片與多力
多滋玉米片，是馬鈴薯片及鹹零食種類
中的領導品牌，其中多力多滋、奇多

（Cheetos）、樂事、 3D's 及 Ruffles 則屬於
全球性的品牌。該公司目前有 15 支以上
的品牌營收，每年超過 1 億美元。

菲多利公司不斷地因應行銷環境的
變化，其中之一是「美國口味的樂事」
上市促銷活動，該產品以美國各州的特
色做為訴求，如聖安東尼奧莎莎醬、紐
奧良雜燴、康尼島熱狗以及威斯康辛乳
酪等。此外，它還生產小點心，該點心
食品使用特別的小包裝，並做成了迷你
的食物外型，具有快速、便利、可攜帶
的特色，滿足了今天消費者的生活方
式。它也推出低脂、天然、原味的馬鈴
薯片，而將其品牌裡所有會發胖的食品
移除，並發售低熱量的多力多滋、奇
多、 Tostitos 等食品，以做為消費者對健
康與健美之流行趨勢的回應。

菲多利公司提供高品質產品給消費
者，提供完善服務給零售商。該公司的
經營理念是「盡力製造最好的產品，並
以合理的利潤銷售，而用服務做為經營
企業的基礎。」打從 Frito 公司與 H. W.
Lay 公司創立以後，這個理念就一直跟隨
著菲多利公司。

菲多利

由菲多利公司的例子，印證了產品與服務對公司成功之重要性。菲多利公司以不同的產品品牌、外型、口味、和包裝滿足了不同顧客群的需求，產品品質與顧客服務也左右了公司的發展歷史。藉著對不同類別產品的定義，然後再討論產品的重要組成：品質、設計、品牌化、包裝與顧客服務，我們將檢視這些主要的產品與服務概念。

8-1 何謂產品？

產品
一種創意、一個實體（如商品）、一種服務或以上三者的任何組合，以做為滿足個人或企業目的之交易因素。

產品（product）通常定義爲一種創意、一個實體、一種服務或以上三者的任何組合，以做爲滿足個人或企業目的之交易因素。[1] 從行銷的角度來看，這個定義的主要關鍵因素是「滿足個人或企業目標」，個人或企業購買產品是爲了解決問題或滿足需求；亦即產品提供了效益，而成功的行銷從業者應聚焦於提供顧客的產品效益。

我們可以從顧客的角度來檢視「產品」一詞。如果消費者購買了某種產品，也許是爲了上課而買一本筆記本，或在當地餐廳買午餐，或到洗衣店洗滌衣服。然而消費者爲什麼要做這些購買動作呢？主要理由是，消費者要從所購買的產品中獲得效益。筆記本、午餐，以及洗滌衣服提供了效益，亦即可以在課堂中做筆記、可以充饑、可以讓衣服乾淨。而每一種產品的特性（筆記本的種類、特定的餐廳及餐點、洗衣店的特色），只有在轉換成消費者所需要的特定效益時，才能彰顯其重要性。

緊接下來的三章，將從顧客的角度來思考產品。顧客爲得到效益而購買產品，聰明的行銷從業者在從事行銷工作時，則必須強調產品的效益。例如，聚焦於顧客效益是惠普公司的基本行銷理念，「許多公司爲了製造產品而尋找市場，但我們傾聽顧客的心聲，研判其需求，然後再製造產品以解決其問題。」[2]

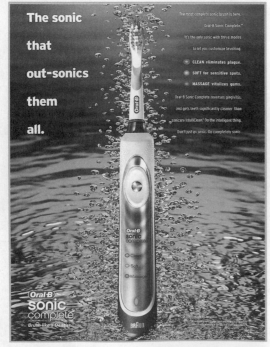

消費者購買產品而享受效益。Sonic 能夠幫助使用者去除牙垢，潔白牙齒，並活化牙齦機能。

8-2 產品的類型

行銷從業者常將產品分成特定的種類。在此我們將聚焦於商品及服務的種類，以及消費性產品與

企業產品，然後再討論不同型態的消費性產品與企業產品。

商品與服務

　　商品（goods）通常被定義爲實體性產品，如汽車、高爾夫球桿、軟性飲料或其他具體物件。反之，**服務**（services）則通常定義爲非實體性產品，如理髮、橄欖球賽或醫生診斷。不過，產品並不只歸屬一個種類，幾乎所有產品皆具有商品與服務之特性。

　　爲與新的行銷定義一致，最新的想法認爲行銷從業者應從往昔商品主宰一切的觀念，轉變爲服務主宰一切。商品主宰一切的觀念，是透過產品的特色建立產品的價值；服務主宰一切的觀念，則是指消費者透過購買與使用產品後，才會界定產品，並共同創造價值。因此商品僅僅是一項器材，而被消費者用來產生其想要的服務而已。例如，牙膏是爲防止蛀牙或潔白牙齒的一個器材，因此消費者對牙膏價值的界定，是從購買與使用該牙膏的經驗中獲得。[3] 這種新想法的一個例子是**大眾客製化**（mass customization）。廠商採行大眾客製化策略，亦即准許消費者設計產品以符合其特殊需求，然後一起共同創造產品的價值。在下頁「運用科技：大眾客製化」裡，提供科技如何協助此項做法的範例。

　　如圖 8-1 所示，將商品與服務視爲一連續帶，則是一種不錯的檢視方法。產品在連續帶的位置會影響該產品的銷售方式，因爲產品與服務均具有一些獨特的特徵，所以產品愈接近連續帶的服務端，該產品愈是無形的、可毀損的、不可分割的、品質易變的。而若產品愈接近商品端，則該產品則愈屬有形的、可儲存的、可與生產者分割的、品質愈具標準化。

　　在餐廳購買如百事可樂之軟性飲料，即可闡述此種差異性。當軟性飲料以瓶罐包裝時即是一種商品，它是有形的、可觸摸的，在必要時可將它裝箱堆放，所以製造與配銷百事可樂的公司與消費該飲料的顧客是被分開的。最

> **商品**
> 實體性產品，如汽車、高爾夫球桿、軟性飲料或其他具體物體（反之，服務爲非實體性產品）。

> **服務**
> 爲非實體性產品，如理髮、橄欖球賽或醫生診斷（反之，商品爲實體性產品）。

> **大眾客製化**
> 對得到訂單而能製造出複雜性產品之能力；大都屬於有先進製造技術和資訊科技的產品。

圖 8-1　商品／服務的連續帶

| 紙
卡車
生產設備 | 車輛修理
制服出租
餐廳 | 醫療
理髮
會計服務 |

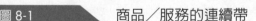

商品 ←——————————————————→ 服務

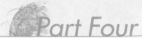
後，由於生產過程標準化，所以每罐百事可樂之品質被視爲相同的。

但是，餐廳提供的服務並非相同，餐廳提供百事可樂的服務活動是無形的，且無法觸摸。而餐廳也無法將服務生的服務當成有形物來儲存，假如沒有顧客，服務生的潛在服務便被浪費了，所以服務生的服務無法與餐廳分開，需要在顧客面前完成；顧客則將餐廳與服務生視爲一體。最後，相同的服務生對不同的顧客，或不同的服務生所提供的服務，品質也可能不同。

商品與服務策略

雖然有形性、毀損性、分割性及變動性等特徵，可以將產品與服務分成很多種，但新科技的發展卻模糊了這些差異性。某些服務具有與商品類似的特徵。例如，線上資料庫是屬於服務，但其提供的資料則是有形的，它可以儲存到顧客需要使用的時刻爲止；服務的提供者與使用者是分開的，而服務的變動性也很小。

此外，許多商品的服務內容則以顧客承受的價值爲其構成要素。以電腦爲例，硬體顯然是一種商品，但提供給顧客大部分的價值是伴隨商品的服務，如將系統客製化，以符合顧客的特殊需求。而這些服務包括了安裝、軟體修改、訓練與持續的支援。

前曾提及，從顧客的角度思考產品相當重要。顧客是爲了滿足其需求與解決問題而購買，因此行銷從業者必須提供一個商品及服務組合的產品。然而，更重要的是要了解商品與服務之間的基本差異性，以及如何從商品及服務組合的產品特徵中導出不同的策略。我們將在下面討論這些差異性，並在圖 8-2 中顯示各種服務的特定策略。

運用科技

大眾客製化

科技的進步，使許多公司可以讓顧客實際參與產品的設計，而共創產品的價值。

- Ralph Lauren 公司讓顧客在線上對 17 種顏色及 6 種標誌中隨意挑選，以便用來製作個人專屬的馬球衫。
- 耐吉公司的 iD 跑鞋，讓顧客在線上設計一雙跑鞋成爲可能的事。顧客可以從 7 種款式和上千種顏色加以組合，並以 8 種特色來設計其專屬的跑鞋。

- M&Ms Masterfoods 公司讓顧客可以從線上量身訂製各式糖果，顧客可以從 13 種顏色中挑選，並可在裝糖果的包裝盒上加印標語，但盒子另一側一定要印上該公司商標的「m」字體。

網際網路和製造技術的進步，可以讓顧客自行設計，並依其特定規格來製造產品。顧客對客製化的產品多付一點錢，但卻可從參與過程以及製成品之中享受更多的樂趣。

圖 8-2	服務的特徵和策略	
服務特徵	**服務策略**	**例子**
無形性	將服務與某些有形物結合	通用汽車的 Mr. Goodwrench（樹立好幫手先生的標示）；建築師準備大樓模型。
毀損性	利用供應來管理需求	對下午場的電影門票減價；在淡季調降費率以吸引觀光客。
不可分割性	善加利用服務人員提供的優勢	透過獎金和表揚活動以激勵服務人員；持續訓練所有與顧客接觸的人員。
變動性	儘量將服務標準化	利用科技，例如以自動櫃員機提供服務、執行品質改善方案。

有形性 商品與服務的最大差別是有形性。因為商品是有形的，行銷策略通常要強調的是使用該產品而獲得的無形效益。例如，可口可樂的許多廣告傳遞的是飲用該產品時，所得到的莫名興奮。另一方面，由於服務是無形的，行銷從業者企圖將其與某些有形物綁在一起，這種方法在保險業很流行。例如，好事達保險公司的「好幫手」（good hands）、保德信（Prudential）保險公司的「磐石」（rock）、 Kemper 保險公司的「騎兵隊」（cavalry），以及州田（State Farm）保險公司的「芳鄰」（good neighbor）等標誌。

可毀損性 可毀損性對服務業行銷也有重要的影響。服務通常無法被儲存，所以服務業行銷會採用不同的策略來管理需求。例如，當需求預期大時，將索取較高價格；而當需求預期小時，則索取較低價格。

　　航空公司即為應用此種策略的範例。要飛往同一地點的旅客，常因飛行班次及訂票時間的不同，而有不同的票價。在假日期間，機票很少會有折扣；然而在其他時間，則有不同的折扣，藉以填補無法以正常票價售出的空位。而顧客愈早訂位並付款取票，其票價就愈低；低票價也會提供給願意候補的旅客，亦即所有訂位旅客都上機後，若還有空位，則輪到候補者上機。航空公司利用候補票給事先未訂位者，若不如此行事，則將損失這些座位的收入。

可分割性 如網球拍、燕尾服或蕃茄等商品，可經由生產、儲存，然後再賣給顧客。此外，服務基本上是生產與消費同時產生的。例如，牙醫師在看診時，患者與醫師同時處在提供服務與接受服務的情況下，因此，顧客認為牙醫師與其診所提供的服務是同一件事。換言之，銀行出納員即代表銀行，護士或批價員代表醫院，而銷售人員則代表廠商。

Part Four

服務的提供與利用常是不可分割的。新加坡航空公司強調其飛航班機的服務人員傳遞服務給顧客的重要性。

服務業的生產與消費之間，以及服務人員與其企業之間，均存在著密切的關係。不論是提供商品或服務的企業，均必須關心對其服務人員的管理。每一位與顧客接觸的員工，都是廠商提供服務的一部分。因此，為了提供高品質的服務，凡與顧客有接觸的員工都要接受訓練，並加強對這些員工的監督與管理。僅對主管階層的經理人員訓練是不夠的，不論是哪個階層，只要是公司的服務人員，都需要接受訓練。

變動性 將服務標準化不容易，特別是由「人」所執行的服務，行銷從業者必須清楚認知到這一點。即使是受過良好訓練的專業服務人員，也會有低潮的時候，因此服務品質永遠會有一些變動性。雖然如此，卓越的廠商還是會分析服務的流程，然後制定標準的作業程序，儘可能地減少變動範圍。

■ 消費性產品與企業產品

另一種重要的區分則是消費性產品與企業產品，這種分類法是以產品的使用方式為基礎，而非以產品的特徵為基礎。**消費性產品**（consumer products）是消費者為了自己使用而購買的產品，**企業產品**（business products）則是廠商或組織為其使用而購買的產品。因此，同一種產品可以依購買及使用者而有不同的分類。例如，Elena 買一枝鉛筆在家使用時，它屬於消費性產品；若 Elena 的老闆購買了一枝鉛筆讓她在工作上使用，那麼它就是企業產品。

前面曾提到，消費者與企業的購買行為有相當大的差異性。向消費者銷售產品或向企業銷售產品，兩者是有差異性的，因此就產生了不同的行銷策略。以 Singing 機器公司為例，該公司以 2,000 美元的單價將卡拉 OK 機器賣給夜總會，但生意卻不見起色，遂將市場鎖定在家庭用途上。而該機器具備可以和電視銜接、播放相容的 CD 光碟、顯示字幕等功能，且結合了 MTV 的功能，並將其售價訂在 300 美元以下，透過上選電子專賣店與標的百貨公司等零售店經銷。結果該公司在 3 年內的銷售成長了 83%，2001 年時甚至達到了 5,900 萬美元的業績。[4] 這種從企業產品轉到消費性產品的模式，使得 Singing 機器公司大幅改觀。消費性產品與企業產品也會有不同的類型，其分類如圖 8-3 所示。

消費性產品
消費者為自己使用所購買的產品（與企業產品相反）。

企業產品
廠商或組織為自己使用而購買的產品（與消費性產品相反）。

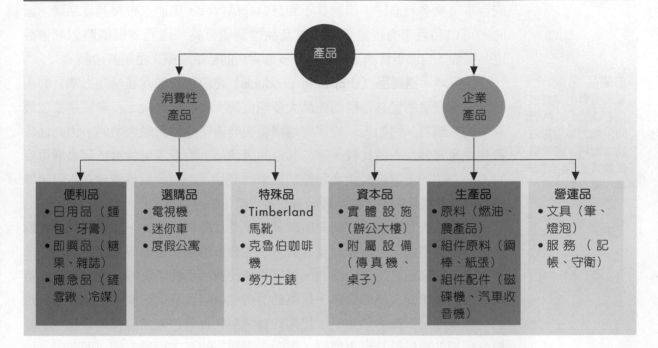

圖 8-3　消費性產品和企業產品

消費性產品類型

　　消費性產品的種類繁多，分類方式也不少，其中最實用的是依據消費者購物方式區分產品。此法的價值在於它能指出特定消費性產品類型之相關行銷策略，圖 8-4 即列示了每一類型相關的購買行為。當然，同一產品也可依不同購買者而做不同的分類。

　　便利品（convenience products）是屬於消費者不想花太多時間購買的東西。便利品的購買者通常會在最方便的地方做立即的購買，雖然他們會偏好某一品牌，但若買不到該品牌的話，他們也會買其他的品牌替代。便利品通常是低單價、常購買的商品，包括日用品（牙膏、麵包或芥末）、即興品（口香糖、雜誌或棒棒糖）或應急品（雨傘、防凍劑或鏟雪鍬）等。

　　便利品行銷的關鍵在於獲得廣泛的配銷機會。行銷從業者應在所有便利場所提供該項產品，讓消費者能夠找到他們想要的品牌，而不至於轉而購買其他的品牌。廣泛的配銷對即興品非常重要，因為消費者只有在購物中看到它們時才會想要購買；當然，配銷對於應急品也是很重要的。

便利品
消費者不想花太多時間購買的項目。雖然他們偏好某一品牌，但若買不到該品牌的話，則會購買其他的品牌；一般均屬於經常性購買的低價商品。

圖 8-4　消費性產品類型

	偏好特定品牌	購買意願
便利品	可能	不是
選購品	不是	是
特殊品	是	是

軟性飲料對多數消費者而言是屬於便利品。雖然消費者可能對可口可樂或百事可樂各有偏好，但若買不到該偏好品牌時，他們也會買其他品牌。因此，可口和百事的行銷策略是讓其品牌到處可見，透過各種通路如零售攤位、餐廳、自動販賣機，甚至在許多雜貨店的結帳櫃檯來推銷其產品。

相反地，**選購品**（shopping products）是消費者願意花時間去購買的產品。當消費者察覺其選購的商品大多類似時，在比較之後，就會挑選價位最適中的來購買。例如，一般家庭選購電視時希望能買到最合適的，因此通常會到幾家電器行去做比較。至於其他的選購品，消費者可能會依照幾種重要的不同方法，去選擇最能滿足他們需求的商品。一個家庭可能會在本田、豐田及福特的展示店中，挑選最適合其需求價位的迷你車。

如果消費者要購買一個對他而言是重要且昂貴的商品，那麼他們就會願意花時間去選購。對行銷從業者而言，主要策略是放在促成選購的過程上。基本上，選購品必須到處都有，但又不像便利品那樣地普遍。選購品的配銷商店也應該準備大量的資訊，以幫助消費者做購買決策，而該配銷商也可透過有專業產品知識的銷售員、足夠的資訊與文宣資料來達成推銷任務。在經銷商店裡的銷售員及汽車型錄，說明了選購品的基本行銷方式。而在同一地區配置幾家汽車經銷商，也有助於選購過程的促成。

不過，網際網路改變了選購品的選購過程。消費者不必親自跑到零售商店拿取選購品的資訊，他們只需在不同的網站上點選所需要的資訊，然後決定要在線上或零售店購買。消費者雖然要花時間在選購品的購買上，但是網際網路讓他們以更方便的方法，得到更多與更好的購物資訊。

特殊品（specialty products）則不同，消費者會為了購買特定的品牌而花時間去尋找。他們不願意像便利品一樣地更換品牌，或像選購品一樣比較其他的產品；他們只要一種品牌，並且願意為其前往購買。

行銷從業者可能將特殊品的配銷限制於專賣店，並將價格訂得較高一些。此種產品的行銷工作，應該鎖定在具忠誠度的顧客及產品的形象。當然大多數的行銷從業者都願意將其品牌當做特殊品來行銷，然而這種情況並不多見，因為很少有消費者在購買不同產品時，只會選擇一種品牌。

企業產品的類型

要將企業產品分類就有點困難，因為營利單位、非營利單位及政府單位所使用的產品範圍實在太廣了。在此，我們依據產品在企業營運上的使用方式加以分類（見圖 8-3）。

資本品（capital products）是使用在企業營運上的昂貴物品，但不會成為

選購品
當消費者對某些商品的需求不熟悉時，他們願意花時間去購買；通常屬於昂貴的項目如車輛、電視等商品。

特殊品
消費者購買特定的品牌且花時間去尋找，而不願像便利品一樣地更換品牌，或像選購品一樣比較其他的產品。

資本品
使用在企業營運上的昂貴物品，但不會成為製成品的一部分。包括實體設施（如辦公大樓）及附屬設備（如影印機或推高機）。

製成品的一部分。因為它們的使用時間較長，且其成本通常是按使用年限折舊或攤提，而不全部列入採購當年的費用。資本品的範圍從製造工廠、辦公大樓及主要設施，到桌椅、影印機、傳真機或推高機等附屬設備均屬之。

　　資本品的採購過程長，而牽涉到較多的人。資本品的行銷從業者強調以人員銷售做為其主要的傳播工具；而資本品的價格也是可以協商的，有時企業甚至會以租賃而非買斷的方式取得。

　　生產品（production products）會變成製成品的某些部分，如煤炭、石油或農產品等原料是基本的生產品類型，而組件原料與零配件也屬於生產品。組件原料可用來進一步加工成為製成品的一部分，例如鋼鐵、紙張及紡織品等；零配件可裝配成製成品，或只需小加工就可做成製成品，例如溫度計及磁碟機等。

　　生產品的採購過程相當長，但通常比資本品的涉入程度低。企業在有需求時都會想購置高品質的生產品，否則生產過程可能就會被中斷，因此生產品的行銷從業者必須同時強調產品的品質與可靠性，以及準確的交貨期限。購買者並不會選擇初始價格最低的供應商，因為廠商與其往來的長期成本，會比產品的短期價格來得重要。

　　營運品（operational products）使用在廠商的各項營運活動上，但不會變為任何類型的製成品。維護、修理及補給材料可當成營運品，例如燈泡、清潔材料、修繕配備及辦公用品等，它也包括一些由外部供應商負責承包如記帳、工程及廣告等的服務事項。

　　在企業產品之中，許多營運品的採購過程較為簡單。在首次採購後，若感覺滿意，則以後的採購就是單純的再購，這也意味著購買者只向原供應商再下訂單而已。因此，對於首次的銷售，銷售者必須確信能夠讓購買者對所有採購的事務均感到滿意，若能如此，競爭者便幾乎不可能再踏進該客戶的大門一步了。

> **生產品**
> 原料和零配件可變成某些製成品的一部分（如鋼鐵、紙張）。

> **營運品**
> 使用在廠商的各項營運活動上，但不會變成為任何型態的製成品；它包括燈泡、清潔材料及服務（如記帳或廣告）。

8-3 產品組件

　　前曾提及，消費者購買產品是為了滿足其需要。換言之，我們在購買一件產品時，內心想要的是一串的效益，不同的消費者對相同的產品，可能會想到不同的效益。例如，有些消費者為了樂趣而購買 Rollerblade 溜

Komatsu style
Designing your concept

KOMATSU

資本品是使用在企業營運上昂貴的項目。小松（Komatsu）公司銷售建築設備給企業客戶。

圖 8-5	產品組件

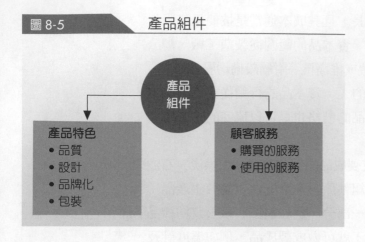

冰鞋，另外一些人是爲了健康與體能，還有一些人則是爲了要享受列隊溜冰的刺激。

爲了提供消費者想要的效益，行銷從業者要整合產品的組件。這些組件由產品及顧客服務之特色所構成，如圖 8-5 所示。產品特色包括品質、設計、品牌化及包裝等。顧客服務則包括各種購買及使用的服務，不同的產品特色與顧客服務的組合，提供不同的效益。

信用卡亦可爲此範例。雖然所有的信用卡皆提供基本的效益（信用），但爲了吸引特定消費者，也提供不同的效益組合。各種信用卡年費、刷卡回饋、付款條件、卡片設計、品牌名稱、服務提供等均各有不同，而所有這些組件的搭配便產生了產品、或效益與顧客的購買。

◤ 品質

產品品質是產品組件之一，代表產品被顧客所界定的程度。 Rational 是一家製造電腦控制熱對流及蒸汽烤箱的德國公司，因其體會到以顧客角度來界定產品品質的重要性，所以工廠到處張貼著「夠好嗎？這是由顧客來認定的」之標語。[5]

消費者以不同的方法界定品質，對於服飾品質通常是依外觀、舒適、耐用程度等來界定；在書寫工具上對品質界定的要項，可能是書寫是否順暢、外表與感覺，以及耐用性；汽車品質方面則是有關安全性、可靠性、信賴度、舒適性、聲望等因素。對行銷從業者而言，首先是確認其目標市場最重要的品質特性，並確信其產品品質確實符合這些要求。

在汽車業裡，品質是件重要大事。 J. D. Power 對美國汽車品質進行調查研究，分別提出兩項引人注目的評分報告，一是新車品質調查（在購置新車後 90 天內顧客提出抱怨的次數），二是汽車信賴度

對於服務業而言，品質相當重要。 UPS 強調其運送服務是可信任的。

經驗分享

「滿足顧客的需求是我們成功的關鍵，而直效推銷的理念基礎，就是與顧客一對一的互動。經過直接的互動，顧客會直接提供回饋，讓我們了解有關產品的品質、設計與服務。我們也相信 Pampered Chef 公司的產品，在你的廚房是有立足之地的。我們認為：『這是不錯的產品，也思考著如何將它變得更好。』我們傾聽顧客的聲音，努力改善我們的產品，並以值得競爭的價格來供應我們的產品。」

多麗絲·克利托弗（Doris K. Christopher）於 1980 年在芝加哥郊外成立了 Pampered Chef 公司，如今公司年收入已超過 7 億美元，並將公司賣給皮克夏·哈薩威（Berkshire Hathaway）。多麗絲目前擔任直效推銷協會（Direct Selling Association）的主席，曾經獲得 Ernest & Young 協會頒贈的全國年度最佳企業家獎，在頒給她的獎牌上還寫著：「為家庭生活帶來歡樂」。而她也在伊利諾大學香檳分校（Urbana-Champaign）獲得了家庭經濟理學士的學位。

多麗絲·克利托弗
Pampered Chef
公司創辦人

研究（車主在購置新車後的前三年期間發生狀況的次數），其對品質具有客觀性的評鑑。有時消費者對品質的認知與客觀性的評估不同，舉例來說，雖然近年來從美國車的品質評鑑顯示，美國車的品質已大幅改善，但消費者依然將對眾多美國車的認知定位為低品質。事實上，凱迪拉克（Cadillac）與別克在 2005 年時的品質排名是在前五名之內。[6] 茲舉三例說明品質在客觀性評鑑與主觀性認知上的重要性。

關鍵思維

你決定開一家披薩餐廳，並供應顧客高品質的披薩：
- 產品需具什麼特徵，方能被大多數顧客認同為高品質的披薩？
- 你如何評估市面上已知餐廳（如必勝客、教父、約翰老爹等）之披薩品質？
- 你計畫如何推出比競爭對手更具高品質的披薩？

- 日產公司在 1990 年代後期因業績萎靡而虧損，因此決定推出幾款新車企盼振衰起蔽。此項策略實施得相當成功，1999 年起該公司共推出 13 款新車而獲得了數千位新顧客後，重新又回到獲利的行列。然而，它在新車品質調查報告裡的排名，卻從第 6 名滑落到第 11 名，顧客的抱怨次數大於該行業的平均數。該公司正試圖改善其產品品質，以留住新的顧客群和減少保固成本。[7]

- 韓國現代（Hyundai）公司先以低品質車輛進入美國市場後，再決定將其品質朝向「豐田水準」看齊。它將品質團隊的成員從 100 人增加到 865 人，每兩個月舉辦一次品質研討會，這個辦法執行的成效顯然不錯。5 年後，現代在新車品質調查報告裡的排名足以和豐田相抗衡。另外在汽車信賴度研究報告裡，它的排名仍落在許多品牌之後，但名次正大步往前挪進。以 10 年的行駛保證和 5 年的特別保證，又加上品質的改善，終使現代汽車的銷售與利潤令人刮目相看。[8]

- 賓士公司的情形幾乎與現代公司相反。該公司曾有多年是品質的領先者，但當豐田與日產相繼推出低價豪華車款時，賓士即改變其車輛製造方法以迅速地回應這項競爭。但很遺憾地，這種新車款帶來了相當多的

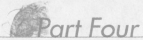
客戶抱怨，導致賓士在 2003 年汽車信賴度研究報告裡的排名滑落到第 26 名。為避免顧客流失，該公司立刻著手解決品質問題，在 2005 年的汽車信賴度研究報告裡已重新回到前五名。最近該公司推出的新車款廣受消費者的讚揚， J. D. Power 對其評價也相當地高。[9]

雖然這三家公司的汽車例子不同，但是產品品質在每一家公司成功的行銷裡都擔當了重要角色，放諸絕大多數的行業裡皆準。對目標顧客要確定品質的要素，而對品質的改善則要全力以赴，雖然向顧客傳遞品質改善的訊息不易，但若想在今天的競爭市場中脫穎而出，品質改善將屬必經之路。

設計

產品設計包括產品的款式、美感及功能。產品的設計會影響產品的操作、感覺、組合與維修及回收的難易。

產品設計的決策是產品成功的關鍵，由摩托羅拉之例可知一二。 1998 年，摩托羅拉因延誤進入照相手機的時機，反倒推出多款平常樣式的手機而得不到顧客的青睞，故失去其在行動電話市場的龍頭寶座。新任的執行長艾德‧桑德爾（Ed Zander）想要開發多種時髦的手機，所以他把產品設計小組遷到芝加哥市區的新潮辦公室。設計小組設計了一款名為 Razr V3 的超薄掀蓋式摺疊手機，雖然 Razr V3 與其他手機有相同的功能，但是它單價為 350 美元左右，而且只在歐洲及北美市場銷售。摩托羅拉在 2005 年的第一季就賣了 1,200 萬支的 Razr V3 手機，使其在手機市場的占有率增加了 1.4% 。 [10]

產品設計對服務業也相當重要，因為它會影響消費者的感受。凱薩（Kaiser）

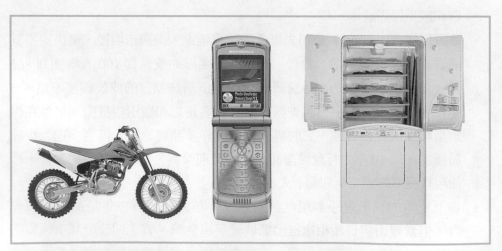

對商品和服務而言，產品設計皆是一項重要的組件。

紀念醫院是美國最大的健康醫療機構，它曾委託 IDEO 設計公司為其改善病患就診的經驗。 IDEO 公司勘查該醫療機構之後，發現了不少問題，如掛號不易、候診室令人難受、診療室太小使人畏懼等。針對這些問題，凱薩醫院決定做一些設計變更，例如將候診室改造得更舒暢、在大廳牆壁貼上掛號說明標識、擴充診療室並增加布簾維護隱私等。新的設計措施大大地改善了病患的感受。[11]

目前產品設計大多聚焦在改善產品性能與降低生產成本上。波音公司以此方法設計其 21 世紀噴射戰鬥機，它的設計非常前衛，例如機翼可調整、引擎前掛，以及具隱形功能。該設計不但改善了噴射戰鬥機的功能，而且也大幅降低了生產成本。[12] 希捷（Seagate）公司將磁碟機的生產過程全部改為自動化，並標準化其主要規格。因這項改變，使該公司在設計與生產各種磁碟機更為快速，而成本更低。[13]

產品設計的另一個重點，則是使用者操作的便利性。惠而浦公司嘗試將廚具設備的所有功能控制鍵裝置在面板上，當顧客學會使用一部惠而浦家電用品的方法，其他的惠而浦家電用品操作亦能得心應手了。另外則是簡化鍵盤操控，目前在微波爐上有 75 個不同的獨立功能，惠而浦計畫將功能增加到 250 種，而此功能將以一小組合方式呈現在使用者面前。經過事前的練習，顧客可以在很短的時間裡完成 250 個功能的操作，且其錯誤率還可以降到 30% 以內。[14]

產品設計對所有產品類型的重要性不容置喙，最近有幾項得到設計傑出獎，並且在市場銷售不錯的產品：

- 朗司‧阿姆斯壯基金會（Lance Armstrong Foundation）設計出一種稱為 LiveStrong 的腕帶，其銷售量超過 500 萬副。
- 維京大西洋航空公司推出頭等客艙，使其營收增加了 30%。
- 蘋果電腦公司的薄型螢幕 iMac G5，連帶使 iMac 電腦銷量增加一倍。
- Google 的 Gmail 電子信箱有 54% 的顧客是來自於微軟的 Hotmail，33% 來自雅虎。
- Fiskars Posthole Digger 推出後 10 個月內，就有 25% 的市占率。

這些例子一再地說明，產品設計在商品與服務的組件裡所擔負的重要角色。[15]

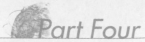
品牌化

廠商要能將其產品與競爭者類似產品加以區別，這是相當重要的，此即**品牌化**（branding）的過程。為方便討論，下列幾個主要術語必須先予以定義：

- **品牌**（brand）——名稱、名詞、記號、符號、設計或其組合，是廠商用來使其產品與競爭者產品有所差別的方法。
- **品牌名稱**（brand name）——可以發出聲的品牌要素，例如，IBM、汰漬（Tide）、士力架（Snickers）或健怡可樂（Diet Coke）。
- **品牌標誌**（brand mark）——不能發出聲的品牌要素，例如，米高梅（MGM）的獅子、別克汽車的標誌或耐吉的彎刀。
- **商標**（trademark）——在美國，是指由美國專利及商標局註冊的品牌或品牌的一部分。經過註冊後，所有權人擁有使用該品牌的專利權，甚至可以排除其他廠商使用類似的品牌名稱或商標。

全球化市場及新科技，使品牌名稱與品牌標誌的保護益增複雜。例如，世界摔角聯合娛樂公司曾經使用 wwf.com 做為其網址，並以「WWF」為其標識。但是，世界野生動物基金會早已使用「WWF」縮寫，且已行銷其商品和網址多年了，而在世界許多國家裡，「WWF」的縮寫也代表著世界野生動物基金會。因此倫敦的地方法庭和高等法院做出判決，要求世界摔角聯合娛樂公司除去「WWF」的網址和標識。16

這種情況現因有馬德里協定（Madrid Protocol）的出現而獲改善，該協定是被世界智慧財產權組織（WIPO）所承認的國際性商標註冊制度，包括美國在內已有超過 70 個國家加入馬德里協定。該協定讓許多公司的商標可在各會員國裡受到保護，而其申請手續更為容易且省錢。一家公司只要在其母國提出一份基本申請表，支付一點費用後，就可在其他的會員國裡同樣受到保護。17

品牌化的重要性

品牌化對於消費者及行銷從業者的重要性平分秋色。從消費者的觀點而言，品牌化讓購買趨於方便。若無品牌，消費者每次購物時，就得對無品牌產品評估一番，也因無法確定他們是否已購買了其想要的特定產品，因此也就難以評估產品的品質。若選購有品牌的產品，消費者可以買到特定的產品，且合理地確定其品質。不過，品牌的重要性卻因不同的國家與產品而有

所差異。根據一項研究報告，住在英格蘭、蘇格蘭和威爾斯的消費者對於化妝品、衣飾和食物的品牌偏好，大於住在捷克、匈牙利、波蘭和斯洛伐克的消費者。有趣的是，對於消費性的電子產品，上述所有國家對品牌都有高度的偏好性。[18]

品牌化也對消費者提供了心理上的效益。有些消費者以擁有聲望形象的品牌而自滿，因這些品牌代表著地位。例如，勞力士錶、賓士汽車及 Waterford 水晶。

從行銷從業者的觀點而言，品牌化具有相當大的價值。品牌可以用來代表產品的效益，包括這些特定產品的特色，以及相關產品的購買與使用經驗；而對公司的產品來說，也較容易與競爭者有所區別，且品牌化也會讓廠商專心於行銷工作。在中國，有不少公司開始體認到品牌的潛在價值，海爾（家電用品）、聯想（個人電腦）、科健（手機）、TCL（消費性電子產品）等許多公司試圖在中國海外建立其品牌，就如同當年日本與韓國公司對建立新力、三星和三洋等品牌一樣的努力。這些中國公司期望品牌的建立，能夠讓其在世界各地獲得更多的銷售與利潤。[19]

對許多公司而言，建立一個強勢的品牌，保護品牌名稱和品牌標誌是相當重要的。這張照片中，寶僑公司就顯現了它許多成功的品牌。

建立品牌

許多公司為建立品牌下了不少功夫，但有時對於品牌太過在意，反而忽視了顧客。如第 1 章所論述，建立品牌的最終目標是增進顧客權益，建立品牌意味著吸引與留住可獲利的顧客。品牌本身幾乎無價值，它的價值完全依賴其與目標顧客之間的關係。例如，日本 WiLL 品牌屬於一家國際財團公司所有與運作，該品牌鎖定以 20 至 30 歲喜歡追求樂趣的新生代女性為目標，它的產品包括 WiLL Vi（由豐田公司代製的一款汽車）、WiLL PC（由東芝公司代製）、WiLL 啤酒（由朝日啤酒代製）。這些不同的產品，對其不同的目標市場創造了 WiLL 品牌的價值。由於 WiLL 品牌的目的在增進顧客權益，因此該國際財團公司將繼續不斷推出 WiLL 品牌之產品，俾能拓展與這些顧客的關係。[20] 品牌建立的基本過程，如圖 8-6 所示。

為了建立一個強勢的品牌，行銷從業者首先要決定的就是品牌的確認。從行銷從業者的觀點而言，**品牌確認（brand identity）**就是品牌概念。它應該相當簡單且清晰，而所有品牌建立的過程都必須用來支援與增強此種品牌的確認。有效的品牌確認例子如：堅強而可靠的產品背後，是一群認真的人

> **品牌確認**
> 品牌持有人對品牌的概念，行銷從業者想將其傳達給消費者品牌的特點。

圖 8-6　品牌建立過程

在支持（卡特彼勒物流）；比起市場上其他冰淇淋更濃更香、價格更低〔喜見達（Häagen-Dazs）〕。[21] 這是品牌建立的一個重要步驟，但是有些公司並沒有做到與其他品牌的差別性。一項調查指出，消費者對眾多競爭品牌之間的差別認知，都是模稜兩可的。[22]

下一個步驟包含三個相關的工作項目，行銷從業者應該確認目標顧客都已知道該品牌〔**品牌知名度**（brand awareness）〕，並對品牌的特性有正確的認知，亦即與品牌確認相符合〔**品牌形象**（brand image）〕，再從購買與使用該品牌了解其效益〔**品牌承諾**（brand promise）〕。為達到這個目標，一般都需要一套整合行銷傳播的做法，而所有的行銷傳播都需要與品牌確認的傳遞有關。

茲舉 Roundhouse 品牌做為進行該步驟的例子。某公司創立 Roundhouse 品牌，是針對時裝業而提供電子資料交換（EDI）服務，它的「品牌確認」是解決時裝業界有關衣飾補貨的問題。所有的行銷傳播包括印製「突然之間，資訊科技變得十分性感」小標籤，用以凸顯電子資料交換的服務；另印製「我們熟悉這項業務」小標籤，用以獲得時裝業的注意。為產生品牌知名度，於是在時尚報權威《女性服裝日報》（*Women's Wear Daily*）刊登平面廣告，寄發明信片及電子郵件給潛在客戶，同時推展數項公共關係的活動。隨後並印製 8 頁的小冊子寄給名列前 100 位的潛在客戶，用以建立正確的品牌形象。最後，業務員跟催這些潛在客戶，傳達了品牌承諾，並與之完成交易。此外，另開關了一個品牌網站用以加強所有的行銷努力。兩個月之後，該項品牌建立的努力終於帶來了 15 位新顧客，為該公司增加了 50% 的銷售，利潤率增加一倍。[23]

許多公司以為品牌建立到此即告一段落，因為新的顧客已增加了，而且銷售與利潤也逐漸上升。然而，品牌建立並不只是一項有效的整合行銷傳播方案而已，雖然行銷傳播能夠吸引顧客而發生交易，但還更需要與顧客發展關係並延伸關係。公司必須確信，顧客在購買與使用產品時，若符合或超越品牌承諾，那麼這些顧客就有了**品牌經驗**（brand experience）。假若顧客接受了品牌的效益，那麼他們的品牌經驗是美好的，他們在未來會購買該品牌的基礎已被建立了。最理想的是，這些購買者從此展現了**品牌忠誠度**（brand

品牌知名度
當目標消費者知道該品牌，在思考品牌類別時就會想到該品牌。例如，想到衛生紙時，就會自動想到 Kleenex 品牌。

品牌形象
消費者對品牌的印象。

品牌承諾
消費者對某一品牌的購買與使用之預期效益。

品牌經驗
消費者靠著品牌承諾而得到效益的經驗。

品牌忠誠度
消費者幾乎在任何時間裡都想去購買的某一特定品牌。

loyalty），且幾乎在每次採購場合裡皆會選購該品牌。

再回到前述 Roundhouse 品牌的例子，該公司成功地建立品牌知名度，也建立了預期的品牌形象，並傳播了相關的品牌承諾。新的顧客增加了，而銷售與利潤也逐漸提升了，但拋開這些有利的信號，我們發現 Roundhouse 成功的品牌建立是有賴於顧客的品牌經驗。假如顧客的品牌經驗是正面的，他們會持續利用 Roundhouse 的服務，其中多數人將會變成該品牌的忠誠顧客。假如這些顧客的品牌經驗是負面的，那麼這個初期成功的品牌建立終將喪失，這些顧客將轉往其他品牌，未來若想再把這些顧客拉回來，並不是一件簡單的事情。

顧客對某品牌的品牌忠誠度愈高，而這種品牌的忠誠顧客愈多，**品牌權益**（brand equity）就會愈高，亦即品牌在市場上愈有價值。品牌權益具有財務上的特徵，在合併及併購的交易上也特別重要。圖 8-7 中顯示了全球 10 項最有價值的品牌。

品牌權益
品牌因商譽和聲望而在市場上擁有的價值。

品牌權益之所以重要，是因它與顧客權益有相當密切的關係，同時也會影響行銷的努力。品牌權益會使不同品牌之間，即使行銷策略與支出都相同，而其結果卻各不相同。基本上，對已建立明確的品牌知名度、品牌形象及品牌忠誠度，或高品牌權益的公司，其行銷努力將比那些低品牌權益的公司更容易水到渠成。

建立強勢品牌對許多公司來說是極為重要的。基本方法是專注於媒體的廣告，藉以產生品牌知名度，並發展出預期的品牌形象，以誘使消費者購買這些品牌。這些工作雖然重要，但僅是品牌建立過程的一部分，研究指出，強勢品牌是建立在消費者對廠商的產品與服務之美好經驗上。有效的行銷傳播僅能催促消費者上網或到零售店嘗試該產品或服務，而品牌忠誠度及品牌權益，則有賴於消費者購買該產品或服務後的使用經驗。

T. Rowe Price 公司是專門為投資者規劃投資的共同基金公司。近年來證券市場不景氣，迫使一些共同基金公司增加廣告以刺激業務成長，但該公司

圖 8-7		全球 10 項最有價值的品牌			
排名	品牌	**2004** 年品牌 價值（十億美元）	排名	品牌	**2004** 年品牌 價值（十億美元）
1	可口可樂	67.4	6	迪士尼	27.1
2	微軟	61.4	7	麥當勞	25.0
3	IBM	53.8	8	諾基亞	24.0
4	奇異電氣	44.1	9	豐田汽車	22.7
5	英特爾	33.5	10	萬寶路	22.1

卻減少了 27% 的廣告預算，它仍繼續堅持專注於替客戶達成財務績效，向客戶提供有價值的資訊和服務。每期的季刊皆提供顧客所喜愛的各種不同財務管理文章，且其發行量在過去 2 年增長了 30%。該公司也對顧客實施個人電話對談的諮詢服務，而非競爭者所採用的一成不變的營運方式。這種堅持財務績效與個人化的顧客服務，使得 T. Rowe Price 公司在最近一項對共同基金公司品牌忠誠度的研究報告中名列前茅。[24]

多麗絲‧克利托弗是 Pampered Chef 公司的創辦人，其論述品牌之建立過程為：「建立品牌對許多公司而言是很重要的，在直銷業建立品牌，則意味與顧客建立一種信任關係。顧客會繼續向其有美好經驗的公司購買產品，Pampered Chef 公司相信，品牌的建立是要透過承諾來完成的。我們向客戶承諾，出售的任何產品都是品質優越，而價格與服務均超越其期望。」

品牌類型

一般品

無品牌之產品，一般僅標示產品名稱而已（如蕃茄汁），其品質可能較競爭品牌差，價格也較便宜。

關鍵思維

許多零售商的私有品牌逐漸引起大家對製造商品牌問題的重視。

• 你會向製造商建議應用何種策略以強化其品牌，並反擊逐漸增強滲透的私有品牌？

• 零售商可以採取何種策略，讓製造商品牌與私有品牌達成最佳組合狀態？

行銷從業者必須提早決定是否將產品品牌化，以及決定採用何種品牌類型。**一般品**（generics）通常是指未加以品牌化的產品，一般僅標示產品名稱而已，但其品質可能較競爭品牌差，價格也較便宜。

以美國醫藥業中的一般品與品牌化產品為例。有品牌的藥品除受專利權保護外，政府准許公司扣除在申請核准與上市期間的成本開支。當專利權期滿，有品牌藥品的公司就要推出一種「認可的一般藥品」（authorized generic version），並且有 180 天期限排除外人加入一般藥品銷售的權利。假如有品牌藥品的公司不這麼做，那麼第一家提出一般藥品的製藥公司就可得到食品暨藥品管理局（FDA）的核准，同樣有 180 天期限排除外人加入該一般藥品銷售的權利。在公告期滿後，該一般藥品公司就可得到 FDA 的准許，推出傳統的一般藥品（內含與有品牌藥品一樣的成分，在身體內發生的作用如同有品牌藥品一樣），或掛上原有品牌的一般藥品（內含與有品牌藥品一樣的成分，或其他成分但在身體內發生作用時間沒有那麼長）。[25] 在美國的一般藥品成長迅速，這是因為專利權到期或因售價低廉所造成。雖然一般藥品充斥在大部分的處方藥裡，但有品牌藥品的總銷售額仍高於一般藥品甚多，大約有三分之一的一般藥品銷售是來自原有品牌藥品。[26]

假如廠商決定對其產品品牌化，則有兩種品牌類型可供選擇。第一種最為人所知即**製造商品牌**（manufacturer brand），有時又稱為**全國性品牌**（national brand）或**地區性品牌**（regional brand），由產品的製造商所擁有。製造商對其產品品質與行銷負責，許多廠商如寶僑、IBM、吉列、全錄等，

均對其產品冠上製造商品牌。

　　另一種類型則是**配銷商品牌**（distributor brand），又稱**商店品牌**（store brand）、**私有品牌**（private brand）或**私有標籤**（private label），它是由批發商或零售商等配銷商所擁有，雖然在標籤的某處會顯示出製造商的名字，但配銷商要對其產品品質與行銷負責。美國著名的商店品牌如 Craftsman 工具（屬施樂百公司所有）、President's Choice 雜貨（屬 Loblaw 公司所有）。也有不少的配銷商推出自己的品牌，因私有品牌的行銷成本較低，而讓配銷商得以較製造商品牌為低的價格出售，卻能維持更高的利潤。

私有標籤提供零售商以低售價賺取高邊際利潤的商機。 Sam's Choice 和 Great Value 是沃爾瑪提供的配銷商品牌。

　　今天，製造商與配銷商兩者品牌劇烈的競爭，稱之為品牌戰爭（battle of the brands）。早期，大型製造商擁有龐大的行銷力量而在品牌戰爭中占盡優勢；但近年來，大型零售商擁有大筆的消費者購買資訊，已逐漸改善其地位了。

　　市占率爭奪戰牽涉到對消費者所提供的價值。消費者通常會認為製造商品牌的品質高於配銷商，其實兩者的品質與成本有很大的差異。當消費者感覺品質有很大的差別時，會認為製造商品牌可能提供最佳的價值，進而購買製造商品牌。當消費者感覺品質無甚差別時，則會認為配銷商品牌可能提供最好的價值，即轉購配銷商品牌。

　　有愈來愈多的高級商店品牌被推出，這些商店品牌的銷售增加了 8.5%，而相對於全國性品牌只成長 1.5%。在美國的消費者，大約有 20% 的購買是屬於商店品牌，但在歐洲則約 40%。成功的商店品牌包括 Kirkland〔好市多（Costco）〕、Ol' Roy 狗食（沃爾瑪）、Charles Shaw 酒（Trader Joe's）、Michael Graves 家用器材（標的百貨公司）、B&N Classics（邦諾書店）。[27] 因為有這麼多成功的私有品牌，許多公司如卡夫食品等一些全國性品牌的銷售逐漸下降，以致在食品界的地位搖搖欲墜。[28] 在不久的未來，製造商與配銷商兩者的品牌戰爭可能會加劇，而許多私有品牌產品的銷售成長，將會超越製造商品牌。

品牌名稱的選擇

　　不論是製造商或配銷商的品牌，選擇一個有效的品牌名稱，是其首要之務。品牌名稱在傳播上具有很大的作用，它可增進品牌知名度與形象。有效

製造商品牌
由產品製造商贊助的品牌，並由其負責產品品質與行銷。有時又稱為全國性品牌或地區性品牌。

配銷商品牌
由批發商或零售商等配銷商所贊助之品牌，配銷商對產品品質與行銷負責。又稱商店品牌、私有品牌或私有標籤。

的品牌名稱，通常能讓人聯想到產品效益；而其必須容易發聲、辨識、記憶，在某些方面具有獨特性，並且能被譯成其他的語言。理想的品牌名稱，應該幫助廠商將產品的主要效益傳達給消費者。若能如此，品牌名稱就可能協助將品牌知名度與品牌形象銜接一起。當消費者熟悉品牌名稱後，便會開始將品牌與產品的特定效益加以結合。

以往為品牌定名時，曾發生不少有趣的流行趨勢。早期使用創辦人的名字來傳遞對品質和手藝的傳統理想，例如亨氏（Heinz， 1869）、福特（Ford， 1903）和家樂氏（Kellogg's， 1906）。稍後，名字較長的大型公司開始使用其首字字母命名，例如 RCA（1919）、TWA（1930）和 IBM（1947）。這種以簡寫命名的流行風氣也吹向高科技精密的行業，例如全錄（Xerox，1961）、埃克森（Exxon， 1972）和微軟（Microsoft， 1975）。 1990 年代出現了一些怪模怪樣且無厘頭的企業名稱，例如雅虎（Yahoo!， 1994）、Google（1998）和 Vivendi（1998）。本世紀則流行帶有含意的命名，捷藍（JetBlue）就是其中一例。該公司的策略是想讓那些預算有限的旅客，能夠有享受高格調空中旅行的機會，之所以命名為藍色（Blue），是為了傳達明朗又寧靜的天空，而噴射機（Jet）則強調飛行快速的空中旅遊。該公司在 2000 年以該品牌名稱開展其服務的業務，不少競爭者也隨即跟上，例如達美航空公司的 Song 和聯合航空公司的 Ted，都在其實施折扣的航班上以此方式命名。[29]

全球化的公司在選擇品牌名稱時，得將國際化事務列入考慮，但它並不容易。有時候，公司必須在不同的地區使用不同的品牌名稱。例如，三菱公司在世界大多數地區將其休旅車（SUV）皆命名為 Pajero，但它的西班牙語意是「懶惰蟲」，所以在西班牙、拉丁美洲、美國均改名為 Montero。[30] 另一方面，通用汽車公司想將韓國大宇（Daewoo）汽車（已被其收購）的品牌，在世界各地改稱為雪佛萊（Chevrolet）。初步的研究報告指出，雪佛萊的名稱享有一個美好的全球形象，而在任何地區，只要將大宇的名稱改為雪佛萊，它的銷量就會增加。[31]

授權
支付權利金以換取商標使用權，以便對已授權的產品從事銷售。

擬定品牌名稱的另一選擇，是得到既有名稱或標誌的授權。**授權（licensing）**通常是支付權利金以換取商標的使用權，以便對已授權的產品從事銷售。在美國，授權金的收入超過 700 億美元，其中以迪士尼、新力和寶僑為最大商家。購買授權的公司取得已建立的品牌名稱在其產品上的使用權利，而授權的公司得到了專利使用費收入外，也因其品牌的延伸而獲得品牌的曝光率與商機。例如，寶僑經由授權方式而建立其 Iams 寵物食品系列，進而踏入經營營養與健康食品公司的行列。[32]

聯合品牌
一種產品有兩種品牌名稱，例如威士卡上有大學的名字。

另一方式是**聯合品牌（co-branding）**，即一項產品有兩種品牌名稱。目的

是使已界定的目標市場能夠更具吸引力，以便獲取每一種品牌的品牌權益。聯合品牌在信用卡市場裡相當普遍。例如，威士卡品牌常與其他品牌名稱結合在一起，以鎖定特定的市場。而這些與其他品牌名稱的結合，是為了增加產品的銷售，例如 Ford、Traveler's Advantage、Churchill Downs；或非營利機構用來產生收益，如大學或校友會。聯合品牌的其他例子，如將 Intel Inside 當作特定的個人電腦品牌。一些有趣的聯合品牌關係也不少，例如，法拉利（Ferrari）的商標與宏碁的筆記型電腦、固特異和愛迪達 Tuscany 鞋款，以及 Nickolodeon 和假日旅館（Holiday Inn）共同推出 Nickolodeon 家庭旅遊專案。[33]

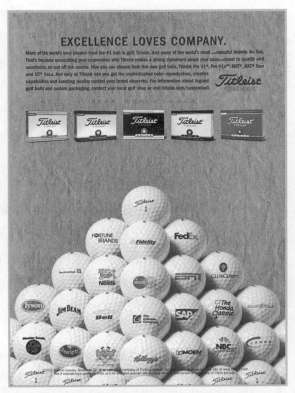

聯合品牌是將兩種品牌名稱結合在相同的產品上。許多公司喜歡將其品牌與 Titleist 品牌結合一起。

▪ 包裝

對多數產品而言，包裝是重要的組件。包裝（package）係指產品的容器或包裝物，通常也包括一個用來說明產品的標籤。包裝對消費者與配銷商皆屬重要，產品的包裝提供許多功能，包括消費前保護產品與儲存產品，以及便利產品的消費、推廣與處理等。

因為許多零售商都屬自助服務的銷售者，所以產品包裝必須傳達產品的形象，以幫助產品的銷售。當消費者在觀看競爭品時，獨特的包裝會吸引消費者的眼光，而包裝及標籤也提供了消費者用來評估競爭品牌時的重要資訊。例如，由於對健康的疑慮，美國食品暨藥品管理局下令食品製造商需列出其產品使用反式脂肪（trans fat）的總含量，雖然所有公司必須遵守實施，但有些公司卻捷足先登因而得到競爭優勢。菲多利公司改變其調配處方，改用不含反式脂肪的烹調用油，並且早已採用反式脂肪零含量的新標籤了。[34]

德國百工（Black & Decker）公司在自助（DIY）市場銷售 Quantum 品牌的工具，而在專業市場則銷售 DeWalt 品牌工具。Quantum 品牌

包裝對許多產品而言是一項重要組件。德國百工公司對其不同的品牌則利用不同的包裝。

的包裝盒是綠色的，並附有產品的照片，主要是以男性市場爲訴求，包裝上明顯印著德國百工的名稱，因爲德國百工在非專業市場是很受信賴的。DeWalt 品牌的包裝則採黃底黑字，並未出現德國百工字眼，因爲專業人士並不認同德國百工是專業工具。這兩種品牌均訴求於同一目標市場區隔，因此以不同包裝有助於兩者的銷售。[35]

包裝上的創新，也能讓消費者感覺到各品牌間的差異性。茲舉 Annie's Homegrown 公司爲例，該公司銷售不含人工色素成分的食品，其中最暢銷的當屬切達乳酪通心粉，該項產品以紫色盒子包裝，並印上可愛的小白兔，其目的在與市場龍頭卡夫食品公司的藍色包裝盒有所區別。[36]

包裝上的創新可以讓產品更方便或更具吸引力，而使銷售遞增。 Dean 食品公司爲其 Chug 牛奶產品打造一個有把手的大牛奶瓶包裝後，其鮮奶及巧克力牛奶的銷量大增。 Dutch Boy 公司也有類似情況，當該公司將一般的金屬罐包裝改爲一邊附有握把、另一邊可擠壓的四方形塑膠瓶時，銷量也增加了。[37]Blue Q 公司將一些平淡無奇的商品裝入印有美麗圖畫、聖經人物和詼諧措詞的包裝裡，終於將該公司打造成一個值 900 萬美元資產的企業。[38] 最後一個例子是精力飲料市場，紅牛公司成功的部分原因，是把傳統 12 盎司的罐裝容量改爲 8.3 盎司的精緻罐裝容量；另一精力飲料行銷從業者則反其道而行，增加其罐裝容量。事實上， 16 盎司的罐裝容量是目前成長最快的一種包裝，不過它已屬強弩之末，因爲 BooKoo 公司現在已開始推出 24 盎司的罐裝飲料了。[39]

在當前的環境下，完善的包裝對保護生態具有重要作用。許多消費者抱怨包裝使用的材料太多或太難處理。例如，光碟片在剛推出時即有太多的包裝，而許多人仍記得麥當勞的保麗龍餐盒。然而，今天的 CD 光碟已使用新

創造顧客價值

給顧客他們想要的

艾維士（Avis）公司是出租汽車業中品牌忠誠度的佼佼者。市場的領先者赫茲（Hertz）公司，每年在廣告與提供良好顧客服務上的花費約 5,300 萬美元，而艾維士公司每年僅花 900 萬美元的廣告費，卻可以準確地提供客戶想要的東西。它的目標是讓客戶有滿意的租車經驗，而讓客戶滿意，就會增加顧客之權益。

艾維士公司每年決定一組大多數租車者關心的

事項，今年的事項則是價格、便利、安全和顧客服務。該公司將整個汽車租賃過程拆解成 100 多個步驟，然後尋找在這些步驟中加入重要事項的方法。例如，這些過程之一是艾維士公司的優先服務方案。這是該行業的先驅，它能減少客戶在機場等候取車時間約 5 到 10 分鐘，而這方式也讓顧客很滿意，有超過 100 萬人登記入會。艾維士公司的廣告詞是：「我們努力嘗試」，而它也真的做到了。

的標準化包裝，比原先的包裝小了很多；麥當勞現在也改以紙盒來包裝漢堡。所以，行銷從業者有許多機會可以去發展創新的包裝，除有助品牌銷售、增進產品功能外，尚有利於環保。

■ 顧客服務

最後一項產品組件是**顧客服務**（customer service），它是指協助消費者購買產品與使用產品。顧客服務可應用在產品與服務上。例如，消費者為其新的住家向南方貝爾公司申購電話線路，購買的標的是家裡對外通訊的基本服務。不過，顧客服務也會涉及消費者與南方貝爾公司相關員工的接觸，包括接單及安裝線路的員工；而顧客會對其服務，如服務說明是否清晰、安裝人員是否準時到達、工作是否按時完成等進行評估。

在許多產品中，尤其是企業產品，顧客服務已成為與競爭者區別的項目。許多成功的公司，不論是出售商品或服務，皆以較佳的顧客服務而與競爭者做區別。提供優越的顧客服務，可使廠商獲得行銷上的優勢。由於競爭者很容易模仿其基本的產品組件，因此在許多產業裡，以顧客服務擊敗競爭者，便成為成功的關鍵。一項創新的顧客服務，可以對顧客提供具有優越與有獨特價值的服務，請參閱「創造顧客價值：給顧客他們想要的」一文。

提供顧客超越其所期望的服務，對廠商的幫助很大，甚至在測試情況下亦復如此。以米勒企業系統（Miller Business Systems）公司倉庫經理接到一張訂單為例，訂單內容為 20 張桌子、20 張主管椅、40 張靠椅以及 20 個檔案櫃，顧客想在下午送達並完成安裝。但在當時，倉庫部門的員工剛好都不在現場，而且也沒有貨車。總經理得知此事後，立即指示倉庫經理向外承租一部卡車，並派遣兩位員工幫忙，在當天下午就辦妥所有事，達到了顧客的要求。這是一種非常特殊的情況，但如何做卻很清楚：「如果你答應了顧客，就要做到。」[40]

Pampered Chef 公司的創辦人多麗絲，強調向客戶提供優越服務的重要性：「銷售一件產品僅是與客戶建立關係的第一個步驟。許多時候，客戶把產品買回去後，並沒有把握如何使用它，而在 Pampered Chef 公司，我們確信這種事不會發生。因為在我們的廚房展示間裡，客戶在購買之前就有機會去試用產品，而我們保證客戶在家裡也可試用產品，他們可以知道它將如何在廚房中滿足其需要。每件產品我們都提供簡單明瞭的

> **顧客服務**
> 廠商協助消費者購買與使用其產品或服務，提供顧客額外的服務常可帶給廠商行銷優勢。

對顧客提供物超所值的服務，是一個贏得競爭優勢的方法。萬豪旅館表揚其一位員工如何做一些特別的事情，以協助該旅館的客人。

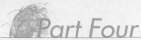
說明書與食譜，並告訴客戶如何妥當地使用與維護；而我們的廚房顧問，也一直提供客戶售後服務和支援。」

行銷從業者所面臨的重要任務是將品質、設計、品牌化、包裝和顧客服務等組件，結合成有效的產品。產品必須符合目標市場的需求，而且需在重要的產品組件上較競爭者更具優勢。此外，企業為了因應行銷環境的變動，必須不斷地做好更改產品組件的準備。

摘要

1. 了解商品和服務之間的差異。產品可被視為連續帶，商品在連續帶的一端，而服務則在另一端。商品是實體性產品，服務則屬非實體性產品；商品比服務更為有形、易毀損、易分割和標準化。大多數的產品是商品和服務的混合。

2. 區分消費性產品與企業產品，並論述其各個不同的類型。消費性產品是消費者為其個人用途而購買，而企業產品則是公司為了使用而購買。

   不同類型的消費性產品包括便利品、選購品和特殊品，消費者在購買量方面也有所不同。消費者不願意為便利品去選購，但卻會為選購品而做最佳的選購，會為特殊品而購買特定產品。

   企業產品包括資本品、生產品和營運品。資本品是昂貴的商品，但不能成為公司製成品的一部分；生產品則會變成某些製成品的一部分；營運品使用在公司的作業上，但不能成為製成品的一部分。

3. 辨識行銷從業者如何去透析消費者的需求。人們購買產品以滿足其需要或解決問題，而他們也視產品為一串效益，可幫助他們滿足需要或解決問題。以客戶的觀點來看產品，行銷從業者必須注重客戶在產品組成上的效益。

4. 定義與論述產品品質、產品設計、品牌化、包裝，以及顧客服務的重要性。行銷從業者需要注意提供給消費者產品的不同組成效益。這些主要組件是產品品質、產品設計、品牌化、包裝和顧客服務。以客戶觀點來評估，產品品質代表產品被認定的程度，產品設計則包括產品外觀和感覺，以及組合和使用的難易度。

   品牌化描述廠商將其產品與競爭者類似產品加以區別。包裝係指產品的容器或包裝物，以及有關的標籤。顧客服務則是指任何協助採購或使用產品的活動。

5. 闡釋如何整合不同的產品組件以符合消費者的需求。行銷從業者必須整合所有產品組成，以達成顧客期望的效益。行銷從業者也要有技巧地將不同的產品組件組合成有效而完美的產品，以達成競爭優勢。

習題

1. 商品與服務的基本區別是什麼？

2. 為何區別消費性產品與企業產品以及其各種型態很重要？

3. 請參閱「運用科技：大眾客製化」一文，說明例子裡的商品與服務如何融合一起。

4. 請參閱「創造顧客價值：給顧客他們想要的」一文，說明艾維士公司還可做哪些事情以建立顧客權益。

5. 品牌權益為何重要？

6. 請解釋產品品質是什麼。它為何對你的同學很重要？

7. 請解釋廠商如何透過顧客服務開發競爭優勢？

8. 全球化觀點如何影響產品組件的決策？

9. 為何產品包裝對公司的環境議題很重要？

10. 試問顧客價值與顧客服務的關聯性如何？

行銷技巧的應用

1. 請到一家大型的超商連鎖店選擇任何一件特殊品，並請辨別其為製造商品牌、配銷商品牌或一般品。列出各類型的特定品牌，並且比較各個產品組件，將你的研究結果摘要出來。

2. 假定你已研發出一種新型微波爐爆米花，口味相當好，並只需花費一半的準備時間，它是一件深具競爭性的產品。該產品正在擬定製造商品牌名稱，請你提出一個品牌名稱，並試與其他品牌比較一下。也請說明為何你所提出的品牌名稱的優勢。

3. 請閱讀本地報紙中的廣告，辨識所有你找到的顧客服務例子。並請以行銷從業者使用顧客服務對其產品差異化的方法，將你的發現以摘要方式列示出來。

網際網路在行銷上的應用

活動一

　　請到菲多利的首頁（http://www.frito-lay.com）。

1. 對大部分的顧客而言，菲多利的產品是屬於便利品、選購品或特殊品？從網站上的列示，菲多利的行銷策略是否與你的分類一致？

2. 你如何評估菲多利產品的品牌名稱？哪些是最好的？為什麼？

3. 對顧客和零售商而言，該網站如何幫助菲多利提供附加價值？

活動二

　　實體商品的兩個最顯著的產品設計例子：汽車和家庭用品。然而，產品設計對服務也很重要，請檢視下列的網站：

雅虎（http://www.yahoo.com）

MSN（http://www.msn.com）

美國線上（http://aol.com）

1. 試問如何將產品設計應用到這些服務上？

2. 試比較這些網站的設計？

3. 你對這些網站的設計有何建議？

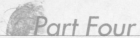

行 銷 決 策

個案
8-1

IBM ：商品和服務的整合

IBM 在市場上主要以銷售相關電腦商品與服務為主。近年來又添加對各種行業的企業內部系統建構與諮詢服務，其中之一是利用新的技術，將服務整合於 IBM 的部分產品當中。

網路環境的複雜多變，讓所有的電腦使用者了解到，電腦故障、軟體失靈、和迴路塞車等皆是常態，許多組織的解決方式則是委由技術服務部門排除問題。但是維持一個技術部門的成本龐大，且費用持續在遞增中；同時，技術人員在執行維修工作，例如軟體更新、改變設定、硬碟格式化等是費時又乏味的。

IBM 嘗試開發用以改善這種作業方式的硬體和軟體系統，而讓系統自動執行，稱之為自主運算（autonomic computing）。 IBM Almaden 研究中心主任羅勃‧莫里斯（Robert Morris）表示：「系統會自我管理與自我修復，並從錯誤中學習，幫助得知哪些事項是該做的。」IBM 最新的伺服器已經於網路配置上使用自主運算系統了，當系統需要更新時即自動執行更新指令，其研究方向仍著重於將自主運算導入至其他不同的功能上。

表面上看起來似乎是不錯，但若一旦出錯，將會引發何等危機？這就是造成 1987 年證券市場崩盤的原因之一，當時證券自動交易程式持續在賣股票，而股票市場也持續地下跌。其他潛伏的危機也有可能發生， IBM 體認到這個問題的嚴重性，因此計畫在系統裡建立自我檢查與安全規範的機制。

組織使用自主運算系統的潛在利益，是以少數人力就可維持複雜系統的運轉，而這可大大地減少技術服務部門的成本。但若技術服務人員想到他們將失去工作時，他們會讓自主運算系統進入組織，並協助建立該系統於組織裡嗎？

IBM 稱此自主運算服務系統為 eLiza 方案。此應用方案，讓組織可以更容易操作與更節省成本，以及使複雜的網路系統於組織內運轉得更為順暢。 IBM 自主運算服務系統與 IBM 硬體整合後，也使得該產品對顧客顯得更具價值。

問題

1. 你對 IBM 的自主運算系統服務之價值評估為何？需重視什麼問題？如何做？

2. 你會建議 IBM 優先鎖定哪些市場？為什麼？

3. IBM 在銷售自主運算服務系統時，應強調哪些主要品質要素？

4. 具自主運算服務系統之產品應該品牌化嗎？為什麼或為什麼不？若是應該，你建議採用什麼品牌名稱？為什麼？

行 銷 決 策

哥倫比亞運動服飾公司：設計有品質的產品

傑特魯‧波伊勒（Gertrude Boyle）女士暱稱傑特（Gert），早年曾幫助她的丈夫經營哥倫比亞運動服裝（Columbia Sportswear）公司，該公司的第一件釣魚用背心，就是她在廚房餐桌上縫製的，該背心有許多口袋可以放置銼刀、鉗子和釣魚線。遺憾的是，她的丈夫於 1970 年死於心臟病時，她曾想賣掉公司，卻賣不到好價錢，因此，她在兒子提摩西‧波伊勒（Timothy Boyle）協助下，決定繼續經營公司。

傑特和提摩西開始傾聽顧客聲音並創新，獵人用的 Quad 夾克就是一件成功的產品。該夾克代表一件創新的設計，它有防水外衫和絕緣內襯夾克，兩者可穿在一起、也可單獨使用。而 Bugaboo 滑雪夾克也是另一件類似設計的成功產品，而他們也以此方法，終於做到了比主要競爭者帕塔哥尼亞（Patagonia）和 North Face 公司的戶外運動裝價格更低而品質更好。

哥倫比亞公司也利用創新的廣告方式將訊息傳遞給客戶。一項稱之為「傑特媽媽」的幽默廣告裡，傑特和提摩西飾演著不同的角色，在廣告中，「傑特媽媽」是一位非常有自信的人，她認為該公司的產品已達到她嚴格要求的品質標準，而她最喜愛的一句話是：「年老不服輸贏過年輕無知。」

高品質而優良的設計，以及價格合理而有效的廣告，另再加上戶外運動服裝市場的迅速擴展，讓哥倫比亞公司增加銷售與利潤。而公司的股票在 1998 上市後，股價在緊接的 4 年裡增加了一倍。

然而，要以這種方式持續成長是有困難的，在美國暖冬和經濟的衰退之下，其成長已減緩了 2 到 4% 了。也因為在短期內仍不被看好，因此公司也積極地尋求新的成長方法。公司想要減少對天氣有關服裝的依賴，而將鞋類和運動裝列入考慮。另一個選擇則是擴展到海外的市場，歐洲為其第一個選擇。

傑特女士現年 78 歲，仍未打算退休。在過去的 32 年裡，她建立了世界最大的戶外服裝公司。然而，她和提摩西也必須為未來持續的成長擬定策略。

問題

1. 該公司產品的主要產品組件是什麼？

2. 為什麼戶外運動服裝的設計是重要的要素？

3. 你會建議產品往鞋類或運動服裝延伸嗎？為什麼會或不會？

4. 你會建議產品往國際延伸嗎？為什麼會或不會？

開發新產品與服務

Developing New Products
and Services

Chapter 9

學習目標

研讀本章後，你應該能夠

1　認識不同類型的新產品。

2　討論新產品的不同來源。

3　了解新產品開發過程的各個階段。

4　描述在新產品開發過程中應用行銷研究的方法。

5　辨識新產品成功的關鍵。

3M 是一家年收入 200 億美元的公司，員工超過 67,000 萬人，在全球 200 個國家裡研發、製造與銷售，而該公司在全球 60 多個國家設有營運據點。3M 的一些產品，例如思高神奇膠帶（Scotch Magic Tape），是眾多個人消費者與組織爭相採購的著名品牌。其他產品則如汽車與電腦組件產品，以及銷售給企業的一些產品等。

　　3M 公司的真正特色是對創新的持續重視。公司的主要目標之一是，每年要有 30% 的銷售是來自上市未滿 4 年的產品，而這也意味著 3M 必須持續不斷地開發，並成功地推出新產品。 3M 的主要推動力之一是「推廣創業者精神，堅持工作場所的自由，以追求創新的理念」。努力傾聽商業夥伴及消費者的心聲，才能夠去辨識他們有哪些問題必須解決，及有哪些需要必須滿足，然後就可依序去開發新產品，以解決這些問題及滿足這些需要。藉著提供優良而有特色與好處的新產品，以達到讓人們生活

更美好的目標。

　　3M 公司在 2002 年 4 月，以「一個世紀的創新」做為其慶祝 100 週年的主題，除了成功開發新產品外，該公司也做了幾項的轉變。從奇異公司挖角過來的吉姆‧麥勒尼（Jim McNerney），是 3M 公司空降擔任總裁及執行長的第一人。他在 2001 年到任時，正逢經濟最艱苦的時刻，雖然 3M 公司的銷售高於其他的製造商，但這位新任的執行長卻設定每年要有 10% 的銷售及利潤成長目標。

　　3M 公司透過國際化的延伸，以及開發新產品來達到成長的目標。國際化的成長大多來自於經濟發展中的國家，如中國、俄羅斯、東歐、巴西和印度。最近開發的新產品包括可再貼便條紙、思高隱形膠帶、平面顯示器光學膜，以及百利新家族系列清潔產品。未來的新產品預期會與科技結合，例如路徑偵測、奈米科技、分離機與過濾器、感應器與診斷器等。 3M 公司也將觸角伸入服務業領域，其策略性智慧型資產管理事業單位將協助一些公司辨識合適的 3M 科技，而以授權方式解決這些公司研究與開發的問題。

　　3M 公司是一個在新產品開發的重要性上，特別耐人尋味的範例。如果公司每年銷售的 30% 是來自 4 年內開發的產品，那麼總銷售額 200 億美元中，就要有超過 60 億是屬於相關的新產品。為了每年都能達成這個目標，3M 公司必須持續推出新產品，並成功地將其上市。很顯然地，新產品即構成了 3M 成長與成功的關鍵所在。

　　本章將檢視新產品的開發問題。我們從新產品類型及來源開始討論，然後探討新產品開發過程的各個階段，並且將對如何成功地開發新產品提出幾點建議。

9-1 新產品概述

　　對許多公司而言，成功地開發新產品將可帶動銷售及利潤的成長。一項研究指出，獲利性及銷售領先於同業的公司，其收入有 49% 是來自於最近 5 年所開發的產品；而銷售及獲利成長落後的公司，卻只有 11% 的銷售來自於新產品。[1]

　　另外一項針對 2,000 家公司所做的研究指出，未來新產品占總銷售量的比例，將從目前的 28% 提升到 37%。[2] 由於各公司均對新產品設定了特定的目標，所以這個數字似乎是頗為合理的。除了前面提到的 3M 公司外，樂柏美（Rubbermaid）公司則是另一個例子。樂柏美公司計畫每 12 個月到 18 個月即有新產品上市，且希望能從過去 5 年裡所推出的新產品中獲得 33% 的銷售額。[3]

　　許多公司也發展新產品，以回應消費者的需求改變和競爭者的動作。例如，有愈來愈多關心健康訴求的消費者正轉向如潘娜拉麵包店、Baja 鮮食店等非速食餐廳吃午餐，這些餐廳正蠶食速食連鎖店的市占率。因此，麥當勞、溫娣（Wendy's）等廠商紛紛推出合乎健康訴求的餐點以做為回應，如在主菜沙拉推出後，銷售增加約 14%。[4]

　　開發新產品固然重要，但失敗的比例卻很大，雖然統計數據眾說紛紜，不過很多研究報告指出新產品失敗率約為 50% 左右。[5] 且不論其正確數字為何，新產品失敗的成本是很高的，如福特的 Edsel 汽車、杜邦的 Corfam、拍立得的 Polarvision、RCA

對許多廠商而言，開發新產品是一項成功的關鍵因素。iPod 即讓蘋果成為大贏家。

經驗分享

「在今天的企業環境裡，能夠在市場裡快速地推出新產品，即是成功的必要條件。假如你無法在第一時間進入市場，那麼你就得冒著競爭者迅速推出新產品的風險。第一個進入市場產品的小而有創意的公司，經常會發現，大公司希望在產品市場的早期階段就能進入，因此通常會出高價來收購它們。朗訊公司在通訊業所面臨的挑戰，就是要跟上科技的進步，否則便無法要求顧客一直去更新那些昂貴的設備；但其困難點即在於無法事先預測科技的進步程度，以及如何與既有的產品整合。朗訊公司已不再只是生產電話的企業了，今天，我們必須與不熟悉的產業如有線、網際網路及無線等資料傳輸業等競爭。」

蜜契兒
朗訊科技公司
大型企業客戶部主管

蜜契兒（L. A. Mitchell）在科羅拉多州立大學取得行銷學士學位，她是朗訊（Lucent）科技公司大型企業客戶部的主管，負責擬定新穎與 | 既有產品的銷售預測，並對各個銷售團隊擬定行銷計畫，以協助各地電話公司對當地大企業客戶，推銷相關的通訊規劃案件。

的 Videodisc、凱迪拉克的 Allante、IBM 的 PCjr 等失敗案例，都造成上述各公司上百萬美元的損失。

由於這些慘敗損失的例子，也敦促了公司改善其新產品開發過程，目的即是在降低產品的失敗率，以減少開發成本及縮短新產品上市所需的時間。這些目標也帶給許多公司在新產品開發過程時的重大轉變。例如，赫爾曼‧米勒公司即結合顧客、交叉功能團隊及電腦軟體，開發了新的辦公家具，以滿足客戶的需求。該方法縮短了新產品開發週期達 50%，也大幅地降低了成本，更在停滯的市場中提高了 11% 的銷售量。[6]一項針對消費性產品製造商的研究發現，大多數廠商都以縮短產品開發時間來滿足零售商的需要。研究結果也指出，對新產品的開發，有 36% 的廠商需要 1 到 3 個月的開發週期，36% 的廠商為 3 到 6 個月，28% 的廠商則為 6 個月到 1 年。[7]

9-2 新產品的類型

乍看之下，對新產品下定義似乎不難，但「新」字一詞可以從不同觀點及許多方式來界定。首先，「新」是對誰而言？若某顧客第一次使用該產品，對其而言，那就是新產品，即使該產品已存在，且在市面上流通一段時間了。在此情況下，雖然產品的新穎程度影響了顧客的購買行為，以及廠商的行銷策略，但這對廠商的新產品開發過程並無重大的影響。

會直接影響這個過程的，則是該產品對廠商而言的新穎程度。換言之，從廠商的角度來看，新穎是有程度之差別的。如圖 9-1 中提出了幾種新產品類型，其新穎程度則視廠商對該產品的開發及銷售而定。

When we started making tires, this was the closest thing to a car.

The year was 1894. And we had just made America's first successful rubber carriage tire.

A few years later America would trade horses for cars, and we'd start making car tires instead of carriage tires. And the more cars they'd make, the more tires we'd make.

Today, we make more high-mileage aftermarket tires than anyone else in America. For cars, trucks, and tractors that would have seemed like science fiction to Mr. Kelly back in Springfield, Ohio in 1894.

But we all had to start somewhere. And someone had to be first.

The Kelly-Springfield Tire Company

America's Oldest Tire Company

嶄新產品創造了新的產業。當汽車出現而取代馬匹來做為旅遊工具時，Kelly-Springfield 輪胎公司就創立了。

嶄新產品（new-to-the-world products）是指對廠商及消費者而言皆為新品，這種產品從未提供給任何消費族群，若能成功上市，將會被拓展為新的產業。眾人皆知的例子：第一部汽車上市，成就了今天的汽車產業；首架飛機的推出，而有了今天的航空產業；第一部微電腦的出現，開創了今天的個人電腦產業。

圖 9-1 中的新型產品及其他類型，對某廠商而言是新產品，但對其他某些廠商或消費者來說卻非新產品。從廠商的角度來看，該產品可能屬於以下之一：新類型的推出、對既有產品線的增加、對既有產品的改良，或對既有產品的新用法。

在每年推出的新產品中，特別是消費性的產品，大多是屬於創新程度比較低的。一項研究指出，在推出的 15,866 項健康、美容、家計、食品、寵物之產品中，幾乎有 70% 是在既有品牌的成分、大小或包裝上做變化而已；而這些新產品中，只有 5.7% 是在科技、成分、包裝或甚至在市場定位上有所突破。[8]

從嶄新產品向下移到產品重新定位，產品對廠商的新穎程度愈來愈小。此意味著廠商對產品的開發與推出是建立在經驗領域上，所以其風險也較小。低風險通常使得新產品開發過程縮短，更不必太嚴謹。

在 1950 年至 1980 年間，為了減低風險也發生了一個有趣的現象，亦即重新推出過去的舊產品，其中有些品牌似乎做得不錯，但此時已成明日黃花了。如今面臨的挑戰是，如何結合過去所建立的正面品牌形象，以滿足目前顧客的需求。例如，Triumph 及 Indian 公司的摩托車、日產公司的 Z 車款及

圖 9-1　　新產品的類型

- **嶄新產品**：新發明的產品。例如：拍立得相機、第一部汽車、雷射印表機、直排輪。
- **新型產品**：對世界而言不是新產品，但對廠商卻是。例如，寶僑公司首次推出的洗髮精、Hallmark 公司的禮品、美國電話電報（AT&T）公司的 Universal 卡。
- **產品線增加**：延伸或擴充廠商目前在市場的產品線。例如，汰漬濃縮洗潔精、克萊斯勒的 K 型車。
- **產品改良**：將目前的產品製作得更好，事實上市場上每件產品幾乎都是經過改良的，而且是改良了好幾次。
- **重新定位**：將產品重新鎖定在新的使用或應用。例如，家樂氏公司的 Frosted Flakes 早餐穀片（現在鎖定為成年人）；美國豬肉生產商協會近年來對豬肉重新定位，將其列為與牛肉一樣的「另一種白肉」。

福特公司的 Thunderbird 車款、 Tang 公司的桔子飲料、 Doan 公司的背痛支架、 Lavoris 公司的口腔劑、 Breck 公司的洗髮乳，以及 Care 公司的玩具熊等皆屬之。[9]

我們在討論新產品的開發過程中，所使用的「產品」（product）一詞包含商品與服務，以及消費性產品與企業產品。新產品開發過程中的每一階段，均適用於所有產品的類型。本章所舉的例子也包括了商品及服務，以及消費性產品與企業產品。

9-3 新產品的來源

廠商有許多方法可以獲得新產品，其中有從外部來源及透過內部開發之兩種極端不同的方法。**外部來源**（external sourcing）是指廠商從其他廠商處獲得產品的所有權或行銷權。在此情況下，這些產品對該廠商而言是新的，但對消費者卻不是。

外部來源有許多不同的選擇方式。在併購的情況下，擔任買方的廠商購置另一家廠商，以獲得其產品的所有權。擔任買方的廠商獲得這些產品後，可能將其合併到目前的產品線上，或讓被併購的廠商繼續營運。如紐威‧樂柏美（Newell Rubbermaid）公司即是採取後者方法的範例，紐威公司以織布機製造商起家，從 1960 年代開始，該公司併購 75 家消費性產品公司；而在 1990 年代期間，該公司又進行了 18 項主要的併購，其銷售額增加了 20 億美元。紐威公司於 1999 年 3 月對樂柏美公司的併購案最為人矚目。在該項併購案後，公司更名為紐威‧樂柏美，而後紐威‧樂柏美公司透過龐大的零售商與家庭用品中心，每年銷售其製造的消費性產品超過 60 億美元。經過多年的併購，亦有不少新產品加入該公司的產品系列，例如樂柏美塑膠品、 Anchor Hocking 玻璃品、 Levelor 窗簾及 Rolodex 檔案用品等。[10]

不少廠商以併購取得新產品，此逐漸成為重要的方式。例如，最近 Medco 健康公司為了生物科技醫療產品而併購 Accredo 健康公司；[11] 昇陽（Sun）系統公司為獲得資料儲存產品而併購 Storage 科技公司；[12] 花旗集團購置聯邦百貨公司（Federated Department Stores）的信用卡業務，以獲得私有品牌之信用卡產品。[13] 甚至中國亦

在開發新產品上，共同投資逐漸成為一項重要的方法。 NTT 和 Verio 公司共同投資，以達成其客戶對網際網路的需求。

如此行事，許多中國的企業家為獲得新產品，正對美國尋求併購對象，最成功的例子是聯想（Lenovo）公司併購 IBM 公司的個人電腦部門。[14]

共同投資
讓兩家或更多廠商在市場分享行銷特定產品的權利。較常使用的方式有策略性夥伴、策略聯盟、創業投資及授權協定。

其他外部來源可歸類為某一類型的**共同投資**（collaborative venture）。共同投資可讓兩家或更多廠商在市場上分享銷售特定產品的權利，較常使用的共同投資方式包括策略性夥伴、策略聯盟、創業投資及授權協定。雖然共同投資能有成功的機會，但有些研究報告指出其失敗率高達 70%。[15]

微軟公司與 SAP AG 公司最近宣布一項共同投資計畫，雙方共同開發與銷售一種稱為 Mendocino 的新套裝軟體。這個新軟體係將微軟的 Office 桌上型電腦套裝軟體與 SAP 的企業資源應用套裝軟體結合，此新產品預計將可幫助這兩家公司有效地對抗 IBM 與甲骨文（Oracle）之套裝應用軟體。[16]

內部開發
開發新產品方法之一，廠商自行開發產品，也可能是在產品設計、工程或試銷方面，與其他廠商以夥伴關係一起開發。

內部開發（internal development）意味著廠商獨力開發新產品。廠商可能在開發過程中的某部分與其他廠商合作，或許是產品設計、工程或試銷，也可能是與其他廠商以夥伴關係一同開發整個過程。內部開發的重點在於廠商直接參與新產品的開發過程，即使每一個步驟並非獨力完成也無所謂。

在獲取新產品方面，內部開發比外部來源的風險還大。因開發新產品的廠商要承擔所有或大部分的成本與風險，而若透過外部來源進行併購，廠商則能以購買方式獲得市場已存在的產品經銷權。外部來源需要廠商去確認另一廠商的產品，並做一些必要的安排，以便獲得想要的產品。許多廠商會同時利用外部來源及內部開發方式，從而獲得新產品。

9-4 新產品的開發過程

新產品的開發過程如圖 9-2 所示，是由七個階段構成。該過程的次序看來似乎很有邏輯，其實只是為了方便討論而已。事實上，廠商在同一時間均會涉及不同步驟，所以各階段間的界線是模糊的，某些階段有時甚至也可以省略。此外，任何一項新產品開發的明確過程，也會隨著公司、產業及新產品的類型而有不同。

新產品開發過程中，有兩個問題值得提出討論。第一，廠商在開發過程中由一個階段轉到另一個階段時，成本將會大幅地提高。因此儘早除去可能

圖 9-2 ▸ 新產品的開發過程

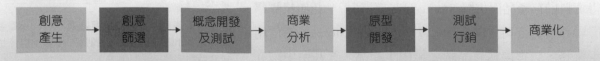

創意產生 → 創意篩選 → 概念開發及測試 → 商業分析 → 原型開發 → 測試行銷 → 商業化

會失敗的階段,才不致失去或許會成功的產品;該項工作頗為困難,卻無法避免。用嚴謹的態度去分析並評估每一階段的結果,將可確保廠商在開發新產品時提升其生產力,且增加成功的機會,因此每一個階段都得做「繼續」或「停止」的決定。研究指出,許多公司都在這個階段裡很快地做了喊停的決定。一項研究發現,在過去大約有 73% 的新產品創意進入新產品開發階段,然而許多對新產品開發較為嚴謹的公司,大概只有 29% 的新產品創意會進入新產品開發的階段。[17]

第二,傳統開發新產品的方法是一種功能性、直線性的過程,如圖 9-3 所示。基本上在整個過程中,各步驟間之功能領域是分開的。當一個階段完成後,就會將結果送交下一個階段的功能領域。例如,研發部門可能產生一個產品概念,然後交由設計部門設計;設計結果再交給工程部門,由其擬定工程規格,再送到製造部門生產;而製造部門生產產品後,便送到行銷部門去銷售。此方式可能會成功,但其過程卻非常緩慢與耗費成本。

許多廠商以多項功能同時存在的方式,改善其新產品開發的過程,如圖 9-3 所示。此種方式須集合各相關的功能,並在所有的階段裡一起作業,有些程序基本上是可同時執行的。有些廠商甚至會從供應商、配銷商、顧客及其他相關單位等獲得好處。

3M 公司透過加緊步伐(Pacing Plus)的行動方案,將此方法正式化。該行動方案旨在加速對新產品的開發,以期更加速上市為目的。至於,合乎新產品加緊步伐方案之條件包括:能改變新的或既有的市場競爭基礎者、能提供大筆銷售及潛在利潤者、可優先獲得 3M 公司資源者、可在加速時間架構下運作者,以及能夠運用最佳商業化過程者。該公司進行的加緊步伐方案大約有 25 個,其產品包括從

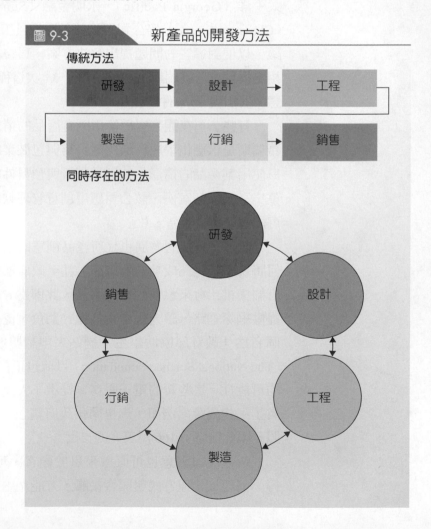

圖 9-3　新產品的開發方法

傳統方法

研發 → 設計 → 工程 → 製造 → 行銷 → 銷售

同時存在的方法

研發　設計　工程　製造　行銷　銷售

電子產品微彈性（microflex）電路，到增加筆記型電腦螢幕亮度的軟膜等。[18]

Voyant 科技公司擬定了一種有趣的團隊工作方法，該公司要求新產品部門的員工，需與工程及生產經理一起協調努力方向。而在新產品開發過程中，工程及生產經理要集聚一堂以發揮合作效果，這種團隊工作方法，縮短了上市銷售時間達 40%，並減少了 20% 的開發成本。[19]

◾ 創意產生

創意產生（idea generation）是新產品開發過程的開始階段。新產品源自某個人的創意，基本上，廠商所產生的創意不少，但能成為產品而成功上市的創意卻不多。

一項研究發現，幾乎有一半以上的最佳新產品創意是來自員工，而另一半則來自顧客、供應商和競爭者。許多公司如葛瑞斯（W. R. Grace）、喬治亞太平洋（Georgia-Pacific）、永明金融（Sun Life Financial）、雪佛龍德士古（Chevron Texaco）等公司召集其各地的員工，利用網路舉行線上腦力激盪會議，以便對顧客的問題提出解決方案。科技讓任何人都可以互相聯誼，並互相交換創意。葛瑞斯公司已舉辦了 34 次這種線上會議，共產生了 2,685 個創意，而出現了 76 件新產品。[20]

有些公司在觀察客戶使用既有產品的情形時，即會啟發新產品的創意。葛瑞斯是供應化學原物料給建築業與包裝業的公司，它要求業務人員觀察客戶使用其產品的情形，特別是創新與預料外的使用方式。這些業務人員總共蒐集了 134 個案例，該公司應用創意管理軟體加以分析後，確認有 7 個創意可能會成為新產品。[21]

此外，科技的發展也是新產品創意的重要來源。許多廠商大多會思考如何將新科技轉為成功的新產品。甚至政府部門在此方面也不落人後，各級政府機構推出愈來愈多的電子服務，此即為 e 政府時代的來臨。喬治亞州政府提供網際網路，讓人民申請打獵、釣魚、泛舟等執照；大學生也可以透過一個名為「教育部協助學生」網站來申請獎助學金的補助；國家科學基金會（The National Science Foundation）目前也正在進行研究網路投票（cybervoting）的可能性。這些新的電子服務，提供了人民很大的便利性，同時也替政府節省了不少經費。例如，馬里蘭州政府讓 250,000 位專業人士上網更換年度執照，因此節省了 160 萬美元的支出。[22]

新產品的創意也可直接來自於顧客，可以使用一般的行銷研究方法獲得，但要以各種方式與顧客接觸，方能產生有用的新產品創意。哈雷機車在

產品展示會、哈雷機車迷大會、工廠參觀活動等場合上與顧客交流。[23]MySpace 是一個有 1,400 多萬名會員的社交性網站，它成長迅速，每天有 65,000 人加入成為新會員。新會員在登記註冊後，就會收到該公司總經理問候信，並問到「你希望在 MySpace 網站上看到哪些特色？」每天可收到 5,000 封回信，爾後該公司就會挑其中最好的成為其服務項目。[24]

有許多公司藉由分析競爭者產品而得到新產品的創意。專心於新產品或對既有產品的改進，可以讓公司與競爭者產生差別。公司若對推出失敗的新產品加以分析，可以從中領悟一些好的創意。禮來（Eli Lilly）公司以正常程序檢視所推出的每一項失敗藥品，從中辨識其可能的新用途。這種方法相當有效，例如 Evista 曾經是一種上市失敗的避孕藥，但如今則是被用來治療骨質疏鬆症的藥品，它每年帶給該公司超過 10 億美元的營收。[25]

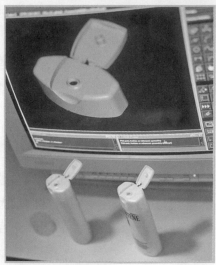

朗訊科技公司大型企業客戶部主管蜜契兒，對新產品創意來源的意見是：「新產品的創意來源可以來自於任何地方。朗訊公司認為，新產品的創意是可以從整個組織單位裡，由其所擁有的功能持續開拓與發展獲得，這些單位經常聚焦於團體、調查或其他行銷研究技巧上，以便能產生新的創意，而一些絕佳創意則來自於為了解決重要顧客的困難問題之需要。例如，開車撥打行動電話的意外事故頻傳，卻因而產生了許多新產品與特色的創意，其中包括可以讓手機『免持』撥打的新產品，以及只需說出你要撥打的人名或企業名稱即可接通的新特色。」

■ 創意篩選

創意產生階段的成本相對較低，其目的在產生大量潛在的新產品創意。**創意篩選**（idea screening）之目的則在評估所有的創意，並將其篩選刪減，以剩下對新產品最具吸引力的少數幾個。在篩選創意時，必須與公司願景及策略目標、潛在市場的接受度、公司產能的配合度，以及對利潤的長期貢獻可能度等相互一致。主要目的是盡早除去

對許多廠商而言，降低新產品開發時間，就能產生競爭優勢。許多公司利用不同的方法測試新產品。

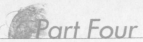
創意篩選

評估所有的創意，將其刪減而剩下對新產品最具吸引力的少數幾個，且必須與公司願景及策略目標、潛在市場的接受度、公司產能的配合度，以及對利潤的長期貢獻可能度等相互一致。

那些對成為成功新產品希望不大的創意，再將篩選後剩下的創意，轉送到新產品開發過程的下一個階段。

美泰兒公司推動一項名為 Project Platypus 的計畫，從工程、設計、行銷、廣告文案部門，各抽調 15 至 20 位員工一起開發出新的玩具。這些員工離開原有職務 3 個月，並從美泰兒公司的總部搬離，然後在附近大樓裡成立開放式的辦公室。這群人聚集一堂的期間裡，目的在於產生創意，進而精煉成為具體的新產品。該公司經由此法產生的第一個產品稱之 Ello，是一個為女孩打造的玩具。該公司希望能藉 Project Platypus 計畫，每年都能產生 2 至 3 個不同產品的概念。[26]

用來篩選創意的最普遍方法是利用檢核表，其基本程序是先列舉對廠商重要的因素，再就每一因素評估其對新產品創意所能得到的分數，然後相加得到整體創意分數，分數愈高代表新產品的創意愈佳。廠商有時會設定一個底限，並刪除分數低於此底限的創意，而留下高於低限的創意繼續開發。有些公司則將創意篩選分數按高低排列，而努力集中在分數最高的創意上。

3M 公司採用的檢核表，如圖 9-4 所示。該公司列示的因素有：顧客需要、競爭、科技、行銷、製造、價格競爭性及績效競爭性等。每一因素依創意上的重要性給予 0 到 5 分，再將個別因素分數相加而得到總分。在圖表中，當個別因素總分達到 30 分時，表示該創意的評價甚高，值得繼續進行新產品開發；若總分甚低，例如 15 分，則該新產品的創意就不再繼續開發了。

創意檢核表成功的關鍵，在於確認所有對新產品相關的重要因素。如圖 9-4 所示，這些因素通常都與顧客、競爭者和公司對新產品相關的特性有關。不過，有一些其他因素也應列入，請參閱「倫理行動：將價值融入新產品之中」。

圖 9-4　3M 公司創意篩選檢核表

因素	尺度						評分
	0	1	2	3	4	5	
顧客需要	好		明確效用		相當重要		5
競爭	很多		有限		沒有		4
科技	3M 沒有		3M 有		在 ISD* 內		4
行銷	3M 沒有		膠帶小組		ISD		5
製造	3M 沒有		修改設備		既有設備		4
價格競爭性	競爭優勢		中性		3M 強		3
績效競爭性	競爭力強		中性		3M 強		5
						總計	30

*ISD：工業特殊部門

概念開發與測試

概念開發
將新產品的創意加以修正成更完整概念的過程。

概念開發（concept development）是指將創意加以修正成更具完整產品概念的過程。在創意產生及篩選的階段裡，產品創意通常較屬於一般性。例如，對健康關心的消費者給予添加營養成分的軟性飲料，或對學生以直效信函服務方式銷售教科書。此產品創意階段的評估，通常由公司內部人員負責，而潛在顧客也可做一部分的評估工作。

概念開發與測試之主要目的在確認產品的概念，並且以潛在顧客的觀點進行評估。確認產品概念是指將基本的產品創意詳細描述出來，亦即對產品內容之敘述，包括預計訂價等事項，如有可能，也要將概念的描述包含在產品的輪廓裡。圖 9-5 即列示新款清潔劑的產品概念。

概念測試（concept tests）是被用來讓潛在顧客評估產品的概念。有時公司提供多種不同的基本產品概念，以便讓消費者選出最喜愛的一種；有時也會請顧客就一種產品概念，對不同的問題做回答（見圖 9-5）。除了評估產品概念外，也要有機會讓消費者提出改進的建議。概念測試最常以個人訪問的方式進行，但有時也會用郵寄調查的方式。

假如概念測試的結果顯示消費者接受度低而不太願意購買，那麼廠商可能就得決定停止開發。反之，假如概念測試結果顯示消費者接受度高而願意購買，那麼廠商就會決定繼續開發。測試結果也可能會提供概念的修正，以期能更符合消費者的需要。

關鍵思維

提出一件你認為會成功的新產品，並對這件新產品擬定一份至少有兩種不同款式的概念說明書。可能的話，請繪出這兩種不同款式的圖案，然後展開一項簡略的概念測試，並將其交給至少五位同學做討論。並請評量這個練習的結果：
- 概念測試能提供什麼資訊？
- 在此資訊下，若你想要開發這個新產品並上市，請問下一步應做什麼？

商業分析

對於概念開發與測試階段所留存下來的創意，應進行詳細的商業分析。在新產品開發過程中的**商業分析**（business analysis）階段，需要對產品準備

倫理行動

將價值融入新產品之中

肯夢（Aveda）公司成立於 1978 年，是一家高檔的有機化妝品公司。該公司由瑞秋貝克（Horst Rechelbacher）創立，專門以具有環保意識的方法生產天然化妝品。1997 年，雅詩蘭黛（Estee Lauder）併購肯夢公司，不過仍然讓該公司維持其核心價值。這是一項正確的舉動，肯夢的營收在過去的 2 年裡倍增。肯夢公司將價值全部融入於其產品之中，例如，它有一張明細表可用來篩選新產品，以確保所有產品的原料成分不會危害環境或當地的百姓生活。該公司曾放棄一種已開發完成的香水系列產品，原因出自其中一種原料來源無可得知。4 年後，該公司發現另一種不傷害環境的原料，於是才推出該香水系列產品。

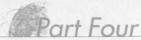

圖 9-5　　　　新款潔手劑的產品概念

潔手劑

一種大型罐裝潔手劑,能夠消除觸摸魚類、洋蔥、大蒜或家具亮光漆等所引起的不愉快味道。它不僅是將氣味遮住而已!只需按下噴頭,直接噴灑在手上幾秒鐘,然後在水龍頭下沖洗。 24 盎司罐裝噴霧劑可使用數個月,而且容易儲存,每罐售價 2.25 美元。

1. 假如你家鄰近的超級市場有出售這項產品,你有興趣購買該產品嗎?

	請勾選一項	樣本回應率(%)
我絕對會買	☐	5%
我可能會買	☐	36%
我還未決定	☐	33%
我可能不買	☐	16%
我絕對不買	☐	10%
		100% 總計

注意:上述之假設回應率僅純粹做為例子說明而已。

概念測試
讓潛在顧客評估新產品的概念。

商業分析
屬於新產品開發的階段,準備初期的行銷計畫,包括試驗性的行銷策略,並估計預期的銷售、成本及獲利能力。

初期的行銷計畫,且須對產品擬定試驗性的行銷策略,並估計預期的銷售、成本及獲利能力。當產品創意到達本階段時,表示已通過了公司一般的篩選準則,將可被消費者所接受。商業分析之目的,在決定產品上市是否具有商業價值。

廠商必須評估銷售新產品是否有利潤,故須做成本估計,此項工作雖稍嫌困難,但比銷售預測容易。有幾種銷售估計是必須的,一些不常購買的產品如器具、生產設備或個人電腦等,均必須估計初期銷量及長期的重置銷量;而一些經常購買的產品如牙膏、辦公用品或餅乾等,則必須估計初期銷量及往後再購的銷量。

廠商也必須嘗試預估各購買週期的銷售,因為新產品最後的成功,將決定於消費者試購及後來的再購。貝氏堡(Pillsbury)公司的 Lovin 小酥餅上市經驗說明了這一切,該產品上市後的數個月裡,有 90% 的產品是在超市銷售,銷量也持續在成長,但不到 2 年時間,銷量開始下滑了。因為消費者並不覺得與原來產品有何不同,因此他們又回頭購買原來的產品。[27]

由於新產品銷售與成本的估計相當困難，所以商業分析的真正價值在於確定有哪些產品無法商業化。消費者可能喜歡該產品，而其也可能符合廠商的一般準則，但市場可能太小或行銷成本可能過高，以致於該新產品的長期獲利機會不大。若是如此，該廠商就得決定停止開發，雖然在此階段決定停止開發會有所損失，卻能為廠商在往後的新產品開發過程中省下大筆成本。若決定繼續開發，則意味著該新產品具有潛在的獲利能力。

克萊斯勒公司有一個決定停止開發的例子。該公司成立了一個強大的團隊，以便進行開發代號稱為 LX 的豪華車款；LX 車將是一部擁有 32 個新型的充氣活門、超過 300 匹馬力的 V-8 引擎、後輪驅動的豪華車款。該車的速度快、易操作，足以與 BMW、賓士、積架（Jaguar）、凌志、Infiniti、凱迪拉克等車輛匹敵，當公司即將實際生產該車時，團隊成員均十分雀躍。然而經過市場分析後，管理當局認為市場競爭劇烈，新產品將無法產生足夠的利潤；雖然團隊成員皆希望能生產該車，但因獲利潛力有限，最後管理當局還是決定停止生產。[28]

■ 原型開發

原型開發（prototype development）意味著將概念轉成實際性的產品，其目的在於利用概念測試所得到的資訊，再進一步加以測試，以便設計實際的產品。由於投資在原型開發的資金可觀，所以在本階段的新產品開發成本開始攀升，而產品創意在這個階段裡也會有高成功率，因為廠商在產品開發過程的早期即已清除了不良的產品創意。

廠商在原型開發中應專注於兩個領域。第一，要設計滿足消費者在概念測試上所表達的需求產品。方法之一是透過**品質功能部署**（quality function deployment, QFD），亦即將特定消費者需要與特定產品特色銜接一起的過程。圖 9-6 列示了銷售企業用戶新影印機產品的簡化 QFD 矩陣。在該例中，設計每一個產品特色時，至少要達成一種顧客要求的效益，而本法即直接將產品特色與顧客需要連結在一起。

第二，將品質建立在產品內。在以前，產品設計後就送到製造部門生產，有時依據設計規格生產是困難重重而耗費成本的。而現在許多廠商在原型設計時，就已納入產品設計、工程及製造等人員，並將製造考量也直接放入產品設計裡，此法不但可確保原型能滿足開發文件上所列舉的顧客需要，也能生產合乎品質水準的產品。「運用科技：以科技建立原型」一文提供關於原型開發的有趣例子。

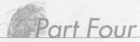
圖 9-6	產品品質功能部署矩陣

顧客需要	新影印機的產品特徵					
	不同尺寸紙匣	觸碰式控制	節電裝置	嵌入式碳棒	長期保固	高速
快速影印						X
多功能	X					
耐用		X	X		X	
低維護成本		X	X	X		
操作容易	X	X		X		X
低作業成本			X			

X 代表設計特別的產品特徵，以符合特別的顧客需求。

測試行銷

測試行銷
對新產品原型，以及在模擬或實際情況下之行銷策略的測試。

產品原型一旦開發，即可進行測試。**測試行銷**（test marketing）會涉及產品原型，以及在模擬或實際情況下之行銷策略的測試。測試行銷也許是昂貴而有風險的，全面性的測試行銷成本可能超過 100 萬美元，且至少需要 18 個月的時間。對測試小心翼翼的行銷老手——寶僑公司，曾從一個競爭者的反應得到教訓。數年前，寶僑公司測試其準備上市的品牌，此舉卻引起通用磨坊公司的注意，導致後者趕緊推出貝蒂妙廚（Betty Crocker）品牌的類似品，如今該項產品已支配了整個市場。[29]

模擬測試行銷
在模擬情況下評估消費者如何購買及使用新產品原型的情形。

測試方法有兩種：模擬測試行銷及標準測試行銷。**模擬測試行銷**（simulated test marketing）是在模擬情況下，評估消費者如何購買及使用新產品的情形。典型的模擬測試行銷，通常是在購物中心人們來往頻繁的地方攔下逛街者，由調查員向他們詢問一些不同產品的使用情形，並向他們展示新產品的概念或廣告；接著邀請受訪者參與模擬購買新產品的活動，於活動之後再詢問其有關購買的問題。在一段時間後，再度徵詢他們使用的情況以及再購買的意願。

標準測試行銷（standard test marketing）是指廠商實際到眞實的市場去測試新產品及其行銷策略。測試市場的大小及數量，依資訊的可靠性、測試行銷的成本、競爭者的可能反應來決定。對於所揀選的測試市場，應具有新產品目標市場特徵的代表性。典型的方法是在所揀選的測試市場中，執行新產品行銷策略，並小心追蹤其結果。有時廠商會將行銷組合因素在不同的測試市場裡加以改變，以辨識其中最有效的行銷策略。

美國科技（Ameritech）公司使用一個有趣的方法來做測試行銷。該公司選擇一個小城鎮，並利用小鎮鎮民來測試新產品以及售後服務。例如，該公司在伊利諾州的 Woodstock 郡徵選 100 位以上的測試者，來評估其名爲 Clearpath 的數位手機服務，而公司利用來自於這些城鎮測試者的使用建議，以繼續改良該公司上市前的新產品。有趣的是，這些城鎮的測試者也經常參與該公司「人性因素」（Human Factors）的廣告活動，這些廣告顯示人們以幽默的方式來使用新產品時，而行銷測試以及廣告背後所顯示的邏輯觀念，則是「如果科技不能讓人們方便，那就是無用的」。[30]

測試行銷代表著對新產品的最後檢驗，假如新產品通過該項檢驗，就可進入商業化的階段；反之，如果新產品未能通過該項檢驗，那就該停止繼續開發。縱使測試行銷的費用龐大，但基本上是不會比商業化階段昂貴。故以廠商的立場來看，在本階段就停止不成功的產品，總比在商業化階段才停止有利得多了。

標準測試行銷
到真實的市場去測試新產品原型及其行銷策略。

對新產品的介紹，起始於新產品過程的商業化階段。

運用科技

以科技建立原型

保羅・布德尼茲（Paul Budnitz）白手起家創立 Kidrobot 公司，才短短 3 年的時間，如今其每年營收皆超過 500 萬美元。要維持成長，就得持續不斷推出具有不同特徵的新機器人物。該公司應用各種科技設計具有特徵的人物原型，剛開始以電腦繪圖程式畫出人物雛型，再以電傳方式傳遞給所有參與人員徵詢意見，這些人員通常是在紐約的設計人員和在中國的製造商。經過一再地修改後，方才得到滿意的設計稿。剩下的最後一道工作，則是請所有人參加網路會議共同討論，以便定稿。一旦最後的設計定案，再電傳給在中國的工程人員。這些工程人員收到該設計稿後，會以黏土或白臘依樣式做成原型，再將其運送到紐約。這些原型經過一番評審、修正後，再以電傳方式通知中國的製造商，於是新的人物在 30 天內就可登上產品線銷售了。

◾ 商業化

商業化
產品測試成功後的
新產品開發階段，
廠商在整體基礎的
考量下將產品上
市。

在**商業化**（commercialization）的階段，廠商要以整體基礎為考量將產品上市。本階段的投資及風險通常最高，因為投資在生產、配銷及行銷支援的金額均相當龐大。若廠商在新產品開發的其他階段裡進行得不錯，則將可減少一些風險；若要想成功地商業化，就得對消費者的採用、決策時機及調適進行了解。

消費者採用

採用過程
消費者決定是否使
用一項新產品的步
驟。

採用過程（adoption process）為描述消費者決定是否採用新產品的步驟。採用過程的各個階段說明，如圖 9-7 所示。為了引導消費者通過這些階段，進而採用新產品，廠商也得設計各種行銷策略。

研究指出，在採用過程中有兩個重要考量。第一，不同消費者之間的採用速度是不一樣的。通常有一小部分的消費者願意優先採用新產品，一般稱之為**創新者**（innovator），他們代表著前面 2.5% 的採用者。確認這些創新者，再把行銷努力鎖定在這群人身上，將是新產品商業化成功的關鍵因素。

創新者
願意優先採用新產
品的消費者（大約
是前 2.5%的產品
採用者）。

第二，新產品的特性會影響其採用速度，若產品愈複雜，則採用的速度愈慢。例如，新的電子產品（如卡式錄放影機、有線電視、個人電腦、手機）約需 5 到 15 年方能吸引消費者，也才能滲入大部分的市場。[31] 當新產品與既有產品相容，而且較其更優秀，並可在賣場中試用時，那麼採用速度就會加快。所以，行銷策略應能分辨出哪些是加速或緩慢採用的特性。

朗訊科技公司大型企業客戶部主管蜜契兒，在談到相關新產品採用的速度時說：「即使新產品可以快速地取代舊產品，但如果消費者無法接受，即為功虧一簣。在傳統上，高科技的產品相對地也需要較高的成本。朗訊的目標客戶都屬於非常競爭的產業，新產品的差異性對這些公司的成功與否也有極大的決定性。正是在這裡，我們最有可能發現願意使用新產品的早期使用者，且為了占有早期的市場，我們必須針對現有的產品加以整合，以符合消

圖 9-7　消費者採用過程

消費者採用階段	行銷策略目標
察覺	傳播新產品上市的訊息。
興趣	傳播新產品的效益，吸引消費者的興趣。
評估	強調新產品較目前市場上的其他產品優越。
試用	鼓勵消費者試用新產品。
採用	確信消費者使用新產品後覺得滿意。

費者的需求,並達到快速的回收或重要的競爭優勢。」

時機

在多數情況下,廠商可依其時間表推出新產品,但要考慮該產品或該行業是否已有廠商領先進入了市場。吉列(安全刮鬍刀)與新力(個人立體音響)是經營不錯的先驅者,但全錄(傳真機)和 eToys(網路零售商)卻失敗。合適的策略需要靠許多因素,如科技演變速度、市場演變速度、公司的資源與能力來形成。當科技與市場的演變速度較慢時,第一個進入市場者獲得長期性優勢的可能性就比較高。當科技與市場的演變速度較快時,第一個進入市場者就算擁有雄厚的資源,想要獲得長期性優勢的可能性也比較難。假如科技演變速度較快,而市場演變較慢時,除非擁有雄厚的資源、強大的研發與開發新產品能力,否則想得到先驅者的優勢並不容易。當市場演變速度較快,而科技演變速度較慢時,擁有強大的行銷能力和足夠的資源的廠商,則最有可能得到先驅者優勢的機會。[32]

假如新產品具有較既有產品更清晰的優點,那麼將很快地被採用。LG 電器公司即強調其數位錄放影機所具備的電漿高畫質特色。

許多廠商提前預告其新產品的推出時間,因為如此可獲得輿論對該產品和公司的種種報導,而讓顧客及公司的企業夥伴一起準備迎接該新產品的到來,因此提前預告新產品推出時間的好處不在話下。不過要注意,新產品一定要如期推出。高科技密集業廠商經常對預告新產品推出的時間延宕或取消,一項研究指出,這些延宕與取消會傷害廠商與顧客的關係,也指出這將對該廠商的股票價格造成負面的影響。[33]

協調

當新產品開發階段尚在進行,商業化的行銷策略早已展開了。廠商必須協調所有的功能部門,以便有效地執行此項策略;而生產、配銷及其他所有的行銷部門,也須與公司一起努力,以確保生產的產品足夠供應商業化策略產生的需求。

一項研究發現,當廠商具備結構性的商業化過程,而相關人員對其過程非常了解,且各部門溝通無礙時,新產品的推出就較容易成功。尤其是針對要按照預定目標以及各項任務之特定責任順序推出的新產品。另一項研究發現,若能透過跨功能團隊,而此團隊又有幾位是具備推出新產品經驗的成

員，則這種協調工作最易達成。這種方法可以讓原來的團隊與有經驗的新團員一起工作。[34] 此外，新產品在推出後，其結果的追蹤也十分重要。[35]

9-5 新產品成功的關鍵

一些研究指出，造成新產品上市成功與失敗的原因不少。許多主管感到不滿的是，公司對新產品的開發速度或新方案的規劃不順與預算困難。前瞻性規劃對於改善新產品開發的過程十分重要，[36] 茲將這些對新產品開發成功的關鍵因素，列示於圖 9-8。[37]

這些新產品成功的關鍵，與本書所強調的內容是一致的。新產品開發應以市場為導向，以顧客為重點，目標則是開發具有獨特效益及有價值產品給消費者。努力於各前端的開發作業，如創意篩選、概念開發與測試、商業分析等，皆為新產品開發成功的關鍵因素。事實上，建立有次序及嚴謹的新產品開發過程，並有效地執行每一過程，即為一項決定成功的重要因素。

◢ 組織方式

研究發現，有幾種不同的組織方式與成功的新產品推出，彼此之間存在幾項有趣的關係。不少的研究指出，對於創新成分愈少的產品，廠商的市場導向方式運作與新產品的成功之間，兩者具有正向關係。但是對推出創新的新產品相當成功的許多廠商而言，它們大多將市場導向、創造力與創業家的精神結合一起。[39]

有幾項證據顯示，利用跨功能的新產品開發團隊可以增加新產品成功的機會，有助於縮短新產品開發循環的時間。許多公司利用不同的方式，組成其新產品開發團隊。哈雷機車在其新產品開發中心裡應用矩陣式組織，在整個新產品開發過程中，將各種不同但具有關聯的功能領域整合起來，以發揮

圖 9-8　新產品成功的關鍵

- 最重要的因素：以獨特、優越、差異化的產品，而給予顧客獨特效益及優越價值。
- 新產品開發過程隨時要以市場為導向，和以顧客為重點。
- 各前端開發作業要做好。
- 及早對產品做清楚的定義。
- 正確的結構組織。
- 預期新產品會成功：以贏家方式對方案做精確的選擇決策。
- 新產品的成功是可控制的：強調完整性、一致性及執行的品質。
- 速度至上！但不能犧牲品質。
- 按不同階段，有次序地執行新產品開發計畫。

最大的作用。[40] 陶氏（Dow）化學公司應用一種稱為「以速度為開發理念基礎」（Speed Based Development Philosophy）的方法，成功推出新產品的時間比以往快三到五倍。它是一種彈性方法，亦即以正確的領導方式，選擇正確的人，利用正確的技術，以正確的方法執行。利用這種方法產生的新產品，其營收已超過了 10 億美元。[41]

跨功能領域的團隊工作，有助於新產品開發的成功。而在開發過程中，必須專注於生產高品質及消費者需要的產品。在很多情況下，這意味著要不斷察覺，即如何應用新科技解決顧客的問題。雖然許多成功的關鍵因素似乎顯而易見，但大多數的新產品仍然會失敗。這些失敗的原因可能是廠商把這些清楚的事做錯了，或沒有把它做好所造成。

工作團隊常常是新產品開發成功過程中所必備的要素。膳魔師（Thermos）公司利用一個跨功能團隊開發一件新型電力烤爐，而贏得四項設計大獎。

■ 行銷研究支援

行銷研究對新產品的開發過程也有貢獻良多。概念測試和測試行銷已在本章前面探討過了，而其他研究方法亦已在本書第 6 章敘述。圖 9-9 列示了一些行銷研究被用在新產品開發過程的方式。

上市前活動（prelaunch activities）係指商業化之前的行銷研究，這些研究通常是要將消費者的反應納入新產品開發過程的決策中。至於新產品正式上市研究（rollout studies），係指產品在商業化階段上市後之研究，其目的在於評估消費者對新產品及行銷策略的反應。

香蕉核桃麥片成功上市的例子，說明了行銷研究所扮演的重要角色。麥片製造商 C. W. Post 公司想要開發有香蕉口味的麥片，原因在於香蕉深受美國人所喜愛，而消費者對香蕉口味的麥片概念也有正面的回應。剛開始是在麥片中摻進乾燥的香蕉片，但產品測試並沒有成功，於是才產生了將麥片做成像香蕉核桃片的創意。產品原型生產出來後，再經過幾百個家庭的試用，反應還不錯，於是香蕉核桃麥片就開始上市。而追蹤的研究顯示，初期購買和再購買的需求均十分殷切。如今該項產品已非常成功，並且成為 Post 公司最熱門的品牌之一。因此，透過不同的行銷研究所得到的消費者資訊，是產品上市成功的關鍵因素。[42]

圖 9-9 新產品的行銷研究支援

上市前活動		新產品正式上市	
• 焦點團體	• 名稱和包裝評估	• 察覺態度研究	• 產品改良測試
• 市場定義研究	• 產品測試	• 使用研究	• 新廣告策略測試
• 確認目標區隔	• 廣告文案測試	• 追蹤研究	
• 概念測試	• 模擬測試市場		
	• 測試市場		

成功的新產品

雖然失敗的新產品不少，但成功者仍有許多。在此，我們列出幾項被選為 2004 年的最佳產品，做為本章新產品開發的結論：[43]

德國漢沙航空公司推出一種新的服務，以改善其顧客的飛行體驗。

- Aliph 公司的顎骨藍芽耳機附有兩個擴音器，便於在喧譁的場所使用。
- 惠普公司的 Photosmart R707 袖珍型數位相機，具有 510 萬畫素，並在相機裡配有調校紅眼裝置。
- 良明（Ryobi）公司的 AIRgrip 雷射光水平儀將一小型真空設備固定在牆壁上，雷射光光束可以水平和垂直轉動發射光束。
- 美泰克公司的 Neptune 烘乾機在轉筒式烘乾機頂端安裝了櫥櫃式乾燥箱。
- 歐樂 B 公司的 Brush-Ups 手指牙刷，牙膏含在手指牙刷中無須漱口。
- 本田公司的 CRF 250K 摩托車具有賽車、越野的功能，符合美國各州政府公布的排氣標準。

摘要

1. **認識不同類型的新產品。** 不同新產品的界定，在於如何對顧客以及廠商介紹這些產品。從廠商的角度而論，新產品可分成嶄新產品、新型產品、產品線增加、產品改良或是重新定位。

2. **討論新產品的不同來源。** 新產品有外部來源與內部開發兩種。外部來源包含併購或讓廠商有權經銷其他廠商產品等，以及不同的共同投資方式。內部開發則是廠商自己開發新產品，當廠商與其他廠商合作開發新產品時，在過程中仍須參與。

3. **了解新產品開發過程的各個階段。** 新產品的發展過程包括：創意產生、創意篩選、概念開發、商業分析、原型開發、測試行銷以及商業化，廠商經歷這些過程，其成本會大幅上升。

主要目標是要儘早淘汰可能會失敗的產品，將時間與資源花在成功機會最大的創意上。

4. 描述在新產品開發過程中應用行銷研究的方法。行銷研究貫穿在整個新產品的開發過程中。在上市前的階段裡，特定方式的行銷研究是值得的，而這些研究協助評估不同的行銷，其市場的接受度與可能成功的機會。可利用不同的行銷研究去監控與評估在商業化階段的成果。

5. 辨識新產品成功的關鍵。圖 9-8 列示九個新產品成功關鍵的因素。一般而言，這些成功因素包括以市場為導向、以顧客為重點、有效執行嚴謹的新產品開發過程、採用多功能的組織結構、開發有效益及有價值的產品給消費者。

習題

1. 不同類型的新產品開發過程有何差別？
2. 利用外部資源開發新產品有何優缺點？
3. 請參閱「倫理行動：將價值融入新產品之中」一文後，公司可以將哪些非商業化因素納入其新產品創意篩選過程之中？
4. 所有新產品都必須測試行銷嗎？為什麼？
5. 新產品的商業分析應包括哪些項目？
6. 請再閱讀「運用科技：以科技建立原型」一文，列舉資訊與通信科技在開發新產品原型上，有哪些特別的貢獻？
7. 請敘述行銷研究在新產品開發過程的應用？
8. 在新產品開發過程中的創意篩選階段裡，應考慮哪些因素？
9. 新服務的開發與新產品的開發有哪些差異？
10. 消費性產品與企業產品的開發有何不同？

行銷技巧應用

1. 假設學生對學校行事曆資訊的取得感到困難。以企業家精神做為導向，你可能開發一項產品以解決該項問題。請應用新產品發展過程中的創意產生、創意篩選及概念開發方式，並將一項或以上之新產品概念帶到班上測試。
2. 請接洽本地一家從事新產品開發的廠商，當你前去拜訪時，盡可能地發現該廠商有關新產品的開發過程。
3. 找出一項你認為最近非常成功的新產品。蒐集該產品從不同來源的已公布資訊，再依圖 9-8 列示出該公司推出新產品成功的關鍵因素。

網際網路在行銷上的應用

活動一

請上 3M 公司網站（http:/www.3m.com）。

1. 在「Our Pioneers」欄項點選一位發明家，敘述該項發明如何成為 3M 新產品。
2. 從網站上得到的資訊，你覺得 3M 在開發新產品的成功因素是什麼？
3. 3M 在未來的新產品開發計畫是什麼？

活動二

產品開發與管理協會（PDMA）是一個有趣的網站，請上 www.pdma.com 網站。

1. 請問 PDMA 的目標是什麼？
2. 請問 PDMA 提供什麼利益給其會員？
3. 請點選「Visions Magazine」欄項，檢視該欄最近討論的議題，並與本章所討論的主題相互比較，這些議題強調新產品的哪些問題？

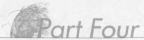
行銷決策

日蝕航空公司：開發一架創新的噴射機

　　日蝕航空（Eclipse Aviation）公司，是由微軟公司前任總經理門恩‧雷伯尼（Vern Rayburn）所創立。該公司正嘗試開發一種在航空界稱得上是革命性的雙引擎噴射機，內裝可媲美高級轎車，而操控方式也將是最新穎與最安全的模式。它在高度 41,000 英尺時，速度幾乎可達 450 英里／小時，飛機小且易操作，幾乎可降落在任何的小機場。而飛行這架飛機的費用，只需目前市場上最便宜飛機的 40%，這架日蝕 500 飛機的價格將訂在 85 萬美元左右！

　　該公司已花了 4 年時間開發這架飛機，且已通過電腦模擬測試，目前原型機已經製造完成了。它還必須經歷政府 1 年時間的嚴格品質測試，如果沒有通過，就得修正設計再行測試。日蝕公司 180 名工程師的設計團隊，正為了能夠有更精確的設計而盡心盡力。

　　政府對私人飛機的安全新規定也必須遵守，日蝕公司計畫將所有日蝕 500 的飛行員都送到飛行學校訓練，此舉將可讓公司更易掌控，且有助於將安全問題減至最低。

　　日蝕公司的飛機通過一連串的飛行測試，到 2004 年的 4 月為止，已經有 112 種類合計 127.4 飛行小時的經歷。該公司第一次公開展示是在新墨西哥州的 Albuquerque 和佛羅里達州的 Lakeland 之間 3,000 英里的飛行，目前的計畫是在 2006 年 3 月完成所有的飛行測試，並完成認證手續。

　　2005 年的 4 月 25 日有好消息捎來，DayJet 公司與日蝕公司簽訂了 5 年的採購合約，而在前 2 年要交付 239 架日蝕 500 噴射機。DayJet 公司為其短程區間的飛航，提出「每一座位，有求必應」的服務口號。

　　為什麼有這麼多人對日蝕 500 噴射機如此感興趣？摩根‧史坦利（Morgan Stanley）公司的一位航空分析師說，若該飛機能準時交機，那麼它將會是「爆炸性的發展」而「改變業界局勢」。首先，目前駕駛一般引擎飛機的私人飛行員，將可提升至豪華旅遊的層級。第二，低價位及低飛行費用，將為私人噴射機開闢一個新市場，將有更多的人以及公司買得起日蝕 500 噴射機。

　　日蝕的最佳機會是要能夠被一般旅客當做空中計程車。旅客可以事先打電話預約空中計程車，而一架日蝕 500 飛機至少可以搭載 6 位乘客，讓他們能從當地機場飛到任何其他城鎮的機場，且其花費將與商務艙的價錢一樣。

問題

1. 日蝕航空公司如何遵循新產品的發展過程？
2. 你會建議該公司專注在提升既有的私人飛機旅客市場，或開發新的私人飛機旅客市場？
3. 既有的私人飛機旅客市場與新私人噴射機旅客市場之行銷策略有何不同？
4. 你如何評估空中計程車概念？你對此新銷售方式有何建議？

行銷決策

PaperPro：將問題轉為商機

在 2003 年，陶德・摩西（Todd Moses）辭去工作，為了省錢而帶著身懷六甲的妻子回到父母親的家居住。陶德想創業，因此與一家創投公司約定見面相談，看看能否出資支持其設立一家美食餐廳連鎖店。由於赴約時間稍有延誤，他趕緊將他的企劃書文件裝訂在一起，希望這些瑣碎的事都做得完美一點，因為他想要向創投公司籌措 500 萬美元的資金。

他第一次嘗試時，發現釘書機只能把 19 頁的文件裝訂一半。他再次嘗試卻夾到手指，流出的血濺在文件上面。他一怒就把釘書機往牆壁一甩，匆匆赴約。一到會場，他趕緊為沒有帶來足夠的企劃書份數道歉，毫不意外地，這次會議告吹了。

當晚他仍為釘書機的意外十分惱怒，他睡不著覺，於是上史泰博公司及辦公用品倉儲公司的網站，他發現這兩個網站上出售的釘書機，似乎和他用過的是同一款式。第二天他打聽到一位名為喬羅・馬克（Joel Marks）的機械工程師。喬羅同意幫陶德設計一種性能勝過坊間所有類型的釘書機，並約定以新公司的股份與之交換。一般辦公室用的釘書機，需要 30 磅的力量方能把 20 頁的紙張釘在一起，陶德和喬羅設計了一款小巧且有反彈力彈簧之釘書機，只需用 7 磅的力量就可將 20 頁的紙張裝訂一起，該釘書機只要一個人用一隻手指，甚至是一隻小指就可運用自如了。

陶德成立一家名為 Accentra 的公司，並委託一家台灣的製造商，生產品牌名稱為 PaperPro 的新型釘書機。然後他拜訪了 120 家可能的配銷商，其中有 119 家同意經銷該產品。到了 2004 年年底，辦公用品倉儲公司、辦公總匯（Office Max）公司和一些型錄公司都有經銷 PaperPro 釘書機。史泰博公司以其商店品牌 One-Touch 經銷該釘書機。目前有三款釘書機上市，零售價在 9.99 至 29.99 美元之間，銷售情況十分火紅，甚至連沃爾瑪都開始經銷 PaperPro 釘書機。該公司目前一年的營收高達 5,000 萬美元，產品銷售普及 60 個國家。

在此同時，釘書機的市場領導者 Swingline 公司，發現其市占率大幅下跌，於是該公司趕緊進行幾項行銷研究方案，嘗試了解其市占率下跌的原因。結果發現來自於 Swingline 釘書機使用者的最大抱怨，是手指容易被壓傷。該公司於是做了一些改善，並推出五種新款式的釘書機，包括一種應用人工力學裝訂的釘書機。目前這些新產品已幫助 Swingline 公司的市占率止跌回升。

問題

1. 陶德・摩西如何辨識其對新產品的創意？
2. 新產品開發過程的哪個階段，讓陶德完成 PaperPro 釘書機的商業化？
3. 陶德如何改善新產品的開發過程？
4. 陶德和 Accentra 公司，對 Swingline 公司所推出的新釘書機要如何做出回應？

產品與服務策略

Product and Service Strategies

Chapter **10**

學習目標

研讀本章後，你應該能夠

1 了解產品組合的各種不同特徵。

2 認識產品生命週期的特徵與階段。

3 確認產品生命週期中各個不同階段的適當行銷策略。

4 說明產品生命週期的概念之限制。

5 探討不同的產品組合與產品線策略。

星巴克

1971 年，第一家星巴克在西雅圖的派克市場（Pike Place Market）成立。該公司的理念很成功，在 1992 年股票公開上市時，已設立了 165 家連鎖店，目前在美國與世界各地已有 9,000 多家的連鎖店。星巴克的策略是以柔和的氣氛、高品質的咖啡豆及咖啡飲料為基礎，而創造出獨特的經驗。

預期未來每年銷售與利潤的成長約在 20% 左右。長期目標是擁有 30,000 家店面，每年要有 1,500 家新店開張。雖然在大都會地區仍有擴充空間，但是星巴克正逐漸往小城市移動，此外也已看到在美國長達 165,000 英里的鐵路沿線商機。此外，星巴克公司也有不少國際發展的機會，目前在中國雖然只有 150 家店面，但預計未來要在中國設店達 2,000 家以上。

星巴克也增加產品的組合，俾與顧客有更好的聯繫，並改善來星巴克的消費經驗。如同該公司董事長所言，星巴克「不是以咖啡企業來服務公眾，而是以公眾企業來經營咖啡」。最近星巴克在其店鋪裡增添一些產品與服務，包括泰舒（Tazo）高級茶、無線上網、音樂平台（ Hear Music platform ）和 Torrefazione 義大利咖啡。

星巴克開始利用網站以彌補店內銷售的不足，特別是蒸餾咖啡機等商品。除了在店內銷售其產品外，星巴克也銷售與合資公司共同生產的各種產品，諸如瓶裝星冰樂（Frappuccino）、冰搖雙份濃縮咖啡（DoubleShot）、星巴克咖啡酒，以及冰淇淋系列的產品。

星巴克隨行卡（Starbucks Card）則是另一項將星巴克商店結合網路的成功例子。顧客只需在店內或網路上購買預付卡，即可在每次消費時扣除消費金額，目前發行量已超過 5,200 萬張。坊間有些公司會購買普受歡迎的星巴克隨行卡當做員工的犒賞品，以做為激勵士氣的誘餌。

星巴克以克盡社會責任為榮，並以一流企業自許，務必做到對公司與全球的社區團體產生社會的、環境的和經濟的效益。例如，星巴克的「走過必有痕跡」（Make Your Mark）活動配合志工時間與金錢，全數指定捐助給非營利組織。2005 年 1 月世界環境中心（World Environment Center, WEC）對星巴克頒發「國際性公司永續發展成就獎」的金牌獎。

星巴克以添增更多的分店，擴增其產品組合，並在網站上建立全球的顧客權益。在可預見的未來，星巴克必是一片燦爛輝煌。

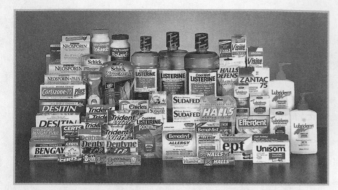

大部分公司銷售許多不同的產品。輝瑞（Pfizer）的消費者健康
照顧中心，展示其產品組合中眾多產品的一部分。

星巴克經驗說明了銷售多種產品與服務
所面臨的挑戰，其成功有賴於特定產品、個
別的產品線，以及整體產品組合之有效策略
的擬定與執行。這種工作對於類似星巴克這
樣的公司將變得更爲艱難，因其連鎖店必須
仰賴電子商務進行整合，但這項工作也將是
眾多廠商所要面對的。

縱使是以單一產品爲主的小型廠商，通
常也以增加新產品來達到成長的目標。其中
一個理由是，新產品通過商業化階段，在市
場推出後，一般皆會經歷某種類型的產品生命週期；而在生命週期的末期，
銷售及利潤均會明顯地減少。因此，廠商會利用市場機會對既有產品推出新
款式，以延長其生命週期，或推出其他新產品來達成公司的成長目標。所
以，精明的公司會以有效的產品及服務策略，企圖引導這種成長。

本章接著要介紹產品組合概念，並分別討論個別產品、產品線及整個產
品組合的策略。我們專注於產品生命週期所扮演的角色，而將其做爲擬定策
略的基礎。

產品組合
廠商為銷售產品及
服務所採取的方式。

10-1 產品組合

產品組合（product mix）是廠商爲了銷售產品及服務的方式，每一個產

經驗分享

「在公司裡爲多種產品擬定策略，所呈現出的是挑戰性及協調性。公司常試著建立好的
品牌以擴張其成長，同時，也把焦點放在預算、努力延長產品線及創立新的產品線
上。如果做的方向正確，多種產品的策略就可成爲提高總銷售及獲利的關鍵。而成功
的產品策略，可同時滿足顧客的需求及增強品牌的權益，擴展產品線也可幫助公司的
產品在貨架上的空間占有率，因上架空間的取得，在市場占有率的戰爭中也是非常重
要的一環。」

約翰（傑克）・肯納德〔John V. O.（Jack）
Kennard）是百富門（Brown-Forman
Beverages Worldwide）公司的資深副總裁，
也是該公司全球品牌研發部的執行董事。他坐
鎮指揮公司領先的靈魂品牌——傑克・丹尼爾
（Jack Daniel）家族品牌和 Southern Comfort
香甜酒的策略及全球的行銷。其責任包括全球

行銷的成長，以及顧客權益的建議、品牌策
略、定位、選擇目標顧客、廣告、包裝、產品
開發與訂定價格。傑克之前曾在卡夫／通用食
品公司和 R.J.R./Del Monte 公司擔任過行銷工
作。傑克於維吉尼亞大學取得了英美文學學士
和 MBA 學位。

約翰（傑克）・肯納德
百富門公司
全球品牌發展部執行董
事暨資深副總裁

圖 10-1　　產品組合特性

柯達公司產品組合			
用完即丟相機	**數位相機**	**專業相機**	**醫療攝影機**
•Kodak Zoom •Kodak Plus Digital •Kodak High Definition •Kodak HQ Maximum 　Versatility •Kodak Water and Sport •Kodak Power Flash •Kodak Advantix Switchable •Kodak Black and White •Kodak Fun Saver 35 Flash •Kodak Max Outdoor	•Easyshare C360 •Easyshare C340 •Easyshare C330 •Easyshare C310 •Easyshare C300 •Easyshare CX7530 •Easyshare CX7430 •Easyshare CX7330 •Easyshare CX7300 •Easyshare CX7220 •Easyshare Z7590 •Easyshare Z760 •Easyshare Z740 •Easyshare Z730 •Easyshare Z700 •Easyshare DX7630 •Easyshare DX7590 •Easyshare DX7440 •Easyshare DX6490 •Easyshare V550 •Easyshare V530 •Easyshare LS753 •Easyshare LS743	•Kodak Pro SLR/C •Kodak Pro SLR/N	•Kodak 1000 Intraoral Video Camera •Kodak RVG 6000 Digital Radiography System •Kodak 8000 Digital Panoramic System •Kodak Directview DR 9000

產品線長度（左側縱向標示）

產品線寬度（底部橫向標示）

品組合至少包括一個產品線，有時更多。**產品線（product line）**是指一組相類似的個別產品。**個別產品（individual product）**則是指產品線內任一品牌或不同品牌之商品。因此，一個產品組合就是許多產品線的結合，而產品線又是許多個別產品的結合。

　　產品組合、產品線與個別產品可從不同的層次來定義。本書第 3 章曾就公司、事業單位及行銷的層次，討論組織的策略規劃。對公司層次而言，產品組合可定義為全公司所銷售的全部產品，而各事業單位通常銷售一個或一個以上的產品線。不過，各事業單位也會有自己相關的產品所組成的相關產品線。例如，奇異電氣公司是由 10 個事業單位所組成，其設備事業單位包含下列各產品線：冰箱、冰櫃、瓦斯廚具、洗衣機、乾衣機、室內空調設備、排風系統、家電、洗碗機、垃圾壓縮機、碎渣機、微波爐、供水系統以及工具用品等；而瓦斯廚具生產線則是由不同的無支撐廚具系列、各式單一靠牆烤箱、掛壁式廚具以及烹煮台所組成。[1]

　　任何產品組合皆可依產品的寬度、長度及一致性來定義。圖 10-1 列示了數年前柯達公司相機產品組合的特性。**產品組合寬度（product mix width）**是產品組合中產品線的數目，產品線愈多，產品組合寬度就愈大。但相機的產

產品線
一組相類似的個別產品組合。

個別產品
在公司產品線內任一品牌或不同品牌之商品。

產品組合寬度
產品組合中產品線的數目。

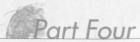

圖 10-2　　　　產品及服務策略

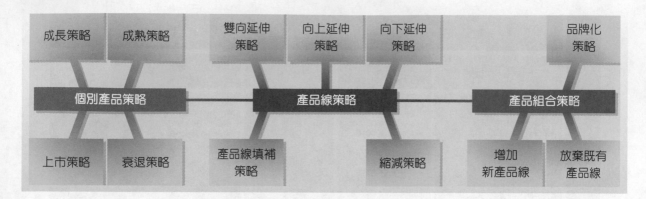

品組合寬度是相當窄的，因爲它只包括四個產品線：拍完即丟相機、數位相機、專業相機及醫療攝影機。

產品線長度（product line length）則是一個產品線的產品數目。在柯達公司的例子裡，數位相機的產品線最長，有多達 23 種產品；專業相機的產品線長度最短，只有 2 種產品。有時也會以產品線平均長度討論廠商的產品組合，以柯達公司的相機而言，四個產品線有 39 種產品，所以產品線平均長度是 9.75 種產品。

產品組合一致性（product mix consistency）係指一個產品組合中，不同產品線的相關性。柯達公司所有的產品組合是非常一致的，因爲所有產品皆與影像相關。即使我們將焦點延伸到公司或事業單位的層次，其產品組合也

> **產品線長度**
> 一個產品線的產品數目。

> **產品組合一致性**
> 一個產品組合中不同產品線的相關性。

企業家精神

擬定有效的產品組合

在被基爾（L.A. Gear）排斥之後，羅勃特（Robert）和麥可·格林伯格（Michael Greenberg）創立了一家非常成功的鞋子公司。一般鞋子公司擁有 100 到 200 種獨特類型如運動鞋類的產品組合，司凱捷（Skechers USA）公司則生產超過 2,000 種不同類型的產品供顧客選擇。它的產品組合包括了運動鞋、厚底鞋、基本咖啡色鞋、流行麵包鞋、鋼釘運動鞋、絨毛便鞋及其他鞋類等。這些鞋子透過零售商銷售給男性、女性、青少年及兒童的消費者。這些零售商包括 Athlete's Foot、潘妮百貨（JCPenney）、施樂百及司凱捷公司自己的零售店。

該公司成功的主因之一是它特別重視年輕婦女，因爲她們多傾向爲自己購買鞋子時順便幫家人選購鞋子。所以該公司便將其流行的款式重心放在青少年及年輕人的身上，即時回應這些族群對鞋款潮流的需求。例如，當厚底鞋不再流行時，該公司馬上針對 18 到 34 歲年齡層，推出對流行感敏銳的女性所設計的性感輕薄系列產品—— Skechers by Michelle K，該公司也總是保持較競爭者低的價位來迎合消費者。最近的新產品，包括 Marc Ecko 鞋和 310 Motoring 流行系列產品。該公司爲吸引新潮的男人、女人和小孩，將持續設計、開發、銷售具有生活品味的鞋款。

非常具有一致性,雖然產品並不都是相機,但皆與影像相關。

　　銷售多種產品及服務的廠商,須對不同的個別產品、特定產品線及整個產品組合來制定各種不同的策略,圖 10-2 即列示各個層次的主要策略。我們雖然從不同層次分別討論,但各策略之間是相關的。有效率的廠商應跨越這些層次,而去整合產品與服務策略。在「企業家精神:擬定有效的產品組合」中,亦提供一個鞋類工業的有趣例子。

10-2 個別產品策略

　　擬定個別產品行銷策略的重要因素之一是**產品生命週期**(product life cycle, PLC)。產品生命週期就像生物的生命週期一樣,需辨識其生存的階段而描述產品的演進,這些階段如圖 10-3 所示,分別為上市、成長、成熟及衰退四期。產品生命週期概念最適用於新產品的型態,至於一般性產品或個別品牌的特定生命階段並不適用。產品生命週期概念在折疊電話、手機、影像電話等產品型態的應用價值最佳,而在分析基本電話產品或特定電話品牌上的應用價值則較低。

> **產品生命週期**
> **(PLC)**
> 產品的演進有下列的階段:上市、成長、成熟及衰退。

　　產品生命週期概念基於四種前提:

· 產品的生命是有限的。
· 產品在不同階段的銷售會有不同的行銷意義。
· 產品在不同階段的利潤不同。

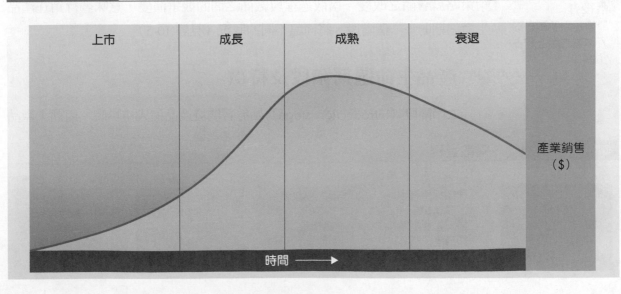

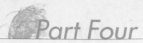
擴散過程
描述一件創新產品隨著時間的推移而被採用的情形。

創新者
願意優先採用新產品的消費者（大約是前 2.5%的產品採用者）。

早期採用者
採用新產品的第二群人，在市場上約占 13.5%。

早期大多數者
採用新產品的第三群人（在創新者及早期採用者之後），在市場上約占 34%。

後期大多數者
採用新產品的第四群人，在市場上約占 34%。

落後者
最後採用新產品的人，在市場上約占 16%。

- 產品在不同階段需要不同的策略。[2]

在討論相關的產品階段、特性及行銷策略之前，我們首先要檢視產品生命週期的基本概念，即擴散過程。

擴散過程

當一種新產品類型，如手機或光碟首次在市場推出時，消費者會經歷是否決定採用該產品的過程，本書第 9 章曾討論這種過程及採用因素。研究顯示，不同的消費者群體，在採用創新產品的速度各有不同，有些消費者在新產品一上市立即採用，而另外一些消費者則要等其在市場上一段時間後才採用。這種不同的採用速度，意味著一件創新產品通常要經過一些時間後，才會在市場上擴散開來。**擴散過程**（diffusion process）即在描述一件創新產品，隨著時間的推移而被採用的情形。

一般的擴散過程如圖 10-4 所示，該過程類似一個鐘型曲線，有五個不同的採用群體。如第 9 章所討論的，**創新者**（innovators）是首先採用新產品的人，在市場上約占 2.5%。而經擴散過程後隨即轉至**早期採用者**（early adopters）占 13.5%、**早期大多數者**（early majority）占 34%、**後期大多數者**（late majority）占 34%、**落後者**（laggards）則占 16%。每一消費群體的型態會因產品創新型態的差異而有不同，每一類型的消費者也都有一些共同特徵，如圖 10-4 所示。

在擴散過程中會有不同採用者的原因，是因為新產品經歷了不同的生命週期。當一件創新產品經過這些採用者擴散後，競爭者就會進入市場，而行銷策略就會隨之改變。擴散過程與廠商之間的競爭演變，意味著行銷在產品生命週期的每一個階段，將面臨不同的狀況（見圖 10-5）。

產品生命週期階段及特徵

上市階段（introduction stage）始於新開發產品進入市場時。因此，產品

圖 10-4　　擴散過程

創新者：**2.5%**	早期採用者：**13.5%**	早期大多數者：**34%**	後期大多數者：**34%**	落後者：**16%**
喜歡冒險投機、高教育程度、使用多方資訊來源	居於社會階層領導者、略高於平均教育水準	謹慎的、多非正式的社會接觸	懷疑的、社會地位低於平均水準	不願負債、鄰居及朋友是資訊來源

圖 10-5 　產品生命週期階段及特徵

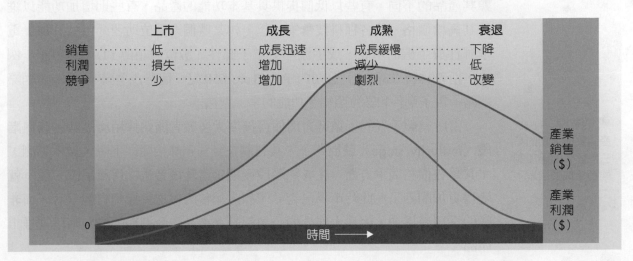

	上市	成長	成熟	衰退
銷售	低	成長迅速	成長緩慢	下降
利潤	損失	增加	減少	低
競爭	少	增加	劇烈	改變

產業
銷售
（$）

產業
利潤
（$）

時間 ⟶

生命週期的上市階段即延續自第 9 章所討論新產品開發過程中的商業化階段。創新者通常只占市場的一小部分，因此在上市階段的銷售成長很緩慢。因為在推出產品時，需將大筆開支運用在產品開發及密集的行銷上，所以獲利微薄或根本沒有獲利。由於是市場第一次進入者，所以沒有直接的競爭者，但競爭者隨時可能會進場。

　　在理論上，一項新產品只會在上市階段裡停留一段短暫的時間。然而，有些產品卻永遠無法突破該階段而進入下一階段，或者會一直停留在該階段中比所預期的還久，如可攜式電腦產品的上市。蘋果電腦在市場上率先推出了 Newton MessagePad 型電腦時，由於消費者對此新產品的價值認知不足，因此採用速度較預期的緩慢。蘋果電腦隨即推出 Newton MessagePad 110 及 2100 兩型，企圖增加許多新的特色，然而消費者並不領情，以致該型電腦的銷售一直未見好轉。然而當 3Com 公司推出 Palm Pilot 1000 型及 5000 型可攜式產品時，情況卻改變了，這些產品輕便、簡單而易用，可自動與個人電腦的資料同步傳輸，而也因消費者看到了該產品的真正價值，銷售就跟著水漲船高了。[3]

　　產品生命週期的第二階段是**成長階段**（growth stage）。在此階段裡，銷售與利潤迅速上升。創新者、早期採用者及早期大多數者都會購買該產品，在發現了潛在利潤後，一些競爭者會以不同的產品樣式進入市場。競爭者的多寡與進入市場的速度，也會影響成長階段持續時間的長短。當競爭者進入市場的速度愈快，其行銷策略就愈積極，成長階段的時間即愈短。當可攜式電腦處在成長階段時，Handspring、康柏、新力及戴爾等公司便進入市場。

上市階段
產品生命週期的第一階段，來自新產品進入市場時；它延續新產品開發過程中的商業化階段。

成長階段
產品生命週期的第二階段，銷售與利潤迅速上升。

所有這些競爭產品都有其基本特色,而每一家公司也都會利用某些方法來凸顯其產品的不同。有些以低價提供具基本功能的產品,有些則增加功能以維持其高檔價格。將各種科技彙集一起,如某些個人數位助理(PDA)加上電子郵件與手機的功能,或手機加上電子郵件、數位照相與 PDA 的功能。例如,斯普林特(Sprint)公司的 PCS Treo 650 是一種整合手機、PDA、網際網路、電子郵件和數位照相等功能的掌上型機器。

成熟階段
產品生命週期的第三階段,競爭加劇與銷售成長趨緩。

當所有競爭者的行銷努力而使得後期大多數者開始採用產品時,**成熟階段**(maturity stage)就展開了。其利潤在到達頂峰後隨即下降,競爭加劇,尤其是在價格競爭方面。在成熟階段後期,當落後者也採用產品時,競爭就變得更加劇烈了。此時市場已趨於飽和,銷售的增加係掠奪自競爭者,而非新的採用者增加,因為大部分的公司都是在產品生命週期的成熟階段裡推出產品。

衰退階段
產品生命週期的最後階段,銷售下降但仍有一點利潤。

當銷售持續下降一段時間後,產品就進入了**衰退階段**(decline stage)。此時利潤減少,競爭也在改變;而產品到達這個階段有許多原因,其中之一即為會購買該產品的大多數消費者都已經購買了。另一原因則可能是消費者的品味改變了,這種情形在服飾業中最常見。科技的進步也會使銷售下降,例如,快速撥打的觸鍵式電話取代了撥號盤電話;又如光碟及數位錄音取代了舊式錄音卡帶,數位相機對軟片相機也有相同的影響。

產品生命週期長度及形狀

產品生命週期的長度依產品符合市場需要程度而定。例如,使用價值高而耐用的基本家庭用品電冰箱,消費者以不到 1,000 美元,即可買到耐用 20 年甚至更久而方便食物儲藏的冰箱。

許多產業也由於科技進步迅速,而使產品的生命週期縮短了。例如,科技進步使輕巧的筆記型電腦一上市,就讓膝上型電腦的生命週期只維持了幾年而已。而屬於獨特風格、流行、時尚產品之生命週期也比其他產品短。

獨特風格、流行及時尚產品,與傳統產品生週期之曲線不同,如圖 10-6 所示。獨特風格(style)是對產品某些特性表現出獨特型態,如裝潢就是一個很好的例子。家具的風格有很多種類,例如早期美國風格、當代風格及法國鄉村風格,某個風格隨時都可能造成流行或被流行所淘汰。獨特風格在產品生命循環週期曲線上的波動,亦可反映出消費者興趣的倦怠期及復甦期。

流行(fashion)是獨特風格的構成要素,它反映出目前被接受或受歡迎的獨特風格。流行是追隨基本的產品生命週期曲線,若有少數消費者喜歡與

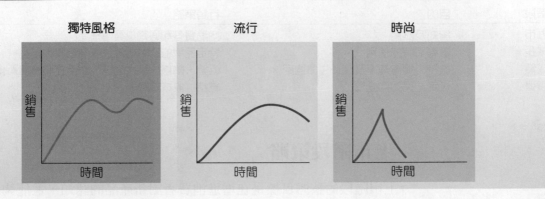

圖 10-6　　　　獨特風格、流行及時尚產品的產品生命週期

眾不同而成一種趨勢，將有更多消費者會快速地追隨創新者，而去模仿最新的流行。當大眾市場接受這種流行而變成常態後，這種流行就會慢慢退潮了，生命週期又將開始另外嶄新而不同的流行，這在服飾業尤其明顯。在此以李維‧史特勞斯（Levi Strauss）公司為例，該公司營收從 1996 年的 71 億美元，下滑至 2001 年的 42 億美元，男裝及女裝的市占率也從 18.7% 滑落到 12.1%。原因是年輕的消費者覺得李維的牛仔褲是給中年人穿的，而年輕的消費族群喜歡購買像 Seven 和 Blue Asphalt 等品牌，因為它們的牛仔褲比較時髦且新潮。[4]

　　時尚（fads）是流行的副類項，時尚具有戲劇性的產品生命週期。它能引起注意並快速地成長，但卻只持續短暫的時間，且僅吸引少數消費者而已。時尚因效益有限，而未能維持很久。例如，椰菜娃娃（Cabbage Patch dolls）、強力噴水槍，以及如「追根究柢」（Trivial Pursuit）遊戲等，僅滿足了不同及好玩的需求而已。所以，時尚產品的生命週期曲線，即是一條時間短而陡峭的曲線。

　　有時也很難判斷銷售突然急速上升，到底是屬於短暫時尚、或是長期的持續成長。哈雷機車公司在大型機車市場廣受歡迎時，即面臨不知是否該增加產能的困境。管理當局想籌措大筆資金來擴廠，卻又擔心這只是短暫的時尚；在經過深入的分析後，該公司確認是需求的增加，因此決定擴充產能，銷售也持續地成長。

　　產品生命週期長度的縮短及不同的曲線，也增加了行銷決策的複雜性。大多數廠商會針對產品生命週期的不同階段，來擬定不同的行銷策略以因應之。在此將圖 10-5 中的生命週期各階段之行銷策略，以圖 10-7 來呈現。

圖 10-7	產品生命週期行銷策略	
階段	**目的**	**行銷策略**
上市	認知及試用	向消費者和通路成員傳播產品效益
成長	廠商品牌的使用	特定品牌的行銷傳播、降價及擴大配銷
成熟	維持市場占有率及延伸生命週期	促銷、降價、擴大配銷、新用途和產品新樣式
衰退	決定產品如何處置	維持、收成或放棄

■ 上市階段策略

上市階段的整體目標是在增進消費者對新產品的認知，並能夠刺激消費者去試用。如果沒有競爭者，行銷努力要專注於**初級需求**（primary demand）的產生，或引發對新產品形式產生需求。而當競爭者品牌介入後，就要將重點轉移到**次級需求**（secondary demand）的產生，或引發消費者對廠商特定品牌產生需求。

初級需求
在產品生命週期的上市階段，嘗試去產生對新產品形式的一般需求。

次級需求
在競爭者品牌介入後，對廠商的特定品牌產生需求。

此時可能有兩種不同的訂價策略，許多廠商常常對新產品訂定較高的上市價格，以便迅速回收其開發及上市的成本，在高科技產品方面就常使用這一類策略。大部分的高科技產品會訂定只有創新者願意支付的高價，例如 VCR、家用電腦、手機等，均以高價上市。而當這些產品在其生命週期轉移時，廠商就會修正其訂價策略，俾讓這些產品在大眾市場上能被更多的人接受。

另一種策略則是設定較低的上市價格，應用這種方法是企圖產生較快的市場滲透。因為價格低，廠商新產品開發成本的回收時間將較長。不過，低價策略也可擴大市場占有率及長期利潤。寶僑公司在推出新產品時通常是採取高價位，然後在其他競爭者也湧進市場時就立即降價，然而該公司的 Crest SpinBrush 電動牙刷，卻應用與以往不同的行銷策略而獲得極大的成功。該公司改用 5 美元的低價位搶攻市場，它不但快速地打入市場，更降低了競爭對手加入電動牙刷市場的意願。這個低價策略行銷的成果相當驚人，也使 Crest SpinBrush 不但成為美國銷售第一的電動牙刷，全球的年銷售額更超過 200 萬美元。[5]

配銷在上市階段通常都受到限制，而行銷工作就是要鎖定最後的消費者和通路成員。行銷從業者必須使用各種不同的傳播工具，說服轉售商購進產品，而能夠讓消費者試用。

成長階段策略

　　產品進入成長階段，廠商的基本目標就是建立消費者
對其品牌的偏好。由於成長階段的有利條件，吸引了許多
競爭者進入市場，而這些競爭者也提供了改良的產品以挑
戰既有品牌。茲以數位音樂機為例，上市階段從幾家廠商
推出 MP3 產品開始，但銷售量一直到蘋果公司推出 iPod
之後才見起色，而且 iPod 產品的市場占有率高達 60%。
在成長階段期間，有非常多的競爭性產品被推出，例如，
新力公司的 NW-HD3 網路隨身聽、東芝公司的 Gigabeat
MEG F20、創新未來（Creative Technology）公司的
Creative Zen Micro 等產品，都竭盡所能想與 iPod 區隔，
以便從市場的延伸中找到生意，並從蘋果公司那兒挖走一
些顧客。6

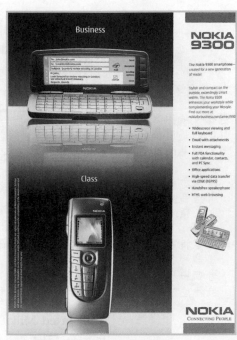

在成長階段的行銷策略，通常集中於廠商品
牌的競爭優勢上。

　　競爭的加劇也常導致價格下跌，特別是在成長階段的
末期。甚至市場的領導者也會把價格壓低，例如，蘋果公
司推出迷你 iPod，即是將 iPod 重新組成小型而低價版的
iPod 產品。此外行銷從業者亦需擴大配銷，以方便消費者購買該項產品。在
傳播工作方面，更要強調廠商所擁有的品牌競爭優勢。

成熟階段策略

　　成熟階段的總體目標是為了保護市占率，並延長產品的生命週期。當擴
散過程接近結束，且獲得新採用者的機會不大時，行銷工作要將重心放在掠
奪競爭者的顧客上，而不是把新採用者帶進市場。這件工作並不簡單且耗資
不菲，但在成熟階段裡，有幾項策略是可以應用的。

　　提供消費者購買廠商品牌的誘因是一種普遍的策略，其中包含應用低於
競爭者品牌的價格，以贈送折價券或打折的促銷方式來壓低產品價格。這種
方法固然可誘使既有顧客增加購買，並搶奪競爭者一些市場，但花費的成本
將削減公司的利潤。

　　另一個方法則是創造產品的多重用途。這種策略既可讓既有顧客買得更
多，也可帶來更多新顧客的消費，因而也延長了產品的生命週期。例如，
Arm & Hammer 公司成功地開創了蘇打粉的多種用途，使原來只用於烹飪方面
的蘇打粉，現在也應用於冰箱除臭劑、地毯清潔劑、牙膏、除汗劑等用途，

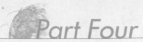

Part Four

產品及服務的概念和策略

關鍵思維

選擇一項你使用過
且認為是屬於生命
週期成熟階段的產
品：
* 請列示要延長這
 項產品生命週期
 之三種不同的策
 略。
* 你要推薦給該項
 產品的行銷從業
 者哪一種策略？
 為什麼？

推出新式而改良過的產品，是延長產品生命週期的一種策略。Cheerios 公司在 1941 年即推出 Cheerioats 產品，而在過去的 50 年中，已多次改良該項產品來延長生命週期。

而最近更應用於製作多青香味的口香糖上。鷹牌煉乳（Eagle Brand Sweetened Condensed Milk）也採取了類似的行銷策略，媽媽們利用煉乳來烘焙感恩節南瓜派的習慣，已長達一世紀之久，如今該煉乳更被工作忙碌的媽媽們廣泛運用在各式食譜上，如免烘烤的食物、點心製作及下課後的飲料。[8]

延長生命週期的典型方法是持續推出新式而改良過的產品。因為這些是新式樣而非全新產品，所以並不會展開另一個新的產品生命週期，它可幫助阻止產品進入衰退階段，寶僑公司即經常使用這種策略。例如，該公司在汰漬清潔劑漫長的歷史中，就進行了多次改良。

最後一種方法就是產品重新定位，它可訴諸顧客而以較正面的方法達成。例如，新力公司重新定位其家用機器人，從一個不會做任何簡單瑣事的非完美型機器人，改頭換面成一隻可愛但毫無用處的寵物，而使該公司的 AIBO 機器狗銷售爆紅。重新定位可將數種不同產品的特點集合在一個產品上來達成，本章稍早提到把 PDA、手機和數位照相機等功能整合一起，亦為本項策略應用的例子。[9]

在成熟階段的銷售、利潤及競爭特徵，對行銷從業者也產生了一個困難點。在上市及成長階段所使用的行銷策略，如果拿來應用在成熟階段時，通常是不會成功的。所以廠商也會常常嘗試許多不同的策略，以維持市占率及延長產品的生命週期。

衰退階段策略

當產品進入衰退階段時，行銷從業者又必須對其品牌做出如何處置的困難決定，此時的銷售及利潤均在下降，競爭也十分激烈，但這情景也會依競

爭者的動作而改變。如果大多數的競爭者決定離開市場，那麼銷售及獲利的機會將增加；若他們決定繼續留在市場，銷售及獲利的機會就受限了。因此適當的策略，大多依競爭者的行動而定。

在此有三種基本策略可利用：維持、收割及放棄產品。維持（maintaining）是指讓產品繼續銷售，而行銷支援亦不減少，期待競爭者終將自市場離去。例如，仍有些人喜愛（或因僅買得起）黑白電視；同理，因科技的原因，一些國家的某幾個地區仍在使用撥號盤電話。

收割（harvesting）策略則強調在衰退階段的產品，應盡量降低其成本，因此要限制廣告、銷售人員時間及研發預算。而衰退階段的目標是盡可能地擠出利潤。

最後，放棄（deleting）係指將產品全部放棄。廠商可能將產品退出市場，結束其生命週期，或將其賣給其他廠商。但要放棄產品，對許多廠商而言可是一種困難的決定，但這或許是最佳策略。若將資源花在衰退階段的產品上，而其報酬卻有限，倒不如將這些資源用在報酬較高的產品上，生產力才能提高。

■ 產品生命週期的限制

產品生命週期是協助分析產品特性及設計行銷策略的工具，但有其限制，僅憑產品生命週期即逕下結論的行銷從業者，更應了解這些限制。

首先，要記住產品生命週期的概念最好是用在產品型態，而非用在特定品牌上。若行銷從業者只看到品牌，而非整體的產品型態，那麼他便可能未得見其全貌，只能見樹不見林，而品牌銷售的變動也與產品生命週期無關。

其次，生命週期概念可能會讓行銷從業者誤認為產品有先天已決定的生命，而這對利潤及銷售的解釋也會發生問題。例如，當銷售一下降，就逕自認為產品已進入衰退階段；所以當銷售僅是市場短暫現象的微幅下滑時，行銷經理就倉促地決定將產品下市。有許多產品存活了幾十年沒有衰退，就是因為這些產品的管理正確，如象牙肥皂（Ivory Soap 於 1879 年上市）及 Morton 公司的食鹽，就依然是強健的競爭者。另一情況則是一些衰退階段的產品，因環境的某些新發展而使銷售突然暴增，早餐麥片即為一例；當醫學研究認為食用燕麥可降低膽固醇時，桂格燕麥片的銷售量因而大增。

最後也最重要的限制是，產品生命週期只能以敘述方式來觀看產品的行為，而非以生命週期來預測產品的行為。亦即表示，產品生命週期在預測未來績效的相關性有限，而行銷策略則是幫助產品沿著生命週期向前移動。它

是一項有趣的矛盾現象,行銷從業者所採取的策略,即是產品生命週期的起因,也是結果。

10-3 產品線策略

在某些方面,相關的個別產品會形成產品線。廠商必須整合同一產品線的個別產品策略,而其基本的策略,可分為延長與縮減產品線的長度。

延長產品線

大多數的廠商均有其成長目標,所以皆傾向採取延長產品線增加產品的策略;也因為很少有廠商的產品線涵蓋整個市場區隔,所以它們要聚焦於產品的增加。有時為了讓既有顧客回籠,而在產品線添加產品亦有其必要性。

向下延伸策略(downward-stretch strategy)是企圖在產品線裡增加低價位的產品。豪華汽車製造商推出較低價位車款藉以吸引新的客戶,如賓士廠牌系列汽車均為 10 萬美元以上高價的產品,但 C-Class 系列卻訂價 3 萬美元,此策略的主要目的在於吸引消費者先試用較低價位的車款,未來再伺機對這些消費者推銷高價位的豪華房車。

向上延伸策略(upward-stretch strategy)與向下延伸策略是相反的做法,亦即增加產品線裡的高價位產品。這是許多日本公司在美國市場偏好採用的方法,所有的日本汽車製造商在剛開始開拓美國市場時,主要是行銷低價位車款,當這些公司以低價成功打入市場後,便逐步增加高價位的產品。現在,大部分的日本公司均銷售各種等級的產品,甚至包括像凌志與 Infiniti 的高級豪華房車。

德國漢莎航空公司就提供了波音商業客機服務一個向上延伸策略的有趣例子。與其他航空公司在 247 人座的航機上僅提供少許商務艙座位做比較後,德國漢莎航空公司推出了 48 人座的私人商務艙服務,由紐澤西州的紐渥克(Newark)機場出發,飛至德國的杜塞道夫(Dusseldorf)機場。沒有擁擠的人潮,卻有美食料理和新力個人影音系統,雖機票索價高達 5,900 美元,但這些班機卻都有高達坐滿六成的業績,也因此而開始獲利。[10]

向下延伸策略
在產品線裡增加低價位產品,例如 IBM 以高價位的微電腦進入市場後,再增加低價位的類似產品。

向上延伸策略
增加產品線裡高價位產品,例如日本汽車製造商以低價位車款進入美國市場,再逐漸增加高價位產品。

向下延伸策略可以在產品線裡增加低價位的產品。Doubletree 旅館以低價,吸引那些想獲得比高檔價位的希爾頓(Hilton)飯店舒適程度稍低一點的顧客。

雙向延伸策略（two-way-stretch strategy）係分別在產品線高低價位的兩端增加產品。重視大眾市場的廠商利用此策略，以吸引那些對價格敏感卻想追求豪華的消費者。萬豪飯店在其旅館產品線上就利用本項策略，在高價位產品加入 Marriott Marquis 旅館部，而在低價位產品加入 Courtyard 和 Fairfield Inn 旅館部。萬豪飯店的產品線，現已涵蓋了大部分旅館業的區隔了。

產品線填補策略（line-filling strategy）是在產品線上不同的地方添加產品。廠商可利用這種策略，來補足產品線上既不屬高價位也不屬低價位的產品。雖然本田公司的 Accord 車款在美國的銷售極佳，但仍落在對手豐田公司之後，原因之一就是本田公司不具有豐田公司的 Tacoma 、 Tundra 車款，或像通用公司及福特公司的小型貨車。所以該公司體認到，除非在產品組合上增加小型貨車，否則在美國的銷售成長將極爲有限。[11]

在產品線上新增產品是否會增加新的銷售，還是奪走產品線上既有產品的銷售，這是一個重要的考量因素。**同類相殘**（cannibalization）是指新產品搶走了既有產品的銷售，一項產品大量地同類相殘到新產品時，對整個公司的獲利則無助益。

當同類相殘不顯著，而在產品線上增加產品的策略通常最爲成功。例如，安海斯布奇（Anheuser-Busch）公司推出 Budweiser Select 品牌的高檔啤酒，用以協助其收復已喪失的市占率，此項策略是將 Bud Select 系列產品定位在可取代美樂（Miller）公司 Lite 品牌的啤酒。該公司要求配銷商將 Bud Select 啤酒擺放在 Miller Lite 啤酒的旁邊，但初步結果顯示這個策略進行得並不怎麼順利。 Bud Select 啤酒成功地擄獲 2% 的市占率，然而，資料顯示 Bud Select 啤酒大部分的銷售是從該公司另一品牌 Anheuser 啤酒轉移來的，而非是搶奪 Miller Lite 啤酒的銷售。同類相殘的結果導致該公司的利潤下跌。[12]

百富門公司的全球品牌發展部執行董事暨資深副總裁肯納德，在談到如何增加產品線時說：「增加產品線的有效策略應該是加強產品形象，及滿足各種不同顧客的需求。百富門公司曾經利用向上延伸策略，來增加銷售及加強產品形象。例如，我們銷售最佳的品牌就是傑克·丹尼爾的田納西威士忌；我們成功地在原產品系列裡推出品質較高的紳

雙向延伸策略
分別在產品線高低價位的兩端增加產品。

產品線填補策略
在產品線上不同的地方添加產品，即補足產品線上既不屬於高價位也不屬低價位的產品。

同類相殘
當新產品搶走了既有產品的銷售，它僅僅是銷售的轉移，對獲利無益。

Who makes the things that make the things you need?

許多公司銷售多種的產品和服務，以迎合客戶不同的需要。

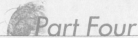

士傑克（Gentleman Jack）田納西威士忌，然後再推出超高品質傑克‧丹尼爾的單一酒桶（Single Barrel）田納西威士忌。這種同類相殘度是零，當這些家族成員的新產品符合了不同顧客的需求後，銷量及獲利是猛增的，且大大地提高了此產品在美國及國際間的品牌形象。」

縮減產品線

當產品的銷售不佳，或已達到生命週期的衰退期，或產品線太長致使銷售成本太高時，廠商就必須考慮放棄某些產品。**產品線縮短**（product line contraction）通常是痛苦卻必要的動作。

公司在產品線賣的產品愈多，其行銷費用就愈高，因而放棄一些產品可降低費用，並改善獲利能力。許多包裝食品公司正逐漸揚棄銷路欠佳的產品，例如通用磨坊公司計畫將其現有的產品刷掉 20%。之所以如此，除可減輕成本外，乃因沃爾瑪和其他幾家大的雜貨零售商，只願意騰出其貨架空間擺出銷售較佳的產品，如同本書第 8 章所論述，這麼一來，這些雜貨零售商就有更多的貨架空間可擺設其私有品牌的產品了。[13]

產品線策略相當重要，因為它需要經過複雜而困難的決策。產品線的產品代表是廠商要向顧客提供的東西，當顧客需要改變或競爭者推出新產品時，廠商就必須要回應。一種適當的回應是在產品線上增加新產品，另一種就是將部分產品下市。

產品線縮短
從產品線中放棄某些產品。

關鍵思維

在一產品組合上增加產品線是個艱鉅的工作。雖然有些成功的報導，但也有不少失敗的案例。假設有一家公司請你對增加一新產品線提出看法時：
- 這家公司應考慮哪些關鍵因素？
- 為達成決策，請問該公司應如何對這些因素做最佳評估？
- 你推薦使用什麼策略去推出這個新產品線？

10-4 產品組合策略

產品組合涵蓋了廠商要銷售的所有產品線及個別產品，大部分的廠商以多種的產品線行銷，即每一產品線裡含有許多產品。不過，有時某些廠商卻以一個有限的產品組合方式而經營得相當成功，實例請參閱「創造顧客價值：一種小的產品組合」一文。

策略性選擇方案

基本的產品組合策略性選擇方案，是指選擇增加新產品線或刪除既有的產品線。許多廠商以增加新產品線擴充產品組合而達到成長目標，當新產品線與既有產品線有某些相似性時，新產品線的成功機會最大。

例如，耐吉公司的服飾部門銷售運動員衣服的業務做得相當好。該公司新的策略是將此業務轉移至銷售時髦的流行衣飾，特別是以婦女為主要目

標。該公司認為將其高科技的運動布料與流行衣飾相結合，如此可比競爭者更勝一籌。時髦的流行衣飾系列產品，目前已成為耐吉公司的優勢了。[14]

擴充新產品線似乎是最容易成長的策略，但許多廠商發現，想要成功並不簡單，因增加新產品線可能有風險。新產品線與既有產品線的差異愈大，風險則愈大，這對進入非熟悉領域產品的廠商更是如此。知名的商業刊物幾乎每天都刊載不少廠商縮減其產品線的消息。例如，福特汽車信用部門已開始放棄線上經紀業務、抵押借款及商業借貸，而聚焦於福特車輛及其經銷商的融資業務上。[15] 美國銀行（Bank of American）的做法則是放棄汽車租賃及高風險抵押借款，而加強低風險及可獲得更多潛在利潤的產品線。[16]

刪除產品線是另一種策略性選擇，之所以要如此行事，其用意是要專注於更有利潤的領域，而改善其經營的績效。例如，施貴寶（Bristol-Myers Squibb）藥品公司計畫出售消費性非處方藥的產品線，從而專心在治療與防治疾病方面的處方藥，這方面的藥物需要更多時間與努力去開發與行銷。[17] 我們另舉 J. Crew 公司的情形為例，當米契·德瑞斯傑（Mickey Drexler）接管該公司時，該公司的成長已相當緩慢。因此，他的首要之務是改變該公司的產品組合，放棄所有以趨勢為導向的衣飾，即使該產品線十分暢銷亦在所不惜。所以 J. Crew 公司即聚焦甚至擴張其奢華衣飾的產品線，這些奢華衣飾的利潤率相當高，將有助於該公司利潤大幅度的成長。[18]

百富門公司全球品牌發展部執行董事暨資深副總裁肯納德，在強調增加新產品線的價值時說：「增加新產品線可以提供產生新奇事物的來源，而創造令人興奮的事，以及有助於擄獲新客戶。傑克·丹尼爾的鄉村雞尾酒就是一個例子，這個新的產品線幫助百富門公司順利進入高價的低酒精飲料市場。傑克·丹尼爾的鄉村雞尾酒將其品牌擴展打入新的消費者市場，特別是

創造顧客價值

一種小的產品組合

5 年前，ING Direct 銀行在美國成立，如今已有 220 萬的顧客和 290 億美元的存款。它對儲蓄帳戶支付高利率，儲蓄帳戶是該銀行僅有的產品。該銀行不提供支票帳戶，也不設立分行，只利用一間改造過的倉庫做為其總部。該銀行吸引了許多低收入的顧客，而其運作非常有效率。它的利潤一直在成長，目前已經是最大的線上銀行了。顧客得到他們所要的高利息，所以他們都願意留下來，顧客慰留率是其他銀行的兩倍。然而，競爭者正進入這個市場，因此 ING Direct 也在尋求延伸產品組合以維持成長率，貸款業務將列入增加的項目。這可增加產品組合，但所占比例仍然很小，ING Direct 將可繼續保持專注。

女性市場。在吸引了新的顧客後，百富門公司的銷售量增加了，而且也增強
了傑克‧丹尼爾的品牌。」

品牌化策略

我們在第 8 章曾討論過單一產品的品牌化決策問題，當廠商擴充產品組
合及延長產品線時，品牌的決策就益加複雜。行銷多種產品及服務的公司即
需要有一項策略，藉以引導其品牌化決策，其基本選擇將如圖 10-8 所示。

其中之一是**個別品牌名稱策略**（individual brand name strategy），亦即廠
商為產品線中的每一件個別產品建立特定的品牌名稱。本方法可讓廠商為一
特定產品選擇看來不錯的品牌名稱，但缺點是各個別品牌名稱之間沒有關聯
性，產品都是分別獨立，一種品牌的品牌權益無法施惠於另一種產品。寶僑
公司使用個別品牌名稱的技巧已聞名於世，目標是讓所有產品各依其長處相
互競爭，因此每一種產品都有自己的品牌名稱。例如，寶僑公司的清潔劑產
品有著名的品牌名稱，如汰漬、Cheer、Bold、Dash 及 Oxydol 等。

另一選擇是**家族品牌名稱策略**（family brand name strategy），亦即所有
的品牌名稱均與某類型家族品牌名稱相關聯。方法之一是以公司名稱做為產
品組合中所有產品的品牌名稱，如亨氏公司及奇異公司等。另一方式是使用
不同家族品牌，在不同的產品線上，讓同一產品線裡的所有產品均帶有同一
家族品牌名稱。例如，施樂百公司以 Craftsman 做為工具
產品的品牌名稱，Kenmore 為工具機的品牌名稱，而以
Die Hard 為汽車電池的品牌名稱。最後一種選擇，則是對
每一種產品同時套用家族及個別品牌名稱。例如，家樂氏

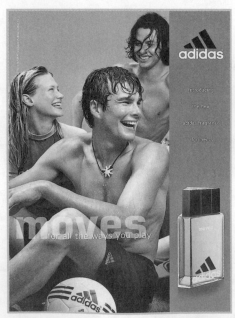

許多公司銷售不同的產品組合，愛迪達公司
就強調以產品組合來迎合不同顧客的需求。

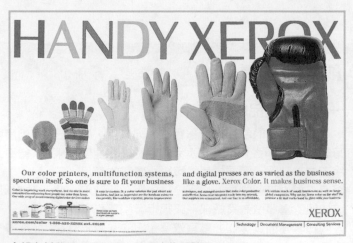

全錄在其整體產品組合上使用家族品牌名稱策略。

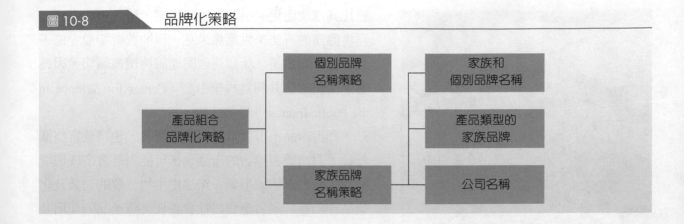

圖 10-8　品牌化策略

Rice Krispies 及家樂氏 Raisin Bran 。

　　家族品牌名稱策略，能夠幫助廠商延長產品線或增加產品線。新產品建立在既有品牌的品牌權益上，稱之品牌延伸（brand extensions）。研究指出，消費者對一品牌持肯定態度時，會將其移轉到同品牌的新產品（延長產品線），以及不同產品線的新產品（增加產品線）上。若能成功，這些延伸將可加增品牌權益。[19] 但使用家族品牌名稱策略仍有一些風險，新產品若不成功，則將會削減已建立的品牌權益。

10-5 產品及服務策略之倫理議題

　　行銷從業者必須確保產品安全無虞，而消費者可得到相關的產品資訊；在產品線上，各產品之間要刻意地加以區別，以防萬一出了問題，還可以有矯正的方法。從新產品開發過程到生產及行銷上，不斷地去評估績效及安全是非常重要的，任何已確認的問題應盡可能地改正。若不如此，將產生顧客不滿、產品回收及昂貴的訴訟等問題。

　　產品召回（product recall）是指業者因產品在功效上或安全上的缺陷，而允許顧客將其退回加以修護，它的花費十分昂貴且有損公司形象。公司應建立一套產品自動回收程序，對費用及損害影響加以限制；若不建立一套程序，產品召回過程可能會缺乏效率而費用高昂。如果業者未主動收回產品，可能會被不同的政府機關強制執行收回。

　　要發現產品是否會有可能產生傷害，並非易事。廠商是否銷售消費者需要卻對其有害的產品？有人認為應該由消費者自行決定是否購買，另一些人則認為廠商不應該推銷有害的產品。目前有關香菸的銷售爭辯即為此例，另一個例子則是戲院的爆米花。大部分戲院所販售的爆米花都含有椰子油，而

對許多產品而言,仿冒是個日益嚴重的問題。美國海關以壓路機碾碎走私進入該國的仿冒名錶。這些手錶價值 62,000 美元。

它比其他油脂更易引起膽固醇問題,雖然戲院可以改為更健康的方法來供應爆米花,但消費者卻偏愛椰子油的香味與味道。所以這個問題將持續被關切,因為它是由美國公共利益科學中心(Center for Science in the Public Interest)所發起的。[20]

有害產品不但會危害個別消費者,也將危害整個社會。對消費者無害的產品,卻可能對社會造成環境問題,如汽車排放廢氣、無法由生物分解的包裝及化學品汙染等。業者應負起社會責任,將產品的使用及處理與環保問題結合。

從全球化觀點來談論產品仿冒(product counterfeiting),這是個在倫理與法律上逐漸被重視的問題。當一家公司仿冒其他公司商標、著作權或專利權時,產品仿冒問題便發生了。雖然美國廠商有時也會發生這個問題,但被外國公司仿冒產品,卻是一個更大的問題。世界海關組織(The World Customs Organization)估計,每年全世界因仿冒而喪失銷售多達 5,120 億美元,去年被美國海關查獲的假貨暴增了 46%。聯合利華集團估計其洗髮精、香皂和茶飲料被仿冒的數量,每年以 30% 的速度成長。仿冒生意正快速地成長,到處皆可見到仿冒商品的蹤影。[21]

為了確保營運合乎倫理,業者必須誠實回答下列問題:[22]

- 產品在正常使用下是否安全?
- 產品在可預見的不當使用下是否安全?
- 產品是否會侵犯競爭者的專利權或著作權?
- 產品與自然環境是否相容?
- 產品使用後的處理上是否與環境相容?
- 產品是否會受到任何組織利害關係人的反對?

10-6 結論

本章清楚地論述產品及服務的策略之重要性,但必須整合組織不同層級的策略,從而提供行銷組合不同的方向。因為訂價、配銷及行銷傳播的決定,皆受到公司的產品及服務策略之影響。

摘要

1. **了解產品組合的各種不同特徵。**產品組合是廠商為銷售產品所採取的方式，它由個別產品組成的產品線所構成。產品組合基本的特徵為產品寬度、長度及一致性。產品組合寬度係指產品組合中不同產品線的數目，產品線長度則是指一產品線中不同產品的數目，產品組合一致性係指產品組合中不同產品線的相關性。

2. **認識產品生命週期的特徵與階段。**產品的生命週期類似生物的生命週期。產品的生命週期分為幾個基本階段：上市、成長、成熟和衰退。當競爭者進入產業而市場達到飽和時，銷售及利潤會隨著生命週期而改變。

3. **確認產品生命週期中各個不同階段的適當行銷策略。**產品因經歷不同的生命週期階段，而有不同的行銷策略。在上市階段，公司著重在讓消費者認知與刺激消費者嘗試使用新產品。在成長階段，重點在建立消費者的品牌喜好，與鞏固一個有力的市場地位。在成熟階段，使用不同行銷策略，以維持市占率與延長產品的生命週期。在衰退階段，公司則必須考慮選擇維持、收割或放棄此產品。

4. **說明產品生命週期的概念之限制。**產品生命週期的概念，主要用在產品型態而非產品的分類或特定的品牌上。業者若有此概念，則會認為一件產品已有既定的生命，那麼就可採取一個行銷策略來限制此產品的生命。產品的生命週期概念是描述性而非預測性。

5. **探討不同的產品組合與產品線策略。**基本的產品組合策略選擇方案，是指減少或增加產品組合中的產品線。產品線之間的相似性與公司優勢的利用，是做策略決策時最主要的考量點。當公司增加產品到產品組合時，品牌策略也很重要。

　基本的產品線策略是指，對產品線的長度減少或增加。向下延伸、向上延伸、雙向延伸以及填補策略，則可以增加產品線的長度，而產品線縮短將減少產品線的長度。

習題

1. 產品生命週期的成長階段與成熟階段之主要差別為何？

2. 在產品的成熟階段，公司應選擇採用哪一種行銷策略？

3. 獨特風格、流行、時尚之間有什麼主要的差別？

4. 縮減產品的生命週期對業者有什麼影響？

5. 閱讀「企業家精神：擬定有效的產品組合」，為什麼司凱捷公司會成功？

6. 你如何為公司對產品組合下定義？

7. 請閱讀：「創造顧客價值：一種小的產品組合」一文，試問為什麼 ING Direct 只靠一項產品就可以經營得這麼成功？

8. 為何縮減產品線是如此困難？

9. 試問同類相殘是什麼意思？

10. 增加新產品線與公司既有產品線有相當大的不同，請問有何風險？

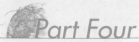
行銷技巧的應用

1. 請到超市、藥局或是折扣商店走一趟。走過包裝商品區，尋找促銷與包裝資訊，請辨識至少5件成熟階段商品的行銷策略範例，並評估每一件商品的行銷策略。

2. 請取得任何公司的年度報告。列出圖表說明這家公司的產品組合，並請加以評估。

3. 假設你發明一嶄新產品。請描述此產品，並擬定此產品在生命週期裡的上市、成長階段之行銷策略。

網際網路在行銷上的應用

活動一

　　請上星巴克的網站（http://www.starbucks.com）。

1. 試討論星巴克的產品組合。

2. 請問星巴克如何使用網站來擴展與客戶間的關係？

3. 你有何建議使星巴克的網站變得更好？

活動二

　　Fender 樂器公司是世界上最大也是最著名的吉他製造商，Guitar Center 零售連鎖店則是 Fender 產品最大的轉售商。請到它們的網站：
Fender（http://www.fender.com）、 Guitar Center（http://www.guitarcenter.com）

1. 請描述兩家公司各自的產品組合。

2. 請描述兩家公司各自的產品線。

3. 討論兩家公司的產品組合、產品線相似處和差異處的原因。

行銷決策

美國運通公司：擴充電子化業務

美國運通公司以 155 年的時間，發展成為一個值得信賴的品牌。該公司目前的獲利雖然打破了以往紀錄，但也期待其未來的獲利會因最近產品組合的改變而持續成長。

該公司目前年銷售額約 290 億美元，其中大都來自於信用卡（60%）、金融諮詢業務（25%），以及旅遊服務（6%）。由於金融諮詢業務的經營並不佳，投資者在去年就對其股票型基金（equity fund）贖回了 50 億多美元，而其中也有一些是基金經理人造成的問題。該公司執行長肯尼斯‧謝諾爾特（Kenneth Chenault）希望美國運通能夠「聚焦於具有絕佳成長機會的業務，以及有絕佳的報酬上面。」因此，他通知股東打算放棄該公司的金融諮詢業務，而將美國運通成為一家財產管理的專業公司。雖然將這項金融諮詢服務從美國運通的產品組合中移出，導致營收降低，但卻可改善其獲利。

有幾件事情需優先處理以便增加信用卡業務。目前全美的信用卡業務中，美國運通市占率約 21%，而威士卡為 30%，萬事達卡為 30%。美國運通的顧客不多，但從這些顧客刷卡而收取的手續費卻是威士卡或萬事達卡顧客的四倍。該公司的計畫是繼續聚焦於顧客的刷卡手續費上，並且提供這些顧客更多的產品和服務。其獎勵方案是用來擴大促銷其綠色、黃金、白金、黑色、藍色和 Optima 信用卡；該公司在企業信用卡業務的推展則獲得相當的成功，已與許多中小型企業簽約。

美國法院判決銀行可以發行美國運通信用卡，這對該公司而言的確是一個正面的催化劑。

該公司緊抓這個機會，分別與 MBNA 銀行和花旗集團簽約發行美國運通信用卡。這些銀行亦是威士卡和萬事達卡的最大發行者，但是美國運通卻以更誘人的條件吸引這些銀行為其發行信用卡。這些銀行的回報，是將更多的優良顧客從威士和萬事達挖到美國運通公司去。

該公司的另一策略，是與非傳統性的商人簽約。例如，它與紐約及其他地區的豪華公寓簽約，允許其房客以美國運通卡繳付房租。該公司也竭盡所能地爭取將保險費、學生學費、健保費和貸款等以美國運通卡繳付。該公司最終目標是要讓顧客在「購買任何商品或服務時，能夠以美國運通卡來支付。」

最後，該公司正開發一個稱之 ExpressPay 系統，該系統利用無線射頻身分識別（radio frequency identification）技術，讓顧客在刷卡機上將信用卡刷過後不需在簽單上簽字，而該筆款項會出現在下個月的付款單上。這對顧客而言，將更方便在更多的地點購置更多商品；對美國運通而言，則意味著將增加更多的營收和利潤。

問題

1. 為什麼美國運通公司會放棄占有該公司營收 25% 的金融諮詢業務呢？

2. 在增加信用卡業務上面，美國運通公司的主要策略是什麼？

3. 你對美國運通公司改變其產品組合的評語是什麼？

4. 你對美國運通公司改變其產品組合有何構想？

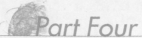
行 銷 決 策

個案
10-2
惠普公司和康栢公司：正確的產品組合

經過一段漫長而艱辛的奮戰後，惠普及康栢公司的合併終於在 2002 年 5 月拍板定案了。雖然開了無數次的會議才確定此合併案，但仍然有一些議題尚未解決。難題之一是決定正確的產品組合，無疑地，有一些產品線是類似而重疊的，所以刪去其中一些產品線必能減少成本，但這也會減少銷售且傷害與顧客間的關係。

因此一開始是逐項比較惠普及康栢的產品，然後淘汰比較弱的那一項。以此方式進行而刪去一些產品及產品線，如惠普品牌的伺服器、商用個人電腦和 Jornada 手提電腦、康栢的 Tru64 Unix 操作系統等。這兩家公司剛開始時有 85,000 項產品，經過這個過程後，產品總數已降到 62,000 項。

有一項令人驚訝的決定是，惠普和康栢的個人電腦繼續留在商店裡販售。這兩種品牌在零售市場有 60% 的占有率，而維持兩種品牌，將給予這個合併的公司有較多零售陳列架的空間；除阻止競爭者貨品上架外，尚可增加銷售量。此外，兩種品牌也可鎖定不同的市場區隔：康栢聚焦於那些想要設立家庭辦公室，以及無線上網的消費者上；而惠普個人電腦則反過來定位在家庭娛樂設備，以及攝影愛好者的數位影像機器。最主要的問題是：這個策略是否將帶來更多的個人電腦，及高利潤的周邊產品如印表機、數位相機的銷售量。

然而，這項新策略的進展並不如預期的好，該公司的執行長菲奧莉娜（Carly Fiorina）的職位在 2005 年 2 月被賀德（Mark Hurd）取代。該公司從 2002 年開始，在工業與企業用的個人電腦銷售成長十分緩慢。惠普現在已把關愛的眼神拋向印表機的業務。惠普印表機業務約占該公司營收的 30%，卻替該公司爭取 70% 以上的利潤。惠普依然是印表機市場的龍頭，但市占率已下降了 6%，而獲利率也被壓縮，且其強敵如戴爾等廠家也正虎視眈眈而緊追不捨。

惠普因此推出一個新措施稱之「領隊狗的運作」（Operation Lead Dog）。該計畫內容是對印表機部門削減支出項目和 10% 的員額編制，減少惠普的產品組合，開發新印表機產品，迅速切入如數位娛樂和相片印表機等發展迅速的市場區隔。這樣的轉變，其成效如何？尚言之過早。

問題

1. 惠普與康栢合併的最主要產品組合決策是什麼？

2. 在決定刪除哪一項產品時，你會建議採用何種步驟？

3. 你認為惠普與康栢兩種電腦品牌都應該保留嗎？為什麼？

4. 惠普合併康栢後，你會建議何種措施以增加其績效？

Part Five

訂價概念與策略

Pricing Concepts
and Strategies

訂價概念

Pricing Concepts

Chapter 11

學習目標

研讀本章後，你應該能夠

1 認識價格的重要性及其在行銷組合中的角色。

2 了解公司不同訂價目標的特性。

3 辨識影響行銷訂價決策的各種因素。

4 闡釋消費者如何形成品質和價值的認知。

5 了解價格和品質的關係，以及內部和外部的參考價格。

沃
爾瑪

沃爾瑪商店以其規模、各種品牌和產品品類、低價而聞名於世。在 2005 年 1 月 31 日會計年度結束日,於美國境內擁有 3,600 多家分店,而在國外則有 1,500 多家分店的世界最大零售商沃爾瑪,其營收達到 2,852 億美元。該公司有四個部門:市郊商業中心、折扣店、街坊市場和山姆俱樂部(Sam's Clubs)。沃爾瑪強調提供「每日低價」的產品給顧客。

當低價意味著利潤率將會最少,該公司如何在專心追求低價上經營得如此成功?首先,沃爾瑪不斷地向其供應商施加壓力。然而,儘管有這些不愉快的壓力,沃爾瑪與其供應商卻是一起努力提供給顧客最優惠的價格。沃爾瑪不會向供應商索取上架費,也不會為促銷而攤派不合理的金額。其次,沃爾瑪竭盡所能地降低其系統運作成本,並推動供應鏈效率化。之所以如此,乃因沃爾瑪希望藉其本身的動作,進而刺激供應商改善它們的系統運作,以及不斷尋求減低成本的方法。第三,沃爾瑪尋找先進的科技來幫助其供應商和顧客。例如,沃爾瑪的零售連結系統,可以提供它的供應商每天的銷售點資料,協助供應商追蹤各地區倉庫的存貨。

最後,沃爾瑪在開發品牌商品上的創新。例如,耐吉給沃爾瑪 Starter 系列跑步鞋、球鞋的獨家銷售權,但鞋子上並沒有彎刀的商標記號(swoosh)。同樣地,有些分析家認為寶僑之所以併購吉列的原因之一,乃在於沃爾瑪有銷售其自家私有品牌產品的想法。寶僑採取此法,可以借用吉列品牌的影響力,以減少來自像沃爾瑪等大型零售商要求製造商降價的壓力。

　　有許多因素會影響價格，而價格又影響到銷售及利潤。如果消費者認為公司所提供的產品屬於高品質者，則願意付出較高的價格。較高的價格能讓配銷商維持穩定的價差（產品售價與進價間的差距），而擁有合理的利潤。若消費者對產品價值的認知程度高，則可容忍較高的價格，較高的價格就可維持較高的生產品質，並獲得配銷商及零售商的支持。

　　決定複雜產品線的價格為一重要工作。價格若訂得太高，將妨礙銷售；但若訂得太低，則無法獲利，收入也無法抵銷成本及費用。企業對企業市場的購買者，以及個別的消費者雖也評估其他因素，但價格依然為其主要的選項。而價格與促銷活動的相互配合，常會影響廠商的形象。有證據顯示，降價壓力常常與來自下列的情況相關，如沃爾瑪等零售商的購買力增加、網際網路（線上比價的能力增強）、中國及其他開發地區的低勞力成本等，導致許多製造品的售價下跌。[1]

　　我們在本章將討論價格的角色與訂價決策中主要的影響力，也要探討左右行銷從業者決策的各種訂價目標。最後我們將要論述，廣告價格如何影響消費者對價值與決策的認知。

11-1 價格的角色

價格
購買者支付一筆錢給銷售者，以交換產品或服務。

　　價格（price）是指購買者願意支付一筆錢給銷售者，以換取其產品或服務。它反映購買者為獲得某物而在經濟上的犧牲，這是傳統的價格經濟概念，稱之**客觀價格**（objective price）。在以物易物代替貨幣的情況下，價格不須以貨幣表示。已開發國家與低度開發國家之間的大多數貿易，均採用以物易物的方式進行，經濟學家稱其為對等貿易（countertrade），該方式對東歐經濟發展的幫助相當大。例如，德國以賓士卡車向厄瓜多換取香蕉；俄羅斯以民航機向中國換取某些民生物資。另有一種以權益（equity）做為付款的方

**經驗
分享**

「在今天的金融服務業裡，我們已聽到我們的產品變成了『商品』。這個稱呼意味各個競爭者提出的產品皆有替代性，因此也就無法索取高於平均價位的價格。做為行銷從業者，我們的角色是持續為我們的產品和服務開創商機，成立團隊為各種產品訂定能被市場接受的價格。我也相信行銷研究專家所使用的統計工具，確實能幫助目標成本的擬定，且達成更多的利潤，一點也不縮水。」

馬克・特納（Mack Turner）於 1981 年得到南卡羅萊納州立大學的 MBA 學位後，就進入美國銀行服務。起先他負責管理行銷研究與銀行服務品質及獎勵計畫部門。特納強調關係的重要性及服務的價值，假如銀行業者能夠做好了解顧客的企業策略，並且真正發現解決顧客企業需求的嶄新方法，即能獲得更多不會計較價格的客戶。研究顯示，顧客一般都會與銀行建立關係，但僅與其中少數關係良好之銀行有來往，顧客將帶給這些關係良好的銀行大筆收入。

馬克・特納
美國銀行
總經理

法，在 2000 年時常被一些小企業應用於硬體設備的採購。例如，設立在紐約的西端資源（West End Resource）公司，專門承接擔任小企業諮詢顧問的業務，即常以接受一部分現金、一部分是顧客權益（customer equity）的做法。[2]

價格常有不同的表示方法。在大學受教育的價格為學費（tuition）；醫生及律師等專業人員服務的價格稱之費用（fees）；貸款的價格稱為利息（interest payments）；交通違規或逾期還書的價格是為罰款（fines）；租用公寓的價格則為租金（rents）；其他用來描述價格的如保費（premiums）、稅金（taxes）和工資（wages）等。在非營利機構，捐款和擔任志工的時間則代表支持慈善機構和政壇候選人的價格，而這些名詞皆是為了獲得某些價值而反映出的價格。

電話公司及電話服務業的價格已變得相當競爭，常以各種費率來吸引對價格敏感的顧客。

價目表價格（list price）是提供折扣或減價前的價格，與實際的市場價格或支付的價格有所不同。價格折扣、折讓和購後退款（rebates），也讓市場價格與價目表價格不同。此外，產品價格也因特殊用途或區隔而有不同，例如在藥品的銷售上有處方價、醫院價及健保價格等。[3] 區間價（partitioned prices）依提供服務的差別而列出不同的價格，顧客在收到帳單時要小心核對。例如，交由聯邦快遞、 UPS 寄送的包裹，其所列示的價格是從基準價起算。[4]

基本價格組合與價格促銷組合

行銷組合（價格、產品、行銷傳播、配銷）依最新的看法，可分為廠商的基本價格組合與價格促銷組合，[5] 如圖 11-1 所示。**基本價格組合（basic price mix）**包括產品或服務大小及支付工具，例如價目表價格、付款條件及信用條件。**價格促銷組合（price promotion mix）**則包括價格的附屬要件，目的是為了要在相當短的時間內增強基本價格組合，以鼓勵購買的行為，這些組合包括特價、換季特價、折價券、臨時折扣、優惠的付款條件及信貸等。就企業對企業的行銷從業者而言，有許多因素會造成最後交易的減價，一般最常見的有立即付款折扣、大量採購優惠以及合作廣告優惠。[6]

價格促銷的設計，在於吸引目前不是產品或服務的使用者，以及競爭品牌的使用者。價格促銷也可吸引目前的品牌使用者，以增加其購買數量與頻

基本價格組合
定義產品或服務大小及支付工具的基本要件，涵蓋範圍比價格促銷組合小。

價格促銷組合
基本價格加上附屬要件，包括特價、換季特價、折價券、臨時折扣、優惠的付款條件及信貸等，以便在相當短的期間裡，強化基本價格來鼓勵購買行為。

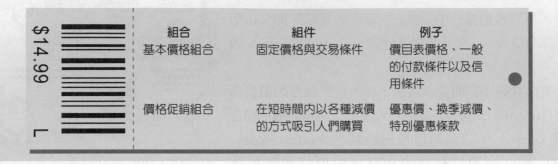

圖 11-1		基本價格和價格促銷組合

組合	組件	例子
基本價格組合	固定價格與交易條件	價目表價格、一般的付款條件以及信用條件
價格促銷組合	在短時間內以各種減價的方式吸引人們購買	優惠價、換季減價、特別優惠條款

關鍵思維

製造商以同樣產品在不同的市場索取不同的價格。在製藥業，某些藥品因價格太高而遭批評，例如在美國的AIDS藥品，而這些藥品在低開發國家正持續降價。從消費者與企業的觀點而言，這種做法是否正當？

率。不過，行銷從業者必須注意，價格促銷雖不減損消費者對產品品質的認知，但會降低消費者對品質的看法及購買意願，甚至有人認為，消費者會去購買是因為價格促銷快結束了。基於以上這些理由，非價格性的促銷如贈品及增量優待，則可視之為較有效的顧客忠誠度產生方法。

雜貨店及折扣商店經常以每日低價（everyday low price, EDLP），或高價低賣（high-low）做為其訂價方式。後者是針對一小類的產品，提供臨時但有大量折扣的價格。每日低價則是假設對所有的產品類別，不斷地訂定低價。在實務上，零售商不會只採用一種方式，而是依據其市場條件、產品類別及品牌制定訂價策略與做法。事實上，訂價策略至少會在四個層面上有所不同，價格一致性（price consistency）反映產品每日低價、高價低賣的連續性；價格促銷強度（price promotion intensity）表示價格折扣的頻率、深度與期間；價格／促銷協調性（price/promotion coordination）表示商店內展示品及報紙刊登廣告的價格折扣程度；最後，價格相對性（price relativity）是表示品牌價格水準相對於其他品牌之成本，例如一些較高價位的全國性品牌經常採取的價格折扣。[7]而有關價格促銷的做法，依然深植於消費者與零售商的心中。價格促銷可以增加商店的人潮、出清有期限的存貨、傳達低價的形象，進而吸引顧客購買其他具高利潤的產品。[8]

■ 價格與訂價決策的重要性

價格是行銷組合中最易於改變的一項。設定價格不像廣告、開發產品或建立配銷通路需要涉及投資，改變價格也較改變配銷或產品容易。因此，公司要實現最大利潤的最快與最有效方法，就是正確的訂價。[9]

價格也會影響顧客的需求。**需求價格彈性**（price elasticity of demand）是指需求因價格改變的敏感度，一般均在廣告彈性的十倍以上。亦即價格的變

需求價格彈性
指顧客的需求因價格改變的敏感度。

圖 11-2	價格促銷的效益

- 刺激零售商的銷售與商店的生意。
- 讓製造商在不更改價目表價格的情況下,調整供給和需求的變化。
- 讓地區性的企業能夠與花費大筆廣告預算的品牌相互競爭。
- 鼓勵消費者試用,以消除零售商過時或滯銷商品的存貨,並降低零售商儲存新品牌產品的風險。
- 滿足零售商和製造商之間的商業協議。
- 刺激促銷品和互補性(非促銷)產品之需求。
- 讓消費者因減價而成為聰明的購物者,得以感到滿足。

動,與有同樣變動比例的廣告支出相較,對銷售的影響強度大過十到二十倍。[10] 基於這些理由,訂價決策即是行銷從業者常遭遇到的最重要決策。

在某些消費品中,價格促銷和減價是稀鬆平常之事,甚至已成了常態。減價對於消費者、製造商、批發商及零售商有諸多效益,茲將其主要效益列示於圖 11-2。重要的是,各品牌的價格彈性各有不同。例如,有一項研究指出邦諾書店每次漲價 1%,其銷售就會下跌 4%;反之,亞馬遜書店的漲幅相同,但銷售只降 0.5%,而營業淨收入卻增 1%。[11]

近年來,訂價決策的困難及重要性與日俱增,而這些改變係由下列幾個環境現象所造成:[12]

- 外表類似的產品之上市,增加了價格些微差異的敏感性。
- 從網路上擷取價格及競爭資訊,更容易進行價格的比較,進而促成價格上的壓力。
- 對服務的需求增加,因其屬於勞力密集、不易訂價、對通貨膨脹具有敏感性。
- 來自國外的競爭加劇,造成了廠商在訂價決策上的壓力。
- 法律環境的變化及經濟的不確定性,使訂價決策更為錯綜複雜。
- 在配銷通路的支配力量,由製造商轉向以價格為導向的零售商,更凸顯訂價決策的重要性。
- 業績壓力使得減價比廣告在促進短期盈餘的提升上更具效力。
- 科技縮短新產品從創意到生產的時間,以及產品的平均生命週期。

業績差而有降價壓力的公司,需小心執行其訂價方式。降價有助於固定成本的回收,且在短時間內就可看到成果;而管理訂價決策應朝穩定價格方向著手,避免在經濟不景氣時受到物價下跌的影響,以力保在鎖定的顧客與市場中賺取利潤。一些低成本公司如戴爾、西南航空、沃爾瑪等,依然能夠在經濟不景氣的時候削減成本,以較低的售價建立市占率。不過對大多數的

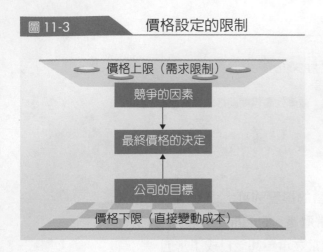

圖 11-3　　　　價格設定的限制

價格上限（需求限制）

競爭的因素

↓

最終價格的決定

↓

公司的目標

價格下限（直接變動成本）

公司而言，在經濟景氣衰退時不見得要減價；反之要設定銷售目標，以某一個別產品、市場區隔或個別顧客為對象，俾有利於利潤的爭取。[13]

　　價格的一般限制，如圖 11-3 所示。價格的上限取決於市場的接受度與競爭者的價格，而在下限部分，價格則必須訂在能夠回收成本加投資報酬之上。公司的目標通常都有趨向訂定較高價格的壓力，以便能夠收回間接與直接成本，並產生適當的報酬或利潤水準。圖 11-3 描述了管理者實際上可以訂定價格的空間。

■ 網際網路訂價的影響

　　網際網路的互動式購物，持續改善了消費者對價格及品質資訊的擷取方式，也方便了對不同商店及不同來源之間的比較；而這些現象不僅發生在個別消費者，也發生在企業對企業的購買者。不過出現了一個問題，到底是資訊取得容易而使價格敏感性提高，還是因產品差異性的資訊取得方便，因而抵銷了價格敏感性的壓力。[14]

　　無論是對一般商店或企業對企業的銷售者，產品價格敏感性的提高都是無庸置疑的。就網路上銷售的商品而言，對凡事斤斤計較的消費者會以比價而迫使網路產品的價格往下拉。像電子海灣（eBay.com）及 icollector.com 一類的拍賣網站，對於一些適合在網站上銷售的小產品，甚至是不知名的產品，均提供了非常具有競爭性的價格。[15] 在網路公司迅速成長的期間，網路零售商皆利用特惠價來吸引消費者；不幸的是，所吸引過來的這些消費者，都是廠商避之唯恐不及的一群人。關於在網路上的價格，廠商的建議售價常為消費者決定採購之依據；而普遍盛行的不二價，由於在網路上可公開比價故將會逐漸消失。依供需雙方設定價格的拍賣，吸引了一些不須努力推銷而重視品牌效益的新顧客。不過，網路拍賣的一些缺點，如某些顧客會因購買同樣產品卻多付金額而感到憤憤不平。像如此專注於價格比較的拍賣機制，可能會傷害到消費者對品牌的忠誠度。[16]

　　網路業者的成本節省除了來自低廉的房租外，在廣告、存貨及運輸費用的支出並不多。但是價格並非網路行銷成功的唯一途徑，顧客滿意度及顧客服務才是重點所在。儘管顧客被低價吸引到網站上來，但不須搜尋費用與容

易訂購等的服務需求方面,則是與傳統的顧客一樣。因此,有愈來愈多的網路公司提供客服人員對顧客追蹤訂單,以便迅速利用電子郵件回應顧客。最近,康栢電腦公司更提供了 250 美元的禮券,以安撫那些對網路購物不滿的顧客。

一些開始在網路銷售的公司,也面臨了一個特別重要的問題,即如何在網路上與其在傳統零售店的銷售取得平衡。對於如戴爾及捷威(Gateway)等同時向個別消費者及企業銷售的電腦公司而言,這種平衡並不容易。戴爾公司除了對消費者直接銷售外,還利用網路向企業採購者從事銷售及維護。網路銷售者必須考慮其網際網路的效果,以及其對經銷商、零售商或零售店的訂價問題。[17]

■ 新產品訂價決策

無論是從事企業對企業,或是企業對消費者的產品或服務之行銷從業者,應該經常想到其利潤有相當大的比例是來自於新產品的推出。要能夠對新產品有效地訂價,就得考慮一些重要的市場與產品因素。廠商若先回答下列問題,就能增進對新產品訂價決策的能力:

1. 潛在客戶能從這項新產品得到哪些效益?
2. 會得到最多這些效益的是哪些市場區隔?
3. 目前有哪些獲得解決的問題將被取代?
4. 在這些區隔的市場裡的訂價範圍為多少,才有可能達到最大的效益?
5. 在這個訂價範圍裡,能夠承擔哪些成本?
6. 有哪些互補性產品可以結合這項新產品的推出?
7. 這件新產品的效益與價格的聯繫性有多少?[18]

■ 全球化訂價的考量

對國際市場訂價,則特別困難。追求全球商機的廠商會發現,同一產品在不同的國家,甚至在同一個國家,都可能有不一樣的結果。在許多情況下,價格會受到不同動力的驅使。例如,可口可樂在德國遭受來自於折扣連鎖店相當大的壓力,導致利潤率嚴重受損,而使可口公司對其配銷商的限制降價措施陷入猶豫。[19]

在歐洲推出歐元時也造成了一些變動,由於歐元的流通,使得消費者更容易比價,導致某些商品低價化。在服飾類產品方面,尚可因地域關係而不

受影響，但屬大規模生產的汽車，如福斯（Volkswagen）、飛雅特（Fiat）、雷諾（Renault）及寶獅（Peugeot）等，卻受到這種價格差異透明化的負面影響。在實務方面，流通貨幣的改變也對零售商、銀行、自動販賣機公司的初期營運造成一些困難。[20]

匯率的差異以及一些需要以外幣來表示的價格，也造成了國際訂價的困擾。所謂**匯率**（exchange rate）係指以其他國家貨幣來表示某國家的貨幣價格。匯率的改變，會影響消費者支付進口不同國家產品的價格。此外，產品價格也受到貨物稅、關稅及運費的影響。所謂保護關稅（protective tariffs）係指對進口產品課稅，以提高這些進口產品的價格，而讓本地產品價格具有競爭力。

當歐洲各國採用歐元做為貨幣流通後，行銷從業者面臨有如美國國內市場競爭對手林立的現象。使用單一貨幣，將迫使行銷從業者重新調整其訂價決策，而單一貨幣將會削弱以往有利的行銷工具——價格差異化。價格差異化消失，也將迫使公司以產品差異化代之。[21]

匯率
以其他國家貨幣來表示某國家的貨幣價格。

11-2 訂價目標

訂價決策是為了達成廠商整體任務能夠與行銷策略一致的目標。訂價決策的目標通常有五項：確保在市場上的生存、提高銷售成長率、追求公司最大利潤、阻止競爭者進入公司的利基市場、建立或維護特殊的產品品質形象。[22]

廠商可以採用這些目標中的其中一項組合。例如，德州儀器公司（Texas Instruments）在其計算機的訂價上，即藉著銷售成長與高市占率來達到成本優勢。[23] 透過大量生產及行銷作業的規模經濟，公司可以將大的市場占有率轉換成競爭優勢。凱瑪（Kmart）百貨公司強調低價策略可以產生銷售成長，而這些目標在公司的訂價及促銷決策上，提供了長期的方向。

■ 市場上的生存

有時，廠商的訂價也必須確保其短期的生存，亦即廠商為了能夠存留在該產業內，必須調整價格。例如，廠商產能若過量，則需要降價以使廠房繼續營運；而有時為了增加收益，也可能必須調整價格。

數年前，豪華郵輪的兩大龍頭，嘉年華（Carnival）郵輪公司及皇家加勒比海（Royal Caribbean）郵輪公司的生意不是很好。為了填補閒置空房，只好

以大打折扣戰做爲訴求手段。這是因爲關心價格及憂心經濟狀況的消費者逐漸增多，因而將其旅遊時間延後，並要求提供低廉的膳宿與船票價格。[24]

零售商在換季時，經常會出清存貨來換取現金，以便從事投資及補進新貨。同樣地，當製造商推出新產品時，則會對現有產品降價，甚至像寶僑這麼成功的公司，有時都必須要以減價來減少銷售的下降。[25] 但是，爲了生存而減價只是短期的目標，公司同時還是要擁有滿意的利潤及投資報酬率，方可確保長期的成功。

近年來，許多銀行眼看其市占率大量受到侵蝕，於是開始在訂價上動腦筋。爲彌補利息的損失，銀行對於自動櫃員機及信用卡服務則收取額外的費用。這些費用的增加，對消費者而言，即意味著服務價格的提高；許多人認爲這種爲賺取超額利潤，而向顧客胡亂收費的做法是不合理的。[26]

■ 銷售成長

公司也常透過售價來刺激銷售成長，它們認爲價格與銷售量呈反向關係，降低價格通常會提高銷售量。較高銷售量可以獲利的假設是，銷量的增加會降低單位生產成本而增加總收益，從而在較低的單位價格下增加利潤。**滲透性訂價**（penetration pricing）通常是用來達到這個目標的策略。廠商常將滲透性價格壓低，以鼓勵消費者對產品的初次嘗試，而達到銷售的成長，並做爲進入市場策略的一部分。它假設市場對於價格的差異具敏感性，低價會帶動買氣，企圖以短期利潤的犧牲來換取未來的成長。對於阻礙競爭者進入市場，以及透過大量生產來降低成本，滲透性訂價也是一種不錯的方法。成功的滲透性策略主要是依靠一個大區隔市場的顧客支撐，這些顧客把低價當做購物的首要動機，而廠商會因銷售增加促成單位成本的降低而受益，尤其是固定成本會因銷售的增加而受益。[27]

尤其是一些想進入開發中國家市場，但又默默無名的公司，滲透性訂價在進入國際市場時特別有效。滲透性訂價能在短時間內，以及在適當的競爭情況下，發揮其效果。不過，有些廠商卻濫用這個方法，而迫使市場上所有競爭廠商都得持續以低價應付，導致大家均無法獲得應當的投資報酬率。[28]

有些廠商經常將價目表價格訂高，然後以低推廣價格來帶動初期的銷售。此法的好處不少，因爲高的價目表價格意味著產品品質高，如果單獨採用低的推廣價格，可能會被購買者質疑其產品品質。[29]

市占率（market share）係指廠商在整個市場或整體產業的銷售比率或百分比。追求市占率最大的訂價，與追求銷售成長的訂價是相同的。高的市占

滲透性訂價
將初期價格壓低以鼓勵消費者初次的產品嘗試，達到銷售的成長及降低單位生產成本，以增加收入與利潤。

市占率
廠商在整個市場或整體產業中的銷售百分比。

許多銀行以不同的兌換基礎，結合其服務項目的收費來做為競爭工具。

率將增加廠商的市場力量，並增加更有利的通路安排（比供應商更具價格與配銷的優勢），換言之，將可以維持較高的利潤。[30]

馬克‧特納談到減價的短期效益，及其對新公司具有吸引力之處時說：「當利率處於高檔的時候，許多銀行常以較多的優惠促銷利率來吸引新客戶。但是這項措施僅能引進一些短期的投資客而已，當其他地方更具有吸引機會時，他們會馬上將錢撤出銀行。同樣地，有些銀行則以贈送支票簿的方式，企圖吸引新客戶前來申請貸款或辦理信用卡。然而，這些銀行並沒有搭配一些特別的銷售策略，以求得更多的交叉銷售服務機會，因此以這種方式新招徠的客戶，事實上將是無利可圖的。」

廠商的市占率與獲利率也常相互關聯。德州儀器公司希望以較高的市占率產生規模經濟，因為產量增加，單位成本就會下降，也使得生產更具效率而更有競爭優勢。

甚至一些具有高市占率的公司，也會受到價格競爭的影響。例如，在價值 11 億美元的嬰兒食品市場中，有 72% 市占率的嘉寶（Gerber）公司在調高價格 5.5% 時，其競爭廠商比納（Beech-Nut）及亨氏卻開始將售價打折，而使嘉寶公司的月銷售額急速下降 16%。[31] 同樣地，早餐穀片市占率最大的家樂氏，受到博食（Post）公司價格的競爭，被迫將其銷路最好的品牌 Rice Krispies 及 Fruit Loops 降價，以對抗市占率被侵蝕。[32]

讓市占率增加是合理的訂價目標，但當競爭者有更低的單位成本時，此法則不適用。因為在這種情況下，不可能以降價來建立市占率。同樣地，當顧客對價格缺乏敏感性時，企圖以訂價策略來提高市占率也是不智的。[33] 在此情況下，廠商將目標朝向具有產品競爭優勢的市場區隔方是良策。

許多公司重視的是銷售量能夠馬上成長，而非市占率的擴大，當一個市場裡所有廠商的市占率皆不高時，確是如此。此外，銷售成長也可能來自於新顧客的出現、既有顧客購買更多產品或增加購買次數，而非只是吸引來自競爭者的顧客而已。

獲利性

利潤最大化常是許多公司明確的目標，然而，這個目標卻不易達成。想要利潤最大化，則要對成本及需求的關係完全了解，而預估不同訂價下的需求與成本並不容易。如圖 11-4 所示，價格若訂得太低，廠商的利潤將不夠；若訂得太高，則沒有人願意買，換言之，產品賣不掉。然而，這些問題還是會因低價而被挑起。產品收費不高，甚至會帶來更多的災難；價格訂得太低，不但使公司無利可圖，也造成產品的市場價值被定位在低的水平上。[34] 因此，足夠的利潤是明確且必要的，而許多公司對利潤的變動相當敏感，常將其當做績效的指標。屬於消費性健康產品，不同品牌之間的訂價差距大約有 17%；而一些金融產品，差距只小到 0.2%。任何一件產品的訂價只要有這些差距，就會大大地衝擊到公司的利潤收入。[35]

提高價格對利潤的影響，超過在價格不變下增加銷售量的三到四倍。某一家耐久性消費品的公司，僅僅將平均價格提高 2.5%，利潤就增加了將近 30%。而另一家工業設備製造商，價格只提高 3%，利潤就增加了 35%。[36]

榨脂價格（price skimming）策略常與利潤最大化發生關聯。在剛開始時，將價格訂在高價位，以吸引對價格缺乏敏感性的顧客。爾後，廠商逐漸降價，以便逐步進入下一個高獲利的區隔。[37] 這種策略能讓公司對所有區隔進行利潤最大化，改善短期獲利並減輕產能的需求，除可賺回研發成本，也可在競爭者進入市場之前先獲取利潤。此外，在榨脂價格方法下，消費者可能會將高的推廣價格與產品的聲望及品質連接在一起。杜邦及 IBM 公司常以高價推出其新產品，即以此榨脂方式而聞名於業界。[38]

獲利性常與**投資報酬率**（return on investment, ROI）相關，ROI 是指稅前淨利與該產品相關的總營運資產（如廠房設備及存貨）之比率。至於獲利性目標，要評估不同價格下的 ROI，必須靠不同價格下的產品或服務成本，以及需求之實際概估值。廠商想得到期望的 ROI，就必須具有長期及前瞻性的看法。

榨脂價格
廠商在剛開始時將價格訂在高價位，以吸引對價格缺乏敏感性的顧客，然後再逐漸降價來吸引下一個市場區隔。

投資報酬率
指稅前淨利與該產品相關的總營運資產（如廠房設備及存貨）之比率。

圖 11-4　最佳訂價決策

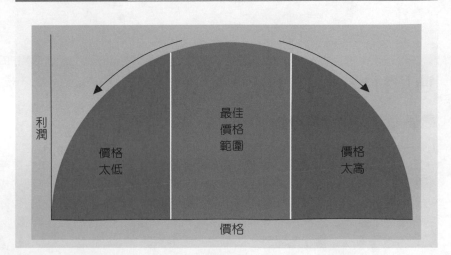

利潤

價格太低

最佳價格範圍

價格太高

價格

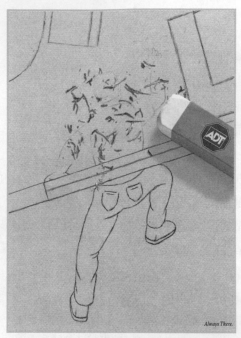

Always There.

對產品的訂價必須涵蓋所有的產品屬性。這些訂價也可應用在複雜的產品上，例如安全服務。

競爭性訂價

　　廠商也可透過訂價對競爭做出反應，像滲透性訂價一樣，廠商可將價格訂得低一點，以阻止競爭者進入；或將價格訂得與競爭者一樣，以避免銷售量的流失。**價格競爭**（price competition）最常發生在競爭品牌非常類似，或品牌之間的差異對潛在購買者並不顯著時。

　　喜來登（Sheraton）旅館的簡化訂價系統（simplified pricing system）即是模仿航空公司的訂價方式，而被競爭者視為削價競爭。喜來登的訂價策略是將客房費率分為商務旅客費率、14 天前預訂費率、週末費率，而喜來登也調降了標準價格。這種做法引起希爾頓（Hilton）及凱悅（Hyatt）旅館的抗議，聲稱該價格競爭將會傷害到這個行業的發展。[39]

　　一再降價的價格競爭會演變成價格拉鋸戰，而這會使所有競爭者遭受到短期的虧損。價格戰在航空公司及電腦軟體業經常可見，最近在歐洲的軟體價格戰，可能會大幅損害美國公司在過去的獲利情況，甚至出現虧損。

價格競爭
各品牌之間的競爭以價格為主，最常發生在品牌類似，以及顧客對品牌忠誠度低而其預算有限時。請參見非價格競爭。

　　非價格競爭（nonprice competition）是指廠商企圖引發購買者在產品效益上的興趣，如品質、特定產品特性或服務。因此，必須讓顧客能夠區別其產品屬性。最後，廠商若將重點放在競爭小而不需服務的目標市場，則可以索取較高一點的價格。例如，嘉信理財公司利用其高科技通訊的優勢，並以低競爭性的價格提供金融服務。

　　競爭性策略則以**競爭策略定位連續帶**（competitive strategy-positioning

運用科技

電子海灣與小企業行銷

　　為增加吸引力與成長而努力的電子海灣（eBay），開始將目標朝向小企業，特別是那些員工不到 10 人的公司。除在各業界的商業雜誌上刊登廣告外，電子海灣還準備了一疊由具滿意度的小企業客戶署名的推薦函。採取直效信函的廣告方式，也幫助了電子海灣打響了知名度，並成為一處有效的

買賣場地。小企業可以利用電子海灣到達更大的市場購買設備和販賣產品，並且能夠掌控售價與貨款的收取。這方面的成就，加上最近在歐洲與中國的成功，該公司的盈餘非常亮麗。由於該公司的可靠性，讓它已經可以與戴爾及其他主流零售商平起平坐了。

continuum）來說明。連續帶的一端是「低成本領導」，而另一端則為「差異化」。例如，某家具店將其定位為簡易倉庫式經營，強調低間接成本及營運成本；而另一家具店則強調豪華氣氛，以昂貴的裝潢吸引重視情調的顧客。那麼，前者將以低價吸引顧客，而後者則可能以價格之外的屬性來競爭。[40]

◾ 品質與形象的提升

廠商常將價格提高，以保持產品品質領先的形象。**聲望訂價法**（prestige pricing）係在某些購買者認為價格與品質相關的前提下，避免讓他們覺得產品或服務價格太低了。美國運通金卡及凌志汽車，即是透過高價政策以產生產品獨享形象的例子。律師、醫生、顧問等專業人員，也以同樣的理由而經常收取高額的費用。在此情況下，低價可能意味著低劣的服務；這些服務的聲望也讓其可收取較高的價格。在送禮的情況，結合聲望的高價及高品質產品與服務尤其重要。

經濟景氣情況會影響所有社會階級購買奢侈品的意願，並不限於頂尖階級而已。在 1990 年代景氣復甦時，美國人購買形象產品，如 5 萬美元的汽車和 50 美元的襪子的人出奇地多。當經濟蕭條時，環境壓力會使銷售奢侈品的公司變得聰明一點，從汽車製造商到珠寶商等在推銷奢侈品時，都會利用大量的行銷宣傳活動，將其推向一般大眾。BMW 和賓士豪華小型車的流行，也讓人聯想到原屬於頂尖形象的品牌，現已隨處可見了。這些以低價進入以品質形象認知的市場後，所造成的長期影響是值得觀察的。[41]

當故障成本過高時，企業購買者一般將不顧價格高低，而會逕行購買最佳品質的產品。他們認為無法運作的風險（例如，整個生產線或生產過程停頓）遠超過價格過高的風險。同理，如電子線路板等產品製造核心的關鍵零組件，即可能出現高價格。

11-3 影響訂價決策因素：訂價的 5C

為了確保訂價決策的有效性，並與廠商的目標一致，如圖 11-5 所示，行銷從業者必須考慮**訂價的 5C**（five Cs of pricing）：成本（costs）、顧客（customers）、配銷通路（channels of distribution）、競爭（competition）、與相容性（compatibility）。[42] 這五項要素，代表著對訂價決策的重要影響因素。

非價格競爭
各品牌之間的競爭不以價格而以某些要素為主，如品質、特定產品特性或服務。

競爭策略定位連續帶
屬於競爭策略的一種，該連續帶的一端是「低成本領導」，而另一端則為「差異化」。

聲望訂價法
將價格提高，以保持產品品質形象，讓購買者將高價格與高品質銜接在一起。

訂價的 5C
五項對訂價決策的重要影響因素：成本、顧客、配銷通路、競爭、及相容性。

圖 11-5　　　訂價決策的影響因素

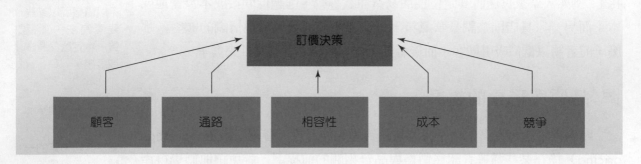

成本

　　與產品或服務有關的生產、配銷及促銷之成本，是訂價決策中建立最低價格的重要工具。價格除了能夠回收對產品的長期投資成本及維護費用外，還能提供公司足夠的收益與利潤。有時成本必須壓低以維持價格的競爭性，這種現象在航空業十分明顯。以提供低廉票價為主的西南航空，迫使一些提供多項服務的航空公司如美國、聯合及達美等，也努力控制其成本，以維持具有競爭的價格。這些成本之所以被迫削減，是因消費者為了能得到較低廉的票價，而願意接受較少的服務。[43]

　　圖 11-6 列示了一張 15 美元的 CD 光碟所必須回收的各項成本。這些成本的絕大部分都與行銷有關：零售商的間接成本（包括營運費用及利潤）約占總價格的 38%；唱片公司的間接成本（包括促銷、廣告及利潤）占 22%；配

圖 11-6　　　不同成本和利潤組合的產品價格

零售商給付唱片公司的 CD 光碟為 7 到 11 美元，而大多數的 CD 以 11 到 17 美元售出。契約和市場力量將決定誰可以獲利。著名歌手可以賣到 20% 以上的版稅，當銷售達 50 萬張（金唱片）或 100 萬張（白金唱片）時，行銷成本可以大幅下降，而公司利潤也將隨之上升。一張 15 美元的 CD 光碟，其成本分析如下：

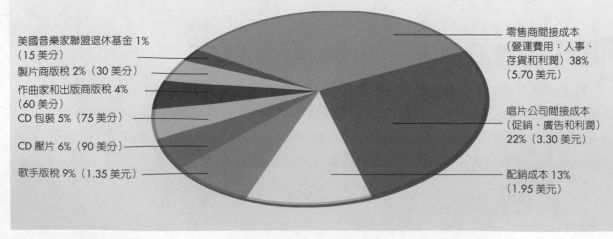

美國音樂家聯盟退休基金 1%（15 美分）

製片商版稅 2%（30 美分）

作曲家和出版商版稅 4%（60 美分）

CD 包裝 5%（75 美分）

CD 壓片 6%（90 美分）

歌手版稅 9%（1.35 美元）

零售商間接成本（營運費用：人事、存貨和利潤）38%（5.70 美元）

唱片公司間接成本（促銷、廣告和利潤）22%（3.30 美元）

配銷成本 13%（1.95 美元）

銷成本爲 13% 。在此項產品所要收回的成本中，非生產性
成本遠大於其他成本之來源。

天美時公司（Timex）也將成本考慮列爲其訂價及生產
決策的基礎。在以往，天美時公司大多數的零組件均自行
製造；而今天，該公司也將其零組件委外，使生產更具彈
性。因此，它將自己定位爲手錶零組件的主要購買者，讓
成本更具競爭性，以便在短暫的手錶生命週期裡能迅速回
收成本。[44]Old Navy 公司則以簡單的設計，並使用低成本
的材料來維持其產品的低價，而再透過包裝及顏色的設
計，成功地以低價而又不失流行的方式推出產品。寶僑公
司將產品配方及包裝標準化，減少對消費者及商業的促銷
活動，並限制高成本的新產品上市，以降低成本。爲與聯
合利華和高露潔相互抗衡，寶僑公司開始提供低成本價值
的品牌，鎖定以美國及國外的貧窮大眾爲目標，該消費市
場很龐大，但他們沒有能力購買高檔品牌的產品。[45]英特
爾則實施成本降低方案，以透過向供應商的採購，達成對
原物料成本的限制；強調整個供應鏈及低成本的替代方
案，也讓英特爾公司達成價值最大化的目標。[46]

訂價策略、產品形象和配銷通路必須協調一
致。例如，較高的訂價和高檔產品，要與獨
特的形象和有限的配銷通路結合在一起。

■ 顧客

顧客的期望及付款的意願，是影響訂價決策的重要因素，購買者的反應
是需求的主要決定因素。某些時候，顧客願意支付高的價格，以換取更多的
效益或增加產品的特色。

顧客對價值的關心也受到了重視，許多廠商現在以物美價廉的方式來強
調價值。潘妮（JCPenny）百貨公司回到原先平價式的商品定位；通用汽車公
司對其所有汽車減價之價值訂價方法，也廣受顧客歡迎。[47]

服務業有時也採**使用價值訂價法**（value-in-use pricing），將顧客直接納入
其訂價決策因素裡。它是以估計顧客未能獲得該項服務所造成的損失，來做
爲訂價基礎。這些廠商以顧客對價值的認知做出回應，例如電腦維修服務
商，可根據顧客電腦當機造成延誤作業之損失，做爲其收費的參考。此訂價
法需要做一些市場研究，以滿足顧客需要爲主，而將服務價格訂在顧客認爲
合理的價值上。[48]

目標成本法（target costing）是日本發展出來的概念，將成本及顧客因素

使用價值訂價法
以估計顧客未能獲
得該項服務所造成
的成本做爲訂價基
礎，例如電腦當機
造成延誤作業之損
失。

目標成本法
將成本及顧客因素
納入訂價決策裡的
訂價程序。決定製
造成本時必須達成
（1）公司預期利
潤；（2）顧客尋求
的產品特色；（3）
吸引潛在顧客的價
格。

納入訂價決策，以市場驅動成本的估計程序，來決定產品的製造成本必須達成：(1) 公司預期利潤；(2) 顧客尋求的產品特色；(3) 吸引潛在顧客的價格。使產品開發的結果，能夠在購買者願意支付的價格下達成其需求。[49]

個別消費者願意支付的價格，依然受到科技的影響。亞馬遜公司可在同一天，以同樣的 DVD 對不同的顧客訂出不同的售價。更快速的電腦、更多的情境分析，以及零售商所蒐集到的大量資料，也讓雜貨店、藥房、貸款經紀人、電腦製造商及其他的商人等，可以對消費者收取特別的價格。航空公司常對商務旅客與事先預定機票的觀光旅客，採取不同的訂價手段。雜貨商會公布一種價格，但對持有其信用卡的顧客收取不同的價格，而對持有折扣卡的顧客又收取另一種價格。[50]

消費者對價格的反應也不一。例如，一項研究發現，教育程度愈高與所得限制愈小的消費者，對價格敏感性較小。此外，價格促銷對消費者的影響也並非一致。第一，消費者對降價的反應會因品牌而異，高級品牌的降價會吸引一些平常購買競爭品牌的消費者，以及平常購買次級或私有品牌的消費者；低價品牌的降價則對銷售增加的效果較小。第二，在第 12 章將會討論，消費者對加價比減價的反應來得強烈。因此，加價對消費者的影響性，更要小心謹慎地考量。[51]

■ 配銷通路

價格的訂定，必須讓配銷通路的其他成員在銷售廠商產品時，可賺取適當的報酬。行銷從業者必須考慮通路其他成員可以賺取的利潤，假如通路的中間商無法獲取足夠的利潤，那麼他們就沒有幹勁了。此外，產品的形象也必須與配銷通路一致，一件要以低價吸引購買者注意的產品，其目標就要放在低成本的配銷。儘管價格高，但優異的產品屬性若要能吸引購買者注意，就得需要配銷的配合方能完成。[52]百視達公司改變其與供應商的關係後，同意將其向顧客所收取租金的一部分給電影公司，以回報它們壓低了影片供應價格。這種與配銷商關係的改變，也增加了影片供應能力，顧客高興之餘，更讓百視達公司及其供應商增加不少收益。[53]

為刺激買氣，行銷從業者也會對通路成員提供特別的促銷津貼及支援，而這些中間商促銷，現已成為所有行銷傳播中最大的支出項目了。雖然製造商並不要求獨立的批發商及零售商如何訂價，但通路的安排也涉及再轉售價格的限制。價格保證意味給予批發商及零售商的價格是最低的，企圖激勵他們多多採購。

競爭

競爭廠商的價格及其對價格變動的反應，皆會影響訂價決策。Haggar 的棉褲與李維公司的 Dockers 產品，就是在價格上非常競爭的例子。通常價格決策不是只為了做成一筆銷售，或符合某些短期的訂價目標而已，在競爭市場上能成功訂價的公司皆知道，訂價目標不只是為了贏得目前的銷售，還要能維持未來的銷售。

當東歐國家的顧客對於西方國家的公司之高價位品牌仍持猶豫態度時，美國的產品在東歐國家所面臨的競爭也更趨於劇

製造商對其配銷夥伴的訂價，應設定在其配銷通路的成員也能獲利的價格上。配銷商和零售商必須從購自製造商的商品中，賺到足夠的邊際利潤。

烈了。例如，波蘭的平均月薪甚低，消費者大多購買當地生產的廉價商品。西方國家的公司針對此情形的回應，則是推出低成本及低價的產品，以便與較低廉的波蘭產品競爭。例如，德國 Benckiser 公司推出較廉價的品牌 Dosia 洗衣劑，以彌補其昂貴品牌 Lanza 銷售之不足；該項策略讓德國廠商依然可以與低價的波蘭產品競爭，而不會損害其高價品牌 Lanza 的名聲。[54]

價格在競爭效果上頗為複雜，也會因科技的影響而有所不同，且會牽連到品牌的市場定位，以及價格變動受到限制而影響某些產業。例如，來自網路的競爭壓力，及消費者在各批發零售店之間的比價，都加強了價格往下拉的力量。一項研究指出，即使考慮了運輸成本後，處方藥及服飾在網路上的價格，也遠比傳統的批發零售店至少便宜 20% 以上。[55] 而面臨標的（Target）及沃爾瑪的 DVD 低價傾銷，更增加了百視達的價格壓力。

許多日常消費品彼此之間的品質不同，致使競爭狀況也隨之不同。高品質的品牌比低品質品牌在價格促銷上，對市占率更具影響作用。過去屬於管制產業（如公用事業）的廠商，現在競爭也更為激烈，而其訂價決策也必須更小心因應之。[56]

相容性

最後，產品的價格必須與廠商的整體目標相容，廠商要考慮的是長期形象會影響到價格的訂定。高的品牌權益（brand equity）有助於廠商品牌的延伸，它可以爭取到與配銷商及零售商較好的商業協定，並可索取較高的售

價。[57]Dial 香皂歷經了 40 年，目前依然是該類產品的領導者；Chips Ahoy 是具有 25 年歷史的品牌，至今仍是巧克力餅乾的佼佼者。這些品牌均具有其強勢的品牌權益，因此有較高的價格及利潤，所以價格的訂定也必須與其品牌的整體行銷策略一致。

廠商對產品訂價必須同時考慮產品線的其他產品。產品或品牌的訂價，不應使銷售產生同類相殘（cannibalize）的現象，換言之，不要讓同一產品線內各品牌之間的銷售發生消長。假如一雙頂級型號的跑鞋之售價為 150 美元，而低階型號的跑鞋是鎖定新手，則其訂價就不可搶走高階型號跑鞋的銷售。同樣地，波音公司對其商務客機系列的訂價，不能讓低階型號搶走了頂級型號飛機的銷售。

11-4 倫理及法規對訂價的限制

在訂價決策上，行銷從業者不應該只考慮到 5C 的影響。在實務上，訂價必須遵從法規及顧客與一般社會大眾的期望。各種不同的法規都會影響廠商的訂價決策，而這些法規大致有兩個目標：保護市場上各廠商的競爭，與保護消費者的權益。圖 11-7 是按年代順序摘錄其中最重要的法律，及其對訂價決策倫理層面的影響。

1890 年修曼法案（Sherman Act）禁止價格壟斷與同業競爭限制，凡設計將競爭者逐出市場，或與競爭者共謀的訂價措施，皆受此法案所建立的判例限制。該法案代表美國政府首次嘗試建立反托拉斯政策，最近的案例則是針對 55 家私立教育機構聯合調高學費之控訴。修曼法案也被美國足球聯盟（American Football League）引用來控訴國家足球聯盟（National Football League）的違法行為。

圖 11-7	影響價格決策的美國重大立法

- 1890 年的修曼法案：禁止固定價格及商業限制，且是美國政府首次建立的反托拉斯政策，限制以掠奪式訂價將競爭者逐出市場。
- 1914 年的聯邦商業委員會法案：設立聯邦商業委員會，負責限制不公平與反競爭的商業措施。
- 1914 年的克雷登法案：限制價格歧視，以及買賣雙方不當之購買協議；強化反托拉斯對併購的限制。
- 1936 年的羅賓遜－派特曼法案：限制廠商不得將相同商品以不同價格賣給不同的顧客；因價格差異會削弱或妨害競爭，特別是轉售業者。
- 1938 年的費勒－李法案：賦予 FTC 調查不實訂價及廣告，並確保其訂價措施不會欺騙顧客。
- 1975 年的消費者商品訂價法案：除去批發商和製造商對零售商的訂價控制，並准許零售商在大多數的情況下可建立最終的零售價格；限制製造商、批發商和零售商之間轉售價格的協議。

1914 年聯邦商業委員會法案（The Federal Trade Commission Act）規定，聯邦商業委員會（FTC）為監控不公平與違反商業競爭措施的管理機構。FTC 也負責限制不實的訂價與廣告。

1914 年的克雷登法案（Clayton Act），限制了**價格歧視**（price discrimination）及買賣雙方之不當協議，並強化修曼法案有關反托拉斯限制併購及競爭者協議之規定。該法案也限制廠商不得要求某產品的購買者再採購其他的產品。

1936 年的羅賓遜－派特曼法案（Robinson-Patman Act）對於價格歧視有更嚴格的限制。價格歧視是指相同產品以不同價格銷售給不同的顧客，它會妨害競爭，特別是轉售者間的競爭。而對最終消費者索取不同價格（如老年人折扣價、學生優待價）是屬合法的，因其不損害競爭；然而，製造商對不同零售商索取不同價格則屬違法。對於數量上的折扣，只要所有購買者都能一同享有，就不致造成問題。

然而，並非所有的價格歧視皆屬違法。在某些情況下，價格歧視是可被准許的，例如購買者並非是競爭者、索取的價格並未妨害到競爭、因不同顧客的不同服務成本而索取不同價格、為應付競爭者價格而索取不同價格等。

價格歧視可被接受，大致因出現在時間、地點、顧客及產品的差異而有不同的價格。例如，電話及電影由於使用或放映時段的不同，其收費也不同。地點的不同則造成旅館及娛樂節目的價格不同；甚至對於個別顧客也因協定或需要的不同，而收取不同的價格。

以價格歧視的收費方式，在市場上到處可見。例如，許多藥劑師控訴其支付處方藥的價格，比大量採購享有折扣的健保單位高出許多。在過去幾年，藥品製造商保證漲價幅度會限制在通貨膨脹率或在其之下，但最近幾年，因健保改革壓力減輕，處方藥的漲價幅度早已超越了通貨膨脹率。現在有許多藥劑師聲稱他們的負擔不公平，因為他們與負擔藥品價格較低的醫院及健保局（HMOs）相比，是處於不利的競爭地位。[58]

為減少消費者的不滿，租車業及線上旅遊經紀商開始實施稱為「總價」的方案，對客人的索價涵蓋稅金、小費和雜費。先前的研究發現，租車客人在稅金及雜費的支付，平均要比各主要機場訂定的基本費率高出 24%。[59]

傾銷（dumping）是指在國外銷售產品的價格低於國內，也低於其生產邊際成本，意味著一種價格歧視。大多數政府均有保護本國產業，不受外國不公平的價格競爭之反傾銷法令，而政府基本上是要協助廠商面對**掠奪式傾銷**（predatory dumping）。所謂掠奪式傾銷，是指意圖以訂價方法將競爭者逐出市場的做法。一旦競爭者退出市場後，掠奪成功的廠商便開始提高價格，一

價格歧視
同樣產品以不同價格銷售給不同的顧客，在美國受到羅賓遜－派特曼法案的限制，請見差異訂價法。

傾銷
在國外銷售產品的價格低於國內，也低於其生產邊際成本。

掠奪式傾銷
意圖將競爭者逐出市場。

個知名的案例是日本新力公司，其在美國出售的電視機價格為 180 美元，而同型的日製電視機在日本本土的售價則為 333 美元。美國政府因而對日製電視機提出增加關稅的警告，此後日本輸往美國的電視機就被迫提高價格。

1938 年的費勒－李法案（Wheeler-Lea Act）擴大了 FTC 的角色，而去監控一些廣告裡的價格欺騙及誤導行為。較近期的法案是 1975 年的消費性商品訂價法案（Consumer Goods Pricing Act），該法案支持零售商有權決定最後的價格。這些立法也限制了製造商在配銷通路上控制價格的能力。

涉及訂價決策上的含意

涉及產品訂價的立法及判例之主要含意，有下列各項：

- 對一配銷通路裡同層次的公司進行橫向價格操控是違法的。
- 在大多數的情況下，零售商可自由訂定其最後的售價。而製造商及批發商向零售商索取的價格，仍可能受到限制。
- 某些州訂定最低價格法，以防止零售商出售低於成本價格的商品。
- 價格不准以欺騙顧客的方式出現。
- 以極低價格打敗競爭者或並非反映成本差異的價格歧視，都可能屬違法。
- 在只有少數幾家大廠商的產業裡，小廠商跟隨大廠商的訂價行為，通常可被接受。

國際協定與國際組織

產品與服務價格的變動，也會受到許多國際協定與國際組織的影響。重

創造顧客價值

上選以顧客為中心的專注

上選（Best Buy）公司是美國最大的電子用品零售商，在北美地區開設超過 800 家分店，且持續不斷地因應顧客偏好的改變。當音樂光碟走下坡，而影像光碟的需求增加時，該公司即將貨架上的 CD 轉為 DVD。DVD、數位電視機、MP3 和筆記型電腦是成長最快的商品，該公司為避免價格折扣與維持價格利潤，而在各地區量身設立不同的商店。各地區的電子用品連鎖店決定當地的顧客，包括「郊區忙碌的媽媽」和「富裕的專業人士」之傾向是否為主要商品類項。當商店決定要服務這些有錢人時，就賣起家庭用娛樂產品；若此商店的經常光顧者是年輕家庭的話，則專注在數位相機的銷售。

要的國際協定或組織有世界貿易組織（World Trade Organization, WTO）、石油輸出國家組織（Organization of Petroleum Exporting Countries, OPEC）、歐洲聯盟（European Union, EU）及北美自由貿易協定（North American Free Trade Agreement, NAFTA）等，而它們對全球市場的價格均有廣泛性的影響。

例如，OPEC 是由許多石油生產國所組成的一個鬆散聯盟，設計該合作協定的用意在於影響原油市場的價格及短期的利潤。這種卡特爾（cartel）組織受到其會員國及非會員國對其所生產的石油逕行訂價之不協調行為的影響很大，故近年來，OPEC 在價格控制上的效果並不顯著。

在南非的咖啡卡特爾，實際上則增強了高價位的咖啡行銷從業者，如星巴克公司的競爭地位。該組織對咖啡生產的限制類似 OPEC 在石油上的生產限制，它傷害較低或中等價位的全國性品牌業者，除了提高其成本外，也擠壓了其已相當低的利潤。但是星巴克公司及其他高價位的銷售者，則因有較高利潤的存在，所以可以吸收這些上漲的成本。

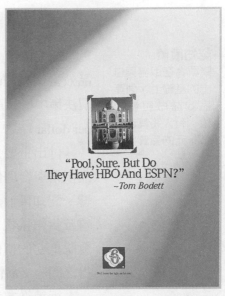

即使不是價格促銷的廣告，也應與整體的訂價策略一致。這幅非價格的廣告，巧妙地強化了 Motel 6 的低價定位。

11-5 顧客對價格的評估

截至目前為止，我們都是以行銷從業者或銷售者的角度來探討訂價。但是購買者如何來判斷價格呢？顧客對產品或品牌又是以什麼樣的因素來做評估呢？

若想要知道價格如何影響購買決策，首先就要了解購買者對價格有多少認知。[60] **認知貨幣價格**（perceived monetary price）係指消費者對價格是高或低、公平或不公平的反應。再者，消費者並不經常惦記著價格，即使進入了商店，也常以其個人認定方式對價格加以詮釋或處理。[61]

價格的結構與呈現方式會大大地影響價格之評估。例如，保險公司對年繳 360 美元，或半年繳 180 美元的保單，可以嘗試訂定三種截然不同的標示方法，分別是：年繳 360 美元、月繳 30 美元、日繳 1 美元。以每次繳費為基礎來看，當標示月繳 30 美元時，有三倍的人可能會買；但當標示為日繳 1 美元時，則可能有十倍的人會買。[62]

認知貨幣價格
消費者對產品價格是高或低、公平或不公平的主觀看法（與客觀價格相反）。

認知價值的判斷

認知價值（perceived value）是描述購買者在取得與付出的基礎上，對產品效益做整體的評估。它代表購買者在付出與取得之間的一項交易，而在購買決策中扮演重要的角色。[63] 有些人把認知價值當做「每一元的品質」（quality per dollar）。[64]

> **認知價值**
> 購買者在取得與付出的基礎上，對產品效益做整體評估；有人將其當做每一元的品質。

付出主要是指產品的價格。愈來愈多的消費者在做品牌決策時，常將產品價格與合理價格相互做比較，[65] 圖 11-8 摘錄了價格對購買者價值判斷之影響。認知價值最後會決定購買意願，而認知價值則是由認知效益或得到的品質及貨幣犧牲之組合來決定。效益愈高愈能增進其價值，貨幣的犧牲愈大則愈貶低它的價值，這些抵銷效果就會反映於消費者在認知價值裡，付出與取得之間的交易情形。

行銷從業者不會忽視消費者價值認知的力量。許多知名的消費品公司如麥當勞、沃爾瑪、莎拉·李（Sara Lee）、豐田及塔可鐘（Taco Bell）等，均已將消費者價值列為主要的重點。企業對企業的行銷從業者如艾默生電氣（Emerson Electric）、Electronic Data Systems（EDS）、3M 等，現也以降低價格及提高品質方式來重視其價值了。

至於服務價值的決定因素也得加以了解。某著名的服務行銷專家強調，許多競爭性服務缺乏差異性，導致管理者濫用價格以做為行銷工具，而錯誤地將價格與價值視為同物。事實上，價值代表承擔所得到的效益，這些承擔不僅包括價格，也包括慢吞吞的服務、電話忙線及員工對客人的怠慢態度等。[66] 行銷從業者的角色，是為了定義出在不同目標區隔市場下，符合公司產品及服務的認知價值，從而制定相應的價格。銷售應立基於價值，而不僅僅是價格。[67]

| 圖 11-8 | 價格、認知價值和購買意願之間的關係 |

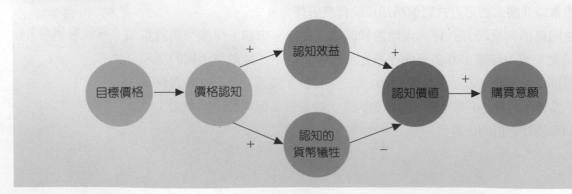

價格／品質關係

　　消費者為產品或服務的品質付出價格以換取其效益，所以**價格／品質關係**（price-quality relationship）即是描述消費者對產品價格與產品品質的關聯性。但是高價並不一定代表高品質，證據顯示，兩者即使有關聯性也不會很強。[68] 有時，不知情的消費者誤將價格做為品質判斷依據，但當價格與品質無關聯性時，購買高價品牌就是一種不明智的決策了。

　　《消費者報導》（*Consumer Reports*）對於有關價格／品質關係是否實際存在，提出了一些有趣的發現。[69] 該項測試針對九種產品類別的品牌，調查結果發現，價格與客觀的品質各存有正相關、負相關及無相關的情形。例如，腳踏車、洗衣機及冷凍披薩等，價格與品質存有正相關關係；立體擴音器、攪拌器、噴霧清潔劑等為負相關。因此，一致假設高價格就表示高品質，並非有智慧的決策。

> **價格／品質關係**
> 消費者認為高品質得付出高價格的聯想性。

消費者在價格資訊上的使用

　　價格對消費者的影響也因人及情況而異。[70] 價格與品質的不確定性，使購買決策為之困難，品質的重要性與購買者過去的經驗，決定價格在消費者評估上所扮演的角色。在理論上，消費者應該使用**最佳價值策略**（best-value strategy），以選擇理想的品質水準而成本最低的品牌。但在**價格尋求策略**（price-seeking strategy）中，有些消費者遵循價格／品質的假設，選擇最高價的品牌，以求取預期品質最高。有些消費者則追隨**價格避開策略**（price-aversion strategy），購買最低價品牌，以求取支付金額超出實際需要的風險能達到最低。

　　馬克‧特納在論述訂價策略時說：「過去幾年裡，無論是商業銀行或投資銀行，皆以提供高水準的諮詢，以及與客戶保持長期承諾的關係，做為維持其獲利率的手法。以這種策略，再加上一個強勢的品牌形象，確實讓我們獲得了訂價的優勢，並保持了市占率。已獲認同的高水準服務，包括銀行行員展現出對客戶事業淵博的策略性學識，相信這就是獲得訂價優勢的根源。在投資銀行業裡確實如此，只要該銀行追蹤其成功的交易案件，就能贏得強勢的品牌形象。銀行以可供查證的工作成績單方式，將其成功的交易案件做為廣告，即可維繫這個形象。」

　　廠商對消費者不同購買方式的了解，也會影響其行銷策略的擬定。假如

> **最佳價值策略**
> 選擇購買具有理想的品質水準而成本最低的品牌。

> **價格尋求策略**
> 選購最高價的品牌，以求取預期品質最高。

> **價格避開策略**
> 購買最低價品牌（與品質列入考慮的最佳價值策略相反）。

AT $79 IT'S SEXY.
AT $320 IT'S OBSCENE.

Designer clothing 40-75% off, every day. A Daffy's will open in early December at 17th and Chestnut.
DAFFY'S
CLOTHES THAT WILL MAKE YOU, NOT BREAK YOU.™

消費者對市場價格的預期會影響購買的決策。無論該價格是在預期之上或之下，均會導致對該產品不滿的反應。

消費者對品質不清楚，卻具有高度重要性（如進口酒），此時廠商常會採用價格信號策略（price signaling strategy），即設定較高價格意味著較高品質。愈容易得到品質資訊和重視高品質的場所（如儀器設備），廠商就會追求以價值為基礎的策略，並使用資訊式廣告（informative advertising）；而在此情況下，廠商會讓價格具有競爭性，在行銷傳播上強調產品的品質及效益。當得知有些消費者有價格避開（price-averse）的傾向，廠商在推銷有品牌或無品牌產品時，也將會以低價從事競爭。有趣的是，在某些情況下，低價或龐大廣告支出有時也會發出高品質信號。而當品質不易觀察，僅能透過消費來評估（即經驗品）時，廠商將以低價上市或大量廣告活動，即使用所謂浪費（wasteful）的支出，來對反覆購買性的產品發出高品質的信號。[71]

■ 如何做出價格的判斷

人們如何判斷價格是否太低、太高或公平呢？消費者有時會將內部及外部參考價格做為其產品價格的比較。**外部參考價格**（external reference prices）包括其他零售商的價格，或是零售商為增強公告價格的認知所列出的比較價格。

內部參考價格（internal reference prices）是消費者記憶中的價格，用以做為比較標準。內部參考價格有幾種，其一為預期價格，是購買者認為價格公平或合理與否的主要決定因素。另一種則是經濟學名詞**保留價格**（reservation price），表示一個人願意支付的最高價格。而對未來價格的預期，也是一個主要的內部參考，深思熟慮的消費者會將目前購買與未來購買的成本效益相互比較。[72] 其他內部參考價格則包括過去支付價格、零售平均價格及消費者願意支付的價格等。[73] 消費者有時會以價格來推論動機，特別是對價格超乎預期時，就會引起價格是否公平的認知動機。當價格太高時，則會假設行銷從業者是貪婪的，而這種公平價格認知，將會對銷售者產生負面的推論。因此在環境確定下，公平價格將是一種重要的內部參考價格。[74]

消費者價格評估的模型列示如圖 11-9。[75] 它假設消費者的價格資訊，是來自於過去購買同一產品或類似產品所獲得的經驗。[76] 大多數人雖無法明確指出價格，但對於市場價格及可接受的價格範圍常會有某些預期。他們以產

外部參考價格
其他零售商的價格，或是零售商為增強公告價格的認知所列出的比較價格。

內部參考價格
消費者記憶中的比較價格標準，用來判斷價格的公平性。它包括預期價格、過去支付價格、零售平均價格、消費者現在願意支付的價格等。

保留價格
一個人對一件產品願意支付的最高價格，屬於消費者內部參考之一。

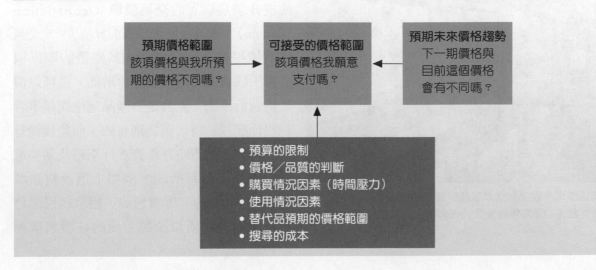

圖 11-9 消費者價格的評估

品的價格來評估如何符合這些預期，價格太低時，他們所做出的判斷是產品品質可疑；當價格被認為太高時，該產品就不列入考慮，或轉向其他產品類項。購買者通常會把價格低或高的限制，亦即一個可接受價格的範圍當做購買的門檻。這些限制並非固定不變，必須視購買者得到有關產品類別、產品線或市場等實際價格範圍之資訊而決定。最高的限制來自於該價格的認知為過高或不合理；低的限制則來自於該價格的認知是品質受到影響。[77]

個別價格評估也可能受到一些外部因素的影響，如預算限制、時間壓力、預期使用情況，或為尋求低價產品而更深入的搜尋成本等，而消費者通常不願意對經常做價格促銷的品牌支付高的價格。[78]

廣告上的比較價格

業者在廣告上常提供比較價格（外部參考價格），以說服顧客購買。比較價格一般有下列三種：過去的零售價、同一地區其他的零售價、製造商的建議價。圖 11-10 說明比較價格的影響。[79] 比較價格提高了顧客內部參考價格的

> **交易價值**
> 對交易的認知，零售商提供比較價格促使產品交易價值提升，進而提高了顧客內部參考價格的標準。

圖 11-10 比較參考價格效果模型

比較價格被用來做為列舉眾多產品或高價值的用途。許多零售商常將製造商建議零售商售價（MSRP）和其售價並列。

標準，也讓廣告的價格更具吸引力，從而提升該項購買的**交易價值**（transaction value）（即感受此次交易的好處）。[80] 交易價值提升後，就會增加其整體的取得價值，購買的可能性也愈會增加。這種以價格做為誘因，尤其是對產品定位與競爭者沒什麼差別時，則特別有效；而此種提升交易價值的策略在珠寶、行李箱及某些電子產品上時有所聞。例如上選及電路城（Circuit City）等零售商，經常將目前售價、過去售價以及製造商的建議售價並列。[81]

摘要

1. **認識價格的重要性及其在行銷組合中的角色。** 不論是銷售商品或服務，價格對於需求的層面與利潤的賺取，皆是非常重要的決定因素。價格訂得太高會妨害需求，訂得太低則將減少收入，兩者皆會降低總利潤。在市場趨勢變化莫測之際，諸如科技進步迅速、產品推陳出新、服務的需求增加、全球性競爭加劇等，在在印證著要決定一個理想的價格並非易事。

   價格的決定與其他行銷組合之間的關係，會影響產品的銷售。價格只是廠商行銷組合的一部分，其他如產品和配銷也必須列入訂價決策的考慮。此外，提出的價格要比競爭者品牌更能吸引購買者的目光才行。

2. **了解公司不同訂價目標的特性。** 引導公司訂價的目標，包括確保在市場上的生存、增加銷售的成長、擴大市占率、追求利潤極大化、獲取一定的投資報酬率、阻止競爭者進入市場，以及建立或維持一個特別的品質形象。廠商經常以榨脂價格策略或滲透性訂價策略，來達到成長與阻止競爭的目的。聲望訂價法則是在品質與強化形象的目標下達成一致。

3. **辨識影響行銷訂價決策的各種因素。** 訂價決策受到訂價 5C：成本、顧客、配銷通路、競爭及相容性的影響。成本決定價格達到最低的限度，而價格至少要在一段時間裡能夠收回成本，或有足夠的利潤與收入。顧客的期望與價值的認知及公平性，也會決定價格的可接受性。

   價格的決定也必須考慮配銷通路裡的其他成員，必須讓這些成員賺到足夠的利潤。競爭性的因素也會影響價格，當產品類似時，價格的差異對消費者就構成了重要因素，而價格也就具有引導作用。

   訂價決策也必須與廠商整體行銷和傳播之目標相容。最後，國家與國際的法律和協定也會影響訂價決策。

4. **闡釋消費者如何形成品質和價值的認知。** 不論是個人或企業的潛在購買者，所形成的價值認知均會影響其購買行為。價值認知對產品效益的整體評估，是以支付與獲得之間的比較。價格影響價值認知，是依效益認知與貨幣犧牲認知而定。消費者對價格有各種不同的反應，一

般會採用下列三者之一的策略：最佳價值策略、價格尋求策略或價格避開策略。

5. 了解價格和品質的關係，以及內部和外部的參考價格。消費者經常以價格推論品質，這種反應說明了價格／品質的關係。暫且不論其正確性與否，它的確會影響購買者的意願，假如顧客相信產品是屬於高品質，那麼他們會願意付出高價去得到它。

許多消費者將廣告價格與預期價格相互比較，常常把它當做內部參考價格。假如價格高於期望，對產品的價值認知就會下降；價格若低於期望，則對產品的認知就會上升。公司常常提出一個高的訂價以做為外部參考價格後，再設計出一個足以吸引人的低價格以做為比較。這些比較價格可能是過去的價格、製造商的建議價格或競爭性的價格。

習題

1. 試解釋價格的意義？請比較基本價格組合與價格促銷組合。
2. 訂價決策為何會那麼重要？訂價太低或太高分別會出現什麼結果？
3. 什麼環境條件造成訂價決策那麼困難呢？這些結果如何影響成本和收益評估？
4. 試問下列的訂價目標有何不同：品質強化與市場生存？銷售成長與獲利性？
5. 請簡單敘述網際網路上的資訊如何影響價格敏感性？它對知名品牌與不知名品牌有何不同的效果？
6. 嘉信理財公司如何與其他房屋經紀商（如Merrill Lynch 公司）競爭？影響嘉信公司的訂價策略因素有哪些？
7. 行銷從業者在訂價決策上受到哪些主要法規的限制？
8. 請比較外部參考價格和內部參考價格，並各舉數例加以說明。參考價格如何影響消費者對價格的反應？
9. 請定義消費者認知價值，並解釋什麼會決定認知價值。價格與認知品質如何影響價值的認知？請解釋價格與品質之間的關係。
10. 請解釋消費者如何利用下列購買策略來評估價格：最佳價值、價格尋找和價格避開。
11. 請敘述每日低價（EDLP）與高價低賣（HiLo）的訂價策略。根據不同的訂價策略層面而言，這些策略有何不同？
12. 與國際市場有關的訂價，有哪些重要的考慮？
13. 競爭會對價格產生什麼影響？在準確地鎖定競爭者時，公司要如何制定其訂價策略？

行銷技巧的應用

1. 請拜訪一家小零售商，詢問其如何對各項產品訂價。是否贊成製造商對商品的原始價格具有影響性？消費者的需求扮演了什麼角色？
2. 請尋找兩家零售商在本地報紙刊登的參考價格之廣告。說明什麼是原始價格與銷售價格？差距有多少？是與誰的銷售價格相互比較？是以什麼字眼做為參考價格的訴求？
3. 拜訪一位熟識的朋友或親戚，詢問其下列的問題：「當你考慮購買一部個人電腦時，你心裡想到哪些事情？」他所提到價格的論點是什麼？哪些屬性順序對其購買決策發生影響？
4. 價格波動的頻率（如促銷、折扣、優惠價或通貨膨脹）如何影響消費者的參考價格？假設促銷價格常常低於消費者的參考價格，會造成日後價格恢復較高正常價位時的抗拒，請問每日低價策略是否會優於促銷價格策略？

網際網路在行銷上的應用

活動一

　　眾所周知，有愈來愈多的消費者上網購物或蒐集資訊。這種現象特別盛行於運動產品業。請比較 Wilson 與 Prince 公司兩種不同品牌的網球拍價格資訊，以及其提出的各種款式球拍的報價：

1. 價格的資訊是如何呈現？消費者能夠很容易地在線上做價格比較嗎？
2. 經銷商為何無法提供最新款式球拍的折扣價資訊？
3. 為何價格折扣店出售運動器材會如此成功？消費者在當地的零售店購買這些器材後退貨，甚至在這些商店試用後，再向有價格折扣的雜誌或網際網路購買，這些行為合乎倫理嗎？

活動二

　　請連上 www.bizrate.com 網站。

1. 各種 DVD 播放機價格變化範圍有多大？
2. 向上訂價法與向下訂價法如何影響品質認知？
3. 與大型電子商店提供的資訊相比較，網路上的價格資訊提供的範圍有多大？

行銷決策

個案 11-1　悍馬悶悶不樂

　　2004 年的前九個月，悍馬（Hummer）車在美國出售了 20,284 部，大多為 H2 系列的車款，然而與 2003 年的同一時間相比較，卻下跌了 20%。這種車款的價位相當高，但車子內部裝飾平常，且性能相當差。與豪華的多功能休旅車相比，例如路華（Land Rover）和林肯領航員（Lincoln Navigator）則是內部華麗、空間寬敞。通用公司與悍馬希望下一個 H3 車款能夠變得柔美一點，在 2005 年時能出售 50,000 部以上。H3 的設計比一加侖汽油跑 10 至 13 英里的 H2 更有效率，每部售價從 35,000 美元到 45,000 美元。未來產品包括小型車、大型車、柴油車款，以及小型多功能休旅車。此外，悍馬希望能夠借助在國際的推動而有更多的銷售。H2 多功能休旅車的售價從 48,000 美元開始起跳，而 H3 的訂價在 28,000 美元到 35,000 美元。

　　悍馬的另一項努力是要使高價汽車再度流行，從 2006 年開始的保固條款，將延長為 4 年或 50,000 英里，這些條件與賓士、凌志和 BMW 等車輛一樣。悍馬希望小型的 H3 能夠吸引一個新層次的購買者，包括年齡在 40 歲以下，對品牌特別嚮往者。悍馬的目標是要推銷一種低價、小型、性能更好，但又不失其粗獷外型的車輛。

問題

1. 悍馬如何調整汽車的訂價結構？
2. 悍馬鎖定哪一個市場區隔？
3. 該公司如何對未來的產品與價格做好選擇？
4. 哪些競爭性與環境的影響，會衝擊悍馬車的價格彈性？

行 銷 決 策

個案
11-2 價格線網站：價格的尋找與競爭

　　價格線網站（Priceline.com）是唯一應用「需求匯集系統」方式的電子商務先進。該系統可以讓消費者利用網路，在購買眾多產品及服務上節省許多金錢，同時也讓銷售者增加了不少收益。價格線網站在機票及旅館住房的銷售上十分地成功，該網站現在也提供汽車、長途電話、雜貨等配送到家的服務，同時也陸續開發其他的服務項目，甚至連房貸都可利用價格線網站來進行。

　　價格線網站依靠消費者願意付出的價格，與供應商願意接受的價格之間的價差來賺錢。該網站蒐集有關顧客人數、產品及服務偏好、願意支付價格等資訊。價格線網站也帶給一些有夥伴關係的公司需求增加的機會，同時又不干擾其正常的訂價結構。消費者則必須以其信用卡做為保證，且須同意保留一段期間，在品牌的選擇上也要有彈性。

　　價格線網站在網際網路上的服務及拍賣價格等，受到競爭的影響很大，而線上殺價（online haggling）已成為電子商務普遍存在的現象了。例如，亞馬遜網站已開始有拍賣服務，而美國線上公司（American Online）現則提供電子海灣做為其拍賣服務特色之一。就潛力而言，線上拍賣（cyberauction）已經影響到正常的訂價，也表示動態訂價的時代已經來臨。網際網路的免費層面已經使購買時更方便討價還價了。

　　該公司現在也更專注在旅館、航空機票、租賃車輛、家庭貸款和購買新車的價格任你訂（name-your-own prices）的經營項目，然而，該公司最終目標是想成為休閒旅客重要的旅遊代理商。在其推出汽油及一些雜貨項目失敗後，公司已體認到，消費者的期望是更多的方便、更快速的服務及節省更多的金錢。目前價格線網站也遭遇到了一些困難，它失去了顧客的忠誠度，而且新的競爭者 Hotwire 來勢洶洶，所以該公司新的措施則是與八大主要航空公司簽訂代理合約。

　　最近該公司併購 Travelweb 公司，後者係由一群旅館連鎖店共同成立的網際網路旅館配銷商，該公司計畫將 Travelweb 納入其網站經營之項目。目前價格線網站營收與成長情形都不錯，預約旅遊業務將持續上升。併購 Travelweb 花費的資金與廣告費支出的增加，遂引起人們對該公司財務資金的關注。

問題

1. 價格線網站對於夥伴廠商品牌的完整性有何影響？
2. 哪些產業對於價格線網站有潛在的機會？
3. 像價格線網站的網際網路公司，對消費者搜尋行為及價格敏感性有何影響？
4. 當其他競爭對手的拍賣網站在網際網路上擴充時，價格線網站應該如何維持其競爭優勢？

價格決定與訂價策略

Price Determination and Pricing Strategies

Chapter 12

學習目標

研讀本章後,你應該能夠

1 討論價格、需求、需求彈性和收入之間的關係。

2 了解訂價的方法。

3 認識不同的訂價策略和選擇最適策略的條件。

4 認識在經濟和競爭情勢的轉變下,調整價格的重要性。

5 了解在訂定價格與廣告價格上所涉及的倫理考量。

電子海灣（ebay）成立於 1995 年，至今一直是個最賺錢的網路公司，它在全世界擁有數百萬的消費者。銷售者可以在該網站上拍賣商品，消費者也可以出價競標購買。它不同於傳統市集的交易關係，因為購買者對價格決定有很大的裁量權。

做為極少數從一開張就賺錢的網路公司，該網站嘗試將看法與興趣相似的人聚集一起，以建立社區理念。電子海灣讓消費者展現個性，而讓銷售者有理財的機會，也促成跨越地域及階級的一對一交易。人與人之間的信任，是交易成功的主要因素，該網站很少發生詐欺的情形。電子海灣對於不良交易提供免費保險，設立付費保證履行的帳戶，以及交易完成前保管交易金等措施。該網站也成立了回應論壇，鼓勵拍賣成交的顧客發表他們交易的經驗，而該項做法也的確讓消費者對該網站產生了信心。人們可以在電子海灣網站上找到評價不錯的銷售者，因此可以買到貨真價實的商品。

電子海灣的執行長梅格·惠特曼（Meg Whitman）重視科技對該公司的重要性，並決定發展一些過去被認為不可能做到的電子商務系統。電子海灣的持續發展帶給該公司美好的願景，其成長計畫也顯示，未來市場需求的潛力非常大。

為滿足每日數百萬的訪客，以及滿足在電子海灣註冊的買賣會員需求，該公司須不斷推陳出新。目前該公司在全球開闢了 22 個市場，且已成為歐洲第一品牌了。零售商現在只要在電子海灣網站上開業，就可將先前堆積在庫房裡的滯銷品一掃而空。電子海灣是網際網路上一個奇葩，因為該公司除在網站營業外，並未以實體開業營運，況且該公司本身也不涉及買賣行為、儲存貨品。然而，其不但可以存活下來，並且在許多網路公司倒閉之際，業績仍蒸蒸日上。

最近許多利用電子海灣網站的小企業業主，因交易手續費率上漲而顯得快快不樂。對於在電子海灣網站開店而銷量大的賣者而言，這種手續費率的上漲已造成很大的影響。電子海灣現為維持成長，只得另闢蹊徑，例如開闢中國網站和提供 PayPal 付款處理服務。然而，眾多競爭對手開始撈過界，包括亞馬遜成長極速的市場（Marketplace）網、Google 的入口搜尋網，彼等可讓零售商直接鎖定要採購特殊產品的搜尋者。這些競爭再加上手續費率，是電子海灣網站目前正面臨的主要課題。

電子海灣

網際網路影響消費者對產品價格，以及物主對產品索價的意義深遠。在前例中，電子海灣的經營情形強調了價格之重要性；當產品能被合理評估，而消費者了解其需求，以及何種產品能滿足其需求時，價格就決定了。不過，該例也只說明了一種訂價方式，接下來，我們將在本章中檢視許多公司用來選擇特定訂價策略的過程。此外，我們也將討論一些影響價格決定的理論及實務的議題，以及這些議題牽涉的倫理考量。價格的決定及合適的訂價策略評估，是一種持續不斷的管理挑戰。

現在有許多人相信，電子商務將對公司與顧客的關係、拍賣情況及消費者彼此間的關係等發生基礎的變化，而這種變化也可在訂價上感受到。例如，往昔若要比較上百家保險公司的費率，必須撥打百通以上的電話，但現在只要用滑鼠在網路上點一下，就可進行比價工作了。也因為如此，好事達保險公司已減少其業務人員，而開始在網路上賣保險。而諸如 eCoverage 及 Quotesmith.com 等網站，皆有這些比價功能。

本章將論述許多用來設定或調整價格的過程與策略。發展訂價能力，以便對競爭者的動作做出更有效率的回應，則其訂出來的價格才能更接近消費者心中的理想數字。若廠商具備了這種訂價能力，將可變成一個重要的競爭優勢來源。[1]例如，對於一家營收 1 億美元的公司而言，只要對價格績效稍做改善，每年對其營收將更是如虎添翼了。[2]

12-1 價格決定概述

一種合乎邏輯方法的價格訂定過程，如圖 12-1 所示，[3]執行該過程時必須先了解在第 11 章中所敘述的相關概念。首先，廠商的訂價目標必須與整體行銷策略、產品形象及品質相互一致，而利潤極大化或銷售成長則是一般的訂價目標。其次，廠商必須考慮市場需求，以及需求對不同價格的反應。在不同的價格下，銷售會達到什麼程度？價格調整的話，銷售又會如何變動？諸如此事，即知釐訂一個合適的訂價策略就是一種挑戰，其中部分原因乃在既有的市場裡充斥著各式各樣的產品，再加上訂價的過程更是詭譎多變化。[4]

第三，廠商要決定製造產品或服務的成本，以及成本與產量之間的關係，且廠商也要評估競爭者的價格與成本。假如價格是設定在市場價格之上，消費者將不願購買；而如果價格太低，則可能會失掉收益及利潤。因此廠商會使用下列方法之一來訂價：加成訂價法、損益平衡分析法及目標報酬率訂價法。

最後，廠商在應用任何一項訂價策略時，都必須設定特定的價格。而在

圖 12-1　　　　價格設定決策過程

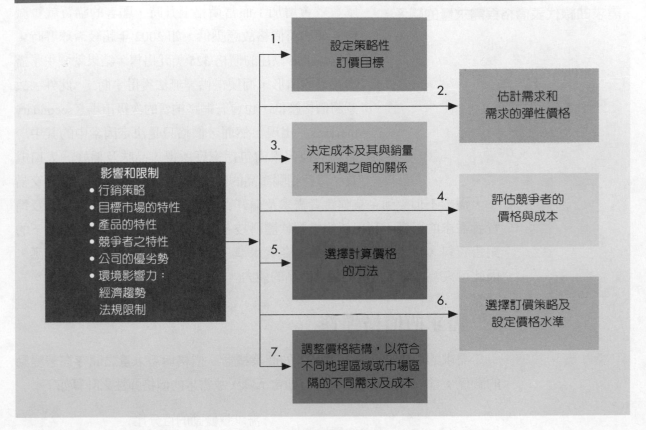

價格設定之後，廠商會對其做監督及調整，以適應不同市場區隔的需求與成本，或使其符合競爭的回應。

　　訂價過程的各個階段也會受到一些限制與影響，如圖 12-1 所示，包括產品特性、公司的優劣勢及法規限制。此外，成本與需求是不易估計的，有時，價格決定則需要先設定一個原始價，然後再依市場之績效加以修正。最後，價格須反映顧客有支付的意願。為使長期的獲利性最佳化，價格的訂定須反映顧客認定的商品價值。因此，對於訂價策略與訂價過程之改進，將可使利潤和銷量大幅竄前。[5]

12-2 價格及需求

◾ 需求曲線

價格與需求之間的關係，就如圖 12-2 中傳統市場**需求曲線**（demand

需求曲線
顯示在一既定時間裡的既定價格下，在市場裡會有多少單位會被採購的關係。通常價格下跌時，顧客就會增加購買；而當價格上升時，就會減少購買。

Part Five
訂價概念與策略

圖 12-2

需求曲線代表價格與需求量的關係

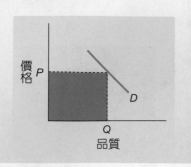

curve）上的 D 。在正常情況下，價格下跌時，顧客的購買就會增加；而當價格上升時，顧客的購買就會減少。假如將價格故意壓低，如 2002 年超級盃球賽時，門票以低於以往的價格 325 美元出售，結果就發生了需求超過的情形，而使得供需無法獲得平衡。[6] 此外，故意將價格壓低，也會有網路拍賣的次級市場（secondary markets）出現。然而，價格只是決定因素中的其中一項，其他因素尚包括家庭所得、品味及偏好、人口成長，以及相關產品的價格等。在許多企業對企業的交易中，需求不但受到企業購買者需求及偏好影響，也會受到一般經濟條件及消費者需求的影響。利用新的電腦軟體科技，就可以分析在過去不同價格下的銷售資料，以及消費者對價格、存貨水準、促銷、季節等需求的不同反應，因此可大幅增進零售商推銷其產品的能力。[7]

需求的價格彈性

需求的價格彈性是一種基本的商業概念。價格與需求量之間存在著變動的關係；當一方上升時，另一方則會下降，故需求的價格彈性之計算如下：

$$需求的價格彈性 = \frac{需求量變動的百分比}{價格變動的百分比}$$

計算規則及例子將在附錄 B 中詳細說明。（附錄 B 請至本公司網站下載）

當價格稍微變動就會引起需求大幅變動時，稱之為**需求有彈性**（elastic demand）。而當需求有彈性時，價格稍微下降就會使總收益增加。需求有彈性普遍存在於汽車、工程產品、家具及專業服務等產業中。

需求有彈性
當價格稍微變動，就引起需求大幅變動時。當需求有彈性時，價格稍微下降就會使總收益增加。

需求缺乏彈性
價格變動不會引起需求的大幅變動。

當價格變動不會引起需求大幅變動時，則稱之為**需求缺乏彈性**（inelastic demand）。需求缺乏彈性常發生在書籍、報紙、服飾等產品，以及銀行保險、飲料及公用事業等產業。[8] 圖 12-3 中，分別列示了需求有彈性及需求缺乏彈性的情形。需求對價格的變動可能變成缺乏彈性，大致發生在下列的情況：(1) 在很少或無替代品的情況下；(2) 當購買者還未注意到漲價，而其購買習慣尚未及時改變或尋找低價品時；(3) 購買者認為產品已改善或因通貨膨脹的關係，所以漲價是合理的；(4) 產品或服務只占其家庭所得的一小部分。[9]

當需求是有價格彈性時，行銷從業者就必須小心評估任何價格上漲的提議，因為價格的變動，可能引起需求量的大幅變動。當顧客發現價格變動，

經驗分享

「IBM 所採行的方法是協助客戶解決其公司所發生的問題（我們只是試圖將產品線的產品賣給他們），這也導致我們以出售解決方案當成策略上的專注。我們提出的解決方案，包括硬體（伺服器、儲存器、印表機和一些委託其他廠商製造的設備）、軟體（操作系統、中介軟體和應用程式）、服務（從傳統資訊服務到諮詢服務），並以捆裝訂價或特價方式來報價。這種解決方式，連同相關的軟硬體的報價，讓客戶更容易決定其公司一項處理專案的價值。此外，這種一次或整個包辦的價格，低於他們單獨一項一項購置軟硬體的價格。」

丹尼斯・荷雷（Dennis Hurley）是北卡羅萊納大學商學士，Wake Forest 大學財管碩士。目前擔任位於喬治亞州亞特蘭大市的 IBM 公司的財務部經理。

丹尼斯・荷雷
IBM 公司
財務部經理

因而挪出時間去尋找替代品或服務時，長期彈性與短期彈性將可能會不同。

將這些研究應用於管理上，當耐久性商品和包裝類商品處於成長階段時，其價格彈性非常強。這項研究結果認為，經理人對於新推出的產品品類，採取滲透策略之效果（由低價往高調整）大於榨脂策略（由高價往低調整）。[10]

需求的交叉彈性（cross elasticity of demand）是指一種產品需求量變動的百分比，會牽涉到另一種產品價格變動的百分比。例如，許多產品往往屬於某一產品線上的一部分，當該品牌（產品）價格變動時，則可能會影響到同一產品線上其他產品的需求。當產品彼此間是非常接近的替代品時，如各種可樂飲料，其中一種品牌產品的價格上漲，將使另一種品牌產品的需求量增加。例如，若卡車製造配件的鐵鉤之價格急劇上升，就會對低價的塑膠鉤或鋁鉤增加需求。

此外，當產品屬於互補性產品（complements）時，其中一種產品價格的上漲，將使另一種產品的需求下降。例如，若個人電腦的價格急劇上漲，則將使得印表機的需求減少；若墨西哥式玉米捲皮價格下降，則玉米調味醬的銷售量將會增加。[11]

有些行銷從業者認為，他們的主要目標是在為其產品創造彈性疲乏，而這就必須對需求做全面性的了解。廠商若能讓某一品牌不論其價格如何，顧客都能被該品牌的屬性毫無抗拒地吸引住，亦即其設計的品牌所提供的效益，足以讓消

需求的交叉彈性
一種產品需求量變動的百分比，會牽連到另一種產品價格變動的百分比。當一種品牌的可樂價格上漲，將使另一種替代品牌的可樂需求增加。但在互補性產品，若個人電腦價格急劇上漲，將使得印表機的需求減少。

圖 12-3

需求有彈性及需求缺乏彈性

A. 需求有彈性

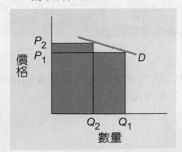

B. 需求缺乏彈性

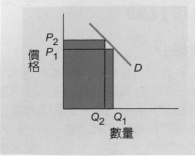

在某些產業裡，價格在許多廠商中擔任重要的角色。本幅廣告是挪威郵輪（Norwegian Cruise Line）公司以促銷價格來吸引遊客。

低價位的汽車可以應用保證書和其他資訊提供，來確保其品質。

費者心甘情願地付出高價，就能讓廠商獲利。所以透過忠誠度方案及特殊服務的設計來慰留顧客，以防止廠商產品價格的變動或競爭產品價格的改變，而產生需求的轉移。

12-3 成本、數量及利潤

我們已討論過價格與需求量之間的關係，然而，在決定價格時，也必須考慮生產及銷貨成本。**固定成本**（fixed costs, FC）無法在短期間內隨產量的變動而變動，如廠房及大型設備投資、貸款的利息、生產設備成本等，即使產量為零，這些成本也會發生。許多廣告成本亦被視為固定成本，至少在一既定的時間內是如此。[12]

隨著產出水準而變動的成本，稱之為**變動成本**（variable costs, VC），如工資及原料等。行銷變動成本則包括與產品相關的包裝及促銷成本。

總成本（total costs, TC）是固定成本（FC）與變動成本（VC）的加總。變動成本則是每單位的變動成本乘以產量（Q）：

$$TC = (VC \times Q) + FC$$

邊際成本（marginal costs, MC）是指多增加一單位的產量，使總成本增加的數量。通常因經濟規模的關係，其在初期時會下降；但當廠商接近其最大產能時，將會逐漸上升，利潤則下降。

倫理行動

「減量」

一些消費性產品的製造商逐漸採行「減量」的方法，亦即在其產品包裝上減少容量，而不在售價上做調降。有些行業的研究資料顯示，消費者的反應是寧願減量而不願漲價。但有些人認為這種做法是欺騙，而讓人疏於防備。如果消費者覺得受騙，

那麼業者就要頂著背信的風險。家樂氏公司為抵制減量歪風，最近發出簡短的聲明，對其眾多的麥片品牌如 Frosted Flakes 和 Special K，仍維持其原來的包裝容量，但售價提高 2%。

邊際收益（marginal revenue, MR）是指多增加一單位的銷售，使總收益增加的數量。**總收益**（total revenue, TR）係指總銷售額，或是價格乘以銷售量：

$$總收益 = 價格 \times 數量$$

要決定利潤最大時的價格，廠商就必須結合成本、需求或收入的資訊。換句話說：

$$利潤 = 總收益（TR） - 總成本（TC）$$

當上述公式的差距爲最大時，即爲利潤最大；此時邊際收益（MR）等於邊際成本（MC）。而當邊際收益大於邊際成本時，增加生產及銷售就可以增加利潤。這些演算過程之範例請參閱附錄 B。

12-4 價格決定的方法

廠商可在幾種決定價格的方法中進行選擇。它可以依管理當局主觀意識決定最合適的價格，或者也可綜合應用幾種方法或程序來決定價格。特別要注意的是，在決定價格時，廠商也要同時考量需求及成本。經過初步價格設定後，廠商則可以根據試誤法（trial-and-error）的經驗及需求的波動來調整價格。價格決定的基本方法有加成訂價法、損益平衡分析法、目標報酬率訂價法及淨利基礎訂價法。

加成訂價法

零售商通常使用某種形式的**加成訂價法**（markup pricing）。加成是指產品的零售價與成本間的差額，以百分比表示之。在這種訂價法下，產品的價格是在產品成本上加上一個百分比。而所有產品類別的百分比都相同，其公式如下：

$$價格 = 單位成本 + 加成，或$$
$$價格 = 單位成本/(1 - k)$$

其中，k = 預設的加成百分比。

例如，若某零售商購進流行品牌網球拍的成本爲 80 美元，如果再加上 40 美元，則零售價爲 120 美元。

固定成本（FC）
無法在短期隨產量的變動而變動，如廠房及大型設備投資、貸款的利息、生產設備成本等。

變動成本（VC）
隨產出水準而變動的成本，如工資及原料等。

總成本（TC）
固定成本與變動成本的加總。

邊際成本（MC）
指多增加一單位的產量，使成本增加的數量。通常因經濟規模的關係，它在初期時會下降，但接近最大產能時會逐漸上升。

邊際收益（MR）
廠商多銷售一單位而增加額外的收益（MR 常以產品價格表示）。

總收益（TR）
指總銷售額，或價格乘以銷售量；稅前利潤等於總收益減總成本。

加成訂價法
指產品的零售價與成本間的差額，以百分比表示之。

$$加成當做銷售價格的百分比 = \frac{加成}{銷售價格} = \frac{\$40}{\$120} = 33\%$$

$$加成當做成本的百分比 = \frac{加成}{成本} = \frac{\$40}{\$80} = 50\%$$

在某些情況下，當零售商之價格及進貨成本為已知時，其加成百分比可簡單求得：

加成（%）＝〔（售價－單位成本）／價格〕× 100%

至於其他的零售訂價及加成之演算方法及範例，請參閱附錄 B。

損益平衡分析法

損益平衡分析法
分析法
廠商必須以某種價格銷售某一數量，以便收回成本（即損益平衡）；收入超過損益平衡點即為利潤。

損益平衡分析法（break-even analysis）在訂價決策上是一個有用的指標。廠商必須以某種價格銷售某一數量，以便收回成本（即損益平衡），此法以圖形列於圖 12-4。損益平衡點（break-even point, BEP）是總收益曲線（TR = P × Q）與總成本曲線（TC = FC + VC × Q）的相交點。在兩條曲線交會的平衡點右邊，代表利潤；而為獲得利潤，銷售量必須越過 BEP 點。

產品的價格決定了總收益曲線的斜率，故價格愈高，則總收益曲線的斜率愈大，BEP 愈小。若成本降低，BEP 也會跟著下降。

邊際貢獻
等於（P － VC）的值，此處 P 為單價，VC 為變動成本。

Washburn 吉他公司提供了一個說明總收益、總成本、**邊際貢獻**（contribution margin）及損益平衡點的範例。該公司賣給初學者的樂器是屬於大量生產的產品，相對於特別為搖滾樂手設計的樂器，其所使用的單位材料及人工的變動成本較低。此外，較低的價格也可吸引更多對價格敏感的初學者。因此，較低的單位變動成本，讓 Washburn 公司對大量生產的產品也能訂定較

運用科技

Shopzilla 公司

Shopzilla 公司（原名 BizRate.com）現在號稱是網站裡最強大且最容易使用的搜尋引擎，它從 50,000 家以上的商家聚集了 3,000 萬件產品。該網站發展迅速，它已被定位為消費者首次上網購物時的最基本網站。為加強消費者的搜尋能力，該公司可以將售價的考量、可靠性、商店的評分和聲望等同時列出。網際網路的購物者可以把線上零售商的商品，與型錄和一般商店裡的商品分別做比較。所列出的尚包括購物者對該網路商店的評分、購物價格的計算是否容易、負擔的稅金、產品的細節與特點說明等。

具競爭性的價格，使銷售量能超越損益平衡點而獲利。

BEP 單位的計算如下所示：

$$Q(BEP) = FC /(P - VC)$$

P 為單價；Q(BEP)為損益平衡數量；(P − VC)表示產品的邊際貢獻。

假設一盒醫療用的橡膠手套售價為 7.25 美元，變動成本為 2.25 美元。當總固定成本為 200,000 美元時，其損益平衡點為 40,000 單位，即：

$$40,000 = \$200,000 /(\$7.25 - \$2.25)$$

若價格上漲至 12.25 美元，假設依然有足夠的需求，則 BEP 將降至 20,000 單位。BEP 也可用金額表示：

$$Q(BEP\$) = FC/(1 - VC/P)$$

以前述之醫療用手套為例，BEP 以金額表示則為：

$$\$289,855 = \$200,000/(1 - \$2.25/\$7.25)$$

在評估不同的價格與成本結構對需求水準的影響時，損益平衡分析法便十分有用。將預設的利潤加到公式中固定成本的部分，廠商就可算出在某一價格下所要達到的某一利潤水準，與必須銷售的單位數量。

損益平衡分析法亦可適用於不同價格及數量的組合。此種修正後的損益平衡分析法指出，BEP 會隨價格不同而變動，當數量增加時，利潤不一定會隨之增加，因為降低價格方能產生需求數量的增加。

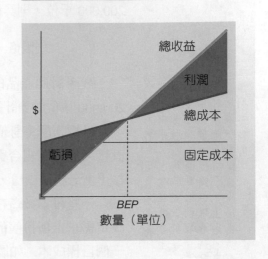

圖 12-4　　損益平衡分析

目標報酬率訂價法

目標報酬率訂價法（target-return pricing）是成本導向的方法，亦即設定價格以達到期望的報酬率。其成本與利潤的估計是以某些期望數量或銷售水準為基礎，價格決定的公式為：

$$價格 = 單位成本 + \frac{期望報酬率 \times 投資資本}{預計銷售量}$$

假設某一文具製造公司生產電腦用紙，該產品的平均變動成本為 8 美

目標報酬率訂價法
成本導向方法，亦即設定價格以達成期望的報酬率。成本與利潤的估計，是以某些期望數量或銷售水準為基礎。

元，總資產爲 4,500,000 美元。廠商期望報酬率爲 15%，預計銷售量爲 200,000 單位，則其目標報酬率的價格計算如下：

$$價格 = \$8 + (0.15 \times \$4,500,000)/200,000 = \$11.38$$

廠商對此產品的訂價爲 11.38 美元。此外，本方法得假設廠商能達成 200,000 單位的預計銷售量。

目標報酬率訂價法必須預計一個公平或需要的報酬率，然而本方法並未直接考慮行銷組合與競爭因素等其他變數之影響；且目標報酬率訂價法與損益平衡分析法一樣，使用時最好也將需求的其他決定因素納入考慮。

一些日本廠商在訂價的方法上，體認到價格對需求的影響，以及成本在決定需求上所扮演的角色。日本廠商以市場可能接受的價格做爲基礎，設定一個目標成本，如圖 12-5 所示，然後設計師及工程師就配合該目標成本。他們強調，產品在達到市場接受的能力時，即可進一步考慮購買者可能接受的價格，以及在該價格下生產該產品所需要的成本。所以日本廠商在決定其價格時，會同時考慮需求與成本的影響。日產、夏普及豐田等公司亦均採用本方法。

一些美國及歐洲的廠商則是先設計新產品，然後再計算其成本。假如成本太高，產品就得重新設計，或另外決定一個較低的利潤水準。[13] 日本廠商通常比較不會像美國及歐洲的廠商那樣擔心成本會計的問題，他們會從價格回溯，以確保在該價格下，可生產品質符合要求的產品。

有一個與目標報酬率訂價法相關的概念，是爲**目標成本訂價法**（target-cost pricing）。新產品要在市場有需求時，以及在可被接受的價格基礎下才會去開發。簡言之，其有六個步驟：

1. 對鎖定要銷售新產品的市場區隔需加以定義。
2. 設計新產品要以競爭優勢與劣勢之分析做爲基礎。
3. 新產品的定位要涵蓋在公司的整體策略內。
4. 產品設計與訂價，應以顧客偏好、個人特色的認知價值，以及願意支付的價格爲基礎。
5. 應用市場模擬中的行銷研究技術如聯合分析，以預估各種不同特殊的特色組合價格反應。
6. 從期望報酬目標在不同的訂價下列出對需求的影響，再推算出目標成本。[14]

關鍵思維

損益平衡分析法有利於評估不同的成本與價格組合中，如何影響損益平衡的數量。

- 價格提高時，損益平衡點就會下降。但假定在市場上以較低的價格供應類似產品時，將會發生什麼事？
- 同樣地，減少變動成本會使損益平衡點下降。但若減少變動成本時，會損害產品品質嗎？

圖 12-5

成本在日本公司的訂價中之角色

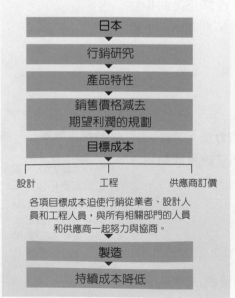

各項目標成本迫使行銷從業者、設計人員和工程人員，與所有相關部門的人員和供應商一起努力與協商。

淨利基礎訂價法

淨利基礎訂價法（income-based pricing）是以產品能夠產生的淨利為考量基礎而設定價格。淨利基礎訂價法常常應用於房地產、有價證券及一般商業的訂價。例如，有一企業準備出售，該企業每年淨利為 600,000 美元（支付薪資等之後的淨利），而在該產業中的同業平均報酬率為 18%，換算之後，該企業的出售價格則為 333 萬美元（$600,000/0.18）。若該企業未來的競爭優勢及淨利不錯，售價還可能會被提高。[15]

> **淨利基礎訂價法**
> 以產品能夠產生的淨利為考量基礎而設定價格。

12-5 價格及顧客價值

創造有效價值，要以徹底了解目標顧客為基礎，以及探討如何創造價值。價格決定是價值創造的重要面，價格訂得太高，則測試不易執行；而價格設定得太低，又會使定位不佳而喪失商機。例如，妮夢·瑪珂絲（Neiman Marcus）公司相當重視產品的創新，將其視為產品獨特性的定義。該公司通常都利用每日高價展示法以凸顯該產品的高貴性，並規避價格促銷方法，以免損害其在高檔市場裡的定位。[16]

BDM 可用來設定合乎消費者的實際價格，它是以三位參與開發的研究者之姓氏來命名的。BDM 能夠估算出業者期望在行銷組合情況下的購買點，即

圖 12-6   BDM 過程之流程表

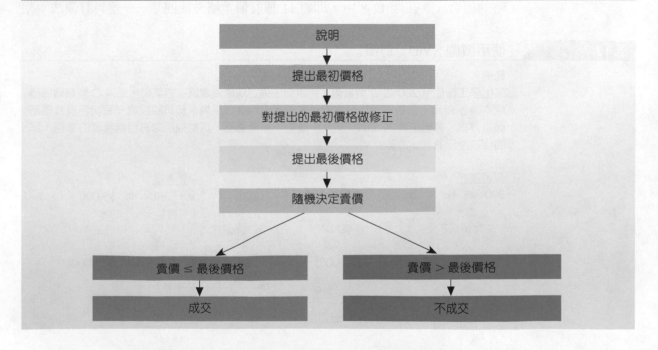

是消費者願意支付的金額（willing-to-pay, WTP），其以圖 12-6 摘要列示，而運用過程將如後所述。目標消費者被告知有一機會，可以不需用多少錢即可得到想要的東西，而他們被告知價錢尚未訂定，且其將以隨機的方式決定。這時有興趣者會回應而提出一個價格，該價格即是他願意支付的最高價。隨後由物主隨機寫出一個價格，若寫出的價格低於或等於回應者提出的價格，那麼回應者就能夠以寫出的價格買到該商品；若寫出價格高於回應者提出的價格，該買賣就不算成立。該過程顯示出，消費者估算出一個公平的 WTP，由於若了解真正的 WTP，就能減少買到高價的機會，而增加買到低價的機會。[17]

> **使用價值**
> **（VIU）**
> 決定產品對相關的既有競爭產品之經濟價值，是一種有用的方法。

使用價值（value in use, VIU）的分析，在決定產品對相關的既有競爭產品之經濟價值上，是一種非常有用的方法。此種方法可協助決定何種價格是合理的，也可協助供應商將價格向上修正，圖 12-7 列示了一個範例。在此例中，新產品是既有產品價值的七倍，而對新產品而言，價格若高於既有產品 5 美元是適當的。假如新產品的成本是 10 美元，而售價設定在 25 美元，如果採購的公司轉而購買新產品，則將出現多出 10 美元的較佳情形（即 25 美元對 35 美元 VIU）。[18]

12-6 訂價策略

為了設定價格以達成廠商的目標，必須選擇特定的訂價策略或用各種策略的組合。[19] 在圖 12-8 中，即將 11 種訂價策略分成四類——差異訂價法：相

圖 12-7 使用價值（VIU）訂價

範例

某化學工廠使用 200 個 O 型套環，用以封住運送腐蝕液體鋼瓶的氣閥。這些 O 型套環每個成本為 5 美元，在每兩個月一次的正常維護中均必須更換。假設該設備在每次更換套環時必須停機，停機成本為 5,000 美元，而有一項新產品，其耐蝕能力為目前套環的 2 倍，試問該新產品的 VIU 為多少？

現有產品　　　　　　　　　　　　　　　　　　　新產品
$$200 \times 6 \times \$5 + \$5,000 \times 6 = 200 \times 3 \times VIU + \$5,000 \times 3$$
　設備成本　　　　　停機成本　　　　設備成本　　　　停機成本

　（$6,000）　　　+　（$30,000）　=　（600 × VIU）　+　（$15,000）
　　　　　　　　　　　　　　　　　　　求解 VIU

VIU = $35　故求得 VIU 為目前產品的 7 倍

圖 12-8		訂價策略的例子	
差異訂價法	**競爭訂價法**	**產品線訂價法**	**心理訂價法**
次級市場折扣	滲透性訂價法	捆裝訂價法	奇偶數訂價法
定期折扣	價格信號法	溢價訂價法	習慣訂價法
	現行水準訂價法	分割式訂價法	單向價格索求

同品牌以不同的價格賣給不同的消費者;競爭訂價法:價格之設定在取得市場的競爭優勢;產品線訂價法:價格的設定是以能取得相關品牌之間產生相互的依存優勢;心理訂價法:訂定的價格是以消費者的認知或預期為基礎。

對一特定的訂價策略之妥當性,要依下列幾種狀況來決定:需求的變動性(出現在不同的市場區隔)、競爭情形、該市場裡消費者的特徵、消費者的期望或認知。

在此有幾個常識性的假設,可做為所有訂價策略的基礎。第一,有些購買者會花時間與精力,去尋找有哪些廠商在銷售何種產品及何種價格的相關成本資訊。第二,有些對價格不敏感的購買者,其心中保留的價格不高,但卻願意支付最高的價錢。換言之,對價格敏感的消費者,不會需要一件他人會願意支付高價的產品。

> **差異訂價法**
> 相同的產品以不同的價格賣給不同的消費者。屬於價格歧視,因為在消費者或消費者區隔之間,對於價格有不同的反應。

差異訂價法

差異訂價法(differential pricing)是指相同的產品,以不同的價格賣給不同的消費者。它屬於價格歧視的一種,亦即以相同數量與品質的產品或服務,而對不同的購買者索取不同的價格。[20]因為市場是異質性的,所以差異訂價法能夠存在。簡言之,在市場裡,不同的消費者或不同的區隔,對於價格會有不同的反應。

實施差異訂價的能力,也因線上拍賣網站的大幅成長而增強了,如價格線網站(priceline.com)以及購物搜尋器(shopbots)等,就可在網路上尋找最低的價格。如果企業要銷售的產品或服務的價值折舊很快(如電腦),或轉眼間就沒有價值(如飛機座位),那麼具有差異訂價能力的線上拍賣即為可行的銷售通路。此外,將產品委託拍賣網站的另一個優點是,拍賣網站是賣給最終的消費者,因而會使銷售者有不需殺價求售的感覺。[21]

在不同區隔裡,價格常為之不同。對銀髮族消費者減價,是一種經常且有效的價格歧視使用法。

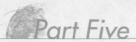
次級市場折扣

次級市場折扣（second-market discounting）是最普遍的差異訂價法，對不同的市場區隔索取不同的價格（要注意的是，這種做法在零售業可能是合法的，但在批發業若危害競爭則屬違法）。當廠商生產能力過剩，以及有不同市場區隔存在時，就可採取次級市場折扣法。在國外市場或無品牌產品也有提供次級市場折扣的機會，例如，廠商若能在國外市場以成本出售其產品，即使其售價較國內低，其出口還是有利潤的。但出口廠商則必須有過剩的產能（即無新增的固定成本），且也必須能夠與國內市場分開，而使交易成本能阻止市場之間的產品轉售。

次級市場折扣也會發生在公司將其部分產品以無品牌方式，在價格敏感的市場區隔裡以較低的價格出售。例如，在育樂場所中對學生與老人出售優惠票。

若要成立價格歧視，必須遵守一些嚴格條件：

* 市場必須能夠區隔，且在不同的區隔裡對價格的變動要有不同的反應。
* 支付低價的市場成員，必須無法轉售其產品給支付高價的購買者。
* 競爭者無法在索取高價的區隔裡進行殺價。
* 對區隔化及管理市場所造成的成本，不得超越因索價較高所衍生的額外收益。
* 上述做法不應該造成消費者的不滿。
* 價格歧視的方式必須是合法的。[22]

定期折扣

在某些情況下，定期或偶爾提供折扣對廠商是有好處的。**定期折扣**（periodic discounting）能讓廠商在不同價格敏感的消費者區隔裡獲益，方法包括榨脂價格，即新產品剛上市就以高價榨取市場消費者。當銷售逐漸成長時，榨脂價格可讓廠商收回產品開發的成本，而願意支付高價的人會首先購買；但當銷售趨緩時，廠商會降低售價，用以再吸引次高層次對價格敏感的購買者。如以工業產品創新著名的杜邦公司，即常常使用榨脂價格策略。

■ 競爭訂價法

競爭訂價策略（competitive pricing strategies）是以廠商相對於其競爭者之定位為基礎，包括滲透性訂價法、限價、價格信號法和現行水準訂價法。

關鍵思維

需求彈性對新產品的訂價政策有很大的影響。請問產品是否有需求彈性？對新產品的訂價決定，或對既有產品調整訂價，將有何影響？

注意「合理性」常常是消費者對價格上漲的一個反應要素。合理性或類似名詞的概念，能夠適用在價格下跌的時候嗎？顧客之間的聯繫，如何能影響到顧客對價格下跌的反應？

次級市場折扣
一種差異訂價法，對不同的市場區隔索取不同的價格（如國外市場）。

定期折扣
在不同價格敏感的消費者區隔裡偶爾提供折扣，包括榨脂價格。

競爭訂價策略
廠商以相對於其競爭者的定位為基礎之訂價策略，包括滲透性訂價法、限價、價格信號法和現行水準訂價法。

滲透性訂價法（penetration pricing）是將產品的第一次上市價格壓低，而使銷售量增加，以達到規模經濟的效益（大量生產而有較低的單位成本）。當業者想要其銷售成長或市場占有率最大時，可以採用本方法；即當市場上出現許多對價格敏感的消費

許多零售商在剛推出其產品時，利用低價方式以刺激該產品初期的銷售，從而建立銷量的基礎。

者（需求有價格彈性），或廠商擔心價格訂高而出現高利潤，就會引起競爭者提早進入時，則滲透性訂價法將特別有用。**限價**（limit pricing）是另一種低價滲透性訂價方式，設定低價以阻擋新競爭者的加入，而在無競爭的情況下，廠商就可能從事前述的榨脂價格。

> **限價**
> 一種競爭訂價策略，設定低價以阻擋新競爭者進入。

價格信號法（price signaling）是將低品質產品訂在高價。這種方法顯然對購買者不利，並反映出不合倫理的行為。但若廠商能夠滿足下列幾種條件，則可能會得逞。首先，必須有購買者區隔的存在，而購買者也相信價格與品質的關係具一致性，所以他們相信廠商會花時間提升品質，或者他們相信市場，並臆測價格與品質之間存在著正相關。[23] 其次，購買者不易獲得品質層面的資訊，[24] 不過，《消費者報導》雜誌會定期刊出價格高而品質受懷疑的暢銷品牌。

> **價格信號法**
> 將低品質產品訂定為高價。

現行水準訂價法（going-rate pricing）是反映廠商將價格訂在產業平均數或附近的傾向，本方法經常應用在產品是以價格之外的屬性或以效益為競爭基礎時。現行水準訂價法還有一個優點，即是可減少對所有競爭者不利的價格戰威脅。

> **現行水準訂價法**
> 將價格訂在產業平均數或附近，經常應用在公司是以屬性或效益為競爭基礎時之策略。

競爭訂價策略也可決定許多零售業的市場定位。超值零售商（value retailer）如 Family Dollar 商店及 Dollar General 商店，已成為最新的高成長概念商店了。這些低間接成本、低價格的一般零售商，提供低價產品給家庭所得在 25,000 美元或以下的區隔，而與沃爾瑪、凱瑪及標的等三大零售商對抗。Family Dollar 商店及 Dollar General 商店鎖定低所得和固定所得的家庭，因這些家庭經常處於被忽略的地理區隔市場。[25]

■ 產品線訂價法

廠商經常對同一產品線，提供內含不同規格的類似產品，例如無線電音響城（Radio Shack）公司的音響擴聲器，其價格從 59.99 美元到 149.99 美元之間。低檔及高檔價位可能會影響到購買者對品質的認知，因此在產品線內

亦需設定標準，以利產品項目之比較。

　　低檔價位常會帶動有疑慮或有價格意識的購買者之採購行為，因此常被當做是帶動人潮（traffic builders）的角色。而高檔價位對整個產品線的品質形象則有重大影響。業者對產品線的價格變動需具備敏感性，某一產品的價格變動，可能損害產品線其他產品的銷售，因為彼此間常可能有替代性。[26]

捆裝訂價法

捆裝訂價法
將兩件或以上的產品包裝一起，以一個價格出售。

　　已有不少的公司體認到，將不同產品捆裝在一起的價值。**捆裝訂價法（bundling）**係指將兩件或以上的產品或服務，包裝成單一包裹來出售。在實務上，常見於滑雪器材、旅館服務、餐廳飲食、音響及電腦系統等的銷售。醫院在購買醫療器材時也常會採用捆裝的方式，在這些情況下，捆裝價格通常會比各產品分開購買來得便宜。不過，捆裝季票對於演唱（奏）會或比賽，的確會造成消費量的減低。因為購買捆裝季票的消費者，比較不會將沉沒成本與當初購買的好處聯想一起，所以他們就把以捆裝訂價購入的未來演唱（奏）會或比賽門票，幾乎當成了免費商品。購買壓力一減輕，消費者就不急於使用已預付票款的門票了。[27]

　　捆裝這個名詞用在不同的場合會造成一些混淆。最近有兩位行銷學學者 Stefan Stemersch 及 Gerard Tellis，將該名詞以簡單而合乎法律規定的定義，歸類為下列幾項：

1. 捆裝訂價（bundling）：指將兩件或以上可分開的產品（或服務）包裝成一件銷售，例如歌劇院一整本的入場券。
2. 價格捆裝（price bundling）：將兩件或以上可分開的產品以未整合方式包裝，再以折扣方式出售，例如搭配不同重量盒裝的早餐穀片。
3. 產品捆裝（product bundling）：將兩件或以上可分開的產品整合，再以任何價格出售，例如一組音響設備。
4. 純粹捆裝（pure bundling）：屬於一種策略，廠商僅出售捆裝一起的產品，而不願將其分售，例如 IBM 公司將印表機與讀卡機一起包裝出售。
5. 混合捆裝（mixed bundling）：屬於一種策略，廠商可出售捆裝一起的產品，也可將其分售，例如 Telecom 公司電話費率的組合。[28]

溢價訂價法
對幾種不同的型號產品設定較高的價格。為啤酒、服飾、器材用具及汽車等產品最常用的策略。

　　孟山都（Monsanto）公司為了維護其 Roundup 品牌除草劑農藥市場的地位，在其專利權到期前採取降價，但也順便搭售經過基因改造而獲有專利的種子。這種組合方式讓孟山都公司成為世界上最賺錢的農業公司，並且掌控了這兩大農業相關市場 80% 以上。[29]

此外，捆裝常以低於非捆裝產品的價格出售，可以減少消費者尋找產品的成本，以及轉售商的個別交易成本。新電腦常與軟體一起搭配，以省去消費者為選購該軟體的時間。捆裝尚有其他優點，例如，價格捆裝會因增加採購次數而獲利。最近的研究發現，消費者購買每件捆裝的配置成本較低。

溢價訂價法

當廠商供應幾種不同型號的產品時，常會使用溢價訂價策略。**溢價訂價法**（premium pricing）是對豪華型產品設定較高的價格，例如設計不同的型號，以吸引不同價格敏感區隔或不同特色組合的區隔。廠商（製造商或零售商）通常會從產品線裡昂貴的型號獲取較多的利潤，而對低價的型號則較無利潤可圖。溢價訂價法也常應用在啤酒、服飾、器材用具及汽車等產品。惠普公司即積極地促銷其 HP9000 系列的高階型號電腦，與 IBM 公司爭奪企業機構的資料處理中心業務，而且成績斐然。[30]

中國有三分之二人民的月收入非常低，對這種經濟環境的體認，寶僑公司擬定了分層訂價法（tiered pricing），除可對抗當地品牌的競爭，還可保護其全球性品牌的溢價價值。例如，汰漬 Clean White 品牌洗衣劑的訂價低於汰漬 Triple Action 品牌非常多，但其銷售成績卻優於低價層次的其他品牌。[31]

行銷從業者對產品線訂價決策都會有一共同的窘境。在產品線上，各產品之間的訂價範圍會影響產品品質的認知程度，亦即若某項個別產品的訂價能增加其銷售，則會影響到產品線上其他產品的銷售。

分割式訂價法

許多廠商將產品分開訂價，以取代單一價格。通常分成基本價（base price）及附屬費（surcharge），此稱為**分割式訂價法**（partitioned pricing）。例如，郵寄型錄或網際網路上的售價，分有大減價及運送費。而在郵寄型錄上的 Sony 電話機價格為 69.95 美元，加上運送費 12.95 美元，是一件特別組合設計的分割式訂價。最近的研究也顯示，市場上很流行這種做法，因為消費者通常很少能準確區分基本價及附屬費，而常忽略了總成本，因此需求會增加。[32]

> **分割式訂價法**
> 一種訂價策略，廠商將產品或服務分開訂價，以取代單一價格；常分成基本價及附屬費。

心理訂價法

心理訂價法（psychological pricing）認爲購買者的認知和信念，會影響其對價格的評估。聲望或溢價訂價法，以及訂定比競爭者更低的價格等，皆是考量消費者對價格的心理反應；而奇偶數訂價法和習慣訂價法，也是心理訂價法的應用。

奇偶數訂價法

奇偶數訂價法（odd-even pricing）是把價格剛好訂在偶數之下，這是一種常見的做法。例如，隱形眼鏡的價格不訂在 200 美元，而訂在 199.95 美元。業者是想讓消費者將價格聯想在 100 美元與 200 美元之間，並假設隱形眼鏡在 200 美元時的需求會比在 199.95 美元時低。此外，199.95 美元的價格也會讓人聯想到是特價品。

奇偶數訂價法，有時也稱爲恰好在下訂價法（just-below pricing）。從其他的角度來看也有其優點。首先，證據顯示，當消費者認爲低價相當重要時，恰好在下訂價法將更能吸引其注意。其次，恰好在下訂價法具有記憶的效果，換言之，價格的左邊數字代表金額較多的部分，因此最爲重要。有些研究顯示，人們會低估恰好在下訂價的右邊金額記憶。從整數價格中提列奇數價格，顯示有最大的效果。例如，價格 195.95 美元會比 249.95 美元可能較具有持續較長的低價記憶。[34]

習慣訂價法

過去的消費者會將**習慣價格**（customary price）與某項產品聯想在一起，但在今天，因價格促銷及價格上漲頻繁，這種做法已不再流行了。習慣訂價的典型例子則是 5 美分的糖果條，今天的習慣訂價已經是 50 美分了。習慣訂價的信念也代表著消費者有強烈的期望，習慣訂價策略是在不調整價格的情況下，而修正其產品的品質、特色或服務。

爲增加利潤，近年來對咖啡、糖果條、毛巾、甜點等業者來說，「小一號包裝」（package shrink）也變成是一項頗爲流行的策略。例如，菲多利公司就把一般重 13.25 盎司的包裝縮小到 12.25 盎司，亦即變相地提高價格。寶僑公司的象牙牌（Ivory）與 Joy 牌瓶裝洗手乳，售價不變，瓶子卻縮小了。然而，設計較高一點的容器，使其看起來更大、倒得更快，卻可提高 12% 的售價。[35]

單向價格索求

產品某一屬性具有優勢時，單向價格索求（one-sided price claim）就值得考慮採用了。但是，當該廠商的其他產品價格事實上已經偏高時，又將是如何呢？有關物品託運服務價格的一項研究顯示，消費者有時太過重視單向價格索求的宣傳，而忽略了服務因素。尤其是最近的許多研究機構之結論產生誤導，認為某家著名物品託運公司的運費最低，根據論點是該公司促銷的早晨託運價格保證最低；但事實上，其於次日下午五點鐘以前送達的物品價格則是最高的。這些做法已有欺騙之嫌，使得顧客容易有錯誤的決策，值得關心消費者福利的人士注意。[36]

■ 企業對企業訂價策略

觀察一下有關工業與企業對企業（B2B）的訂價策略，許多銷售產品給其他廠商的訂價做法雖有不同，但大略可分成四類：(1) 新產品訂價法；(2) 競爭訂價法；(3) 產品線訂價法；(4) 成本基礎訂價法；其內容說明如圖 12-9 所

圖 12-9	工業產品訂價策略	
策略	**說明**	**相關策略名詞**
新產品訂價法		
榨脂價格	在剛開始時將價格訂在高價位，然後隨時間再逐步降低。顧客期待價格會逐漸下降。	溢價訂價、價值使用訂價
滲透性訂價法	在剛開始時將價格訂在低價位，以加速產品的採用。	低價上市
經驗曲線訂價法	將價格訂在低價位，以爭取銷量，再累積經驗而降低成本。	學習曲線訂價
競爭訂價法		
領導者訂價法	一開始就調整價格，希望其他廠商也追隨。	傘狀訂價、協同訂價、價格信號
平價訂價法	追隨市場價格或價格領導者。	中立訂價、追隨者訂價
低價供應者	經常努力做為市場低價者。	平行訂價、適應訂價、投機訂價
產品線訂價法		
補充性產品訂價法	將核心產品訂在低價，而其他補充項目如配件、補充、預備品、維修服務等的價格則訂在高價。	刮鬍刀片式訂價（razor-and-blade pricing）
捆裝訂價法	將數件產品捆綁在一起，再以比散裝產品累積起來還少的總價訂價，以節省顧客開支。	系統訂價
顧客價值訂價法	提供一種簡易的產品，而其訂價具有競爭性。	經濟訂價
成本基礎訂價法		
成本加成訂價法	依生產的成本再加上某一百分比，做為其利潤後當成訂價。	貢獻訂價、報酬率訂價、目標報酬率訂價、應急訂價、加成訂價

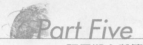
示。各類別中的某些特定策略，與消費性產品訂價策略的定義有重疊之處，
例如，新產品的訂價方法包括榨脂價格、滲透性訂價和經驗曲線訂價。而這
些訂價策略可與圖 12-6 的相關策略名詞放在一起加以定義。

從 270 家工業廠商的資料顯示，成本加成是應用最廣的訂價策略。然
而，大多數廠商均會依情況而採用多種策略。例如，榨脂價格最常用在市場
充斥一堆差異化產品時；以及廠商受限於經濟規模，而無法有成本優勢的時
候。成本基礎訂價法則常應用在難以估計需求的情況下。顧客價值訂價法包
括對目前某件產品提供簡易型號，以吸引對價格敏感的區隔，或利用新配銷
通路而達成銷售目標。[37] 成本加成法應考慮擴增所提供的價值。企業對企業
的訂價法亦應考慮所提供的價值，而非為了利潤才在成本上隨意添加一個數
字而已。換言之，要把重心放在整個市場上面，以及思考如何將附加價值差
異化，並將其傳遞給不同市場區隔裡的顧客。[38]

12-7 價格調整

決定一套訂價策略及設定價格僅是開端。當競爭發生，而廠商的行銷及
生產技術改進時，價格就會跟著變動。廠商必須對競爭價格的變動有所回
應，不斷思考其價格調整的多寡和頻率，而業者也要對價格折扣和地區性訂
價決策調整其價格。

價格漲跌

過去幾年，許多廠商嘗試漲價但均未成功，當顧客（消費者或企業）轉
向低價競爭者或發現替代性產品時，商機就盡失了。在許多案例裡，也發生
過漲價後又被迫降價，以求市占率能再恢復的情事。[39] 有時降低價格也可提
高銷售，而改進獲利情況。當市占率下降或產能過剩時，廠商就可能降價；
因其可刺激需求，而使產能或工廠設備利用性增加。經濟不景氣也會使廠商
降低價格。缺乏訂價權力和自由裁量權，也會造成減價的壓力，而影響到製
造業和服務業的生意。許多公司面臨到訂價壓力，即是造成經濟衰退和公司
無利潤的一個原因。另外，公司微薄的利潤限制了後來的投資，也影響了經
濟的成長。[40]

然而，降價也有其風險，因降價引起競爭對抗尤其是令人注目的。廠商
在降價時可能會遇到下列三種陷阱：[41]

• 低品質的陷阱：購買者可能對低價產品的品質產生疑慮。

- 危害市占率的陷阱：價格敏感的購買者可能轉購價格稍低的產品。
- 財力縮水的陷阱：高價競爭者因有較高利潤，減價後的支撐力也較久。

在幾種降價方式中，最常見的則是直接從原價減價。廠商也可能提供數量折扣或回扣來減價。另外的做法則是維持原價，而將原來的產品捆綁更多數量的產品或服務。在服飾的零售業裡，最近的研究發現，提出降價的動作要快一點，且只要一點價格折扣就可以了。為改善效能，Saks 公司開始利用電腦軟體決定降價的時機與幅度，這種方法可避免在換季時有太大幅度的減價。[42]

製造商的價格促銷，會影響雜貨和其他包裝產品的轉售商之策略應用。許多雜貨零售商和批發商其實是依賴製造商減價時購入產品，在此情況下，轉售商則要依靠事先預購，在製造商特價促銷時做大量購入；而當這些產品由零售商和批發商再賣給消費者後，就有大筆利潤的來源。這些做法也誘導著消費者在特價促銷期間花大錢去搶購。例如，所有超級市場一年汽水的總銷售量，幾乎有 71% 是在價格促銷期間賣掉的。[43]

漲價也是很平常的事，基本原因是通貨膨脹的壓力；投入生產的成本增加，迫使價格往上調。在中南美洲，通貨膨脹壓力造成價格上漲的情況比比皆是，而且經常是在短時間裡突然飆漲。當需求大時，廠商常提高價格，此外，廠商也以間接方式減少或刪除數量折扣、付現的現金折扣額，以及商業折讓。削減某些產品的附加服務，使消費者在相同價格下得到的卻較少。事實上，這些做法讓廠商在不調整價目表價格下，已調升實際價格了。甚至消費性產品製造商也會以附加物當做漲價的工具。例如，寶僑公司就以不少的產品當做附加物，包括機械和電子等小玩意，如 Scentsories 是一種電子空氣清淨器，汰漬 StainBrush 則是一個裝有乾電池的刷子。[44]

價格漲跌必須引起注意，方能影響消費者購買決策。例如，價格從 5.75 美元降到 5.45 美元可能不會影響需求，但降到 5.15 美元時就會發生作用。這是因購物者對產品有**價格門檻**（price thresholds），當價格漲或跌出門檻時，就會引起他們的注意。而門檻則視產品的平均價格而定，例如，對價格 10 美元的產品下跌 10 美分，便不同於對價格 50 美分產品的相同跌幅了。

價格可接受的幅度也存在消費者的心中，**可接受的價格範圍**（acceptable price range）是指購買者願意支付的價格。例如，Airwalks 公司認為，價格角色是產品行銷組合的一部分，該公司的產品主要是委託外國廠商製造，成本結構較低，因此 Airwalks 品牌鞋子的價格也比其他一般品牌低，而將年輕消費者做為其區隔。當價格超出可接受範圍時，不管是高或低，購買者可能

價格門檻
當價格漲或跌到引起購買者注意的某一點。門檻視產品的平均價格而定，例如，對價格 10 美元的產品下跌 10 美分，就不同於對價格 50 美分產品的相同跌幅。

可接受的價格範圍
購買者願意支付產品的價格範圍。價格在該範圍之上會被覺得不公平，若在該範圍之下則又會擔心品質問題。

會有負面的反應。價格漲太多可能會超出購買者的預算，或被認為不合理；而若價格跌出可接受範圍時，產品或服務品質可能會被認為有問題，而跌入低品質的陷阱裡。[45]

不論是消費者或企業購買者，經常都反對漲價，對支付認為不合理的價格也會特別猶豫不決。當價格變動使得廠商獲得超額利潤，被認為是不合理的；若漲價剛好能維持廠商獲利水準，則被認為是合理的。這種論調被稱為「雙重權利原則」（principle of dual entitlement），如航空公司的票價，經常規定對主管級旅客索取最高價格，因而激怒了許多商務旅客。[46]

對競爭價格變動的回應

競爭的壓力影響了許多零售商和廠商對其他企業銷售時的訂價決策。當沃爾瑪、雜貨超商和會員制的倉儲賣場相繼出現後，零售業者之間的價格競爭就特別地激烈了，最近，標的超市便在其廣告裡責備沃爾瑪誤導訂價的做法。大型零售商如沃爾瑪、標的等商店，在跨越銷售轄區搶攻市場時，它們之間的價格競爭也相當地激烈。[47]

John Deere 是一家農業設備公司，最近利用其競爭者在合併成立 GNH 全球公司之際做了一項決定。Deere 公司提出，凡擁有競爭者產品的業主，該公司將以現金折價收購；若業主再採購該公司產品，更可享受大減價及降低利息之優待。Deere 公司接著將其收購的折價品削價求售，以打擊新成立的 GNH 公司產品的銷售，這麼做足以讓購買此新公司產品的顧客擔心產品以後的折舊價值。[48]

品牌經理應依競爭者的價格變動案逐件做出回應。假如競爭者之間的降價不會增加市場總需求，那麼價格競爭就會傷害所有競爭者。廠商必須試著決定競爭價格變動的目的，也可等待市場上其他競爭者的反應後再行動。

如果購買者並非依價格特性做為決策依據，則為對抗競爭者而做的降價回應便不必要，競爭者可能以服務、品質及特色做為其競爭。但是當競爭是以價格做為競爭基礎時，那麼降價對抗則屬必要。

競爭價格回應的例子在著名公司中隨處可見。在電腦軟體市場裡，降價的壓力特別大，競爭者為了與對手抗衡，而將價格降低六倍之多。東芝公司和康栢電腦在筆記型電腦市場的成功，也引起 IBM 的回應，積極擴充其產品線的產能，提供更具競爭的價格。蘋果電腦亦採相同的回應，其基本價格的跌幅超過 1,000 美元，用以刺激筆記型電腦的銷售。[49] 赫茲（Hertz）租車公司則降低其租車費率，以對抗 Alamo Rent-A-Car 公司和 Budget 公司的競爭。

賀喜（Hershey）食品公司也被迫降價，以對抗 M&M Mars 公司的競爭。[50]

　　降價經常被當成是低成本的印象，而用以提升廠商的競爭能力。不過，就如在電信業和航空業所發生的情形一樣，降價將導致無利潤的價格戰爭。凱瑪的每日低價的訂價策略，導致了沃爾瑪的削價報復，因而為失敗的嘗試。在這些案例裡，以價格為基礎的競爭行動和對策，通常是報復性的降價，然而，選擇非價格策略則可避免價格戰爭。例如，許多廠商為了對抗所有競爭者的價格，便以每日低價做為其促銷工具，且在行銷傳播上強調其成本優勢。而業者也可增進產品品質和差異化，以增加產品特色和建立獨特的效益，在廣告上也可強調低價與效能風險之間選擇的重要性。[51]

◾ 價格變動的結論

　　在有關價格變動的影響性研究中，採試驗方式而有系統地變動價格水準，並對商店內所蒐集到的掃描機資料做分析。檢視這些研究後，獲得了下列結論：

- 暫時性的降低零售價，會大幅地增加顧客和銷售量。
- 弱小競爭者的價格變動，對已擁有大市場占有率的品牌傷害較小。
- 經常調整價格的作風會降低消費者的參考價格，可能傷害到品牌權益。
- 高品質品牌的價格變動，對較弱的品牌和私有標籤品牌的影響相當大。[52]

　　IBM 公司的丹尼斯‧荷雷談到關係訂價時說：「在許多個案上，顧客想要對未來的訂價獲得一些保證，特別是他們要裝置我們的產品或服務，且其完成時間可能相當長的時候。在這些個案上，我們採用關係訂價（relationship pricing），又稱為指數訂價（index pricing）。所謂關係訂價係指對選中的產品（包括透過各種管道賣出的）在價目表上的價格，或網站上的價格，或第三團體的指數做固定的折扣。所以，該項要顧客支付的價格在市場價格有漲跌時，就會自動跟著調整。顧客會覺得這種方法很適當，因為它隨時都是最新而競爭的價格（在科技業上面，價格與性能常常是一年比一年進步），所以做為供應商的我們，就可免除在既定專案上對價格重複談判的麻煩。」

　　將高比例預算持續分配在與價格相關的促銷上之行銷政策與措施，只會降低高獲利和未促銷產品的收入。因此，許多品牌經理擔心，把長期從事品牌形象設計的廣告經費，不斷地挪至價格促銷的活動，將會損害廠商必須索取高價而有高利潤的品牌權益。[53]

製造商應用價格折扣和商業折讓，鼓勵零售商向他們進貨。在通用磨坊公司對零售業買者的中間商廣告裡，該訊息強調將會給予零售商廣告和價格折扣的支援。

價格折扣和折讓

有時從原價折扣的關係，顧客實付價格會與市場或價目表價格不同。而發生在消費者和轉售商之間的交易折扣也有很多種，包括現金折扣（cash discounts）、促銷折讓（trade promotion allowances）和數量折扣（quantity discounts）等。

業者經常會對立即付現的零售商提供現金折扣，例如「3/10， net 30」的付款條件是貨款交付日期為 30 天，若顧客在 10 天內付現，則有 3% 的貨款折扣。

促銷折讓則是製造商為了促銷其產品，而給予批發商或零售商的折讓。製造商或批發商對某些產品降價，以利零售商的銷售；或是由製造商提供額外的行銷傳播誘因，幫助零售商支付廣告費用。事實上，大多數雜貨店的報紙廣告都是由製造商支持，而以合作廣告方式協助支付的。

業者也會對產品購買量大的顧客給予數量折扣。例如，購買電腦報表紙數量，若在 500 令或以下時支付全價；購買 501 令到 1,000 令時，顧客可享有每令 3% 的折扣；若超過 1,000 令時，則每令有 5% 的折扣。在某一特定時間裡，通常是一年內，若累積購買量超過某一數目，便可以得到較大的數量折扣；非累積數量折扣則是以每次購買數量大小為基準的折扣。

地理區訂價法

許多公司因距離不同而成本也有不同時，有時會對分散較遠的顧客調整產品價格。因為運輸成本可能不小，假如在價格中不能涵蓋運輸成本，則利潤可能會受損，所以業者就以地理區訂價法（geographic pricing）來解決這個問題。

較常用的方法是**出口港船上訂價法**（FOB origin pricing）。FOB 代表出口港船上交貨（Free on Board），即賣方將商品送到轉運的運輸工具（卡車、火車、駁船）上交給顧客。FOB 訂價法是要求顧客支付商品款項外，再負擔運輸成本。另有一相反的做法，是將運輸成本轉嫁給所有顧客，此即所謂的**統一交貨價格**（uniform delivered price），公司以平均分攤方式向每位顧客收費，此訂價法的主要優點是管理較容易。

地區訂價法（zone pricing）介於 FOB 訂價法與統一交貨訂價法之間。位

出口港船上訂價法

屬於地理區訂價法之一，由購買者負擔商品單位成本外，還依地點位置而負擔不同運輸費用。FOB 代表出口港船上交貨（Free on Board），即賣方將商品送到轉運的運輸工具（卡車、火車、駁船）上交給顧客，由顧客負擔運輸費用。

統一交貨價格

地理區訂價法之一，無論運往何處都以平均分攤方式向每位顧客收費。

居同一地區內的顧客支付相同的價格,而距離愈遠的,則收取較高的運費。

運費吸收訂價法(freight absorption pricing)則是另一種地理區訂價法。銷售者吸收運輸費用,以免費或降低運費的方式吸引更多生意。當銷售者之間競爭劇烈時,大多會採用此做法。

12-8 競爭性投標和議價

在美國,大部分的消費性商品之零售價格,通常是不議價的;但在美國以外的地方,對消費性商品議價則是正常的。同樣地,幾乎所有企業對企業的採購,在某種範圍內是可議價的。實際上,現在有許多組織的採購者均認為,採購交易的每個層面都是可商議的,而議價對於商品與服務的最大採購者——聯邦政府來說,更是家常便飯。

密封式投標訂價法(sealed-bid pricing)是一種非常獨特的方式,由購買者決定訂價和最後價格。購買者鼓勵銷售者提供產品和服務做為密封式投標,[54] 而銷售者則基於成本及競爭者投標的預期,先設定價格。

密封式投標訂價對銷售者而言並不容易。首先,銷售者必須決定所提供的產品和服務的成本,然後再根據競爭投標者預期會提出的價格設定一個底價,這個底價必須是能夠收回成本和合理的報酬,且該底價也不能太高以免降低購買者的得標機會。整體而言,銷售者必須評估在不同底價下,可能贏得合約的機會,決定在各種投標結果下的潛在利潤,並辨別在投標中有哪些準備費用可做合理的修正。[55]

圖 12-10 為一個投標範例。該圖表格讓銷售者從投標物成本、各種投標價對利潤的貢獻、各種投標價的得標機率,來評估不同的投標價。當投標價提高,得標的機率就會降低。

建築大樓或設備工程、專業顧問服務和政府設施等大型投資案件,一般都採用議價方式,賣方與供應商的議價取代不少標單的評審。如果這是一項

地區訂價法
地理區訂價法的一種,位居同一地區內的顧客收取單一運費的價格,而距離愈遠的,則收取較高的運費。

運費吸收訂價法
地理區訂價法的一種,銷售者吸收運輸費用。

密封式投標訂價法
銷售者提供產品和服務的訂價做為密封式投標,而購買者再從其中挑選。請見議價。

圖 12-10	不同的投標價和預期價值(單位:千美元)			
投標價	成本	利潤貢獻	得標機率	預期價值
$250	$170	$ 80	0.75	$60.00
275	170	105	0.70	73.50
300	170	130	0.65	84.50
325	170	155	0.50	77.50
350	170	180	0.45	81.00

註:預期價值 = 利潤貢獻 × 得標機率

長期協定，或有涉及未來的議價協定，則雙方關係的發展及維護就顯得格外重要。在一些較小的交易上，銷售代表可以代表公司在現場逐件議價，現場的銷售員也能夠幫助其確認狀況，而使報價更具競爭性，以免失去有利潤的業務。[56]

逆向拍賣（reverse auction）是以銷售者而非購買者的投標方式，投標價格會往下降而非往上升，讓購買者可從眾多供應者中得到價格較低的議價，亦即競爭是從賣方而來。在製造汽車塑膠零件的企業對企業交易例子裡，有25個供應商投標，起標價格為745,000美元，此為最初的交易價格。在投入拍賣20分鐘後，投標以518,000美元定案，對顧客來說便節省了31%。[57]

逆向拍賣
以銷售者而非購買者的投標方式，投標價格會往下降而非往上升，讓購買者可從眾多供應者中得到價格較低的議價。

12-9 服務訂價

服務具有無形性、易毀損性、不可分割性及變動性等特性，因此造成訂價的困難，而其價格的決定也受服務性質的影響。對於律師和會計師等專業性的服務，價格變動則依其服務的複雜性、工作量或提供服務程度而定。對服務的訂價，就如同對有形的產品一樣，也應考慮傳遞服務所伴隨的成本或費用、顧客的預期價格、合理報酬和提供類似服務的競爭者之訂價。[58] 通常，提供服務者的市占率愈大，相對於競爭者所索取的價格就愈高。

服務訂價的困難，在於須管理離峰時間的需求。例如，電影院、航空公司、車輛租賃公司，會以訂價方式轉移產能過剩期間的需求。這些服務的毀損性質創新了訂價方式，而將需求管理變成服務訂價的重要部分。若一旦電影開演、飛機起飛、出租汽車未在週末租出，這些未被售出的無形服務之潛在收入就泡湯了。

在某些產業上，對於服務的訂價有相當大的競爭。航空業在不同市場、時段、競爭者之價格，有相當大的差異性。只要有競爭廠商的加入，就會對價格帶來極大的影響。要對服務訂價最重要的關鍵，就是要將競爭因素勾勒出來，亦即了解該項服務之成本與營收的變動對公司帶來經濟的影響性。[59]

將服務捆綁成一個單一包裝和一種價格，也是一種普遍的策略。例如，旅館（住宿、餐飲）、銀行（大額存款贈送免費旅行支票）、醫生（檢驗、診斷）和航空公司（旅行、出租汽車）等，都是以單一捆裝價格提供服務。[60] 捆裝讓消費者節省成本，並提高方便性，因此會增加需求。

與產品有關聯的售後服務也相當重要，對於許多製造商而

服務訂價及公用事業之訂價很難。當管制逐漸取消時，公用事業的公司將面臨日漸增加的價格競爭壓力。

言，如果能妥善地設計與訂定價碼，服務計畫即可以成為一項有價值的營收來源。事實上，從電梯到電冰箱、安全系統、運輸設備等各類產品的製造商，可以發現產品的售後服務營收如安裝、維修和修理，占了整體營收的 30% 以上。[61]

12-10 倫理議題和詐欺行為

與企業訂價相關的倫理問題層出不窮，且經常是大眾注目的焦點。最近美國國會的一項調查發現，全國性醫療公司的訂價普遍有灌水現象。成本 81 美分的食鹽水，卻向病人索價 44 美元；而成本為 8 美元的柺杖，卻向病人要價 103 美元。[62] 製藥公司也被批評對於救命藥品如 AIDS 疫苗的訂價過高。[63] 輿論則透露並批判某些航空公司對其主要航線，在旅遊尖峰期間胡亂索取高票價。而在前幾年，安德魯颶風橫掃佛羅里達州後，該州法院檢察官傳訊了當地製造三夾板的大廠商，調查其趁機哄抬物價事件；也有證據發現，一些電池、鏈條鋸子、手電筒的銷售商趁機從中牟取暴利，並詐騙消費者。在 1994 年洛杉磯大地震也有類似的被起訴案件。對照之下，全國性建材零售商家居貨棧公司在安德魯颶風之後，仍以成本價出售其產品。[64] 無庸置疑地，該公司的正面態度為其贏得了良好的商譽。

◼ 聯邦商業委員會指南和不實的訂價

許多廣告上的價格包括比較價格，亦即透過與其他業者的訂價相比較後，顯示其訂價確實較低，而比其單獨列示一種價格更具吸引力。零售商通常在做價格比較廣告時，會將變動前後的價格、競爭對手的價格或製造商的建議價格一同並列。

比較價格的廣告是有效果的，其提供了購買者有用的資訊。不幸的是，這種廣告內容卻使購買者很容易受到影響，也增加更多不實訂價的可能性。聯邦商業委員會的指南提供了一些避免不實訂價廣告的特別程序。茲將該指南裡一般常見的做法列示如下：[65]

- 與原來價格比較：零售商在聲稱原來價格時（「平時價格 $XX，現在只要 $YY」），該價格必須是在合理的一段時間，並在正常的基礎上向大眾提供的價格。原來價格不一定都會高出許多，但必須是某一段期間裡的真正價格。
- 與其他零售商價格比較：在廣告中述說價格比其他零售商相同商品的價

格爲低時,所指稱別人的價格較高必須有事實依據。

- 與製造商或其他非零售配銷商價格比較:若聲稱是從製造商的價目表或建議的零售價格來降價,這些比較價格則必須與其產品中絕大部分的銷售價格一致。

幾年前,總部設在美國科羅拉多州丹佛市的梅伊(May)百貨公司,被該州檢察長指控「持續重複不實的價格廣告和銷售」。所列舉的事件包括「特價優惠」的家庭用品,兩年來的售價皆相同;廣告上行李箱折扣的根據爲「平時價格」,而該平時價格從未在梅伊百貨實施過,況且該行李箱的價格還是當地其他零售商的兩倍。[66]

消費者決策的背景,也會影響行銷實務的倫理考量。例如,一些人在忍受極度悲傷時,如親人的死亡,往往會難以決定喪禮的相關安排。零售專家曾經在角落處以產品線之方式排列棺木,而非利用大陳列室展示所有的棺木,購買者很容易就會做決定。不過,它也會比平均價格略高,因爲消費者會避開購買低檔的那一款,而這種產品線訂價策略的倫理與合理性確實值得評估。[67]

上鉤掉包

雜貨店和百貨公司在廣告上宣稱某些品牌是成本價或已接近成本,以吸引顧客的注意。而一些業者也希望透過低價產品或特價品來吸引人潮,以帶動其他產品的銷售。但是,當零售商在做廣告期間,若實際上並未對要促銷的產品提供合理數量時,就有**上鉤掉包**(bait and switch)之嫌。假如該產品並未提供或提供未足夠的數量,消費者就可能轉購比廣告所宣稱還貴的同類產品,而這種上鉤掉包的做法就是違法和違背倫理的。

掠奪性訂價法

在某些情況下,有些公司會將價格壓得很低,以便趕走市場上的競爭者。一旦競爭消失,便會索取高的獨占性價格,以收回之前的損失,這種訂價方法稱之爲**掠奪性訂價法**(predatory pricing)。被競爭者指稱爲掠奪性訂價的公司,必須指證其爲採低價的廠商,這通常會是大廠商,其訂價一般會低於平均成本,以意圖傷害競爭者。

掠奪性訂價在法院中舉證困難,因爲陪審團對此主張大多抱持著懷疑態度。[68] 控訴的廠商不僅要證明競爭對手的價格確在成本以下,而且事後也有

上鉤掉包
對一項產品以低價做爲廣告來吸引顧客,但實際並未供應,顧客可能轉購較貴的同類產品。

掠奪性訂價法
將價格壓得很低,以便趕走市場上的競爭者,一旦成爲獨占便索取高價。

提高價格的意圖。沃爾瑪就曾被藥房同業控訴其對藥品採掠奪性訂價。美國司法部起訴了美國航空公司，因其非法強迫弱小競爭者退出德州達拉斯市的航空轉運中心後，就立即提高票價。美國政府也對微軟公司進行了掠奪性訂價聽證會，因其常以贈送軟體的方式建立市占率。[69]

■ 單位訂價

在市場裡的產品、品牌和包裝，汗牛充棟令人眼花撩亂，因而被誤導或造成困擾的可能性就很大。美國有許多州通過「單位訂價」的執行法，以幫助消費者辨識商店內的價格資訊。**單位訂價**（unit pricing）須呈現做為訂價基礎的相關單位重量或容量資訊，以方便消費者對不同品牌和同一品牌間不同包裝的價格做比較。[70] 單位訂價的用意，是希望幫助低收入消費者和對價格留心的購物者。單位訂價在本質上沒有倫理的問題，它可以改進消費者的決策，減少被商店裡的大量資訊誤導之機會。

> **單位訂價**
> 須呈現做為訂價基礎的相關單位重量或容量資訊，以方便消費者對不同品牌和同一品牌間不同包裝的價格比較。

摘要

1. 討論價格、需求、需求彈性和收入之間的關係。市場條件會影響價格，大部分的商品或服務的價格愈高，需求就愈低，這些關係可在常見的經濟需求曲線上呈現出來。當價格變動而需求也隨之變動，稱之為需求的價格彈性。當銷售者提高價格而銷售幾乎沒有減少，稱之需求缺乏彈性。當價格的小變動卻引起需求量的大變動，則稱之為需求有彈性。

   利潤最大時的訂價，是在總收益減去總成本後最大的那一點，這個點剛好是邊際收益等於邊際成本時的價格。這意味著利潤最大時，不須考慮公司對銷售者的促銷活動，所帶來對需求影響的能力。

2. 了解訂價的方法。以成本導向決定價格方法包括：加成訂價法，在成本上加上某一百分比當做價格；損益平衡分析法，求出在某一價格下賣出的數量足以回收其成本；目標報酬率訂價法，設定的價格足以達到某一特定的投資報酬率。當競爭導向決定價格時，則建議公司索取與競爭者類似的價格。

3. 認識不同訂價策略和選擇最適策略的條件。訂價策略有四大類，分別為差異訂價法、競爭訂價法、產品線訂價法和心理訂價法。

   當消費者區隔之間存在著差異時，差異訂價法較有效。涵蓋的例子包括次級市場折扣，即在不同區隔裡索取不同的價格，以及定期折扣。競爭訂價法包括滲透性訂價法，廠商將剛上市價格訂低，以刺激需求或阻止競爭；以及價格信號法，即對低品質的品牌提出高價格，希望消費者推想成高品質。

   產品線策略對出售相同產品而有多種品牌的廠商很重要，因為對其中一個品牌設定價格，往往影響整個生產線的銷售。一些廠商使用捆裝策略，將分開的產品或服務放在一起當成一個包裝出售。而溢價訂價法，則是當市場區隔需要結合不同的特徵時，廠商為其產品線裡的豪

華品牌索取高價，會是最成功的方法。心理訂價法包括奇偶數訂價法和習慣訂價法兩種。

4. 認識在經濟和競爭情勢的轉變下，調整價格的重要性。在此有幾種情形需要降價：市占率下降，顧客偏好改變或有更低的競爭價格。如果競爭者很容易察覺削價而報復，削價就是有風險的。低價格也可能影響消費者對品質的認知，這可能一直會持續到另一類似的低價產品出現為止，但當有更大和更強的競爭者出現時，可能就難以維持了。

當產品以屬性（服務、特色）而非以價格競爭時，面臨競爭價格的變動並不須做調整價格的動作。然而，在同質性市場裡，產品相似而價格競爭很大時，競爭者的削價或許就要予以回應。通貨膨脹或過度的需求有時也會導致價格上漲。

價格變動會影響需求，無論降價或漲價，均必須超越某些最低門檻才會引起注意。購買者也有一個可接受價格範圍，當價格跌出可接受價格範圍，可能會有被認為產品質變差的感覺，漲價超過可接受價格範圍則將被拒絕。

5. 了解在訂定價格與廣告上價格涉及的倫理考量。在訂價決策上，倫理考量是一個問題，價格不可具有誤導性或利用顧客。美國聯邦商業委員會提供了一項管制廣告價格規定和比較價格的指南，對比較價格最常見的管制，包括與原來價格的比較、與其他零售價格的比較，以及與製造商或配銷商建議價格的比較。

另有違背倫理做法的掠奪性訂價法：即是將價格訂在平均成本之下，直至競爭者被迫離開市場，而在逐退競爭者之後，廠商就將價格提高。單位訂價要求在一些情況下，提供每一單位或容量為基礎的資訊，以提升消費者的決策。

習題

1. 請定義價格彈性，並解釋它與需求的關係。

2. 請簡單解釋在決定價格時，應考慮哪些步驟？

3. 為何訂價決策那麼重要？為何其決策會變得很困難？

4. 為何國際行銷的訂價決策不容易？

5. 請比較損益平衡分析訂價法與加成訂價法，各有何缺點？

6. 低卡路里的中國食品雜貨產品線訂價策略，隨著時間轉移將會如何變化？

7. 請比較滲透性訂價法和榨脂價格。

8. 請列舉兩個純價格捆裝與產品捆裝的實例。

9. 以服務業的訂價而言，如何決定對小企業提供會計服務的價格？

10. 美國聯邦商業委員會如何處理下列兩則有關廣告的申訴：(a) 與原來價格比較；(b) 與競爭零售商的比較？

11. 請論述成本、數量和利潤之間的關係，並請說明價格在這些關係中擔任的角色。

12. 請列出差異訂價法與競爭訂價法之異同。

13. 什麼是訂價的心理層面？為何這些層面很重要？

行銷技巧的應用

1. 在兩種不同的產品類項裡，各列舉一項剛上市的新品牌產品。請各與競爭品牌的價格互做比較？為何它們之間會有價格差異？

2. 請解釋下列的例子符合倫理嗎？

a. 杜約翰（John Doe）是 X 品牌鋼筆的零售
商，每支筆的成本為 5 美元。他通常在成本
上加價 50%，即訂價為 7.50 美元。杜約翰
會先將鋼筆報價 10 美元，而如果他意識到
生意不佳時，這個報價就將只維持幾天，隨
後他會將價格降到 7.50 美元，並做下面的
促銷：「驚人大特價： 10 美元的 X 鋼筆，
現在只賣 7.50 美元！」

b. 一些偏遠郊區的商店索價 15 美元時，零售
商杜約翰對 X 品牌鋼筆的廣告詞為：「價
值 15 美元的鋼筆，我只賣 7.50 美元。」

3. 請解釋為何長途電話業者在一天的不同時段要
收取不同的價格。

網際網路在行銷上的應用

活動一

　　本章引言曾討論電子海灣網站如何對消費者
在尋求低價上發生影響。請利用電子海灣尋找價
格並回答下列問題：

1. 個別消費者要在電子海灣銷售商品時，需要做
什麼工作？
2. 何種特性的產品最適合在電子海灣銷售？
3. 電子海灣能提供傳統的零售商什麼利益？
4. 何種訂價方式可以使線上拍賣成為最有效的銷
售？

活動二

　　請辨認及描述下列各產品的訂價策略，並請
就各該公司所處的環境下，說明為何這些訂價目
標是適當的。

1. 佛羅里達電力公司（Florida Power and Light）
http://www.fpl.com
2. 波音公司 http://www.boeing.com
3. L'Eggs 公司 http://www.leggs.com
4. 固特異公司 http://www.goodyear.com

行銷決策

個案 12-1　鈦星的高檔新車和價格

　　通用汽車公司的鈦星（Saturn）車輛部門，開
始要當低成本以及基本交通車輛的製造者了。鈦
星現在要推出名為 Sky 的敞篷式跑車，是一款中
型且有 Aura 的品味概念。隨後將另推出中型的一
般跑車。 2006 年， Sky 車款的價格將訂在 25,000
美元。該公司打算將鈦星慢慢地往高檔車移動，
進而與進口車如福斯、本田等相抗爭。因此，鈦
星將以更大的訂價幅度，以及大幅擴張其產品投
資組合。有些分析家相信，這是該部門企圖以推

出更多新車款，來打破其經銷網長期習慣於推銷
有限車款的窘態。

　　這個具有 15 年歷史的車輛部門，每年虧損多
達 10 億美元，而在 2005 年的銷售量更下跌了
22%。預計推出的新車是以不鏽鋼取代塑膠做為
車架，車子的內部與風格完全採用歐洲格調。鈦
星的目標是以高檔價位賣出足夠的車子，而在
2008 年時達到損益平衡。鈦星想要將銷售主力由
原先的低價小車轉型為時尚車輛，實非易事。

問題

1. 試問該公司的新價格如何利用訂價的 5C？
2. 早期鈶星的訂價會影響新推出車輛的價格被接受度嗎？

3. 在決定最後的消費者價格時，經銷商們所擔任的角色是什麼？

個案 12-2　星巴克：創造高價飲料市場

星巴克公司正以迅速的步伐開設連鎖店，目前該公司在美國的直營店超過 6,000 家，公司的營收有 78% 來自於咖啡等飲料。若計畫進行順利，該公司在 2005 年預計將有 10,000 家分店分布於全世界。它在美國最大的競爭者，是總部設在加州爾灣市（Irvine），僅有 380 家分店的 Diedrich Coffee 公司。星巴克公司在紐約市的開店策略是有趣且混雜多種類型的，其服務策略是提供「第三種場所」（third place），以吸引在都市如狹窄公寓的第一種場所，以及像在小房間的第二種場所工作的人們。星巴克咖啡店提供一個可以讓人做功課、商業聚會、社交或閱讀報紙的地方。然而，其企圖販售午餐及家庭用具並沒有收到成效。

星巴克的行銷組合很少使用廣告，而品牌獲得認可是靠口碑相傳的。一位餐廳顧問曾說：「對星巴克而言，連鎖店就是行銷。」售價不菲的高級咖啡直營專賣店靠著連鎖店的一再擴張，以及在雜貨店銷售星巴克咖啡而獲得支撐。該公司將火力集中於主要的住宅區，甚至不惜可能會傷害到現有連鎖店的營業。星巴克在高價飲料上經營得如此成功，促使其在一些小餐廳連鎖店裡提供高利潤的三明治，以替代低價漢堡或薯條的銷售。而這些高價三明治連鎖店如 Cosi、Panera 和 Briazz，則開始將其原先帶有歐洲的風格轉型。

評論家預言，星巴克公司到有濃厚茶葉文化的日本投資將會失敗。但該公司在日本現有 300

家經營不錯的連鎖店，其中有 30% 是外帶。然而這個策略在歐洲也能成功嗎？星巴克的模式是長時間坐在座位喝咖啡或紙杯外帶，但對歐洲人而言，那是屬於外國人喝咖啡的模式。不過直到目前為止，開設在維也納的連鎖店已開始賺錢了，該公司預期在義大利和法國將會遭到抵制現象，但猜測年輕消費者也會認同星巴克的概念。

目前在全世界的星巴克每週服務超過 3,000 萬的顧客。星巴克設法讓其擁有平民的消費形象，例如一杯大杯星冰樂咖啡，也就是連鎖店註冊商標的奶油咖啡，僅花費 4.02 美元而已。在 2004 年年底，這家以西雅圖為基地的公司，打算將其每杯咖啡價格漲價到 2 至 2.50 美元左右。有些大學教授常舉星巴克做為非彈性需求的個案討論，但若需求是非彈性，為何該公司不直截了當把價格提得更高一點，而使營收更多？

問題

1. 價格在星巴克咖啡中扮演著何種角色？其需求是有彈性或非彈性？為什麼？
2. 咖啡價目表會如何毀損或提升星巴克的形象？
3. 星巴克將面臨何種競爭？
4. 請比較價格在歐洲市場與美國市場中扮演何種角色。
5. 星巴克價格彈性的含意是什麼？

Part Six

行銷通路及物流

Marketing Channels
and Logistics

行銷通路

Marketing Channels

學習目標

研讀本章後，你應該能夠

1 解釋行銷通路的功能和主要活動。

2 探討行銷通路中間商的角色。

3 辨別直接和間接行銷通路。

4 說明某些廠商如何成功地使用多重通路。

5 檢視行銷通路決策如何與其他主要行銷決策變數
發生關聯。

6 了解權力、衝突和合作如何影響行銷通路的運
作。

7 列出在行銷通路運作上會遭遇到的倫理和法規之
問題。

脑手提袋上搭配一些附件，再打出誘人的零售價格，藉以避開其他零售商低價銷售 Timbuk2 手提袋的競爭場面。德威決定將其產品撤出 CompUSA，開始實施其走入市場的策略。

在重新思考其配銷策略時，德威決定將其產品交由專門店的零售商來銷售，例如 REI、Apple、EMS、Urban Outfitters 和發現頻道商店，而不交由大型折扣連鎖店如 CompUSA、辦公用品倉儲來銷售。專門店是以品質與品牌的價值來吸引客人，而非低價。專門店的購物環境是個人化的，而且售貨員具備足夠的知識水準，可以向客人解說有利基產品的獨特特色。

選擇正確的通路，帶給 Timbuk2 的不僅是增加銷售，而且更易大量推出新產品。隨著蘋果公司 iPod 的推出，Timbuk2 也跟著推出 iPod 系列的附屬品以及其他新產品，逐漸打入新零售商的商店裡。Timbuk2 的產品目前在 1,200 家專門店銷售，各家皆有的特色是配屬專門製作的 Timbuk2 銷售點展示架。由於其品牌權益達到空前的高點，Timbuk2 有效地活用專門店的通路，正以快速的步伐向前衝刺。

Timbuk2 位於美國舊金山，是一家專門製造女用手提包、iPod 皮套、大型購物袋和瑜伽墊收納袋的製造商。它知道其產品與科技產品一樣，若要成功就得選擇正確通路來經銷，這是相當重要的。當 CompUSA 公司同意經銷 Timbuk2 的產品時，Timbuk2 的執行長馬克‧德威（Mark Dwight）認為他的公司就要開始賺錢了。4 個月後，Timbuk2 為交付 CompUSA 龐大的需求量而忙得不可開交，雖然交貨價格低但仍有利潤。CompUSA 公司要求 Timbuk2 在電

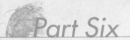
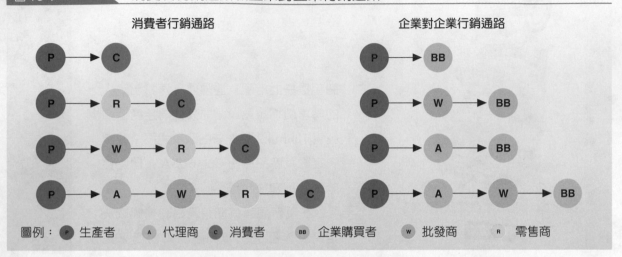

圖 13-1　消費者行銷通路和企業對企業行銷通路

消費者行銷通路　　　　　　　　　　　企業對企業行銷通路

圖例：P 生產者　A 代理商　C 消費者　BB 企業購買者　W 批發商　R 零售商

　　　從前述 Timbuk2 公司的簡介，將帶給本章幾項有趣的討論議題。首先，在適當時間生產適當的產品，必須結合適當的配銷方式來進入市場。其次，適當的配銷方式常隨時間的推移而改變。最後，了解購買者的需求則是成功的關鍵因素。

　　　在本章裡，我們將探討**行銷通路**（marketing channel）或配銷通路；它是一種組織或個人（通路成員）的結合，對產品的生產者與使用者進行必要的銜接活動，以達成行銷之目標。[1] 思考行銷通路時須謹記，所謂產品可能是商品、服務或創意，生產者則可能是製造商、服務機構、創意團體或公司。圖 13-1 列示了一些消費者和企業對企業的各種行銷通路。

　　　不同類型的行銷通路就需要不同類型**中間商**（intermediaries 或 middlemen）的服務，產品從生產者流向使用者的過程中，中間商即直接從事產品的購買或銷售。中間商還包括銷售到最終消費者的零售商，以及銷售到零售商、其他批發商、政府採購者、製造商及其他企業顧客的批發商。零售商及批發商會在往後的章節中再詳細討論。

　　　本章將介紹幾個不同類型的行銷通路，有些公司如漢堡王係透過連鎖店來接觸顧客，有些個人電腦製造商則利用電子商店、電腦專賣店、型錄、會員制組織及辦公事務用品店等各種不同的通路。蘋果及捷威公司則持續增加直營店，並將產品透過網際網路或銷售人員直接做銷售。行銷通路的決策是廠商整體行銷策略中最重要的基礎，並且是訂價、產品及行銷傳播中的一個考量因素。

行銷通路
為組織或個人（通路成員）的結合體，對產品的生產者與使用者進行必要的銜接活動，以達成行銷目標；又稱配銷通路。

中間商
產品從生產者流向使用者的過程中，中間商直接從事產品的購買或銷售；包括零售商和批發商。

13-1 行銷通路的重要性

因為行銷通路可決定顧客購買的方式及地點，所以通路的設立及將來的改變就相當重要。與行銷通路相比，其他的行銷變數通常較可操縱，而且也較容易改變。行銷從業者可以漲價或降價、改變廣告媒體和訊息，且可增加或減少產品的供應，然而在營運上卻不需做重大的改變。

然而，要在行銷通路上做重大的改變則非易事。因為有一些團體，如零售商及批發商等，在通路上都可能扮演著重要的角色，以致不容易去變更其行銷通路。例如，有些製造商從沃爾瑪公司接到了大筆訂單，而家電製造商 National Presto Industries 公司有三分之一以上的營收是來自沃爾瑪，然而也有極大的比率是來自於標的公司。[2] Dial、台爾蒙（Del Monte）和露華濃（Revlon）等公司有超過 20% 的營收來自沃爾瑪，寶僑公司有 18% 的營收來自於沃爾瑪。全美國的 DVD 有 60% 是透過沃爾瑪、上選和標的等公司來銷售。[3] 所以，如果沒有沃爾瑪及標的之採購，這些公司將從何處彌補這些營收？而這些製造商若不依靠大型折扣店來幫助其銷售大量的商品，那麼就得靠行銷奇蹟的出現了。

當涉及龐大的沉沒成本時，行銷從業者有時會被其通路所控制。例如，麥當勞的加盟體系及艾克森（Exxon）公司直營的便利商店，都代表著龐大的投資，而這些投資都是經過仔細籌劃的，所以只有在不得已的情況下，才會放棄這些投資。因此，行銷通路是績效掛帥的，雖然改變的只是一個選項，但卻不可能像其他行銷變數那樣可以經常改變。

13-2 行銷通路的功能

行銷通路將執行五項重要功能，以完成第 1 章中曾討論的主要行銷活動（見圖 1-7）。這些功能包括：行銷傳播、存貨管理、實體配銷、市場回饋及財務風險，如圖 13-2 所示。特別要注意的是，這些功能沒有一項是可以剔除的，但可在通路成員之間互相轉移。

■ 行銷傳播

通路成員通常會進行許多行銷傳播活動，包括廣告及公共關係、促銷、人員銷售與直效行銷傳播。例如，REI 公司是專賣室外運動裝備的著名零售商，它利用妥適的廣告及郵件接觸顧客，且有受過良好訓練的員工可以協助

圖 13-2　　　行銷通路的主要功能

行銷傳播
- 產品廣告
- 提供購買點的展示
- 幫助銷售人員傳遞資訊及服務給顧客

存貨管理
- 訂購各種恰當的商品
- 維持適當的存貨以滿足顧客需要
- 儲存商品於適當的設備中

實體配銷
- 運送產品
- 協調送貨時程表以滿足顧客期待
- 安排瑕疵品的退貨

市場回饋
- 成為製造商的顧問成員
- 告知其他通路成員競爭活動的訊息
- 參與市場測試之評估

財務風險
- 提供賒帳
- 管理有關產品損失或毀損的風險
- 管理有關產品安全責任的風險

顧客；該公司也利用店內展示板及研討會，向顧客灌輸登山、北歐滑雪、急流泛舟、雪鞋划雪等知識。另外，高級手錶製造商豪雅錶（TAG Heuer）公司，也經常使用文宣廣告來說明，唯有透過該公司合法授權的商店，才能買到真正的豪雅錶；這些廣告都在警告消費者，若從未經授權的商店買到的手錶，可能是仿冒品或是瑕疵品，當然該廣告也會提供合法授權商店的網址。

存貨管理

行銷通路成員有時也需提供存貨管理的功能。例如，汽車零件批發商就必須儲備數千種的存貨，且大多數的產品單價均少於 1 美元，唯有如此，方能成為汽車修配業市場上具有競爭力的供應商。相反地，Corvette 汽車的專用零件批發商之存貨則可能比較少，但卻得準備 Corvette 汽車各年份車種的所有零件。

實體配銷

實際搬運產品及其他實體配銷活動等，都是行銷通路的重要元素。例如，產量大、速度快的製造廠商，必須讓原料及零配件供應商，在極短的時間內運送貨品到指定的窗口。而在滿足顧客的期待下，協調送貨時間也是一件相當重要的課題，供應商若無法符合這種作業需求，便將失去生意。

行銷資訊

當通路成員提供有用的資訊給其他的通路成員，用以提升通路績效時，即會增強買賣雙方的關係。建材配銷商公司（Building Materials Distributors, BMD）是國際性建材及結構工具的配銷商，經常提供有用的資訊給中間商。而該公司提供其主要的客戶群，即居家修繕產品零售商相關產品之知識、零售實務及服務線延伸的支援，以幫助零售商改善其銷售及獲利之能力。舉凡產品說明書、廣告文宣品、商品銷售計畫、市場調查、產品目錄、商店內訓練課程及銷售技巧之規劃與支援等，均在 BMD 公司提供給零售商顧客的服務範疇之內。[4]

財務風險

行銷通路的最後一項功能，與經過通路的產品所有權相關。當擁有產品所有權後，就會出現各種風險，易毀壞的產品可能受損、產品可能被竊或受到各種天然災害的損失。

另一種風險則涉及應收帳款，如果顧客不付貨款，那麼誰將受害？例如，凱瑪公司宣布破產後，該公司的供應商如繼續供貨，就得冒著極大的風險。其中一家大型供應商佛萊明（Fleming）公司是屬於食品批發商，兩個月後因為失去凱瑪的訂單合約，而該訂單代表佛萊明公司 20% 的營業額，所以也跟著宣布破產。[5] 佛萊明公司曾嘗試與凱瑪談判，要求凱瑪能立即歸還尚未結清的欠債，但卻失敗了。

風險的假設是屬於追求利潤中的一部分，也是任何行銷通路成員的一項重要課題。

13-3 中間商的貢獻

責備中間商負面影響性的言論到處可見，例如，在雜貨產業裡的批發商及零售商常被視為奸商，而農民則被視為經濟受害者。

持這種論調點的人，通常已認定中間商是不當得利者。的確，在經濟體系的短期失衡裡，會讓投機的批發商及零售商大肆掠奪不當的意外之財。例如，旅館業在超級盃足球比賽期間，就趁機對球迷大敲竹槓，而調高其住宿、餐點、冷飲等費用，以便大撈一筆。

但就長期而言，中間商必須遷就於經濟及社會的條件方能生存。做為一

做為一家零售中間商，標的公司執行非常多的功能，包括廣告、推銷、存貨管理、運送商品、對供應商提供顧客的回應、承擔財務風險等。

家中間商，必須要能完成某些行銷通路的活動，且要比其他通路成員有更好的表現。例如，標的公司是經營服飾、家庭用品、電子用品的主要中間商，它透過在美國超過 1,300 家的零售店來接觸顧客，並經營一個包羅萬象的網站來銷售 Wrangler、蘋果、RCA、美泰兒、百工（Black & Decker）等名牌的產品。標的公司藉由各種的行銷通路活動以提升其銷售量，而這些活動包括銷售及廣告支援、店內展示、存貨訂購及儲存、交貨及消費者信貸等。製造商如耐吉、新力、李維等公司，也都從標的等零售商的通路活動中受益。假如沒有零售中間商，那麼這些製造商就得自己設立商店，或以透過型錄等方式，而直接向消費者銷售。假如這些製造商可以不需要標的公司就能有效地做好行銷工作的話，這些具有優越企業常識的製造商早就這樣做了。很顯然地，標的公司一定是能夠完成一些製造商所無法做到的行銷通路之功能。

在高度競爭的雜貨業中，中間商要在狹縫裡求生存其實並不容易。大型超級市場連鎖店正陸續脫離批發商，而成立自己的配銷網，以便控制成本及爭取產品來源。本章前曾提及的佛萊明公司，曾經一度是大型的食品批發商，卻在高度競爭的商業環境下破產了。影響所及，在雜貨業裡的沃爾瑪和其他大型的連鎖店也大受衝擊。這些大型的連鎖店應用其購買力，不斷地督促其供應商提升品質，且要降低售價。漸漸地，食品批發商的主要顧客區隔是獨立經營的雜貨店，而小型連鎖店受到大型連鎖店的價格競爭壓力，在其營運日趨艱困之際，就轉嫁傷害了食品批發商的銷售與獲利的程度。不過有些批發商卻成功地轉型，並維持相當不錯的業績。例如，設立在明尼蘇達州的 SUPERVALU 公司是全球最大食品批發商之一，它供應商品給 2,300 家雜貨店，並且也直接經營 1,550 家商店。該公司藉著提供許多服務，如商店店面的設計與建造，而使它維持在食品行銷通路中的顯著地位。[6]

絕大部分的中間商並非是牟取暴利的寄生蟲，他們只是單純地想去爭取在市場上提供附加價值的生意；而面對廣泛無邊的全球市場、高度的競爭、專業化的支援服務，使得中間商在大多數的行銷通路裡，必須盡力維持其整體性。

13-4 行銷通路的類型

　　建構行銷通路的主要方式，包括直接及間接通路、單一及多重行銷通路，以及垂直行銷系統。

■ 直接及間接行銷通路

　　行銷通路可以是直接或間接的。**直接通路**（direct channel）是指產品由生產者不經過中間商，而移轉到使用者手中；**間接通路**（indirect channel）則指中間商在生產者與使用者之間完成產品買賣的某些功能，而使產品能夠到達最終使用者手中。一家公司可以同時利用直接與間接通路。

直接通路

　　直接通路常發生在醫療及專業服務的行銷上，在這裡中間商的用處並不大。企業對企業的市場也會經常利用直接通路，例如生產設備、零配件、附屬配件的製造商，直接將其銷售給成品製造商，茲將一些直接行銷通路的例子列示於圖 13-3。日益增多的消費性產品製造商，也經由網際網路以直接的方式，將其產品賣給最終消費者。例如美泰兒、拍立得及李維公司等均設立網站，消費者可跳脫傳統零售商而直接向各公司購買。

　　在一些特別成功的行銷案例中，不乏是採用直接通路的公司。戴爾電腦公司就直接販售產品給顧客，而該公司在產品品質及顧客滿意方面，也贏得

通路管理有時需修正既有的通路。雅芳公司在美國開始透過零售店銷售產品，以補充其傳統直銷通路之不足。

> **直接通路**
> 指產品由生產者不經過中間商而移轉到使用者。

> **間接通路**
> 中間商在生產者與使用者之間完成產品買賣的某些功能，使產品能夠到達使用者。

經驗分享

「製造商不斷地嘗試改進其通路的生產力，其中一個方法就是利用間接通路而非直接通路。專業化的產品銷售需要直接通路，但其成本卻是昂貴的，在每一元的收入中，有 30% 必須支付直接通路的費用。假如製造商能減少產品專業化的程度，而利用間接通路，將可大大地提升其生產力。」

漢諾奇·艾隆（Hanoch Eiron）在以色列特拉維夫大學畢業後，再繼續進修而獲得柏克萊大學的企管碩士學位。目前擔任惠普公司軟體部門的通路經理，負責改善推銷效率及開發新的

銷售通路。艾隆任職於惠普公司前，曾在一家位於加州的軟體製造商 Franz Inc.擔任行政經理一職。

漢諾奇·艾隆
惠普公司
軟體工程系統部門
通路經理

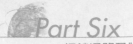
圖 13-3　　　　　使用直接行銷通路的公司

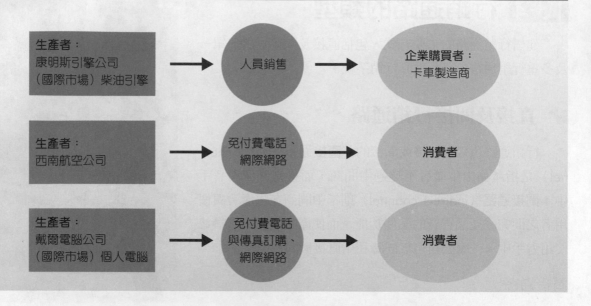

業界許多大獎，包括得到《財星》雜誌的「最受推崇」公司獎。該公司利用專注於顧客（customer-focus）方法，而在全球銷售的電腦、軟體及配件超過510億美元，其中大部分產品的需求還是來自於大型企業客戶。戴爾公司是第一家向客戶提供免付費電話技術支援，及第二天定點支援服務的公司，該公司管理階層相信，與顧客的密切關係是該公司成功的主要原因。

直接通路也可以應用在服務的市場。例如銀行、求職服務、房地產抵押貸款和保險業等，在網路上都有很好的表現，這也使得許多小公司如美國銀行，亦能提供網路銀行而分享線上服務的光彩。

康明斯引擎（Cummins Engine）公司在企業對企業的市場，使用直接通路也相當地成功。該公司銷售人員必須了解引擎的維護成本、運作成本及其他相關技術資料，以便直接向克萊斯勒、Navistar、Kenworth、Volvo-GM等貨車製造商銷售。

間接通路

儘管直接通路日益盛行，但大部分的消費者在購買（住宅、汽車、雜貨、家電、服飾）時，依然是透過生產者與最終使用者之間的中間商，這也讓間接通路在某些企業對企業的環境中維持十分重要的地位。

圖 13-4 中列示兩個間接行銷通路的範例，一個是全球最大的五金批發商之一 Orgill Brothers 公司，它是數千家製造商與中小型零售五金行之間當做橋樑的重要中間商。大多數的製造商若想要像 Orgill Brothers 公司一樣，對一家

圖 13-4　間接通路範例

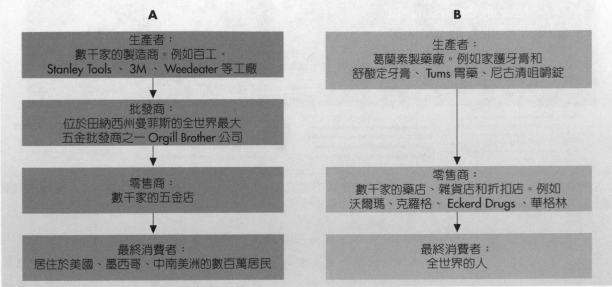

家的五金零售店提供銷售支援，那可能不划算。另一例則是葛蘭素製藥廠透過零售中間商，使用間接通路銷貨給最終顧客。

單一與多重行銷通路

有些公司使用**單一通路策略**（single-channel strategy）來與其顧客做接觸，有些則依賴**多重通路策略**（multiple-channels strategy）。而有多種產品或品牌的公司，有時使用單一通路策略，有時也使用多重通路策略。單一通路只使用一種方式與顧客接觸，例如耐克斯（Nexxus）洗髮精的配銷完全透過美髮師，而 Prell 洗髮精的配銷則透過折扣店、藥局、雜貨店等多重通路。Liz Claiborne 公司使用多重通路來接觸不同的市場區隔，其 Elisabeth 店服務體型寬廣的顧客，而 Claiborne 直營店則銷售前季的庫存品，此外，該公司也將產品透過百貨公司及精品店來做銷售。

當市場變得愈來愈分散時，就會有更多廠商想利用多重通路策略，儘量地吸引更多潛在的購買者。其基本構想是讓顧客以自己想要的方式，以及到想去的地方買到想要的東西。

漢諾奇‧艾隆任惠普公司軟體部門的通路經理，在評論為何多重通路愈來愈普遍的原因時說：「許多產業會轉移到多重通路的原因在於市場的分散，以及購買者的偏好問題。例如，在電腦業裡，分成家用電腦及企業用電腦兩個重要的市場。而在這兩大類別之中，個別的購買者各有不同的偏好。

單一通路策略
只使用一種方式接觸顧客（例如耐克斯洗髮精的配銷完全透過美髮師銷售）。

多重通路策略
透過一個以上的通路將產品配銷給顧客（例如 Prell 洗髮精廣泛利用折扣店、藥局、雜貨店等銷售產品）。

大部分消費者購屋會以間接通路的方式,接受房地產仲介商的協助。另外,部分消費者則以直接通路方式向建設公司購屋,如 Rocky Mountain Log Homes 公司。

有些人喜歡到零售店、有些人喜歡在網際網路或利用免付費電話系統、有些人則找當地的經銷商,更有些人會直接找製造商的銷售專家等不同地方來購買。製造商若僅使用一種單一通路,則很可能會喪失銷售的機會。故需透過多重通路方式,讓顧客以其喜歡的方式買到想要的東西。」

垂直行銷系統

強調買賣雙方的關係,有助於**垂直行銷系統**(vertical marketing system)的成長。這些系統是以集中協調、高度整合的運作,一起為最終消費者服務。所謂垂直是指產品從生產者向顧客的流動方向,這個流動常常是指「通路向下」(down the channel)或「順流而下」(downstream),意指產品從生產者流向顧客。

大多數的消費性產品都採用垂直行銷系統來銷售。圖 13-5 中的例子,指出垂直行銷系統的三種基本型態:公司式、契約式和管理式通路系統。[7]

公司式通路系統

公司式通路系統(corporate channel system)的垂直整合,是透過在不同配銷層次裡,擁有兩個或以上的成員來完成。公司式通路系統之通路成員,

---

圖 13-5

垂直行銷系統的基本型態

通路系統

公司式
向前整合:
Polo、Laura Ashley、蘋果電腦
向後整合:
Winn-Dixie 雜貨連鎖店
說明
一個通路成員擁有一個或多個通路成員

契約式
自願發起的批發商團體:
亞司五金公司、西方汽車公司
零售商贊助的合作團體:
Affiliated 雜貨、True Value Hardware
加盟店系統:
麥當勞、假日旅館、H&R Block
說明
通路成員根據契約規定來經營

管理式
Abbott Labs、奇異電氣、勞力士
說明
通路成員根據約定的計畫經營

擁有一個或以上的下游購買者時，稱爲**向前整合**（forward integration）。例如 Polo、Esprit 及 Laura Ashley 等公司，就是以向前整合的方式開設自己的商店。

　　企業對企業的業者也利用了向前整合的方式。例如，亞仕蘭（Ashland）是《財星》前 500 大公司之一，該公司在全球 120 個國家裡有業務的經營。開始時，該公司是一家地方性的煉油商，後來利用向前整合策略成立亞仕蘭配銷公司，如今已成爲北美地區主要的化學與塑膠配銷商了。

　　有些公司則透過擁有一家或以上的供應商提供貨源，以企圖改善其行銷通路的能力及效率，此種做法稱爲**向後整合**（backward integration）。如 Winn-Dixie 雜貨連鎖店併購了牧場、咖啡農場及冰淇淋製造設備廠，俾能更好掌控主要食品的價格和貨源。

　　全球性行銷通路的整合，也讓許多公司得以利用世界不同國家或區域的優勢，得到最大的行銷成果。例如，許多公司可以在低工資的國家生產產品，再利用向前整合的方式，而在有利可圖的市場設立零售配銷商。美國第三大的花卉零售商 ProFlowers 公司即利用這種通路策略，該公司在美國海外的南半球國家栽培花卉產品，因爲當地的工資低廉；花卉運抵邁阿密配銷中心後，再將其分裝到冷藏卡車配送到 12 個零售市場。由於享有美國海外的低廉工資，再加上有效率的配銷系統配送到零售層次等向前整合之特色，使 ProFlowers 公司成爲一個非常成功的低成本商家。[8]

契約式通路系統

　　契約式通路系統（contractual channel system）可讓某些通路成員在市場上獲得影響力，而與大型的公司式通路系統做有效的競爭。各獨立廠商的協調是透過契約，而非透過其隸屬的上游或下游成員；在這種方式下，契約式通路成員會試圖改善其購買力，以獲得經濟規模，並透過作業程序的標準化，使其有更好的效率表現。契約式通路通常有三種主要型態：自願發起的批發商團體、零售商擁有的合作團體、加盟店系統。

　　自願發起的批發商團體（wholesalers-sponsored voluntary groups）是由數家獨立的零售商所組成，再冠以一家批發商的名號來運作，例如亞司五金公司（Ace Hardware）及西方汽車公司

鄭明明（Cheng Ming Ming）利用向前整合方式，透過一個國際連鎖美容學院和沙龍，販售自己品牌的化妝品，將市場從南亞、中國延伸到美國。

自願發起的批發商團體
一種契約式行銷通路系統,由數家獨立的零售商組成,再冠以一家批發商的名號運作。

（Western Auto）等批發商。批發商（亞司五金公司）採購大批商品,再將其送到個別的零售商店,並提供各種有益於零售商的服務,這些服務包括商品的推銷、廣告及數量折扣下的訂價等。亞司五金公司旗下的零售商向此批發商團體購買大部分的產品,並共同集資從事廣告活動。

零售商擁有的合作團體
一種契約式行銷通路系統,零售商有自己的批發商。

零售商擁有的合作團體（retailer-owned cooperative groups）之運作,類似自願發起的批發商團體,但實際上零售商擁有此批發商的所有權。本制度的兩個著名例子是 Affiliated 雜貨公司及 True Value 公司。

契約式通路系統的第三種型態則是**加盟店系統**（franchise system）。其中一方為**加盟業主**（franchisor）,將分配及銷售特定產品與服務的權利,授予另外一方的**加盟者**（franchisee）。加盟者則同意在認可的商標或字號下,依據加盟業主所提出的行銷指導方針運作。

加盟店系統
契約式通路系統的一種,由加盟業主將分配及銷售特定產品及服務的權利授予加盟者。加盟者同意在認可的商標或字號下,依據加盟業主所提出的行銷指導方針運作。

加盟店系統由於協助麥當勞及假日旅館等企業的成長,而名揚四海。非零售業的加盟店如 Snelling & Snelling 及 Accoun Temps,在人力派遣事業與可口可樂裝瓶機器批發業中,以諮詢方式的經營也都非常地突出。圖 13-6 列示一些非零售業加盟店的組織,而零售業的加盟連鎖店將在第 14 章中詳述。

管理式通路系統

管理式通路系統（administered channel system）是一種為控制產品線或產品分類的系統。在該系統下,通路成員同意遵守範圍廣泛的非契約性計畫,而通路成員之間並無隸屬關係。管理式系統中的成員可相互合作,以降低廣告、資料處理、存貨控制、訂單輸入或送貨時程表等的共同作業成本。

我們以川崎機車公司在美國的機車經銷網,做為管理式通路系統的範例。它與汽車經銷商不同,汽車經銷商通常只代理一種品牌如福特或豐田,而機車經銷商一般會同時代理不同製造商的品牌。因此就會引起競爭的機車製

圖 13-6 非零售業加盟店通路系統

企業分類

	加盟業主
就業／人力	Personalized Management Associates
網路諮商	WSI
企業標誌	Signs Now
就業／人力	Norrell Temporary Services
維護／衛生	Jani-King
會計／借貸／收帳	Padgett Business Services
人力開發／訓練	Executrain
就業／人力	TempForce
語音訊息中心	Voice-Tel
貨運	Unishippers
批發商	Tempaco

造商爭取經銷商關愛的眼神，以便有公平銷售與服務的機會。川崎公司決定利用其經銷網站做為主要的銷售支援工具，亦即將其做為與經銷商聯繫的管道。這個經銷網站每個月有 16,000 位瀏覽者，它讓經銷商不需備存零組件，就有額外的銷售機會而賺取佣金。由於大部分經銷商的庫存空間有限，因此庫存成本的減輕對經銷商就是一筆大的收入。川崎公司利用科技常識幫其管理該公司的行銷通路。[9]

在零售部門中，管理式通路系統的成功案例還有奇異電氣及勞力士錶廠。這兩家公司藉著其高度有效的行銷計畫與活動，使其高品質產品聞名於世；因此零售商通常對於它們所提出的訂價及展示做法，皆全然接受。

13-5 行銷通路的管理

行銷通路管理需要在六個領域中制定策略和行動，如圖 13-7 所列示。首先，廠商要制定行銷目標和策略，然後經理人擬定行銷通路策略和目標，再對各種通路加以選擇與評估，以決定其能力、成本與其他行銷變數的相容性，以及對廠商的可利用性。其次，廠商必須建立其通路結構和執行通路策略。最後，廠商須不斷地評估通路績效，以調整圖表中其他五個管理領域。

■ 制定行銷目標和策略

行銷通路常意味著需大筆資金的投資，而通路一經建立，就很難再更改，以免有喪失銷量的風險。因此，廠商必須先制定整體行銷目標和策略，然後再擬定行銷通路目標與策略。

豐田公司對其凌志轎車的品牌獨特性加以定位，因而成為豪華車市場中最為成功的案例。凌志的行銷策略是在現有的豐田經銷商之外，另延伸行銷通路到少數經過挑選的凌志經銷商上。由於經銷商之間的競爭不大，因而在一片充滿廝殺氣氛的競爭市場裡，仍可維持高價格以支持其獨特的形象。高價格代表著高利潤，也使得經銷商有能力對顧客提供更好的服務，亦能符合廠商整體行銷策略的目標。在確保其他行銷組合變數與其經過選擇的行銷通路之相容性，以及在整體行銷組合與產品獨特形象的相容性上，凌志成為美國最成功的豪華車最高銷售者。有些事值得注意，凌志的主管從很早開始就將整體行銷策略當成一項重要的因素。在一篇題目為「凌志協議」（The Lexus Covenant）的文章裡，提到了通路策略的重要性：「凌志之所以能贏，是因為凌志一開始就做對了，凌志在這個國家裡擁有最佳的經銷網。」[10]

加盟業主
母公司同意將分配及銷售特定產品及服務的權利授予加盟者。

加盟者
接受加盟業主將分配及銷售特定產品及服務權利授予的一方。

管理式通路系統
設計用來控制產品線或分類的系統。通路的成員同意全面性合作計畫，成員之間並無隸屬關係。

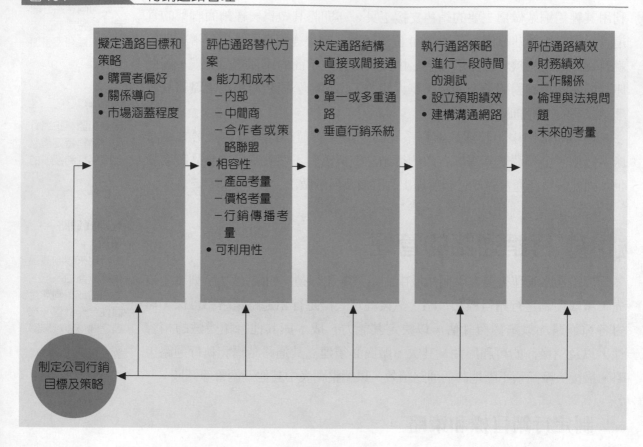

圖 13-7　行銷通路管理

擬定通路目標和策略

　　通路目標（channel objective）應該要列示清楚，並且能夠衡量，而與廠商的行銷目標一致。通路目標通常以銷售量、獲利力、市占率、成本、批發商或零售直營店的數目、營業區域的擴充等來表示。**通路策略**（channel strategy）則是為分配資源，以達成通路目標的一般行動計畫或方針。

　　擬定通路策略會涉及三個領域的決策：購買者偏好、關係導向、市場涵蓋程度。

購買者偏好

　　購買者偏好在決定通路策略上十分重要。思考並推論顧客想要以什麼方式購買，正是行銷領導者和企業家的特點，而他們也正試著擊出一棒，打破長久以來已形成的市場。無數銷售各種名著、音樂光碟、電腦和金融投資等種種產品的銷售者發現，世界上有數百萬的消費者偏好上網購物，而這些銷

售者過去未能充分明白消費者的偏好，現在也開始跟上腳步了。

忽視購買者偏好是一種不合理的行銷思考。企業的領導者有時也須在投機的行銷從業者透過新的通路進入市場之前，毅然地採取行動。例如，先有戴爾電腦公司，後有捷威電腦公司開發電腦直銷市場，而 IBM、康栢和其他公司並未及時跟進。億創（E*Trade）公司率先進入線上經紀業，卻遭到美林（Merrill Lynch）和其他傳統的經紀公司所抵制。而當小型獨立書店和大型連鎖店如邦諾（Barnes & Noble）等書店疏於反應時，亞馬遜公司卻已建立起線上購書王國了。如果公司忽視顧客喜歡的通路，當新通路一旦進入市場因而引起競爭時，那才真的是一場惡夢的開始。

關係導向

多數成功的企業均設法強化其與通路成員間的關係，就長期而言，不僅是有利的且還可分散風險。第 5 章中曾提及，購買者和消費者間的關係導向是主要趨勢，雙方透過協商可獲得雙贏的結果。以銷售反毒軟體的 McAfee 公司為例，其為網路協會（Network Associates）所隸屬的一個單位。該公司曾被部分轉售商指責未透過零售通路，而直接將產品賣給最終使用者。因此該公司修改了通路計畫，並保證除了大額銷售外，其餘皆由轉售商負責。另外，該公司也設立了 10 處技術訓練中心，做為訓練轉售商的場地；並設立了通路夥伴顧問小組，用來強化該公司與轉售商之間的工作關係。[11] 在通路裡的堅強關係，如何能夠建立買賣雙方之間的價值，請參閱下頁「創造顧客價值：SAP 公司發行新通路支援程式」。

漢諾奇·艾隆擔任惠普公司軟體部門的通路經理，在評論製造商與通路成員合作的重要性時說：「與通路中間商的良好相處關係，絕對是成功的關鍵。製造商應將其批發商及零售商視為公司的延伸，以及應用工作團隊的方式來擴大通路的績效。然而這並不簡單，因為這些中間商也在出售競爭對手的品牌，所以一家製造商的目標需要與這些中間商有相容性，以及要有雙方密切合作完成共同目標的強力承諾。」

市場涵蓋程度

市場涵蓋（market coverage）是指擁有多少家經銷店來銷售其產品。市場涵蓋通常有三種類型：密集式配銷、選擇式配銷、專賣式配銷。**密集式配銷**（intensive distribution）是指產品或服務透過每一個可能的經銷店銷售。例如，百事可樂長期以來使用密集式配銷，它透過所有的零售店、自動販賣

市場涵蓋
是指有多少家經銷店用來銷售產品；它有三種形式：密集式配銷、選擇式配銷、專賣式配銷。

密集式配銷
產品或服務透過每一個可能的經銷店銷售。

以關係的觀點效益而言，除可得到經濟利益外，尚可提升在社會上期待的結果。通用汽車了解，它必須與業主為少數族群的供應商建立商業關係。

選擇式配銷
產品僅在某些經銷店出售，通常應用在需要售後服務的產品上面，如家電用品業。

機、餐廳及特許經銷商來銷售其飲料。現在百事公司與可口公司在汽水飲料的銷售上，無論是餐廳、戲院、運動場、學校等場所的競爭均十分激烈。

選擇式配銷（selective distribution）係指產品僅在某些經銷店出售。一般均應用在需要售後服務的產品上，如家電用品。例如，美泰克公司以選擇式配銷來銷售其家電用品，某些經銷商甚至被挑選為授權的服務中心。在人口達百萬的都會區，該公司的產品可能透過十幾家零售店銷售，但卻只指定其中二至三家為授權的服務中心。

專賣式配銷（exclusive distribution）是指在一個區域市場裡，僅指定一家經銷商。高級視聽音響設備製造商通常都會採用專賣式配銷，如 Marantz、McIntosh、NAD 及 Manley Labs 等公司，但其與生產小家電的廠商如新力公司，所採用的密集式配銷是不同的。

對於採用專賣式配銷，且必須在有限時間內銷售的特定產品，網路也提供了便捷的方式。例如，IBM 和寶僑公司也趕上了網路的流行，而有些音樂家也僅利用網路，在有限時間內銷售音樂會門票及錄音帶。許多消費性產品的公司也利用專賣式配銷，銷售其不同類型的產品給零售商，而使每一個競爭的零售商都能擁有特定款式或品牌的專賣權。例如，李維公司就提供其低價系列男性、女性與兒童的牛仔褲給沃爾瑪專賣。[12]

創造顧客價值

SAP 公司發行新通路支援程式

德國 SAP 公司是世界著名的軟體公司之一，該公司新開發的程式稱為「SAP 周邊夥伴通路程式」（Partner-Edge Channel Program），它讓轉售商可以積極對中型客戶拓展銷售。該程式以最新科技透過電話與線上網路，使轉售商與 SAP 公司之間的合作更加方便。該程式一經推出即受轉售商的歡迎，SAP 的轉售商在銷售該套裝軟體時，不但可以接受該公司財務的獎勵，而且還可以享受一段長時間的加值活動。這些加值活動包括代為訓練技術人員、證書取得、顧客滿意度的紀錄、市場研究的完成等。這些方法就是想把 SAP 與其轉售商結合起來，而非只是雙方單純的買賣交易而已。以該項對最終使用者建立價值的策略性做法，SAP 與其轉售商在商品交易的著墨處不多，反而是在製造商與轉售商的層次上，以演練方式來完成軟體的應用居多。

評估通路替代方案

專賣式配銷
在一個區域市場裡，僅指定一家經銷商。

如圖 13-7 所示，通路替代方案的評估需對三個相關通路的領域進行分析：能力與成本、通路與其他行銷變數的相容性、可利用性。

通路的能力與成本

行銷從業者必須正確決定，要由誰在何種成本下執行不同的通路活動。建立行銷通路並不便宜，而且也難以修改。因此，廠商更要格外小心地評估每一個替代通路的能力和成本。

通路替代方案的評估，經常從能完成通路活動之廠商內部資源開始，然後再去檢討如何與中間商或全部通路成員配合的問題。

最近這幾年在旅遊市場上，航空公司和租車業者經由這種方式的評估，已大幅地調降了旅行社的佣金。藉著航空公司和租車業者的網站，也已廣泛地提供了旅遊資訊，透過旅行社代訂行程的需求現已大幅降低。基本上，顧客付給旅行社的額外費用，仍多於運輸業者付給旅行社的佣金報酬。在航空公司中，以捷藍（JetBlue）、西南、獨立（Independence）航空最為積極，並帶頭進行消除旅行社佣金的事宜。[13]

藉著通路能力和成本的分析，有時也會讓各公司互相結盟，以共同行銷產品。例如，百事可樂就搭配星巴克的星冰樂在雜貨店販售；醉爾思（Dreyer's）冰淇淋也搭配星巴克咖啡冰淇淋做銷售。同樣地，可口可樂也搭配法國 Groupe Danone SA 公司的愛維養礦泉水，而在美國銷售。[14]

隨著網路銷售的日漸普及，以網路為基礎的行銷從業者，彼此間的通路合作關係是十分平常的。有些網路行銷從業者發現，和網路行銷專家合作，比自己進入線上通路行銷產品更為有效。例如，亞馬遜網站係透過其國際性的亞馬遜網站協會計畫，提供服務給 600,000 家供應商做為銜接工具，並大量銷售各類型產品，包括從玩具、遊樂器到工具和設備。[15]

通路的相容性

通路替代方案必須與影響廠商之產品、訂價與行銷傳播等行銷變數相容。例如，產品之毀損性、消費者對價格之敏感性、銷售點促銷之性質等，皆會影響特定行銷通路的相容性。銷售點周圍環境對艾科（Ecko）公司的成功相當重要，該公司的核心市場是都會區裡愛好滑板和饒舌音樂的年輕消費者。該公司創辦人馬可·艾科（Mark Ecko）回憶，其主要競爭者 FUBU 開始賣商品給潘妮百貨公司和鞋櫃（Foot Locker）公司時，他就想建立一個與都

會區生活品味不同的品牌。因此，他要求能立即掌握離顧客 10 英尺方圓內的銷售周圍環境。艾科決定開設自己的商店，並聯合其他零售商共同建造一個銷售環境，這個環境與潘妮百貨和鞋櫃公司的標準型環境截然不同。艾科說：「不留戀於這些配銷商，是我做過事情中最聰明的做法。」[16]

產品考量　與產品有關的考量，則是產品期望的形象。以 Oshkosh B'Gosh 公司為例，該公司是一家童裝製造商，過去一直以高級百貨公司和精品店做為其零售配銷通路，並維持其高品質形象。當該公司打算將產品擴展到施樂百和潘妮等低階百貨公司時，想到了這樣的舉動可能會影響到形象，也將影響重視形象之高級百貨公司的銷售。

　　Oshkosh 公司希望以高利潤的新式斜紋棉布系列服裝，提供給高級百貨公司專賣，以避免發生破壞形象的問題。另外，該公司以差異化產品供應給兩種不同業態的零售顧客，試圖降低產品通路的不相容性。

訂價考量　訂價的策略與做法，也會影響行銷通路是否適當的問題。唱片業正面臨著 CD 音樂光碟產品流向通路商的訂價困境。傳統上，唱片是透過唱片行和類似沃爾瑪的一般折扣店，以及如上選公司的娛樂家電商來銷售。然而，CD 光碟片的標價對一般消費者而言似乎太高了，因而導致了上網下載各種音樂、互借拷貝片、在家翻錄或僅購買單曲唱片的情形與日俱增。許多業界的分析人員指出，音樂公司必須降低其製作成本，並取得如電子配銷這類較便宜的通路，才能避免年輕族群的繼續流失。[17]

行銷傳播考量　行銷傳播計畫和策略之相容性，也會決定不同通路的恰當性問題。例如，新力公司為了讓其所有的產品線能夠有更好的展現，在其獨立經銷商通路之外，還增加了芝加哥、紐約、舊金山等地的「新力展示館」和「新力風格館」等直營店做為輔助。此外，銳步（Reebok）公司在它的傳統零售通路外，也直接在大學和高中銷售其產品；而該公司採取這個行動，是為了能改善其在美國籃球運動員市場曝光率的不足，因該市場一直都為耐吉公司所掌控。

可利用性

　　評估通路替代方案的另一個重要議題，則是該通路在合理情況下的可利用性。對新公司而言，構建合適的行銷通路是相當困難的，且合適的通路也不易獲得，而想要的通路又經常太過於昂貴。

　　對於大型和強勢的銷售商之通路，其可利用性則較沒有問題。其實，對

資金雄厚的廠商而言,很容易就能買到配銷通路,美國最大的汽車零售商 AutoNation 亦為一例。 Republic Industries 公司因經營不善而賣掉汽車業務部門,而 AutoNation 即購買了它 370 個經銷處的絕大部分經銷權。[18]

某些公司透過行銷通路搭售其他產品。可口可樂即利用其通路搭配法國的愛維養礦泉水,在美國銷售。

決定通路結構

在圖 13-7 中,行銷通路管理的第四個階段是決定通路結構。在這個階段,主要是決定使用直接或間接通路、單一或多重通路,或垂直行銷系統中的其中一項。有些廠商混合了直接和間接通路,但大多數的廠商則使用多重通路,尤其是在要進入新市場的時候。

執行通路策略

行銷通路管理的前四個階段,均集中於規劃適當的通路策略和結構,接下來則是執行通路策略。然而在全面執行新的通路策略之前,還要進行一段時間的測試。其他的重要執行工作,包括設定預期績效及建構溝通網路。

進行一段時間的測試

測試結果可能顯示有改變通路策略的必要,或是目前策略有效而不需變動。 DVD 的業者利用一段時間測試,才相信增加通路是有益的。 DVD 業者增加通路的方式之一,是成功地與麥當勞結合,顧客可以在麥當勞速食店裡類似自動櫃員機的出租機器中,取得當前流行的影片。在其他例子裡,在一段時間的測試後,會讓公司相信要全力支持既有通路。例如,當既有的配銷商參

為了增強獨立經銷商網路,新力公司運用「新力風格館」來展示新產品。

與測試活動後，認為改變銷售地點是不妥時，特百惠（Tupperware）公司就決定停售廚房用具給標的公司。[20]

設立預期績效

當行銷通路成員更相互依賴時，設立預期績效就非單方面強加標準後交給對方而已了，而是共同參與決策的過程。昇陽（Sun Microsystems）公司利用一套 iForce Grow America Tour 程式幫助其轉售商確定預期績效的標準，該程式可以替昇陽公司銷售主管規劃到全國各城市，而與各轉售商一起合作開發商機。最近從轉售商傳回來的聲音，是要求昇陽公司大力支援轉售商的行銷工作，特別是希望昇陽公司的業務員協助轉售商業務員的銷售工作。[21]

若是缺乏績效標準的協議，那麼一些通路的安排可能會被誤認為是合適的。假如在設置通路之前不訂定績效標準，則評估通路績效將會變得相當地困難。

建構溝通網路

建立通路成員間的溝通網路，則是通路策略執行的另一個重要課題。精密的電腦和通訊科技，已大幅提升通路成員之間及時分享重要資訊、維護商譽，以及解決通路成員間共同利益問題的能力了。與通路成員溝通的重要性，可由 IBM 公司應用在電腦硬體、資料儲存、諮詢服務和軟體等市場的多重通路即見端倪。IBM 公司的通路夥伴（轉售商）對該公司的銷售貢獻約占三分之一，而 IBM 公司也撥出 6,400 名員工和每年 250 億美元的預算來支援其通路方案。這樣努力的結果，IBM 公司榮獲 *CRN* 雜誌頒獎「通路優勝賽」的第一名。[22]IBM 公司的轉售商，對於該公司在了解轉售商的需求與溝通的一致性，都給予高度的評價。

■ 評估通路績效

通路績效的評估是圖 13-7 中的最後一個領域，它會導致其他決策領域的變動。評估行銷通路需要注意到四個主要的領域：財務績效、與其他通路成員的工作關係、倫理與法規問題、未來的計畫。

財務的評估

剛開始的時候，通路成員可能願意屈就於財務運作績效的不佳，但一段時間後，就只剩有獲利的財務狀況方能維持通路關係。

關鍵思維

過去三個月，特德·魯卡斯（Ted Lucas）公司一直嘗試與汽車修護零件配銷商威廉供應（Williams Supply）公司建立商業關係。業主威廉已答應將購買一些特德公司的產品，但尚未簽約。在嘗試使威廉公司成為其批發商失敗後，特德公司就直接對威廉公司的客戶進行數次拜訪，並勸說他們向目前特德公司的經銷商進貨。而有幾家威廉公司的客戶也表示很願意這麼做，因為特德公司向他們保證，如果向其目前的經銷商進貨，將享有特別價格的優待。當威廉知道這件事後，很生氣地對特德公司說，他們將永遠不會有生意往來了。

- 特德公司在本案件裡使用了強迫權，這是合法的嗎？
- 假設特德公司想重新努力透過威廉公司銷售其零件，請問它下一步該如何做？

對此寶僑公司提供了一個範例。在多年來對雜貨零售商大筆的折扣和花錢的促銷後，該公司認為其行銷通路太過於昂貴了，於是開始大幅度地減少折扣及促銷活動，但此舉卻激怒了一些寶僑公司的零售商客戶。有些分析師認為，該公司是故意將其部分的配銷，由雜貨店轉移至實施每日低價政策而受歡迎的折扣店中。

工作關係的評估

有三個相關概念，即權力、衝突、和合作，對評估通路成員的工作關係相當地重要。廠商可能以各種方法獲取權力，並利用其來增強在行銷通路上的地位。通路成員之間發生衝突是很自然的事，有時它具有建設性，然而一旦失控，也可能有毀滅性的影響。當權力開始運作時，衝突也將隨之而來，此時通路成員會發現，若想要生存與繁榮，那麼合作就是有其必要的。

通路權力　通路成員可從許多方面獲得**通路權力**（channel power）。[23] 像家居貨棧公司這種大型的零售商，在美國擁有 1,400 家以上銷售其產品的零售店。由於有分布廣闊的配銷網及龐大的採購量，該公司在向供應商進貨時，就擁有**獎賞權力**（reward power）。獎賞權力包括製造商給予某批發商的專賣經銷權，或對某績優客戶提供特別的信用條件或寬鬆的退貨政策。

另一種權力的形式是**合法權力**（legitimate power），是透過所有權或契約協定而來的。例如，假日飯店藉著契約協定，對其加盟店擁有某種合法權力。而 Polo 公司則透過自己的零售店，來掌控其通路成員。

由專業和知識累積而形成的權力稱為**專業權力**（expert power）。大型零售商利用銷售點掃描器來判斷產品移動、價格敏感性及促銷有效性，從而獲得大量資訊的專業權力。零售商比製造商更了解產品在市場的情況，而大型的零售商擁有這種專業權力，使其在與供應商談判時能居於有利的位置。

某一通路成員希望與另一通路成員攀上關係的權力，則稱為**參考權力**（referent power）。例如，某珠寶店希望能成為勞力士錶的專賣經銷商，因該珠寶店是想藉著勞力士錶而成為一具有參考權力地位的零售店。

強迫權力（coercive power）是有時會存在通路關係中的另一種權力形式。例如，製造商威脅配銷商除非立即付款，否則將終止與其信用關係，此即強迫權力的例證。強迫權力有時也會被濫用或非法使用，例如，配銷商強迫製造商切斷與其競爭之配銷商的關係，便違反了美國聯邦反托拉斯法，而這種妨礙商業發展的行為即可能被判違法。另一案例則涉及了可口可樂和其設在墨西哥的瓶裝廠，當地的反托拉斯委員會發現該公司濫用其市場權力，

通路權力
行銷通路的成員用以增進其地位的方法，包括獎賞權力、合法權力、專業權力和參考權力。

獎賞權力
行銷通路成員的一種權力，可給予另一成員專賣經銷權、特別信用條件或其他獎賞。

合法權力
一行銷通路成員擁有透過所有權或契約協定的權力。

專業權力
行銷通路的一成員由專業和知識累積而形成的權力。例如，大型零售商利用銷售點掃描器判斷產品移動、價格敏感性及促銷有效性，以獲得大量資訊的專業權力。

參考權力
一行銷通路成員擁有其他成員想與其發生關聯的權力。

強迫權力
一行銷通路成員擁有壓迫其他成員從事某項工作的權力。例如，一製造商威脅配銷商除非立即付款，或者終止與其信用關係。

由於在行銷上的專業累積，有些公司已建立起通路領導者的地位。鞋櫃公司在運動鞋市場上已是通路領導者。

因此，可口可樂公司被命令暫停某些行銷及販售活動；而其違法事件包括非法禁止小型獨立的零售商銷售其競爭對手的產品。[24]

所有通路成員都必須發展出擁有某種權力方能生存。有些建立足夠的權力而成為**通路領導者**（channel leader），亦即擁有足夠的權力來控制其他的通路成員。目前美國通路領導者有沃爾瑪、克羅格、奇異電氣和鞋櫃等公司。鞋櫃公司現有 3,600 家零售店，未來一年將計畫再開設 1,000 家零售店；鞋櫃公司就是利用其經濟規模優勢，而與耐吉和銳步公司談判，要求以較其競爭廠商更早、更低的價格來獲得最熱門的產品。大型的成功企業可經由掌控經濟資產和資源，而獲得購買權力和銷售權力；但小型公司也可藉著發展知識與專業能力，以取得專業權力。在這之前，鞋櫃公司也是藉著整合運動鞋類、服飾及其他物品優於其競爭者，而建立其權力基礎。

通路領導者
一通路成員擁有足夠的權力來控制其他的通路成員。

通路衝突　通路成員之間的衝突是不可避免的。**通路衝突**（channel conflict）可能是溝通不良、通路上的權力鬥爭或目標不相容所造成。例如，有一些服飾製造商與百貨公司因訂價和降價問題，雙方都捲入嚴重的衝突。多少年來，有一些供應商向零售商保證，在零售商降價期間的利潤率會維持不變；但現在這些供應商卻說他們是被迫做如此的保證，否則這些零售商就不向其進貨了。但有些供應商如妮可·米勒（Nicole Miller）公司，就明確拒絕與有這樣要求的零售商交易。其他一些零售商則聲稱他們受到威脅，若不符合其要求就會被停止生意往來。這些衝突事件演變成對簿公堂的局面，美國安全交易委員會正在調查降價的做法，對零售商聲稱的利潤所造成之影響。[25] 圖 13-8 提供了一些平常會發生在通路的衝突案例。

通路衝突
通路成員之間可能因溝通不良、權力鬥爭或目標不相容所造成的衝突。

在有獲利才能生存的競爭市場環境裡，通路衝突是普遍存在的。但重要的是，要共同合作解決衝突，以避免無知的歧見耗盡通路成員的資源。

通路合作　**通路合作**（channel cooperation）有助於降低衝突的發生，和解決已產生的衝突。

通路合作
在行銷通路成員之間的合作精神，可以減少或解決衝突。

假定通路成員在建立商業關係之前或早期，對彼此之間的功能角色及績效標準皆已有共識，那麼通路成員間的合作就很容易了。當通路成員對這些

圖 13-8		通路衝突案例	
受害者	衝突對象	原因	結果
Tommy Hilfiger 公司	沃爾瑪商店	沃爾瑪商店銷售 Hilfiger 公司的仿冒服飾	聯邦法院判決沃爾瑪商店罰鍰，並勒令停止該行為
拜耳藥廠	Rite Aid 藥店	未經授權任意降低金額	拜耳藥廠的利潤受損
汽車經銷商	通用汽車公司	挪用經銷商的錢以進行全國性廣告活動	控告通用汽車公司
音樂配銷商	音樂零售商	銷售二手 CD、減少新 CD 的銷售、剝奪藝術家的版稅收入	新力、華納音樂等公司，對銷售二手 CD 零售商暫停合作性廣告折讓

績效標準看法不能一致時，衝突可能就要以通路權力的大小來解決。但衝突若僅靠權力來解決，則將永遠不會平靜，尤其是失敗的一方取得優勢時，更會如此。本書一再提出，有愈來愈多的公司在追求合作與建立關係，並將其當成是確保長期市場優勢之良方。

倫理和法規問題

　　行銷通路的管理也必須注意倫理和法規的問題。圖 13-9 中有些例子可用來說明，其中的一些通路衝突顯然是涉及倫理和法規的問題。另外，聽起來似乎也很奇怪，通路成員間的過度合作也可能會有問題，尤其是通路成員的協議會違反本書第 2 章提及的影響市場秩序的主要法規。通路成員之間的合作方案有機會帶給社會益處，同時帶來更多的生意。有這麼一個方案的範例，請參閱「倫理行動：緬因湯姆公司在大眾行銷上融合了理想的價值」。

　　在行銷通路裡的行銷活動，可能隱藏著不少的法規問題。而在眾多的國際、聯邦、州及地方等相關法規裡，也有不少是涉及通路的訂價、產品可靠

圖 13-9	行銷通路的倫理和法規問題
情況	倫理／法規問題
大型零售商威脅供應商答應不合理的低價，否則終止採購。	不正當使用強制權（違背倫理）
有影響力的消費性產品生產者強行規定產品的展出方式，無視於小商店的空間限制。	不正當使用強制權（違背倫理）
大型批發商要求供應商將男性銷售代表更換為女性，因為代理商不喜歡與男性代表進行交易。	不正當使用強制權（違背倫理，可能違法）
不顧一切與新加盟者簽約，加盟業主的業務代表漠視加盟店的財務風險。	詐欺性傳播（違背倫理，可能違法）
批發商要求供應商對其競爭批發商停止銷售，而供應商同意其要求。	通路成員過度合作（違法）
兩家製造商同意不售貨給某批發商，以打擊該批發商的生意。	通路成員過度合作（違法）
業務員基於友誼關係，同意給某零售商的售價低於其競爭對手。	通路成員過度合作（違法）

性、廣告真實性等案例。在此，我們將討論的重點放在影響通路結構和買賣雙方活動的法律環境上。

生產商希望透過通路協議，以確保其產品能獲得批發商或零售商在市場上的大力支持。有些生產商希望能設立**專賣轄區**（exclusive territories），在該轄區內，沒有其他轉售商可以銷售同樣品牌的產品。有些生產者則採**專賣經銷合約**（exclusive dealing agreements）的方式，來限制轉售商銷售競爭者的產品。

此外，另一種可能性就是以**搭售合約**（tying contracts）方式，要求轉售商購買一些不想買的產品。例如，影印機製造商規定影印機要使用原廠墨水匣才能列入業績，因此要求顧客購買其墨水匣。

除非有違背競爭的效果或出現壟斷的情形，而且該合約有嚴重危害競爭及違反聯邦或州的反托拉斯法，否則專賣轄區、專賣經銷合約及搭售合約都屬合法的。

未來的考量

評估通路績效的最後要件，就是著眼未來。基本上，廠商必須回答一個重要問題：此通路未來的預期績效如何？因為當行銷從業者追求長期目標時，會做必要的改變，因此該問題的答案即具有深遠的影響意義。

當我們看到電子商務裡的消費者和商機時，就知道顧客有時是改變通路的原動力。此外，通路亦隨著成員間的分工關係或是公司的財務狀況之變化而轉變。例如，糖果製造商賀喜食品公司，對其某些品牌的報酬率深表不滿，因為該公司的前三名品牌只占其銷售額的 35%，但主要競爭廠商 Mars

---

專賣轄區
行銷通路在生產者與轉售商之間的一種安排，在該轄區內禁止其他轉售商可以銷售某特定品牌的產品。

專賣經銷合約
行銷通路在生產者與轉售商之間的一種安排，限制轉售商銷售競爭者的產品。

搭售合約
一種行銷通路的安排，要求轉售商購買其他不想買的產品。

倫理行動

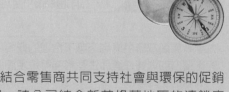

緬因湯姆公司在大眾行銷上融合了理想的價值

緬因湯姆（Tom's of Maine）公司是天然牙膏及其他天然商品的製造商，它的產品無論是在小型連鎖店如 Wild Oats，大型連鎖店如沃爾瑪、Rite Aid 商店裡的銷售都非常好。湯姆公司從創立以來，不僅採取簡單明快的行銷方法，而且是以倫理方法來做生意。該公司捐贈其稅前盈餘的 10% 做公益，並對其員工付出比同業水準高 15% 的工資。

湯姆公司贊助一項名為「共同做善事的夥伴」方案，用以結合零售商共同支持社會與環保的促銷方案。例如，該公司結合新英格蘭地區的連鎖店 Brooks 藥房，雙方以合作方式捐贈款項，贊助牙齒醫療方式來改善兒童的口腔健康。當湯姆公司在 Brooks 藥房的營收增長一倍時，該公司就達成其關懷社區的目標了。湯姆公司明白地展示其倫理的做法，不但對其生意有幫助，對客戶的生意也有所幫助。

公司的前三名品牌卻占銷售額的 67%。因此，賀喜公司重新評估其所有的行銷作業，甚至透過原先較不重要的通路，而在便利商店積極進行銷售。26

改變行銷通路是一件大事，假如公司有足夠的自信，認為目前的通路相當有效，那就不需要改變。但在目前消費者偏好正在改變、劇烈的競爭及資訊科技的創新等環境之特徵下，預料未來將會有更多的公司改變其通路。

摘要

1. 解釋行銷通路的功能和主要活動。行銷通路有時又稱配銷通路，它是一種組織的結合，對產品的生產者與使用者進行必要的銜接活動，以達成特定的行銷目標。行銷通路的主要目的是讓廠商在適當的時間，生產適當的產品，以符合顧客的需要，而達成有利潤的銷售量。

2. 探討行銷通路中間商的角色。中間商提供主要的行銷功能。而要在經濟體制下生存，中間商必須比其他的通路成員執行得更有效率。

3. 辨別直接和間接行銷通路。直接行銷通路是將產品不經過中間商，直接從生產商賣給最終使用者。間接通路則是指產品到達其最終目的地之前，最少利用了一個中間商。雖然直接通路的成長迅速，但大部分的產品都透過間接通路到最終使用者手中。

4. 說明某些廠商如何成功地使用多重通路。當市場逐漸變得專業化，許多廠商尋求產品銷售到國際市場的時候，多重通路的使用就跟著成長了。本章也舉出了幾個使用多重通路的公司的例子。

5. 檢視行銷通路決策如何與其他主要行銷決策變數發生關聯。行銷通路策略和目標，必須以廠商的整體行銷策略和目標為基礎。擬定行銷通路之後，不同的通路選擇方案，要以能力、成本及可利用性加以評估。

6. 了解權力、衝突和合作如何影響行銷通路的運作。通路成員在經濟力量或市場知識的基礎下得到權力。而在某些情況下，權力可能被濫用，因而導致通路成員之間的衝突。衝突又可能是溝通不良或通路成員之間的目標不相容所致，故通路成員之間愈來愈需要合作，以解決衝突並以追求共同的利益為目標。

7. 列出在行銷通路運作上會遭遇的倫理和法規之問題。不合理地使用權力會發生倫理問題。例如，大廠商持續向一家小供應商採購時，可能強迫此供應商答應不合理的低價。

   假如通路成員之間過度合作，而對競爭對手採取不合理的限制時，則可能屬於違法。若通路成員之間為了減少競爭而訂定某些協議，就可能觸犯反托拉斯法。專賣轄區、專賣經銷合約和搭售合約也可能是非法的通路合約。

習題

1. 行銷通路執行主要的活動有哪些？

2. 直接通路與間接通路有何不同？中間商對行銷通路有何貢獻？

3. 請解釋向前整合與向後整合的意義。

4. 在加盟系統裡，加盟者與加盟業主如何合作？

5. 請回顧「創造顧客價值：SAP 公司發行新通路支援程式」一文，舉出短文裡有哪些特別的地方，可用於印證 SAP 公司是使用哪一種權力支援其經銷商？

6. 請比較密集式配銷、專賣式配銷和選擇式配銷之市場涵蓋程度的差異，並請各舉一例說明。

7. 通路必須與行銷組合的其他要素相容，請舉例說明通路與產品、訂價和行銷傳播之間的相容性關係。

8. 通路成員如何在相關的其他通路成員基礎下建立其權力？

9. 請回顧「倫理行動：緬因湯姆公司在大眾行銷上融合了理想的價值」一文，對企業而言，通路成員之間如何盡到社會責任？

10. 不良的溝通、濫用權力，以及在通路成員之間過度的合作，將會發生怎樣的倫理與法規問題？

行銷技巧的應用

1. 請比較消費者到下列不同通路和住家對面的雜貨店購買商品的優劣點：

商品	不同的通路
柑橘	傳統的菜市場
牛排	專門肉類市場
牛乳	宅配到家
爆米花	電影院
瓶裝飲料	自動販賣機

2. 假設你擁有洋基棒球場的特許權，你正決定是否向當地配銷商購買從台灣進口的飲料杯，或直接向製造商購買。請問你要考慮哪些因素，以及哪些特別的資訊？

3. 貝絲・諾曼（Beth Norman）是一家商業用空調系統製造廠的銷售代表。她目前在達拉斯地區透過由三家配銷商銷售其產品，這些經銷商都是專做建造房屋的承包商生意。其中一家配銷商 Maverick 公司在過去半年的銷售成績相當差。經調查發現，該配銷商從貝絲公司的主要競爭對手之一大量進貨。請問貝絲該如何應用本章所論述的五種權力，重新贏得 Maverick 公司的青睞。

網際網路在行銷上的應用

活動一

如本章引言的敘述，Timbuk2 公司基本上是透過專賣店如 Apple 零售店和 Eastern Mountain Sports（EMS），以及線上零售商如 ebags（www.ebags.com）和 onlineshoes（www.onlineshoes.com）銷售產品。請比較線上零售商與 Timbuk2 的網站（www.timbuk2.com）後回答下列問題：

1. 你認為線上零售商的營運方式與形象與 Timbuk2 公司的品牌形象相容嗎？請說明原因。

2. 請比較該兩家線上零售商。哪家網站會提供給 Timbuk2 顧客更佳的購物體驗？這兩家網站如何改善用以提升 Timebuk2 產品的特色？

3. 請檢視 Timbuk2 公司的網頁後，列述該公司如何透過行銷傳播、贊助事件，以便對 Timbuk2 品牌產生良好的公共報導。你可以點選這些報導與事件，以便與網頁銜接來回答這些問題。

活動二

請上 Rite Aid 公司網站 www.riteaid.com。做為主要的藥局連鎖店，Rite Aid 公司擁有上百家的供應商支援。請點選該公司網頁上方的「Our Company」，再進入「Supplier Portal」。現在請回答下列問題：

1. 你能發現 Rite Aid 公司成為通路領導者的原因嗎？該公司應用什麼通路權力（獎賞、合法、專業、參考和強迫）與其供應商交往？
2. 該公司選擇供應商的原則是什麼？這些原則如何提升該公司的零售顧客價值？
3. 對該公司的供應商而言，為何擁有將產品運送到 Rite Aid 公司的流程管理技術能力很重要？

行銷決策

個案 13-1　CarMax 將大力改革二手車的通路嗎？

在汽車產業裡，消費者的不滿情緒正醞釀著一股大變動的力量。消費者在享受新款汽車的同時，卻又對購車的經歷痛恨無比，尤其在二手車市場更是如此，低劣的銷售手段被人當成笑話，而經銷商更成為電影裡被嘲弄的對象。但走進由電子巨人電路城（Circuit City）公司所創立的 CarMax，那種感覺就截然不同了。

與大多數二手車經銷商相較，CarMax 公司提供了大量存貨、悅目的展示間、飲食區、兒童遊戲區，沒有緊迫釘人的銷售員及不二價的訂價。顧客可以利用擺放在電腦架上的電腦尋找合適的車輛，以及享有該公司所提出，購買後五天內或駕駛 500 英里以內的不滿意包退貨保證。

消費者逐漸轉移到網際網路購置新車及二手車時，加盟法的公布，讓汽車製造商無法直接將車輛銷售給消費者，因此主要的汽車製造商也建置了網站，再透過經銷商以方便銷售新車。另外一群線上汽車公司，如微軟公司的 Auto 已變成是這個市場的大經銷商了。

二手車銷售者也感受到來自新車經銷商的競爭壓力，正以慷慨大方的租車交易條件，以吸引一些傳統上購買二手車的客戶。而這些租車交易市場也擁有龐大數量款式新穎的車輛，更是價格下跌的催化劑。

在二手車市場中，CarMax 是第一家看到有新行銷通路機會出現的公司。該公司認為，消費者會從網際網路或其他場所如超商、購物中心和購物型錄等，得到美好的購物體驗。最近幾年在大眾化市場，從家電用品到旅遊專案的銷售價格都在下降，而消費者一邊要求價格的降低，另一邊又期望有更多的選擇和服務。換言之，他們發現能夠在類似諾得史脫姆（Nordstrom）百貨公司或亞馬遜網站，以合理價格買到他們想要的商品。汽車工業分析家則相信，這些消費者未來將左右二手車的行銷通路。

CarMax 公司引起了不少的注意，有許多人完成了交易。一些地區性的二手車經銷商利用 CarMax 不還價的政策，而以減價方式和改善其服務態度來對付 CarMax 的競爭。分析家預測，CarMax 公司未來會有更多的直營店，而他們也希望該公司能比其他經銷商更具有價格競爭力。CarMax 公司正在準備迎接未來的成長，其主管興

奮地指出,該公司有 93% 的顧客表示會再介紹其朋友前來購車。

問題

1. 市場的什麼情況造就了 CarMax 公司的誕生?

2. CarMax 公司企圖在二手車市場上成為一家受歡迎的零售店,其最大的威脅是什麼?該如何克服?

3. 一些地區性獨立經營的二手車經銷商,對 CarMax 公司和其他二手車通路有何因應對策?

個案 13-2 卡特彼勒公司的通路遍布全球

卡特彼勒(Caterpillar)公司在建築工程與探勘設備業界的聲譽,享有無與倫比的地位。最近這幾年,面對強敵日本日立、小松(Komatsu)公司的競爭一點也不退縮,銷售依然火紅,主要原因來自與 200 個國家的經銷商密切的合作關係。這與該公司的全球商業行為規則(Code of World-wide Business Conduct)裡,宣稱要與經銷商建立密切及長期關係的做法一致。

對卡特彼勒公司的顧客而言,把及時獲得零件供應和得到服務視為大事,而經銷商在售後服務方面所擔任的角色,顯然是有加分作用的。卡特彼勒公司的經銷商平常都儲存 40,000 到 50,000 件的零件,並且在倉庫、卡車車隊、服務場所、訓練有素的技術員工,以及服務設施上都投入了龐大的資金,而它們之間有很多是提供全天候的服務。

卡特彼勒公司以幾種方式支援其經銷商。雖該公司拒絕對最終使用者直接銷售,但有三個例外:前社會主義國家的新興開放市場、原廠設備製造商和美國政府。雖然如此,但經銷商仍然對這些客戶提供大部分的售後服務與支援。

卡特彼勒公司也對其經銷商提供購置設備的融資、存貨管理、設備管理和維護方案等支援。

此外,該公司還提供經銷商品質管理、品質持續改善、各種不同主題的訓練課程和當地行銷方案等的支援。

該公司也鼓勵其經銷商設立以 Caterpillar 品牌為主的租賃店,以減輕經銷商存貨積壓成本的負擔。雖然此舉會損害該公司短期的收益,但卻能強化經銷商的競爭能力,就長期而言,該公司從這些做法上也將可獲益。卡特彼勒公司的經銷商在各地的分支機構超過 1,400 家,並且有 600 多家的租賃店,該公司在其網站上也特別標示了它在世界各地經銷商的服務地點,並可經由網路店面推薦訪客到其租賃店。

卡特彼勒公司在行銷通路的另一項重要項目則是全面性的傳播方案。為了有效溝通,該公司絕對需要與經銷商之間相互的信任,由於彼此之間資訊的來往,牽涉到有關財務狀況及策略計畫的敏感性,所以信任是有其必要的。在溝通上,科技也扮演了很重要的角色,經銷商的員工,可上網隨時擷取更新的資料庫有關服務、銷售預測和顧客滿意度調查等資訊。

藉著人員互訪與定期性的接觸,也得以增強經銷商與該公司各層級人員的溝通。該公司高階主管與主要的經銷商在每年的地區性年會上,會

互相討論各產品線的銷售目標,以及達成該目標的必要作業。

　　卡特彼勒公司的管理階層坦白地指出,他們與經銷商的關係並非完美無缺。例如,在訂價政策及經銷商的服務轄區之界限上,亦曾出現許多爭端。但當衝突產生,因卡特彼勒公司與經銷商之間的相互尊重,所以用協調方式加以解決的機會則是相當高的。而將經銷商當做其事業夥伴,也增強了卡特彼勒公司在其業界的領導地位,並助其邁向未來的成功。卡特彼勒公司的經銷網是它四個主要競爭對手的兩倍,而它與主要勁敵小松公司的市占率的差距也持續地拉大。在艱難的時刻裡,對資本的持續投資,也使卡特彼勒公司與其經銷網將在重機械設備業界邁開大步。

問題

1. 卡特彼勒公司利用經銷網而不直接銷售給設備的使用者,請問其優點何在?

2. 卡特彼勒公司直接銷售最終使用者的三個例外是:前社會主義國家的新興開放市場、原廠設備製造商和美國政府。為何該公司要對這些對象直接銷售?當其經銷商對此表達不滿時,卡特彼勒公司又將如何減緩這些衝突的產生?

3. 卡特彼勒公司與其經銷商發展出夥伴的關係如何做出貢獻?經銷商對此關係又做出了如何的貢獻?

零售業 *Retailing*

Chapter 14

學習目標

研讀本章後，你應該能夠

1 　了解零售業的經濟重要性，以及其在行銷通路上的角色。

2 　提出零售業全球化的證據。

3 　討論零售業科技進步的情形。

4 　解釋無店鋪零售業成長的原因。

5 　敘述零售行銷環境的主要因素，並了解其與零售策略的關係。

6 　提出零售商面臨的重要倫理和法規議題。

上
選

上選（Best Buy）公司是全美國最大的電子用品銷售者，很多零售分析家相信該公司執行了所有零售商應該做的事情：專注於某一類顧客，忽略其他的顧客。上選公司對其所選擇的顧客可謂卯足全力，藉著滿足這些顧客的需求與偏好來創造更多的價值。若該公司所忽略的顧客前來惠顧，上選公司仍至為歡迎。

依照這個邏輯，上選公司推行了一項以顧客為中心的策略，從而判斷顧客是屬於「天使」或是「魔鬼」。天使是上選公司盈利的主要來源，他們通常會以全價購買高獲利的產品。魔鬼就是廉價品的獵取者，除了會經常退回商品外，還會占用客服人員的大部分時間。這一群人對上選公司毫無利益，該公司並不嘗試以降價的促銷方式鼓勵他們前來購物，甚至還對他們採取嚴格限制退還商品的政策。

上選公司相信五種群體是他們所期望的天使：高所得男性、小企業業主、住在郊區的媽媽、科技狂、年輕居家型男性。該公司的策略是，每一家分店要去分析其當地的市場，然後鎖定這五種群體裡的兩種。以此方式在 85 家分店的測試結果發現，平均每一家店的銷售大於前一年的 8%；而沒有實施這種區隔的商店，全部業績加起來才增加 2% 而已。於是乎上選公司現在就決定，2008 年所有分店全部實施以顧客為中心的策略。

受到這項以顧客為中心的新策略鼓舞，上選公司宣布一項雄心勃勃的成長計畫。它預定在美國的商店數量從 673 家，擴增到 1,000 家；在加拿大的「未來商店」（Future Shop）則從 145 家增加到 200 家。它也計畫另設立一個稱之「奇客小組」（Geek Squad）的全國連鎖店；而在中國則著眼於未來的擴張，計畫成立「實驗商店」（lab stores）。上選公司在專注顧客的努力勝過其他的電子零售商，它促使所有行業的零售商要正視競爭的問題。

零售業
包括了對最終消費者銷售產品和服務的所有活動。零售商包括獨立零售商、連鎖店、加盟店、租賃專櫃、合作社，以及各種非店鋪的零售商。

零賣
對最終消費者銷售，而與批售相反。要被歸類為零售商，則廠商的零售收入必須等於或超過其總收入的一半以上。

批售
對從事商品和服務轉售的企業，或對自行使用的企業進行銷售（與零賣相反）。

服務業零售商
從租賃業務到電影院、旅館和汽車保養場等所有的零售商。

零售業（retailing）在許多行銷通路中均占有重要地位，它包括了對最終消費者銷售產品和服務的所有活動。本章將說明零售業對美國經濟的重要性，也探討零售商在通路中的運作，並列舉不同型態的零售商。此外，也將討論零售業裡的幾個趨勢：全球化、科技進步、重視顧客服務，以及無店鋪零售。我們也要探索在零售環境中可控制與不可控制的因素，廠商必須對其不斷地加以監控和調適，以確保零售策略的成功。最後，我們將檢視零售業一些重要的倫理與法規問題。

14-1 零售業的角色

零售業擔任著將產品及服務直接供應給最終消費者的角色。從銷售的主要來源區分，零售商和批發商是不同的。**零賣**（retail sales）是對最終消費者銷售；**批售**（wholesale sales）則是對從事商品和服務轉售的企業，或對自行使用的企業進行銷售。若要被歸類為零售商，廠商的零售收入必須等於或超過其總收入的一半以上；若零售收入不足總收入一半以上的廠商，則被歸類為批發商。沃爾瑪商店就是依據這樣的規定，將其隸屬的山姆批發俱樂部（Sam's Wholesale Club）更名為山姆俱樂部（Sam's Club），因其在某些州的營業收入，零售占了銷售額的一半以上，而被迫將其批發（wholesale）的名稱從店名中移除。

經濟上的重要性

零售業是經濟的一股主力。在美國約有 300 萬家的零售商，雇用了約占美國總勞動力的十分之一，共計 1,400 萬名的員工。零售商每年營收達到驚人的 2.5 兆美元，而這個數字可換算為美國每位男性、女性和小孩的零售支出約 9,100 美元。[1] 美國的主要零售商名單如圖 14-1 所示。

零售業也包括了各種不同的**服務業零售商**（service retailers）。服務業零售商如乾洗店、照片沖洗店、皮鞋修理店、

圖 14-1 主要的零售商			
公司	銷售 （百萬美元）	利潤 （百萬美元）	員工數
1. 沃爾瑪	288,189	10,267	1,600,000
2. 家居貨棧	73,094	5,001	325,000
3. 克羅格	56,434	(128)	290,000
4. 標的	49,934	3,198	300,000
5. 好市多	48,107	882	82,150
6. 艾伯森（Albertson's）	40,052	444	241,000
7. 華格林	37,508	1,360	140,000
8. 勞氏	36,464	2,176	139,678
9. 施樂百	36,099	(507)	247,000
10. 喜互惠（Safeway）	35,823	560	191,000

銀行、健身俱樂部、電影院、遊樂場、租賃業務（含汽車、家具、器具、錄影帶等）、觀光勝地、旅館和餐廳、汽車保養廠，以及一些保健服務業者等。消費者在服務性的開支，帶動了消費支出成長率的提升，而其花費金額超過了在產品支出的好幾倍。

■ 零售商在行銷通路上的獨特性

顧客向零售商的交易是數量小而次數多，而零售商提供的產品分類，也與其他行銷通路的成員不同。對大多數的零售業而言，一個舒適清爽的購物環境，是比其他通路層次要來得重要；為了創造愉快的購物環境則必須增加成本，從而提高了產品的價格。

銷售數量小而次數多

零售商提供的產品大小是方便且適於家庭消費的。由於大部分的消費者均缺乏儲藏空間與資金，以致於無法持有大量的存貨，因此其購買量小而次數頻繁。例如，一般便利商店的每次交易只有幾塊錢，而每星期的交易則有數千筆之多。

提供產品分類

零售商將各種產品和服務集合分類後再予以出售。假如零售商不這樣做，那麼顧客就必須到麵包店買麵包、到肉鋪買肉、到奶品店買牛奶、到五金行買燈泡；而一趟購物時間可能就要花上好幾個小時才能完成，所以零售商將產品和服務分類，以方便消費者一次購齊各種產品和服務。一般超級市場大約會出售由 500 家以上不同製造商所製造 15,000 多種項目的商品。

從顧客角度將項目分類，以便可以合理地相互替代，稱之為**品類**（category）。折扣零售店提供了完整的分門別類，以顧客的角度而言，其掌控了品類，稱之為**品類影響者**（category killer）。這些零售商包括玩具反斗城、家居貨棧公司和電路城公司等，因為這些品類影響者掌控了商品品類，所以它們可以與供應者談判，以得到極佳的價格，並確保可靠的供貨來源。

在今天的零售環境裡可發現，無數的零售商正在實施分類的試驗，以試圖得到正確的組合來吸引消費者。例如，標的公司和柯爾（Kohl's）公司採用設計師設計的服飾做為號召，慫恿顧客不需再到百貨公司和服飾店去購買類似的產品。標的公司增加了 Mossimo 的衣服，而柯爾公司則以 Nine West 和 Liz Claiborne 品牌進入設計師利基市場。標的公司和柯爾公司趁著消費者對百

■ **品類**
從顧客角度將項目分類，以便合理地相互替代。

■ **品類影響者**
折扣零售店提供了完整的分門別類，以顧客的角度而言，其掌控了品類，從而可與供應者談判，以得到極佳的價格，並確保可靠的供貨來源。

貨公司的分類厭煩之際擴增業務,而許多傳統的商店也專心以其私有標籤,並隨同主要設計師的產品線,如 Polo 和 Tommy Hilfiger 品牌之服飾等一起出售。[2] 在耐用品品類中,沃爾瑪商店和家居貨棧公司現在也出售主要的家庭用品,而電路城公司亦復如此。沃爾瑪商店更延伸其分類,在某些經過挑選的地點出售汽車。[3]

強調氣氛

氣氛

指零售商有關建築物、布置、色彩規劃、聲音和室溫的監控、特別活動、價格、展示等用來吸引和刺激顧客的因素組合。

氣氛(atmospherics)是指零售商結合商店建築、布置、色彩規劃、音響和溫度控制、特別活動、價格、展示及其他因素,以吸引及刺激消費者。零售商花費巨資以營造零售氣氛,用來提高其產品和服務的形象以利銷售。耐吉城(NikeTown)、好萊塢星球(Planet Hollywood)、F. A. O. Schwartz 和 Express 等,都是利用購物氣氛的零售業先驅。然而,耐吉城和好萊塢星球從經驗中也學到,改變氣氛讓顧客回流是相當重要的事。從好萊塢星球下降的來客率顯示,不論消費者第一次前來對環境產生多大的興趣,他們可能將其視為一間博物館,會說「好極了,真的不錯,我還會再來,但現在我們將往哪兒去?」

氣氛是零售業的一個重要部分。明尼蘇達州首府明尼亞波利斯附近的美國購物中心,就營造出各種不同的氣氛,以吸引及刺激消費者購物。

為了讓消費者加深印象,零售商正在設法與購物者一起參與活動,亦即嘗試讓其購物留下一個值得回憶的經驗,或享受購物娛樂(shoppertainment)。例如,全天然食品連鎖店 Whole 公司,嘗試將消費者的購物行為變成是一種有趣而互動的體驗。該公司零售店的擺設,是以食品堆疊方式呈現在顧客面前,其中有不少是邀請顧客一起參與擺設的。該公司位於德州奧斯汀的零售旗艦店,顧客可以在糖果島上,將新鮮水果蘸著巧克力噴泉享用;在該旗艦店的第五街海鮮部,顧客可以與廚師閒聊,而廚師就在眾目睽睽下烹調 150 種不同菜色的海鮮。在 Whole 公司的店鋪裡,音樂、燈光和氣味所營造出讓顧客徘徊流連的氣氛,而心甘情願地掏出錢來購買。[4] Disk's 運動用品公司和 REI 公司在其零售店前設立攀岩壁,藉以創造有趣的購物氣氛。許多零售商致力營造愉快的氣氛與購物體驗,對零售商來說,消費者無疑是扮演著重要的角色。

在購物氣氛上最著名且曾上過報紙頭條新聞的,

則是位於明尼蘇達州首府明尼亞波利斯近郊的美國購物中心（The Mall of America）。該中心有一座兩層樓高的迷你高爾夫球場、一間走道長 300 英尺的水族館、遊樂館（內有 30 個以上的遊樂設施）、一個擁有 20 英尺高恐龍模型的樂高想像中心（Lego Imagination Center）。這些特色都為顧客創造了一種美妙的氣氛，購物者可以在 420 萬平方英尺的建築物裡閒逛，而零售購物空間就有 250 萬平方英尺。該購物中心每年吸引了 4,200 萬的人潮，超過迪士尼樂園和大峽谷參觀人數的總和。[5]

營造購物氣氛雖然昂貴，但可為零售商帶來豐碩的利益，因為氣氛可以鼓勵多數消費者走進零售店。事實上，有些零售商也嘗試讓其商店成為購物者的「目的地」，並成為購物者魂牽夢縈的地方。氣氛也可以讓購物者每次在商店停留的時間延長，並且可提高每次的消費額；好的氣氛常可讓零售商提高售價，我們試著比較傳統百貨公司或專賣精品店的氣氛，與折扣店不同的地方，就可知其端倪了。

14-2 零售商型態

零售商可依其出售商品和服務的類別、地點、策略、所有權等，來加以分類。而我們也可按不同的所有權類別，來檢視數種不同的零售商型態。

有些重要性的零售企業如軍方福利社、公用事業用品店等，並不列入私人企業。而在私人的部門中，有以下幾種主要的零售所有權類型：獨立零售商、連鎖店、加盟店、租賃專櫃、合作社。

■ 獨立零售商

獨立零售商（independent retailers）是指僅擁有並只經營一家的零售店。獨立零售商約占所有零售商的四分之三以上，由此可見得美國人想擁有和經營自己企業的願望程度，並可知進入零售業是沒有障礙的。想擁有一家零售店並不需要什麼教育程度，也不必有特殊的訓練，且沒有法規限制。但因進入容易所以往往因準備不夠，致使新開業的零售商失敗比率甚高。

■ 連鎖店

零售連鎖店（retail chain）可以擁有且經營多家的零售直營店。例如，諾得史脫姆公司、Mervyn's 公司、上選公司、Pappagallo 公司、蓋普公司和潘妮百貨公司等。在零售連鎖店出售的商品，比其他類型的零售商為多；主要

獨立零售商
是指僅擁有並只經營一家零售店的零售商，在美國約占所有零售商類型的四分之三以上。

零售連鎖店
零售商可以擁有且經營多家的零售直營店。它在美國占所有零售商總數的 20%，是所有零售總額的 50%以上。

位在奧勒岡州波特蘭的 Powell's City 書局是一家獨立零售商，藉著提供包括二手書等各種不同類別的書籍，而有效地對抗大型連鎖書店的威脅。

許多主要的加盟業主正在擴充其業務至全世界。7-11 在日本的分公司就是非常有名的加盟店。

優點則是有能力以各類的商品和服務，對廣大的目標市場進行銷售。而如何經營一家成功的零售連鎖店，請參閱「創造顧客價值：韋氏食品公司設定標準」一文。

加盟店

零售加盟店（retail franchising）是一種所有權連鎖的型式，加盟者（franchisee）支付權利金給加盟業主（母公司），加盟業主（franchisor）則同意加盟者使用其名稱的權利，並要求依據加盟規範從事經營。知名的加盟總店有麥當勞、假日旅館、艾維士公司、Mrs. Fields 公司和 Jiffy Lube 公司等。根據國際加盟店協會的估計，美國目前營業中的加盟公司大約有3,000 家，加盟店總數約有 558,000 家，雇用人數為850 萬人，每年銷售額約為 1 兆美元。[6]

加盟店在美國以外的零售力量方興未艾。 1967年麥當勞公司決定走向國際化，如今該公司在美國以外的 113 個國家中約有 12,000 家加盟店。[7] 歐洲是美國以外的最大加盟店市場，而在法國、德國和英國的加盟店也風靡一時。日本則是亞洲太平洋地區最活躍的加盟店市場，加盟店在澳大利亞、香港、新加坡、印尼、馬來西亞和印度等的數量也都相當龐大，而在加拿大和墨西哥亦復如此。[8]

當許多成功的國際加盟店零售商在美國大肆擴張時，美國以外也有不少的加盟業主正逐鹿世界市場。例如，加拿大的 Tim Horton's 麵包咖啡餐廳、台灣的功文（Kumon）數學和閱讀中心，都是有名的國際零售加盟店。[9]

加盟業主和加盟者之間的協議，說明了一個關係層面的效益。加盟者支付費用和權利金後，就可接受管理訓練，並參與合作採購和廣告，以及協助其尋找合適的開業地點。而加盟業主可得到固定的收入，並對供應的產品和服務加速收款，且對加盟者嚴格監控，以鼓勵所有加盟店營運的一致性。

加盟店制度之所以流行的原因，在於它能提供加盟者獲得業務的保證，而加盟業主則利用加盟店銷售的資金，遂有能力進駐全國性的市場。雖然風

險是任何企業經營的主要因素，但加盟店比多數獨自開業者有較佳的營運紀錄。美國新創企業中，大約有一半以下維持不到 5 年，但幾乎有 90% 的加盟店能生存下來。[10]

圖 14-2 中列舉了一些知名的加盟店，這些加盟店公司是《企業家》（*Entrepreneur*）雜誌根據財務的優勢和穩定性、規模、成長率、經營加盟店業務年限、創業成本等條件粹選而出。

圖 14-2	主要的國際性零售加盟公司
1. 潛艇堡（Subway）	11. ServiceMaster Clean
2. 威凌克（Curves）	12. 廿一世紀房地產
3. Quizno's	13. Dunkin' 甜甜圈
4. 功文數學和閱讀中心	14. 麥當勞
5. 肯德基	15. Snap-On Tools
6. The UPS Store	16. Coldwell Banker 房地產
7. RE/MAX International	17. Sonic Drive-In 餐館
8. 達美樂披薩	18. Jan-Pro Franchising
9. Jani-King	19. InterContinental 旅館
10. GNC Franchising	20. Jazzercize Inc.

租賃專櫃

租賃專櫃（leased department）係指業主在零售店中，撥出部分空間租給承租人。百貨公司通常將珠寶、鞋類、髮飾和化妝品等部門，做為其租賃專櫃。例如，Fox Photo 公司在克羅格百貨租用場地；而旅行社、美髮沙龍，以及如雅詩蘭黛和倩碧的化妝品公司，也常在百貨公司租用場地。

如同加盟店的協議，租賃專櫃協議對承租人和出租人（即百貨公司）均有益處。對出租人而言有租金的收入，從而減少存貨投資和隨後而來的風險，並可在專業領域中獲得專門知識，且可從租賃專櫃所引進的人潮受益。而承租人則可在商店裡的一個固定場所營業，從而得到商店的人潮和廣告所帶來的利益。

> **租賃專櫃**
> 係指業主在零售店中，撥出部分空間租給承租人。百貨公司通常將其珠寶、鞋類、髮飾和化妝品等部門，做為其租賃專櫃。

創造顧客價值

韋氏食品公司設定標準

韋氏（Wegman's）食品公司是設立在紐約的私人雜貨連鎖店，它在雜貨行業裡建立的忠誠顧客基礎是無可匹敵的。當大部分的雜貨連鎖店如沃爾瑪，已喪失了熟悉的傳統雜貨店味道時，韋氏食品公司仍堅強無比，它每平方英尺的銷售額大於同業平均的 50% 以上。該公司擁有知書達禮的員工，以及提供該公司所謂「心靈感應」的顧客服務。

在任何一種行業裡，勞工成本皆常為人所重視，而該公司付給員工的工資高於同業的水準，所以員工的離職率低於其競爭者。員工以工作為榮，該公司就將員工的知識轉為增強顧客購物體驗。顧客可以得到如何準備食物的建議，或是如何為食物搭配美酒。光是這一點，就有許多顧客死心塌地不顧路程遙遠，前來韋氏食品公司只想貪圖一個快樂而已。例如，韋氏食品公司的廚房會代客燒烤感恩節火雞，因為火雞體積太大而無法塞入家庭用的烤箱。

創造顧客的價值幫助韋氏食品公司隔離那些折扣雜貨店的競爭，依據該公司主管的說法，很多顧客遠道而來光顧。很顯然地，顧客雖然搬遷到他處，卻仍然執意回來花錢採購，主要原因不但是要購買食品，更重要的是享受體驗。

全世界的零售業都非常相似，在波蘭超商一樣提供各式各樣的食物和非食物類商品。但不同的是，中國的消費者卻是在街角小店購買海飛絲（台灣的品牌名稱為「海倫仙度斯」）洗髮精。

■ 合作社

為應付連鎖店購買力的競爭壓力，獨立零售商有時會聯合起來，以組成**零售商合作社**（retail cooperatives）。雖然各零售店仍為獨立的業主，但合作社的成員通常還是採用一共同的名稱和店面。各零售店可共同參與採購、託運和廣告，而享受一般連鎖店的成本節省效益。美國的零售商合作社包括 Associated Grocers 雜貨和亞司五金等。

> **零售商合作社**
> 一群零售店仍為獨立的業主，但合作社的成員通常還是採用一共同的名稱和店面，以增加其購買力量。

14-3 零售業的趨勢

我們可看到一些零售業劇烈變化的例子，眼見樓塌了，隨即又見其蓋起樓來。例如，施樂百公司重新在零售業興起的例子；凱瑪公司宣告破產重整；數百家以網際網路為基礎的零售店起起落落；沃爾瑪商店在一般折扣店中的力量逐漸擴大，如今已變成雜貨業的一朵奇葩；數年前潘妮百貨公司並不看好其私有標籤 Arizona 牛仔褲，該牛仔褲在高級百貨公司也打不過 Polo 和 Hilfiger 品牌，且標的商店和沃爾瑪商店的價格又較其便宜，但如今潘妮百貨公司大幅削減成本，以改善其商店布置，更新收款流程，並將私有標籤和全國性品牌如李維、 Mudd 、 l.e.i 等做一重新組合後，其業績已嶄露頭角了。[11]

在此同時，有一些百貨公司逐漸與消費大眾脫節。柯爾是折扣店與百貨公司的混合商店，經營得還不錯，也不打算擴充。而消費者則認為百貨公司令人厭煩，它們雖然彼此競爭，但銷售的商品卻十分雷同。過去的 10 年裡，聯邦（Federated）公司不斷地鞏固其百貨公司部門的營運，最近還計畫併購

梅伊（May）百貨公司。聯邦公司擁有布侖茲蝶兒（Bloomingdale's）系列的百貨公司，以及梅西（Macy）系列的百貨公司；而梅伊公司則擁有馬歇爾廣場（Marshall Field）百貨公司、羅得泰勒（Load & Taylor）百貨公司和一些地區性的連鎖店，如考夫曼（Kaufmann）連鎖店和喜奇（Hecht）連鎖店。[12] 為了生存而努力的零售業如百貨公司，以及成長中的折扣店和高級汽車的經銷商等，其未來的成功有賴於如何抓住重要的趨勢。目前在零售業環境中重要的趨勢有：全球化的零售業、增加科技的利用、重新重視客戶服務、無店鋪零售的快速成長等。

LaneHawk 公司提供專利的掃描器技術給零售商，它可在購物車的底部偵測商品後，將其價格輸入收銀機裡。此特殊掃描器的處理速度相當快，以免零售商失去銷售機會。

全球化的零售業

當國內市場逐漸飽和而銷售成長趨緩之際，不少的零售業者也開始進行全球化業務。美國零售業者長期以來就是全球化擴張的領導者，例如麥當勞、肯德基炸雞、無線電音響城和沃爾瑪等，都是屬於非常積極努力的公司，而 L. L. Bean、Eddie Bauer 和蓋普等公司，在日本擴展業務也相當地成功。

近年來，其他國家的零售業者在全球化零售上也變得十分活躍，最好的範例就是歐洲最大的零售商——法國的家樂福公司。該公司目前在全球 31 個國家中，以加盟業主或合夥方式擁有 11,300 家賣場，而其在全球的勢力也足以與沃爾瑪相抗衡。家樂福是商店設計的先驅，以木質地板與柔和燈光，讓巨大的商場看起來更帶著軟性。家樂福以在同一幢建築物裡同時銷售雜貨、服務和其他商品而聞名，這種結合折扣店與超大型的超級市場稱為**大賣場**（hypermarket），此形式始於法國，目前在美國也愈來愈受歡迎了。家樂福在全球約有 870 家大賣場，提供多樣服務，例如手錶修理、手機、旅遊服務等。雖然家樂福並不期望在銷售量上挑戰沃爾瑪商店，但該公司在巴西和阿根廷等幾個市場，已成為令沃爾瑪感到可怕的競爭對手了。此外，家樂福在法國、台灣、西班牙、葡萄牙、希臘和比利時也已成為主要的零售業者。[13]

大賣場
結合折扣店與超大型超級市場的市場業態。

科技的進步

零售商大多皆已接受科技化的想法，而零售業科技也發展到令人鼓舞的地步。有一個知名的例子，即掃描器可與電腦化存貨系統連結，以大幅提升零售商的效率水準。掃描器加速結帳過程，並減少計算的錯誤，讓交易資料可即時輸入存貨系統中。這可讓零售商準確地追蹤每一產品類目的銷售情形，進而將存貨不足的問題減至最低，並可評估各種訂價和行銷傳播方式的有效性。此外，科技的進步也會直接影響顧客，包括現金自動收銀機（automated cash registers），也可發行臨時支付卡和禮券，以提供顧客消費資訊和處理顧客的付款問題；另有旅客的電腦終端機也可與航空衛星系統銜接，並使空中購物成為可能。

無線電腦科技在零售業中也有不少的應用。例如，電子精品店（Electronics Boutique）即利用無線收銀機在尖峰時間為顧客結帳；蓋普公司則利用無線科技清點庫房及其鄰近零售店有無存貨；滑雪度假勝地也利用無線掃描器，讓滑雪者直接上纜車而不必排隊買票。零售商長期以來都想尋找讓顧客不必排隊等候付帳的方法，而無線科技將可協助其達成這個目標。

零售商也正在使用無線科技，以另一個方式提升顧客的享受。在西雅圖和舊金山地區，有不少咖啡店提供了無線相容認證（Wireless Fidelity）互聯網，一般稱為 Wi-Fis，顧客在喝杯咖啡的同時可上網漫遊，這些用意是讓顧客有輕鬆愉快的心情，那麼他們將會停留得更久而消費得更多。美國有上千個城市正在規劃成為巨大的無線存取「熱點」（hot spots），而以零售店裡設備做為無線上網的聯繫點將成為平常事。[14]

科技，特別是網際網路，也會影響無店鋪零售，此部分本章稍後將繼續討論。科技如何影響零售商和其顧客之例子，可參閱「運用科技：聰明的購物車會讓零售業績提升嗎？」一文。

經驗分享

「我們強調四個主要原則，試圖對新來或回流的顧客提供最佳服務。第一，我們雇用了解服務的重要性而專注的員工。其次，我們所打造的顧客服務模式，是我們設身處地揣測顧客所期待的服務。第三，凡要宅配到府的服務，我們在貨一送出門即開始追蹤，以確保符合或超越顧客的期望。最後，我們一直不斷地尋找能符合我們期望，且能幫助我們提供最佳服務給零售顧客的供應商。」

在阿拉巴馬州 Homewood 市，凱利・雪貝（Kelly Seibels）創立了名為雪貝的零售店。他是一位很獨特的零售商，該店透過其零售店、一本型錄和一個線上型錄，而將家具和裝飾品等銷售到露營地與鄉下的市場。凱利在未創業前是一位專職作家，他畢業於阿拉巴馬州立大學英文系。

凱利・雪貝
雪貝零售店
創辦人

零售業的顧客服務

顧客服務係指提高顧客在購買商品時，能夠得到更佳品質和價值的活動。許多零售業者對顧客服務只是在口頭上隨便說說而已，多半都吝於提供。而今消費者更難纏了，不但懂得更多，而且對惡劣的服務亦十分敏感，一旦離去就不再回頭，更甭提會對零售商指控服務問題了，有些消費者甚至會將惡劣的服務問題告訴其他朋友。零售商提供各種不同的服務，如圖 14-3 所示。

圖 14-3	零售商提供的顧客服務
接受信用卡	協助個人選擇商品
更換商品	個人購物袋
組合商品	兒童遊戲區
自動櫃員機	商品展示說明
婚禮登記	提供特殊需要如輪椅、翻譯等
支票兌現	可以退貨
貨送到府	特別訂貨
服飾試穿室	商店的保證
預約購貨	
禮品包裝	
停車	

商店忠誠度則是顧客對服務的回報，這種效益是自然建立的，有良好的顧客服務才能留住顧客。一家位在德州達拉斯的 The Container Store 公司，擁有 33 家連鎖店，一年的銷售額達 4.25 億美元，該公司出售架子材料、木箱、水桶、螺栓、瓶罐、行李箱、衣架、衣櫥，以及協助顧客對其車庫、書房、儲藏櫃、嗜好收藏室和廚房的設計與組合。該公司的零售哲學是充實其銷售人員，以解決顧客的問題，並以工作團隊的方式互相合作。該公司的員工在第一年要接受 235 個小時的訓練，往後每年也要有 162 個小時的訓練，比起一般零售同業每年平均只有 10 小時的訓練時間為多。也由於其重視顧客服務，故該公司每年的成長率均超過 20%，也是多數同業從未有過的經驗。[15]

零售業者不需提供個人化的服務，只要提供良好的服務就可以了。自動櫃員機、可以處理信用卡的加油站，以及居家修繕零售店的銷售點影音器材等，都是利用科技來協助處理顧客服務。

關鍵思維

- 既然眾人皆同意顧客服務對零售業的成功很重要，那麼為何良好的服務依然不可得？
- 零售商需如何做，方能確保有良好的服務？

無店鋪零售

傳統零售業通常被認為是在商店或實體建築裡銷售其產品或服務；相反地，**無店鋪零售**（non-store retailing）則是指在實體建築之外從事銷售。雖然商店零售幾乎占全部銷售的 90%，但過去幾年裡，無店鋪零售的成長率卻超過了有店鋪的商店零售。

無店鋪零售讓消費者可依其方便的時間來自由選購商品。而商品直接送交消費者，或送到方便收

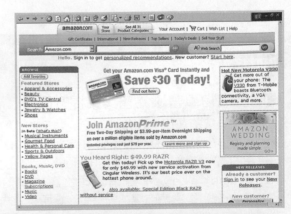

消費者幾乎可以從無店鋪零售中購買到任何商品。亞馬遜網站從線上書店起家，現在提供舉凡家用電器到嬰兒玩具等不下數千種的各式產品。

無店鋪零售

在實體建築物之外從事銷售，例如直效行銷、直銷和自動販賣機銷售。

受地點的做法，對於居住在購物地點選擇不多的人們、忙碌而無法上街者、厭煩上街購物或對商店購物不滿意者、行動不便或不開車者而言，尤其具有吸引力。然而無店鋪零售也有其缺點，例如顧客不能試用、送貨後就無法修改等。此外，一些無店鋪零售所提供的商品有限。無店鋪零售最常見的三種形式：直接零售、直銷、和自動販賣機銷售。直接零售將會在第 19 章詳細討論。

直接零售

直接零售

屬直效行銷的一部分，係由最終消費者而非企業顧客從事採購。請參閱直效行銷。

直效行銷

經由相互（雙向）溝通的方式，而將產品、服務、資訊或促銷利益等分配給目標消費者，並透過電腦資料庫，追蹤顧客的反應、購買、興趣或欲望。

直接零售（direct retailing）屬直效行銷的一部分，係由最終消費者而非企業顧客從事採購。**直效行銷**（direct marketing）係經由相互溝通的方式，而將產品、服務、資訊或促銷利益等分配給目標消費者，並透過電腦資料庫追蹤顧客的反應、購買、興趣或欲望。[16] 其商品是以大眾媒體方式（如型錄、電視購物節目、互動式電子網路）向消費者展示，然後再透過電腦、信函或電話等來購買商品。知名的直接零售商包括亞馬遜網站、L. L. Bean、史派格（Spiegel）、Fingerhut、蘭斯恩德（Lands' End）和莉莉安‧維儂（Lillian Vernon）等公司。最近，家庭電視購物已成為一種合法的零售方式了，主要零售商如史派格、諾得史脫姆、布侖茲蝶兒、The Sharper Image 等，也都投入了家庭電視的購物節目。

直接零售的銷售成長，已有多年一直超越總零售的銷售成長。直接零售銷售額在 2005 年時預計可達 1.3 兆美元，而較 2000 年幾乎成長了 50%。[17] 美國成人中有一半以上，每年至少有一次向直接零售商購物，其中購置最普遍的是服飾類商品。直效信函（direct mail）包括型錄，其為最流行的直接零

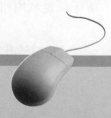

運用科技

聰明的購物車會讓零售業績提升嗎？

通過科技的運用，在購物車上安裝觸幕式的電腦，正被當成一種建立顧客價值的新方法。IBM 公司生產的購物夥伴（Shopping Buddy），以及跳板（Springboard）零售網公司生產的看門人（Concierge）是這塊市場的先驅者。這兩種款式皆可讓製造商針對購物者喜愛的產品來做廣告宣傳，過程只須掃描一下購物者的優先購買卡就可以了。這個聰明的購物車也有全球定位系統（GPS）局部

化的功能，它可幫助購買者發現特殊的產品項目，或是安排一項購物旅遊計畫。

對顧客而言，或許最大的價值是來自於聰明購物車上所裝置的掃描器，它會掃描顧客丟進購物車的物品。當購物完畢時，它就會產生一張結帳單而可快速離去，不須再等待結帳員一一掃描每一件產品。因此，雜貨零售商都希望從這項新科技增加的方便，以協助建立價值而提高顧客的忠誠度。

售方式，其次是電話、報紙和電視。

　　毫無疑問地，近年來直接零售最受注意的部分是透過網際網路的銷售。經由網際網路的零售銷售，稱之為**電子化零售**（e-retailing），目前只占總零售銷售額不到 4%，但從成長率顯示，未來它將變成直接零售的重要方式。當前的零售業成長緩慢，但電子化零售卻成長迅速，在 2005 年時的零售銷售大約成長 4%，而電子化零售則成長 19%，達到 800 億美元。[18]對一些產品如書籍、電腦軟硬體等來說，電子化零售早已成為零售的重要方式了。其他受歡迎的項目尚有旅遊、花卉、運動比賽門票、音樂和影像產品、消費性電子用品和家具等。

　　近年來的電子化零售業競爭激烈，且有不少業者倒閉，著名的例子有EToys、Fogdog.com、MotherNature.com、Pets.com、PlanetRX.、Value America 等。而從幾個產業上的發展及購物者行為判斷，電子化零售的前途將會光明燦爛。第一，零售購物者視線上購物為一個可供選擇的方式。零售購物者幾乎有三分之二是在商店、型錄、線上等三種零售通路中購物，[19]有非常高比例的線上購物者也會到零售店購物，而有相同比例的購物者則會利用網站搜尋想要購買的產品。因此，零售商若忽視電子化零售，將冒著喪失該市場龐大業務的風險。[20]第二，主要的零售商現在也都在電子化零售業裡占有重要地位。僅以網際網路為經營的公司如亞馬遜網站和 CDNOW，現也變成龐大且多重通路經營的零售商了。老牌零售商如邦諾、上選、L. L. Bean 等公司，則藉著電子化零售而成為多重通路的行銷從業者。第三，現在的電子化零售業是有利可圖的。一些經營不錯的公司已克服昔日經營虧損的窘境，而從整體來看，電子化零售也已可獲利了。前面提到的高成長率，正是未來電子化零售業成長的好預兆。沒錯，線上零售商能夠預期這一方面的成長，但未來幾年的成長率將會趨緩。當消費者對電子化零售的新鮮感漸失時，線上零售商將與傳統零售商一樣面臨同樣的挑戰，亦即他們都得在高度的競爭環境下爭奪顧客。

　　零售商可利用**入口網站**（portal）或虛擬購物中心，為其個別商店網站招來更多的人潮。例如，雅虎購物（Yahoo! Shopping）網站，就在其入口網站連結數以千計的大大小小商家。這些商家每月需支付 39.95 到 299.95 美元不等的登錄費。此外，廠商要付給雅虎的交易費用，則從銷售金額抽取 0.75% 到 1.5% 不等，皆依雅虎網路商品項目規定來計算。著名的零售商利用雅虎入口網站者，包括諾得史脫姆、Old Navy、布魯克兄弟（Brooks Brothers）和辦公總匯。[21]

　　電子化零售與商店購物相較下有幾項優點。消費者可在世界各地用一天

24 小時、在家或任何地點上網,不須排隊結帳,也不須提貨回家。但也有一些缺點,它無法讓購物者像上店購買一樣有立即的滿足感,有些消費者會擔心線上購物的信用卡安全問題,也有人抱怨線上購物缺乏效率、速度太慢。整體而言,已有愈來愈多的消費者喜歡線上購物,未來它也必將大幅地成長。

直銷

直銷(direct selling)是以人對人的方式,在固定場所之外銷售消費性產品。[22] 在美國的直銷之中,大約有 75% 是業務員以偶然相遇,並採面對面方式向顧客或一群顧客進行推銷。最流行的面對面直銷則是在家中銷售,也可以在辦公室、展示會、主題公園、展覽會或購物中心進行銷售,而人對人直銷方式也可透過電話和網際網路。在美國從事直銷者約有 1,300 萬人,幾乎所有的直銷人員均是兼職者,其中有 80% 是女性人員,主要是銷售居家照護、個人照護、服務、健康、休閒或教育類等商品。[23] 著名的直銷公司有玫琳凱、雅芳、Cutco Cutlery 和特百惠等。

有幾家直銷公司正在努力擴充其業務到世界各地。雅芳是主要的直銷業者之一,其在台灣的業務也蒸蒸日上。

直銷
業務員透過展示會或說明會直接接觸消費者,或在家中或上班地點以電話方式銷售產品。

自動販賣機銷售

自動販賣機讓顧客透過機器購買商品。估計這個產業規模,每年的營業額約在 190 億至 280 億美元之間,主要的銷售產品是飲料、零食和糖果。[24] 自動販賣機通常會擺放在工作場所、醫院、學校、旅遊勝地和遊樂場所等。

14-4 零售策略的擬定

零售產品和服務的範圍與消費者需求,兩者組合起來,就產生了一種持續變動的企業環境。成功的零售商必須有效地操控可控制因素,以便在不可控制的環境下求生存。圖 14-4 列示了一些可控制與不可控制的因素。

■ 不可控制因素

在零售環境中,有一些持續變動的因素則是零售商無法控制的。零售商

| 圖 14-4 | 了解零售策略：可控制及不可控制因素 |

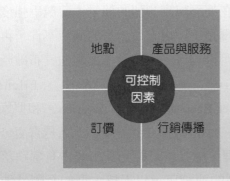

為了生存，就得不斷地監控和因應變動；而在行銷環境中，不可控制因素包括了法規限制，以及本章稍後將討論的科技進步。此處所要討論的不可控制之重要因素是指消費者、競爭、經濟情況、及季節變化。

消費者

消費者人口特性和其生活方式會不斷地改變，零售商必須體認而滿足其顧客需求的變化。例如，服飾零售商 J. Crew 公司改變商品的組合方式，以呼應兩個相關的消費者趨勢。第一，消費者喜歡低價，在高檔所得的消費者市場中亦喜歡以低價購買奢侈品。第二，消費者厭惡在百貨公司裡挑選同樣款式的服飾。因此，J. Crew 即改變其供應鏈而去找尋低成本的奢侈物品，例如喀什米爾羊毛和高級皮革，這讓 J. Crew 公司能夠以比一些設計師商品更低的價格，供應義大利製造的女鞋和喀什米爾羊毛男士夾克。J. Crew 公司也開始對其奢侈品項目實施限量生產方式，而讓消費者造成物以稀為貴的景象，並覺得該產品不會像是在大多數百貨公司到處充斥的產品。找對了消費者的口味，J. Crew 公司的每一家商店營收暴紅，利潤大增。[25]

凱利‧雪貝是雪貝零售店的業主，對於適應消費者趨勢的重要性，尤其是消費者比以往更加忙碌之事實，他認為：「我們知道現代人在購物時都是倉促行事，所以我們就提供了輕鬆愉快的購物環境，讓購物者感到賓至如歸，而在我們的店裡待得更久。我們也不將產品細分得那麼清楚，只將其依生活方式分類，讓購物者能一進門，便能在視覺上有整齊劃一的感受。我的一些好友有時圍繞在櫃檯旁談笑風生，也讓其他的顧客覺得有趣。不錯！現代人確實比以往更加忙碌了，購物環境與零售店的成功是有關聯的，以我們為例，我們的型錄有紙本的，也有網路線上版，它將有助於購物者放緩腳步來購物。」

競爭

不論是新枝或老幹，各零售商現在都面臨到劇烈的競爭，而競爭強度的一項指標則是零售商的破產數目。凱瑪是美國史上最大宗的破產案件，再連同近年來宣布破產的零售商名單，已可排列成一大串了。而其他宣布破產的著名零售商尚有 Service Merchandise、Montgomery Ward、Filene's Basement、Caldor、Bradlee's、Tower Records、Party America，和型錄零售商 Winn Dixie 和 Eagle 食品中心等。小型的獨立零售商，尤其是書店，所受到的競爭打擊最大。在過去 10 年裡，獨立書商眼見其市場占有率跌落了50%，有些獨立書商就嘗試組成地區的連鎖店，以對抗大型的全國性連鎖店，但這些地區性連鎖店仍無法生存下來。因來自 Borders 和邦諾等大型連鎖書店、量販店和亞馬遜等線上書店的競爭壓力，也使得這些獨立書店的前景更為黯淡。

雖然主要的連鎖店已經傷害到小型連鎖店和獨立零售商，但其本身相對地也感到了競爭的壓力。1990 年代後期是零售商擴張的最盛行時期，如今已發現，許多市場的零售店實在是太多了，且已超出消費者的需求。因此促使史泰博、玩具反斗城、辦公總匯和 Pep Boys 等公司，相繼關掉了其全國性連鎖店中的一部分零售店。當然，在失敗的連鎖零售商中也有成功例子，如沃爾瑪商店和標的公司在折扣店中經營得相當好，上選公司在消費性電氣用品上也一直經營得不錯，而家居貨棧公司與勞氏公司則在居家修繕品的領域上也非常成功。以整體零售業務每年平均成長達 4% 的銷售，這些經營成功的公司，都是因其費用開銷比競爭者低的緣故。

為了生存，零售商也試圖改善營運生產力以吸引新顧客，並使既有顧客增加購買。然而這種做法有時必須重新界定其業務，就如同無線電音響城公司發生的情況一樣。無線電音響城公司在其零售店裡銷售知名品牌產品的日子並不好過，由於電子產品的銷售受到上選公司和其他折扣店的價格競爭，因而導致營業利潤低而使管理階層不悅。無線電音響城公司發現，製造商也不滿大型零售店缺少專屬銷售場地，同時更發現製造商對於該公司訓練有素的工作人員反應不錯，而這正是一般折扣店所缺乏的。故無線電音響城公司開始重新整修內部，並和康栢、RCA、Verizon、斯普林特等公司建立夥伴關係，使其銷售的產品組合更加多樣化，結果造成電話、電子零件和附屬品、電池取代了原先銷售最佳的音響和電視設備。無線電音響城公司改善其策略，從而大幅增加線上銷售，並在山姆俱樂部的攤位來出售斯普林特的手機。[26] 由無線電音響城公司的經驗，在在都提醒零售業者為了應付競爭，就

關鍵思維

請思考安・薩克頓（Ann Saxton）的個案。她是擅長水彩寫生的藝術家，正考慮在奧勒岡州一間主要州立大學旁的街道上開設一家商店。她沒有零售經驗，但她相信她的作品會受到該校師生的歡迎。

* 請問安在決定開店之前，應考慮什麼因素？

必須不斷地改變自己。

就廣義而言，主要競爭型態有兩種：同業競爭和異業競爭。**同業競爭**（intratype competition）是指零售商以相同的業態（business format）相互競爭。例如，麥當勞、溫娣（Wendy's）及漢堡王（Burger King）等都屬於速食餐廳的同業競爭。**異業競爭**（intertype competition）則是指零售商以不同的業態出售相同的產品和服務。麥當勞的異業競爭者就包括所有其他食品的零售商，從自動販賣機到高級餐廳等皆然。而要認識這兩種競爭類型，主要是做好準備面對挑戰，以避免掉入行銷短視的陷阱中，亦即不要將其業務範圍定義得太過狹隘了。

經濟情況

經濟情況則是超出零售商所能控制的另一因素。這幾年來世界經濟相當穩健地成長，但在某些行業，特別是旅遊相關零售業之艱困依舊，影響所及，使餐飲業、旅館業、租車公司和度假勝地等相關業者，最近都受到波及。這些行業只好期望以更劇烈的價格競爭方式來力挽頹勢。汽油價格的高漲，迫使汽車經銷商持續以折扣及其他促銷方式，藉以減輕對其獲利負面的影響。

經濟局勢也會大幅影響零售成長的策略。例如，美國三大「一元平價商店」連鎖店——Dollar Tree、Family Dollar 和 Dollar General，為追隨價格敏感性的趨勢，計畫在 2010 年以前將其商店的數量擴展一倍。為應付這股趨勢，標的公司也在其 1,000 家以上的分店設置「一元專賣區」。[27] Wireless Toyz 公司是專賣手機及衛星電視的零售商，曾利用在某些市場的經濟情勢不佳之際，進行收購交通便捷地區的房地產；該公司以低價收購殘破與礙眼的建築物，再將之改造為吸引人的零售環境。這項策略會帶給該公司不一樣的成長，它將於 2010 年時在美國全國各地展現出來。[28]

季節變化

季節變化（seasonality）是指一年之中受到氣候或消費者偏好的變化，而引起的需求變動。專門經營服飾、運動器材、遊樂場、新鮮食品、旅館、租車等行業的零售業，特別容易受到季節變化的影響。零售商可以藉著調整行銷組合中的某些可控制因素，以減少季節性變化的影響。例如，零售商可在淡季時做特別的促銷，以鼓勵消費者採購；而有些零售店如運動器材店等則可調整產品組合，而在不同季節裡生產不同產品；滑雪勝地也可重新定義其業務，將其改為一年四季皆可遊樂的場所，並增加夏季演唱、登山、滑水、

同業競爭
指零售商以相同的業態相互競爭。

異業競爭
指零售商以不同的業態出售相同的產品和服務，例如麥當勞的異業競爭者就包括所有食品的零售商，從自動販賣機到高級餐廳等皆是。

季節變化
在一年之中受到氣候或消費者偏好的變化，而引起的需求變動。

高爾夫球等活動項目。

可控制因素

在此我們將討論四個可控制因素，分別爲地點、零售商提供的商品和服務、這些商品與服務的價格，以及行銷傳播。

中央商業區
（CBD）
辦公大樓和零售店最集中的市中心區域。

帶狀中心
在所有零售店前面均有地方可供停車，且各零售店並不在同一建築物底下。

購物中心
零售店皆集中在同一棟建築物裡，設計有走道而方便行人走動。

獨立式區域
零售賣場不與其他零售店的建築物連接，但常與其他的零售地點毗鄰。

地點

一句連專家都承認的說法，零售中最重要的三個因素是地點、地點、地點。對大部分的零售商而言，地點是零售策略中最重要的因素，也是最缺乏彈性的因素。零售商對價格、產品和服務，以及行銷傳播等都較容易做修正，但最棒的商家仍無法克服地點不佳的問題。地點的遷移很麻煩，因爲它將牽涉到租賃契約、存貨的搬遷，甚至零售地點建築物的出售等。

零售地點分布在世界各地，甚至是窮鄉僻壤，而從街頭攤販、購物中心裡的售貨亭，到超級市場等亦是如此。非店鋪零售的成長，使網路空間成爲一個重要的地點。綜合場所包括零售、辦公、住家等，無論是城區或郊區均逐漸變成受歡迎的地點。主題購物區如位於美國紐奧良的 River Walk 和舊金山的 Ghirardelli 廣場，亦皆屬著名的觀光地點。擬定新的零售地點策略是一件刺激的事情，但要依是否能夠生意興隆的條件，來對以下四個零售地點加以選擇：中央商業區、帶狀中心、購物中心、獨立式區域。

中央商業區（central business district, CBD）通常是指城中區，在美國和世界各主要城市裡都屬重要的零售區域，這些區域的設計均是爲符合鄰里居民日常購物方便的需要。**帶狀中心**（strip centers）的特色是在所有零售店前面均有地方可供停車，且各零售店並不在同一幢建築物底下。這種零售地點可在社區裡的小街坊找到，也可能從社區延伸出來，甚至視零售商的類別與經營規模，而慢慢地在一個地區以帶狀展開。**購物中心**（shopping malls）就與帶狀中心不同，它是在同一棟建築物裡，分別在行人走道兩旁設立各種零售店。**獨立式區域**（freestanding sites）則不與其他零售店的建築物連接，但常與其他的零售地點毗鄰。例如，家居

零售商，特別是在大都市的業者，非常關心其購物者因害怕被搶劫而不敢前來購物，或僅在一天的某些時段前來購物。本圖是邁阿密一家購物中心，利用特別的安全措施來確保購物者的安全。

貨棧公司、電路城、上選公司、山姆俱樂部和 P. F. Chang's 餐廳等，即常在大型帶狀中心或購物中心鄰近的獨立式區域設立。獨立式區域常存在美國州際公路兩邊，或在熱鬧城鎮街道的汽車經銷商聚集地。近年來購物中心呈現衰微現象，而帶狀中心逐漸興起。而另一流行的零售策略則是結合帶狀中心和獨立式區域，以成為一個商場（mall），如丹佛市的 Flatirons Crossing 即經營得相當成功。主要的零售地點類型也有其優缺點，將之列示於圖 14-5 。

商品和服務

零售策略的另一可控制因素，即是商品及服務的銷售。零售商必須依產品線的寬度或種類，以決定其產品線的數目；而他們也必須依產品線的長度或深度，來決定各產品線的產品分類。這些決策均牽涉到幾項考量，即主要的產品考量包括相容性（產品與既有存貨的配合程度）、屬性（產品的容積、需要的服務、銷售水準）與獲利性。市場考量則包括產品生命週期、市場適當性（產品對商店現在目標市場的吸引力）和競爭條件。最後就是供應的考量，如產品的供應力及供應商的可靠性等。

零售商也必須小心其產品組合改變的效果，並要對競爭者重新定義。例如，將無相關的產品品類加入既有的產品線中，即是所謂的**爭奪商品銷售**（scrambled merchandising）。如不久之前，雜貨店只賣食品類的商品；而在今天，消費者也可在雜貨店買到汽油或租借影片了。爭奪商品銷售讓雜貨店獲得比以往只賣食品的利潤多出了 1% 至 2% 。換言之，它讓消費者享受商品多樣化及一次購足的滿足感；而消費者在整體的購物經驗上，也可感受到品質

> **爭奪商品銷售**
> 將無相關的產品品類加入既有的產品線中。

圖 14-5　選擇零售地點考慮的評估原則				
地點問題	中央商業區	帶狀中心	購物中心	獨立式區域
大批居民居住區	+	−	+	−
區內上班族或居民成為顧客來源	+	+	−	−
消遣或娛樂的來源	?	−	+	−
對天氣的防範	−	−	+	−
安全	−	−	+	−
長而一致的營業時間	−	+	+	+
規劃購物區與承租商家數目之平衡	−	−	+	−
停車場所	−	+	?	+
占據（租用）成本	?	+	−	+
行人徒步區	+	−	+	−
地主的控制	+	+	−	+
劇烈的競爭	+	+	+	+
稅賦獎勵	?	?	?	?

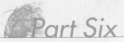
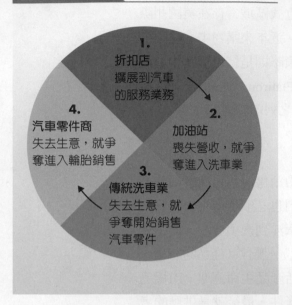

圖 14-6　　　　爭奪商品銷售

1.
折扣店
擴展到汽車
的服務業務

2.
加油站
喪失營收，就爭
奪進入洗車業

3.
傳統洗車業
失去生意，就
爭奪開始銷售
汽車零件

4.
汽車零件商
失去生意，就爭
奪進入輪胎銷售

與服務的改善。

　　爭奪商品銷售有時也會有連鎖反應，如圖 14-6 所示。當折扣店的業務延伸到汽車服務業時，傳統加油站會喪失營收，所以就會爭奪洗車的生意；傳統洗車業也會隨之延伸做起汽車零件的生意，而這又會造成傳統汽車零件業的營收減少；該零售商也將隨之進入輪胎銷售，以彌補其汽車零件營收的損失。

　　亞馬遜網站有一項在電子化零售上的爭奪商品銷售範例。亞馬遜原先是書商，先延伸進入販售音樂及影像光碟，隨後再販售包括電子產品、電腦、運動用品、工具、軟體等各式各樣的商品，而終於成為世界上最大的線上零售商，所服務的顧客甚至多達 220 個國家。亞馬遜公司透過其 zShops 的概念提供這些產品，亦即由獨立的供應商支付一些費用，而與亞馬遜網站連結。當亞馬遜公司的爭奪商品銷售到極限時，除了違背倫理或非法的商品如贓物或仿冒品、宣傳刊物、未經授權商品、盜錄刊物等不經銷外，餘皆無所不賣。[29]

訂價

　　零售商也能掌控消費者向其購買產品和服務的最終價格。零售的最終價格是基於該商店的目標市場、預期商店形象、價格和其他零售組合因素（地點、產品與服務品質、行銷傳播）之間的一致性。雖然大多數的市場消費者均在乎價格，但以各種高低不等的價格而經營成功的零售業者也到處可見。

　　每日低價（everyday-low-pricing, EDLP）策略是沃爾瑪商店最先採用，現也被許多零售商所使用。在 EDLP 的策略下，零售商要求供應商降價，儘量壓低廣告和促銷費用，並不斷以低廉的零售價格吸引顧客上門。目前許多零售商採取低價領導者或價值訂價法等方式，這些具有全面性的競爭低價和持續的特價方案，足以讓消費者再次回籠。

行銷傳播

　　行銷傳播組合的各項決策也可控制，這些決策詳述了零售商如何對相關人員銷售、廣告、公共關係、直效行銷和促銷等資源的分配。像 The Limited 等零售商重視店員的推銷能力，幾乎不做廣告；而便利商店在其窗戶張貼促

每日低價
（EDLP）
供應商對零售商減少折扣和促銷，而零售商則要求供應商降價，並壓低廣告和促銷費用，以維持零售價格的低廉。

商店形象
購物者會將商店的裝潢當做商店的確認，從而構成其對商店地點、商品、服務和氣氛的認知。

銷標誌，其他商店也會實施每週一物的促銷。

行銷傳播也影響**商店形象（store image）**，重視店家裝潢的購物者，會將其聯想為商店身分的識別，而這種商店形象是購物者對商店地點、產品、服務和氣氛的整體認知。基本上，商店形象反映了消費者對一家商店的感覺，並且會影響消費者對其產品和服務的品質、價格，以及其該商店時髦程度的認知。

Giant 食品公司應用大量廣告做為行銷傳播方案的一部分。該公司也偏愛戶外廣告，以獲得正面的公共報導。本圖是在巴爾的摩 Oriole 公園的 Camden Yards 運動場拍攝。

策略組合的型態

零售商依其追求的**策略組合（strategy mix）**之不同，而各有不同的經營型態。零售策略組合要素係前述所論及的可控制變數：地點、產品和服務、訂價、行銷傳播。圖 14-7 描述了零售商的類型和其策略組合，雖然零售商可用不同的方法將策略組合變數結合，以達成其預期的市場地位，但較顯著的例子則有專賣店（specialty stores）、百貨公司、便利商店。

> **策略組合**
> 零售商與其他業者差異化的一種方式，這些要素（可控制）包括：地點、產品和服務、訂價、行銷組合。

圖 14-7　零售業策略組合的例子

零售商類型	地點	商品	價格	氣氛和服務	行銷傳播
便利商店	鄰近地區	一般寬度、低深度、品質普通的分類	普通或以上	普通	中等
超級市場	社區購物中心或獨立地點	分類完整，加上健康及美容用品與一般商品	具有競爭性	普通	大量利用報紙和小廣告傳單；自助服務
倉儲型商店	次級場所，常位在工業區	一般寬度、低深度；強調購買全國性品牌的折扣	非常低	低	很少或沒有
專賣店	商業區或購物中心	低寬度、高深度的分類；品質由普通到優等	競爭性到普通以上	普通到優越	大量利用展示品；非常依賴銷售人員
百貨公司	商業區，購物中心或獨立商店	分類的寬度和深度都很大；品質由普通到優等	普通或以上	好到優越	大量利用廣告、型錄、直效信函、人員銷售
全面折扣店	商業區，購物中心或獨立商店	高寬度、高深度的分類；品質由普通到優等	具有競爭性	低到普通	大量利用報紙；價格導向；中度依賴銷售人員
工廠直營店	偏僻場所或折扣商店	一般寬度、低深度的分類；有些零碼商品，低連續性	非常低	非常低	很少，自助服務

Hot Topic 公司是專門針對青少年市場，提供特殊服飾和首飾之連鎖店。由於對顧客習性非常熟悉，Hot Topic 公司無畏其他日漸增加的零售連鎖店之競爭。

Abercrombie & Fitch 則是另一個針對年輕消費族群的零售商之成功範例。

專賣店

專賣店銷售的產品種類少，但產品的選擇款式多。例如 The Limited、無線電音響城和 The Sharper Image 等公司，即為具有代表性的專賣店之例子。

許多專賣店的規模不大而無法吸引大量的人潮，因此一般都設立在逛街購物人潮多的商場或購物中心裡，而毗鄰的零售業者則可提供各種互補性的商品。專賣店的產品售價大多在中價位到高價位之間。

百貨公司

百貨公司以出售琳瑯滿目的商品為其特色，顧客進門一次便可購足所需的商品。它的銷售部門一般可分為服飾部、家具部、化妝品部和家庭五金部等，而其員工分別在採購、銷售和廣告等功能部門工作。如美國知名的百貨公司布侖茲蝶兒、迪拉德（Dillard's）和梅西百貨公司等。

重要位置
百貨公司經常策略性地設立在購物中心、市中心商業區，藉以吸引顧客使購物區聚集更多人潮。

百貨公司通常占據著**重要位置**（anchor positions）如購物中心、購物商場或市中心等，亦即有技巧地設立在購物群集地點的不同端。因為百貨公司會吸引人群，因此透過這樣的安排，可使整個購物場所產生更多的人潮。

百貨公司的行銷傳播強調：產品選擇和品質；修改、禮品包裝與信貸等服務；購物的氣氛和商店的形象。而百貨公司也大量利用報紙廣告、型錄、直效信函和人員銷售等方式。如同專賣店一樣，百貨公司的價格一般會等於或高於競爭價格。

便利商店

便利商店已發展出其獨特的行銷組合，即銷售種類中等範圍而式樣少的產品。價格較高，但購買方便以致消費者大多能忍受。便利商店常設立在住宅區與最接近的超級市場之間的**攔截地點**（interceptor location），行銷傳播則主要以有限的標誌和門窗展示廣告旗幟。

Circle K 和 7-Eleven 兩家便利商店都曾經宣告破產，而在未來 10 年，這個行業的新店成長將呈現疲態。探討該行業的問題來源有三：第一，該行業擴充過度，如由殼牌（Shell）、德士古和 BP 等主要石油公司所設立的便利商店到處充斥。其次，藥房和超級市場延長其營業時間，使便利商店逐漸與這些零售店無法區隔清楚。再者，便利商店受到最低工資、店租和一般費用的增加，因而造成其營運成本的大幅提高。[30] 雖然便利商店的銷售逐漸增加，但邊際利潤卻逐漸在下降；商品的利潤增加，但卻無法將批發商所增加的汽車燃料成本，轉嫁到最終的消費者上。

為了生存，許多便利商店重新定位為專門銷售「單手速食」，你可以邊開車邊吃東西，如熱狗、玉米、披薩、薄餅和蛋捲等。與過去的銷售模式相互比較，便利商店也增加一般商品的銷售，包括踏板車、電子產品、咖啡、書報雜誌以及健康與美容產品。此等轉變說明了便利商店從符合購物者需求的補充者，朝向兼具有雜貨店、藥房、報攤、健康食品等全功能的零售商角色邁進。[31]

利潤和週轉率組合

除了商店的型態外，另一評估零售商因素是毛利和存貨週轉率。**毛利**（gross margin）係指銷售收入減售貨成本。零售商的毛利愈高，表示每一元的銷售賺得愈多。**存貨週轉率**（inventory turnover）係指商品銷售的速度，亦即零售商在一年內銷售其平均存貨的次數。

成功的零售商對其毛利和存貨週轉率有三種策略組合。珠寶店是屬於典型的高毛利低週轉率策略，其銷售次數不多，但每次銷售均是高毛利。這種零售商須注意到個人服務，以及支援商品銷售的誘人氣氛。

雜貨店則使用低毛利高週轉率的策略。其一般的淨利率在 1% 到 2% 之間，而商品的週轉率也非常快。第三個選擇是便利商店使用的高毛利高週轉率策略。

凱利是雪貝零售店的業主，他指出團隊工作是成功零售策略的重要部

攔截地點
在住宅區與最接近的超級市場之間，便利商店常設立在其間。

毛利
係指銷售收入減售貨成本。

存貨週轉率
係指商品銷售的速度，亦即零售商在一年內銷售其平均存貨的次數。

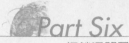
分，並說：「在雪貝零售店裡，所有員工都擔任著同樣的顧客服務工作。每位員工都有其不同的專業背景，當情況需要時就會有適當的人可派上用場。我們會保留所有顧客的購物紀錄，包含還在運送中的資料。而所有的員工也可立即取得這些檔案，無論是哪位員工在現場服務，都能在很短的時間裡了解顧客的問題。因致力於顧客的服務，使雪貝零售店擁有高度的顧客滿意度，因此也使許多忠實顧客一次又一次地光臨。」

14-5 零售業的倫理和法規議題

零售商從事受到高度注意的活動，而其行銷傳播也同樣受到矚目，因此容易受到重視。零售商被控訴違反倫理和法規的情事，包括欺瞞的廣告、不實的銷售行為、對弱勢消費者索取不合理的價格、銷售有潛在傷害的產品而未加適當控制、銷售禁品給未成年人等。

零售業者也要特別注意下列問題：消費者詐欺、供應商的勞工問題、竊盜、上架費、顧客私人資訊的使用、生態的考量。

■ 消費者詐欺

奉行「顧客永遠是對的」觀念之零售商，當想起自由退貨政策時，可能會有另一番滋味在心頭。在業界皆知的退貨擾亂（return churn）或自食其果的採購（boomerang buying），遂使退貨詐欺漸成零售商心中之痛。退貨詐欺每年使零售商的損失超過了 10 億美元。L. L. Bean 公司發現，春天的退貨案件特別多，因春天是許多美國人在庭院出售舊貨的季節，但有一些人在買到便宜的舊靴或露營用品後，就會回到原出售公司要求全額退貨。有些顧客會從貨架上取下商品，然後大搖大擺地走到顧客服務中心要求退貨，並聲稱收據遺失了。又有些顧客則將零售店當做大螢幕電視、剷雪機和正式服裝的免費租用中心。如今零售商也開始反擊，一方面縮短可退貨時間的限制，另一方面堅持顧客必須持有收據方可退貨。標的、家居貨棧、上選、The Sports Authority、Express、The Limited 等公司，均對退貨嚴格加以限制。但有些公司依然對退貨採取寬鬆政策，如電路城、諾得史脫姆等公司則認為，不該因受到少數人的行為而影響其他人的權利。[32] 因詐欺的消費者使零售成本上升，結果則是將產品售價提高，而由誠實的消費者來負擔。

供應商的勞工問題

很多零售商包括沃爾瑪、潘妮百貨、Talbots 和梅西百貨等,其供應商的生產工廠之工作條件也受到了非議。這些工廠常被稱為血汗工廠,主要座落在亞洲、拉丁美洲和東歐等低工資的國家。而許多在這些血汗工廠裡的工人是未成年者,且其工作條件惡劣,而工資極低。

1990 年代中葉開始,一股不利製造商和零售商在勞工問題的宣傳持續到現在,因而造成零售商、供應商,以及許多名人代言人遭到負面曝光的困擾。從此很多零售商就加強其既有的政策,重新檢討血汗工廠的問題。美國勞工部曾下令幾家零售商在解決血汗工廠議題上要負起積極角色,這些廠商包括 Express、諾得史脫姆、The Limited、帕塔哥尼亞(Patagonia)、妮可·米勒、Lane Bryant 和 Liz Claiborne 等公司。

有 300 家以上的主要零售商簽署了一份「全國零售商聯盟對供應商要求聲明」,要求零售商絕不向違反美國和其他國家勞工法律的供應商採購。反對血汗工廠團體要求零售商多施加壓力,迫使其供應商注意勞工之問題。在 2005 年時,耐吉、蓋普、帕塔哥尼亞和另外五家公司一起與六個反對血汗團體,共同起草一份適用於一般工廠的勞工檢查制度。該項制度在為期 30 個月的測試期間,希望擬定出能被接受的全球標準。[33] 只有透過供應商、零售商和人權團體的共同努力,方能有效地解決血汗工廠的問題。而圍繞在血汗工廠生產的商品問題,未來將可能持續成為零售商主要的倫理問題。

商店竊盜

零售商每年因顧客的竊盜行為而損失約 100 億美元,以及員工的行竊約為 150 億美元。[34] 近年來,美國各地的竊盜發生率也大幅地提升。一些專家認為,商店竊盜大幅增加的主要原因,在於每家商店的店員縮減,新的樓層設計將商店分割成獨立區間,也因這種設計造成了各部門之間的藩籬,而讓商店竊盜者更易藏匿其中進行偷竊行為。商店竊盜中以服飾精品店、藥房、便利商店和百貨公司最為嚴重,最常被偷竊的項目則有流行服飾、首飾、珠寶、音樂光碟、健康美容用品、運動器材、收音機和電視等。圖 14-8 詳細列示了嚇阻商店偷竊的防盜方法。

上架費

另一項與零售商有關的法規和倫理問題則是**上架費**(slotting allow-

> **上架費**
> 製造商付給零售商或批發商的費用,以換取其產品獲得貨架或倉庫的空間。

圖 14-8　　　遏止商店竊盜

- 將電子標籤繫於易遭偷竊的商品上。
- 在明顯的地方顯露監視器。
- 在角落和走道設置凸面鏡。
- 對置放貴重和經常被竊商品的櫥櫃上鎖。
- 加強對銷售場地的監視。
- 告訴員工要注視著顧客。
- 讓員工容易採取預防措施。
- 張貼將對偷竊者繩之以法的公告。
- 監視商店的出入口。
- 降低陳列架高度，讓銷售場所視野通暢。
- 監視試穿區。

ances）。上架費是製造商付給零售商或批發商的費用，以換取其產品獲得貨架或倉庫的空間。換言之，零售商或批發商從製造商那裡取得金錢，以交換貨架的空間。

上架費在雜貨零售業界是一種很普遍的做法，卻頗受爭議，原先的用意是零售商為了防範製造商擺放不算新的品牌或仿冒品。科羅拉多州立大學的坎諾（Joseph P. Cannon）教授指出：「要索取上架費的原因是新產品的數量不斷增加，而又因這些產品的前景很難評估。測試行銷一方面要顧及上市銷售的速度，另一方面也要測試你的產品，而競爭者正虎視耽耽地在注意你的產品發展。」[35] 即使測試行銷已不如以前流行，但上架費卻更加地盛行了。大型製造商反對支付這種有問題的費用，但是大型批發商和零售商卻堅持要收取上架費，以做為其生意往來的條件。事實上，上架費的收取，也造成製造商與其顧客（即批發商和零售商）因此站在對立的立場。

大致上來說，上架費大多具有負面的結果。它可能會增加通路成員之間的衝突，而削減了某種程度的競爭性。大型通路成員可以要求上架費以增加其獲利，但小型通路成員則必須自謀生計了。

上架費也可能降低顧客服務的水準，因為其迫使品牌的選擇減少、零售價格提高、購買前的資訊減少，而這些結果也可能對產品的品質造成威脅。上架費一直是不願讓外人知情的祕密，無論是供應商或零售商皆不願揭露其上架費的支付，除了有一年，美國財務會計標準委員會要求廠商從銷售收入中減去上架費，重新申報 2001 年的帳目時，方知食品及飲料廠商為了取得上架空間，所支付的金額之大著實令人驚訝。例如，湯廚、家樂氏、可口可樂、百事可樂、卡夫食品等公司，平均花費其銷售額的 13% 在上架費；而卡夫食品公司在上架費就花了 46 億美元。如此龐大的數目及祕密之做法，已引起政府的注意，所以未來我們必然會對有關上架費金額大小及其衝擊性知道的更多。美國政府最關心的則是上架費對競爭和對消費者售價的影響，小型製造商抱怨上架費將迫使其退出經營行列，從而產生沒有競爭性的產品。[36]

顧客資訊的利用

資料庫科技的進步，也讓零售業者可以更容易取得與儲存消費者的購買資訊和紀錄。例如，當顧客打電話至史派格公司查對型錄訂單時，該公司銷售代表即可透過訂單號碼，立即得到該顧客過去的購買紀錄。而這些資訊均有助於銷售其他產品和服務給該顧客，以及更有效率地處理訂單。

零售商可以任其所欲、自由地使用這些資訊，或有權侵犯顧客的隱私權嗎？諸如此類的問題雖廣受討論，但輿論都傾向於保護消費者的隱私權。一些主要影片光碟出租店已不再保留顧客過去的租借紀錄了。而不少公司也害怕會有負面的宣傳，故都將儘速採取保護隱私權措施。

生態的考量

零售業者也開始重視其營運會如何影響環境的問題了。例如，娛樂設備股份有限公司（Recreational Equipment Inc., REI）在奧勒岡州波特蘭市的商店（約 37,500 平方英尺），因具有節能和環境敏感性效果而獲獎。該商店的建造特色是，REI 將原先要丟進垃圾掩埋場的 96% 廢棄物轉成再回收處理，在自然光線充足時利用光電池以減少電氣照明，衛浴設備的耗水量少了三分之一，並在商店裡以再生建材做為裝潢用途。[37] 家居貨棧公司也表現出其對環保問題的重視，它拒絕出售危害環境地區的木材，因該公司是世界最大的木材銷售商，因而該舉動也影響了其他的零售商，使其更能重視環保的問題。[38]

零售商亦開始重視環境問題，並嚴禁在購物中心吸菸。自從美國環境保護局（Environmental Protection Agency）公布二手菸有害健康的報告後，全美各地的購物中心在政府制定禁菸法律之前，就率先禁菸了。

零售商就像所有行銷機構一樣，發現遵守倫理的做法將有益於營運。他們都十分清楚，違背倫理的做法將造成消費者的反感、形象受損、營收減少之後果。但消費者也必須負起一部分的責任，以匡正一些倫理問題。如竊盜和消費者詐欺損害了零售業者的利益等，這也傷害了誠實的消費者，使其必須負擔高價與不方便的安全措施。

摘要

1. **了解零售業的經濟重要性，以及其在行銷通路上的角色。**零售業在行銷通路上的角色是提供產品和服務給最終的消費者。零售業是一項重要的經濟活動，因為(1)在美國有將近 300 萬家的零售商；(2)有接近 1,400 萬、約 10% 的美國勞動人口受雇於零售業或零售相關產業；

(3)零售業創造了 2.5 兆美元的銷售業績。零售業不同於其他行銷通路成員，所賣的是數量少、次數多且為各式各樣的商品，而在其銷售時強調氣氛。

2. 提出零售業全球化的證據。例如麥當勞、沃爾瑪、蓋普、無線電音響城、法國家樂福、L. L. Bean 等公司，都在全球拓展其零售業務。在已開發國家的零售市場大都飽和，所以零售商就積極往較不競爭的市場發展。

3. 討論零售業科技進步的情形。近年來零售業受到各種科技的利益，如自動收銀機、電子售貨亭、通用產品碼掃描器、無線網路等，都是應用在零售業上的例子。此外，由於電腦與通訊科技的發達，無店鋪零售也愈來愈興盛了。

4. 解釋無店鋪零售成長的原因。忙碌的人喜歡挑自己偏好的時間在家購物。型錄零售的成功也使得消費者嘗試以其他零售方式消費，如電視購物或線上購物。而無店鋪零售的成長，也可能是消費者對一些傳統的零售厭煩與不滿所致。

5. 敘述零售行銷環境的主要因素，並了解其與零售策略的關係。可控制因素包含地點、產品及服務、訂價與行銷傳播，不可控制的因素則包含消費者、競爭、經濟情況及季節變化。成功的零售商要有效地利用可控制因素，以掌握經常改變的不可控制因素所造成的環境。

6. 提出零售商面臨的重要倫理和法規議題。一些例行法規限制了零售業的各種經營作業。當前的倫理與法規議題特別關心消費者詐欺、供應商的勞工問題、商店竊盜、上架費、顧客資訊的使用及生態的考量。而利用商品退回的消費者詐欺，使商家一年之損失超過 10 億美元，其最後都將轉嫁給所有的消費者負擔。血汗工廠的作業也已成為頭條新聞，因而造成零售商、供應商，以及許多名人代言人受到負面的宣傳，故一些積極的零售商也開始監視其供應商的勞工作業情況。員工、消費者、供應商的偷竊造成了零售商的損失，結果是將產品售價提高而由誠實的消費者負擔。上架費是廠商付給零售商或批發商的一筆費用，用以使其產品能夠上架或獲得展示的場地。它是不合倫理及違法的做法。其他關心的議題尚包括零售商使用消費者資訊、個人隱私權問題，以及生態對零售商營運的影響等。

習題

1. 請你舉證說明經濟對零售業的重要性？

2. 如何區別零售商與其他配銷通路成員？

3. 零售商如何利用科技以改善顧客服務？

4. 請回顧「創造顧客價值：韋氏食品公司設定標準」一文，請問韋氏食品公司的員工如何建立顧客價值？就顧客對雜貨店的期望而言，如何區別韋氏食品公司與沃爾瑪公司的顧客？

5. 請閱讀「運用科技：聰明的購物車會讓零售業績提升嗎？」一文，請問這個概念如何為消費者創造價值？又如何為零售商及其供應商創造價值？

6. 請問影響零售環境的不可控制因素有哪些？零售商如何將這些影響銷售的因素最小化？

7. 請問有哪些地點類型可供零售商選擇？並請簡述各地點類型。

8. 請列舉並說明三種無店鋪零售型態，並說明經營無店鋪零售有何優缺點？

9. 請各以加盟業主與加盟者的角度，說明零售加盟店的效益。

10. 請討論零售業一些主要的倫理與法規議題。

行銷技巧的應用

1. 銷售二手商品的零售商，例如跳蚤市場或基督教救世軍（Salvation Army）商店，近年來的生意相當不錯。你能以本章所提到的經濟條件及顧客偏好等，來分析其成功之原因嗎？

2. 請觀賞電視購物節目持續一個月，再分析其販售的產品及銷售方法。並請特別依下列問題加以分析：
   - 主要的訂價策略是什麼？
   - 在節目中的名人扮演著什麼角色？
   - 就服飾的銷售，你能概括出尺寸和顏色嗎？
   - 讓商品具有易於展示的特性很重要嗎？

3. 就以下的零售經營型態，請提議一些互補性的產品或服務，從而增加商品組合的內容：
   - 以小點心、酥皮點心、濃縮咖啡、卡布其諾、美食咖啡為特色的小咖啡店。
   - 位於退休社區附近的獨立小書店。
   - 鄰近市區辦公大樓大停車場的加油站。
   - 美髮沙龍店。
   - 寵物店。

網際網路在行銷上的應用

活動一

　　無論從店鋪或無店鋪型態而言，L. L. Bean 公司都是一家成功的零售業者，原因之一是具有卓越的顧客服務精神。請上 http://www.llbean.com 網站，並確認有哪些顧客服務是一般零售商所沒有提供的（可參考圖 14-3 零售商提供的顧客服務）。這些服務如何建立起堅強的顧客關係？

活動二

　　請上雅虎網站（www.yahoo.com）比較線上零售商。選取「shopping」欄連結，並隨意挑選兩家零售商，並請回答下列問題：

1. 你如何列述每一家零售商的目標市場？在你的報告裡需要做一些推論工作，並從人口統計變數及生活型態的特性，來描述各家零售商意圖的目標市場。

2. 這兩家零售商要做哪些最佳工作以吸引其線上目標市場顧客？需舉證支持你的答案。

行 銷 決 策

個案
14-1 齊科斯公司的銷售大幅成長

　　假如你是個好奇寶寶，那麼這些年來美國婦女服飾零售市場真是有趣極了。怪事之一是，為何會有那麼多的零售商忽視這塊重要的婦女服飾市場區隔。出生於嬰兒潮，年齡從 30 多歲到 50 多歲的婦女，就占了美國人口的 43%；然而，大部分的零售商重視的都是 X 世代或 Y 世代，即 10 多歲到 25 歲的購物者，然而她們僅占了婦女服飾市場銷售額的 17% 而已。結果，中年婦女一直抱

怨買不到合適的服飾，以致拖延了她們的購買。如今，零售商已開始注意並著手調整其產品的分類了，但這些零售商都還有一段漫漫長路方能趕上齊科斯（Chico's）公司。齊科斯總部設在佛羅里達州，擁有 691 間以齊科斯、Soma 和 WhiteHouse/Black Market 為名的店面，且大部分是位在高級商場裡。齊科斯公司鎖定銷售其服飾、靴子及時尚飾物給中高所得，年齡在 25 到 55 歲的婦女。

齊科斯公司是以創辦人馬文（Marvin）和伊蓮·格拉尼克（Helene Gralnick）的一位朋友的名字命名。1983 年格拉尼克從墨西哥移民到佛羅里達州，並在 Sannibel 島創立他們的第一家商店，從那時開始，他們就成功地開拓了嬰兒潮時期的婦女市場，並出售一些上班族穿著的簡便服以及像訂製一樣的服飾。

中年婦女對市場充斥著為年輕人所設計的流行服飾逐漸感到厭煩了。購物者公開對蓋普、香蕉共和國（Banana Republic）、Old Navy 和 Urban Outfitters 等品牌，甚至如梅西百貨公司等發出抱怨。很多人對無法買到符合其日漸體寬、體重增加的服飾而感到氣餒，這一代的中年婦女也比上一代胖，卻更重視穿著，但今天的流行服飾，好像把她們都看成了一體適用的身材。於是齊科斯公司把尺寸規格簡化為 0 到 3 碼，0 相對於平常的 4 至 6 碼、1 相對於平常的 8 至 10 碼、2 相對於平常的 12 至 16 碼、3 則相對於平常的 16 至 18 碼，而這些服飾穿起來舒適大方。的確，並非所有的婦女皆喜歡寬鬆款式，但齊科斯公司則鎖定嬰兒潮人口中比例最大的婦女。該公司從 1997 年起，每年成長率達到兩位數，2005 年該公司的銷售比 2004 年增加 27%，利潤則超越 60%。在此同時，全美國對嬰兒潮人口服飾的銷售卻下降了 5%。

齊科斯公司當然也想到，有其他廠商會搶食這塊大餅。如諾得史脫姆百貨公司的 Cambio 品牌，是由德國製造商提供一些適合中年婦女的中低腰牛件褲等時尚服飾。蓋普公司則以傳統樣式的服飾為主。妮夢·瑪珂絲（Neiman Marcus）公司也要求其設計師多設計適合嬰兒潮市場的服飾。Elieen Fisher 和 J. Jill 公司則以齊科斯的市場為目標，直搗該公司的心臟地區。另外也有一些競爭者以私有品牌展示會方式出現，像以特百惠宴會名義，讓婦女在友善的家庭氣氛中見面，購買較不知名而保守的品牌服飾。

齊科斯公司的管理階層有信心應付這些競爭，並持續積極地擴張版圖。該公司的主管也在思考著如何給婦女舒適之服飾，而不會讓她們看起來呆板：其目標市場是龐大的婦女，並且以其平均家庭年所得為 85,000 美元的婦女為主，如此可讓齊科斯公司比其競爭者更放心發展高檔的商品。為了分散風險，該公司也透過其型錄及網際網路的銷售，讓這兩個通路的銷售持續成長，在該公司的報告裡也指出，型錄和網站為其零售店帶來了更多的人潮。在早先的日子裡，該公司從不做廣告，不過目前在全國性的電視，對主要市場做廣告活動已有 5 年了。受廣告的影響也讓該公司的店鋪銷售得以成長，從而促使廣告繼續實施。一項名為 Passport 的獎勵忠誠方案，只繳 500 美元就可終生享有 5% 折扣的權利，也在眾家零售業者中，首先看到婦女服飾市場高獲利的利基所在，看來，齊科斯公司將會是個難以擊倒的對手了。

問題

1. 為何只有少數幾家零售商成功地鎖定並符合中年婦女服飾市場的需求？

2. 齊科斯公司的尺寸分類法如何增加顧客價值？

3. 為什麼齊科斯公司能夠在中年婦女服飾市場中一枝獨秀？

行 銷 決 策

家居貨棧公司與勞氏公司之間的戰爭有得瞧

近來的市場情況對居家修繕零售商大為有利。過去幾年，由於購置新屋的貸款利率走低，新屋市場的強勁擺脫了經濟不振的困境。當美國人待在家中時間愈長，稱之為結繭窩居（cocooning）的趨勢就促進了重新整修居家市場的蓬勃發展。甚至氣候也幫上了忙，因溫暖的冬天使居家修繕零售商也成了忙碌的季節。主要零售商家居貨棧及勞氏（Lowe's）公司就直接受益了，但也因此在彼此之間的競爭看來更有得瞧。

就規模而言，家居貨棧公司更勝勞氏公司一籌。家居貨棧公司於 1979 年在大西洋城成立，而從 4 間零售店一直發展到 2005 年為止，在 4 個國家裡差不多有 1,900 間的零售店，在美國僅次於沃爾瑪商店；而勞氏公司則只有 1,100 間零售店。家居貨棧公司銷售額幾乎是勞氏公司的兩倍，並於 2005 年達到 730 億美元。家居貨棧公司的盈餘是銷售額的 6.8%，而勞氏公司大約為 6%。

勞氏公司和家居貨棧公司皆了解，女性購物者在家居修繕市場的重要性。而勞氏公司也有一半的顧客是女性，其連鎖店更吸引了不少非專業居家修繕購物者。由於有高利潤的 Laura Ashley 品牌油漆及高級衛浴設備的支撐，勞氏公司近來的邊際毛利也有不斷攀升的趨勢。

家居貨棧公司的執行長鮑勃‧納德利（Bob Nardelli）說，家居貨棧公司是以服務顧客為優先要務，他吩咐員工在晚上補貨，才不會讓起重機出現在走道上而讓客戶分心；過去銷售人員只花費 30% 時間在顧客身上，但現在則會花 70% 的時間在顧客身上了。納德利也執行了一項成本降低計畫，並重新設計會計、採購和物流運籌等作業基本流程。事實上，他已徹底檢討過公司的供應鏈、加強存貨控制和慰留顧客方案了。

家居貨棧公司亦如勞氏公司，也已注意到女性顧客的重要性。這兩家的連鎖店的門面打掃得非常整潔，並避免凌亂，看起來一點也不會有大倉庫的感覺。而其清晰的張貼說明，指引購物者到各商品區，並以更明亮的燈光改善店面的氣氛。對於新購房子與房子整修方案，家居貨棧公司有 39 處的展示品設計中心（Expo Design Center）提供裝潢設計升級的概念；而勞氏則仍保持其一貫的風格不變。家居貨棧公司也著手進行一項名為 At-Home Service 方案，準備進入居家修繕市場裡的「方便找」（convenience-seeking）這一部分，專門承接幫顧客布置與安裝的銷售業務。另一項創新則是成立網站來服務專業的承包商，從而方便其工作規劃、產品選擇、下訂單和交貨、線上付款。

當勞氏公司與家居貨棧公司擴增新店以爭奪市場占有率之際，有趣的是，家居貨棧公司打算在人口密集的地方設置規模較小的新店；但在此同時，勞氏公司卻從小城鎮撤離而搬到家居貨棧公司鄰近，並在地鐵附近開設較大的零售店。以它們對女性顧客的重視和擴張版圖的企圖來看，這兩家公司之間的戰爭看來真的是有得瞧了。

問題

1. 有人認為家居貨棧公司設立新穎的展示品設計中心連鎖網，以及持續擴張新店做得太多和太快了。這種策略會比強調單一商店格式的勞氏公司好嗎？
2. 家居貨棧公司與勞氏公司要如何才能吸引女性顧客，同時不會失去男性的購物者？
3. 請比較家居貨棧公司對於專業承包商與非專業家居修繕購物者，兩者之間的行銷策略有何不同？

批發業及物流運籌管理

Wholesaling and Logistics Management

Chapter

15

學習目標

研讀本章後,你應該能夠

1 了解批發業,並敘述三種基本的批發商。

2 分辨和討論完整服務批發商與有限功能批發商兩者間角色的不同。

3 解釋代理商、經紀商和委託零售商之間的功能差異。

4 了解製造商的銷售分公司和營業處之間的差異。

5 理解低成長率和全球化如何影響未來的批發業。

6 定義物流運籌管理,並解釋其在行銷上所扮演的主要角色。

7 了解包括倉儲管理、物料管理、存貨控制、訂單處理和運輸等物流運籌作業。

8 討論影響物流運籌的一些主要倫理和法規議題。

葛雷杰爾（W. W. Grainger）公司成立於 1927 年，設立宗旨在於滿足消費者要求比製造商交貨更迅速的需求。而今，葛雷杰爾已是企業對企業批發業的主要廠商，它為全世界商業、工業、承包商和機構逾 130 萬的顧客，提供 40 萬種以上的產品和 500 萬件備用零件。葛雷杰爾公司是全球著名供應商之一，供應包括富士、Champion、Nutone、Briggs & Stratton、奇異電氣和 John Deere 等公司。該公司在願景聲明中陳述營運方向：「以最低成本提供眾多產品，成為顧客最主要的供應來源。」

葛雷杰爾有 600 家分公司和 15,500 位員工，其中 1,900 位是全職的業務代表，該公司藉衛星網路連結所有的分公司和 9 個配銷中心。葛雷杰爾真的是吃遍市場，全美有 70% 的企業皆位在其分公司 20 分鐘的路程範圍。

型錄是葛雷杰爾主要的行銷傳播工具，它包含了 22 萬種產品。電子商務對葛雷杰爾公司也很重要，它的線上銷售在 2004 年成長了 25%。葛雷杰爾除設立線上拍賣網站，並在另一個網站上銷售 6 家不同公司生產的數千種、且不需要葛雷杰爾公司存貨的產品。

葛雷杰爾仔細傾聽顧客的聲音。公司透過調查和焦點團體，獲取產品可用性和服務品質的反應。該公司「沒有藉口」的政策，要求員工協助顧客解決問題，並確保顧客滿意度。它贏得眾多顧客的信賴，例如亞培藥廠（Abbott Laboratories）、湯廚、3M、摩托羅拉、Masco、泰森（Tyson）食品和耶魯大學等，均視其為值得優先選擇的傑出供應商。

葛雷杰爾另一項值得稱讚的是對環境的重視。它的型錄是以可回收紙，及自大豆提煉且無石油成分的墨水來印製。該公司也與紙張供應商合作，每砍伐一棵樹得種植兩棵新樹以補充自然資源。型錄中也介紹許多具節省能源特色的產品，且明顯標示出「合乎環保」（Energy Right）的標誌。

批發業的世界較諸零售業，沒有迷人的產品，且也不是我們日常生活的一部分。但葛雷杰爾和其他主要批發商暗中將價值傳遞給顧客，讓商業巨輪不停地往前轉動。

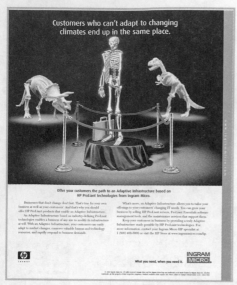

英邁（Ingram Micro）公司是全球最大的科技產品批發商，提供 1,700 家科技產品製造商的 28 萬種產品。

本章討論行銷通路和其他行銷組合要素相關的兩個主要領域：批發業和物流運籌管理。簡單來說，**批發商（wholesalers）**係指在行銷通路中銷售產品給個人或家庭以外的顧客之中間商，而**物流運籌管理（logistics management）**則是對商品與服務及相關資訊從生產點到消費點的計畫、執行和運輸。物流運籌管理逐漸涉及供應鏈管理和供應管理，如第 5 章所述。

批發商與行銷通路中的五項主要功能經常發生關聯：行銷傳播、存貨管理、實體配銷、提供市場回饋和承擔財務風險。物流運籌管理也與上述功能有關，而通常又特別與存貨管理及實體配銷活動相關。物流運籌對批發商是一項重要功能，特別是因此能掌控產品轉售。

批發商

係指在行銷通路中銷售產品給製造商、企業顧客、零售商、政府機關、同業，和機構顧客之中間商。

物流運籌管理

原物料和產品的生產點到消費點的計畫、執行和運輸。

批發業

從事銷售產品給商品轉售商、生產其他產品者、進行企業活動者等。

加值轉售者（VARs）

透過行銷通路將產品或服務的價值提升的中間商。

15-1 批發業

批發業（wholesaling）是許多廠商在行銷通路策略上重要的一環，從事銷售產品給：(1) 商品轉售商；(2) 生產其他產品者；(3) 進行企業活動者，但不包含與家庭和個別消費者的交易，及與零售店偶爾進行的小生意。基本上，批發商的銷售對象囊括製造業和企業顧客、零售商、政府單位、其他批發商，以及學校、醫院等機構的顧客。

第 13 章曾提及，行銷通路中的所有中間商包括批發商在內，至少需有一項功能優於其他通路成員才得以生存。以批發商為例，其產品或服務必須加值才能通過通路的考驗。例如，網路協會（Computer Associates）公司是一家電腦軟體領導廠商，應用**加值轉售者（value-added resellers, VARs）**觀念向中小企業銷售，他們的客戶群多未設立從事設計、執行和維護資訊系統的電腦部門，所以亟需 VARs 的服務。該公司的 VARs 以許多方式提供加值服務，包括教導客戶以新科技整合既有系統、訓練客戶的員工和提供技術支援。

批發商的種類

美國商業部將批發商分成三個基本類別：自營批發商、代理商及經紀商和委託零售商、製造商的銷售分公司和營業處，如圖 15-1 所示為三種類別和

經驗分享

「爲了增強在通路中的地位，我們將購自製造商的產品加值。在聚乙烯訂製包裝材料的市場裡，我們絕對是產品的專家，且是市場上最大訂製產品系列的供應者（也許是任何單一製造商所提供的供應量二十至三十倍）。訂製包裝材料市場相當競爭，因此必須和製造商競爭，俾使顧客服務比競爭者做得更好。」

貝克行銷服務公司（Becker Marketing Services, Inc.,）業主唐·貝克（Don Becker）在未創立包裝材料批發公司前，曾在寶僑公司及 Mobil 石油公司擔任產品管理與銷售管理的工作。他畢業於密蘇里州春田市的 Druty 學院。唐十分了解批發商需要不斷增強他們在行銷通路中的地位。

唐·貝克
貝克行銷服務公司
業主

| 圖 15-1 | 批發商的類別和型態 |

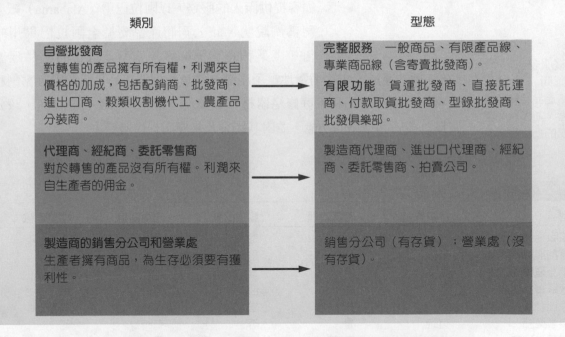

各類別的主要批發商。**自營批發商**（merchant wholesalers）是擁有轉售產品所有權的獨立批發商。第二類批發商包括代理商、經紀商和委託零售商，對即將購買和銷售的商品沒有所有權，有時又稱功能性中間商（functional middlemen）。第三類批發商是由生產者或製造商擁有的銷售分公司和營業處。

自營批發商
屬於擁有轉售產品所有權的獨立批發商，分為完整服務批發商及有限功能批發商的性質。

自營批發商

美國商業部出版的《批發業調查》（*Census of the Wholesale Trade*）顯示，美國自營批發商超過 375,000 家，約占國內所有批發商的 83%。[1] 自營批

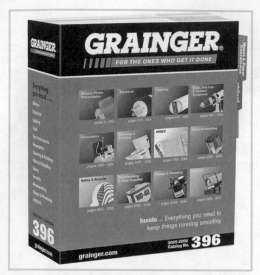

葛雷杰爾公司透過電子化型錄而達到優異的業績成長。

完整服務批發商
出售產品給廠商和顧客，並提供廣泛服務的批發商。

發商常被稱為配銷商，又可分為完整服務批發商及有限功能批發商兩種型態。

完整服務批發商　完整服務批發商（full-service whole-salers）是指出售產品給廠商和顧客，並提供廣泛服務的批發商。他們可能執行整個行銷通路的所有主要活動（如圖 15-2 所示），而有限功能批發商則專門從事其中一小部分的活動。

完整服務批發商有一般商品、有限產品線和專業產品線等三種批發商。若要進一步了解他們所提供的服務，請參閱圖 15-3。**一般商品批發商**（general merchandise wholesalers）銷售各式各樣的產品，並向顧客提供深入的服務。以阿拉巴馬（Alabama）紙業公司為例說明，該公司將產品賣給全阿拉巴馬州的零售、工業和企業等顧客。它有多樣化的產品線，逾 5,000 項的產品，包括消費性電子產品、釣魚和打獵用品、工業用膠黏劑和包裝材料、辦公用品和家庭修繕器材等。做為一家完整服務的批發商，該公司發揮許多行銷通路的功能，並對其顧客及供應商提供服務。

圖 15-2　批發商執行的功能

類型	行銷傳播 *	存貨管理	實體配銷	市場回饋	財務風險 †
完整服務批發商	是	是	是	是	是
貨運批發商	是	是	是	有時	有時
直接託運商	否	否	是	是	是
付款取貨批發商	否	是	否	有時	否
型錄批發商	是	是	是	有時	有時
批發俱樂部	有時	是	否	有時	否
製造商代理商	有時	有時	有時	是	否
拍賣公司	是	有時	否	否	否
進出口代理商	有時	有時	有時	是	否
經紀商	否	否	否	是	否
委託零售商	是	是	有時	是	有時
製造商分公司	有時	是	是	是	是
製造商營業處	有時	否	否	是	否

註：各功能領域的不同例子請見圖 13-2。

* 依定義，所有批發商至少要包括一項行銷傳播形式（銷售）。

† 所有批發商並不涵蓋代理商、經紀商、委託零售商擁有產品所有權，而隨後就將此產品出售時，會有財務風險。本圖列示批發商之財務風險，是指對客戶的信用而言。

圖 15-3	完整服務批發商／配銷商提供之服務	

配銷商服務	對製造商	對零售商
實用的採購	• 市場資訊回饋以改善生產計畫，降低原料和零組件成本。	• 可以受到配銷商透過低價採購權力影響。 • 只與一兩家批發商交易可降低採購成本，並達成一次購齊目的。
配銷流量	• 減低倉儲需求，加速出售產品，降低存貨成本。 • 產品存放於容易運輸到零售商的地方，減低對高成本配銷中心的需要。	• 每週一次送貨，降低產品儲存需求，增加銷售空間。 • 加速週轉率，增加利潤。
及時的運送	• 以車隊及整合回程車方式運送大批的訂貨，降低運輸成本，而使產品售價具競爭性。	• 妥善規劃為定期送貨，減低購入成本。 • 高需求的產品可快速補貨，馬上展示。
以促銷吸引人潮	• 以集中合作方式將地方層次的廣告經費發揮最大效果。 • 增加消費者認知，推出新產品而建立市場占有率。	• 以直效信函傳單、廣告等吸引零售人潮，增加商店銷售能力，節省管理工作。 • 利用合作計畫節省時間和經費。
行銷	• 對眾多零售商的配銷服務，可以節省其主管時間，降低推銷成本；增加產品曝光率。	• 配銷商協助改進零售訓練、商品推銷、展示與布置。 • 以電腦系統詳列價格標籤、毛利需求計畫、最佳化利潤。 • 在一零售地點擺放更多製造商的產品。

配銷商管理條件	製造商優勢	零售商優勢
產品存貨	• 儲存和運輸成本降至最低。 • 以產品移動的資訊回饋，改善生產計畫和資產的使用。	• 週轉率的改善，擴大促銷影響力，增加現金流量及投資報酬率。 • 貨源足、價格佳、服務好。
實體工廠	• 工廠多用於生產，而非存放場所。 • 降低或消除區域性再配銷設施的需求。	• 配銷商重視產品更動和利潤管理，較低的存貨使樓地板空間做更具生產性的使用。 • 市場受到商品銷售活動、店內展示、標誌、顧客流量的影響。
現金流量及信用	• 應收帳款降到最小，信用風險降低。 • 減少管理負荷。	• 頻繁而少量購買，加速現金流量，降低現金積壓在存貨中。 • 最佳的信用條件、延後付款、以及減少紙上作業。
人員	• 配銷商將產品配送到市場，可專心於製造和行銷工作。 • 只集中在少數的配銷商，可增進與配銷商的顧客關係。	• 經由配銷商的訓練和銷售協助，增強銷售技巧與產品知識。 • 與配銷商管理階層一對一的接觸，可獲取市場機會。

有限產品線批發商（limited-line wholesalers）庫存不如完整服務批發商來得多，但產品線更深入。自營批發商中，**專業產品線批發商**（specialty-line wholesalers）產品線較狹窄，通常只有一條產品線或其中一部分。為了生存，專業產品線批發商必須成為其出售產品的專家。

一般商品批發商
銷售各式各樣的產品，並向顧客提供深入的服務。

好市多批發公司是全球性批發俱樂部業者，在北美、亞洲、英國開設不少商店。它的俱樂部規模大於一般的折扣店，販售各種易腐性和包裝食品、服飾、汽車配件、電器用品等產品。

有限產品線批發商
庫存不如完整服務批發商來得多，但產品線更深入。

專業產品線批發商
僅出售一條產品線或其中一部分，而必須成為這些產品的專家。

寄賣批發商
從事對零售商的銷售，他們設置並維持誘人的商品陳列室，存放託售的貨品。

有限功能批發商
包括貨運批發商、直接託運商、付款取貨批發商、型錄批發商、批發俱樂部，不似完整服務批發商提供範圍廣泛的服務。

寄賣批發商（rack jobbers）係專業產品線批發商的一種，從事對零售商的銷售。他們設置並維持誘人的商品陳列室，存放託售的貨品（零售商僅對已賣出的商品付款）。寄賣批發商又稱服務商，此稱更能凸顯服務導向的角色。零售商對健康和美容用品、針織褲襪、書籍和雜誌等商品，特別依賴寄賣批發商。如果寄賣批發商提供貨色不多，或未能如圖 15-2 所列示的提供服務時，則會被視為有限功能批發商。

有限功能批發商　圖 15-1 所示的五種主要**有限功能批發商**（limited-function wholesalers）類型：貨運批發商、直接託運商、付款取貨批發商、型錄批發商、批發俱樂部。這些批發商不似完整服務批發商提供範圍廣泛的服務，如圖 15-2 所示。

對需要快速搬動或易損毀產品的生產者，得靠**貨運批發商**（truck jobbers）經常送貨。這些有限服務的批發商，在特定區域內運送必須確保新鮮的商品（麵包、肉類、奶品）。業者常利用貨運批發商快速收件快速送達的特性，批發各項高利潤的商品給零售店，如糖果、香菸、新奇產品和便宜的玩具。而零售商最怕這些商品缺貨，因一缺貨，消費者就會到其他商店購買。

直接託運商（drop shippers）將產品直接從工廠運送到客戶地點。雖未參與產品裝卸，但擁有產品所有權，且承擔產品運送的所有風險，並提供必要的銷售支援。直接託運商經營項目包羅萬象，包括工業包裝材料、木材、化學品、石油和暖氣產品等。

付款取貨批發商（cash-and-carry wholesalers）不負責送貨，也不准賒帳。當小型零售商和銷售有限的商家無法得到大型批發商青睞時，便成為付款取貨批發商的主要顧客。例如，付款取貨批發商在沿海城市十分普遍，餐廳和雜貨店每天都要向付款取貨批發商購買新鮮海產。

型錄批發商（catalog wholesalers）不僅對主要人口中心及偏遠地區提供服務，也是付款取貨批發商的另一項選擇。大部分的型錄批發商利用如 UPS 快遞公司送貨，而貨款必須以支票、匯票或信用卡預付。如 BrownCor 國際公司即是型錄批發商，為開拓廣大的顧客基礎，提供各式各樣具競爭性價格的產品，包括辦公家具、設備及器材，以及路標、包裝材料、貨架和儲存系統等，且均可利用免付費電話或傳真機訂購。

批發俱樂部（wholesale clubs）目前正欣欣向榮。這些企業從事一般的零售業務，普遍受到小企業、消費大眾及社會機構和宗教團體的歡迎。俱樂部會員交付年費後，可購買較零售商價格為低的產品。當好市多、BJ's 批發俱樂部和山姆俱樂部等主要批發俱樂部持續擴充時，亦表示這些批發俱樂部正侵蝕曾被辦公用品和食品等舊式批發商所盤據的市場，並且還攫取了某些零售商如超級市場和輪胎經銷商的市場。

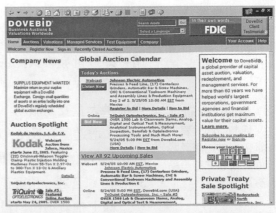

代理批發商包括特賣會，並不具有售出商品的所有權。DoveBid 是專長於企業對企業拍賣的線上拍賣公司。

代理商、經紀商和委託零售商

在批發業中約有 48,000 家屬於代理商、經紀商和委託零售商，約占全體批發業成員的 11%。圖 15-1 顯示這些批發商對所轉售的商品並無所有權，且執行行銷通路的活動不多，只重視買賣而已（請參閱圖 15-2）。由於這些批發商執行行銷通路的功能有限，所以對業務的經營必須瞭若指掌，並與其顧客和供應商建立堅強的關係，以穩定佣金收入來源。

代理商 製造商代理商（manufacturers' agents）又稱製造商代表，是此類批發商中為數最多的一類。在美國本土大約有 29,000 家製造商代理商，銷售與製造商相關而非競爭性的產品線。例如，舊金山的 Ruddell and Associates 公司賣給各禮品店的耶誕節裝飾品、賀卡、蠟燭、書籍、日曆和小裝飾品等商品，皆由不同的製造商供應。製造商代理商常常與其所代理的製造商簽約，而在特定區域裡具有代表製造商的專賣權。

代理商的另一種形式是拍賣公司，在美國本土約有 1,300 家。拍賣公司又稱**拍賣會**（auction houses），在某既定時間和地點將商品賣給喊價最高者。通常藉刊登廣告披露拍賣品內容及拍賣規則，在指定時間和地點進行促銷。

以拍賣會方式推銷家畜、菸草、二手車、藝術品和古董等商品十分普遍。知名拍賣商如蘇富比（Sotheby's）和佳士得（Christie's）公司等對知名藝術家作品的拍賣，有時可高達數百萬美元。總部分別設在倫敦的佳士得和紐約的蘇富比，現正向國際市場擴展，並應用網際網路做現場拍賣。**線上拍賣公司**（online auction company）通常是透過網際網路將購買者和銷售者撮合。線上拍賣公司一般僅收取些微的登錄費，和出售商品的 5 至 8% 佣金。

線上拍賣網站的急速成長，對批發業產生重大的影響。目前，線上拍賣

貨運批發商
在一個小區域裡從事銷售以確保商品的新鮮。

直接託運商
係將產品直接從工廠運送到客戶地點。雖未參與產品裝卸，但擁有產品所有權，且承擔產品運送的所有風險，並提供必要的銷售支援。

付款取貨批發商
不負責送貨，也不准賒帳；其基本顧客為小型零售商。

型錄批發商
提供各式各樣具競爭性價格的產品，可利用免付費電話或傳真機訂購。

批發俱樂部
會員交付年費後，可購買比零售商價格為低的產品。

製造商代理商
又稱製造商代表，銷售與製造商有關而非競爭性的產品線產品。

拍賣會
在既定時間和地點將商品賣給出價最高者。

線上拍賣公司
通常是透過網際網路將購買者和銷售者撮合。一般僅收取些微的登錄費，和出售商品的 5 至 8%佣金。

進口代理商
尋找外國產品而在本國銷售的批發商。在許多國家若不透過進口代理商或類似中間商的批發商，要將國外產品運進銷售是違法的。

出口代理商
經由尋覓和開發本國製造的商品出口銷售，以賺取佣金。

網站主要交易是個人對個人、企業對個人，其中以企業對企業的交易（包括批發業）呈現快速成長的現象。電子海灣（eBay）是傲視全球的線上拍賣公司，即以批發方式提供成千上萬的產品。書籍、電腦、服飾、珠寶、工具、辦公用品、玩具和電子用品等，只是電子海灣公司批發目錄裡的一小部分。為提供大量交易服務，電子海灣公司提供銷售者加值的服務，包括擬定銷售策略、增進顧客服務、改善後勤支援。[2] 電子海灣公司的成長驚人，每年的營收達到 30 億美元，成長速度大於微軟公司與戴爾公司。目前電子海灣公司在 31 個國家營運，預定在 2006 年的營收將達到 60 億美元。[3]

線上拍賣場在銷售剩餘的設備與資產上，已建立起一個屹立不搖的地位了。DoveBid 是這個領域的主要拍賣公司，它處理過包括美國銀行、IBM、摩托羅拉、奇異電氣、全錄等世界各大公司剩餘商品的轉售。[4] 買賣雙方都喜歡這種線上拍賣的大市場，尤其是買方喜歡透過拍賣過程買到便宜貨；吸引賣主的則是為不再需要的商品，找到一個合理市場價格的機會。進一步來說，線上拍賣常常能讓買方迅速進入這個市場，並找到供應商而加以比較與選擇。科技不斷地進步，操作愈來愈簡單，未來的線上拍賣將變成十分普遍。

在國際貿易方面有進口與出口兩種代理商形式。**進口代理商（import agents）**在美國本土約有 600 家，從事尋找外國產品而在本國銷售。例如，為了將外國的便宜鮮花空運至美國銷售，進口代理商每天安排貨機從荷蘭和南美國家進口鬱金香、康乃馨和玫瑰。而在許多國家若不透過進口代理商或類似中間商，要將國外產品運進銷售是十分困難的（甚至是違法）。

另一方面，**出口代理商（export agents）**尋覓和開發本國製造的商品出口銷售。出口代理商基本上是本國製造商的代理，再向所代理公司收取佣金。美國出口代理商約有 1,200 家。出口代理商提供製造商，尤其是小型製造商許多優點，為製造商提供降低財務投資和風險，提高市場曝光率和銷售良機。

經紀商 經紀商（brokers）是結合買賣雙方的中間商。經紀商到底要向買方或賣方收取佣金，是以其代表的那一方來決定。經紀商不像製造商代理商與代理東家簽訂長期合約，而是以每次交易為基礎收取佣金。在美國大約有 8,600 家經紀商，其中多係從事食品和農產品業務。

委託零售商 委託零售商（commission merchants）提供的服務較一般代理商或經紀商廣泛，從事存貨管理、實體配銷和促銷活動，並為所代表公司提供信用和市場回應。美國委託零售商逾 6,700 家，多為農民銷售農產品。

製造商的分公司和營業處

在美國有 29,000 家以上的製造商具備批發商功能，其中約計 58%，即 17,000 家是屬於**製造商銷售分公司**（manufacturers' sales branches）。這些分公司從事存貨管理，為總公司執行廣泛的功能。製造商銷售分公司運送貨物，並替製造商提供信用、市場回饋和協助推廣。

製造商營業處（manufacturers' sales offices）係屬製造商的另一種批發形式，全美超過 12,000 家。營業處不做存貨管理，只提供有限範圍的功能，包括銷售和協助服務、提供市場的回饋、處理銷貨帳單和收款。

◼ 批發業的發展

批發業有三種發展需要加以注意：持續努力成長、批發業全球化、加強發展與其他通路成員的關係。

批發業面臨成長的遲緩

批發業在世界經濟裡扮演一個重要的角色，但成長卻不容易。大型零售商如克羅格、辦公用品倉儲和沃爾瑪等在零售市場的占有率很大，而日漸增多的零售商也聯合起來向製造商直接採購，因此批發商逐漸被架空。要靠零售商提攜批發商的市場地位已日益困難。產業觀察家注意到，通路支配力量已逐漸轉移到零售商這一邊。

另外一些情況也威脅著批發商，包括美國因全面刪減健保成本，醫院及其他健保機構較以往更設法減少使用供應品及延緩採購，批發商的銷售成長因此逐漸疲軟。旅行社也感受到來自航空公司和租車公司降低佣金的壓力。此外，傳統批發商正面臨運輸和配銷公司等強敵環伺，這些公司正擴展其業務範圍，爭取以往由批發商經營的業務。

許多批發商已採取幾種方法，以因應這些市場的變化。有些批發商透過併購其他批發商方式增進成長，有些批發商則延伸成為零售商。Supervalu 公司是最大的食品和雜貨批發商，併購了另外一家大批發商 Wetterau 公司及其旗下多家不同名稱的零售店，包括 Cub Foods、bigg's、Farm Fresh、Scott's 和 Shop'n Save。

批發業全球化

為了因應國內市場艱難的情況，許多美國批發商紛紛進軍國際市場。辦

經紀商
結合買賣雙方的中間商。經紀商是以其所代表買方或賣方來決定佣金收取對象。

委託零售商
提供的服務較一般代理商或經紀商更廣泛，從事存貨管理、實體配銷和促銷活動，並為所代表公司提供信用和市場回應。

製造商銷售分公司
從事存貨管理，為其總公司執行廣泛的功能。

製造商營業處
不同於製造商銷售分公司，不做存貨管理，只提供其母公司有限範圍的功能。

公用品倉儲是一家兼營零售和批發的公司，它非常積極地在國際市場擴張批發業務，並且併購了型錄和網路批發商 Viking Office Products 公司，以涵蓋更多的市場，如七個歐洲國家、日本和澳洲的市場等。辦公用品倉儲公司透過它的商業服務部門進一步擴張國際市場，它在十幾個歐洲國家裡，擴展新業務並成立自己的行銷工作團隊，與一些大客戶訂定合約。[5] 其商業服務部門是針對主要客戶，以個人化服務方式提供客製化的價格，以及量身訂製的物流運籌方案，有別於對一般商店、網路或型錄提供的一般性商品。

當美國批發商在國際貿易上的角色日益重要之際，發展型態將如圖 15-4 所示。在簡單經濟發展階段裡，國際性批發商在服務需求上擔任了一個不可或缺的角色。而當國家經濟達到進步階段時，傳統批發商的角色就變得不重要了。最後，當國家變成全球經濟的一部分時，國際性批發商再度成為經濟系統的重要因素。目前美國與其主要的貿易夥伴正成為全球經濟成長動力的一部分，此一因素將有助於批發商維持或延伸其業務基礎。

批發業之間的關係

許多批發商著手與供應商和顧客建立夥伴關係，以強化其市場地位。英邁公司是大型電腦產品批發配銷商，它的夥伴關係相當成功。該公司在其全國配銷網上為「加值轉售者」（value-added reseller, VAR）設計了店面式網站，這些網站是掛著「加值轉售者」自己的店名。進入這些 VAR 網站的顧客，可以看到英邁公司詳細的商品目錄、各種服務和 24 小時的送貨系統。對顧客來說，當地 VAR 所提供的全部產品和服務，就是英邁公司隨時準備要供應的東西。當地 VAR 得到該公司的信賴後，就不必投入太多的間接成本。[6]

製造商也察覺與批發商建立夥伴關係可獲益。設立在堪薩斯市的聯合雜貨批發（Associated Wholesale Grocers, AWG）公司與許多製造商建立了夥伴關係，對 478 家零售商提供服務。該公司並獲得寶僑公司特別的讚譽，而寶僑公司是販賣非食品類消費性產品給零售業的主要製造商。[7] 聯合雜貨批發公

圖 15-4 ▸ 經濟發展階段的週期性批發業型態

經濟發展階段	批發業型態
簡單經濟	國際性批發商占重要地位（由具有各種型態的批發商控制通路）
擴張經濟	出現區域性批發商（區域的分工）
成熟經濟	專業性批發商興起（產品線和功能的分工）
進步經濟	傳統批發商式微，批發商重組（通路被大型零售商和製造商控制）
全球經濟	國際性批發商再度出現

司的確被認為是讓眾多和其有生意來往的雜貨商,可以放手和大型零售連鎖店在大軍壓境時力搏的支柱。製造商與零售商雙方皆受益於聯合雜貨批發公司所提供的商品展示規劃、市場研究、店址選擇、零售訓練、協同廣告和建築物管理支援等服務。由於零售商得到聯合雜貨批發公司的支援,該公司在堪薩斯市的零售商客戶之市占率達到 60%,其力量足以與全國性大型連鎖店主宰的零售業務相抗衡。

貝克行銷服務公司業主唐・貝克非常了解與供應商和顧客建立良好關係的重要性,他說:「在行銷通路中存在某些摩擦和衝突是很自然的事。做為一個批發商,我的公司經常被夾在中間,一邊是由供應商推著我們,另一邊是顧客在拉著我們。我們的員工能夠與大多數顧客和供應商建立良好的關係。當發生重大爭議時,我提醒顧客和供應商,我們必須合作才能讓每一個人都獲利。有時我會做一些犧牲,有時是顧客妥協讓步,有時是靠供應商的幫忙,這一切都是為了建立良好的長期關係。」

15-2 物流運籌管理

物流運籌管理如本章開始時之定義,是對商品、服務和相關資訊,自生產點至消費點間的處理。在今日,物流運籌管理日漸重要,利用運輸速度做為競爭優勢(如運送顧客訂貨)、日新月異的新電腦科技,導致存貨儲存、裝卸的不同成本對整體營運成本產生極度的敏感性。

在進步的公司裡,物流運籌管理從以往的貨物運送和裝卸,變成行銷策略中一項差異化的因素。物流運籌管理可用來應付下列挑戰:提高顧客回應、維持市場地位、遏止價格受到侵蝕、維持國內外市場的競爭力。消費者和企業購買者說「我現在就要!」的聲音逐漸加大。愈來愈多的業者以競爭性的價格提供高品質的產品;但這還不夠,除非產品能在正確的時間、正確的地點被送達。當電子商務愈來愈流行時,行銷從業者所面臨的挑戰,是要開發新的物流運籌管理系統,直接與顧客來往,而非倚賴批發商和傳統零售商進行配銷。

◾ 物流運籌管理對行銷的重要性

提高顧客滿意度、改善生產力和獲利力,是許多成功的廠商希望以物流運籌管理達成行銷努力的目標。例如,星星(Star)家具公司是波克夏・哈薩威(Berkshire Hathaway)公司的子公司,也是德州最大的家具零售商,它在

物流運籌管理仰賴各種方法運送產品與物料，包括貨機和超級貨輪。在有些情況下，也使用一些簡單的運輸工具，例如，UPS 以摩托車在歐洲的布魯塞爾、以狗拉車在美國的北達科他州遞送報紙。

改造物流運籌管理系統後，即對其顧客產生相當大的影響。當進口亞洲製造的家具變得日益重要之際，星星公司就夥同波克夏·哈薩威公司其他三家經營零售業務的子公司，一起參與談判有利的運輸費率，從亞洲到休士頓港口全改為水路運輸。這對零售商客戶有幾點好處。第一，產品成本降低，反應在零售的價格就壓低了。第二，顧客可以得到他們想要的品質。第三，資訊科技系統讓該公司對其顧客更能提出堅強而可靠的承諾。依據該公司物流運籌部副總經理的說法，「保持靈活並給予顧客額外的服務，而在價格上保持競爭性是生意之道。」[8] 物流運籌對成功行銷之重要性的範例，請參閱「創造顧客價值：VF 公司利用物流運籌加速成長」一文。

創造顧客價值

VF 公司利用物流運籌加速成長

VF 是全世界最大的服飾公司，並且是 Chic、Gitano、Wrangler、The North Face、Nautica、Van's 和 Jansport 等公司的母公司。該公司不但知曉如何在產品設計與廣告力爭上游，而且也知道如何透過物流運籌管理為其顧客建立價值。以 The North Face 公司為例，它是在 2000 年被 VF 公司併購。在被 VF 公司併購之前，The North Face 公司在交貨方面，不管是時間延誤或貨品遺漏皆惡名昭彰。雖然如此，但該公司的產品品質卻名聞遐邇，並獲得不少愛用者的鼎力支持。

自從被 VF 公司接受之後，The North Face 公司就分享 VF 公司卓越的物流運籌所帶來之競爭優勢。根據 VF 公司執行長麥基·麥當勞（Mackey McDonald）的說法：「許多服飾公司對於適當時間運交適當產品的做法欠缺訓練，這就給我們帶來了機會。」在 The North Face 公司併入 VF 公司的供應鏈系統之後，VF 公司幾乎馬上看到其投資帶來的收益。The North Face 公司在一年之內就轉虧為盈，現在已成為 VF 公司成長最快的品牌。毫無疑問地，VF 公司與 The North Face 公司皆了解在瞬息萬變的零售市場裡，光靠品質好是不夠的，好產品應當是顧客想買的時候就已擺放在貨架上等候了。

物流運籌管理系統要達到可接受的顧客滿意水準時，應盡可能做到合乎經濟性。為了使顧客滿意，物流運籌管理系統應該是易用、可靠，且可提供及時資訊。這些屬性列示於圖 15-5。

物流運籌管理的主要活動

物流運籌管理有下列五大功能：倉儲作業、物料管理、存貨控制、訂單處理、原料和製成品從原產地到目的地的運輸。最好的物流運籌管理系統是整合上述功能，且以可接受的成本，達成顧客的滿意度。

倉儲作業

公司可選擇私人或公共倉庫或配銷中心。私人倉庫（private warehouses）是指公司利用自己的倉庫作業。公共倉庫（public warehouses）係指出租倉庫供任何企業做為儲存或處理商品之用途，並收取儲存和裝卸費用（對儲存商品的進出調度）。9

配銷中心（distribution centers）是服務大區域的超大型倉庫。這些自動化倉庫並不只存放商品，還可替顧客接訂單、處理和運送商品。由於科技進步，讓許多公司透過配銷中心而節省成本和提供更好的服務。許多利用配銷中心的公司有製造商如：耐吉、小松－德萊塞（Komatsu Dresser，重工設備）和 Troll Associates（兒童書籍）；零售商如：50-Off Stores、Athlete's Foot、Williams-Sonoma、沃爾瑪、McCrory Stores、通用汽車和亞馬遜網站。

線上購物日益增加，許多公司利用配銷中心專門做為電子商務用途。為電子商務設計的倉庫，與為配銷消費性商品零售店而設計的倉庫不同。電子商務倉庫是為居住在幅員廣大的各地顧客揀選和寄送個別貨物，而零售店的傳統倉庫，基本上是以卡車或火車裝載及配銷大量、特定項目的貨物。10 年前，許多現已倒閉的電子零售商建造了許多倉庫設施，假如現在想利用這些設施的商家，則必須考慮儲存、貨物提取、輸送帶系統是否符合自身需求。

圖 15-5　顧客對供應商物流運籌管理系統的期望

- 及時處理需交運的訂單。
- 準時交貨。
- 迅速解決損壞或遺失的商品。
- 帳單正確。
- 以互動式網站追蹤顧客服務。
- 訓練有素的駕駛員和支援顧客的員工。
- 具有分析與改正服務疏失的處理能力。
- 集中而實用的顧客服務。
- 與顧客的良好溝通。
- 供應商所有相關部門的回應。

物流運籌管理包括倉儲作業、物料管理、存貨
控制、訂單處理、產品運輸給顧客。本圖是聯
合利華公司在奈及利亞應用其物流運籌功能，
對其零售商進行配銷工作。

條碼處理
以電腦編碼方式辨
識產品。

無線頻率辨識
（RFID）
能將無線晶片固定
在產品上取代條
碼，可即時在遠方
掃描大量多樣化的
項目。

及時存貨
控制系統
主要應用在物流運
籌管理的物料管
理。在此系統下，
原料、組件、零件
等都在製造商的計
畫時程內剛好送
達。

在某些情況下，若是合適，則可與之議價購入，增加倉
儲能力。 KB Toy Stores 公司就是在這種情況下，向已破
產的 eToys.com 公司購得 440,000 平方英尺的配銷中心。
該公司把此配銷中心成為線上購物配銷系統的一部分。[10]

物料管理

物料管理作業包括產品的接收、辨識、分類和儲
存，以及揀選運送商品。科技利用在物流運籌管理的領
域上十分重要。**條碼處理**（bar coding）是配銷中心物
料管理最耀眼的進步科技。條碼處理是以電腦編碼方式
辨識產品，可以應用在物流運籌管理的各種不同功能。
在 Big Dog 物流運籌公司的廣大客服系統中，條碼應用
是不可或缺的，其客戶包括出版公司、製藥公司、零售
商和運輸公司。條碼方便倉儲、分類和出貨，利用手機
將資料以雙向無線傳輸到如手掌大小的個人接收器（Palm Pilot），且可透過供
應鏈做為追蹤產品運輸裝運和存貨估價的精確資料。[11]

無線頻率辨識（radio frequency identification, RFID）可能會漸漸取代條
碼，RFID 能將無線晶片固定在產品上取代條碼。它的優點是可即時在遠方掃
描大量多樣化的項目，而非如條碼只能一次讀進一個項目。以 RFID 應用在倉
儲管理、訂單分類、和運送方面，幾乎無疑地會使這些無線標籤的成本下
降。在這些應用者之中，以沃爾瑪商店和家居貨棧公司為 RFID 最熱烈的支持
者，沃爾瑪透過山姆俱樂部利用這項技術追蹤可口可樂、Bounty 紙巾、吉列
鋒速 3（Mach 3）刮鬍刀等物流資料。[12] 更多的 RFID 訊息，請參閱「運用科
技： RFID ——已經準備做為直接配銷了嗎？」

存貨控制

物流運籌管理的另一個主要領域是存貨控制。它確保足夠的存貨以滿足
顧客的需求，同時不因存貨過剩而增加成本。許多產業使用兩種存貨控制系
統，分別是及時存貨控制系統和快速回應存貨控制系統。這些系統在 1990 年
代以前還很少使用，如今已經很普及了。

及時存貨控制系統（just-in-time inventory control systems）主要應用在物
流運籌管理的物料管理。在此系統下，原料、組件、零件等都在製造商的計
畫時程內剛好送達，因此稱為及時（JIT）。汽車製造商最常使用 JIT 系統，材
料供應商通常會在汽車製造商附近設置零件製造或配銷設施，以合理成本對

汽車製造廠提供及時服務。

貝克行銷服務公司的業主唐‧貝克對 JIT 流程的評語:「這幾年來我有自己的公司,做為一個銷售給其他中間商的經紀商,要選擇和銷售產品給批發配銷商,讓其相信購買大量訂製產品,能以及時(JIT)方式提供給顧客——也就是最終使用者——是非常重要的事。以 JIT 的方式,我相信可以讓最終使用顧客在訂貨的一個小時裡,如有必要,批發配銷商就可將貨送達。經由我們與適當的配銷商連結,我們與數百位最終使用顧客建立起一筆滿意的大生意。」

許多公司使用**快速回應存貨控制系統**(quick-response inventory control systems)將製成品供應零售商。快速回應(quick-response, QR)系統是以多單少量為基礎,根據昨天的銷售,甚至有些系統是以當日銷售資料補足商品。零售商如沃爾瑪、凱瑪、迪拉德等公司將策略與科技融合,而與供應商如寶僑公司、 Gitano 公司和童裝製造商 Warren Featherstone 公司配合,以增進市場和生產力的回應。圖 15-6 描述進行 QR 的主要步驟。

參與快速回應系統的廠商必須成為物流運籌夥伴關係的一員。真正的夥伴關係是要靠買賣雙方分享敏感的資訊,以及不斷的溝通維繫。事實上, QR 系統需要交換大量資訊,以致需要投資大量的設備,條碼處理和零售點的銷售掃描設備都得購置。在裝置**運輸貨櫃標示**(shipping container marking, SCM)系統後,追蹤的資訊就能輸入電腦化的資訊系統。這種系統稱之**電子資料交換**(electronic data interchange, EDI)。

在全球化市場營運中,使用 EDI 的廠商愈來愈多。例如, Xicor 公司是以加州為生產基地的電腦電路製造公司,大約有 60% 外銷到美國國外,它應

> **快速回應存貨控制系統**
> 一種將製成品供應給零售商的系統,該系統根據剛銷售的數量回補存貨,並以多單少量做為基礎。

> **運輸貨櫃標示(SCM)**
> 將產品資訊輸入電腦化的資訊系統,以方便產品的運輸。

> **電子資料交換(EDI)**
> 電腦化系統能夠讓不同單位的資訊交換,亦為快速回應存貨控制系統的一部分。

運用科技

RFID——已經準備做為直接配銷了嗎?

無線頻率辨識(RFID)蓄勢待發已有多年,如今隨時都可啟動。在 2003 年時,沃爾瑪要求其前 100 家供應商在 2005 年 1 月時開始推展 RFID,但在期限截止時只有 57 家如期完成,而沃爾瑪也沒有辭退任何一家末完成的供應商。雖然沃爾瑪的供應商沒有全部完成,但大多數的產業分析師認為, RFID 將是物流運籌與供應鏈管理下一波的大事。

RFID 具有產品從生產點一出來,隨時可得知其在通路上位置的優點。它雖可協助零售商客戶增加銷售,但能否降低推展成本亦是一個問題。例如,零售商客戶要裝置掌上型掃描器與電腦,俾便於存貨運出倉庫前,或在冷凍餐點從烹調設備轉移到微波爐時加以清點。 RFID 另一項被關心的問題是運輸期間的安全問題,美國國土安全防衛部也很關心載運物品的內容是否會在運輸當中被調包的問題。

| 圖 15-6 | 快速回應系統的主要活動 |

- 零售商追蹤各種項目（儲存單位）之銷售和存貨。
- 自動補貨系統監控存貨，以支援多單少量的裝送。
- 零售商承擔貨品運輸成本的責任。
- 供應商給予高水準服務的承諾，重視裝送的精確和準時。
- 零售商與供應商分享資訊，協助生產的規劃，並承諾採購一定的數量。
- 供應商對載運貨櫃的清點，以加速配銷中心到商店的運輸。

關鍵思維

克里本（Cribben）包裝材料公司是針對製衣業銷售的批發商，琴・羅賓斯（Jean Robbins）是該公司的銷售代表。她的顧客之一是箭牌（Arrow）襯衫製造工廠。該工廠採購印有商標的紙袋，以方便襯衫在零售店展售之用。克里本公司在 JIT 的基礎下，其倉庫為箭牌襯衫公司儲存與運送紙袋。最近，該工廠經理人威脅要直接向紙袋製造商購買，每個月大約有一卡車的承載量或約 1,000 箱。他宣稱，若是直接採購，將有 20% 的折扣。

- 琴・羅賓斯應該如何保有箭牌工廠的業務呢？

用電子資料交換（EDI）系統滿足客戶的需求，其客戶包括 IBM、三星（Samsung）、摩托羅拉和阿爾卡特（Alcatel）等。在世界各地，Xicor 的銷售員和配銷商必須掌握產品供應和運輸狀況的即時資訊。Xicor 的 EDI 系統環繞著區域和本地的辦公室，有助於集中利用系統中的所有資料。該系統讓商業夥伴、業務員和終端客戶共同參與生產和運輸的方式，節省了 Xicor 的時間和金錢，及排除存貨管理上的可能錯誤。[13]

隨著 EDI 愈來愈流行，進步的公司都嘗試將此系統與網際網路上連結。若能將個人電腦與網際網路銜接，將可節省下更多的費用。家居貨棧、辦公用品倉儲、邦諾等公司都積極使用網路基礎的 EDI 系統。例如，邦諾出版公司的 30,000 家供應商中，約有 1,200 家使用網路基礎的 EDI 系統。當一些小型出版公司還在使用傳統的 EDI 時，這些使用網路基礎 EDI 系統的公司已成為邦諾公司最大的供應商。[14] 以傳統 EDI 系統做為公司間電腦直接傳輸的重要工具之際，以網路為基礎的 EDI 系統在未來將會大幅成長。[15]

有了真正的夥伴關係和電子資料交換的科技，以及人員和訓練等的貢獻，QR 系統可以提供許多潛在的效益，如圖 15-7 所示。

雖然 JIT 和 QR 系統有非常多的優點，但還是會有一些缺點。美國加強裝運安全的檢查，尤其是來自國外的產品，使得一些利用 JIT 的製造商的出貨速度因此受到影響，亦打亂了生產進度。多數的美國主要汽車製造廠商都受到波及，被迫減少生產，甚至關閉工廠。例如，福特公司關閉五個廠及減少 13% 的生產，以因應從墨西哥、日本和歐洲的延誤交貨。由於關鍵零組件沒有額外庫存，福特公司因進貨的延誤，不得不關閉工廠。[16] 該公司提醒行銷從業者不論科技如何發展，千萬不能忽視存貨控制。謹慎的行銷從業者應避開快速回應系統，寧可多負擔一些成本而多準備一些額外的庫存。

訂單處理

訂單處理的目的，在確保顧客能得到其訂購物品、準時取得、帳單正確、使用和安裝的支援服務。除以 QR 和 JIT 系統自動處理訂單活動外，尚包

圖 15-7	快速回應存貨控制系統的潛在效益

- 減少購買者與銷售者間的議價成本。
- 增強對市場需求的回應。
- 穩定購買者與銷售者之間的供需關係。
- 生產順利（不致生產過多或過少）。

- 減少存貨及儲存空間的投資。
- 不致發生缺貨的現象。
- 提升顧客滿意程度。

括輸入訂單、掌控訂單和安排交貨日程，其中的訂單輸入過程必須正確與及時。所謂訂單包括顧客的採購單，或由業務員轉送來的訂單。處理過程包括將訂單傳至出貨部門或倉庫、將要交付運送的訂單整理完畢，或安排生產日程，最後依訂單內容將商品從倉庫取出、包裝，以及安排運送日程。訂單文件成為顧客和業務員之間檔案的一部分。

運輸

最後要探討的物流運籌活動是運輸，從選擇產品或原料的運輸方式開始。託運商（shippers）將產品和物料從一個地點移到另一地點，有五個基本方法：鐵路、貨車、空運、管路、水路，每一方式皆有其優缺點。物流運籌經理人必須考量每一種方式的成本、可靠性、載運量、載運到顧客承接地點的能力、運送時間，以及需要特別處理的事務，如冷凍和溫度的控制、安全控制和運送易損商品的能力。

鐵路　鐵路承載大約全美貨物的 40%，其中多數是大宗的散裝貨物。鐵路運輸主要用來承載煤、穀物、化學製品、金屬礦石、石材、沙子和碎石。美國製造的汽車至少有三分之二是交由鐵路運輸。[17]

鐵路運輸十分可靠，但會因定期性勞資糾紛以致行駛中斷。這些中斷時

本圖是位於密蘇里州聖路易市的配銷中心，以條碼掃描機辨別各例行性訂單後，通過自動系統揀選待運商品、印製客戶發票，再將商品送到運輸倉庫裡。

創造和持續強化顧客價值，是物流運籌公司的一項專注工作。本幅廣告是 TRANSFLO 公司強調它了解顧客的需求，包括經營其供應鏈。

間通常相當短，因為聯邦政府通常會干預，以防止鐵路運輸服務的嚴重停頓。

貨車　貨車幾乎可以運送到任何地方，尤其是對缺少鐵路運輸路線的顧客特別重要。貨車運送時間相當快速，若運送目的地在 500 哩以內，它是最佳的選擇。卡車通常相當可靠，但也會受到天氣惡劣的影響。貨車運輸也常受到工人罷工的影響，有時情況還比鐵路嚴重。

　　科技方面，尤其是移動無線電通訊和追蹤設備，對於 Roadway Express 公司、J. B. Hunt 和 M. S. Carriers 公司等運輸業成功的經營貢獻不小。人的因素也相當重要。從行銷觀點而言，大多數貨運公司首要之務是司機的招募、訓練和再訓練。考量物流運籌在扮演增加顧客滿意和提高收益的角色上，貨運公司要聘僱可靠司機以提升顧客關係。隨著電子零售商對家庭交貨的需求增加，和預期世界經濟在數年後至少會適度地成長，缺乏合格的貨車司機，恐怕是貨運公司最關心的大事。美國貨車協會預估，貨車司機的短缺會從目前的 20,000 人增長到 2014 年的 110,000 人。[18] 該協會的發言人說，司機在任何時間裡都很短缺，所以也限制了運輸業的司機轉移到貨車業當司機的可能性。

空運　空運的速度最快，但運輸成本最高。有時空運是廠商構成整體作業所必需的一環，例如型錄公司或廠商有時銷售從遠地運來的易腐爛物品，如將緬因州的龍蝦運到加州的海產餐廳。空運業並沒有什麼成長，以聯邦快遞和 UPS 二大空運業者，其平均承載量下降已逾一年。有趣的是，聯邦快遞和 UPS 兩家公司也得為業績下降負起一部分的責任，因為它們逐漸傾向陸地運輸。由於貨車運輸日漸改善，聯邦快遞和 UPS 發現許多顧客忽視空運所帶來的價值。對空運的另一個不利原因，是機場安全檢查的持續加強，尤其是貨物要裝上貨機時。隨著全球貿易擴張，空運業將受益。以美國國內貨物運輸而言，均為夜間運輸，主要業者如聯邦快遞、UPS 和 DHL 等公司，並不期盼業務能恢復至往日榮景。

管路　管路如阿拉斯加油管，可輸送化學品、天然氣、液態石化燃料和石油產品。管路運輸費用甚低，且絕對可以送抵少數幾個目的地。操作管路雖只用到一點能源，但是建造管路必須經由地下通過，常引起環保的爭論。

水路 對於必須長距離運送的大宗而笨重產品，水路運輸是一種良好而費用低的選擇。它運送大宗農產品、進口或出口的汽車，和輸入石油輸出國的石油。

美國的水路運輸主要集中在東半部地區。密西西比河占全美水路運輸的一大部分，而其他河流則提供辛辛那提和芝加哥的運輸服務。河流亦為墨西哥灣沿岸的紐奧良和休士頓間，及在太平洋和波特蘭、奧勒岡間大宗貨物的運送路線。

在五大湖地區，貨船承載龐大數量的原料，如將鐵礦運至底特律供應汽車製造產業。五大湖運輸的其他終點城市，包括密爾瓦基（Milwaukee）、水牛城、芝加哥和多倫多。聖勞倫斯航線是從安大略湖到蒙特婁（Montreal），可行走大型平底船和遠洋輪船。該航線是由美國和加拿大共同出資闢建，加拿大約負擔四分之三的資金。

綜合運輸 雖然託運商可用一種運輸方式完成運送，但大多會選擇**綜合運輸**（intermodal shipping）方式。它涉及兩種以上的運輸方式，例如，大卡車拖載的貨櫃，載運到火車站後，再交由火車承載。

包括家居貨棧公司、潘妮百貨公司、Gart 運動商品公司和標的公司等大型零售商，均以綜合運輸方式收取運送的商品。這個方式特別適合距離原產地很遠的承載工作。例如，美國零售商經由水路、火車和貨車等運輸的結合，可以將亞洲最好的產品，由原產地運輸至美國各地的商家。

綜合運輸的前景十分看好，因為正確地結合不同的運輸方式，相對於速度和其他服務成本的考慮，將更為合理。這 10 年來，含有鐵路運輸在內的綜合運輸，已成為在鐵路產業裡成長最為迅速的一部分。綜合運輸現在也成為鐵路最重要的盈餘來源，而在 2003 年時成為運送煤炭的第一優先考慮運輸工具。[19]

以 YFM 為例，說明顧客關係與全球化觀點。YFM 是 Yellow Freight System 和荷蘭的 Royal Mass Group 公司策略聯盟成立的單位，YFM 提供北美到西歐水運之間的卡車運輸工作。

> **綜合運輸**
> 利用兩種以上的運輸方式載運產品。例如，由大卡車拖載的貨櫃，載運到火車站後，再交由火車承載。

■ 物流運籌的倫理和法律議題

有許多地區、州、國家和國際的法律與稅則以及海關規章等，對原料、產品的運輸有所管制。州際商業委員會、聯邦海運委員會和運輸部，都是美國主要的法律主管機構。

撤銷管制
經由法律方式促進
自由競爭,屬於法
律環境的一部分。

從 1970 年代開始,美國對運輸業的**撤銷管制**(deregulation),促進了運輸業者的自由競爭。這 30 年來,許多非法或無作業效率的業者,從此自舞台上消失了。一般來說,撤銷管制規定可讓企業專心致力提高顧客滿意度,和促進國際間貿易,在經濟與信任的基礎下,加強商業關係的發展。

重視倫理的考量,對物流運籌管理仍是重要的一面。安全問題是顯而易見的。最近一些事件引發更多警惕,當產品透過供應鏈運輸時,政府機關、託運商、收貨者和執法單位間的合作相當重要,俾使相關單位的員工和一般公眾的危險減到最少。聯邦快遞公司在航空業裡打擊恐怖主義的努力是有口皆碑,它督促其所屬 250,000 位員工隨時注意潛在的恐怖份子。該公司設立了稱為聯合快遞警衛(FedEx Police)的部門,它是一個配合美國聯邦調查局(FBI)偵測恐怖主義的偵察單位,並利用偵查員為該公司在海外機構偵測有無爆炸物。[20] 在運送過程除要關心一些問題外,尚有一些安全問題,包括使用過大的拖車運輸、貨車拖著兩節 28 呎的拖車、操作員(司機)的工作條件。在貨運和水路運輸業中,操作員勞累是長期存在的安全問題。由於貨運業成長比公路基礎建設更快,交通擁擠和空氣品質也是一個令人關心的問題。而這些都屬倫理和法律的問題。

託運商有責任預防員工和一般公眾受到不安全操作和材料的傷害。屬於爆炸性的材料或腐蝕性的化學品必須經特別處理,但其他較不明顯的產品也可能具有危險性。無知或疏忽可能付出昂貴代價,如造成 1996 年 Value Jet 航空飛機墜毀,即因不當運送氧氣罐所致。

託運商必須對環境的影響負起更多的責任。為因應美國環境保護局預定在 2007 年生效的廢氣排放標準,貨車運輸業正在測試新科技,包括低硫化物柴油引擎、混合引擎和輪胎,以改善燃料效益。[21] 除了貨車運輸業外,鐵路運輸業也參與美國環境保護局的聰明(SmartWay)運輸方案,以減少火車頭的燃料消耗和廢氣排放。[22]

物流運籌經理人和批發商在面對未來時,必須認清在行銷中的角色已日益重要。各家廠商為了生存就得變革和適應,因而資訊管理則扮演了極吃重的角色。物流運籌經理人和批發商妥為運用科技,並全力施展於通路上,以達到顧客滿意、提高獲利力,而邁向成功之路。

摘要

1. 了解批發業，並描述三種基本的批發商。批發業涉及將產品賣給從事商品轉售者、生產其他產品者、進行企業活動者，是行銷的重要部分。

   批發業的三個基本類別是零售批發商；代理商、經紀人和委託零售商；製造商的銷售分公司和營業處。某些批發商提供廣泛的服務，有些則僅提供少數的專業服務。

2. 分辨和討論完整服務批發商與有限功能批發商兩者間角色的不同。完整服務批發商又分為三種主要類型：一般商品批發商、有限產品線批發商、專業產品線批發商。在這些類型中，一般商品批發商的貨品供應各式各樣的搭配，和提供客戶最廣泛的服務。這些服務可能包含協助促銷、存貨管理和儲存、實體配銷、市場回應、承擔財務風險、信用額度。

   另兩種批發商以更細更專業的分類，提供不同水準的服務。有限功能的批發商包括：貨運批發商、直接託運商、付款取貨批發商、型錄批發商和批發俱樂部。其中型錄批發商和批發俱樂部在近年來有大幅成長。

3. 解釋代理商、經紀商和委託零售商之間的功能差異。代理商和委託零售商集中於買賣業務，他們對轉賣品沒有所有權。此類型的批發商必須有足夠知識，與其顧客及供應商間發展更親密的關係。他們在每次交易額中收取某一百分比的佣金。

4. 了解製造商的銷售分公司和營業處之間的差異。製造商的銷售分公司會預留庫存、處理交貨和延伸製造商的各種服務。製造商的營業處提供的服務較狹窄，主要是因沒有預留庫存。

5. 理解低成長率和全球化如何影響未來的批發業。在多數已開發國家裡的低經濟成長率，對批發商形成很大的壓力，常面臨邊際利潤的下降。隨著大型零售連鎖店增加，並直接對製造商進行採購而得到更多的優勢，將使批發商營運情況更趨於嚴峻。

   為因應低成長，批發商有時得與製造商、顧客和其他批發商保持良好關係。全球市場提供給某些批發商更多成長的潛力，過去批發商很難有機會去實現國際貿易，如今已變得容易了。此外，當發展中國家的經濟成長時，批發商將因有能力供應國外市場而受益。

6. 定義物流運籌管理，並解釋其在行銷上所扮演的主要角色。物流運籌管理描述計畫、執行和控制從原始製造點與消費點間商品與服務，及相關資訊的流動。近年來，物流運籌管理在整體行銷策略變得非常重要，因為對特別承載需要和運送商品條件的回應，皆是影響顧客滿意度的因素。

7. 了解包括倉儲管理、物料管理、存貨控制、訂單處理和運輸等物流運籌作業。有些公司使用獨立的公用倉庫，有些公司則擁有自己的私人倉庫或物流中心。物料管理活動包括收料、檢驗、分類、儲存和檢索運送的貨品。存貨管理在不積壓過度存貨成本的情況下，滿足顧客商品的需求。物料及時送達和快速回應，是所有行業應用於存貨控制方案之範例。

   顧客採購訂單處理，包括訂單登錄、訂單控制和交貨時程表。物流運籌管理的最後部分是運輸，即決定如何運送產品。託運商可能以火車、貨車、空運、管路和水路運輸，或將這些方式予以結合。

8. 討論影響物流運籌的一些主要倫理和法規議題。過去 30 年運輸業的撤銷管制規定，對一般產品有正面效果。託運者在撤銷管制規定後更為競爭，且更重視顧客滿意度；在託運商和客戶之間的合夥關係，也更強調倫理的商業行為。運送貨物中安全問題，也比以往更重要。在運送貨物過程中的保護、車輛作業人員的工作條件、和火車超載安全問題皆涉及倫理和法律的問題。

習題

1. 何謂批發業？批發商有哪三種基本類別？

2. 哪一類批發商對其轉售品沒有所有權？這一類批發商屬於哪一類別？

3. 製造商代理商和製造商銷售分公司有何不同？

4. 在雜貨業中，批發商在行銷通路中會變得更強勢或更弱勢嗎？

5. 近年來物流運籌管理為何會變得更重要？

6. 請回顧「創造顧客價值：VF 公司利用物流運籌加速成長」一文。供應商準時將貨品交付給其零售商客戶是如何的重要？

7. 有哪些是物流運籌管理的主要活動？

8. 快速回應存貨控制系統能產生什麼利益？

9. 將產品和原料從一地運送到另一地的五個基本運輸方法是什麼？在選擇這些運輸方式時要考慮的主要因素是什麼？

10. 請回顧「運用科技：RFID——已經準備做為直接配銷了嗎？」一文。這個概念如何為製造商與零售商創造價值？

行銷技巧的應用

1. 假設你是一家消費品大型製造商的運輸經理人。你的公司正為幾個大型零售客戶設計快速回應交貨系統，該系統包括以火車交貨給配銷中心、以貨車直達某些孤立點的商店，以及緊急空運服務。對系統設計和執行，你能夠從你的顧客那裡得到什麼回應？

2. 美國中西部水災經常破壞密西西比河上的穀物運銷作業。請問以哪個方式載運穀物方為恰當？嚴重的水災如何影響這些運輸方式？

3. 一個已成立 5 年的搖滾樂團正考慮與其代理人解約。該代理人可得到所有音樂會 10% 的收益和其他相關利益的 1%，包括演唱會安排、商業行為，和支付電視演出費。該樂團的成員基本上認為，代理人並非真的從他們七位數的年收入中抽成。請問在雇用另一位代理人或刪減代理人薪資的兩者選一的前提下，應考慮哪些因素？（提示：這個練習屬於本章批發業的部分。）

網際網路在行銷上的應用

活動一

本章一開始所描述的葛雷杰爾公司，是一家主要的企業對企業批發商。請上 http://www.grainger.com 網址，並請回答下列問題。

1. 葛雷杰爾公司可歸類為哪一種批發商？該公司在其歸類中是屬於哪一種類型？（請參考圖15-1）

2. 葛雷杰爾公司提供其國際顧客什麼服務？該公司販售的實體產品中又提供哪些附加價值的服務？

活動二

許多國家在網際網路上與其他國家簽署貿易促進協定。請檢視墨西哥貿易委員會的網站

http://www.mexico-trade.com。該網站以產業別列示墨西哥的出口商分類，其實也是一個包含墨西哥經濟、法律和政治系統的全面資源指南。

1. 請提出三種你認為有益於美國的國際貿易出口商，並說明你的理由。為完成此項練習，請點選「Service」欄，再接著連結至「Trade Leads in Mexico」。

2. 請寫一份報告說明為何出口商要對墨西哥出口，則須了解墨西哥的經濟、法律和政治系統。為了完成這份報告，你可以參閱「Doing Business in Mexico」欄下的幾個連結。最少列出五項與你的國家不同的商業慣例，並且解釋區別。

行 銷 決 策

個案 15-1

Gallo 釀酒廠：配銷商的支援是成功關鍵

設立在美國加州 Modesto 的 E & J Gallo 釀酒廠，是世界上主要的酒類銷售業者。在美國所有酒類的銷售中，約有 25% 是從 Gallo 釀酒廠生產。該酒廠最重要的工作之一是延伸和強化其配銷網路，以便在 120 個國家的 630 家批發商中，將該酒廠 3,000 種產品賣給 30 萬家零售客戶。

為了支援其批發配銷網路，該釀酒廠整合了行銷、銷售、供應鏈管理和資訊系統的作業。而其供應鏈管理，也是同步進行加工原料的採收、玻璃瓶製造、製酒過程和其各地配銷中心的物流運籌管理。供應鏈管理從原料的生產地開始，一直到製成品交給零售商或配銷商為止。該酒廠提供配銷商快速且可靠的交貨，並以最小訂貨來達到最大的銷量，嚴密的控制使該酒廠的零售商不致因缺貨，而讓競爭對手有趁虛而入的機會。

Gallo 釀酒廠的行銷人員為配銷商提供消費者研究、媒體規劃和廣告支援，並以錄影帶支援配銷商做訓練和促銷的活動。銷售人員與該酒廠的資訊系統人員一起合作，以維護配銷商市場最新資料的改變和詳細的銷售資訊，而可以讓各個零售店修改促銷活動。例如，該釀酒廠推出 1.5 公升瓶裝的 Turning Leaf 酒時，便提供配銷商使用專門用在零售商層級的資訊，以便幫助其決定哪些零售店是最佳的銷售展示點，和舉辦店鋪促銷活動的場所。資訊系統稱之為銷售管理資訊系統（Sale Management Information System, SMIS），因為受到各種競爭的影響，估計每月有 6,000 家零售店開張、倒閉或更換老闆，所以每月更新資訊則是一項重要的工作。

在未實施 SMIS 之前，Gallo 釀酒廠的產品一進入配銷商的倉庫後，就無法掌握其全貌。因為缺少配銷商有關運送方面的資料，該酒廠也就無法專門為各零售店擬定計畫、執行和測量行銷工作的成效。然而，現在配銷商對於 Gallo 釀酒廠提供給他們的相關資訊，也給予了高度的肯定。Gallo 釀酒廠對其零售顧客的了解程度令人印象深刻，因而使配銷商顧客對該酒廠的滿意度一再地提高。

Gallo 釀酒廠業務員直接與其配銷商共同努力，擴增了銷量和市占率。他們負責支援配銷商的酒櫃、冷藏箱和特別展出的商品、廣告文案，以保持配銷商在訂價上的競爭力，協助他們在餐廳的推銷，並和其業務員一起做電話行銷。

歷經 70 年的歲月，Gallo 釀酒廠依靠其批發配銷網路到達市場上。並透過系統化的基本市場研究和分析，該酒廠業務員以網路支援各地零售商，為其設計各種行銷的活動，且持續追求與強化其批發網路。

問題

1. 向零售商和批發商推銷時，將產品「上架」（on the shelf）只是完成任務的一半。請解釋 Gallo 釀酒廠如何幫助配銷商和零售商將產品「離開貨架」。
2. 為什麼 Gallo 釀酒廠寧願透過批發商而不直接對零售商銷售？換句話說，Gallo 釀酒廠的配銷商對 Gallo 釀酒廠和零售顧客兩者提供了什麼價值？
3. 不同於各自努力各自賺錢的方式，Gallo 釀酒廠如何與其配銷商一起合作，以建立兩個夥伴之間的長期有利關係？

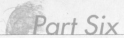

個案 15-2　哥倫比亞運動服飾公司：物流運籌管理之領導者

哥倫比亞運動服飾公司成立於 1938 年，是世界最大的戶外衣服和滑雪服裝業者之一。 78 歲的董事長傑特魯‧波伊勒（Gert Boyle），經常扮演該公司風趣而幽默的電視廣告中之主角。這些廣告大多是波伊勒女士帶著兒子和公司的總裁到戶外，以便測試該公司產品的耐用程度。哥倫比亞公司的總部設在奧勒岡州的波特蘭，另在北美、歐洲和亞洲設均有銷售公司，而在美國、日本和澳洲也設立了零售店。

該公司零售的顧客遍及全球，達到 10,000 家零售商時，它的配銷系統也需要做徹底翻修了。因為戶外衣服市場吸引了新的競爭者，而有些甚至是主要的服裝品牌業者。 Polo 和 Tommy Hilfiger 公司由原先的女裝及休閒服產品線，延伸了連帽禦寒大衣、防風上衣和羊毛製品的產品等。而大型零售連鎖店也反映了市場影響力，要求其供應商快速而準確地交貨。為了回應這種需求，哥倫比亞公司擴充其波特蘭 Rivergate 工業區的配銷中心。

新的配銷中心比原先的大一倍，新設備利用最新科技加速處理進出倉庫作業，並改善了訂單的準確性而符合零售商對特殊性訂單的需求。緊接著，該公司於 2004 年年底在肯塔基州建立了另一個新的配銷中心，該中心專門做為鞋類產品的配銷，必要的時候也可處理其他類項的產品。

這些改善增進了顧客滿意度，並提升了銷售成長，該公司配銷部副經理迪夫‧卡樂森（Dave Carlson）指出，運輸成本雖然是最主要的考量，但再沒有比如何將訂單的貨品快速送到客戶那裡來得更重要。

該公司在籌劃階段時，曾考慮將其配銷功能外包給物流運籌專家，後來決定自行籌建配銷中心，以便為零售客戶提供專業的服務。一些零售商想要添加價格標籤，有些則要求產品連同展示用的衣架一起運送。因為有了自己的設備，所以哥倫比亞公司能夠掌控所有過程，和提供客製化的服務，而在高度競爭市場中占有明確的優勢。

問題

1. 哥倫比亞公司的配銷中心對於零售商提供了什麼優勢？對該公司提供了什麼優勢？
2. 哥倫比亞公司為其新配銷中心耗資 7,500 萬美元，在決定該系統是否值得投資時應考慮哪些因素？
3. 隨著技術的進步，哥倫比亞公司決定改變其現行系統時應考慮哪些因素？

Part Seven

Integrated Marketing Communications

行銷整合

Chapter

行銷傳播概論

An Overview of Marketing Communications

學習目標

研讀本章後,你應該能夠

1 探討行銷傳播之目的。

2 了解行銷傳播組合及其角色。

3 闡釋行銷傳播過程的主要因素。

4 探討行銷傳播規劃過程的七個步驟。

5 說明行銷傳播的主要倫理與法規議題。

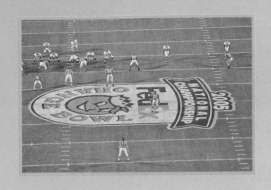

聯
邦
快
遞

聯邦快遞是一家以通宵達旦運輸貨物而家喻戶曉的公司，這大部分得歸功於它擁有 50,000 輛送貨車，誠如某一家公司主管所稱「載著招牌滿街跑」而得到的結果。所以當該公司付出數百萬美元贊助各項體育比賽，以及爭取在運動場看台上的冠名權（naming rights）時，就可知道它不但是想要增加品牌的曝光率，也想要與主要的顧客慢慢地建立長期關係，並藉此贏得正面而健康的公司形象。分析師估計該公司所贊助的「聯邦柑橘超級盃」（FedEx Orange Bowl）比賽，大約贏得價值 3,200 萬美元的電視曝光，而聯邦快遞的人員認為應該不止這個數字。該公司認為像這種的電視曝光具有加分效果，在幫助獲得其他的效益上顯得相當重要，如得到在國家足球聯盟的華盛頓紅人球場，以及國家籃球協會的孟菲斯灰熊隊比賽場所等冠名權。聯邦快遞也大方地贊助美國賽車協會及職業高爾夫球賽。

丟進大把的贊助款，聯邦快遞到底得到了什麼？曾經有一年，該公司在為期兩天的比賽期間款待了 45,000 名顧客，並提供休息帳棚和娛樂節目。依據該公司執行長邁可‧格林（T. Michael Glenn）的說法，「我們絕對知道，一位顧客在一年裡會帶給我們多少的收益，等他們參加之後，我們就可以開始來追蹤了……我能夠一一列舉這些體育賽事，再告訴你投資報酬率。運動行銷能夠取悅一大群人，不過我們董事長想得到的是每一場體育賽事的投資報酬率。」

此外，聯邦快遞利用贊助行為來犒賞員工，每年大約有 20,000 名員工會出席所贊助的體育賽事。該公司也了解到從這些贊助活動中得到的好處，例如在華盛頓特區，該公司的名字就掛在國家足球聯盟的球場上，這有助於將該公司塑造成一良好企業公民的形象。這點很重要，因為聯邦快遞在美國首府有一連串的法律問題亟待處理。同理，在國家籃球協會孟菲斯灰熊隊總部比賽場所的冠名權，以及贊助聯邦快遞 St. Jude 高爾夫球巡迴賽，就是提醒各地的觀眾與政府官員，聯邦快遞正協助與支援當地的經濟發展和慈善運動。

聯邦快遞的贊助工作做得非常好，根據該公司一位主管的說法：「許多公司都在看，也說這並非是傳統接觸顧客的方法。但是我們覺得我們已得到了那密碼，正一步步揭開祕密。」

行銷傳播
有時也稱為促銷活動，是指行銷從業者針對目標視聽眾應用一些技巧，以影響其態度和行為。它有三種主要目標：告知、勸說，以及提醒顧客。

　　行銷傳播（marketing communications），有時也稱為促銷活動（promotion），是指行銷從業者針對目標視聽眾應用一些技巧，以影響其態度和行為。在聯邦快遞的例子裡，提到幾點有關行銷傳播的規劃與執行方式。第一，行銷從業者應儘量利用以事件為基礎的人際互動，來接觸其顧客群。第二，對許多想尋求支援傳統行銷傳播（如廣告）的公司而言，贊助體育賽事和比賽的冠名權是另一種選擇。第三，行銷傳播涉及龐大的經費支出，很多公司逐漸以投資報酬率來決定這些支出。為決定這些投資報酬率，在著手傳播之前，做好目標的設定，以及小心規劃如何執行行銷傳播等都非常重要。最後，訂定一套活動項目用來支援公司多重的目標。在聯邦快遞的例子裡，體育贊助能夠協助增強顧客關係、犒賞員工，並且建立正面的公司形象。

　　行銷從業者可使用一種或數種的行銷傳播方法，而這些方法可分為以下五大類：廣告、公共關係、銷售推廣、人員銷售、直效行銷傳播。將這些方法結合成**行銷傳播組合**（marketing communications mix），通稱為促銷組合（promotional mix）。

行銷傳播組合
將廣告、公共關係、銷售推廣、人員銷售、直效行銷傳播等結合，又稱為促銷組合。

　　本章將探討這五大類別，以及行銷傳播的主要目標，及其傳播過程的運作與執行方式。我們也將一併討論行銷環境中的倫理和法規議題是如何影響行銷傳播工作。

16-1　行銷傳播的角色

　　行銷傳播的最終目的在於能夠接觸到某些視聽眾，並影響其行為。為達成此目標，有些步驟必須執行，例如發展有利的消費者態度。圖 16-1 列示了行銷傳播的三種主要目標：告知、勸說，以及提醒顧客。

■ 告知

　　將產品告知目前或潛在的顧客，即是一項重要的行銷傳播功能。每當一件新產品上市並促銷時，就必須使用行銷傳播來告知視聽眾（目標市場的顧客）。例如，豐田公司以高明的廣告活動，將三款 Scion 系列車型介紹給年輕的消費者，該公司曾在稍早時期企圖以傳統廣告方式來建立知名度，卻宣告失敗。豐田公司一再檢視其目標市場中 20 多歲年齡層的消費者，發現潛在購買者是屬於高度的個人利己主義者、熱衷於上網，且隨意消費的力道相當大；於是乎該公司轉移方向，把網路當做首要的行銷傳播工具。為了讓 Scion 系列的車款與都會區、多元文化形象銜接，豐田公司利用一項巡迴藝術展、

一個可以互動的網站，並且在知名餐廳、唱片行和俱樂部舉辦試車活動，用以告知目標視聽眾有關該車款的訊息。並同時進行低姿態的廣告活動，即針對 13 到 19 歲的潛在目標購買者詢問其未來購車款式，進而積極向其推銷 Scion 車款。[1]

當新公司剛成立且正在尋求建立品牌知名度時，行銷傳播則扮演了重要的角色。在聖地牙哥的 Leap 無線公司，以「Cricket Comfortable Wireless」服務成功地闖入具高度競爭性的手機市場，它有效地整合了廣告、公共關係、人員推銷以及可獲利的贊助事件等活動。它的第一個主要市場在丹佛市，Cricket 以舒適帶綠光的手機外殼做為其促銷工具，藉以吸引眾人的目光。此外亦曾舉辦一些活動，例如，在丹佛市 Red Rock 餐廳附近的戶外廣場，舉辦了音樂會與有獎徵答活動，並贈送手機外殼給參賽者。 Cricket 想要在 90 天內達成 100% 的品牌知名度目標，而它也真的達成了。在一年的時間裡，Cricket 的訂戶增加了 10 倍，而達到了 110 萬戶。[2]

向大眾告知是一個重要的目標，無論是與生活經驗有關的商品、服務或觀念皆然。例如，歐盟國家曾舉辦一場反菸活動，利用蛀牙、皮膚皺紋和肺臟變

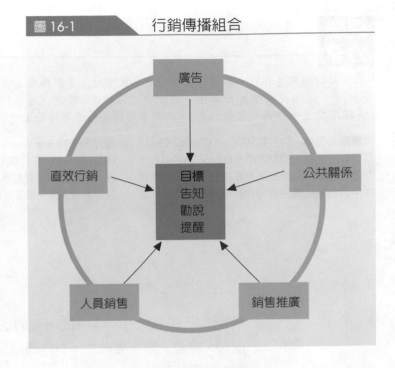

圖 16-1　　　行銷傳播組合

廣告

直效行銷

目標
告知
勸說
提醒

公共關係

人員銷售

銷售推廣

行銷傳播的主要目標是向顧客和潛在顧客告知。在本幅廣告裡，班傑明·摩爾（Benjamin Moore）公司陳列不同顏色的樣本包裝，以方便消費者選擇正確的塗料色彩。

行銷傳播也被利用來提醒消費者，以及強化正面的認知。本幅廣告是威斯康辛乳酪公司提醒消費者，該公司生產高品質產品已有 150 年以上的歷史了。

經驗分享

「求勝心切的領導作風，從沒有像今天一樣在市場上受到那麼大的挑戰。要打贏這場戰爭的人，必須從幾個方面著手，即訊息（目標）、媒體（所有行銷傳播工具）、目的（要讓消費者心裡接受這個訊息），而所有的這些目標都得花上一些費用。」

多樂斯・巴西・克拉克（Dorothy Brazil Clark）是位於聖路易市的普瑞納（Ralston Purina）公司的市場研究與策略規劃部主任，她深知需與客戶以合理的費用維持合作關係之必要性。她

曾在 SmithKline Beecham 公司附屬的 Norden Laboratories 單位從事企業發展與銷售的業務。多樂斯擁有愛荷華大學企業管理學士，以及密蘇里大學企業管理碩士的學位。

多樂斯・巴西・克拉克
普瑞納公司
市場研究與策略規劃部
主任

黑等圖片，以建立民眾對抽菸危險的認知。所有 25 個歐盟國家都參與電視的廣告，呼籲大眾不要吸菸，有些國家更打算在香菸的包裝盒上加貼令人印象深刻的圖片。[3]

勸說

行銷傳播也可能將重心放在勸說顧客購買廠商所生產的產品上。例如，當 Cingular 無線公司宣布正在購併美國電話電報（AT&T）公司的無線部門時，其勁敵威瑞森無線公司遂採取一種聚焦式勸說的廣告活動，遊說 AT&T 的用戶轉來威瑞森公司。該公司分別在報紙、雜誌和電視的廣告提出如下問題：「請 AT&T 無線的用戶注意，你若想改變手機公司，為何不選個最好的？」[4] 在這個強敵環伺的手機市場裡，利用 Cingular 與 AT&T 雙方洽談合併成立新公司所可能引發的服務問題，威瑞森公司趁機推出密集的勸說廣告。

勸說性的廣告也常被非營利組織與政府機關利用。例如，美國國家毒品管制政策辦公室與合作夥伴為了達到「美國無毒品」的境界，直接以年輕人為目標，經常使用勸說性廣告，鼓勵他們撥打免付費專線；或因家裡沒有人能和他們談論有關毒品的事情時，也可以至合作網站搜尋建議。而此機構也直接針對需要接受指導的父母，教導他們如何與其小孩談論有關毒品的話題。[5]

行銷傳播可以用來勸說消費者採取行動。本幅廣告在鼓勵人們提供膽囊纖維病患金錢方面的援助。

■ 提醒

當消費者對廠商的品牌已有認知，並持正面態度時，此時的提醒工作則有必要。雖然也可以向消費者推銷產品，但他們極易受到競爭廠商的訴求所影響，而行銷傳播正可向消費者提醒產品的效益，並讓他們相信自己做了正確的選擇。Telarc 公司就利用**許可式行銷**（permission marketing），提醒線上顧客有關即將發行的新音樂帶、錄影帶及特別促銷等訊息。許可式行銷係指顧客同意行銷從業者定期寄送最新訊息給他們，通常使用電子郵件，但是正式信件或傳真也可達成此項任務。

另一種提醒購買者以持續關係和再購所帶來的價值之方法是人員銷售。以人員銷售方式來處理行銷傳播三種主要目標（包括提醒），諳於此道的廠商有戴爾電腦、嘉信理財、思科系統（Cisco Systems）、西北共同基金（Northwestern Mutual）和通用磨坊（General Mills）等公司。

> **許可式行銷**
> 這種行銷方式是發生在行銷從業者獲得顧客的同意後，透過電子郵件向該消費者發送其感興趣的最新訊息。

16-2 行銷傳播組合

要有效地告知、勸說和提醒目標消費者，行銷從業者就必須對行銷組合的五種主要因素中的其中一項或多項加以應用。以下先簡述這些組合，後面各章將再詳細討論。

■ 廣告

廣告（advertising）並不依靠人員，而是由一確定的贊助者（sponsor）以付費方式來達成，並透過大眾傳播通路廣為傳播，以推銷其指定的產品、服務、人物或構想。行銷從業者利用電視、收音機、戶外看板、雜誌、報紙、手機和網際網路等做為廣告媒體，這些媒體均具備接觸大眾的能力，而在這些媒體上做廣告即成為向大目標市場傳播的有效方法。

在傳統上，廣告具有高度的可見度，它亦是行銷傳播方式中最為人所知的。廣告如影隨形地出現在我們的日常生活中，而此種高度的可見度，則是透過龐大的廣告支出所達成。例如，通用汽車每年在廣告上花費超過 35 億美元，而時代華納、寶僑、輝瑞、福特和戴姆勒克萊斯勒等公司，每年在廣告的花費合計約 20 億美元。寶僑公司在美國海外的廣告支出超越任何一家公司，尤其在中國、德國和英國的廣告支出，更是領先所有的公司。而美國政府也是一個大的廣告主，排名為該國的第 25 名，一年大約支出 10 億美元，

> **廣告**
> 行銷傳播組合的一項要素，並非由銷售人員為之，而是由身分確定的贊助者透過大眾傳播通路促銷商品、服務、人物或構想。

本幅廣告將促銷與廣告結合一起。促銷訊息（門票限時折扣）是美國女子籃球隊在平面廣告裡的一部分內容。

比標的、沃爾瑪、戴爾、日產、IBM 或麥當勞等公司的廣告支出還多。[6]

近年來全球廣告業相當平穩，廣告支出逐年都有適度的成長。在經濟景氣時，廣告支出通常是提早顯現繁榮的現象，而在不景氣時也是提早露出疲態。做為行銷從業者，更應認識新廣告媒體的出現。未來幾年裡，預計在線上和手機的廣告成長，將超越其他的媒體。

公共關係

公共關係（public relations）的功能在尋求不同的公眾、利害關係人，對於公司及其銷售商品或服務的感覺、意見和信念持有正面看法。對許多廠商而言，員工、顧客、股東、社區成員和政府等皆屬於不同的公眾。

公共關係的主要層面是公共報導。所謂的**公共報導**（publicity）係指利用免付費的傳播，將有關公司或產品的訊息展現在某種媒體上，通常是新聞媒體。因為廠商無法完全掌控訊息的散布，因而公共報導可能會產生比付費傳播（如廣告）更能令人信服的信息。許多廠商均會雇用外界的代理公司，專門處理其公共關係和公共報導。

促銷

促銷（sales promotion）是指提供額外的價值或誘因給最終消費者、批發商、零售商或其他組織顧客，以便刺激其銷售有立竿見影之效的傳播活動。[7]促銷是嘗試引起消費者對產品的興趣、試用或採購，而折價券、樣品、贈品、購買點展示、摸彩、競賽、商展等，皆為促銷方式。

消費者促銷（consumer sales promotions）的對象是產品或服務的最終消費者，而中間商促銷（trade sales promotions）的對象則為零售商、批發商或其他企業採購者。行銷從業者花費巨資在消費者與中間商的促銷上，但我們卻無法得知消費者與中間商促銷詳細支出之數目，不過自商業公會的資料可得知，兩者之合計數是比全部廣告支出還多的。[8]理由之一是，有些行業資料並沒有那麼地公開，因此難以正確估計中間商促銷的支出費用。例如，上架費（第 14 章曾討論的）在很多情況下並未定義為費用項目。雖然如此，我們仍能肯定地下結論，特別對消費性產品而言，消費者與中間商促銷的支出是

非常重要的。

　　多樂斯‧巴西‧克拉克是普瑞納公司市場研究與策略規劃部主任，她在指出了解行銷傳播的需要性，以及鎖定目標消費者的整合過程時說：「以終端對終端的服務需求而言，理想的行銷傳播是要對傳播者和傳播組織，包括傳播過程中的各個階段進行全面性的了解。成功的傳播過程管理需要完全掌控其構成要素及過程，亦即同時掌握既有要素與逐漸消失的大眾市場概念，藉以強調一個家族卻有不同區隔的消費成員概念。」

　　一般行銷從業者常將促銷和其他行銷傳播因素結合在一起使用。例如摸彩或競賽等活動，常以廣告方式將其訊息傳遞給大眾消費市場。而行銷從業者也常將促銷與直效行銷，特別是與直效信函結合使用，或做為商展的一部分（如贈品、或將廣告訊息或標誌印製在商品上）。

　　不同於其他行銷傳播形式，促銷是企圖馬上見效。這可解釋為何行銷從業者逐漸轉向促銷，以便在高度競爭的市場裡增加銷售和市占率的原因。

人員銷售

　　人員銷售（personal selling）係指買賣雙方以人際溝通方式來滿足購買者的需要，並達成雙方的共同利益。這種以個人特質的行銷傳播與非人員的行銷傳播不同，人員銷售可立即獲得回應，且能調整訊息以符合購買者的個別需要。由於其具有動態本質和彈性，人員銷售也成為建立和培養顧客關係的最佳傳播媒體。

　　當產品性質比較複雜時，人員銷售就成為行銷傳播的重要因素。例如，在對醫院及醫生銷售時，若業務員的專業知識不足，就無法提供潛在購買者詳細的資訊，將可能無法對醫院和醫生銷售醫療用品。

直效行銷傳播

　　直效行銷傳播（direct marketing communications）是一種直接與目標顧客溝通的過程，它以電話、郵件、電子工具或人員拜訪等方式鼓勵顧客回應。常用的直效行銷傳播方法，有直效信函、電話行銷、電台叩應式

促銷
行銷傳播組合因素之一，提供額外的價值或誘因給最終消費者、批發商、零售商或其他組織顧客，以刺激其對產品的興趣、試用或採購。在預定及有限的時間內，利用媒體和非媒體的行銷傳播而來刺激試用、增加消費者需求，或改善產品的可用性。

人員銷售
買賣雙方以人際溝通方式來滿足購買者的需要，並達成雙方的共同利益。

對性質複雜的產品而言，專業的業務員在行銷傳播裡擔任重要的角色。本圖是健康形象（Health Image）公司的行銷代表，正在教導醫師使用該公司的儀器設備。

廣告、線上電腦購買服務、有線電視購物網路、資訊式廣告及戶外廣告等。

行銷從業者包括零售商、批發商、製造商和服務業者等,都使用直效行銷傳播。直效行銷已成為行銷傳播領域中一個快速成長的區隔了,它經常應用精確的方法找出目標視聽眾,俾能蒐集其通訊地址、電話號碼、帳戶號碼、e-mail 帳號或傳真等,用以建立顧客資料庫,以便接近購買者。

◾ 整合式行銷傳播

當今高度競爭的企業環境,已帶給行銷傳播相當大的壓力,必須喚起忙碌又具價值意識的消費者前來採購。因此許多行銷從業者逐漸看上**整合式行銷傳播**(integrated marketing communication, IMC),即針對目標市場應用策略性來整合各種行銷方法,而將其成為完整性和一致性的訊息。套用這個領域的某位專家看法,是要沿用既有行銷傳播方式再加入新媒體:「……我認為是要整合而非個別分開。我們不但要探索和開發新的媒體與新的方式,而且還要從既有媒體中找尋其間可能的演變。我們也需要整合新舊媒體,亦即融合電子商務和傳統商務。」[9] 對新出現的科技有興趣的行銷從業者,請參閱「運用科技:電視可以透過網際網路在家收看」。

行銷傳播通常是以水平方式,或跨越各種傳播方式加以整合。例如,廣告上的訊息必須與人員銷售的訊息一致。但是行銷活動也需要有垂直整合,自行銷從業者到行銷通路皆要整合。例如,業務員常被派遣到零售商的地方,以協助安排適當的存貨水準和建立其店內的商品陳列等事宜。

整合式行銷傳播的另一個層面,則要考慮銜接品牌、產品或公司,而成為行銷傳播的一部分。整合式行銷傳播的結果,讓消費者可在電影上看到該產品,在 T 恤上瞄到其廣告訊息或品牌名稱,在熱汽球上清楚地見到該公司名稱。電視觀眾經常看到有品牌的產品已成為劇情的一部分,就像在《生存者》(Survivor)節目中可瞥見銳步產品的出現。而職業高爾夫與網球選手經常是活生生的廣告,他們衣服上的商標記載著每件訊息,從諮詢公司到航空公司都有。雖然尚未看到美國主要的體育隊伍穿著廣告的制服,但國家籃球協會(NBA)的人員就表示:「我一點也不懷疑它會發生,但提出的價格必須是要符合其價值的。」[10] 有些公司,包括微軟等利用網站上的電玩做為其產品促銷工具。微軟在 Xbox 電視遊樂器之後,利用網站的電玩促銷 Halo 2,該產品尚未上市就有 8,000 萬人上網玩過。[11] 這款遊樂器在市場剛推出的 24 小時裡,銷售業績即達 1.25 億美元,打破了電視遊樂器有史以來上市銷售的紀錄。

這種行銷傳播方式有時也稱為**隱藏式行銷**（stealth marketing），因為其意圖不像某些行銷傳播（如廣告）那麼地明顯呈現出來。事實上，這種做法具有公共報導的效果，所以屬於行銷傳播組合的一種。當顧客厭倦太多的廣告、促銷及傳統的傳播方式時，行銷從業者就需嘗試以新的方式來接觸視聽眾，而隱藏式行銷活動便會增加。消費者要多久以後才會對這些不同的隱藏式行銷活動感到厭倦，則是另一個有趣的話題。在熱鬧的海灘上，穿著泳裝的夏威夷熱帶（Hawaiian Tropic）公司工作人員免費提供遮陽板；而在出租設備的地方及救生員的旁邊，到處都樹立著 Panama Jack 的招牌；飛機掛著促銷的訊息在空中環繞著，沙灘車外殼也出租給廠商做廣告。現在的廣告也經常出現在停車場、餐廳及百貨公司的櫥窗上，而在波士頓、芝加哥、拉斯維加斯和舊金山的出租車車上電視螢幕也可播放廣告。廿一世紀福斯（Twentieth Century Fox）公司在購物中心的餐廳和加油站宣傳其即將發行的影片；廣告主可上 www.humanadspace.com 網站購買人體紋身做為廣告用途；一位懷俄明州男士則出售其卡車擋泥板刊登廣告的權利。[12] 當廣告和其他行銷傳播變成無所不在時，行銷從業者要得到消費者關愛眼光的困難度將會愈來愈高。

贊助行為（sponsorship）是指公司為整體目標和行銷目標，以金錢或物資贊助某些活動。[13] 它是整合式行銷傳播策略中一個重要部分，贊助者以財務支持一項單獨的活動，例如奧林匹克運動會或世界盃錦標賽等；或是贊助多項活動，如美國州田（State Farm）保險公司贊助 LPGA 高爾夫球巡迴錦標賽。組織機構也可贊助如運動場之類的場所，例如，景順投信（Invesco）公

整合式行銷傳播（IMC）
針對目標市場策略性地整合各種行銷方法，而將其成為完整性和一致性的訊息；傳播通常是以水平方式來整合（跨越各種傳播方式整合），也需要有垂直整合（自行銷從業者到行銷通路皆要整合）。

隱藏式行銷
以公共報導的方式，包括將產品置於電影中或電視節目裡，以及在運動設備印上名稱等。

贊助行為
以金錢或物資贊助來支持公司整體和行銷的目標。

運用科技

電視可以透過網際網路在家收看

當行銷從業者正思索新方法以便接觸其顧客時，其中最為人喜愛的方法便是結合舊媒體與新媒體。例如，透過網際網路來收看電視的情形正在增加，除可重複收看已播放的電視節目外，尚可通知消費者其所喜歡的電視劇或電視明星演出節目訊息。時代華納 WB 電視網的百事公司 *Pepsi Smash* 音樂會系列節目，現已延伸到雅虎網站上了，在那網站上可以收看各種表演、訪談、生活故事等節目，以及當紅的音樂明星如 Coldplay、Kanye West 和 Gwen Stefani。有愈來愈多的消費者透過寬頻連接網際網路，這項儲存節目的功能，提供給行銷從業者一種整合其他行銷傳播為一新媒體廣告

方式。在前述 *Pepsi Smash* 音樂會例子裡，百事公司利用平面媒體、電視和收音機的廣告，藉以吸引更多非網路線上觀賞音樂會的視聽眾前來網路欣賞。

另一個電視迷的網站是 CNET.com，提供線上的相關播放內容，如小說情節摘要、電視劇目錄、聊天室等。CENT 與雅虎一樣正享受自 2000 年網路公司破產以來，線上廣告快速成長的果實。消費者在每天的生活中利用網際網路的時間愈來愈長，一些電視節目的廣告將會轉移到網際網路，則是合理的判斷。

司二十多年來支付了 6,000
萬美元贊助丹佛市 Broncos
NFL 的比賽場地；美國航
空公司三十多年來也支付
了 1 億 9,500 萬美元給位於
達拉斯的美國航空公司中
心。甚至運動場周邊的區
域也在贊助活動之列，邁
阿密 NFL 運動場、停車場
被劃分成許多贊助區塊，
每一區塊顯示一種豐田汽
車車款名稱。場地的贊助
活動也會擴及到學校的體
育館、會議中心、醫院、
表演藝術中心、博物館以
及其他人潮聚集的地方。[14]

贊助活動是整合式行銷傳播的重要因
素。本幅廣告是芝加哥馬拉松比賽的贊
助商拉薩爾（LaSalle）銀行，呼籲大家
捐款並參加防癌運動賽跑。

在行銷傳播裡可靠性非常重要。瑟吉
歐・賈西亞（Sergio Garcia）是著名的
國際職業高爾夫球選手，十分適合擔任
耐久可靠與高品質的歐米茄（Omega）
手錶的代言人。

贊助活動的支出會比廣告及促銷的支出更快速成長。[15] 因其提供了一個
與特殊生活型態配合的良好機會，並在傳統方法之外獲得展現，得以在某些
情況下亦能做一些有意義的工作。贊助活動也讓小企業能夠與當地有大筆傳
播預算的大廠商相抗衡。

行銷從業者對大部分的贊助活動都有多重的目標，且可使用多種方式和
目標視聽眾溝通。例如，福特公司在 2005 年開始一項為期三年的鐵人三項全
能（Ironman Triathlon）贊助活動，以強化其「建立福特的粗獷」廣告主題和
其多功能休旅車的粗獷形象，藉以吸引購車者前來汽車展示間參觀。該公司
以各種廣告媒體來促銷其鐵人贊助活動，且其行銷工作並不限制在鐵人，還
包括讓參觀者有機會對福特多功能休旅車進行爬坡、奔馳、涉水的試駕。[16]

可口可樂和寶僑公司則是整合式行銷傳播方面的行家。這兩家公司對消
費者的廣告均頗負盛名，例如它們的折價券、摸彩和競賽等，都是家喻戶曉
的促銷活動項目。可口公司和寶僑公司均能有效地運用直效行銷，而其訓練
有素的業務員則是專門負責拜訪批發商和零售商的工作，一般消費者是不易
看到的。和其他公司一樣，這兩家公司也善於以巧妙的公共關係和公共報
導，來支援各種行銷傳播活動。可口公司將贊助的承諾視為整合行銷傳播策
略的重要部分，在 2003 年至 2014 年的這段期間裡，該公司預定支付 5 億美
元成為國際大學運動協會（NCAA）的贊助者。在該協定下，可口公司對該協

傳播
指訊息發出者與接
收者之間共同分享
意見、交換構想或
傳遞資訊的過程。

會舉辦的比賽活動擁有飲料行銷與媒體傳播權，亦即可透過廣告、促銷及其他行銷主動權以支持這些活動。[17]

16-3 行銷傳播過程

　　傳播（communication）是指訊息發出者與接收者之間共同分享意見、交換構想或傳遞資訊的過程。圖 16-2 列示了行銷傳播過程的運作。要注意的是，對任何基本的傳播，其所要傳達的目標就是**接收者**（receiver），可能是一位採購代理商傾聽一份銷售簡報，也可能是一位消費者閱讀雜誌廣告，或是行銷從業者對股東、政府官員等提供的服務。

行銷傳播來源

　　行銷從業者是行銷傳播的**來源**（source），或訊息傳遞者。在行銷傳播上，通常有兩種來源負有任務，即訊息贊助者和訊息推薦者。**訊息贊助者**（message sponsor）通常是指嘗試銷售產品、服務或構想的組織。**訊息推薦者**（message presenter）或許是業務員、演員或電視名人，亦即是實際傳遞訊息者。例如，耐吉公司是訊息贊助者，而老虎‧伍茲則為耐吉公司的訊息推薦者。

接收者
對任何基本的傳播所要傳達的目標，例如，一位採購代理商傾聽一份銷售簡報，或一位消費者閱讀雜誌廣告。

來源
訊息傳遞者，在行銷傳播中是行銷從業者。

訊息贊助者
通常是指嘗試銷售產品、服務或構想的組織。

訊息推薦者
某些人或許是業務員、演員或電視名人，亦即為實際傳遞訊息者。

圖 16-2　　　　行銷傳播過程

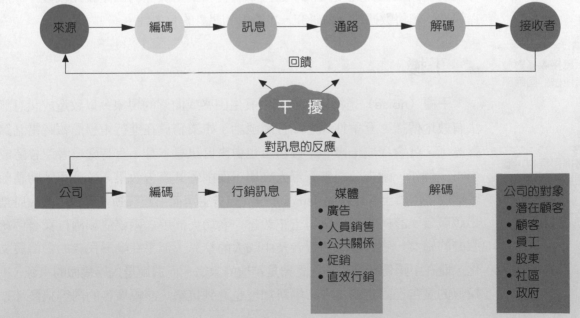

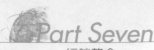
訊息傳播

訊息的來源者透過通路，而將訊息傳遞給接收者。**行銷傳播訊息**（marketing communications message）代表公司對其產品所要傳遞的訊息。**訊息通路**（message channel）則為傳遞訊息的工具。以廣告為例，訊息通路通常被稱為媒體（media），有報紙、電視、雜誌、戶外看板和收音機等工具。至於郵件、電話、錄音帶、錄影帶、業務員、電腦網路和磁碟片等，也是屬於訊息通路的工具。

編碼和解碼

訊息來源者選擇詞彙、圖片或其他符號，經過**編碼**（encoding）成為所要傳遞的訊息。**解碼**（decoding）則是接收者譯解訊息中的詞彙、圖片或符號的意義。當訊息解碼與訊息來源的原意不同時，就會產生溝通不良的結果。例如，消費者可能發現雜誌內的廣告太過於專業，而不知其訊息所代表的意義。

回饋

回饋（feedback）是指訊息接收者對發出者所做的回應部分。依據傳播的本質，訊息發出者會對回饋評估，以判斷其傳播的有效性。人員銷售和某些方式的促銷之回饋速度較快，而大眾廣告和公共關係的回饋就比較慢，只能靠隨後的銷售數據或行銷研究，才能得知訊息的有效性。

干擾

干擾（noise）是指傳播過程中發生困惑或曲解的現象，以致造成訊息無法有效地傳播。互爭性訊息和打斷談話，如業務員在進行銷售簡報時電話鈴聲響了，就會構成干擾。干擾甚至也會來自訊息本身，有時嚴重者還會造成損害。例如，耐吉公司常有驚人之舉，而削弱其廣告效果，該公司曾聘請前籃球明星詹姆士（Lebron James）扮演廣告主角而引起騷動，導致中國政府禁止該廣告。該廣告展示詹姆士正殺害一名功夫高手、兩條龍和兩位穿著傳統服飾的婦女，它冒犯了消費者及中國人的禁忌，似乎在嘲諷民族的習俗與文化，龍在中國傳統文化裡被認為是神聖的象徵，而武術是民族驕傲的來源。[18]類似的廣告在耐吉的主要市場新加坡也遭到抗議，該幅廣告的內容猥褻卻以

大海報張貼在牆上，新加坡對在公共場所的猥褻行為是要處以鞭笞的刑罰。[19]
耐吉推出的廣告是想接觸目標視聽眾，但粗糙的做法卻使傳播的工作弄巧成
拙。這個明顯教訓告訴我們，干擾應該要除去或至少減到最低，否則傳播工
作將變得更為困難。

16-4 行銷傳播規劃

　　行銷傳播規劃（marketing communications planning）有七項主要的工
作：行銷計畫回顧、情境分析、傳播過程分析、預算擬定、方案擬定、計畫
整合與執行、行銷傳播方案之監督和評估與控制等，可參閱圖 16-3 。

行銷傳播規劃
有七項主要的工
作：行銷計畫回
顧、情境分析、傳
播過程分析、預算
擬定、方案擬定、
計畫整合與執行、
行銷傳播方案之監
督和評估與控制
等。

行銷計畫回顧

　　行銷傳播規劃必須運用廠商的整體行銷策略和行銷目標。行銷計畫回
顧，在邏輯上是行銷傳播規劃過程的第一步，而行銷計畫經常包含詳細的資
訊，對行銷傳播計畫是相當有用的。

情境分析

　　行銷傳播的情境分析將考慮到內部因素，如廠商的產能與限制，以及其
他行銷組合變數等，將如何影響行銷傳播。情境分析也關心現在和未來的行
銷環境，例如競爭、經濟和社會因素將影響行銷傳播。本章稍後會討論政治
和法律環境，其亦與情境分析相關。

競爭環境

　　行銷傳播常被用來反擊競爭者的行動。例如，速食連鎖業者溫娣的市場
被宿敵漢堡王、麥當勞蠶食鯨吞之後，該公司遂精心規劃其行銷傳播全力反
擊。該公司自從創辦人迪夫・湯瑪士（Dave Thomas）去世後，溫娣的廣告就

圖 16-3　　　　行銷傳播規劃的主要工作

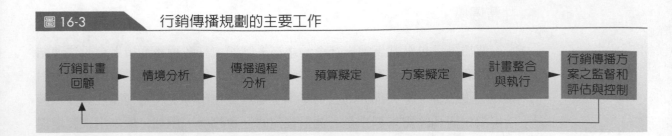

陷入困境，因為湯瑪士多年來一直是該連鎖店最佳的廣告代言人。溫娣將原先以單一訊息向廣泛大眾傳遞的方式，改為以目標化訊息鎖定三種市場區隔傳遞：嬰兒潮、年輕成人和青少年，並以「嚐嚐可口美味」做為新的廣告主題。溫娣也增加廣告預算，並將網路廣告安排在其行銷傳播組合裡。雖然改變後的結果尚未得知，但毫無疑問地，溫娣已知曉在強敵環伺的行業裡，行銷傳播是一個不可或缺的環節。

經濟環境

行銷傳播預算在經濟不景氣時常遭到縮減，但有經驗的行銷從業者則會阻止對行銷傳播支出的大幅刪減，因為他們知道大幅減少傳播預算，將危害贏得市場勝利的機會，並會損害品牌認知、形象與權益。大部分的公司並沒有大幅刪減預算，反而一直尋求與消費者溝通最具生產力的方法。這也意味著傳播預算中，花費在高度可評價的傳播活動或新媒介工具上是有增無減的。例如，近年來有些公司增加直效信函、e-mail 的廣告活動；而在贊助活動和各種隱藏式行銷方法時，有不少公司也將網路納入其傳播組合裡。在此同時，報紙及其他印刷廣告的支出卻減少了。而在犧牲傳統主要的無線電視網如 ABC、NBC 及 CBS 等電視公司廣告的情況下，擁有眾多目標視聽眾的有線電視則贏得了勝利。

為了嚴格做好行銷傳播預算，公司將依支出對其品牌的未來是否為一項投資或是一項費用，且能否從中獲得預期的立即報酬來做決定。實際上，大部分的公司將傳播支出同時視為投資與費用。在經濟緊縮時期，常常會有一段短暫的時間，對廣告費用的每分錢都要錙銖必較。但最好的行銷從業者知道，有些錢必須用來維護已達成的一切，以及用來建立未來的品牌。而在這種情形下，立即的報酬將不可能是傳播成功的代表指針。

經濟環境也可能造成廠商重新考慮其所重視的行銷傳播組合。近年來，經濟環境的一個重大改變則是，電子商務已成為美國經濟中重要的部分了。許多主要的公司如寶僑、華德・迪士尼、菲力普・摩里斯（Philip Morris）、美國電話電報和嬌生等公司，均增加了在網際網路上的廣告支出。

社會環境

傳播訊息也常常反映出社會的趨勢。例如，許多行銷從業者會設法連結環境的有利因素與其產品。儘管有購物者指出，他們擔心所購買的產品會對環境發生影響，但大部分的公司基本上是無法在市場上將這種關注轉變為競爭優勢。便利的需求似乎是一個很強烈的社會趨勢，例如，原本用來裝填嬰

兒食物、水和一般食物的玻璃容器，已被用完即丟
的塑膠製品所取代。另一個值得注意的社會趨勢，
則是個人健康和安全成為人們最關心的事務。含天
然成分的家用品品牌「第七世代」（Seventh
Generation），也將原來的口號「為一個健康星球的
產品」改為「為了你和環境的安全」。[21]

　　或許最重要的社會趨勢是世界上許多國家的人
口結構發生變化。誠如在第 2 章和第 7 章中所提到
的，美國多元文化融合論也變為比以前更重要的趨
勢，因為一些族群的出現，也成為不少產品的主要
市場。據估計，美國行銷從業者每年花費在西語裔
市場的傳播費用估計逾 20 億美元，非裔市場則為
15 億美元和亞裔市場為 2.5 億美元。[22] 此外，估計
這些不同市場將會快速地成長，在西元 2020 年前將
超越所謂的主流市場。[23]

　　融合多元文化的行銷傳播，和將一個或多個族
群或不同生活方式的群體鎖定為特定廣告活動的概
念，在數年後將會屢見不鮮。捷威、H&R Block、Lincoln-Mercury 等公司，
已成功地製作出融合多種文化的廣告活動。這三家公司與其他公司一樣，了
解到必須與新興市場溝通的重要性。捷威公司專用語「成長」（growth）在多
元文化市場裡皆可通用，而該公司也指派成長市場部主任負責多元文化的行
銷傳播工作。[24]

行銷從業者體認到一些傳統性產品都是由女性替男
性購買，反之亦然。本幅廣告即以幽默方式，鼓勵
男性光顧花店。

　　多樂斯‧巴西‧克拉克是普瑞納公司市場研究和策略規劃部主任，她注
意到為各不同市場妥當地量身訂做之行銷傳播的重要性，並說：「那些追求
成為市場領導者，均必須成功地塑造新的傳播途徑，專注並監視其反映在社
會、經濟、政治的差異性與多元性，以及它對國內和國際環境所帶來的技術
上之影響。而這些客製化的傳播途徑也可成為整合的力量，以結合組織及其
目標之視聽眾。」

行銷組合的考量

　　產品、價格和通路特性，與行銷傳播的相容性很重要。產品的實體特性
或產品的包裝（顏色、尺寸、形狀、外觀、成分）和其品牌名稱，也有許多
方面需要與消費者溝通。例如，Cheer 清潔劑包裝上醒目的顏色，意味著它

不僅能洗淨衣物，且能保持衣物的亮麗顏色而不褪色。而諸如 Arrid Extra Dry、Finesse、Ivory、Total、Huggies、Sheer Energy 和 Angel Soft 等產品，也都傳遞了產品的相關訊息。

產品的價格也傳達了一些訊息，消費者常以價格做為產品品質的指標。勞力士總統級手錶標價為 20,550 美元，其所代表的不只是手錶的成本，也傳達了品質和名望的訊息。雖然勞力士手錶和天美時手錶都一樣準確，但其訂價策略卻各自傳達了不同的訊息，也各自建立了與其價格一致的形象。

對所選擇的行銷通路，也須與消費者溝通。例如，沃爾瑪商店和妮夢·瑪珂絲公司，各自傳達了不同的訊息。沃爾瑪代表「每日低價」，亦即昂貴而高級產品在這裡通常是找不到的。而消費者一般也都認為妮夢·瑪珂絲公司銷售的是高級品，因為該公司已建立了良好的形象，連帶地妮夢·瑪珂絲公司的產品價格亦傳達了這種訊息。

■ 傳播過程分析

在此步驟裡，行銷從業者需分析基本傳播模型中的各項要素，如圖 16-3 所列示的，行銷傳播的目標也將出現在規劃過程的這個部分。

基本傳播模型的應用

行銷從業者均試著了解行銷傳播裡潛在接收者之解碼過程，從而產生有效的訊息和選擇適當的訊息通路。例如，消費者需要從訓練有素的業務員那裡得到詳細資訊而做出有利的決策嗎？或簡單的銷售點展示即可達成其想要的結果？

行銷傳播目標的設定

圖 16-4 列舉了數個一般性的行銷傳播目標。就像所有的企業目標一樣，行銷傳播目標應該儘量敘述清楚，並用以評估行銷傳播工作的效果。此外，每一項行銷傳播工作也必須設定目標，再依個別產品、產品線、地理區域、消費者團體或不同的期間，來擬定個別的計畫。例如，賀卡業者 Hallmark 公司會依據耶誕節、母親節、萬聖節等不同的節日，而推出各種不同的促銷活動。

■ 預算擬定

決定最適當的行銷傳播支出金額時，常涉及相當多的主觀判斷。此外，

圖 16-4　　行銷傳播目標範例

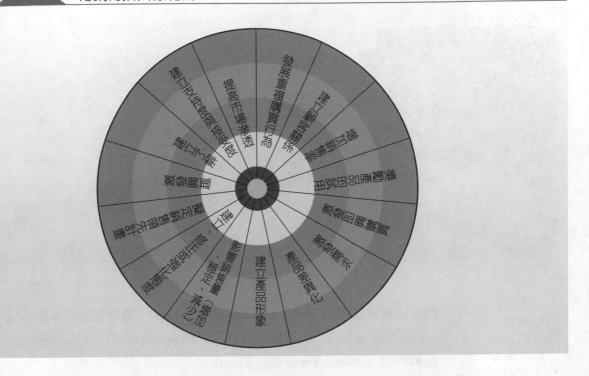

大部分的行銷傳播形式難以衡量其確實的結果。例如，有些公司以 600 萬美元贊助職業高爾夫球協會舉辦的高爾夫球巡迴賽。[25] 針對這項贊助廣告曝光的正確價值，其所產生的生意和帶來的商譽，通常無法測定。再說得更確切一點，對於這種支出，通常都以主觀的判斷來測定其影響性。同樣地，大部分的廣告和公共關係支出也很難有具體的金額花費結果。

對預算的影響

行銷傳播預算係依據公司規模、財務資源、企業種類、市場分散程度、產業成長率和廠商在市場中的地位等而決定的。行銷傳播的支出也會依產業的不同而有所不同，如圖 16-5 所示。

企業行銷業者的行銷傳播預算，與消費性產品和服務公司的行銷傳播預算通常會完全不同。例如，企業行銷業者的行銷傳播支出主要是用在人員銷售，而消費性產品業者的行銷傳播支出則主要用在廣告等其他形式的傳播上。

預算擬定的方法

擬定行銷傳播預算的方法有四，廠商通常會選用以下其中的一種：**銷售**

銷售百分比預算法

以上一年度或下一年度的銷售預測數為基期，用以設定其行銷傳播金額的預算方法。

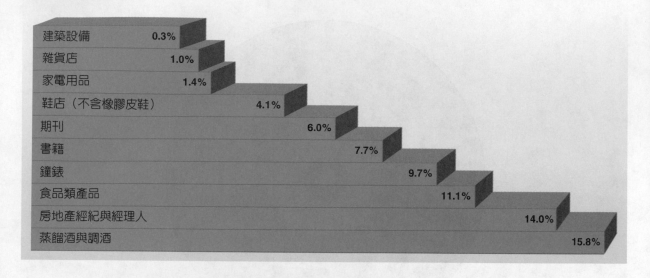

圖 16-5　　產業別傳播支出（淨銷售 %）

建築設備　0.3%
雜貨店　1.0%
家電用品　1.4%
鞋店（不含橡膠皮鞋）　4.1%
期刊　6.0%
書籍　7.7%
鐘錶　9.7%
食品類產品　11.1%
房地產經紀與經理人　14.0%
蒸餾酒與調酒　15.8%

競爭對等預算法
行銷傳播預算之一種，是比照同業的水準編列預算。

負擔能力預算法
廠商扣除成本等開銷後再決定其行銷傳播預算的一種方法。

目標任務預算法
擬定行銷傳播預算方法之一，用以確認達成目標而必須完成的任務，以及評估其結果。

百分比預算法（percentage of sales budgeting）、競爭對等預算法（competitive parity budgeting）、負擔能力預算法（all-you-can-afford budgeting）、目標任務預算法（objective-task budgeting）。

銷售百分比預算法　通常以上一年度（或甚至較長時期）為基期，公司可設定其銷售額的若干百分比為行銷傳播預算。此法的缺點是假設的因果關係可能是顛倒的，即行銷傳播支出將決定部分的銷售，而非以過去的銷售水準來決定行銷傳播支出。

　　廠商也可依據銷售預測來設定行銷傳播預算。若以此法實施時，通常會以圖 16-5 所列示的產業標準來做為決定百分比的參考。銷售百分比法可確保行銷規劃的穩定性，但其並未考慮到競爭與經濟的壓力。

競爭對等預算法　有些廠商設定的行銷傳播預算是比照同業的水準。此法至少已考慮了競爭者的動向，但缺點是假設競爭者之設定為正確，亦即認為任何廠商的行銷傳播支出之每一塊錢都具有相同的效果，各廠商也都具備了相同的目標和資源。這些假設因過度簡化事實，所以相當危險。

負擔能力預算法　有時廠商則是依其能力或扣除成本後的餘額來做預算設定。然此法未能考慮到廠商的目標，以及達成該目標所應該有的支出。此法對於努力追求利潤的廠商而言，是值得懷疑的方法，因為減少了行銷傳播支出，可能將會阻礙任何促銷的改進，從而導致銷售的衰退。

目標任務預算法 本法比其他的預算方法均來得仔細，它為達成行銷傳播目標而設定必要的預算水準。目標任務法迫使廠商確認為了達成目標所必須完成的任務，以及提供一種評估結果的方法。此法的優點是要求管理階層提出花費金額、曝光率、產品試用、消費者持續購買等彼此之間的關係。

有研究報告指出，行銷經理一般都非常依賴歷史資料，例如，以上一年度的銷售結果來分配各種行銷傳播工具的金額。在企業環境穩定的時候，這種做法尚可被接受；但在許多行銷環境裡，消費者偏好、經濟情況和競爭活動等，每一年都會有重大的變化，而在這種不穩定的環境裡，經理人若能倚賴目標任務法或零基預算法（zero-based budgeting），則在經營上較有可能獲得成功的機會。[26]

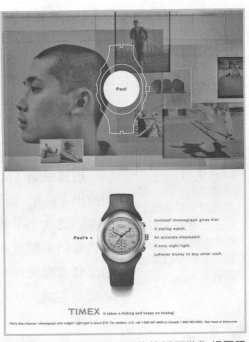

本幅廣告說明外顯和內隱的傳播可做為相同訊息的一部分。如同這支手錶經得起頑固競爭對手「痛打一番，但仍能持續滴答地刻畫時間。」

■ 行銷傳播方案的擬定

行銷傳播方案將涉及一般行銷傳播策略的擬定，以及特定方案預算的分配。廠商必須決定外顯的和內隱的傳播之使用，也必須決定是否採用推式策略、拉式策略或綜合策略。

外顯和內隱的傳播

行銷傳播可以是外顯的或內隱的。**外顯的傳播**（explicit communications）是透過人員銷售、廣告、公共關係、促銷、直效行銷或以上這些方法的組合，清楚而明確地傳達訊息。**內隱的傳播**（implicit communications）則是訊息隱含在產品的本身、價格或銷售地點裡。例如，糖果製造商 Mars 公司希望以在地化的氣息出現在不同的歐洲市場裡，而不願只是被當成美國的品牌，故其揚棄過去的廣告策略，在 10 個電視台的廣告和 20 種印刷品的廣告中，較以往更加重視當地的色彩。該公司在英國的廣告主題是「您無法探測的樂趣」，在德國變成了「它就是 Mars」，而在法國則是「Mars──快樂來源」；另外，在英國配合世界盃足球賽做廣告，而法國和鄰近國家一樣都以 8 月份為度假季節，故在不同的國家中做不同內容的廣告。在外顯的傳播部分，該公司以產品實體屬性的特色做為更情緒化的訴求，它將年代久遠的品牌改頭換面，而以更在地化的身段出現在歐洲。[27]

外顯的傳播
透過人員銷售、廣告、公共關係、促銷、直效行銷或以上方法的組合，而將訊息清楚且明確地傳達出去。

內隱的傳播
將行銷訊息隱藏在產品、價格或銷售地點裡。

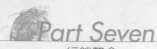
推式、拉式和綜合策略

推式策略
將行銷傳播朝向通路中間的成員，以期透過通路銷售給最終消費者。

拉式策略
透過行銷通路，俾使消費者從製造公司拉出產品，而公司行銷傳播則集中於消費者，以刺激其需求。

綜合策略
以拉式或推式的方法，將轉售商和最終消費者做為行銷傳播的目標。

推式策略（push strategy）是說服中間通路的成員，將產品推銷給轉售商，而這些轉售商也以同樣方式再推銷給其他轉售商或最終消費者。人員銷售是此種方法的主要工具，而促銷和廣告也可以應用在通路成員的身上。例如，製造商可能對零售商提供銷售誘因，或在以零售商為發行對象的商業雜誌上做廣告。

拉式策略（pull strategy）則是嘗試透過行銷通路，而使消費者從製造公司拉出（pull）產品。公司的行銷傳播工作主要集中於消費者，希望從最終使用者的層次上，產生對產品的興趣和需求。如果消費者想要且需要該產品，轉售商將更願意進貨與銷售。廠商如果有新穎與尚未上市的產品，而配銷商卻沒有意願銷售，那麼拉式策略就可能派上用場。廠商可應用廣告和折價券之類的促銷工具，將眾多的消費者吸引到零售店去，並指定該項產品，此即為所謂的透過通路拉動產品。

大部分的廠商都會實施**綜合策略**（combination strategy），亦即將轉售商和最終消費者皆做為其行銷傳播的目標。例如，納貝斯克（Nabisco）公司使用人員銷售和中間商促銷的方式，向雜貨零售商銷售產品，也同時針對最終消費者使用大量的廣告與促銷。廠商若強烈地依賴推式或拉式策略，並無法充分利用行銷傳播的力量；而一家資源有限之廠商可能兩者無法兼顧，所以就只能擇一而行。

■ 整合與執行

執行是指將設定的行銷傳播計畫付諸行動。廠商根據使用的傳播工具製作廣告、購置媒體時間和空間，並開始進行促銷活動。如果合適的話，廠商的人員銷售、公共關係、直效行銷等構成項目，就會直接朝達成行銷傳播的目標而努力，然而其執行的重點則在於協調。

■ 監控、評估和控制

廠商可用各種方法監控、評估和控制行銷傳播。例如，廠商可採用折價券的兌換數以監控促銷；或以業務員開發的新客戶數，來評估新的人員銷售策略之效果。在廣告活動開始後，廠商至少要做一個測試，以了解消費者是否注意到該項廣告；研究人員也可以詢問有多少人注意到或實際看過該公司的廣告；另外，在行銷傳播活動的前後，分別詢問消費者對該公司和產品的

相關態度,從而了解該項活動的效果。

行銷從業者常常依賴調查和測試來評估行銷傳播效果。有時他們會將銷售的結果與銷售量的波動歸因於行銷傳播,但卻大多忽視其他因素的效果。不幸地,這種偏頗之見在企業界卻比比皆是。

雖然大部分的行銷傳播很難衡量其絕對效果,然而行銷從業者並不放棄行銷傳播工作。不過,行銷從業者卻面臨需證明行銷傳播支出的壓力。行銷從業者正在試驗互動式的科技,希望將來於行銷傳播的評估品質上能夠大為改善。例如,因廣告無法實際發揮減少吸食毒品的效果,故美國政府對為期五年的反毒運動宣告失敗。為了尋求 1 億 8,000 萬美元的持續年度廣告預算,美國反毒總指揮機構承諾,在推出廣告活動之前會先行測試,而在相互比較之下,以前在廣告活動期間則僅有三分之一做過測試而已。像這般的預先測試,將能節省很多金錢,而且廣告的效果即可被評估,不須等待五年時間才宣告活動失敗。[28]

為測量行銷傳播的有效性,也應設計出一個比修正生活型態或態度更為容易、且可在相當短時間內就可得知消費者反應的方式。例如,英國航空公司在《紐約時報》網站,刊登其飛行常客方案的廣告以吸引新會員加入。刊登線上的廣告費用是 30 萬美元,而此方案的結果則超越了目標的 40%,登記新會員的人數有 12,000 名,得到 1 名新會員的成本平均為 25 美元,這是以前類似線上廣告得到新會員平均成本的四分之三,其額外的收入將超過此次廣告活動的成本,[29] 而像這樣的結果則是所有行銷從業者所嚮往的。現今網站已成為行銷傳播非常重要的一部分,因此有必要來測試這些網站的效果。

關鍵思維

詹姆斯‧沙克斯唐(James Sexton)在一家全國性戶外服裝零售商負責內部管理工作一年後,剛被拔擢擔任特殊事件的協調專員。他第一份被指派的工作,是為一間重新整修完畢的零售店規劃與執行週末慶祝活動。詹姆斯打算對某些產品舉辦特價活動、摸彩贈送免費商品,以及為當地一項登山活動比賽舉辦頒獎典禮,而他必須要為這些慶祝活動預估開支。

‧ 為規劃與執行這次週末慶祝活動,請問他需要準備哪些資料?

16-5 倫理和法規的考量

圖 16-6 列出以倫理與法規觀點在行銷傳播上可能受到批評的五個領域。讓正直的專業行銷從業者氣餒的是,在行銷傳播上的倫理問題和違反法規事件層出不窮,但好消息則是倫理觀點已再度被重視了。事實上,行銷傳播常被用來當成鼓舞慈善活動、安全駕駛、支持社區活動的工具,而行銷傳播也被用來告知消費者有關法規問題,例如「請繫上安全帶,這是規定」或「滿21 歲才能購買本產品」等警告用語。

一個關於行銷傳播貢獻社會的範例是標的公司的「對教育負責」方案,該方案提撥銷售一定的百分比,以做為當地社區學校的補助款。該公司的這項方案也產生了相當大的宣傳效果,並在公司網站、店內標語,以及一些廣告上加以推廣。該項方案已捐贈超過了 1.38 億美元給值得贊助的學校、教師

圖 16-6	行銷傳播之倫理和法規的考量
行銷傳播要素	**倫理和法規的考量**
廣告	• 應用不實的廣告。 • 支持不利民族／種族／性別的刻板印象。 • 鼓勵物質享樂主義和過度消費。
公共關係	• 缺乏誠意（只有口惠而與事實不符）。 • 利用不公平的經濟力量而獲致有利的宣傳。 • 精心策劃新聞事件，製造假象以支持公司地位。
促銷	• 提供誤導式的消費者促銷。 • 支付上架費以獲得零售場地與空間。 • 利用未經授權的郵寄名單接觸消費者。
人員銷售	• 使用高壓式的推銷。 • 未能揭露有關產品的限制與安全問題。 • 誇大產品的效益。
直效行銷傳播	• 以電話行銷侵犯隱私權。 • 使用未經消費者授權的資料庫資訊。 • 以多餘的直效信函產生經濟浪費。

和學生。[30] 這項方案提醒我們，行銷傳播對追求利潤的行銷從業者與對貢獻社會的公益團體一般重要。在某些情況下，上述兩者是一體兩面的。

■ 合法，但合乎倫理嗎？

有些行銷傳播在技術上來看是合法，但在倫理上卻大有爭議。例如，在經歷了 40 年的自我設限後，今日的烈酒業也開始在有線電視及地方電視台做起廣告，而批評者很氣憤地表示擔心引起酒的過度消費。由於被啤酒和葡萄酒奪走不少市占率，所以製酒公司也表示其有合法的權力利用廣告來推廣業務。雖然目前全國性電視網（ABC、CBS、NBC）已接受烈酒的廣告，但近年來在地方性廣播電台的烈酒廣告量更呈現快速的成長。2002 年僅有 60 家地方電台接受烈酒廣告，但在 2004 年卻超過了 600 家。[31] 此外，NASCAR（美國賽車協會）原先禁止烈酒公司的贊助行為，也在 2005 年底解禁了。[32] 美國醫療協會（American Medical Association, AMA）強烈反對 NASCAR 對烈酒業開放贊助行為和電視廣告，並認為 NASCAR 忽視其成長最快的視聽眾是屬於 12 到 18 歲年齡層的青少年。AMA 主席說：「在參賽的賽車車輛上面噴漆刊登烈酒的廣告，會對年輕人發出錯誤的訊息。」[33]

至於其他看來合法，但在倫理上有問題的是積極促銷高成本的藥品，而健保成本卻逐漸失去了控制。聯邦商業委員會正在考慮要調查處方箋的藥品訂價，有人投訴製藥公司直接對一些病人進行行銷，因這些藥品的專利權即將到期，而顯然會與無品牌藥品在價格上做強烈的競爭。但接著又發生了另一個問題，那就是製藥公司將要求藥房簽約，若能專賣其藥品而不賣無品牌藥品的話，將可以給予藥房高額的促銷回扣。[34]

美國食品與藥品管理局（FDA）對於處方藥廣告增加的情形相當關心。在 1997 至 2005 年期間，製造止痛藥 Celebrex 的業者在行銷傳播上出現了問題，而被舉發了七次，其中包括製作誤導性的電視廣告，以及缺乏舉證的聲明。[35] 同時間，FDA 亦對銷售最好的膽固醇藥物 Lipitor，以及治療過敏藥物 Claritin 的製造商提出多次的舉發。由於這些處方藥的製造商在廣告與促銷的

做法被要求改善，以及負面的公共報導日益增多，相信相關業者在未來對行銷的訴求將會變得比較誠實一點。[36]

行銷傳播的詐欺

圖 16-6 列舉了欺騙消費者的許多相關問題，其中最被關心的則是不實廣告。**不實廣告**（deceptive advertising）是指以不誠實的聲明或不揭露重要的資訊，意圖誤導消費者。而此即是負責管理美國企業運作的政府機構——聯邦商業委員會（FTC）的主要重點工作之一。

不實廣告經常是以不實的訂價或功能利誘消費者前來購買，但其實並沒有那麼一回事。其中最為人所詬病的是減肥商品，FTC 發現它們的廣告過於誇張。在一個名為「向減肥謊言宣戰」（Operation Big Fat Lie）的專案裡，FTC 向幾個詐欺式行銷從業者開刀，包括 Self-worx.com 案件，除處以罰鍰 10 萬美元外，並且禁止其繼續從事不實的廣告活動。[37] 另外與健康相關的是 FTC 的「荒謬」（Project AbSurd）專案，FTC 對 AB 精力片（AB Energizer）業者罰鍰 200 萬美元；另禁止加拿大業者繼續利用網路在美國銷售其有缺陷的愛滋病毒（HIV）檢測工具。[38] 有更多有關誤導式廣告案件，請參閱「倫理行動：聯邦商業委員會及法院聯手打擊詐欺性廣告」一文。

若想得到更多有關防範詐欺性廣告的訊息，請上商業改進局（Better Business Bureau）的網站 www.bbb.org 或 FTC 的網站 www.ftc.gov，這些網站對於行銷傳播上的倫理與法規相關議題，提供了許多避免消費者受騙上當的建議。[39]

Hindsight is easy.

It's thinking ahead that's hard. But that's how Liberty Mutual serves our customers and why we're one of the world's leading groups of insurance companies, with over $19.6 billion in revenue. Over the last 93 years, we've introduced innovative products and services and helped to develop hundreds of groundbreaking safety initiatives through the Liberty Mutual Research Institute for Safety. Along the way, we've learned that helping people reduce risk and prevent accidents is just good business. IT'S MORE THAN INSURANCE. IT'S INSURANCE in ACTION.®

libertymutual.com   © 2005 Liberty Mutual Group

Liberty Mutual.

行銷傳播可用來宣傳公司在社會責任活動中的角色。在本幅廣告裡，Liberty 互助基金告知讀者其推出上百種安全商品的目的，在於預防意外事件的發生。

不實廣告
以不誠實的聲明或不揭露重要的資訊，意圖誤導消費者。

額外管制的考量

額外的 FTC 指示原則會影響到行銷傳播，FTC 規定任何產品的成效聲明均需獲得證實。雖然 FTC 同意**比較性廣告**（comparative advertising），即是將自己的產品與其他公司產品相互比較，但也要求比較性的聲明必須有足夠的事實根據。如果龐帝克公司聲稱其 Bonneville 轎車比凌志或 BMW 轎車便宜數千美元，則該公司必須將比較基礎詳細地告知消費者。

為產品代言的人也必須合乎資格，而且必須親自實際使用過該代言產品。此外，在廣告中任何的展示均必須正確呈現，不可有誤導消費者的印象。

比較性廣告
將自己的產品與其他公司產品相互比較的廣告。

ADVIL® LIQUI-GELS® ARE STRONGER AND FASTER THAN TYLENOL ON TOUGH PAIN.

Advil LIQUI-GELS

TAKE CONTROL FAST
TAKE ADVIL LIQUI-GELS

行銷從業者利用比較性廣告時，其聲明必須有事實根據。本幅廣告是 Whitehall 藥廠利用比較性廣告聲明 Advil 藥品對胃部比阿斯匹靈溫和，在治療頭疼方面則比 Extra Strength Tylenol 效果顯著。

食品和藥品的行銷從業者之包裝和標示作業，也受到消費者和管制機構的嚴格注意。在全國性的層次上，FDA 密切注意與健康相關的訊息。 1991 年，FDA 的管制權經立法通過而擴大，要求製造廠商在產品標示上揭露脂肪、糖、膽固醇、添加物或其他成分等有關飲食和營養方面的資訊。而美國廣告評議委員會（National Advertising Review Council, NARC）也積極地監控有關衛生和營養方面的聲明，其中的一件案例是湯廚公司的 V8 果汁平面廣告，該廣告聲稱每週飲用五次以上就可減少罹患攝護腺癌的風險，它過分渲染番茄與癌症預防之間的科學驗證關係。[40] 最後，湯廚公司同意修改聲稱，使其更符合科學的驗證關係。

■ 全球化影響

行銷全球化日漸盛行，故對各國的行銷傳播組合也經常需要調整，以避免觸犯法規和倫理的問題。各國在語言、文化、法規和倫理規範上皆各有所不同，而各種媒體的可用性也大不相同，例如在一些歐洲國家的電話行銷法規就比美國嚴格。在行銷傳播內容使用幽默或性的措辭，也由於各國之間的文化背景不同而可能被誤解，所以是一個很危險的做法。各國之間對

倫理行動

聯邦商業委員會與法院聯手打擊詐欺性廣告

　　廣告主長久以來都知道，對產品的特殊功效聲明皆須有事實證明，然而聯邦商業委員會（FTC）、地方及州政府執法單位，以及法院卻持續不斷揭發許多無事實證明的聲明。在 2005 年，FTC 裁決純品康納（Tropicana）聲明其柳丁汁可以降血壓及膽固醇的功效是虛假的。FTC 要求該公司禁止再做出類似與健康相關的聲明，除非該公司能夠提出可靠的科學研究證明文件。

　　另一件有關詐欺性的廣告事件，美國康乃狄克州地方法院判決吉列公司在廣告聲明裡有誤導消費者之嫌。該聲明表示 M3Power 刮鬍刀能夠刮除皮膚

上的毛髮，所以可以說是「世界上最棒的刮鬍刀」。法院卻認為它沒有證據支持該聲明。吉列公司的勁敵舒適（Schick）的母公司 Energizer Holdings 打算在法院審理該案告一段落時，提出損害賠償的要求。有些廣告主認為 FTC 及其他執法單位對於廣告的規定太過嚴厲。其他行業的業者卻認為，對於誤導式的廣告處罰過輕則是在鼓勵非倫理，甚至是非法的行為。在此同時，有愈來愈多的消費者開始懷疑廣告裡的聲明訊息，這連帶使更多合法的廣告也遭到池魚之殃。

促銷方式如競賽或贈品的管制等也相當不同。特別要注意的是，在某一國被認為有效的廣告訊息，在另一國卻可能會冒犯當地居民。此外，各國接受人員銷售的行為標準也各有本。例如，在許多拉丁美洲和遠東國家要先建立人際關係，然後再建立企業關係，則被認為是很重要的事情。

　　全球化觀點也包括對既有市場或國家內部的多元文化的尊重。全球包括美國在內，已有愈來愈多的國家，在行銷傳播上注意到市場的多元文化層面。行銷從業者必須特別預防持有種族和民族的刻板印象，這些預防措施包括雇用廣告代理商、研究機構或其他專家指導行銷傳播工作。即使如此，有時還是會冒犯消費者，因此在行銷傳播時尤其應該注意文化差異的重要性。

摘要

1. **探討行銷傳播之目的。** 行銷傳播的主要目的是獲得視聽眾並影響其行為。行銷傳播通常有三個主要目的：告知、勸說和提醒。根據公司的行銷和傳播策略，五種主要傳播方法的任何一種皆能達成此目的。

2. **了解行銷傳播組合及其角色。** 行銷傳播讓行銷從業者能跟上消費者潮流和趨勢。行銷傳播主要工具有廣告、公共關係、促銷、人員銷售和直效行銷，這些工具中的每一種都有其獨特的優勢，並能提供各種擴獲消費者的技術。廠商的整體性行銷策略需與行銷傳播一致是很重要的。行銷傳播必須與產品、價格和通路等因素協調，以便能有效地到達期望的目標視聽眾。

3. **闡釋行銷傳播過程的主要因素。** 來源者和接收者之間能分享意見時，傳播就發生了。傳播被認為是來源者有效地自接收者得到一個期望的回應。從行銷傳播觀點而言，是指廠商通過任

何的訊息通路，而將行銷傳播訊息傳遞給目標視聽眾及接收者。廠商將訊息編碼放入詞彙、圖片或符號後再傳出訊息，目標視聽眾隨後將訊息解碼，以決定詞彙、圖片或符號之涵義。假如傳遞過程受到干擾，那麼想要傳遞的訊息就不會被接收者收到了。

4. **探討行銷傳播規劃過程的七個步驟。** 行銷傳播規劃的主要工作包括行銷計畫回顧、情境分析、傳播過程分析、預算擬定、方案擬定、計畫整合與執行，以及行銷傳播過程的監控、評估和控制。

5. **說明行銷傳播的主要倫理與法規議題。** 所有行銷傳播領域裡一些不合倫理和違法的活動會遭到批評。而有一些經常是宣傳的問題，包括不實的廣告；無法證實的比較性聲明；不合理的民族、種族、性的刻板印象；以及鼓勵物質主義的價值觀。

習題

1. 請扼要地定義行銷傳播，並敘述行銷傳播的組合要素。

2. 何謂贊助行為？有何優缺點？試舉一贊助行為之例，並說明其有效性。

3. 行銷傳播的目的為何？請列舉三項主要的行銷傳播目的，並就各項目的各舉一例說明廠商如何利用行銷傳播來達成。

4. 請參閱「運用科技：電視可以透過網際網路在家收看」一文。傳統的電視廣告數量正在下降，廣告主對於選擇線上電視節目做為廣告是否太樂觀？

5. 哪些因素會造成行銷傳播訊息解碼的結果不同於訊息發出者的意思？

6. 請簡述行銷傳播規劃的步驟。

7. 行銷組合的其他層面能影響行銷傳播組合嗎？

8. 哪些因素可能會影響公司的行銷傳播支出？

9. 請參閱「倫理行動：聯邦商業委員會與法院聯手打擊詐欺性廣告」一文。對詐欺性廣告除要求其修正未來的廣告內容與處以罰鍰外，這些從事誤導性廣告的廠商會有哪些負面的結果？

10. 請舉例說明一些和行銷傳播有關的倫理與法規問題。

行銷技巧的應用

1. 選擇一個過去幾個月在全國電視台播放消費性商品廣告的主要行銷從業者。試著分辨該公司最近的行銷傳播組合與其他的電視廣告有何不同。

2. 試舉出幾個你認為有倫理或法規疑慮的行銷傳播具體案例。發生各個傳播問題背後的因素是什麼？如何改善並去除各個傳播有關倫理或法規疑慮的問題？

3. 選擇一項你熟悉的產品，並說明生產、訂價、行銷通路因素如何影響該產品的行銷傳播活動。

網際網路在行銷上的應用

活動一

聯邦快遞的網站為 www.fedex.com，提供學習有關該公司整體行銷傳播的機會。請上此網址點選「In the United States」欄後，再連結至「advertising」欄。

1. 請問該公司電視廣告的主題是什麼？該電視廣告的目標市場又是什麼？你認為該電視廣告能對此目標市場發生效果嗎？

2. 請問該公司平面廣告的主題是什麼？該平面廣告的目標市場又是什麼？你認為該平面廣告能對此目標市場發生效果嗎？

3. 請連結該公司「Sports」欄，以便了解聯邦快遞公司更多的贊助活動。這些贊助活動如何增強平面及電視廣告效果？

活動二

在你的領域裡能保持專業的技巧，在今日的環境裡，這深深地意味著要趕上國際發展，而商業刊物可以幫助你達到這個目的。例如，《廣告年代》（*Advertising Age*）是行銷傳播中最受歡迎的商情來源，其網址為 http//www.adage.com，請點選你有興趣的項目。

1. 請依照不同的人口統計變數、生活型態或族群等市場區隔，列述三個行銷例子。

2. 請舉出兩個整合式行銷傳播活動範例，找出其目標市場、活動目標，以及用來接觸目標市場的媒體。如果可以，請指出應該如何衡量這些活動的成果？

行銷決策

個案 16-1 烈酒公司增加在電視與美國賽車協會的廣告

主要的烈酒公司重新考慮對電視廣告之自我設限的禁令。從 1990 年代中葉開始，施格蘭（Seagram）公司和其他主要的烈酒業者便涉足有線電視的廣告，且引發了消費者保護機構和政府機關的關注眼光。2002 年，烈酒公司準備開始在全國電視網做廣告，而 NBC 電視公司也表示願意接受，並以思美洛（Smirnoff）品牌為主軸，以鼓勵指定駕駛人的做法為其廣告內容。NBC 電視公司預計這則廣告要播放 4 個月，而隨後就開始播出該主流廣告媒體，而廣告裡還是強調要注意安全。但當大眾和政府的反對聲日漸響之際，該電視台也退卻了。許多產業分析家均認為，烈酒公司之所以要在全國電視台播放廣告，原因是烈酒業的市場占有率被葡萄酒和啤酒業所瓜分。從 2001 年開始，烈酒在各地方性及有線電視的廣告增加了 10 倍。

電視的烈酒廣告爭議主要是圍繞在社會問題上。反對者辯稱，飲酒會導致酗酒而增加社會成本，以及更多的車禍意外、暴力、員工缺勤等事件，而飲酒過量也會造成身體與心理的失常。尤其受到批評的是，他們認為烈酒公司的廣告是針對年輕人，甚至是未成年的消費者來製作的。

在 2004 年年底時，美國賽車協會（NASCAR）舉辦的賽車巡迴賽同意烈酒公司對參加賽車車隊的贊助行為。然而電視廣告之所以會引起抨擊，則因烈酒公司的廣告對象是眾多的未成年消費者，而這些廣告又與美國賽車協會綁在一起，它可能會加劇飲用烈酒的吸引力。美國賽車協會的賽車車隊接受烈酒公司的贊助行為，而另一方面卻又在合約裡要求這些烈酒公司要提出反對未成年消費者飲酒的告知訊息。

烈酒公司若堅持繼續在美國賽車協會與電視的廣告，則會有一些風險。聯邦政府已加強對烈酒行銷的監督了；而聯邦商業委員會（FTC）也會審查啤酒、烈酒和葡萄酒等八個主要廣告刊登公司的廣告內容，以及利用的媒體種類。該委員會呼籲改進自我約制法規之際，明確表示會深入調查酒精飲料對某一年齡層的電視與平面媒體廣告內容。由於兩大政黨都反對烈酒的電視廣告，所以可能會增加制衡的措施，例如調高酒類稅賦、限制銷售地點、限制廣告內容等。顯然地，烈酒公司也願意去承擔這些風險。

問題

1. 美國政府可能制定法規禁止烈酒的電視廣告。請問烈酒公司將會如何反對這項限制？

2. 烈酒公司是否應該放棄在美國賽車協會與電視廣告，以善盡更多的社會責任？

3. 烈酒公司如何說服大眾和政府官員，其廣告並非是針對 21 歲以下的消費者為對象？

行銷決策

Vans 公司和耐吉公司的正面交鋒

Vans 公司位於南加州,是從事溜冰鞋生意最大和歷史悠久的公司。其在創新方面並不很有名,而該公司的成功主要是依賴印有棋盤圖樣、且不用繫扣的厚底溜冰鞋,以及持續努力推廣的滑板運動。 Vans 公司一年在溜冰鞋市場的營業額超過 3 億 5,000 萬美元,而主要競爭者如快銀(Quicksilver)公司、 DC Shoes USA 公司和 Volcom 公司的年銷售額則很少超出 1 億美元。

耐吉公司併購了一家位在奧勒岡州波特蘭市,名為 Savier 的溜冰鞋公司,這也象徵著 Vans 公司將增添一個重要的新競爭對手。另外,耐吉公司也併購了位在加州橙縣的赫利(Hurley)公司,其原為 Vans 公司服飾競爭者。雖然赫利公司尚未製造鞋子,但產業觀察家預期,耐吉公司未來將利用赫利公司進入成長迅速的滑板運動市場。

耐吉公司在 1990 年代曾想搶進溜冰鞋市場,但未能成功,因這家享有盛譽的企業巨人對有獨立想法的少年和青少年不甚了解,所以更甭論在滑板運動市場的主要人口統計工作了。傳統上,耐吉公司被玩滑板的人視為團隊性運動的支持者,而滑板零售商對該公司的看法則是傲慢、且不會支持該產業,所以就由 Vans 公司完全包辦了 38 年的展覽會。

然而有些看法正在改變,首先 Vans 公司變得像一家不尋常的公司實體,其產品是在滑板專門店裡出售,這裡形象是最重要的。 Vans 公司的產品也在鞋櫃公司和其他主流零售店裡銷售;而 Vans 公司也製作了一捲音樂帶,在兩個電視台的體育電視節目中播放,並且製作一部名為《狗鎮》(Dogtown)的影片,該公司希望能夠像《永恆的夏天》(Endless Summer)一樣成為衝浪遊戲的經典之作。新力製片公司以 500 萬美元的行銷傳播活動支持《狗鎮》,而 Vans 公司則將出售印有《狗鎮》的專屬商品,與影片同時上市。結合新力製片公司和鞋櫃公司零售店的販賣,該公司似乎對以年輕人做為目標市場的耐吉公司,造成了一些主流趨勢的變動。

同時,耐吉公司則盡可能保有 Savier 品牌市場地位之穩定,它強調 Savier 鞋子穿起來舒適,也正在為市場占有率而與 Vans 公司做正面交鋒。其主要的行銷傳播工具之一是在滑板公園舉辦商業巡迴展,並企圖讓 Vans 的使用者穿一雙 Savier 鞋子。孩子們所喜歡的是 Savier 鞋子的舒適性,而他們現在也似乎不再關心其與耐吉公司有何關聯性了。全美有 1,000 座滑板公園,從 2001 年早期開始,耐吉公司即修造了 200 座;而耐吉最初關注的是加州的 47 個公園,原因在於加州玩滑板的人均傾向於創新風潮。巡迴展隨後進入全國各地且進入了主要市場,而反應和銷售一直很好,因耐久舒適性是滑板運動者喜歡的產品屬性。

Vans 公司行銷人員也開始擔心耐吉公司在市場上的表現,並注意到耐吉公司面對行銷挑戰時絕不會輕言放棄。耐吉公司現在似乎不再像以前,存有反現代社會體制的頑固觀點了,而 Vans 公司也必須認清事實,該公司和耐吉公司都製造部分類似的產品,但耐吉公司更加倍努力接近郊區的白人男性,這對滑板市場來說也許是一條獲利的途徑。產業分析人員認為,滑板運動將成為主流運動,而且在幾年內也許會像小聯盟棒球一樣,被認為可供體育活動選擇。傳統上,耐吉公司喜歡在廣告中聘請體育名人建立品牌形象,但

在對青少年男孩調查中發現，已退休的滑板運動者唐尼‧霍克（Tony Hawk）比麥可‧喬登更為有地位。在運動鞋市場的起伏很大，在 1990 年代晚期為籃球鞋，未來則將成水平狀發展。而耐吉公司也曾雄心勃勃地想在未來併購 Vans 公司，但卻沒人希望 Vans 公司被併購。

問題

1. 請替 Vans 公司的未來行銷傳播策略提供建議，並要如何注意耐吉公司 Savier 鞋子對 Vans 公司的威脅？

2. 未來耐吉公司應該如何進行行銷傳播以推展滑板市場？請你對進入少年和青少年的男性市場提出「做」或「不做」的具體建議？

3. 在一整合式行銷傳播方案中，公司應如何利用整合式的行銷工具（廣告、公共關係、促銷、人員銷售、直效行銷）？

廣告與公共關係

**Advertising and
Public Relations**

Chapter 17

學習目標

研讀本章後，你應該能夠

1 了解廣告的特性、功能與型態。

2 認識人們如何處理廣告資訊，以及其如何影響購買者行為。

3 探討擬定廣告活動的方法。

4 論述不同的廣告目標與達成此目標的訊息策略。

5 了解選擇廣告媒體和時程之決策。

6 解釋行銷從業者如何評估廣告效果。

7 認識公共關係和公共報導在行銷上的角色。

英國航空公司

經過多年的顛沛不安之後，英國航空公司（British Airways）以較小型的飛機、較少的航線，縮小營運規模，目的在使英航成為商務與企業界旅客的首選，從而提高獲利能力。若能掌控英國的航空業，那麼該公司就可以在大部分的大西洋航線上，索取較高的票價。此外，該公司也決定重回創新的傳統，改變措施包括將飛機的座椅改為臥鋪、在飛機後部設立多種不同的娛樂休閒中心，而新的電視廣告則強調顧客的服務和效益。該公司除維持在市場的優勢外，另也考慮透過網際網路的拍賣和比價方式，來出售未賣掉的機票。這項工作並不容易，因該公司的主要目標視聽眾大多很忙碌，也很少看電視，故過度使用電視廣告的效果並不大。

英航也嘗試以不同的方法努力從事廣告。例如，該公司的「未來與轉變」（Future and Shape）策略中，有一項行銷突擊計畫，目的在全力防範該公司成為一家票價最貴的航空公司後，所招致的名譽損傷。因英航的市占率受到一些成本低廉的航空公司侵蝕，因此英航極力以生動的廣告，促銷其具有競爭價格的歐洲航線機票。而在最近的一些計畫，大都利用公共關係去推銷廉價機票，以反制如 easyJet 等低價航空公司。英航也認為應提出更具競爭性的價格，在這方面，它希望有更多的顧客在線上購票。不過英航的成效並不佳，於是就把希望放在成本的降低，以繼續吸引高票價的商務旅客，而其也是該公司的獲利來源。

英航積極地降低成本，而在長程路線的競爭力也已增強。最近該公司重新將重心放在品牌的建立，以及顧客服務的改善上面。再者，該公司現在已體會到網際網路的影響力，以及短程航線票價的競爭。誠如一位發言人所言，廣告訊息之用意是「以合理的票價，將顧客連同其所有行李從 A 處轉到 B 處來」。

英航的行銷方案，亦即爲行銷從業者如何應用不同的廣告媒體和傳播方法，以接觸其目標區隔的一個範例。該公司挑選一家專長設計互動式網路的廣告代理商，以增加其網站的到訪率；而公司同時也使用傳統廣告、行銷傳播，如公共關係和促銷等，以及在網站的互動層面來推銷其服務。

在本章，我們將探索行銷活動中最令人注意的廣告問題，也將一併討論與公共關係有關的主題。

17-1 廣告的本質

■ 廣告的定義

> **廣告**
> 行銷傳播組合的一項要素，並非由銷售人員爲之，而是由身分確定的贊助者，透過大眾傳播通路促銷商品、服務、人物或構想。

廣告是消費者最常把它與行銷連在一起的活動。**廣告**（advertising）是由一特定的贊助商（sponsor）付費，以說服性而非個別性方式，透過大眾傳播通路，來推廣商品、服務、人物與構想的一種行銷傳播要素。[1]

有效的廣告可呈現新的或既有的產品資訊，並展現產品使用的意義性，也能建立或恢復品牌的形象。[2]廣告以重複的溝通方式來接觸各式各樣的視聽眾，也讓公司有機會以生動的方式，將產品和服務呈現在顧客眼前。

廣告可以刺激需求並協助建立成功的產品品牌，以啓發購買者的行爲，讓銷售者有測量銷售水準的方法。廣告也可告訴購買者有關產品的特性和利用價值，而使產品在市場上更具競爭性。[3]

在許多市場裡，首次購買者並不多。此時廣告相當重要，可慰留原有顧客，或把其他顧客從別的品牌移轉過來，而影響品牌的占有率。品牌移轉需透過廣告來建立品牌的知名度，或改變消費者對品牌的信念方能產生。[4]

廣告也能達成其他方面的功能。有些廣告可幫助人員銷售的工作，如許多公司以廣告增加消費者對產品的認知，而讓爾後的人員銷售工作較易進行。若能有效地執行廣告，則可將產品的優點傳達給潛在客戶，進而引發銷售。此外，有一項對三家電腦公司的研究顯示，許多公司增加廣告的支出，就是期盼獲得廣告的直接效果，而使銷售與利潤能夠增加。[5]

■ 廣告與行銷概念

切記，廣告是昂貴的，所以必須針對廠商的目標以力求有效地達成。廠商的預算並非無限，因此，分配經費時務必將目標市場以及視聽眾明確化。此外，只想以消費者的需要和效益爲基礎，而不利用廣告也是不夠的。換言

之，傳播（廣告）與期望產品屬性兩者，是行銷概念中不可或缺的一部分。

　　大眾媒體和廣告，在創造全球的消費中扮演著主要的角色。MTV 和相似的頻道有直接的影響力，從一些青少年所觀看的頻道，即可知那將是最有可能展現全球青少年文化和消費文化的場域。最近有學者認為，廣告可以應用全球消費者文化來定位品牌策略，而這種方法與第 7 章的市場區隔化中所討論的標準概念不同。相反地，它是以品牌和當地文化結合之策略（例如，百威公司在美國的廣告是凸顯美國小城鎮文化），以及將品牌用一特定的外國文化來定位（例如，新加坡航空公司在其全球媒體廣告所使用的新加坡女孩形象）。[6]

廣告產業

　　廣告是一個很大的產業，全球每年花在廣告的支出將近 3,000 億美元。通用汽車、寶僑公司和戴姆勒克萊斯勒公司等，每年花費在媒體的廣告支出均超過 10 億美元。[7]圖 17-1 列示了在美國花費於每一種媒體的廣告金額。

　　兩種成長最快的媒體是雜誌和有線電視網。事實上，這兩項媒體的成長，也使主要的電視網（ABC、NBC、CBS）平均每晚收視率下降到 50% 以下，而電視的廣告收入也減少了 10% 以上。[8]

廣告代理商

　　許多廣告主均會雇用**廣告代理商**（advertising agencies）來製作廣告、購買媒體的時間和版面。圖 17-2 中列示了全球總收入前五大的廣告商。他們在全球各地雇用了不少的員工，而其中有兩家廣告商的總公司均設在紐約。

　　廣告代理商雇用有創意的人來從事廣告訊息的製作，並雇用媒體專業人員以從事媒體規劃與排程。創意的策略和業經查證的銷售紀錄，顯然是廠商雇用廣告代理商的最佳理由。不過，為了限制成本和節省佣金的開支，一些

> **廣告代理商**
> 替行銷從業者負責擬定廣告訊息，提供媒體規劃與排程的公司。

圖 17-1	2004 年美國全國性廣告在各式媒體花費的總金額

媒體名稱	支出費用（百萬美元）	媒體名稱	支出費用（百萬美元）
無線電視	$ 22,500	商業組織（專欄）電視	3,900
報紙	24,600	全國性報紙	3,300
運動電視 *	17,300	全國性運動電台廣播	2,600
雜誌	21,300	戶外廣告	3,200
有線電視網路	14,200	網際網路	7,400

* 運動電視節目是向主要電視公司購買時段在電視台播出。

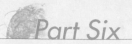
圖 17-2　　　　世界五大廣告公司

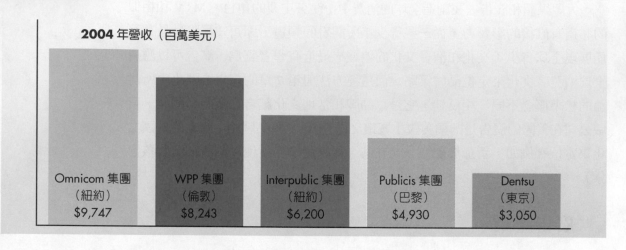

大公司如班尼頓（Benetton）即自行設立廣告部門，用以處理公司從創意設計到媒體決策等各種事務。其他公司如寶僑，則自行購買媒體版面和時間，而不完全依賴廣告代理商。至於 IBM、拜耳、3M 和湯廚等公司，也逐漸減少全球的廣告代理商；而這樣的做法，均進一步提升了整體行銷傳播的層面。

廠商若想開拓新的全球市場，選擇一家足以勝任的廣告代理商則相當重要。例如，美國有一家肥皂製造商，大膽地在波蘭推出一個人邊洗澡邊唱歌的電視廣告片。波蘭人看了覺得很好笑，原因在於波蘭人很少有人可在家淋浴，因為熱水供應受限，導致他們無法悠閒地淋浴。為了避免有此類錯誤情事發生，行銷從業者應與有能力的廣告代理商建立密切的夥伴關係。[9] 可口可樂公司將其全球 16 億美元的廣告業務，交給李奧貝納（Leo Burnett）公司和麥肯（McCann-Erickson）公司，原因亦在此。有趣的是，中國自從 1979 年開始改革開放後，各主要的廣告代理商都前往設立辦事處，該地很快地成為世界第三大的廣告市場。[10]

在以往，廣告代理商可就客戶所購買時間和版面費用的總額收取 15% 的佣金。但在最近開發客戶和經濟上的壓力，導致出現不同的收費方案。首先，許多廠商現在的收費已低於 15%。第二，有些代理商採用工作時數計費。第三，有些廣告主採用依據廣告後所達成目標的程度，而付費給代理商的誘因方案。例如，擁有二手車經銷商銷售網的 Driver's Mart 公司，其在廣告的支出達 4,000 萬美元之多，而付給代理商的佣金就以每銷售一部車為計算單位。[11] 美國陸軍也採用績效付費方案，依招募成功的程度來支付廣告代理商佣金。

　　寶僑公司也決定依據銷售業績的高低來支付給其代理商的費用，取代過去依工作時數或媒體的支出來支付佣金之方式。公司廣告預算規模以績效來支付的標準，格外引人注目。另外，廣告商也擔心會影響銷售的其他因素，以及一些無法掌控的因素。例如，如果廣告代理商製作的廣告不錯，但因公司的廣告時間不足，那麼成效不佳是否應由廣告代理商負責？反之，如果產品的設計很好，廣告做得不多卻成效不錯，則是否應該歸功於廣告代理商？[12]

◾ 轉變中的產業

　　今天，行銷從業者對各項廣告支出已逐漸產生疑慮。許多公司若僅以大眾市場為其廣告目標，就不再具有任何意義了；而只購買某特定電視節目的時段，或特定雜誌的某個版面，並不能接觸到目標視聽眾。例如，許多公司像聯合利華公司和其廣告代理商一樣，逐漸減少在電視上固定播放 30 秒鐘的廣告影片，轉而增加在純粹娛樂和比賽的場地廣告。[13]所以廣告主必須經常使用各種不同媒體當做廣告工具，並結合電視、平面廣告、錄影帶、看板、商展、直效信函及贊助活動等，從而形成整合的行銷傳播計畫。[14]

　　全球化的行銷活動是另一個改變時代的例子。在許多情況下，產品和廣告必須符合當地市場的需要與文化習俗。宗教色彩濃厚的地區，如沙烏地阿拉伯、伊朗；多元文化影響的地區，如日本和韓國；同質性高的地區，如瑞典和澳大利亞等；各地區使用的廣告傳播皆有所不同。[15]例如，卡夫公司對其精製乳酪片的廣告主題雖然同樣是牛奶的成分，但在加拿大、英國、澳大利亞和西班牙等國則以不同的格調呈現，藉以配合當地消費者的偏好和特性。[16]

　　日本的廣告主則喜愛軟性銷售，常常使用間接的訊息。在西方的廣告通常是強調產品的長處，或由公司發言人直接訴說品牌的優點，但這在大部分的日本廣告中是不管用的。[17]令人訝異的是，即使日本人崇尚西方文化，但在美國逐漸重視建立形象的做法，反而被日本的廣告所漠視，因此在日本的外國廣告主應該要注意這項差異性。

　　科技的變化也促使了廣告業的轉變。有線電視的昌盛、VCR 到處氾濫、遠距視訊（TiVo）的推出，以及遙控器的普及等，都意味著電視廣告已失去了部分的效益。尤其是遙控器的使用，增加了**廣告轉台**（commercial zapping）的機會，而讓觀眾一看到廣告就轉台。[18]一項研究

廣告轉台
一看到電視廣告就轉台。

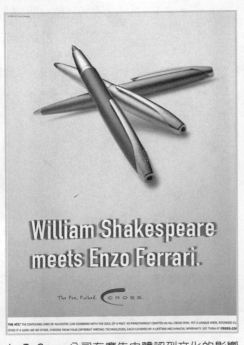

A. T. Cross 公司在廣告中體認到文化的影響力，而將其當做產品的賣點。

顯示，廣告若碰到其他頻道有運動節目播出時，那麼觀眾就會減少一半。轉台情形在新聞和午夜節目裡最為嚴重。[19] 此外，年輕的觀眾和高所得的家庭成員，在廣告時間裡大多會起身做其他的事。[20] 當遠距視訊和類似競爭者出現時，廣告業就必須接受觀眾已能掌控環境的事實。[21] 以預錄電視節目而躲避廣告時段，再加上另外一些進步的科技，已讓廣告主和媒體主管憂心忡忡了。電視要被當做消費者一種免付費享受的服務工具，必須靠廣告主能夠有效地展露產品，否則廣告主是不會願意去購買時段的；而以廣告收入做為支援的電視運作，也將被迫停止。[22]

這種轉變對廣告意味著什麼呢？媒體的前景似乎是一片光明，而其在接觸目標視聽眾時，也會比目前的電視網更為有效。預期未來的贏家將會是廣播電台、專業有線電視網、新的商店廣告、新聞週刊，因這些媒體均針對特定而非一般的視聽眾為其訴求對象。[23]

◼ 網際網路廣告

線上廣告預計在 2007 年時將達到 155 億美元，或占全部媒體支出的 5%。[24] 網際網路已演變成行銷傳播的重要通路，並深深地影響企業的經營方式。例如，為了建立消費者品牌形象，將不再只集中於 30 秒商業廣告與一些平面媒體廣告。廣告主及代理商現在也都要仔細考慮所有能夠與消費者接觸的管道，並努力去開發強勢品牌，使其超越國界。以網際網路為基礎而有文脈的廣告逐漸做為媒體組合方式，透過一些評論家的評述，而將該廣告放在線上來服務個別的觀眾。[25] 除此之外，網際網路的廣告成長超過了其他類別的媒體廣告，而部落格網站預期將逐漸吸引大批的廣告主注意。然而，部落格網站廣告的性質，以及這種新媒體源的最後效果尚未確定。[26] 總而言之，雖然消費者難於接觸，但以其為目標且可加以衡量的媒體，在這上面的廣告支出正逐漸增加。廣告媒體成長最大者為網際網路

專業有線電視頻道逐漸增加，讓行銷從業者更能有效地接觸具有獨特特性和特定興趣的目標市場。

（25%），其次分別為直效信函（9.5%）、雜誌（7.3%）、有線電視（7%）。[27]

　　有三個因素打擊了線上產業：網路公司太依賴網路廣告主的廣告、大多數的橫幅廣告（banner ads）到訪率太低了、與所有媒體一樣皆遭到經濟不景氣的影響。其他的原因尚包括網站內容的編排不清楚、廣告所允諾和最後送達的完全不同、在同一頁網頁上出現太多類似競爭的廣告。為了回應這種差勁的成績表現，新的廣告方式已被推出了，包括在網頁的角落製作長方形的廣告，它比橫幅廣告的篇幅大；以及獨立的迷你視窗口，它一直到觀眾關閉後才會消失。就如同 Dodge Speedway 公司出品的新型態電腦遊戲也可以銷售任何東西，從去頭皮屑洗髮精到影片都有。事實上，消費性產品的廣告主，所採用的線上廣告方式是 B2B 行銷從業者使用過的，諸如外部網路（extranets）和迷你網站（microsites）等，皆是該業者與其行銷夥伴一起建立的。

　　許多知名品牌如百事、富豪、菲多利等公司，均已將線上廣告視為與其傳統廣告相互應用的工具了。目前線上廣告已有愈來愈高的點選率，品牌優勢也是一項重要因素，而線上廣告也將依這種方式加以評估。蘭斯恩德（Lands' End）或 L. L. Bean 公司，則以點選方式將顧客轉移陣地列為重點工作。如果廠商的焦點是打響產品的品牌，那麼知曉、記憶和態度就成為重要的事。設立於紐約的互動廣告局（Interactive Advertising Bureau），也出版了一系列有關改善衡量網路視聽眾正確度的書籍可供參考。[28]

經驗
分享

「依我個人經驗而言，『整合行銷』這個行銷詞彙可能太過於被濫用。行銷從業者通常會拒絕將其所做的一切整合（對應於消費者內心所想的一切）。真正的『行銷整合』並不只是一種景象、一種聲音、一種味道。真正的行銷整合，是要來自於消費者對於產品或服務的觀察、閱讀、聽聞、或從口碑相傳的學習等所有事物的結果。我相信『所有事物均會傳播』，因此，行銷從業者必須要站在消費者的立場，經常自問所有事物都能成為一個令人注目的訊息嗎？或把自己當成消費者，是否會感覺那是個矛盾的信號？」

帕特‧嘉納
Intersections 公司
副總裁與行銷總監

帕特‧嘉納（Pat Garner）目前是 Intersections 公司的副總裁與行銷總監，該公司提供信用管理，負責為全國超過 500 萬客戶的主要金融機構辨識信用不良者，以維護該機構的產品與服務。他曾在 Nextel 公司及可口可樂公司擔任資深副總裁。他在可口可樂公司的 20 年期間，擔任過東南亞與西亞部門的總裁，以及策略行銷部門的副總裁。嘉納畢業於 Tulane 大學，擁有南卡羅來納州大學管理碩士學位，並曾在哈佛大學商學院和賓夕法尼亞大學華頓學院進修。

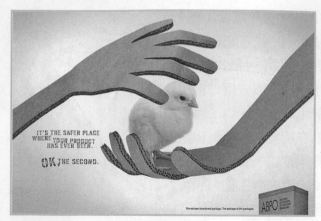

IT'S THE SAFER PLACE
WHERE YOUR PRODUCT
HAS EVER BEEN.

OK THE SECOND.

ABPO

在本幅廣告中，ABPO 公司以產品的包裝方法促銷其包裝效益。

企業形象廣告

直接面對一般大眾、投資者或股東，促銷組織在社區中做為一位企業市民的形象與角色，而其廣告不與任何產品或服務產生關聯。

▍廣告的分類

廣告可依據目標視聽眾、地理區和目的而分類，如圖 17-3 所示。[29] 此處要討論幾個特別的類型，即企業形象廣告、企業議題廣告、公共服務廣告、分類廣告、直接回應廣告、企業對企業廣告和合作性廣告等。

企業形象廣告（corporate image advertising）直接面對一般大眾、投資者或股東，促銷組織在社區中做為一位企業市民的形象與角色，而其廣告不與任何產品或服務產生關聯。**企業議題廣告**（corporate advocacy advertising）則是發表廠商對某些營運問題的立場，而這些問題常威脅到公司利益。例如，艾克森石油公司在阿拉斯加漏油事件後，即針對環境問題提出議題廣告。

公共服務廣告（public service advertising）是由廣告產業贊助推動某些社會公益活動。如世界野生動物基金會製作環境公共服務廣告即為一例。行銷從業者常常贊助反吸毒和反酗酒的廣告時段，如「不吸毒」、「反對酒後駕車

圖 17-3　廣告分類

依目標視聽眾區分	依地理區區分	依媒體區分	依目的區分
消費者廣告： 以自己擁有或為某人使用而購買者為對象的廣告。	**地方性（零售商）廣告：** 以一個城市或本地商業區顧客為其對象之廣告。	**平面廣告：** 報紙、雜誌。	**產品廣告：** 嘗試推廣商品和服務。
企業廣告： 以購買產品和服務而為企業使用者為對象之廣告。	**區域性廣告：** 對某個地區做產品銷售的廣告。	**廣播（電子）廣告：** 電台、電視。	**非產品（公司或機構）廣告：** 嘗試推廣廠商的任務或理念，而非產品。
●**工業性**：以購買或影響採購工業產品者為對象之廣告。	**全國性廣告：** 以國內幾個區域的顧客為目標的廣告。	**戶外廣告：** 戶外、運輸工具。	**商業性廣告：** 嘗試藉著推廣商品、服務或構想，以期獲得利潤。
●**商業性**：以購買後轉售給顧客的批發商或零售商為對象之廣告。	**國際性廣告：** 針對國外市場的廣告。	**直效信函：** 寄送信件的廣告。	**非商業性廣告：** 由公益團體、民間團體、宗教團體或政治團體等贊助。
●**專業性**：以擁有執照而從事公約和專業標準業務者為對象之廣告。			**行動廣告：** 嘗試對閱讀者產生立即的行動。
●**農業性（農地）**：以從事農業或耕作者為對象目標之廣告。			**認知廣告：** 嘗試建立產品形象，或讓顧客熟悉產品名稱和包裝。

母親行動」（Mother Against Drunk Driving, MADD）等廣告片。而廣告評議會
（The Ad Council）則以各項公共服務廣告做為其支持的工具，促進正面性的
社會改變已有 60 年之久了。這些廣告包括支持提高教育水準、贊成多元化、
鼓勵志工制，以及促進健康和安全的議題等。 30

　　直接回應廣告（direct-response advertising）意圖引起立即購買的行動
（詳細內容將在第 20 章討論）。在電視上的直接回應廣告，通常要求購買者立
即撥打電視螢幕上顯示的電話號碼，而直接回應廣告也會出現在雜誌和直效
信函上。**分類廣告**（classified advertising）主要是出現在報紙上，通常是為了
推銷某單一產品或服務。

　　廠商利用**企業對企業廣告**（business-to-business advertising）直接向其他
廠商推銷產品或服務。最大的企業對企業廣告主是威瑞森、微軟、 IBM 和斯
普林特等公司。企業廣告大多利用商業期刊的版面做廣告，或以直效信函寄
給目標購買者。在商業或企業對企業的廣告中，就與消費者廣告一樣，必須
凸顯出產品能夠替企業解決問題的效益。企業對企業廣告的最重要部分，應
致力於建立和培養公司品牌的形象，以及推銷其主要的產品和服務。 31 就像
消費者，企業對企業顧客購買他們信任的品牌；所以建立品牌聲望及權益，
與促銷產品效益同樣重要。購買者對於企業產品的態度與期望，就跟產品本
身一樣重要。 32 有些企業行銷從業者，如理光影印機公司（Ricoh Copiers）、
IBM 、聯邦快遞公司等，均挑選能夠接觸到成年視聽眾的時段播出電視廣
告。而像企業對消費者、企業對企業（B2B）的廣告主，則必須搭配商業雜誌
廣告、商業展覽會和網路，以整合其行銷傳播計畫。 B2B 的商業廣告應具有
視覺效果以吸引注意，並且應提出非常清晰的銷售建議。而包括 B2B 在內的
各種廣告製作水準都相當高，但就是缺少了銷售的建議。 33

　　合作性廣告（cooperative advertising）是指由製造商負擔當地經銷商或零
售商的廣告費用。行銷從業者在製作製造商所支持的廣告時，通常會將零售
店的名稱及標誌列入其中。合作性廣告大致是由幾家企業集資購買平面媒體
或電台廣告，以求取銷售的順暢，並且增加產品的曝光度。 34

17-2 消費者對廣告之處理

　　廣告如何影響消費者？本節我們將闡釋消費者如何處理廣告，以及廣告
如何影響消費者的態度與決策。

企業議題廣告
廠商對某些營運問題立場的廣告，而這些問題常威脅到公司利益。

公共服務廣告
由廣告業者贊助推動某些社會公益活動。

直接回應廣告
意圖引起立即購買的廣告，例如在電視上的商業廣告活動顯示免付費電話號碼。

分類廣告
經常出現在報紙上的廣告，通常是為了推銷某單一產品或服務。

企業對企業廣告
直接向其他廠商推銷其產品或服務，大多利用商業期刊的版面做廣告，或以直效信函寄給目標購買者。

合作性廣告
指由製造商負擔當地經銷商或零售商的廣告費用。

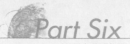

層級效果

層級效果（hierarchy of effects）或稱資訊處理模式，常用來解釋廣告對消費者的影響程度。圖 17-4 列示了效果的程序：曝光、注意、了解、接受、停留。當然，每一位消費者不會有意識或潛意識地經歷上述所有的廣告層次，但每一層次卻都代表廣告主所要追求的特定目標。

行銷從業者在適當的媒體如雜誌、電視節目、報紙等刊登廣告，以達到訊息曝光（message exposure），同時也讓消費者能有處理訊息的機會。根據「單純曝光」的假設，消費者對品牌的正面評估，可簡單地來自一項廣告的重複曝光。

下一個步驟則是消費者注意（consumer attention）。廣告必須能刺激消費者，使其心儀廣告的產品或服務。而引人注意的廣告，其主要特性就屬廣告的物理特性。對於平面廣告，這些特性有版面大小、顏色、數目和明亮度。而引人注意的模式或動作，也有助於抓住消費者的注意力。[35] 最近一項關於雜誌廣告的大型研究顯示，廣告主應注意考慮投入更多的文本空間，並在印刷廣告上安排知名的品牌符號與視覺識別，以增加注意焦點。[36]

注意並非是指消費者會把訊息再加以處理。而下一個階段是訊息了解（message comprehension），即消費者能了解廣告的內涵。了解就是以之前儲存在記憶的資訊為基礎，而將刺激或廣告品牌加以歸類。對資訊的再深入處理，包括對廣告再進一步地了解，了解之後，在廣告曝光期間或先前對產品品類的相關知識，都會讓消費者受到激勵。在廣告資訊中，最先出現（原始效果）與最後出現（最近效果）者經常是最被了解的部分。

另外，訊息接受（message acceptance）是指消費者發展出對於廣告產品和服務以及購買後的正面態度。訊息接受包括與廣告資訊相關的認知思維或回應，以及對廣告的感覺與反應等。

當消費者把廣告資訊儲存在記憶裡，就會發生訊息停留（message retention）的現象，這對爾後的購買決策和行為都具有關鍵性的影響。

最近有兩位倫敦商業學院的廣告學者，對廣告提出相關的看法，茲摘要如下。首先，廣告中的目標品牌與競爭品牌呈現在消費者眼前，策略變數如媒體時程、訊息內容、重複性等即相互組合。接著，每一個人以其情緒與能

層級效果
廣告的效果程序：曝光、注意、了解、接受、停留。

圖 17-4 廣告的層級效果

訊息曝光 ➡ 注意 ➡ 了解 ➡ 接受 ➡ 停留

力（消費者涉入）來過濾這些變數。而消費者的反應則包括想法和思考（即認知）、感覺與感受（即態度）。這些結果會引導消費者的選擇行為、消費方式、忠誠度與習慣的形成。[37]

選擇性認知（selective perception）有可能發生在每一個階段裡。當電視節目播出廣告時，消費者轉台就會使產品的曝光發生變化。當消費者注意某項廣告而忽視其他廣告時，即產生選擇性注意（selective attention）。廣告主和廣告製作人花費很大的精力去開發能引人注目的廣告，而顏色、性幻想、大牌名人代言和幽默感等，則是常被用來引起人們注意的焦點。

選擇性了解（selective comprehension）涉及消費者對廣告所提供的資訊詮釋。對於相信說服力的探索者，他會記錄得到的資訊及個人看法，與偏好相互比較的習慣。例如，輕視消費者偏好品牌的廣告，就認為有偏誤和不實，於是對廣告的聲稱就不會接受。選擇性停留（selective retention）與消費者實際記得的廣告部分有關。對於廣告屬於低涉入性質者，訊息常常是簡單化的，而廣告主也常以記憶方式（如符號、押韻、獨特的形象），協助對品牌資訊的學習和記憶。

■ 廣告處理上的影響

購買者的需求，會影響其對廣告訊息的處理過程。例如，對廢棄物處理有迫切需要的廠商，針對提供這類服務廣告的注意程度，比起美化工廠或辦公室的廣告要來得高。

此外，購買者處理資訊的動機、能力和機會也有關聯性，這些概念會構成廣告投入（例如，訊息內容、媒體時程和重複次數）和消費者之間的重要變數；而消費者的反應有思維或認知、情感和經驗。[38] 首先，動機與消費者涉入的概念，與個人的關聯性或行銷傳播訊息的重要性相關。動機是處理資訊的欲望，當動機不高時，潛在顧客就不會去注意，即使能記得起來的大概也不多。購買者要有足以知道關於該廣告中產品品類訊息的能力。[39] 機會是指購買者對一則廣告中品牌資訊的注意程度，它會受到分心或廣告曝光時間長短的限制影響。

處理任何單一品牌廣告的機會，會隨著競爭品牌廣告的出現而下降。所以廣告主在購買廣告時段和場地時，應與競爭者的廣告分開。而對於新的品牌，競爭者的干擾也絕對會有影響。由於消費者的記憶不可能非常清楚，故要從大量的廣告中記住新品牌產品的資訊是相當不容易。相反地，知名品牌較不受競爭品牌廣告的影響，因此在面對新品牌的競爭時，其在維持市占率

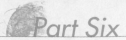

上則具有優勢。[40]

　　產品的涉入程度也會影響廣告的處理。高度涉入的消費者，較有可能處理廣告的資訊，以及去注意廣告產品的屬性差異。此外，引伸的問題也比較可能解決，因此複雜的廣告將更為有效，因為在高度涉入的情況下，消費者一般都會較仔細處理資訊。[41]

盡力闡釋模型
一種說服理論，指個人闡釋廣告資訊的動機和能力，對說服有兩種不同途徑做為決定因素。

　　著名的說服理論——**盡力闡釋模型**（elaboration likelihood model）是指個人闡釋廣告資訊的動機和能力，對說服有兩種不同途徑以做為決定因素。特別是當消費者有較高的動機和能力時，說服訊息會被仔細加以處理，而懷疑的力道則影響了中樞途徑（central route）的說服方式。但是，若消費者的動機與能力較低時，為增強其說服力，那麼應用周邊暗示則是有必要的。在此情況下的廣告，如影像、名人或引人注目的模式等，皆為可行之道，亦即使用周邊途徑（peripheral route）的方式去說服之。[42]

17-3 擬定廣告活動

　　廣告活動需要對行銷情況、目標市場和廠商的整體傳播目標加以分析。如圖 17-5 所示，廠商選擇目標市場後，就必須決定廣告的目標、廣告預算，並設計有創意的策略、選擇媒體和時程，以及評估廣告效果。

選擇目標市場

　　擬定一項有效的廣告活動，需要靠公司選擇一個能夠提供服務的目標市

圖 17-5　　　　廣告的擬定和評估

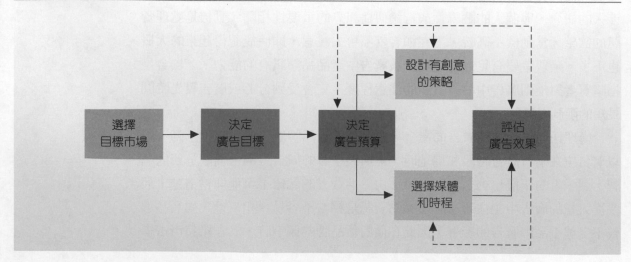

場。如同第 3 章和第 7 章中所解釋的，選擇目標市場，是以市場和廣告主相關的許多因素為基礎，而在這些決定因素中，最重要的應包括廠商的核心競爭力、整體願景、目標市場長期銷售和獲利潛力等。鎖定正確的消費者，常常是去吸引那些早已是忠誠的消費者，而非新用戶。例如，相當成功的「喝牛奶吧」（Got Milk）廣告活動，就是鎖定那些本就偏愛牛奶的消費者做為宣傳對象。[43] 在電視節目中進行廣告，應該選擇能增加對目標市場展露的節目。廣告主所接觸的區隔，傳統上是以年齡、所得、性別、教育和種族等因素來區分。年輕人有能力可集中成為一股流行趨勢；而嬰兒潮的較年長人口，則具有較多的可支配所得，亦成為具有吸引力的市場。

■ 決定廣告目標

廣告的目標應該實際、明確、可衡量，並與廠商整體行銷傳播的目標相符。目標之一可能是在一特定市場，如介於 18 至 55 歲之間的早餐穀片市場，品牌認知從 10% 增加到 35%。目標之二則可能是增加銷售或市場占有率，如銷售在下一季將成長 2%。訂定廣告目標，可提升廠商評估其廣告支出效益之能力。

在某些情況下，廣告目標會先與其他變數如市場知名度等銜接一起，然後再與銷售目標結合。美樂達（Minolta）公司面臨某些產品市占率下滑時，遂以廣告來提升產品線的市場知名度。同樣地，IBM 公司最近支出 7,500 萬美元雇用奧美（Ogilvy & Mather）公司製作全球平面媒體廣告，只是為了尋求改善科技服務和顧問業務的知名度而已。[44]

■ 決定廣告預算

廣告預算的多寡，依公司的規模、財務資源、產業成長率、市場分散度和廠商在市場上的地位而定。小廠商的廣告支出通常較少，而居領導地位的廠商則會在廣告投下大筆金錢以維持市占率，並與競爭者相抗衡。在成長產業裡的廠商，可能要編列較多的廣告預算，以建立知名度、銷售量和市占率。菲多利公司增加 50% 的廣告預算，試圖將其芝多司、多力多滋、樂事等品牌產品，以「推式」行銷策略慫恿消費者對其增加需求。[45]

如同在第 16 章所闡釋，預算經常以銷售百分比、競爭同業水準、廠商能力、目標配置及他人建議的方法為基礎。而在當前的企業環境裡，編列廣告預算是相當重要的事，將行銷傳播視為利潤中心的看法也愈來愈多了。廣告可以創造收入，但支出時卻必須加以控制，廣告與所有的行銷傳播都應視為

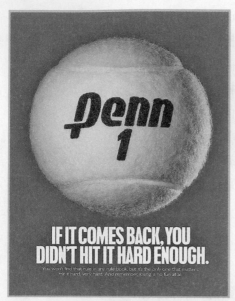

廣告可以採取新奇的圖案展示方式,來達到吸引及產生品牌認知的效果。這些廣告在首次曝光後,能夠有效地鼓勵資訊的處理。

一項淨利潤。[46]

設計創意策略

創意策略將「說什麼」和「如何說」結合在一起。廣告主通常提出一般內容或訊息主題後,廣告代理商即與公司一起擬定廣告的呈現方式。

廣告主題經常是產品的主要效益或競爭優勢,而以動人的訊息方式呈現在視聽眾面前,使其了解和記憶。當爭取視聽眾注意趨於競爭,高創意與娛樂性的廣告就會變成常規。[47] iPod 極為成功的行銷方法,即應用了一個強調可以無時無刻盡情享受美妙音樂的廣告活動。[48]

在某些場合上,一些有創意技巧的廣告卻是失敗的。例如,克萊斯勒公司推出 Intreprid 新車時所使用的高科技廣告手法,僅在廣告快結束時讓車子現身一下。有時一些廣告內容也會產生不期然的幽默效果,例如,某安眠藥傳遞的警告訊息是「可能會引起暈眩」;而另一個零食的品牌廣告則提供競賽遊戲說明「你可能會是贏家,但不需購買,詳情請看說明。」[49] 然而李維公司卻重返其過去所強調傳統,並揚棄了追求時髦和短暫「酷」的廣告方式。[50]

訊息策略的選擇

客觀聲稱
描述產品特性或績效衡量的廣告訊息,通常反應在品質或價值的觀點上。

廣告訊息可以採用客觀聲稱或主觀聲稱。**客觀聲稱**(objective claims)是指描述產品的特性或績效之衡量,例如「V6 或 V8 引擎的 Chevy 中型貨車」。客觀聲稱常以顧客支付的價格去推銷產品的效益。例如,銳步公司廣告氣墊科技;AT&T 公司則強調每月收費制度,以證明其服務的可靠性。

主觀聲稱
廣告聲稱是無法衡量的,通常是用在形象的加分。

主觀聲稱(subjective claims)是無法衡量的,通常是用在形象的加分量,以鼓吹廣告(puffery)的方式,如簡單而誇大的詞彙來呈現。例如,百威啤酒的「國王啤酒」或台爾蒙公司「超自然」等廣告詞,皆屬此類。[51]

擴張性廣告
對某些品牌的廣告設計,是在增加既有顧客的使用率,以提升其知名度與市場滲透性。

有些高知名度且市場滲透性高的品牌,其廣告設計是在增加既有顧客的使用率。這種廣告類型稱為**擴張性廣告**(expansion advertising),其目的在鼓勵使用的替代性。例如,「燒烤肉餅使用 A-1 醬最佳」、「Special K 是最好的午後點心」等,都被認為在鼓勵擴張性使用上十分有效。[52]

廣告主使用的另一項策略,則是強調在市場上的相對競爭價值。現在這

種以價值為基礎的廣告，在許多消費性產品類項中十分流行。但是過度強調價值或價格的聲稱是很危險的，因這種策略增加了消費者對價格的敏感性，而使得價格的差異對於購買者更加地顯著。[53]

帕特·嘉納是 Intersections 公司的副總裁與行銷總監，在論述了解消費者看法的角色與擬定廣告活動時說：「大多數行銷從業者最大的缺點是處理太多量的資訊，而缺少了直接與消費者相關的看法，以致很少採取行銷的動作。在與行銷從業者對談時，我常問三個問題：『為什麼？』、『為何會這樣？』和『現在該怎樣？』行銷從業者應該放在心上的工作，是將消費者的看法轉為其企業創造價值的『動作』。創造價值的動作在一段時間後，會增加股東的價值。創造價值的動作能夠建立品牌權益，在短時間裡可以增加銷售。創造價值的動作能夠讓銷量、市占率和利潤不斷地成長。充滿活力的行銷文化的主要指標，是組織具有提高產生價值動作的能力。」

訊息策略經常企圖傳遞獨特的產品形象或品質訴求。例如，天美時手錶的廣告一致強調產品的品質；凌志汽車的廣告，是訴求購買者的自我形象。而有些訊息則在訴求消費者的享樂層面。

比較性廣告（comparative advertising）是指廣告主的品牌與競爭者的品牌，至少是以一種產品屬性來相互比較。客觀屬性比較是加強消費者對廣告主品牌的態度，效果似乎相當不錯。著名的比較例子有 MCI 對 AT&T、速霸陸汽車對富豪汽車、東芝電腦對康栢電腦、麥斯威爾（Maxwell House）咖啡對 Folgers 咖啡、美國運通卡對威士信用卡、必勝客披薩對達美樂披薩、Weight Watchers 減肥餐對保瘦美食（Lean Cuisine）等。[54] 吉列公司的金頂（Duracell）品牌廣告，曾對其競爭對手勁量（Energizer）產品進行一系列間接的比較性廣告，因而提升了其市占率。[55] 在某些國家如希臘和阿根廷，則會限制比較性廣告的出現。而在日本，比較性廣告並不流行。

廣告主一般都聲稱，其產品在多數的重要特性上會比同業的產品優越，而較不重要的屬性乾脆略過。這代表著廣告主已經承認其產品屬性確實有一些小瑕疵，而這樣的動作可能會增強其他聲稱的可信度。較不知名品牌的廣告主則會常跟知名

關鍵思維

有品牌產品的製造商，在傳統上均採取大量的廣告來推廣其某一品牌，甚至是整個產品品類，以增加其知名度。無品牌或商店品牌因不需做大量的廣告而節省了不少支出，故能以低價提供類似產品。有品牌的廣告主需要做什麼工作，以限制這些「搭便車」（free-rider）的效果？

比較性廣告
將自己的產品與其他公司產品相互比較的廣告。

恐懼訴求常被用來做為支持有關社會議題計畫之用途，本幅廣告是邊開車邊打手機的危險案例。

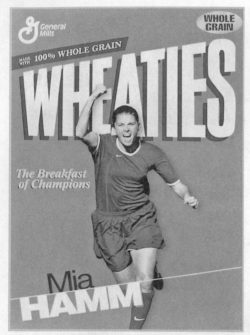

名人代言是一種常用的工具，用來吸引和產生
對贊助品牌的好感。

產品做比較，如此就更容易提高知名度。比較性聲稱可用直接比較性廣告或間接比較性廣告來表示。直接比較性廣告是將廣告的品牌與競爭者品牌指名道姓進行比較；間接聲稱則通常不提競爭者品牌的名稱，只提及所廣告的品牌是優越或是最好的。

感性訴求（emotional appeals）訊息策略是試圖勾起消費者的感覺、情緒和記憶。例如，健怡百事（Diet Pepsi）和 Dr. Pepper 飲料的廣告，是將其品牌與溫暖的感覺聯想在一起。保險、輪胎和汽車之行銷從業者，則可能以安全相關的恐懼訴求（fear appeals）當做廣告訊息。紐約的伊登（DDB Needham）廣告公司以「輪胎中的嬰兒」為主題，為其客戶米其林輪胎公司製作廣告，用以凸顯其輪胎的價值。生產汽車防盜設備的 The Club 公司，在其廣告中也以恐懼做為訴求；其他像除臭劑、洗髮精、牙膏的廣告，也常以消費者喜愛或厭惡之事做為其訴求。

名人代言（celebrity endorsement）可以是一種創意訊息的策略要素。知名的產品代言人如皮耶薩（Mike Piazza）、俠客·歐尼爾（Shaquille O'Neal）、小甜甜布蘭妮（Britney Spears）和老虎·伍茲（Tiger Woods）等，均可提高訊息說服的影響力。威廉絲姐妹也因擔任銳步、雅芳、北電網路（Nortel Networks）等公司廣告代言人，而成為收入最高的女性。[56] 喬治·福爾曼（George Foreman）從拳擊手轉型為發言人所展現的個人魅力，讓他相當成功地擔任了不少產品的發言人。[57]

牛奶沾滿鬍鬚的訴求，對於鼓勵消費者飲用牛奶態度的改變上非常奏

倫理行動

卡夫公司減少對兒童的廣告活動

卡夫公司已決定停止以不滿 12 歲兒童為目標的垃圾食物廣告活動。這個決定將會讓那些擔心兒童過胖的父母與制定公共政策的官員鬆一口氣，進而改善該公司的形象。但是減少這一類型的廣告，卻也讓電視網的廣告受傷不輕。一些競爭食品公司主管，擔心這種舉動無疑是對自家食品的問題有不打

自招之嫌。另外也有人相信，卡夫公司減少廣告是一種高明的公共關係策略。然而，該公司放棄以不健康甜點食品來對兒童做廣告，而改以促銷更有營養食品的做法，就是在合理關心之下對兒童肥胖問題所做的倫理決策。

效。這些廣告聘請名模、影星、運動員做為代言者。但是這種策略並非沒有風險，如過去利用麥可·傑克森、瑪丹娜、畢·雷諾斯（Burt Reynolds）和辛普森（O. J. Simpson）等人代言時，所造成一些令人困窘的問題，就是一個例證。

幽默訴求（humor appeals）則能夠增強消費者的注意和回憶。李岱艾（TBWA Chiat Day）廣告公司製作的「勁量兔」（Energizer Bunny）廣告活動，被消費者評列為最有效果的廣告。[58] 最早的超級盃廣告主安海斯布奇公司，其廣告十分依賴幽默訴求，以利用動物產生幽默的情景，而令人印象深刻。美樂啤酒公司成功地使用幽默訴求，而以「總統啤酒」宣傳語言來對付其競爭對手安海斯布奇公司的百威「國王啤酒」。這種帶有幽默感的方式，在世界各國皆是最為流行的廣告手法。令人感興趣的是，最近的廣告研究顯示，有效的幽默廣告活動會讓一部分的觀眾剛接觸時帶來驚奇，由此產生人性的共鳴而會心一笑。[59]

幽默當成一種廣告策略時，也能產生興趣和態度的改變。

另一種在倫理和實務效益上均受爭議的廣告策略，則是**潛意識廣告**（subliminal advertising）。在剛看到廣告片時，其廣告訊息呈現的水準是在知覺意識門檻之下，但今天卻經常出現以嵌入性形象或品牌資訊等隱藏符號的廣告方式。坊間有許多書論及潛意識廣告的危險性，而且也沒有證據支持這種廣告是具有效力性的，尤其重要的是，這種廣告訊息是嵌入及隱藏式的，與其他強烈刺激的廣告相較下，潛意識的訊息就顯得極為薄弱了。[60]

社論性廣告（advertorial advertising）有日益增長的現象，它是在雜誌裡置放一些非廣告性內容的特殊廣告，而社論性廣告通常是雜誌以特別交易方式賣給廣告主。例如，克萊斯勒公司付費以「娛樂指南」專輯方式，刊登在《紐約客》（*The New Yorker*）雜誌。在媒體紛擾的環境下，社論性廣告提供了廣告主一個特別凸顯的廣告手法。[61] 在電視上類似社論性廣告的是**資訊式廣告**（infomercial advertising），類似美國 30 分鐘的脫口秀或新聞節目裡，目前這種直效行銷方式在電視網和有線電視中經常可見。

產品置入性廣告（product placement advertising）是一種結合行銷從業者和電影製作人的新廣告方式。著名例子有在《阿甘正傳》（*Forrest Gump*）裡的蘋果電腦，和《101 忠狗》（*101 Dalmations*）裡的 Dr. Pepper 飲料，而 Cingular 手機也被安插在轟動的電影《蜘蛛人》中。近年來，由於好萊塢的影

潛意識廣告
剛開始呈現的廣告訊息程度是在知覺意識門檻之下，但今天以嵌入性形象或品牌資訊等隱藏符號的廣告方式卻經常出現。

社論式廣告
在雜誌內放一些非廣告性內容的特殊廣告。

資訊式廣告
一段長時間的電視廣告，類似脫口秀或新聞節目。

產品置入性廣告
一種結合行銷從業者和電影製作人的新廣告方式。

片製作費用大增，影片銷售也不佳，所以行銷從業者也較少碰這一類的廣告了。[62] 以獨特的媒體讓產品得到大量的曝光機會，另一相關現象則是使用聯合廣告方式，以推銷電影和產品。例如，牛奶生產商利用《頑皮豹》卡通影集播出牛奶沾滿鬍鬚的廣告；百事可樂和電影《星際大戰》也以聯合廣告的方式出現，而它非常像麥當勞和迪士尼的長期合約關係。[63]

媒體的選擇和時程

傳統上，廣告代理商都會從創新的設計開始，然後尋找將此訊息傳遞出去的方法。相反地，也有先規劃如何才能接觸與影響消費者的方法後，再擬定創新的主題。不論過程為何，媒體的選擇和時程對廣告活動的成功是相當重要的。[64] 媒體規劃包括媒體類型（電視、雜誌）和媒體工具（特定的電視節目、特定的雜誌），以及媒體的時程（廣告的頻率和時段）之決定等。

媒體類型

廣告媒體的類型有七項：電視、雜誌、報紙、電台、戶外、大眾運輸、直效信函。而這些媒體各有其優缺點，效果則各依其獨特能力而定。

在建立品牌知名度上，電視、雜誌和電台可加以利用，尤其是電視常可接觸到大眾市場。有線電視和專業電視網出現後，電視則能夠鎖定特定市場，而對於每人曝光度的相對成本就較低。但以總金額來看，電視廣告還是昂貴的。電視廣告一般都在 15 到 30 秒之間，其中還夾雜著其他的訊息，所以消費者很容易就會轉台。這 10 年來，觀看電視節目的人數有下降趨勢，因此想把品牌訊息傳遞出去漸形困難。消費者不去看傳統的無線與主要電視網的節目，就像過去一樣。[65]

雜誌能夠呈現複雜和相關事實的資訊，而其訊息可在休閒時閱讀，也可長久保存、可轉閱，並可鎖定特定的視聽眾。一項針對雜誌與電視的比較研究發現，排名前 25 名的女性雜誌之最大視聽眾是 18 到 49 歲的女性，高於專為女性所製作的電視節目之觀眾。[66] 但雜誌的廣告易受到競爭廣告的干擾，而且其製作和推出都相當費時。刊登雜誌廣告最多的廠商有菲利普‧摩里斯（Philip Morris）、通用汽車與寶僑公司；而廣告收入最多的前幾名雜誌分別《時人》（*People*）、美國週刊（*US Weekly*）、《時代》（*Time*）、運動畫報（*Sports Illustrated*）等。

報紙廣告對地方性零售商的促銷最為有用。因報紙廣告的製作很快，且可有效地鎖定特定地區的讀者。但因報紙含有太多的廣告，所以讀者通常不

太會去注意。雖然有較高品質的夾頁廣告，但一般報紙廣告的製作品質都很粗糙，不過對於零售商而言，報紙廣告依然是一種有效的傳播媒體。

電台廣告的成本效益也相當不錯，其可鎖定特定的視聽眾，且訊息可一再重複傳遞。但電台訊息是利用選擇頻道來收聽，較缺乏視覺效果；而且電台的訊息生命很短暫，聽眾通常只是一小部分的人而已。

戶外廣告主要包括出租給廣告主的看板。因看板可有效接觸許多消費者，費用也不高，且看板廣告在支援電視和電台建立新品牌的認知上，亦十分奏效。目前美國人平均花在開車的時間多於吃飯的時間，而其中有三分之二的時間是單獨駕駛的。在美國的戶外廣告包括有 40 萬個以上的廣告看板，以及貼在 37,000 部公車外面的廣告看板。廣告看板的成本是以交通流量和每日平均曝光數來計算。[67] 然而，由於廣告看板呈現的訊息內容有限，所以其傳達的訊息要簡潔，且必須在遠處即可看見。在戶外看板的技術中，一項廣為人知的特色是數位放映技術，它能以視頻方式展現訊息，並以電子儀器控制內容的變化。[68]

交通運輸廣告在公車和火車裡外均可見到，它是一種附有輪子的廣告看板。交通運輸的廣告成本較低，能夠向乘客做頻繁且長時間的曝光，但因訊息空間受限制，通常只能接觸到有限的視聽眾。而運用這種工具環境，對廣告主的聲望或訊息也可能會受到貶低的影響，在交通尖峰時間的擁擠情況下，可能也會限制訊息的傳遞。

目前成長最快的廣告方式則是直效信函，它有幾項重要的優點：直效信函可以接觸較狹窄的市場，而讓廣告主容易對廣告的聲稱進行闡釋。不論公司的規模大小，直效信函在支援企業對企業的行銷傳播方案上是十分有用的。若與免付費電話或回郵信封一起使用，則可產生直接回應的銷售效果。不過，直效信函的效果亦會受到一些限制，許多消費者接到這些廣告時，會認為是垃圾信而不加理會，所以，成功的直效信函有賴於郵寄目標顧客名單的真實性。此外，印刷、郵資和開發的成本也使直效信函的行銷變得昂貴。沃爾瑪擴充其商店內的電視系統，從而使其各地的商店每四週就能吸引 1,300 萬名購物者駐足觀賞。這個店內播放的一連串消費品廣告節目，是由卡夫、聯合利華、Hallmark 和百事可樂等公司花錢購買的。依照沃爾瑪所提出的廣告價目表，廣告主若要播放以四週為一期的商業廣告，價碼從 137,000 美元到 292,000 美元不等。[69]

媒體工具

行銷從業者在選擇媒體類型之後，還得再選擇特定的廣告工具（特定的

雜誌、電台或電視節目），並且以達到特定市場視聽眾之成本效益做為其依據。另外要考慮的因素尚包括：視聽眾的多寡、組成和廣告成本；而廣告主也必須尋找目標顧客比例最高的視聽眾。在進行這項決定時，人口因素（即視聽眾的特性）經常是最重要的。因此 Simmons 研究公司提供了一些協助方式，如廣告主可以要求指定訊息的曝光對象，或雜誌的讀者群是年薪 3 萬美元以上且經常購買網球用品的女性。艾比創（Arbitron）、尼爾森（A. C. Nielsen）和 MediaMark 等公司，也提供針對電視和報紙視聽眾為對象的類似資訊。

關鍵思維

有些廣告以名人代言，也有些以一般人士或非名人擔任代言人。例如，沃爾瑪商店通常以其員工做為廣告中的模特兒。請問在什麼狀況下，名人比較適合擔任代言仁？而又在什麼情況下，一般人士或非名人擔任代言人反而較有效果？

"Drive" :30

(1) 畫面主題：「我能比老虎‧伍茲做得更好。新的氣墊鞋（Air Zoom TW）能讓你如此。」
旁白（聲音）：我能比老虎‧伍茲做得更好，新的氣墊鞋能讓你如此。

(2)（鏡頭轉到老虎‧伍茲身上）
老虎‧伍茲：今天的情況……開球區高一點。

(3)（鏡頭轉到開球區對準高爾夫球的特寫鏡頭）
老虎‧伍茲（發出聲音）：我喜歡把球擊出，飛越俱樂部的上空。

(4)（鏡頭轉到老虎‧伍茲注視著他的球在哪兒落地）
音效：一片沙塵。

(5)（他繼續注視……）
音效：掉落在草坪裡了。
（……還在注視）

(6) 老虎‧伍茲：靠經驗，你會發現開球區的高度正適合你。
畫面主題：耐吉和老虎‧伍茲的標誌。

電視劇情片可做為有序列和內容的廣告節目播出。本圖片有個幽默的主題，是老虎‧伍茲替耐吉公司以代言人身分演出。

評估特定媒體的一種常見指標，稱為**每千份成本**（cost per thousand, CPM）。以雜誌為例，其公式為：

$$CPM = 〔（雜誌每頁成本 \times 1,000）／發行量〕$$

根據 www.mediastart.com 的資料顯示，假設《運動畫報》雜誌使用四色印刷之整頁廣告成本為 215,000 美元，該雜誌發行量為 3,150,000 份，則該雜誌的 CPM 為：

$$[(\$215,000 \times 1,000) / 3,150,000] = \$68.25$$

行銷從業者可再算出同類媒體其他雜誌的 CPM 值，做為比較與決策之用途。而廣告費率和發行量的統計數字，則可從 *Standard Rate & Data Services: Consumer Magazines* 刊物中獲得。雖然 CPM 是一個不錯的決策工具，但也不能將其做為媒體之間的比較，且也無法得知視聽眾的品質、閱讀者的身分，以及媒體工具或文章內容對廣告產品的適合程度。

CPM 的另一個概念是 CPM-TM，或稱之為「接觸市場區隔每千單位成本」。以前述《運動畫報》雜誌為例，假設經常贊助高爾夫球賽的廠商凱迪拉克（Cadillac）公司，想要接觸年所得 5 萬美元以上的男性讀者群，而這一群人占《運動畫報》雜誌所有讀者的 40%，換算下來，該雜誌的有效發行量僅為 1,260,000 份。那麼 CPM-TM 就提高為 170.63 美元，而這個數字已接近凱迪拉克公司要接觸重要目標區隔的成本效益。

媒體時程

媒體時程的最基本概念是接觸數和頻率。**接觸數**（reach）是指一項廣告或活動對不同的人或家庭，在特定期間（通常是四週）內所展露的次數。**頻率**（frequency）則是指一傳播工具對個人或家庭所展露的次數。廣告主必須注意下列的基本問題：對新品牌從事廣告時，接觸率可能是最重要的目標；如果要呈現詳細的訊息，或有許多的廣告競爭者從事競爭，則需要較高的頻率或重複性。

對於競爭性的品牌增加重複性的廣告，可以提升消費者對品牌的認知與偏好。一再重複的廣告，會更強勁有力地傳達其廣告訊息。例如，對早餐穀片、汽水和啤酒等成熟性產品廣告支出的多寡，即與品牌權益的建立發生關聯性。由於廣告訊息經常直接以消費者了解和偏好為其目標，故增加廣告的重複性，將有助於消費者對廣告品牌記憶之連貫性。[70] 此外，研究也顯示，對既有品牌做高密度的重複性廣告，並將其訊息集中在產品的主要效益，同

每千份成本（CPM）
評估為接觸目標視聽眾而利用特定媒體所花費之成本效益的數據。

接觸數
指一項廣告或活動對不同的人或家庭，在特定期間（通常是四週）內所曝光的次數。

頻率
指一傳播工具，例如一則廣告對個人或家庭所展露的次數。

樣可以增加消費者對新品牌好感的程度。[71]

根據經驗法則，通常要有三次展露，才能發生作用；亦即平均每個人必須要接受三次以上的展露，才能了解訊息內容。近來許多實務界人士開始體認到，對知名的消費性產品品牌，在購買週期裡可能只要重複兩次的展露就夠了。事實上，有許多變數如品牌歷史，以及在目標視聽眾的知名度程度等，都會影響廣告的頻率。[72] 總之，新的或較不知名的品牌需要更多的廣告頻率，方能在強敵環伺的市場中脫穎而出。而多采多姿的廣告內容如情感訴求，將可造成較高的展露效果。因所有的廣告效果都會隨著時間而遞減，故在進行一項新的廣告活動時，有必要將其列入考慮。[73]

就電視廣告而言，在最近許多有線電視廣告效能的測試中，得到下列幾項關於媒體排程和廣告數量的結論：

1. 成長性的品牌較有可能從增加電視廣告數量中受益。
2. 在節目開始播出的前半段或後半段增加廣告量，比在整個節目中平均分配廣告量之銷售效果來得大。
3. 輔以創意性廣告技巧來增加的廣告支出，通常能發揮效果。
4. 對新品牌或產品線的延伸增加廣告支出，其效果大於既有品牌。[74]

頗值玩味的是，從菲多利公司一系列的有線電視廣告研究中，所得到的結果也印證了這些結論。此外，從該研究結果亦顯示，在廣告活動開始的前三個月內，銷售量有明顯的增加（亦即這些廣告活動造成銷售量增加的結果，比在控制狀況下沒有做廣告活動之地區有顯著的不同）。[75]

■ 廣告效果的評估

廣告評估方式通常有事前測試、文案測試（copytesting）、事後測試及銷售效果研究。在重視經營成效的今天，廠商將廣告效果的評估視為一項非常重要的工作，常把廣告預算花費在媒體所能展露的最大化效能當成目標。不過，行銷從業者是以銷售、利潤和投資報酬，做為經營績效的評估標準。所以在廣告和媒體的績效方面，也逐漸以同樣的準則來判斷來自它們的效果。[76] 許多公司愈來愈重視各個事業部門在廣告與其行銷績效、行銷投資與銷售、及品牌知名度等之衡量。例如，家居貨棧公司就有一套有專利的電腦模式，將其行銷投資與產品銷售及地區的變化連接在一起，因而可敦促各地分店該加強廣播電台的廣告，或採行報紙的廣告。[77]

事前測試

事前測試（pretesting）通常是針對預定之平面、無線或有線電視的廣告，以透過直接問卷和焦點團體的方式，評估消費者對其的反應程度。行銷從業者評估廣告的項目有：整體的受歡迎度、消費者對該項訊息的記憶、訊息溝通、消費者對購買意願與品牌態度之影響。

帕特・嘉納是 Intersections 公司的副總裁與行銷總監，在談論評估廣告效果的重要性時說：「我在可口可樂公司多年的服務期間裡，我偏好對傳統消費性產品的品牌及廣告知名度進行追蹤研究。1982 年，我是健怡可樂研發與推動的核心小組成員之一。在當年 6 月某個滿天星斗的夜晚，我們在紐約電台城市音樂大廳裡，向美國市場推出健怡可樂，它是『你喜歡就可以不斷飲用！』且唯一的『低糖飲料』。我們按時程表在各主要媒體刊登廣告後的一週，我們建立『底線』衡量法用以監視廣告活動的進展，並且隨即開始進行消費者品牌知名度追蹤研究。令我們驚喜的是，我們的底線追蹤研究顯示，健怡可樂不靠廣告而藉助無數新聞報導推出的消息，知名度就達 36%。有件事必須要了解，健怡可樂是世界最知名品牌在將近百年歷史之中，首次推出的延伸性產品。很幸運地，在閱讀我們消費者知名度研究報告後，發現我們推出電視廣告的時間原已延誤了二到三星期，而在這段時間裡，我們受益於相關新產品上市之『免費的公共報導』。這種結果讓我們節省數百萬美元的經費支出，我們再將其經費投入比原先規劃時間長達數週的上市廣告。」

Research Systems Corporation（RSC）是為行銷從業者和廣告代理商提供廣告評估服務的公司。[78] 該公司隨機挑選 500 到 600 位消費者觀看預錄的試驗性電視節目，並請他們評估其中的廣告內容。在觀看節目之前，先向參與

> **事前測試**
> 針對預定的廣告，透過直接問卷和焦點團體的方式，評估消費者對其的反應程度，評估廣告的項目有：整體的受歡迎度、消費者對該項訊息的記憶、訊息溝通、消費者對購買意願與品牌態度之影響。

企業家精神

非營利組織走向商業化的廣告

因捐助款下降、基金減少，以及因捐贈者對捐贈對象的限制，致使爭奪捐款的競爭加劇，而使非營利組織的預算十分緊繃。在這種環境之下，非營利組織的行銷工作也在改變。這些改變包括大力強調組織與捐款者之間的關係、利用線上傳播技術、減少對捐贈免費廣告的依附。像所有類型的行銷從業者一樣，非營利組織與公益團體發現要接觸其目標視聽眾已愈來愈難。對這個問題有所體會的美國心臟協會、美國防癌協會及其他非營利組織，則開始走向商業化的廣告。例如，美國心臟協會預定三年花費 3,600 萬美元，分別在 *Parade* 雜誌及其他媒體刊登創新性的廣告宣傳，藉以提醒大眾對心臟疾病的重視。這種努力顯然與之前提醒人們奉獻時間、奉獻場地做公共服務的傳統做法，迥然不同。

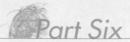
者展示一些消費性產品，並詢問他們喜歡的產品；而在觀看節目之後，再從事第二次詢問，並依據每一項廣告計算其說服分數。它可顯示在觀看前與觀看後，消費者對選擇廣告產品的差異百分比。在 48 小時之後，再打電話給這些參與者以估計他們的記憶情況，而這些參與者的反應，就可用來做爲廣告對銷售效果之預測。

事後測試

行銷從業者利用**事後測試**（posttesting），以透過記憶和態度測試，與問卷評比方式，來評估廣告活動的效果。在平面媒體廣告方面，行銷從業者用**非輔助性記憶測試**（unaided recall test）方式時，並沒有提出雜誌上的廣告內容。而以**輔助性記憶測試**（aided recall test）方式詢問回應者時，則先列出廣告的主題，然後詢問回應者還記得或讀過哪些廣告。**查詢式評估**（inquiry evaluation）是統計有多少消費者對廣告的需求有所回應，如使用折價券、索取樣本或更多的產品資訊等。

Starch Message Report Services 是專爲行銷從業者分析消費者和企業雜誌廣告之認知和閱讀率資料的公司。Burke Market Research 公司則是針對電視廣告隔日的記憶（Day-After-Recall, DAR）進行調查的公司。DAR 是指視聽眾個人對某特定廣告事後測試還有記憶的百分比，不過，高的記憶水準並不意味會增加其銷售。

銷售效果評估

銷售效果評估（sales effectiveness evaluation）是最嚴謹的廣告效果測試方法，它用來評估廣告是否能夠增加銷售。在許多影響銷售的因素，以及爲數眾多的競爭性訊息下，要評估銷售效果並不容易，而行銷從業者和廣告代理商可能會有不同的衡量結果。以品牌知名度爲基礎來評估廣告效果的做法，逐漸被認爲不足，因此以銷售成長貢獻程度爲基礎的廣告評估方法，將會取而代之。

有些比較新的計畫，則結合了消費者認知和銷售資料，以用來評估廣告的效果。例如，ASI Monitor 結合三種不同的資料檔：(1) 以傳統電話調查的廣告認知和態度；(2) 尼爾森家計小組的購買資料；(3) 尼爾森 Monitor Plus 資料，包括總評分（gross rating point, GRP）衡量資料。而 GRP 衡量結合了接觸數與頻率資料，該追蹤計畫讓廣告主可以判斷，原先按廣告時程播出的廣告訊息，經過一段時間後是否接觸到消費者了，以及該廣告對銷售的效果性爲何。[79]

因體認到提供高品質廣告對改善公司績效的重要，伊登公司對於其製作的廣告，若未能達到預期效益，則會將大部分的廣告費退還給客戶。但若其廣告活動十分成功，那麼該公司便會要求於廣告費外另加紅利。[80] 尼爾森公司是研究廣告對銷售影響的佼佼者，該公司一項針對 4,000 個家庭樣本的研究發現，從所調查十分之九的包裝產品中，閱讀過雜誌廣告的家庭會進行購買的可能性，大於那些從不看雜誌廣告的家庭單位。尼爾森公司也開發了 Nielsen/NetRatings 程式，以用來評估網際網路廣告在全球的效果。[81]

當廣告主研究直接回應到電視訊息的結果時，市場也興起了直接電視廣告對購買行為效果的了解。例如，免付費電話的直接回應廣告，不再局限於 8 小時的上班時間裡；而白天廣告回應時間最多是在廣告正播放的時候。另外值得注意的是，因播出電視台或廣告時段的不同，對於銷售的效果也會有顯著的差異。[82]

■ 一些重要的研究發現

倫敦商學院的兩位廣告學學者德莫特里‧瓦拉薩斯（Demetrios Vakratsas）和提姆‧恩伯樂（Tim Ambler）在《行銷期刊》（*Journal of Marketing*）上，發表了一系列有關「廣告如何運作」的研究報告，列舉幾點值得注意的發現如下：

1. 耐久性產品的廣告彈性大於非耐久性產品。
2. 價格促銷彈性比廣告彈性大 20 倍。
3. 對於產品生命週期早期與已建立起品牌的產品的廣告彈性較大。
4. 廣告的第一次曝光對於產品初期的銷售最為重要。
5. 價格性的廣告會增加價格的敏感性，同理，非價格性的廣告會減少價格的敏感性。[83]

17-4 廣告倫理和法規議題

廣告為購買者、廣告主和社會提供了不少的功用。廣告為購買者提供的益處，包括產品和品牌之特性及效果的比較資訊。對廣告主而言，廣告可以建立長期的品牌認知、推薦新產品和加強公司的形象。而對社會而言，廣告則可增加經濟效率，讓產品以較低的成本在大眾的市場裡做銷售，並可將產品銷售到廣大的地區。

但是廣告亦遭受批評，且有濫用之情事發生。在某些場合上，廣告的不

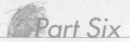
當行為也已使廣告業惡名昭彰了。幾年前在北美的富豪汽車廣告「怪獸卡車的衝撞」（monster truck crushing）即為一例。其他有關廣告的微妙倫理問題，我們將列述於後並探討之。

廣告可以操縱嗎？

有些批評者認為，廣告會透過外表及社會的認同，產生不切實際的想法，進而刺激需求與欲望。事實上，行銷學的學生皆了解，廣告的用意是意圖影響購買者的行為。以強調幸福美滿做為信念的廣告設計，是否要依廣告實體的吸引力合乎倫理與否來做決定？落髮治療和以手術植髮的廣告訊息及話題，就經常與提高個人自尊結合在一起。[84] 但人們的購買欲若是那麼容易被操縱，為何還有這麼多的產品會失敗呢？事實可能是相反的，看來似乎不是廣告操縱了購買者，而是購買者經由選擇，從而控制了市場。

廣告有詐欺性或誤導性嗎？

美國聯邦商業委員會（FTC）負責監督市場上濫用廣告的訊息，禁止以虛假的說辭欺騙消費者，或藉著遺漏不全的相關資訊，而以誤導印象的方式讓消費者做出錯誤之決策。

修正廣告
被美國聯邦商業委員會（FTC）要求更正廣告中的誤導印象或資訊。

在某些情況下，FTC 會要求做出**修正廣告**（corrective advertising），以更正廣告中的誤導印象或資訊。而違規的廣告主或行銷從業者，也必須負責製作和付費刊登更正的廣告。修正廣告是因為廣告內容與事實完全不符，才會被要求刊登；若廣告內容尚有一半符合事實者，將不會被要求刊登。

有一件發生在多年前的案例，1975 年華納蘭伯特（Warner-Lambert）藥廠被要求花費 1,000 萬美元刊登廣告，以更正李斯德林（Listerine）漱口水能夠治療感冒的錯誤說辭。富豪汽車公司則被要求在當地報紙、《今日美國》（USA Today），和《華爾街日報》刊登修正廣告，以更正前述「怪獸卡車的衝撞」的廣告。[85] FTC 也要求福斯和奧迪（Audi）汽車公司，在全國性的雜誌刊登一系列的整頁廣告，以通知消費者其產品有關效能的問題，並要求雜誌的廣告需能接觸非重複的 7,500 萬位成人。FTC 也大幅地干預暗示性說辭，如減肥產品的誤導廣告等。H&R Block 公司就被下令停止刊登「快速退稅」廣告，因相關單位發現該公司隱瞞其顧客退款背後是高利貸的事實。[86] FTC 也強迫 Wonder 麵包公司停止宣稱食用其麵包能夠改善腦力及記憶的廣告說辭。[87]

關鍵思維

請思考本章節所論述的倫理與法規之各項議題，並請評論其中所列述的相關爭議。對於各項議題是否確實違背了倫理，請提出你的看法及理由。

廣告如何影響兒童？

　　青少年市場有無限的潛力，因此許多企業的廣告直接以兒童為目標。廣告主皆知，青少年的消費會影響其父母的決策，而青少年本身也有可觀的購買力。在對兒童廣告的關心部分，大多集中在三個重要的問題上：

- 兒童了解廣告說服意圖的能力。
- 向兒童銷售的食品和糖果之營養價值。
- 對兒童需求的廣告，連帶使其父母產生對廣告產品的影響力。

　　另一方面，一些反對限制兒童廣告的人士則認為：

- 父母親比 FTC 更能幫助兒童詮釋資訊而做出決策。
- 兒童知道水果和蔬菜比含糖的食品有營養。
- 禁止對兒童電視廣告，即是限制了言論自由。[88]

　　為回應一些以兒童為訴求對象而飽受批評的不當廣告節目，寶僑、IBM、通用汽車、施樂百和嬌生等主要提供廣告的廠商，委託時代華納公司製作較不具性和暴力的廣告節目。許多父母親也反對學校成為行銷場所，特別是可口可樂與百事可樂付費給學校當局，准許在教室內販售其產品。學校以收受金錢、教學設備等做為交換條件，准許這些廠商利用教室裡的電視播放廣告給學生觀看。[89] 而網際網路對兒童的廣告與行銷亦在關心之列，事實上，針對線上行銷從業者的詐欺行為，也已逐漸響起對保護兒童隱私權和未來電子商務相關措施之立法的呼聲了。[90]

廣告會強迫人接納嗎？

　　許多人被不受歡迎的廣告訊息侵犯了隱私權而發怒。許多觀察家認為，市場雖充斥著各種廣告訊息，但這些廣告對消費者的影響畢竟有限，由於體會到這種限制，反而強化了廠商要一再增加廣告的壓力。

　　一些不當的廣告與其傳遞方式有關。將廣告訊息包裝成一般節目播放，是合乎倫理的嗎？是否可以准許電視廣告業者進入學校教室呢？科技的干擾也擴增為垃圾傳真和垃圾電子郵件了。美國消費者電話保護法（Telephone Consumer Protection Act）規定，電話行銷業者要提列一份電話勿擾名單，並禁止業者強迫對方接聽未經許可的廣告。許多民眾從傳真機上收到 Hooters 餐廳傳來的折扣券，而地方法院則起訴該餐廳，並判決賠償 1,200 萬美元。許多

投訴案件持續湧進聯邦傳播委員會（Federal Communications Commission），[91] 目前有數個州已經立法通過聯邦關於禁止未經許可的電子郵件或垃圾廣告的法令了。[92]

緣由廣告

緣由行銷
（CRM）
部分公司逐漸以社會發生的現象做為其緣由項目，如防止吸毒氾濫和節約能源等。

公司議題廣告的延伸，則是**緣由行銷**（cause-related marketing, CRM）或社會性廣告。一些公司逐漸以社會發生的現象做為其緣由項目，如愛滋病研究、防止吸毒氾濫、同性戀權益、族群融合和節約能源等，也因此緣由行銷便日益充斥。然而這些活動的真正目的，可以從純經濟性（以緣由做為其行銷策略）到純社會性（承諾為緣由做一些事）不等。班尼頓公司以經濟性和社會性共同做為其目標的廣告活動，就曾轟動一時，該廣告凸顯了一些議題，如愛滋病、波士尼亞（Bosnia）的衝突、難民的困境等，而其設計目的是為了引起注意，並讓大家注意到班尼頓公司是一家極度有社會良心的業者。但施樂百公司卻決定停止銷售班尼頓公司的服飾，做為其對班尼頓公司廣告舉動的不滿回應。列舉的緣由若要有具體可行性，其目標就必須是長期性的，而這些緣由當然也必須適合公司的性質，員工也應該相信這些問題的重要性。[93] 大多數緣由行銷之設計，均在於提高公司形象的認知。例如，寶僑公司就試圖將 CRM 用在 Ariel 和 Daz 等個別產品的品牌上，並努力將個別品牌與環境緣由聯結，以建立消費者的信心。寶僑公司也在歐洲應用同樣的方式，與 New Covent Garden 湯品公司聯手籌募無住宅慈善基金，而透過這些產品的銷售，提列經費以協助修整窮人的廚房。[94]

廣告有害的產品

銷售有害產品如香菸和酒類的廣告就經常遭到批評。雖然有立法和自律等管制的存在，但批評者還是認為要進一步限制這類的廣告。若市場一點也不加以限制，那麼菸草廣告商就會經常把吸菸與魅力、刺激、美麗的戶外活動聯結在一起。

駱駝牌（Joe Camel）香菸的廣告十分成功，特別是在提升兒童和青少年對品牌的認知上。為了回應其廣告太多的批評，該公司最近也同意停止使用大家所熟悉的卡通人物。另外，一些烈酒公司準備在電視播放的廣告，也招致反對。[95]

17-5 公共關係

公共關係（public relation, PR）經常被當成支援廣告、人員銷售與促銷的行銷傳播輔助工具。在 George Belch 和 Michael Belch 著作的最新版廣告學裡，對公共關係的定義如下：

公共關係是一個組織的管理功能，在評估公眾的態度、確認組織的政策和程序後，推行一些會引起公眾興趣的工作，並將其傳播而贏得公眾的了解與接受。[96]

公共關係所涵蓋的範圍可以從行銷組合的一部分，到大多數公司傳播計畫的重要組合項目，其目的則是在增進行銷組合部分層面的效果，以及致力於與媒體和公眾的關係。[97] 公共關係傳播不只可用廣告方式表示，它在支援其他形式的行銷傳播上也相當有用。公共關係也嘗試改善企業與大眾的關係；公共關係的焦點放在顧客、員工、股東、社區成員、新聞媒體或政府上。大部分的大型企業都設有公共關係部門，以處理各項公共關係計畫；而資源有限的小型企業也須處理一些公共關係問題。例如， AT&T 和一些公司支持科學研究，以降低人們對使用手機致癌的恐懼。[98] 與其他的傳播方法一樣，今天的公共關係更具有策略管理的功能，包括傳遞特定的訊息給特定的視聽眾，用以獲得特定的反應。因此，不少的公司都會考慮公共關係的投資報酬率，以及將其增值的需求。[99]

當廣告效果不彰時，不論大小規模的企業均試圖以支持顧客利益的方式，來建立大眾知名度和忠誠度。一般社會大眾會逐漸要求公司的作為要能符合社會整體利益，因為企業責任不只是針對顧客和股東而已。然而，利潤極大化和社會責任並非不相容的，今天，有許多公司在員工福利、少數族群員工的升遷、社區改善、環境保護等事項上，均表現出極大的關懷。而公共關係部門在規劃、協調和推動其組織願景上，也扮演了關鍵性的角色。[100] 許多公司已將公共關係的原則成功地納入其整體行銷傳播計畫中。例如，Members Only 時尚公司，即籌募了 1 億美元以上的資金投入關心社會事務，如防止藥物濫用，以及加強對無住宅者關懷之廣告等。

公共關係的功能

公共關係的功能通常是在支援廠商和服務。然而，公共關係活動也經常會涉及企業形象和社會責任。艾克森石油公司就有不同的活動計畫，以維持

> **公共關係（PR）**
> 屬於行銷傳播組合因素之一，目的在確認、建立，以及維持組織與不同群眾，如顧客、員工、股東、社區成員和政府等之間的互利關係。

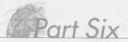
行銷公共關係
將公共關係的功能設計為支援行銷活動（例如，製造廣告新聞、幾乎不動用廣告而推出新產品等）。

和改善公司形象。該公司的公共關係活動範圍，從針對科學界說明阿拉斯加原油汙染而造成環境破壞問題，到特殊奧林匹克運動會的慈善活動等。[101] 施樂百公司令人印象深刻的成功重整，部分原因則歸功於公共關係傳播的運用，以重新建立與金融界和媒體界的關係。

公共關係功能包括媒體關係、產品推廣、公司內部和外部溝通、遊說立法機構以推動或限制某些法規與公共議題及公司定位和形象的廣告處理，以及市場裡發生各種情況的回應等。[102]

將公共關係的功能設計為支援行銷活動，可以當成**行銷公共關係（marketing public relations）**的定義，這些活動如下：

積極的公共關係
尋求正面機會的公共關係，例如，公告相關產品的訊息、對相關事件的贊助活動，或在商業刊物上發表文章等。

1. 在動用媒體廣告之前，先把市場炒熱。
2. 製造一些廣告的新聞，但不涵蓋產品的新聞。
3. 推出產品時幾乎不必動用廣告。
4. 提供一項有加值性的顧客服務。
5. 建立品牌與顧客之間的聯繫。
6. 影響具有影響力的人士（意見領袖）。
7. 為產品風險辯護，而讓消費者安心採購。[103]

消極的公共關係
公共關係的一種，對於市場上有關影響公司的負面事件或變化的因應，例如，相關產品缺陷或員工行為的負面報導案件。

在網際網路的驅使下，公共關係的推力已從媒體的影響移往對公司的影響了。而公共關係廠商和公司內公共關係部門，則從網路公司獲得新的技術，以建立企業策略、公司進駐市場和市場定位。網路公司也經常從公共關係開始，甚至在廣告之前，不斷努力以產生口語傳播。對於年輕的高科技公司而言，在投資人和分析師之間獲得正面的曝光度十分重要。[104]

如同圖 17-6 中所示，可以是**積極的公共關係（proactive PR）**，也可以是**消極的公共關係（reactive PR）**。對於消極公共關係的努力，危機經理人需要迅速運用傳播媒體工具如網路和聊天室，即時接觸消費者。消費者已愈來愈適應聽到壞消息了，因此，有效率的公司有從容的時間去採取行動，以消除

圖 17-6 積極和消極行銷的公共關係

積極行銷的公共關係	消極行銷的公共關係
• 企業發言人發布產品上市、贊助行為的消息，或在商業刊物上發表文章。 • 公司形象的增進和商譽的發展。公司以議題廣告支持當前社會問題的某些立場。 • 進行目標相關行銷。當顧客購買廠商產品時，廠商就會對預定的目標捐助特定金額。	• 廠商對負面事件和有害的公共報導加以回應。 • 來自新聞媒體、消費者聲援團體、政府機構之負面資訊；通常涉及產品瑕疵或公司不當的措施等。 • 成功是有賴於廠商將其利益與公眾利益結合一起的能力。

公司因不法情事或不善管理造成的事故，可以在 24 小時的電視節目辯白，或以訴訟案件方式來拖延。[105]

公共報導

公共報導（publicity）是指一家公司透過新聞媒體發布訊息，所強調的範圍比公共關係為小。主要的公共報導技巧有新聞發布、記者會，以及登載在商業刊物上的專輯報導等。

公共關係能夠支援組織裡的所有傳播工作。大公司如福特汽車公司在發生負面事件時，都以積極的公共關係來處裡。

公共報導的可信度較高是其優點，因其訊息不需由廣告贊助者支付費用，而公司資訊也必須具有新聞價值且由客觀的機構來發布。然而，公共報導的訊息可能也會被媒體所竄改，而發布的時間也大多遷就於電台或媒體工作者。不幸的是，有些公共報導也可能會變成超出廠商所能掌控的負面新聞。例如，泰諾（Tylenol）和健怡百事（Diet Pepsi）等產品內容被更改的事件。而在不幸的事件發生時，廠商的公共關係部門便必須及時回應。

許多公司如英特爾和 Polaris Software 發現，其產品可透過網路而向全世界曝光，但要切記，負面的公共報導也是無遠弗屆的。美國科技（Ameritech）公司、桂格公司、好事達保險公司等，都非常慎重地監控網際網路上的討論團體或聊天室，以了解他們對其產品和服務的負面批評。[106]

在積極的公共關係上，廠商也需要制定一套在緊急狀況下溝通的危機計畫。該計畫要盡量預測可能會發生什麼不幸事件、誰將代表公司發言、誰是視聽眾等。在緊急時刻，主要的視聽眾之一可能是新聞媒體；而在產品召回的情況下，重要的視聽眾則可能就是零售商了。[107]

> **公共報導**
> 利用免付費的傳播，將有關公司或產品的訊息展現在新聞媒體上；主要的公共報導技巧有新聞發布、記者會，以及登載在商業刊物上的專輯報導等。

摘要

1. **了解廣告的特性、功能和型態。** 廣告像其他的推廣要素，在整體行銷傳播計畫裡擔任著重要的角色。廣告是非個人化，由特定的贊助者付款，並透過大眾傳播通路來促銷商品、服務、人物或構想。

   廣告能提供一些功能，包括增強顧客的認知、傳遞產品屬性或社會價值、塑造產品形象或情感反應。說服購買者採購，或向消費者提醒有關產品、品牌或廠商之資訊。

   廣告可以根據目標視聽眾、地理區域、媒體和

目的加以分類。整體企業形象廣告是促銷組織的形象,以及在社區中擔任企業市民的角色。其他類型為企業議題、公共服務、分類、直接回應、企業對企業,以及合作性的廣告。

2. 認識人們如何處理廣告資訊,以及其如何影響購買行為。廣告必須靠成功的處理步驟:曝光(將資訊呈現給一位接收者)、注意(接收者的內心有意接受廣告的刺激)、了解(接收者正確理解資訊的程度)、接受(接收者接受資訊的程度),以及停留(在稍後的時間裡,接收者能夠回憶起來的內容)。

這些步驟與廣告本身效果之間的關係,可能受到消費者需求和消費者處理這些資訊的動機、機會和能力所影響。

3. 探討擬定廣告活動的方法。擬定一項廣告活動之步驟是:(1) 決定廣告目標;(2) 決定廣告預算;(3) 設計適當而有創意的策略;(4) 選擇媒體和媒體時程;(5) 評估廣告效果。

4. 論述不同的廣告目標與達成此目標的訊息策略。廣告目標應該符合組織的整體行銷目標,且此目標是真實的、明確的和可衡量的。而廣告目標則是可以告知、說服或提醒的。

許多不同的訊息策略可以實現廣告目標。策略包括將廣告的品牌與另一廠商的品牌相互比較、名人代言、幽默感,而恐懼訴求則可提高廣告說服的影響力。

5. 了解選擇廣告媒體和時程之決策。決定媒體種類涉及選擇最適當的媒體通路,如電視、雜誌或電台。這項選擇必須依據公司目標市場的大小,以及訊息本身的特性。

決定媒體種類後,就要再選擇媒體的工具。這些決策通常依靠的因素是成本、視聽眾的特性。而接觸數和頻率也是在做決定時的重要考量因素。

6. 解釋行銷從業者如何評估廣告效果。效果的評估有事前測試、事後測試和銷售回應研究。事前測試涉及評估消費者對建議的廣告反應;事後測試則是在廣告活動的時間裡或活動之後,對所選擇的策略之效果加以選擇。事後測試包括輔助或非輔助的衡量、態度評估和銷售效果的影響性。

7. 認識公共關係和公共報導在行銷上的角色。公共關係的功能包括發布新聞稿、產品促銷的工作、公司的傳播,以及遊說和說服法人團體注意有關影響廠商的公共議題。公共報導可傳遞免付費的新聞,是公共關係的一部分。

行銷導向的公共關係分成積極的和消極的。積極的行銷公共關係是正面的,它可採取企業形象廣告、議題廣告或緣由行銷。消極的行銷公共關係是在負面或有潛在殺傷力的訊息中保護組織,包括負面的事件和不利的公共報導。

習題

1. 廣告能夠完成哪些不同的功能?

2. 何謂廣告代理商?其提供哪些服務?

3. 請解釋為何近年來的廣告支出會下降?

4. 解釋下列名詞:企業對企業廣告、企業形象廣告、企業議題廣告、直接回應廣告以及修正廣告?

5. 哪些步驟是消費者處理廣告時會涉及的?為何了解這些步驟對於廣告主很重要?

6. 廣告主能夠做些什麼,用以提高曝光、注意和停留?視聽眾的涉入又如何影響這些過程?

7. 請列舉擬定廣告活動的步驟。

8. 何謂媒體分類決策?它與媒體工具決策有何不同?

9. 試比較事前測試和事後測試在評估廣告效果的

差異。請說明以銷售結果做為衡量廣告效果標準時，會有哪些問題。

10. 請說明廣告和公共關係的區別。

11. 廣告策略與行銷概念有何關聯性？

12. 何謂盡力闡釋模型？如何在動機、機會和能力方面，以不同的途徑來影響說服？

13. 訊息策略的選擇有哪些不同的類型？行銷從業者如何決定何者最適宜？

14. 電視網的廣告有哪些是倫理和法規最關心的問題？

行銷技巧的應用

1. 試蒐集下列各項目的兩個例子：(a) 企業形象廣告；(b) 企業議題廣告；(c) 公共服務廣告；(d) 比較性廣告；(e) 分類廣告；(f) 直接回應廣告；(g) 企業對企業廣告。

2. 思考雜誌、電台、電視和戶外廣告的差別。請說明其如何得到消費者的注意並確實保留。

3. 假設《時人》雜誌的年平均發行量是 335 萬份。每頁廣告成本是 128,500 美元，請估算該雜誌的 CPM，並請同時比較《時代》雜誌類似資料：每頁廣告成本 202,000 美元，發行量 400 萬份。試問你如何說服個人電腦或化粧品的潛在廣告主刊登廣告？

4. 批評者認為廣告誘使消費者去買他們不真正需要的產品。例如，直接對消費者（direct-to-consumer, DTC）訴求的處方藥之廣告顯示，它增加病患對藥物的需求（如生髮、減肥、消除皺紋）。請問 DTC 廣告是產生了見識廣博的消費者，或是過度濫用藥物的一群人？

網際網路在行銷上的應用

活動一
　　請進入英國航空公司網站（www.ba.com）。

1. 如何以該網站為基礎來論述公司的形象特點？請舉例說明英國航空公司傳播組合的要素。

2. 請檢視一個英國航空公司競爭者的網站，它們的廣告策略有何不同？

活動二
　　聯邦商業委員會（FTC）是聯邦層級的管理廣告之機關，以個案對個案方式注視不實的廣告。請上網找尋 FTC 目前的業務資訊：

1. 哪些標準可用來定義構成不實廣告的條件？

2. 請根據最近一件因違規的不實廣告，而被下令禁止和暫停接單的公司，請問 FTC 發現該公司哪些不實廣告的證據？

3. 可以被用來做為廣告證據之標準是什麼（即測試結果或資料可用來支持廣告聲稱）？請評估丹佛市梅伊百貨公司的案例，它的價格廣告中有哪些已構成了欺騙？

4. 批評者認為電話行銷是一種妨害和侵入的行為。有些州早已通過立法，而聯邦政府也正考慮立法管制違規電話行銷的電話拜訪。如果政府法令要約束電話行銷，請問是否也要約束其他也屬於高度侵入的廣告，例如網路廣告、電視廣告和電台的廣告？

行銷決策

個案
17-1 **Google** 和網際網路的廣告

不像傳統的廣告，不必為了研擬廣告訊息與媒體策略，而須投入一堆創新的努力，網際網路搜尋引擎如 Google，早已被消費者做為用來搜尋某些特別事物的工具了。許多公司以量身訂製的訊息接觸有興趣的購買者。足球超級盃的廣告主如禮來（Eli Lilly）、Napster、諾華（Novartis）和史泰博（Staples）等公司，也成為 Google 的常客，並加強在 Google 上的廣告。2004 年關鍵字的搜尋占美國網際網路 87 億美元廣告支出中的40%，更重要的是，有愈來愈多的消費者來到 Google，也就有愈來愈多的廣告主前來共襄盛舉。

由史丹佛大學學生賴利·佩吉（Larry Page）和賽吉·布林（Sergy Brin）共同創立的 Google，是以科技創新為基礎。Google 並不直接採取橫幅廣告，或點擊廣告主網站的次數多寡而進行廣告收費。廣告主是以「贊助性連結」（Sponsored Links）搜尋結果來付費，而這種收入及淨利相當可觀。2004 年的財務結算，其營收達到 32 億美元，淨利為 4 億美元。

利用 Google 做為刊登廣告的場所來源，逐漸浮現出一些被人關心的問題。第一，關鍵字的收費大幅增加，促使電子海灣等公司與 Google 商討尋求降低廣告成本暴增的方法。其中的一個方法是涵蓋更多「專指的」（specific）關鍵字，因為只具有「泛指的」（generic）關鍵字會變得相當昂貴。第二，競爭者虎視眈眈，諸如雅虎、微軟和 Ask Jeeves 公司正強化其市場能見度。例如，微軟公司的 MSN Search 就推出 1 億 5,000 萬美元的廣告活動，用以促銷其搜尋引擎的長處。MSN 的方法，包括向廣告主展示以關鍵字協助查詢的視聽眾人數總計資料，可能讓品牌經理人感到安心一點。第三，關心因搜尋而產生不期望的後果，許多像卡夫公司憂慮 Google 缺乏控制權，無法確保連結該公司或出現的廣告，能否與該公司的價值一致。因此，Google 同意廣告主對其廣告在什麼地方和如何出現，有更多的控制權。

問題

1. 何種環境因素可能會影響到 Google 的廣告收入？

2. Google 的營收如何產生？試以關鍵詞搜尋比較其產生營收的能力。

3. 有哪些新產品與延伸品是 Google 所要追求的，並且可以將其做為維繫目前的強勢地位？

行銷決策

個案 17-2 豐田汽車：在歐洲，以廣告邁向成功之路

　　有不少國際性公司正在揚棄全球標準化的廣告，亦即放棄在各國營業據點採統一制式的廣告活動。原因在於標準化的策略無法在各既定地區提供有效的廣告，因為各地區均有其獨特的政治、法律和文化特性，因而廣告必須因應各地民情，才可能出現效果。

　　豐田公司一直以來均採用一種非標準化的方法，以個別的國家為基礎來量身製作廣告。它讓各地的行銷從業者對其最熟悉的地區，全權負責相關廣告的事務。豐田公司只是大略地提供一些必要的廣告素材（有關促銷豐田汽車的資訊）給當地業者，以便能為該地區製作最有效的廣告。這種做法的效果十分顯著，也讓該公司在北美、亞洲、歐洲的國家裡，擁有相當大的市占率。

　　由於歐洲各國的經濟發展已漸趨遲緩，促使豐田公司重新檢討如何整合其廣告製作。該公司現在只使用一種品牌，即凌志豪華車款來做為整合歐洲廣告活動的方法。該公司也發現，藉著減少在歐洲的廣告代理商數目，將可得到不少利益。愈能將廣告製作成標準化，就愈有可能讓公司獲得經濟規模的效益。

　　一旦歐洲對日本解除進口障礙，日本的產品在歐洲就會有進一步的成長。但在目前輸出條件受限制下，日本車的經銷商被迫銷售其最昂貴的品牌。不過，現在的經銷商也正在學習，如何對薄利車款增加銷售的方法。豐田公司在歐洲的廣告和行銷策略發生了兩件事。第一，豐田歐洲分公司與上奇（Saatchi & Saatchi）廣告公司簽約，負責處理全歐洲有關策略性品牌的問題，這項變動意味著該公司在歐洲的廣告，將獲得進一步的整合。第二，減少接受新車經銷商的數目，而與少數的經銷商結為夥伴關係，只提供服務和接受新訂單。經過了這些改變後，豐田公司在歐洲進行了更標準化的廣告計畫，而目前也可能是最適當的時機了。

　　豐田是一家日本公司，面臨許多不可預測的全球性障礙。全日本皆知的是，豐田公司的美國策略已成為該公司所依賴的命脈了。英國提供豐田公司一個特別的全球化挑戰：可樂娜汽車（Corolla）長期以來一直具有可靠而樸實的形象，它是世界上賣得最好的汽車，但是在英國卻慘不忍睹，而上奇廣告公司的目標則是大幅改變消費者對該車的認知，以做為豐田公司歐洲廣告活動的一部分。它投入英國規模最大的鐵路海報廣告活動，努力去接觸忙碌的通勤者，想藉著廣告來促銷可樂娜汽車。此外，豐田公司也贊助衛星頻道節目，以接觸年輕人的市場。而一項名為「驕傲」的廣告活動，是描述沒有可樂娜汽車的人卻對它留下深刻的印象。

問題

1. 請分別說明豐田公司在歐洲使用的整合及標準化方法，與維持其目前廣告方法之優缺點。
2. 你對豐田公司在英國或歐洲的廣告方式有何建議？
3. 請解釋不同的文化價值、法律和經濟對國際性廣告的影響性。
4. 假設目前的情況不變，為何豐田公司在美國的經營會比在日本本土還要成功？

消費者促銷與中間商促銷

**Consumer and
Trade Sales Promotion**

Chapter

18

學習目標

研讀本章後，你應該能夠

1 說明促銷在行銷傳播組合中的角色及其重要性。

2 了解促銷支出費用在許多公司裡為何會成為一個
重要的部分。

3 探討消費者促銷的目標和技巧。

4 探討中間商促銷的目標和技巧。

5 說明促銷的限制。

6 認識不實與詐欺的促銷對消費者和行銷從業者的
傷害。

麥當勞

麥當勞長期以來一直使用特別的促銷方法，藉以吸引消費者到其速食店消費。在 2004 年，它以大富翁（Monopoly）遊戲做為促銷工具，而登上該行業的頭條新聞。麥當勞與線上遊戲製造商 WildTangent 合作製作線上遊戲軟體，該軟體加入有關麥當勞產品產出過程後再稍做修改而成。麥當勞於是將其當做大富翁遊戲競賽的獎品，其促銷夥伴 WildTangenr 也因該遊戲軟體的推出，而享有獲得數以百萬計的潛在客戶之好處。在這段期間，麥當勞也成為 WildTangent 遊戲軟體最大的配銷商之一。這個非常成功的促銷活動，是促成麥當勞被《廣告年代》雜誌選為「年度最佳行銷從業者」（Marketer of the Year）獎牌的原因之一，而當時麥當勞每天服務的顧客人數超過 1,600 萬，比上個年度還多。

當顧客進入麥當勞速食店購買時，他們可以撕開黏附在速食餐盒或飲料杯蓋上的大富翁遊戲數字紙條，憑著該數字就可進入一個特別的網站。在那個網站裡，他們可以選擇得到 WildTangent、SonyConnect、Netflix 等遊戲軟體或其他贊助商提供的獎品。在發出的 8 億張紙條裡，總共有 600 萬人得到獎品。

WildTangent 公司替麥當勞開發的四套線上遊戲軟體都很容易上手，從為數不少而一再上線的訪客來判斷，應該有不少人已玩上癮了。這四套遊戲軟體中最受歡迎的是 Polar Bowler，遊戲內容是一隻北極熊坐在滑雪板上從山上往下滑，順手將木球打進麥當勞金色的拱門裡。在促銷的當月份，大約有 30 萬名不重複的訪客，平均每位花費 40 分鐘玩那個遊戲。

大富翁遊戲的宣傳活動使麥當勞速食店的銷售量比前一年增加了 7%。麥當勞的某位行銷主管說，在消費者促銷上引進新方法是需要的，由於 WildTangent 公司開發的線上遊戲軟體的加入，使麥當勞的促銷活動益發突出而引起消費者的注意。對於 WildTangent 公司而言，它也為其客戶日產、豐田和新力等公司開發相當成功的線上遊戲軟體，這是對它在這次促銷活動上突出表現的真正報償。

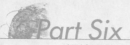
麥當勞的例子說明促銷可用來推動銷售。**促銷**（sales promotion）是指在預定及有限的時間內，利用媒體和非媒體的行銷傳播來刺激試用、增加消費者需求，或改善產品的可用性。[1]一般常見的促銷工具有折價券、樣品、展示、競賽與摸彩等。促銷的對象則包括最終消費者、零售商或批發商。**消費者促銷**（consumer sales promotion）是以消費者為對象，而**中間商促銷**（trade sales promotion）則以轉售商為其對象。

本章將檢視促銷在行銷傳播中日益成長的角色，再探索消費者促銷與中間商促銷的目的、技術和限制。而本章也將論述促銷的倫理與法規議題。

18-1 促銷的角色

促銷的獨特特性是提供行動的誘因。例如，消費者在購買時可得到現金回扣；或零售商對某一產品在某特定時間內購買特定數量，而可獲得折讓等。與許多廣告方式不同的是，促銷為的是達成短期的效果。然而，促銷也很少單獨進行，它通常會與其他類型的行銷傳播結合，而做為一項整合式的計畫。

與所有類型的行銷傳播一樣，有效的促銷就如同第16章所討論的，應該是經過適當的規劃而得到的結果。因為促銷目的是在尋求不久之後的結果，那麼它就可能要設定特定且可衡量的目標，以便能精確地監控其結果。不過值得注意的是，由於促銷經常要與其他的行銷傳播結合，因此對訊息與時機的協調即為成功的關鍵所在。圖18-1列示在促銷規劃的重要考量。

18-2 促銷的重要性

第16章曾論述各種類型的行銷傳播經費，而在近幾年來並無顯著地增加。促銷的支出仍相當穩定，此處要提醒行銷從業者注意的是，無論經濟景氣如何變化，促銷仍是一項最重要的行銷傳播工具。對多數的產品品類仍需要繼續刺激銷售，所以，預計在未來的數年，促銷支出還是會維持一定的水準。

對於消費者、零售商，或是批發商而言，促銷可用來鼓勵其行動。本幅廣告裡的促銷活動是告訴消費者，將有線電視轉換為DIRECTV衛星電視時，可以享有的免費服務。

圖 18-1	創意性促銷的十大戒律

1. **訂定特別的目標**。無紀律和無方向的創意工作將會浪費時間和資源。
2. **了解基本促銷技巧如何運作**。不應該以摸彩方式來鼓勵加倍的購買，或以退錢的方式來得到新顧客。而減價並無法阻止品牌銷售下滑的趨勢。
3. **使用簡單而引人注意的文案**。大多數的促銷均用簡單的觀念如：「節省 75 美分」。強調觀念並不需畫蛇添足。
4. **使用最新而容易追蹤的圖片**。不要期望在四分之一的版面裡，塞進 500 個字和 20 張插圖。
5. **將概念清楚地傳播**。文字與圖片必須放在一起，以利於訊息之傳遞。
6. **增強品牌的廣告訊息**。將促銷與品牌的廣告活動結合在一起。
7. **支援品牌的定位與形象**。這種做法對具有形象敏感的品牌與品類特別重要，例如以家庭為導向的卡夫公司之產品。
8. **使促銷與其他行銷計畫一致，並確保時程表和計畫一致性**。消費者促銷應該與中間商促銷同時進行；而免費樣品的促銷也應該要配合新產品的上市。
9. **確認你使用的媒體，並決定何種媒體效果最好**。樣本要在商店內發放、逐戶發放，或使用直效信函？或者需要報紙或雜誌來支援促銷嗎？
10. **專心於交易**。與重要轉售商建立良好的關係。

促銷支出

> **中間商促銷**
> 直接以零售商、批發商或企業採購者為對象的促銷，透過行銷通路幫助產品的銷售。

消費者促銷和中間商促銷的支出，估計將超過廣告支出。是什麼原因刺激了近年來促銷支出的增加？一般來說，行銷環境的改變，如消費者態度、人口因素、生活方式等，以及新興科技和零售業的改變，均有利於促銷的成長。此外，行銷從業者受到要在短時間內達到績效的壓力，以及需負起達成可以測量結果的責任增加，諸如此類均造成促銷支出增加的原因。

消費者因素

美國每年的人口成長率低於 1%，而大部分成熟性產品的每人消費更只有些微的成長，故為了爭奪市占率，致使競爭更為劇烈。而在促銷技巧中，特別是價格破壞，遂成主要的手段。

今天忙碌的消費者已經比以往較少去逛街購物了。假如夫妻倆都外出工作，購物時間就受到了限制。而這也讓消費者非常注意廠商各種鼓勵購買以及店內展示等的促銷活動。

促銷的另一個有利因素，簡單地說就是消費者喜歡它。如果能從一次交易中得到好處，購物者也會獲得極大的滿足感，因此消費者已習慣於大拍賣、購後退款和其他方式的促銷活動。一項全面性的調查發現，消費者可以從促銷裡得到六項好處。第一，某些促銷確實能夠節省金錢。第二，某些促銷能讓消費者買到高品質的產品。第三，促銷帶給消費者方便，並可以協助其找到夢寐以求的產品。第四，對某些消費者而言，促銷提供他們有機會去表達或增強其自我意識與個人價值，例如成為一位聰明的買家。第五，在一

些促銷活動中能夠展現產品和服務的特色,因而可刺激消費者的不同需求,從而獲得滿足。最後,消費者發現一些促銷方式如摸彩及遊戲等,是好玩而有趣的。[2] 很顯然地,企業了解促銷對消費者有這麼多的好處,當然就會投入消費者和中間商的促銷活動,慫恿消費者採購和增加其滿意度。而在今天的競爭環境下,促銷已成為刺激消費者增加消費或維持銷售的必備法寶了。

科技的衝擊

有足夠的證據說明科技刺激促銷的成長。因電腦化的掃描設備,從而讓行銷從業者得知每天有哪些商品賣得好或不好的銷售情形,並得知有哪些品牌獲利不錯的資訊。而在中間商銷售方面,外勤業務員的手提電腦也讓供應商即時追蹤到產品的動向。因此不管是零售商或製造商,均能快速衡量各種促銷活動的效果,如此一來,製造商就可以調整或刪減不具生產性的活動,而投入更多資金在有生產性的活動上。事實上,所有主要消費性產品的製造商,包括百事可樂、亨氏食品和寶僑公司等,也都使用掃描器來追蹤促銷活動。

零售力量的增加

大零售商如沃爾瑪、家居貨棧和標的等公司,因擁有龐大的購買力,所以其任何行動都會引起人們的注意。因此製造商無論是對零售商或消費者促銷,均會使產品更具吸引力。

當零售商的力量擴大後,就會試著增加本身私有標籤產品的銷售。雖然零售商為了私有標籤產品而招徠顧客,並限制全國性產品在其商店的促銷,不過其在提供折價券等促銷活動上卻常力不從心。毫無疑問地,全國性品牌的行銷從業者在對抗私有標籤產品的努力上,也有益於促銷的成長。

私有標籤也在歐洲市場流行,由於景氣低迷,迫使消費者尋求更價廉的產品,而私有標籤產品在法國、瑞士和義大利等國都有增加的趨勢。為了對抗私有標籤產品,例如聯合利華和雀巢等跨國公司,即大力推廣其傳統品牌以及專為歐洲市場設計的歐洲品牌。

18-3 消費者促銷

利用折價券與購後退款等消費者促銷,也有助於產品在配銷通路的流通。不論公司規模大小,均可將消費者促銷有效地應用於新產品或既有產品上。而促銷有時會帶給人們一種銷售結束前的催促感,從而增加對成熟性或

一般性產品的購買。

消費者促銷的目標

促銷可以完成不同的目標，而這些目標都會影響目前與潛在的消費者行為。如圖 18-2 所示，這些目標包括刺激試用、增加消費者的庫存和消費、鼓勵再購、抵銷競爭者的促銷活動、增加互補性產品之銷售、刺激衝動性購買，以及將訂價彈性化。

刺激試用

行銷從業者往往以促銷來刺激產品的試用，也就是找尋消費者來試用產品。刺激試用特別適用於新上市或經改善的產品。如果購買新產品的決策將帶來風險，則會引起購買者的抗拒；而促銷技巧將可以減低消費者成本，如折價券、購後退款或樣品等，均有助於降低這種風險。例如，必治妥施貴寶公司想鼓勵其降低膽固醇藥品

促銷在鼓吹消費者試用產品上擔任著重要角色。在本幅廣告裡，藉由降價措施以鼓勵消費者試用新口味的 Crest 牙膏。

Pravachol 的試用，所以提供 30 天一期的免費試用品。而在多數人的心裡，沒有成本即代表沒有風險。

增加消費者庫存和消費

有時，促銷就是為了要吸引消費者購買平時較不感興趣的產品，以鼓勵其多儲存或多消費該項產品。若手邊已有產品，人們則會傾向於消費更多的數量。例如，買一送一的馬鈴薯片會刺激消費者買得比平時更多；也因馬鈴薯片擺放太久會受潮變軟，既然擺在家裡，人們可能就會吃得比平時多。一般來說，消費者對某一品牌的庫存愈多，就愈沒興趣去購買競爭品牌的產品。

鼓勵再購

有許多不同促銷方法可協助建立再購的模式，而它也是產品賴以生存之道。在科羅拉多州的 Vail 渡假中心以及 Breckenridge 渡假村都運用了促銷計畫，凡前來滑雪及使用雪橇者，能夠得到免費搭載券，以及兌換餐點和滑雪衣的積點；BMG 音樂俱

圖 18-2	消費者促銷的目標

- 刺激試用。
- 增加消費者的庫存和消費。
- 鼓勵再購。
- 抵銷競爭者的促銷活動。
- 增加互補性產品之銷售。
- 刺激衝動性購買。
- 訂價彈性化。

在零售店裡的促銷，能夠幫助刺激衝動性購買。本幅廣告來自於 Duraflame 公司，它鼓勵零售商利用公司特殊展示以刺激衝動性購買。

樂部的會員以平常價格購物時，該俱樂部會給予紅利積點以兌換免費光碟片；而辦公用品的批發商會以購物總數為基礎來提供贈品；大多數航空公司均提供飛行常客計畫，以鼓勵再購。再購促銷的其他例子尚有續訂雜誌可享優惠價；達美樂和必勝客披薩等公司，在包裝盒裡還會附送折價券。

抵銷競爭性促銷活動

有時候，行銷從業者會利用促銷來對抗競爭者的促銷。例如，可口可樂和百事可樂終年不斷對抗，雙方也一直以促銷來吸引顧客，結果都以價格做為競爭工具。此外，速食業者及手機業者也常以促銷方式，來對抗其他的零售商。

增加互補性產品之銷售

利用促銷以吸引購買者對某商品的採購，亦能增加互補性產品的銷售。例如，吉列公司以購後退款的方式促銷鋒速3刮鬍刀，而讓消費者幾乎不花錢就可得到該產品。該公司目的是希望能增加刮鬍刀刀片的銷售，因為刀片是消費者會定期購買的互補性產品。促銷效果果真如預期，鋒速3現已成為主要的品牌了。

刺激衝動性購買

許多購買者比較不會花時間擬訂購買清單，因此就會有所謂的衝動性購買。衝動性購買是指無計畫性的購買，它不需深思熟慮，而是以快速獲得該產品來滿足其強烈擁有的欲望。許多零售商會使用特殊的展示，促使消費者產生衝動性購買。

經驗分享

「利用消費者促銷可以達到幾項目標，而我們也運用一些促銷，去鼓勵偶爾參加賽馬比賽的愛好者蒞臨邱吉爾園賽馬場。這類的促銷常順便在賽馬比賽期間舉辦一些額外的活動，以招徠新顧客。例如，在肯塔基州的精釀酒節及燒烤節期間，顧客可以在比賽日品嚐到由邱吉爾園賽馬場釀製的各種精釀酒及燒烤食品。其他一些促銷也常增加不少的參與者，如今年母親節我們分發了邱吉爾園的T恤，讓顧客可以穿著該T恤免費進入邱吉爾園賽馬場觀看比賽。」

凱文・瑪麗・娜絲（Kevin Marie Nuss）是邱吉爾園（Churchill Downs）賽馬場的行銷副總裁，該賽馬廠是肯塔基州的主要賽馬場地。她的職務包括廣告、推廣、團體銷售、公益活動、考照，以及推銷邱吉爾園賽馬場的商品和望遠鏡等。她畢業於 Louisville 大學的英文系。

凱文・瑪麗・娜絲
邱吉爾園賽馬場
行銷副總裁

訂價彈性化

促銷也可讓行銷從業者見機行事，而有利於價格變動的調整。例如製造商將價目表訂得很高，藉以吸引市場中對價格較不敏感的區隔，隨後再透過促銷來吸引市場中對價格敏感的區隔。雖然汽車製造業中曾有不二價方法，但廠商還是願意使用促銷策略。

■ 消費者促銷技巧

大多數人都熟悉消費者的促銷技巧，或許也曾參與其中一二。圖 18-3 列示一般常見的方法。

特價

特價（price deal）是指暫時降低產品價格。行銷從業者利用特價推出新的或改良的品牌，以勸說目前使用者增加購買，或鼓勵新使用者試用既有品牌。特價有兩種主要類型：單一特價與整包特價。**單一特價**（cents-off deals）是指對某一品牌提供較平時低的價格，有時製造商會在包裝上標示某比率的減價，如減價 25%。而這種減價常用在商店內的促銷，當然也可以搭配廣告活動。

整包特價（price-pack deals）是指透過包裝提供給消費者額外的容量。例如，一包的 Martha White 巧克力蛋糕組合會比零買多出 20% 的容量，或一盒 Double-Chex 早餐穀片會比以同樣價格購買一般包裝的容量多出 40%。

不過，行銷從業者也不會愚蠢地濫用特價。如果一種品牌經常特價，消費者就會等到特價時才買，所以，經常減價不但會侵蝕零售價格，也會降低品牌的價值。

特價在消費性耐久財與服務等非包裝商品上也經常可見。線上零售商會大量使用減價以吸引顧客和建立市占率，例如，Overstock.com 每天列出許多特價商品，包含書籍、電子用品、服飾、珠寶及體育用品等，它分成「最新特價」區及「清倉拍賣」區，讓購物者能以更多折扣購得商品。[3] 消息靈通的

特價
以單一特價或整包特價方式暫時將產品價格下降，為了推出新的品牌，而勸說目前使用者增加購買，或鼓勵新使用者試用既有品牌。

單一特價
指對某一品牌提供較平時低的價格

整包特價
透過包裝提供給消費者額外的容量，例如一盒早餐穀片會比以同樣價格購買一般包裝的容量多出 20%。

圖 18-3　　消費者促銷技巧

- 特價
- 購後退款
- 競賽、摸彩和遊戲
- 分送樣品
- 折價券
- 交叉促銷
- 贈品
- 廣告性贈品

消費者會知道何時是真正的特價，而拜購物網站所賜，現在更容易進行比價了。以某種方式的特價來吸引價格較敏感的消費者，是一種最受歡迎的促銷策略。然而有研究建議以金錢為基礎，促銷具高度顧客權益的品牌以對抗低廉的廠牌，將對市占率有破壞效果。對高級品牌的金錢促銷，可提供消費者有關自尊、樂趣及刺激的好處，但也許不如以非金錢促銷提供禮品、獎品或消費者樂趣體驗來得有效。[4]

折價券

折價券

一種紙張印製的證明單，載明持有者可得到何種減價，或某種產品的特殊價值，但通常有一定的期限限制。以此方法鼓勵消費者試用新產品特別有用。它可運用廣告或以單張插入或放在貨架上的方式分發。

折價券（coupon）通常是一種紙張印製的證明單，載明持有者可得到何種減價，或某種產品的特殊價值，但通常有一定的期間限制。折價券可以讓製造商隨時對產品減價，以這種方法鼓勵消費者試用新產品則特別有效。

折價券是美國包裝商品業中最流行的消費者促銷工具，而在加拿大、義大利和英國亦是如此。最流行利用折價券的商品類有個人照護項目、寵物食品和餐點、家用清潔劑、地毯和房間除臭劑、零食等。[5]然而，最近這幾年折價券已不像以往那樣流行。例如，2000年第三品牌行銷從業者舉出，折價券是三種行銷戰術中最重要的一種；但在2005年的4月，採用折價券的統計數則滑落了16.7%。[6]零售商從未發覺製造商在折價券上所增加的處理費，特別是折價券不能被掃描。包括聯合利華、卡夫食品等一些製造商，最近都減少折價券的發放，顯然已改用其他工具來促銷產品了。[7]

最近這幾年，折價券的發放還在增加，但消費者的兌換率卻已下降。2003年發放的2,580億張折價券中，兌換率還不到1.4%，亦即約只有36億張折價券被兌換。[8]分析師指出，製造商縮短折價券的有效使用期限，並要求消費者需多次購買方可使用折價券的做法，也對折價券使用產生了負面的影響，而電子化促銷亦是造成折價券使用率降低的原因。雖然如此，折價券未來仍是被看好的消費者促銷工具。其理由之一，某些主要公司還是會將折價券當做促銷工具。例如，Bed Bath & Beyond 公司和 Linens'n Thing 公司在其促銷做法上，把折價券增加到可抵扣定價的20%；寶僑公司在2004年為支援其舉辦的「拯救品牌者」（BrandSaver）促銷活動，而增加16%折價券的發放。[9]這些零售商正在尋求對有價值意識的消費者從事銷售，而折價券就可做為接觸這一類顧客的重要工具。

折價券的發放有幾種方法，最常見的是**單張插入**

雜貨店利用消費者購物結帳時分送折價券正趨於流行。Catalina Marketing 公司的結帳櫃台分送機依據顧客檔案及刷卡付款資料，分送折價券以做為下次購買之用。

(freestanding insert, FSI)，它是將事先印好的折價券（有時附在廣告內），放進如報紙等的個別刊物裡。據調查美國每年分發的折價券中，有 80% 以上是透過 FSI 方式進行。而在商店內發放占 5%，夾在包裝內也大約占 5%，其他則有直效信函、雜誌、報紙或透過特殊場合和網際網路等方式。

貨架式分送折價券（on-shelf couponing）是指在商店內發放，它將折價券置於製造商產品附近的分送機上。此外，也有零售商使用**結帳櫃台分送機**（checkout dispensers）。Catalina Marketing 公司是製造分送機的主要廠商，經營全世界超級市場結帳櫃台分送機的業務。儘管透過 Catalina 公司分送機配送的折價券成本較報紙貴，但消費者兌換商店折價券的比率則非常高。因利用結帳時掃描輸入相關的顧客購買資訊，Catalina 系統就能夠分送類似產品的折價券或進行商店外的促銷。例如，消費者購買嬰兒食品則可能收到施樂百攝影店的折價券。

線上折價券（on-line couponing）則是透過網際網路發放，也呈現了成長的趨勢。Catalina 公司也像 Val-Pak 等公司一樣經營這項業務。為慶祝其創立 10 週年紀念，雅虎贈送其所有網站參訪者一份在零售店店內免費享用 Baskin Robbins 冰淇淋的折價券。[10]

透過電子郵件發放折價券的比率也在增加中，例如書籍與音樂唱片的零售商邦諾書局和 Borders 書局即以電子郵件發放折價券，消費者可持券到其零售店享受購物折扣的優待。另外一家零售商電路城，也是利用電子郵件寄發可到其商店使用的折價券。

透過手機傳送無紙的折價券是另一種行銷技術，許多亞洲與歐洲的消費者從其手機上接受無紙的折價券已經有行之有年。許多美國的公司，包括麥當勞和 Dunkin' 甜甜圈也都透過手機傳送無紙的折價券。[11]

購後退款

購後退款（rebate）是退回給購物者部分的現金。消費者通常必須在規定的期限內，將折價券表格、購買收據及購買證明（多是通用產品碼）寄回給製造商。雖然消費者常會因購後退款的關係才購買該項產品，但卻忘了要提出退款要求或超過期限。因此在這方面，折價券就顯得比較容易使用，而購後退款相對地較不具吸引消費者立即得到滿足感的誘因。

購後退款有幾個功用：可做為經濟訴求來吸引顧客，特別是針對那些有價格意識的顧客；購後退款有期限限制，因此可鼓勵消費者在期限之前採取行動；購後退款可提供新品牌之試用機會，是一種減少認知風險的好方法，因較低的價格對大多數消費者而言即代表風險較低。

How to play in the yard.
(And other backyard tips.)

購後退款是一種非常流行的消費者促銷工具。本圖是 FISKARS 公司利用購後退款，來做為季節性促銷活動的一部分。

購後退款也可鼓勵增加消費。例如，桂格燕麥公司就對購買兩包或兩包以上即溶麥片的消費者給予購後退款，而消費者一般都僅購買一包。購後退款除了讓製造商可維持品牌的原來價格外，尚能得到暫時性的減價效益。製造商可確保該項節省金額是直接由消費者享有，而非流入零售商的口袋，這將有利於製造商對最終消費者建立品牌忠誠度。

有些製造商把購後退款延伸到網際網路上，並將其特別做為促銷產品的工具。例如，Rebate Place 公司的購後退款特色，在於其商品是來自知名廠牌的電腦硬體、軟體、消費性電子產品。[12] 當承諾購後退款後，就可將產品免費送給消費者，但也由此產生了誤導促銷方向的爭議性做法。CyberRebate.com 宣布破產時，曾留給消費者約 8,000 萬美元尚未兌換的購後退款。[13] 此外，尚有一些「購後退款後免費」的網站，包括 CyberRebate.com 在內的業者，所提供的非購後退款商品往往比市價高。消費者應對於言過其實以致不太真實的產品抱持懷疑的態度，而要對重要的採購多做一些比較工作。

交叉促銷

交叉促銷

有時也稱為搭配促銷（tie-in），是指兩個或以上的廠商互相合作的促銷。

交叉促銷（cross-promotions）有時也稱為搭配促銷（tie-in），是指兩個或以上的廠商互相合作的促銷。交叉促銷加強了所有參與廠商的傳播效果。例如，雜貨零售商克羅格和 M&M 巧克力糖果公司合作，雙方為增加銷售而共同努力。設計交叉促銷來賣更多的糖果，以及更多的克羅格花卉部門產品。M&M 花束於是乎就在克羅格的零售店出售，消費者只要購買三包 M&M 糖果就可獲贈一束免費的花卉。這個交叉促銷成果如預期所料，在兩星期的舉辦時間裡，M&M 糖果與花卉的銷售量增加了 146%。[14]

線上零售商也非常熱衷於交叉促銷，藉著連結著名廠牌以獲取自己品牌更多的曝光度。例如，亞馬遜網站就與標的、玩具反斗城及 Hamilton Beach 等公司，一起從事交叉促銷活動。

凱文‧瑪麗‧娜絲是邱吉爾園賽馬場的行銷副總裁，在談論交叉促銷價值時說：「交叉促銷對所有參與公司都有好處，我們與不同公司結合夥伴關係而交叉促銷不同的產品。其中一例是與當地乾洗店及披薩店的交叉促銷，這些夥伴在促銷活動期間代售降價的入場券，不僅可增加交易，並讓我們在廣告上增加舉辦活動的曝光率。當所有夥伴賣完入場券，我們就知道該次的

促銷活動將會擁入大批人潮。另外一例則是百勝全球餐廳（Tricon Global Restaurant），該餐廳資助 Junior Jockey 俱樂部，並提供兒童餐點，凡是前來參加活動的家庭都會收到塔可鐘（Taco Bell）、肯德基及必勝客的餐點折價券。這種交叉促銷確實增加了邱吉爾園賽馬場的曝光率，也增加百勝全球等不同餐廳的生意。」

　　交叉促銷有幾項優點，包括對各強勢品牌形象的強化，以及透過領導品牌來提攜新產品或市占率低的產品形象。此外，交叉促銷形成的資源共享能夠給消費者更多的誘因，對促銷的聲勢將更為浩大。欲知更多的交叉促銷事宜，請參閱「創造顧客價值：Big Idea 公司與蘋果蜂公司和泰森食品公司共同舉辦交叉促銷」一文。

CNN 與《運動畫報》在網路上舉辦競賽來測試運動迷的知識。諸如此類的競賽受到消費者的喜愛，從而對該品牌建立了情感依附。

競賽、摸彩和遊戲

　　競賽（contest）是以參賽者技能為基礎，而給予獎金或獎品。參賽者必須具有能力或技術，來解決某一特殊問題才能得獎。數十年來柯達公司的攝影比賽辦得非常成功，比賽的題材都與主要運動有關，如奧林匹克運動會和超級盃球賽等。目前以網路為基礎的競賽、摸彩及遊戲也逐漸流行，而這些事物皆以照相手機來進行。例如，龐帝克為促銷其 G6 車款而舉辦攝影比賽，豐田汽車也以同樣方式促銷其 Scion 款

> **競賽**
> 一種促銷方法，以參賽者技能為基礎而給予獎金或獎品。

創造顧客價值

Big Idea 公司與蘋果蜂公司和泰森食品公司共同舉辦交叉促銷

　　Big Idea 是 Classic Media LLC 公司的子公司，它與其他公司一起利用交叉促銷方法鎖定兒童市場，藉以提高其《蔬菜總動員》（*Veggie Tales*）錄影帶的銷量。蘋果蜂（Applebee's）公司屬下的 1,500 家餐廳預備了 500 萬份兒童餐之圖畫練習簿和茶杯，其中還包含一張 2 美元的折價券，可在購買 *Duke and the Great Pie War* 影集的 DVD 或是 VHS 錄影帶時使用。這些活動所附贈的書籍帶給小朋友歡樂，而附有價值的折價券則由父母選擇來購買影片光碟。在這一次的交叉促銷也順便舉辦比賽，贏家可免費接受招待前往 Big Idea 攝影棚參

觀。

　　為了《蔬菜總動員》影片的發行，Big Idea 公司也與泰森（Tyson）食品公司合辦交叉促銷活動。在這次的促銷活動中，泰森公司於其有上百萬份銷量的 Fun Nuggets 雞肉餐盒上，附有一張需寄回方有購後退款 3 美元的紙條，持有者可用來抵購兩項特別指定的產品。凡購買該影片者，皆可獲贈一個馬克杯。Big Idea 公司與蘋果蜂公司和泰森食品公司共同舉辦交叉促銷，對許多公司而言是一種不錯的生意方法，消費者在有趣的促銷活動上得到物超所值的東西，而廠商也因此獲得了金錢的報酬。

式的汽車。柯達、Qwest 和 *Jane* 雜誌也曾為促銷其產品，而舉辦過照相手機攝影的比賽。[15]

摸彩

促銷的一種方式，即從參加者的名單中抽出得獎者。

摸彩（sweepstakes）是指從參加者的名單中抽出得獎者。摸彩很吸引人，因它比競賽和遊戲容易參與，所費時間也較少。洛城裝備（LA Gear）為促銷其新田徑系列的跑鞋，特別舉辦摸彩以建立品牌知名度，並使其形象更清新。消費者只要進入線上摸彩網站，就可看到各種影片而得知有關新產品的款式和顏色。摸彩得獎者可以獲得一台家庭用健身器材、溫泉勝地的優待券、運動服裝和鞋子，以及有私人教練的運動課程。[16] 不過要注意的是，依法規定，摸彩不可將購買視為參加的要件。

遊戲

類似摸彩的促銷方法，但存續時間較長。

遊戲（games）則類似摸彩，但其存續時間較長。遊戲鼓勵消費者不斷地玩，以便得到獎品。速食連鎖業者 Jack in the Box 公司利用一種「即時贏家遊戲」獎賞其忠誠顧客，從而提升在 2,000 家速食店的拼盤餐點銷售量。該業者與美國西南航空公司、任天堂、美國運通，以及 Musicmatch 等公司合作，以便提供遊戲贏家的獎品如免費機票、音樂下載、一張印有美國運通字樣的禮物卡、任天堂的 DS 遊戲機，以及超過 1,000 萬份的 Jack in the Box 餐券。[17]

競賽、摸彩與遊戲都能引起消費者的興趣，激發他們的消費。而這些促銷活動也經常與商店內的展示（中間商促銷的一部分）和廣告，一起應用在整合性行銷傳播計畫上，未來這些活動仍十分被看好。[18] 而且消費者也似乎很欣賞這種良性的競爭，當然科技在這方面也幫上忙。競賽和遊戲經常出現在網際網路上，行銷從業者慫恿消費者花更多時間參與，進而對其產品或服務發生興趣。如 Jeep 車和福特公司等汽車和卡車製造商，在這方面則顯得非常積極。Jeep 車在網路上舉辦攝影競賽，要求參賽的消費者提交以「Jeep 品牌之於你的意義」為競賽主題的相片，而該競賽的大獎是一部中型暢銷的 Jeep 車。這場競賽共有 250 幅作品入圍，讓熱情的車主對 Jeep 品牌形象有更深一層的看法。Jeep 也利用網站舉辦虛擬越野賽車比賽，而獲勝者可再參加每年在全國各地舉辦的 Camp Jeep 越野賽。[19]

贈品

贈品

將某項物品以免費或打折的方式，鼓勵消費者購買。

行銷從業者將某項物品以免費或打折的方式，鼓勵消費者購買其產品，此稱為**贈品**（premium）。例如，電話預付卡常常被當做贈品，它也是近年來最熱門的贈品之一。在卡片印上公司或品牌的標誌，因此消費者在每次使用時都會被提醒記住贊助者。此外，當使用者利用該卡撥打號碼時，也常會聽到一小段的促銷訊息。其他促銷贈品包括消費性電子用品、禮物券（特別指定要在線上兌換），以及贈送一些相當流行的電視節目或電影參加券。例如，

哥倫比亞電影公司與家樂氏公司合作，在全球發行《蜘蛛人 2》影片時，順便搭配一些促銷工作。與蜘蛛人影片的相關物品，包括蜘蛛網造型的水槍、明信片和收藏用的相片等，皆用來做為家樂氏在全球各地出售其穀片產品時的贈品。這些贈品在達成家樂氏和哥倫比亞雙方的目標上，擔負了重要的角色。在 70 個不同國家的促銷期間，《蜘蛛人 2》影片的票房收入皆排名第一。至於家樂氏公司各種品牌的穀片銷售有一半以上都非常好，其中以 Corn Pops 這個品牌產品在全球的銷售增加 63%，尤為顯著。[20]

　　贈品的目的是在增進產品形象、獲得商譽、擴大客戶基礎，以及加速產品銷售。贈品若需有折價券、購買證明或要多次購買後才能兌換，則較能產生顧客忠誠度。例如，麥當勞提供給年輕女性消費者的贈品，比以年輕男子為目標的贈品更具吸引力，這是因為年輕男性是麥當勞的最忠實顧客，而許多年輕女性對麥當勞速食則興趣缺缺。在一項促銷活動中，以零售價為 1.29 美元的 Matchbox 玩具車，做為以男孩為目標的「快樂餐」贈品，同時間則以 Madame Alexander 娃娃做為女性的贈品，而其價值是 Matchbox 玩具車的好幾倍。根據麥當勞的說法，以女性為目標的昂貴贈品，已成功地在女性區隔裡建立了更持久的品牌忠誠度。[21] 在對女孩與男孩的促銷活動中，麥當勞分別藉著提供一系列的玩具車及洋娃娃來增加消費者忠誠度。

　　對贈品與價格折扣的有效性比較研究發現，在競爭對手大力使用價格促銷時，行銷從業者需要採用贈品方式。例如，零售店贈送價值 3.99 美元的抹刀，會比消費者接受披薩折扣 2 美元來得有興趣；購買 28,500 美元車子而提供價值 2,500 美元的帳篷贈品，會比提供 2,000 美元折扣讓消費者感興趣多了。因為行銷從業者能夠以批發價購得這些贈品，因此促銷之投資報酬率也相當具有吸引力。此外，以這種方式的促銷對於品牌形象的傷害性也較少，而以價格做為促銷有時會具有傷害性。[22]

分送樣品

　　樣品（sample）是將小單位的產品免費提供給潛在購買者使用。行銷從業者利用樣品展示其產品價值或使用方法，藉以鼓勵購買。樣品能讓消費者在購買完整包裝產品之前試用，以減少認知風險。

　　行銷從業者認為其新品牌特色很難利用廣告來適當描述時，分送樣品就顯得特別有用，而樣本也能提高品牌的注意力。例如，Just Born 公司的母公司分別在 18 個城市巡迴，利用樣品贈送來促銷其 Marshmallow Peep 品牌，希望在復活節期間能夠提高非巧克力類糖果的銷售。該項分送樣品計畫目的在增加 Marshmallow Peep 的知名度，因此打算在復活節期間提高其樣品的分送

關鍵思維

假設你是一家只製造單一產品公司的品牌經理，該產品是具有特殊美白功效的高價位牙膏。該產品在歐洲的銷售非常成功，而現在你打算銷售到美國各地。如果你只能利用圖表 18-3 中的其中一種消費者促銷技巧，你會運用哪一項？為什麼？

樣品
將小單位的產品免費提供給潛在購買者使用，以便展示產品價值或使用方法，從而鼓勵購買。

數量，並希望將人潮引進 CVS 藥房裡。該項計畫實施得非常成功，在巡迴期間總共發出 31,000 包樣品。[23] 對 Just Born 公司及許多其他公司而言，分送樣品是一種多采多姿的促銷工具，可運用在許多目標上，包括介紹新產品以加強已建立的顧客關係。

雖然樣品常常以郵寄方式送給潛在消費者，但也可採逐戶或在商展、電影院、特殊場合或商店內分送。樣品贈送有時會伴隨相關產品的銷售，如購買洗衣機則送免費的清潔劑樣品。

分送樣品的費用昂貴，因此行銷從業者必須決定以最有成本效益的方式分送給潛在消費者，而它取決於目標視聽眾和樣品的大小。雖然樣品愈多成本愈貴，但樣品的容量要足夠讓消費者進行評估。有些公司會採用特別的方法將樣品送到消費者手中。例如，巴西的大多數家庭是使用瓦斯爐，需要逐戶分送小型桶裝瓦斯，而運送工人都認識其客戶，因而建立了多年的誠信基礎；莎拉‧李、莊臣（Johnson）地板蠟、寶僑公司、聯合利華洗潔劑，以及雀巢等品牌，就利用運送家庭瓦斯的方式分送樣品。荷蘭皇家殼牌公司的子公司 Ultragaz ，對每一樣品收費 5 美分，與其他分送樣品方式相比，該行銷從業者認為這是相當合理的服務費。[24]

廣告性贈品

廣告性贈品
以實用或受歡迎的商品免費贈送給顧客，一般都會在上面印有名字或訊息，例如筆、日曆或咖啡杯。

廣告性贈品（advertising specialty）又稱為促銷產品，它是一種實用的或受歡迎而免費贈送給顧客的商品，一般都會印上商家名字或訊息。雖然有些物品是昂貴的，但大部分均屬於低成本。根據促銷產品協會的統計，最流行的廣告性贈品有服飾、文具、書桌配件、日曆、背包及玻璃杯等。[25]

廣告性贈品常見的用途有下列幾項：可以增強其他廣告媒體效果，而強化其訊息；該贈品若很耐用，那麼對該產品的品牌認知將有提升作用；獨特的廣告性贈品會吸引有興趣的目標視聽眾，也許會刺激其購買行動；再者，實用的廣告性贈品，可產生對提供者的正面評價，而低品質的贈品則會傷害行銷從業者的形象。關於廣告性贈品如何被運用於促銷之社會因素，請參閱「企業家精神：『意外的神奇』之成功並非偶然」一文。

18-4 中間商促銷

透過行銷通路的零售層次和批發層次的中間商促銷，也能幫助產品的銷售。中間商促銷與消費者促銷不同，前者不易被最終消費者察覺，儘管消費者促銷到處可見，但比起中間商促銷就微不足道了。行銷從業者花費在中間

商促銷的經費，約為消費者促銷的兩倍。

中間商促銷的目標

中間商促銷有許多不同的目標。圖 18-4 列示了一般常見的目標，包括獲得或維持配銷、影響轉售商推廣產品、影響轉售商提供價格折扣、增加轉售商的存貨、保護品牌對抗競爭者、避免正常價格的下跌。[26] 中間商促銷以製造商、服務提供者或批發商為對象，但所有的努力則均朝向另一通路成員，主要就是零售商。

圖 18-4	中間商促銷的目標

- 獲得或維持配銷。
- 影響轉售商推廣產品。
- 影響轉售商提供價格折扣。
- 增加轉售商的存貨。
- 保護品牌對抗競爭者。
- 避免正常價格下跌。

獲得或維持配銷

中間商促銷也會影響轉售商販賣產品的方式。製造商以特殊優待價格直接將產品賣給零售商，待日後面臨競爭或銷售低迷時，再以中間商促銷方式來維繫其配銷。軟性飲料市場即屬此情況，可口可樂公司和百事可樂公司就定期舉辦中間商促銷活動，以一些誘因如提供免費的商店展示等，降低零售商的風險認知並鼓勵採購。商展則是另一種中間商促銷的例子，它提供一種將產品推薦給潛在配銷商的方法，以爭取他們的惠顧。

影響轉售商推廣產品

將產品送到轉售商的存貨中，往往不足以實現銷售的目標。即使將產品存放在儲貨架上也是不夠的，它得靠中間商促銷活動來將產品從儲貨架上移開。製造商促使零售商推廣產品的方法，包括對零售商的銷售人員提供誘

企業家精神

「意外的神奇」之成功並非偶然

雷·威廉（Roy H. Williams）是威廉（Williams）行銷公司的總裁。該公司是專精於教導客戶創意思考、策略規劃，以及說服的廣告代理商。威廉也是一位作家，曾出版過一些有關企業家思考的書籍，且其中一本已成為暢銷書，該書收入則捐贈給瓜地馬拉需要幫助的人。

為了推銷這本名為《意外的神奇》（*Accidental Magic*）一書，威廉利用一份特別郵寄名單寄信給數百家媒體、大學教授、商業團體，以及一些熟識而

對瓜地馬拉有興趣的朋友。威廉為了引起大家對瓜國的興趣，他甚至在每一張信函裡附上一件瓜地馬拉的小工藝品。該工藝品為布製手環，上面貼有「我們瓜地馬拉人誠摯邀請您戴上親善手環，以表友誼長存」字條。

雷·威廉以推銷產品信函表現出真正的企業家創造力，不但將《意外的神奇》這本書變成一本暢銷書，而且還以有效的促銷方法幫助了需要經濟援助的人。

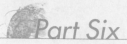
因、分攤零售商的廣告成本、免費供應展示材料或其他各種推銷技巧。例如，快克速達（Quaker State）公司在競賽期間，汽車維修場服務員每銷售一罐機油就可獲得 25 美分的鼓勵；而競賽活動結束時，業績最佳者將得到兩張免費的 NASCAR 賽車入場券。舉辦該項活動的基本想法是，多增加的銷售量可抵銷該項活動所增加的費用，或增加銷售可出清經銷商的存貨，且有利於未來銷售更具獲利性的產品。

影響轉售商提供價格折扣

製造商有時給批發商和零售商折讓或折扣，以便將產品價格壓低。而製造商都希望低價能帶來銷量的增加，這種情形常發生在換季的商品上。例如，釣魚用具製造商 Zebco 公司提供運動商品零售店一種釣魚竿和釣魚線的清倉價格，並將其放在一個特別的展示木桶裡，而上面貼著標語：「釣魚竿和釣魚線狂賣，清倉價 12.99 美元！」

增加轉售商的存貨

供應商也不希望通路成員缺貨。產品沒有庫存的結果，損失將不是銷售而已，還會引起顧客因買不到商品而心生不滿。有時製造商受到存貨成本的壓力，就會想把其產品移到批發商或零售商那裡。當然，其他通路成員知道過度握有存貨的成本與風險，因此供應商會允諾給予特別的價格，以換取通路成員增加存貨。這種方法在賀卡業裡經常可見，供應商會給予零售商特殊價格和延遲付款的優待，讓他們可以提早下訂單。

保護品牌對抗競爭者

與消費者促銷一樣，中間商促銷也可以避開競爭者。提供誘因，會促使通路成員選擇某一廠商的品牌，而非競爭者的品牌。

凱文・瑪麗・娜絲是邱吉爾園賽馬場的行銷副總裁，談到使用中間商促銷方法時說：「許多公司利用肯塔基州賽馬會的資助，而做為各種中間商促銷的基礎。這些公司如百事可樂對其零售商提出銷售競賽方法，獲勝的零售商可獲得肯塔基州賽馬會的入場券，以及邱吉爾園賽馬場的 Marquee 山莊招待券。而邱吉爾園賽馬場則趕在肯塔基州賽馬賽會的前兩週，在跑道旁豎立了一個帳篷，帳篷裡陳列各種展示品，以及拜耳製藥公司有關馬科動物藥品資訊。這為期兩週的迷你商展，也吸引了很多獸醫及騎師前來參觀。」

避免正常價格下跌

　　行銷從業者可能使用某種中間商促銷方式，讓通路成員對產品做一次暫時性降價，而不是永遠的降價。例如，產品在市場的供應突然過剩時，製造商可能以短時間的降價如「買 10 送 1」的促銷活動，以維持其銷售量。實際上，顧客以免費取得商品的方式獲得折扣，卻可讓製造商避免永遠的降價。

Lamb Weston 配銷公司對餐廳業者以購後退款和贏得一次雙人行夢幻假期（夏威夷）為誘餌，期望他們試用 Twister Fries 產品。該公司想讓本項促銷活動同時維持與促進產品的銷路。

■ 中間商促銷技巧

　　各種中間商促銷技巧可單獨使用，也可以結合使用。有些廠商常將中間商促銷與消費者促銷，以及其他傳播組合結合在一起。較常用的中間商促銷技巧如圖 18-5 所示。

商業折讓

　　商業折讓（trade allowances） 是以短期性的特別折讓、折扣、特價給予轉售商做為一種誘因，促使其採購、儲存或一起參與產品的促銷活動。折讓的類型有第 14 章曾討論過的上架費。而其他類型尚有購買折讓（buying allowance），用於轉售商在某特定期間內購買某一數量產品時，由製造商付給轉售商一筆特別的金額以茲鼓勵，而該金額會以支票支付或自貨款中扣除。製造商經常會給予購買折讓，以慫恿轉售商增加訂貨數量。

　　展示折讓（display allowance）是提供零售商金錢或產品，以換取零售商同意在其商店內展示製造商的品牌。廣告折讓（advertising allowance）則是以金錢支付給轉售商，以便將產品和其他產品一起納入轉銷商的廣告活動裡。類似於廣告折讓的是合作性廣告，係指製造商幫助轉售商進行製造商的產品廣告活動。例如，先鋒（Pioneer）音響公司就替一家當地的電子零售店支付刊登在報紙的先鋒產品廣告。

> **商業折讓**
> 製造商給予當地的經銷商或零售商廣告開支的補貼。

圖 18-5	中間商促銷技巧
• 商業折讓	• 商展
• 經銷商贈品	• 訓練方案
• 商業競賽	• 獎金
• 購買點展示	

經銷商贈品

經銷商贈品（dealer loader）是給予轉售商贈品，以鼓勵其進行特別的展示或銷售產品。贈品可確保經銷商對產品的適當存貨，以及該產品的展示，而這對許多製造商在某些季節或節日裡顯得特別重要。

有兩種常見的贈品方式：購物贈品（buying loader）是指某特定期間內購買、展示和銷售產品到某一數量時所給予的禮物。展示贈品（display loader）則是指在促銷期間結束後，轉售商仍保留全部或部分展示品時所給予的贈品。例如，網球拍製造商可能將昂貴、附投射燈的明星球員照片留給合乎資格的零售商，以協助其促銷。

商業競賽

商業競賽（trade contest）的獎品往往與贊助者要銷售的產品相關。與消費者競賽一樣，商業競賽是要產生足以激勵轉售商的興致。有效的商業競賽應該定期舉行，而非無止境地舉辦，不然就會失去激勵的潛力。有效的競賽可增加短期的銷售，並強化製造商和轉售商之間的關係。如教育軟體公司 Dinosaur Adventure 就利用一次商業競賽，不但增加銷售也與 1,500 家經銷商建立了更佳的關係。該次競賽活動是經銷商在商店內展示稱為「Gargantuan Dinosaur Adventure」的軟體產品，若獲選為最佳者，將得到 2,000 美元的獎金。競賽活動開始時，該軟體的銷售是在教育類軟體排行榜的第 25 名，活動結束時該軟體之銷售則竄升為排行榜的第 1 名。[27]

購買點展示

零售店亦經常使用**購買點展示**（point-of-purchase displays），以吸引顧客對展示產品的注意。在雜貨店、藥房、折扣店、餐廳、飲食店、旅館業裡，購買點展示非常流行。購買點展示的材料，一般都由製造商免費或自行吸收部分成本來提供給轉售商，以便吸引消費者在購買產品時的注意，從而鼓勵他們購買該項產品。今天在到處充斥著自助式服務的情況下，購買點展示可以凸顯產品及提供產品資訊，有助於零售店的銷售。大多數消費者是在商店內而非於進入前才做成購買決策，因此該項展示就是重要的銷售工具。

購買點展示也有缺點，製造商須事先組合並送到零售店擺放。零售商都很忙碌，而商店內到處充斥展示架，有些甚至一直

關鍵思維

假設你是一家消費性產品包裝批發公司的銷售代表。你的公司正提供一項限時採購折讓，而你的一位顧客要求更多的折讓，卻遭到你的拒絕。該顧客再建議若他大量採購，請給他 200 美元的折讓，並在發票上註明是因為瑕疵品的緣故。雖然該批商品並無瑕疵，而你的職權範圍可以給顧客每次交易的折讓最高為 250 美元。請問此時你該如何因應？

銷售點展示為的是要引起對產品特色的注意。金頂公司就運用視覺效果展示數種不同尺寸的電池，以增加銷售。

無法擺出來。多數的展示架往往還沒使用就被丟棄，因而也造成了行銷傳播上不必要的浪費。購買點展示的種類繁多，包括特殊貨架、展示紙箱、旗幟、標誌、價目卡、錄影帶、電腦螢幕、機械分送器和機器人等。圖 18-6 列出幾個常用的展示架名稱及其描述。

商展

商展（trade show）是由商會、同業或產業公會所舉辦定期或半公開的展覽，由參展的廠商支付展覽攤位租金，向潛在購買者展示產品，並提供產品資訊。在美國、歐洲、中東、非洲、亞洲和拉丁美洲等地，商展是屬於大型的商業活動，而在這些國家的許多市場裡，商展對行銷過程的影響力遠超過美國。

行銷從業者利用商展完成許多目標，如展示產品、得到新潛在顧客線索、進行銷售、提供資訊、與競爭品牌比較、推出新產品、增強公司形象、強化與既有顧客的關係等。有些商展的規模很大，顧客無法一一參觀每個攤位，所以許多公司在商展前會寄發邀請函或以電話邀約，以便增加展覽會的人潮。贈送促銷產品也能吸引人潮，並創造令人難忘的展覽。例如，某家生產外科用手套的製造商，希望利用開刀房護士協會（Association of Operation Room Nurses）舉辦年會時，順便將人潮帶進展覽會場而增加銷售。在會前，該公司就寄發外科用手套、展覽會的路徑圖、戶外運動招待卡片給 5,000 位護士。卡片正面印有一行字：「凡事皆須一副手套」，而在卡片背面印有簡短的機智問答題。護士們被邀請到該公司的展示攤位參觀，並順便回答機智問題，答對者皆可獲得價值不斐的禮物。因此人潮增加了不少，而成交的顧客也比前次的展覽會多出了 30% 。 [28]

贈送 T 恤或其他印有公司名稱和標誌的廣告贈品，或搭建引人注目的展

經銷商贈品
將贈品給予轉售商，以鼓勵其進行特別的展示或銷售產品。

商業競賽
對轉售商銷售推廣的一種方式，獎品往往與贊助者要銷售的產品相關。

購買點展示
一般都由製造商免費或自行吸收部分成本來提供給轉售商，以便吸引消費者對該展示產品的注意。

商展
由商會、同業或產業公會所舉辦的定期或半公開的展覽，由參展的廠商支付展覽攤位租金，向潛在購買者展示產品，並提供產品資訊。

圖 18-6	購買點展示的類型

展示架名稱	描述
走道突出物	一種在走道中突出的紙板標誌。
掛飾	掛在貨架上的標示，購物者經過時會晃動。
存放桶	紙箱型的展示器，東西散放在裡面。
升高展示架	塑膠小型升高台，可以將產品升高。
晃動的標語	會搖動的標誌。
廣告板	可以用彩色筆寫下訊息的塑膠板。
掛架	掛飾於瓶子頸的折價券。
Y.E.S 布條	「你的額外業務員」（Your Extra Salesperson）懸掛布條

商展可以讓行銷從業者完成許多目標。它可以得到在有興趣的潛在顧客面前展露的機會,以及強化與既有顧客的關係。本圖片來自於每年舉辦的電腦資訊商展,它是世界上的大型商展之一,能夠將買賣雙方的電腦業者撮合一起。

中間商促銷有時要包括對轉售商的訓練方案。本圖片為惠普公司的代理商,在該公司墨西哥市的訓練場所接受訓練時的情形。

推動獎金
製造商支付零售商業務員獎金,促使推廣其產品以對抗其他競爭品牌,或推銷製造商產品線裡的特定產品。

示架,都能為攤位帶來人潮。在商展中能有訓練良好的業務員在場,對參展公司是件重要的事;而在商展後的追蹤也很重要。

　　主要商展大多是在大城市舉辦,對於參展公司的員工食宿和相關花費十分驚人。為了節省旅費,許多公司偏好地區性商展,即使是在主要國際商展地的芝加哥,大部分的參展廠商都會參加小型的展覽會。其中,參展廠商約在 1,000 家以下,而旅程大都在 400 英里以內。

訓練方案

　　有些則是製造商贊助或資助顧客員工的訓練方案。例如,地磚製造商 Armstrong Tile 公司提供銷售訓練,教導其主要經銷商的員工如何銷售或使用產品。

　　行銷從業者也可提供一些主題訓練,包括零售和批發管理程序、安全問題或產業上最近的技術發展。訓練方案的花費不小,而結果又難以衡量。故為了達到訓練效果,訓練應該是持續性的,或至少要定期加強訓練,但這又會增加費用。雖然訓練費用不低,但訓練卻有助於與顧客建立積極性的關係。

獎金

　　製造商支付零售商業務員的**推動獎金**（push money 或 spiffs）,促使他們推廣產品以對抗其他競爭品牌。該項支付可以是現金、商品,或其他具有貨幣價值的誘因如禮券。[29] 獎金也可用來鼓勵零售商銷售製造商產品線的產品。提供獎金的另一誘因是製造商的品牌可獲得特別關照,缺點是一旦製造商取消獎金,或其他競爭者提供新的獎金,那麼零售商的業務員對該製造商產品的熱忱便會消失。

18-5 促銷的限制

　　雖然促銷可以達成不同的目標,但有些事卻無法做到。促銷可以增加銷售,但往往無法改變銷售下滑的現象。如果銷售正在下滑,行銷從業者要做

的是評估或改變產品的行銷策略。若企圖以促銷做為迅速解決的工具,可能只是延緩惡化問題,而問題根本並無法消除。

另一限制則是,行銷從業者不能期望以促銷來改變顧客對劣質產品的排斥。消費者評斷產品是以其能否滿足需要,若產品無法符合消費者需求,自然就會隨著時間而從市場消失。

促銷並沒有改善品牌形象的能力,反而可能會傷害品牌的形象。當促銷開始發揮作用時,產品差異化的認知可能會被模糊掉,而消費者會將降價看得比任何真正的或品牌認知的差異化更為重要。事實上,當購買者無法在各品牌之間辨別差異化時,行銷從業者往往會在無意中養成短期的價格導向行為。例如,在軟性飲料市場裡,許多消費者視可口可樂和百事可樂為可替代的,所以他們是以價格做為購買根據(哪一種便宜)。

促銷的效果比其他的行銷傳播差,而且也會引起競爭對手的報復。因促銷活動很快就可展開,所以公司可以馬上利用促銷活動來回應競爭者的促銷,而快速回應可避免因競爭者促銷所造成的銷售損失。儘管促銷戰爭對消費者有利,但兩家廠商短兵相接都會喪失利潤。而行銷傳播的其他方式則較不會引起如此快速的報復行動。

促銷能導致製造商短期銷售量的增加,但卻會犧牲利潤。特殊的誘因和特價,能夠讓配銷商和消費者增加**提前購買**(forward buying)。亦即人們會在特價期間買得更多,他們的購買量將可足夠維持到下一次的特價,屆時他們將又以低價來進貨。因此,製造商可能賣得多卻沒什麼利潤。

為了克服這個問題,許多製造商便逐漸使用**績效型中間商促銷**(pay-for-performance trade promotions)方法。對零售商的獎勵是依據其對消費者的銷售為主,而非依據其向製造商的採購量。銷售結果可使用掃描機測量,而在產品滯銷期間將其降價,則可改善倉庫超載的情況。

18-6 促銷的倫理和法規議題

美國行銷協會的倫理規章明訂,不可使用詐欺或操縱的促銷。促銷提供了一個有利於非法圖利的環境,而在行銷傳播裡,有許多倫理和法規問題是與促銷相關,其中以詐欺為主要的問題。不同文化的特殊需求,也使全球化行銷增添了倫理的問題,而詐欺性促銷則使消費者每年浪費龐大的金錢,更甭說浪費時間去追逐那些缺德廠商所提供的無價值之免費物品。再者,參與促銷的業者也必須小心確認所有同夥者,其所行與所為是否符合當初釐訂促銷計畫的規定。以案例說明某業者傷害另一同夥者之情事,請參閱「倫理行

提前購買
配銷商或消費者的購買量足夠維持到下一次的特價再進貨。

績效型中間商促銷
促銷方法之一,對零售商的獎勵是依據其對消費者的銷售為主,而非依據其向製造商的採購量。

動：聯邦商業委員會（FTC）判決零售商應對供應商的承諾負起責任」一文。

利用獎金可加倍吸引注意，因為消費者在做購買決定時，常依賴業務員的建議，顯然地，這些建議中以獎金最受偏愛。有些產業包括廣播電台播放的音樂及製藥業等，促銷金額是大幅計入配銷成本，更使倫理問題成為主要爭論的議題。[30]

摸彩也是最流行的消費者促銷活動，但卻經常是騙人的。因此各種管制單位，包括美國郵政總局和聯邦商業委員會等，都主動約束摸彩活動。此外，美國所有 50 州都各有不同的博奕、樂透彩券和消費者保護法以約束摸彩，而至少有 9 個州禁止使用模擬支票，並限制對促銷香菸、烈酒、牛奶、分時住宿等摸彩。

由於立法者增加監督，簡化消費者對摸彩的參與，要把它當做促銷工具則變得更困難。某公司主管說：「我現在正在準備新企畫案，如果我知道那是摸彩，那將會很難辦」。[31] 隨著消費者隱私權成為一個重要議題，政府管理單位也更有興趣知道，行銷從業者如何利用摸彩、競賽及遊戲所蒐集而來的資訊之處理問題。依過去的詐欺案例來看，喜歡摸彩的人未來得對摸彩詐欺事件小心一點了。

在設計摸彩活動時，小心是上策。其實，所有的促銷活動都一樣要謹慎，以確保製造商、批發商和零售商不違犯倫理和法規問題。最重要的是，行銷從業者必須告訴消費者事實，並詳細解釋參加摸彩的必要行動。再者，行銷從業者在促銷期間也必須對購買者和非購買者一視同仁，不能刁難非購買者參與。最後，合法的摸彩活動在獎金的發放上則必須誠實，且要有摸彩

倫理行動

聯邦商業委員會（**FTC**）判決零售商應對供應商的承諾負起責任

FTC 判決電腦超市連鎖店 CompUSA，應該負起支付數十萬美元的購後退款責任，因為該連鎖店答應消費者，凡是購買由 QPS 公司提供的產品皆可享有購後退款優待。購後退款金額從 15 美元到 100 美元不等。在 FTC 擔任消費者保護官的莉迪亞·巴恩斯（Lydia Barnes）說：「當消費者要求購後退款時，零售商必須履行承諾。FTC 給零售商的訊息是很清楚的，當你明知製造商的信譽出現問題，而你依然替其購後退款做宣傳，FTC 不會坐視也必然會採取行動。」

FTC 也要求 CompUSA 連鎖店修改其購後退款的手續，並且禁止該連鎖店再做購後退款的宣傳廣告，除非能夠證明製造商可立即付現其購後退款。假如無法提出有利證明其與供應商過去或現在的商業合約關係，CompUSA 連鎖店就得概括承受製造商購後退款券的一切財務責任。FTC 也禁止 QPS 公司再繼續利用購後退款措施。有鑑於對購後退款的怨聲載道，FTC 決定對不實的購後退款採取嚴格管制。對於 CompUSA 連鎖店所做之裁判，是 FTC 第一次對零售商購後退款的廣告下馬威。

管理公司的服務，以避免內部舞弊的發生。

詐欺

另一個嚴重的問題，則涉及折價券與購後退款的詐欺，而製造商常成為受害者。圖 18-7 列舉一些折價券與購後退款的詐欺案例。產業分析師則認為，違反倫理的零售商需對主要的折價券詐欺訴訟負責。

製造商只好訴諸高科技方法來對抗折價券的詐欺。為了防止折價券的偽造，以特殊墨水在折價券上印製 void 字樣，可利用影印機上的燈光加以辨識。而使用結帳用的新掃描機，也可降低在商店裡的錯誤兌換。甚至低階科技方法如縮短兌換期限等，也都可加以利用。

從長期來看，促銷詐欺的影響深遠，消費者將對產品付出較以往更高的價格。而消費者當然也可透過繳稅方式，讓政府制定用以對抗詐欺的法規。

套利

消費者不是違反倫理和違法促銷的唯一受害者，製造商也可能是被詐欺的目標。**套利**（diverting 或 arbitraging）就是具爭議性而又經常可見的活動，祕密地從價格低的地方購入產品，通常在促銷時買入，然後在價格高的地方轉售。

套利者使用最新的電腦資訊尋找何處有利可得，然後由製造商授權銷售地區的購買者出面購買，再將全部或部分的貨品轉運到製造商沒有授權的地區銷售。套利者包括中間商和連鎖店，中間商對於套利閉口不談，但有些則是在合法的批發商和超級市場連銷店的辦公室內祕密運作。

套利扭曲了供需關係，而讓製造商的行銷策略得到反結果。產業分析師認為，只要製造商以相同的產品在不同的地區提出不同的售價，那麼套利的

套利
祕密地在價格低，經常是舉辦商業促銷的地方購入商品，再到價格高的另一地出售。

圖 18-7　折價券與購後退款的詐欺案例

虛設行號
詐騙者租用便宜的場所設立商店，爾後開始將折價券寄給製造商以要求付款。而商店內的貨架很快就空了，但該行號的業主仍繼續以非法折價券要求付款。

扮演中間人的角色
不法利益者分批蒐集折價券再轉售給零售商，並買賣採購證明單據，或偽造折價券和採購證明單據。

增加冒充的折價券
零售商以合法方式持折價券向付款公司和製造商兌換現金，但卻濫發折價券，再以低價收購或向不法印刷廠收購偽造折價券，以換取更多的兌換金。

詐欺現金退款
製造商準備大筆現金，對有收據、標籤、盒子等購買證明者予以退款。而一些詐騙者便偽造這些證明，以向製造商兌換現金退款。

行為就難以避免。有些製造商，如寶僑公司則在全國實施不二價，以防止套利的行為。

全球化考量

在全球化的觀點下，行銷從業者必須更加倍努力去熟悉各地的法規和風俗習慣。例如，在西班牙舉辦促銷比賽俾利於產品銷售，是屬於合法的舉動，但在歐洲其他國家則屬違法。此外，根據西班牙一位促銷專家的看法，西班牙人通常熱衷於賭博，也非常喜歡參加促銷的遊戲。合理地推論，促銷在西班牙是極受歡迎的，但在歐洲其他國家的限制則較為嚴格。因此，行銷從業者不可在全歐洲只設計一套促銷活動，應該就各國法規架構進行調適。

在加拿大則有不同的法規影響促銷。例如，消費者參加促銷比賽前，必須寄上產品的條碼，也可以複印產品標籤參加。而在魁北克，根據語言法律要求，大部分的行銷傳播要以法語為之；而且，大多數的比賽必須要求參賽者回答技能測驗題目，方有資格獲獎。

以西班牙和加拿大之例來提醒行銷從業者，在從事行銷活動時必須遵守各地不同的法規，而這些往往是屬於全國性、各州（省）和地方的法律。大部分的促銷工具均會涉及文件的大量分發，因此也要格外小心地使用以免觸法。

摘要

1. 說明促銷在行銷傳播組合中的角色及其重要性。促銷是廠商企圖與目標視聽眾聯繫的一種方法。促銷利用媒體或非媒體行銷傳播，而在有限的時間裡，對預定的消費者、零售商或批發商刺激其試用，以增加消費需求或增加銷售量。促銷對產生行動誘因有一股神奇的力量，從許多廠商不惜大力投入就可得知其重要性。

2. 了解促銷支出費用在許多公司裡為何會成為一個重要的部分。促銷經費的支出隨著消費者人口統計變數、生活型態和態度、科技進步、零售力量的增加、廠商的短視，以及特別重視績效的達成，而有大幅的變動。

今天許多購物者是忙碌而有價格意識的，致使

促銷令人嚮往。掃描科技的進步，也讓零售商與製造商對於促銷的效果有快速而正確的評斷機會，而能適時調整促銷的應用。近年來零售商在行銷通路上的力量大增，以致製造商漸漸需要投入促銷，以維持或增加其銷售量。因為促銷通常都是短期性，在時程上很受當今的企業界歡迎。最後，促銷的結果比廣告的結果容易評估，且可迅速得知其效果。

3. 探討消費者促銷的目標和技巧。消費者促銷是企圖刺激試用、增加消費者的庫存和消費、鼓勵再購、抵銷競爭對手的促銷、增加互補性產品的銷售、刺激衝動性的購買，以及彈性的訂價政策。消費者促銷技巧包括特價、折價券、

購後退款、交叉促銷、競賽、摸彩、遊戲、贈品、分送樣品和廣告性的贈品。

4. 探討中間商促銷的目標和技巧。中間商促銷可協助維持或得到配銷，以影響零售商去推廣某產品，或提供價格折扣、增加轉售商的庫存量、對抗競爭對手、避免價格下跌。較流行的中間商促銷技巧包括商業折讓、經銷商贈品、商業競賽、購買點展示、訓練方案和獎金。

5. 說明促銷的限制。促銷無法永遠制止銷售的下滑，消費者也無法能夠繼續忍受低劣的產品。濫用促銷將導致品牌的損傷，而非強化效果。也因為其屬於短期性而可見度又高，故促銷會刺激競爭對手的報復，以致削弱效果。此外，消費者與轉售商也會因促銷的關係而提前購買，如此可能造成製造商的利潤受損，但卻出現銷量增加的情形。

6. 認識不實與詐欺的促銷對消費者和行銷從業者的傷害。詐欺的促銷每年浪費了消費者數百萬美元，而製造商每年就要付給消費者和轉售商的詐欺性購後退款及折價券數百萬美元。一般的消費者卻需承擔因詐欺的促銷所造成的成本提高。此外，納稅人將因各級政府制定法令而負擔較多稅賦。

習題

1. 何種因素會造成促銷活動支出的顯著增加？

2. 消費者促銷活動之目標為何？

3. 請定義和簡要描述下列消費者促銷技巧：特價、折價券、購後退款、交叉促銷、競賽、摸彩、遊戲、贈品、分送樣品、廣告性贈品。

4. 中間商促銷的目標與消費者促銷的目標有何不同？

5. 請定義和簡要描述下列中間商促銷技巧：商業折讓、經銷商贈品、商業競賽、購買點展示、商展、訓練方案、獎金。

6. 如果法律禁止雜貨品的消費者和中間商的促銷活動，請問下列團體會受到怎樣的影響？(a) 消費者；(b) 零售商；(c) 品牌製造商。

7. 請討論在促銷活動中的詐欺問題，並舉例說明之。

8. 請討論折價券和購後退款的詐欺問題，並舉出幾種違法業者如何利用騙局剝削製造商。

9. 請參閱「創造顧客價值：Big Idea 公司與蘋果蜂公司和泰森食品公司共同舉辦交叉促銷」一文。試問一家公司要與其他公司合作推銷其品牌之前，應考慮哪些因素？

10. 請參閱「倫理行動：聯邦商業委員會（FTC）認為零售商應對供應商的承諾負起責任」一文。當零售商以製造商的購後退款做為宣傳主軸時，請問它該如何保護形象和聲譽？

行銷技巧的應用

1. 請參閱一份報紙，並盡量指出消費者及中間商促銷活動的相關例子。你能夠發現的例子有特價、折價券、購後退款、交叉促銷、競賽、摸彩、遊戲、贈品，甚至分送樣品。請從各個消費者促銷技巧中，指出其企圖達成的促銷主要目標：刺激試用、增加消費者的庫存和消費、鼓勵再購、抵銷競爭對手的促銷或增加互補性產品的銷售。

2. 請再次參閱報紙，並請至少蒐集 10 張用來刺激對新產品試用之折價券或其他類似物品。你

可能需要幾個星期的報紙來蒐集這些折價券。現在請前往一家本地的零售商店,判斷是否銷售新商品。如果在貨架上有該項產品,注意有無購買點展示的東西來鼓勵購買。如果該項產品不在架上,你能否發現是什麼原因?

3. 假設你是某大都市裡一家獨立經營的小書店老闆。你面臨亞馬遜網路書店及全國性連鎖店,如 Walden 書店和邦諾書店的強力競爭。你的顧客群相較於競爭者,則是較高社會階層及高等知識分子。此時你要如何擬定一項促銷活動,以鼓勵你的顧客變成忠誠顧客?請說明你如何選擇一個或多個消費者促銷技巧來完成這項目標。

網際網路在行銷上的應用

活動一

　　Val-Pak 公司是以寄送折價券給消費者而聞名,請瀏覽 Val-Pak 的網站 www.valpak.com,並回答下列問題。

1. 由 Val-Pak 網站獲得的折價券,其與傳統的方法如報紙、直效信函或商店分送的折價券比較,有何優缺點?

2. 除折價券外,你在 Val-Pak 網站見到有任何促銷活動的證據嗎?如果沒有,Val-Pak 如何利用促銷活動來建立起其品牌知名度以及服務的作風?

活動二

　　請瀏覽 *PROMO* 雜誌網站(www.promo.com),並請連結「Campaigns」欄,請注意最近兩週在世界各地舉辦的促銷活動消息裡,有哪些理念是本章所提及的。

1. 就你所知請列出本章的理念,並請列出這些公司如何在其促銷活動方案中利用這些理念。

2. 請簡要敘述最近兩週你認為是最佳的促銷活動方案內容,並解釋你為何認為它是最佳的理由?

行銷決策

個案 18-1

溫丹公司:女性找到自己的路

　　總部設在德州達拉斯的溫丹(Wyndham)公司,是世界上最大的旅館經營者之一。該公司在美國、加勒比海、歐洲和加拿大均持有出租、管理,以及加盟體系的旅館。該公司擁有 25,000 名員工。它以服務商務及休閒旅遊顧客,特別是女性商務旅客,而建立了良好口碑。女性在商務旅遊市場是一塊快速成長的區隔。

　　該公司從 1995 年開始舉辦「女性找到自己的路」競賽,開始致力開發女性的商務旅客。參賽者會被該公司詢問應如何改進女性商務旅客的工作。幾年之後,許多顧客的建議在該公司的旅館中也陸續被實現,如許多婦女指出她們希望有個舒服、隱私的場所來談天,而不是在旅館的吧台或大廳接待室。溫丹公司也在旗下的花園(Garden)旅館中對此問題做出反應,它設置了一個與大廳和吧台分開、且方便到達的場地。其他顧客的建

議，包括在提供房間服務之前先以電話通知，以方便顧客做選擇，這無疑是一種安全又有禮貌的方式。

經過多年，每一年的競賽都有不一樣的主題。在 2005 年，參賽者要錄製一小段影片，敘述其如何在人生旅途上克服困難，而成為一位成功的商務旅遊者的過程。參賽者被鼓勵去陳述其如何發揮潛力，並且克服困難而邁向康莊大道的過程。這些資訊亦非常具有價值，且也成為該公司與女性顧客之間的關係行銷方案。在關係行銷方案裡，「女性找到自己的路」會員（亦有男會員）可以收到介紹新旅遊資訊及特別促銷的電子郵件。

除了每年舉辦一次的競賽外，該公司也利用促銷工具來提供消費者誘因和加值服務。對於連同週末的兩晚住宿者，以給予特別的優惠價來增加住房率；此外，與主要的航空公司做交叉促銷也同樣受到歡迎。

當顧客註冊登記為「女性找到自己的路」計畫之一員時，該公司可以知道這些人的活動性質，而這些旅行又有多少是渡假或出差，是否有小孩陪同，以及搭乘何種航空公司等各項資訊。潛在會員也能被指出他們是否為全國企業主協會（National Association of Business Owners）或是全國女性主管協會（National Association of Female Executives）的成員。

溫丹公司的「女性找到自己的路」方案，幫助該公司定位為提供女性旅遊需求的專家，此方案也曾被 CNN 有線電視網國際台報導。雖然很難將訂房率當成推動該項方案的直接結果，但該公司連鎖店的訂房率的確是提升了。因為溫丹公司在 1995 年開始推動該項方案，所以很難說不是該方案的實施而造成訂房率的增加。溫丹公司網站的點選率也增加了，而顧客及女性主管提供的建議也持續提升。該公司總裁萊斯納（Fred Leisner）說：「我們向女性徵詢建議已經有 10 年歷史了，我們高階主管每年兩次去迎合這些建議。我們從拜訪網站的婦女及女性主管登入的意見中，激勵我們對我們的品牌做了重要的改變。這不但對婦女，也對所有旅客都有益處。」

問題

1. 請解釋為何溫丹公司利用每年競賽做為促銷工具，來增進並迎合女性顧客的需求？

2. 溫丹公司時常和航空公司或其他旅遊相關企業一起從事交叉促銷活動，你會建議該公司還有哪些交叉促銷的機會？

3. 你會推薦溫丹公司有什麼其他促銷的目標和工具？

4. 促銷結果必須能被衡量，溫丹公司如何對其「女性找到自己的路」方案做更好的衡量呢？

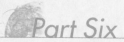
行 銷 決 策

個案 18-2 葛素蘭製藥公司在印度的促銷

葛素蘭製藥廠（GlaxoSmithKline, GSK）是設在英國的國際性製藥廠。GSK 將經營重心放在新藥品的研究和製造上，並且在行銷方面做了大量的投資。在 GSK 的 10 萬名員工中，有 4 萬名從事行銷的工作，該公司擁有製藥業中最堅強的全球行銷人員。

如何利用特別的誘因使病患選擇該廠品牌的處方藥，而不選擇無品牌的藥或其他競爭品牌的藥，十幾年來一直都是製藥業的做法。所以，提供誘因讓藥劑師替病患開列其品牌的處方藥，而非一般或其他競爭品牌的藥，亦為其做法之一。最近，這方面的工作也面臨了爭議，理由有二。第一，全球的健保費都在上漲，有些人認為製藥公司最終必將高額的銷售成本轉嫁到消費者身上，而在某些情況下，高成本代表低收入或未加入健保的人將無法使用。第二，有些製藥公司的銷售費用是大幅增加在誘因的使用上，而這些做法也造成倫理上的問題。

本個案的重點在於 GSK 和其他公司如何在印度促銷他們的藥品。當藥房老闆 Ranjit Ranawat 看到他的太太帶回一部 29 吋電視時，嚇了一大跳，這部電視是他訂購 600 瓶抗生素 Fortum，以及 100 箱泌尿道和呼吸道感染藥 Ceftum 的代價。Ranawat 只為了要得到電視機，就從 GSK 訂購這些大約超過他實際需求 10 倍的藥。然而這種促銷在印度相當普遍，因為在印度許多人都沒錢看病，只能直接找藥劑師買藥。所以，在印度有約 50 萬名的藥劑師，他們有足夠的影響力能決定哪些藥可以成為暢銷品。

在印度，這種廣泛針對藥劑師的特定促銷，也造成健保專家的困擾。首先，特別的誘因要以大量採購為基礎，這勢必造成藥劑師將藥品推銷給那些並不需要此藥的病患。其次，給藥劑師額外的利益而不降低零售價，也會使消費者對需要的藥付出更高價格。第三，大力促銷的藥品中大約有一半以上是抗生素，而抗生素在印度也已經過度使用甚至到了濫用的地步。

GSK 和其他藥廠為其促銷活動辯護，他們並不意圖去增加總營收，只是去說服藥劑師將處方上其他藥廠的藥換成他們的藥品。依據 GSK 的藥品部主任的說法，每兩個 GSK 的處方藥會有一個是由藥劑師做變動。因此 GSK 認為這種促銷誘因的使用，只是單純地維持市占率而已。

促銷活動未來在印度扮演的角色仍無人能知，而目前的法律也同意簡單的複製專利藥，這也就意味著將出現上千的製藥商。如此一來，要這個行業自律則極為困難，因此一些競爭者無疑地會提供誘因來建立市場。印度的專利法也將在 2005 年有全面的修整，所以目前只能觀望。藥劑師是很有權力的，而且對他們來說，擁有特權已是慣例，有些藥劑師聲稱因為顧客太窮而無法支付藥品費用，所以他們需要促銷誘因來提供額外利益。而當製藥公司停止贈品活動時，有些藥劑師也立即減少對該藥廠的採購訂單。

全球製藥業都在關心印度的動態，但是很少提供建議。例如，美國主要商業團體──美國藥品研究製造協會（Pharmaceutical Research and Manufactures of America, PRMA）就提醒，將開列處方藥從醫生手上交由其他醫療人員時，將會混雜責任歸屬問題。當價格控制不管用的時候，該協會也不贊成對藥劑師提供誘因。

我們不清楚 GSK 及其他藥廠未來會在促銷折讓上有何作為，但是現在，沒人能禁止這種做法。GSK 表示其在印度的促銷折讓支出小於總銷

售額的 1% ，而如此小的比例，從成本的觀點而言，即使去除也不會帶給藥品價格下降的誘因。

問題

1. 從經濟的觀點上，在印度促銷折讓支出藥品是否合理？從社會學的觀點又如何呢？

2. GSK 可以使用哪些其他促銷方法而不致造成爭議呢？

3. 做為業界領導者如 GSK ，在促銷的做法上有沒有義務去建立倫理的規範？

人員銷售與銷售管理

Personal Selling and Sales Management

Chapter 19

學習目標

研讀本章後，你應該能夠

1 了解人員銷售在行銷傳播組合上所扮演的角色和重要性。

2 探討以關係為觀點的人員銷售之重要步驟。

3 辨識業務員與銷售經理在工作責任上之異同。

4 論述銷售管理的主要活動。

5 認清業務員與銷售經理所面臨的重要倫理議題。

輝瑞製藥廠創立於 1849 年,如今已是世界級的藥品公司了。而這些成就,都要歸功於執行長威廉·史提爾 (William Steere) 的領導。40 年前,史提爾是輝瑞公司派駐舊金山的銷售代表,隨後他被拔擢為地區銷售經理,經歷了 12 次的升遷,於 1991 年被任命為該公司的執行長。在他擔任執行長期間,輝瑞公司在全世界的處方藥銷售從第十三名躍升到第二名。

輝瑞公司成功的因素很多。如史提爾放棄了一些業務,而將經營重心放在藥品上。輝瑞公司也花了大筆的經費在研發上,認真努力的結果使其在市場上成功地推出許多新藥品。

研發新藥品是一回事,而能將這些藥品成功地上市又是另一回事,這就是輝瑞公司業務員能贏得讚賞的主要原因。輝瑞公司的銷售人力在該產業中一直名列前茅,光在美國就有 11,000 名銷售代表,而在全世界更超過了 38,000 位。一項針對美國醫師所做的調查報告認為,輝瑞公司的業務員對疾病與產品知識、可靠性和服務等,在整體上的排名是第一。這是輝瑞公司連續第五年奪魁,這也打破了藥品界的紀錄。

輝瑞公司業務員的基本任務是提供有關藥品的可靠資訊給醫生,以便讓醫生有信心將其列為給病人服用的處方藥。輝瑞公司執行長史提爾說:「銷售代表是我們實驗室與開業醫生之間的重要技術傳遞者。醫生從我們的代表得到許多新資訊,諸如從新產品的技術資訊到舊藥品的新資訊。」因輝瑞公司的業務員是那麼地能幹,以致於其他製藥公司都想與該公司建立夥伴關係,俾能順利將其新產品上市。例如,輝瑞公司的業務員即幫助華納蘭伯特 (Warner-Lambert) 藥廠推出降膽固醇的新藥 Lipitor,另也幫助 G. D. Searle 藥廠推出治療風濕症的藥品 Celebrex。

史提爾於 2001 年元月退休,退休前他購併了華納蘭伯特藥廠。漢克·麥金內爾 (Hank McKinnell) 接任執行長後不久,即宣布以 600 億美元購併法瑪西亞 (Pharmacia) 公司。

輝瑞公司如今已成為全球最主要的製藥公司,每年銷售額超過 520 億美元。卓越的人員銷售是輝瑞公司成功的關鍵之一。

輝
瑞

輝瑞公司之例子，顯示出人員銷售在廠商的行銷策略中所扮演的重要角色。在製藥產業裡，持續推出新藥是其成功的關鍵因素，而這需要研發與行銷部門的共同努力才能達成。雖然輝瑞公司已向醫生和消費者宣傳與告知有關疾病和新藥品的資訊，但輝瑞公司的業務員才是新產品上市的成功關鍵。因為輝瑞公司的業務員與醫生之間建立了密切的關係，業務員就成為醫生對於有關新藥資訊來源的依賴對象。值得說明的是，輝瑞公司的前執行長威廉·史提爾是從擔任該公司的銷售代表而開展其職業生涯，且其第一個躍升的職位就是地區銷售經理。

人員銷售
買賣雙方以人際溝通方式來滿足購買者的需要，並達成雙方的共同利益。

人員銷售（personal selling）是另一個行銷傳播的組合要素，亦即一位銷售者和一位購買者之間，以面對面溝通的互動方式來滿足購買者的需求，而使得雙方皆能受益。本章將敘述專業業務員的角色，並說明各種類型的銷售工作。我們將確認人員銷售的主要活動，尤其是在業務員與顧客之間建立互賴依存關係的方法。

銷售管理
銷售經理除要負起監督其人員銷售功能外，也需管理銷售人員，以及擬定與執行銷售策略。

本章隨後將討論銷售管理。簡言之，**銷售管理**（sales management）就是指一家公司在人員銷售功能上的領導與監督。銷售經理除了管理銷售人員外，也需擬定與執行銷售策略。如同行銷的其他領域一般，人員銷售與銷售管理的角色也已重新詮釋，以因應今日的競爭與以顧客為導向的市場挑戰。

我們也將討論人員銷售與銷售管理的倫理問題。業務員是組織在行銷努力中最容易被人看到的代表，而其在銷售上也必須考量到銷售獲利壓力。也因為這些因素，所以業務員與銷售經理對倫理與法律責任的認知，更是格外地重要。

19-1 業務員的多重角色

業務員可以發揮多重角色，以期對整體企業的成功盡一份心力。以下我們將就兩種方式討論這些角色：對行銷努力的貢獻、功能性角色（即不同類型的人員銷售工作）。

■ 人員銷售對行銷的貢獻

人員銷售是藉著創造銷售收入，以完成顧客的期望和提供市場資訊，進而對廠商的行銷努力有所貢獻。成功的行銷關鍵在於了解顧客的需求，而後廠商再以符合這些需求的產品來做銷售。因為業務員是廠商與顧客之間的橋樑，因此也深深影響了廠商的成敗。

創造銷貨收入

業務員對行銷功能的最大貢獻，或許就是做為銷售收入的開拓者。近年來，由於企業為了在高度競爭的環境中存活，逐漸演變成利潤導向。想獲得足夠的利潤，就必須達成預定之銷貨業績。因為業務員位於第一線，理所當然會獲得公司的行銷研究、產品開發、配銷，以及企業其他領域的支援。因此業務員與管理當局均必須努力創造營收，而對利潤有所貢獻。

人員銷售在廠商的行銷策略中扮演著重要的因素。本圖的銷售代表正在協助零售店經理改善其服飾展示的方式。

符合顧客的期望

業務員想要在競爭市場中獲得成功，至少必須要滿足購買者的期望。而業務員是建立顧客關係的根源，且毫無疑問地在競爭環境中，業務員對顧客所產生的影響力比較大。根據美國供應管理學會（Institute for Supply Management）的調查，購買者較不能忍受業務員在做業務簡報時，因準備不充分或沒有考慮到他們的需求而浪費時間。[1] 總部設在加州的 Rayley 超市採購人員丹尼斯·弗格森（Dennis Ferguson），就曾告訴業務員：「我相當忙，不要告訴我已經知道的，只要告訴我你們產品為什麼和如何……能從貨架上消失就夠了。」[2]

圖 19-1 中指出一些業務員該做和不該做的事。就如該圖所示，今天許多購買者在與業務員往來時，這些看法大致相同，他們都希望獲得直接與誠實的溝通。簡言之，他們期待業務員必須具有高度的專業標準。

經驗分享

「我們了解，杜邦的產品銷售並不僅是靠個別業務員之努力，而是任何與顧客面對面接觸的人員皆應負起任務，方能促成銷售的成功。而這些人員包括客服人員、技術代表、卡車司機，甚至是高階執行長等，都能促成銷售案的成功或失敗。銷售的過程和制度必須親切友善，且角色必須清晰，而能給顧客一個效率與效能團隊的支持。在杜邦，我們了解公司的競爭優勢是來自公司組織的能力與潛力，這種結合的能力是難以被複製的，而員工就是杜邦的優勢。」

傑洛德·鮑爾（Gerald Bauer）最近才從杜邦公司退休，他曾在該公司擔任過各種不同的職務，包括業務員、銷售管理、生產管理、工業管理、顧客服務管理、採購管理和銷售訓練等，現在仍繼續擔任杜邦公司的顧問及訓練講師。他曾獲得 Toledo 大學的行銷管理學士及管理碩士學位。

傑洛德·鮑爾
杜邦公司
前銷售部門主管、外勤
行銷經理

圖 19-1 顧客對銷售人員的期望	
該做的	**不該做的**
• 更深入了解產品與競爭性。 • 擇善固執但樂於協商。 • 公司支持進行夥伴關係。 • 了解顧客的未來計畫，並提供如何幫助他們的建議。 • 願意改變流程和產品。 • 能提供一些獨特的做法——科技變革、新交貨方式或大降價。 • 會去認識從採購經理到工程師等所有對產品有興趣的人。 • 持續改善產品潛在的問題。 • 能夠解說公司如何規劃去改善產品品質和可靠性的問題。	• 滿嘴業界術語，不知所云。 • 將公司描述為關心品質，但實際上並非如此。 • 重視短期銷售目標。 • 說要策略聯盟，卻未得到公司支持。 • 只會說「我們需要你的生意，我們將會補償你」。 • 勸說顧客購買一些不需要的東西。 • 不了解訂價狀況。 • 只會做罐裝式的說明。 • 對競爭狀況一無所知。 • 言不及物。 • 只圖眼前利益而忘了未來性。 • 一協商就破局。

提供市場資訊

因為人員銷售涉及與購買者面對面的互動，所以業務員能夠立即獲得顧客的反饋。而這些市場反饋，對於廠商未來的產品與促銷計畫將有很大助益；而且直接獲得顧客的反饋，將可提高人員銷售功能的價值。顧客的反饋包括競爭資訊、對既有及潛在顧客的分析，而這些資訊對銷售預測都有用處。在公司裡擔任行政管理的人員，皆知由業務員所提供的資訊價值，因此公司內部諮詢委員會一定會安排一位高階的業務員參與。這個委員會將提供管理當局有關市場的訊息，以及公司的銷售組織的變動情形。[3]

雖然業務員的基本工作是銷售，但是大部分的銷售職位都牽涉到各種不同工作。許多研究報告指出，業務員僅花費工作時間的 10% 在顧客面前推銷而已。其他工作與占用時間的百分比是行政工作（31%）、交通（18%）、打電話與寄發電子郵件（17%）、解決顧客的問題（14%），以及向新客戶做簡報（10%）。這些百分比會因銷售職務的不同而有差異，但大部分的銷售組織都在嘗試減少業務員花費在行政工作上的時間，以便增加推銷或與銷售相關的工作時間，例如解決客戶的問題，以及拜會新客戶等。[4]

■ 業務員的工作角色

雖然所有的業務員都必須與顧客有面對面的互動，但這些互動本質上卻存在著相當大的差異。業務員對公司整體的努力，可以在不同的工作角色上做出貢獻。圖 19-2 即人員推銷工作分為兩大類：企業對企業、直接面對顧客。

企業對企業的銷售

企業對企業之銷售，涉及了產品銷售與服務的轉售，當做顧客的製造過程的一部分，或用來協助顧客業務的運作。對企業銷售，有三種主要的業務人員：銷售支援、新業務、既有業務。

銷售支援業務員（sales support salespeople）並不直接涉及顧客的採購行為。換言之，他們是以推廣產品或提供技術支援，來支持人員銷售的功能。銷售支援業務員可以與其他的業務員一起合作向顧客招攬生意，而他們的活動可以為了配合個別顧客的需求而做修正調整。

新科技能夠協助業務員完成他們的工作角色，甚至提升生產力。在車上使用手提電腦，能讓業務員進入虛擬的辦公室。

銷售支援工作的主要型態是傳教型業務員，與宗教的傳教士一樣，對基層大眾傳「福音」（gospel），亦即協助公司推銷產品。在此情況下，前述的基層即意味著產品的使用者或通路的中間商如零售店。中間商常常利用銷售支援人員拜訪個別的雜貨店，以協助商品銷售，並提供購買點的銷貨資訊，以支援中間商的產品銷售。如美商麥格羅‧希爾（McGraw-Hill/Irwin）出版公司的教科書業務員，亦屬傳教型業務員。

在製藥產業裡，高度專業傳教型業務員又稱專業業務員（detailers），他們大多替主要的藥廠工作。這些專業業務員拜訪醫生，提供他們相關技術資訊和產品的樣品，以鼓勵醫生將該公司藥品列入處方藥。輝瑞公司的業務員亦屬於專業業務員的範例。

技術支援業務員（technical support salespeople）是銷售支援功能中的重要要素。他們在設計及安裝複雜設備上有實務經驗，並可針對顧客的員工提供專業訓練。為了顧客的需要而成立的銷售團隊，以技術支援業務員特別能

銷售支援業務員
擔任推廣產品或提供技術支援的員工，以支持人員銷售功能，而與業務員配合進行對顧客的推銷。

技術支援業務員
係指支援銷售的人員，其在設計及安裝複雜設備上有實務經驗，並可針對顧客的員工提供專業訓練。

圖 19-2　人員銷售工作之類型

企業對企業	
銷售支援：	推廣產品或提供技術性服務，包括傳教型業務員與專業業務員。
新業務：	針對新產品或新顧客的銷售成長。有些業務員是商展的專家，有些則是外勤的專家（非辦公室人員）。
既有業務：	維持和增進既有顧客的基礎關係，包括應依循既有路線拜訪客戶，以及接受例行性訂單。
直接面對顧客	
	代表公司與最終的消費者做交易，包括零售業務員，以及直銷公司、房地產與金融機構的銷售代表等。

零售業務員協助消費者滿足需求與解決問題。

新業務業務員
專門銷售新產品或針對新顧客的業務員。

既有業務業務員
銷售代表遵循既有路線拜訪老客戶，以及接受例行性的訂單，可以維持穩定的銷售業績。

直銷業務員
係直接對個人銷售產品和服務，包括零售業務員、不動產業務員，以及銷售金融證券給最終消費者的業務員。

夠發揮功效。

專門銷售新產品或針對新顧客的業務員，稱爲**新業務業務員**（new-business salespeople），這些人對於強調銷售成長的公司相當重要。假設一家新成立的加盟公司要靠新的加盟店加入，方能達成其預期成長目標，則代表加盟公司的業務員需要到各地尋求新的加盟店。

有不少的業務員被指派去服務既有顧客，以維持穩定的銷售業績，而這些業務員即稱爲**既有業務業務員**（existing-business salespeople），亦稱爲訂單接受者（order takers）。例如，批發商銷售代表遵循既有路線拜訪客戶，以及接受例行性的訂單。

企業對企業的業務員，經常身兼銷售支援、新業務和既有業務三職。例如，通用磨坊食品公司的業務員即同時具備這三種功能。當有新的雜貨零售商開業或該公司推出新產品時，他們必須去尋找新的商機；而他們也必須拜訪既有的雜貨連鎖店和合作社，使既有產品和新產品的銷售達到最大；當他們拜訪個別雜貨店時則提供銷售支援，俾擴大公司在該銷售點的銷售。

直銷

直銷業務員（direct-to-consumer salespeople）係直接對個人銷售產品和服務。在美國，此類業務員包括 450 萬名的零售業務員、超過 100 萬名的不動產業務員，以及銷售金融證券給最終消費者的業務員，再加上數百萬代表雅芳、玫琳凱、特百惠、美憶（Creative Memories）、安麗等直銷公司的直銷業務員。

業務員的職業市場，未來將因有許多新銷售職務，以及職業生涯機會的增加而呈現成長。有許多行業，包括照護與醫療、辦公用品、商業服務、保險與科技服務等的銷售工作，無論在待遇或專業性發展均十分吃香。[5] 未來將產生一個有趣的趨勢，就是將銷售工作外包，而公司不再聘用自己的業務員。接受銷售外包的公司如 Fusion 銷售夥伴公司，就與 IBM、安捷倫（Agilent）、奇異等公司訂定合約，由其派出全職的業務員爲這些公司服務。例如，奇異公司的醫療系統部門與 Fusion 簽約，由後者派遣一組銷售團隊負責推銷醫療設備。這種合約方式對於 Fusion 公司與奇異公司可謂利益均霑，所以該項合約又再延續下去。這個趨勢帶來許多擔任銷售外包服務工作的機會，或者成爲外包業務員的一份子。[6]

19-2 銷售過程：一種顧客關係法

不論其角色為何，業務員均要設法將**銷售過程**（sales process）的效能發揮到最大，它涉及開創、發展和增進與顧客間的長期互惠關係，而這種銷售觀點稱之為**關係銷售**（relationship selling）。關係銷售不同於過去那種強調以業務員的能力去強迫、操縱的推銷，即並非以顧客的需求進行推銷的方式。圖 19-3 列述了銷售過程的內容。

銷售過程
開創、發展和增進與顧客間長期互惠關係的過程。

■ 展示建立信任的屬性

為了使關係銷售成功，業務員必須具備某些屬性。雖然某些特別的屬性會隨著銷售內容的變動而有所不同，但建立信任是最基本的能力。根據研究顯示，業務員必須具備五種屬性，方能建立與顧客的關係，亦即業務員必須是顧客導向、誠實、可靠、勝任、有人緣的。[7] 這些都是要與顧客建立信任關係所不可或缺的要素，誠如 Centurion 專業照護公司的一位藥品業務員布雷克・康雷（Blake Conrad）所言：

除非顧客信任你，否則你無法讓顧客與你有積極性的關係。我認真工作，並向顧客表示我很在乎他們的感受，我絕不會賣給他們確實不需要的東西。假如我無法當場回答他們的問題，我會盡可能找到答案，並在同一天再回來答覆他們。顧客很感激我的作為，以及追根究柢的態度。對我而言，顧

圖 19-3　　　銷售過程：顧客關係法

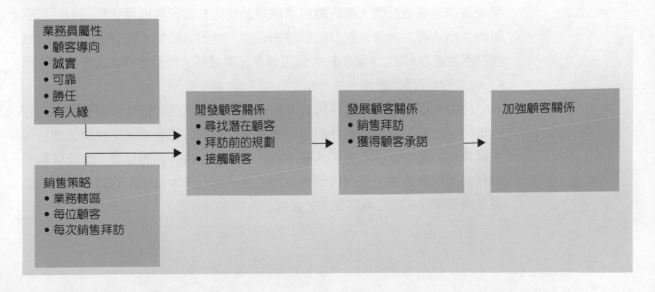

業務員應針對每位顧客及每次銷售拜訪,擬定銷售策略,而要圓滿執行這些策略,則經常需要業務員以不同的作業方式去運作。

客導向與信賴感就是我工作的一部分。當你的顧客信任你,銷售就變得有趣多了,猜猜怎麼一回事,那就是愈相信我的顧客,就會買得更多。8

銷售策略的擬定

業務員若只展示其正確屬性仍是不夠的,他們必須要擬定一套銷售策略,並將其做為整體的行動計畫。當以銷售策略做為整合式傳播計畫的一部分時,則必須從以下三個層次來擬定:業務轄區、顧客、個別的銷售拜訪。

業務轄區(sale territory)一般都以地理區域來界定,係由特定顧客和潛在顧客所組成,然後再指派一位特定業務員負責該區的服務。業務員需要一個整體轄區策略,以便知道要分配多少時間在既有顧客上,以及用多少時間去開發新客戶。業務員也應該有一個轄區策略,並針對特定的顧客滿足其需求。例如,凱洛·舒伯(Carol Super)是媒體網絡(Media Networks)公司的客戶部經理,她的工作是替全國性雜誌拉廣告。她的銷售策略,尤其是在 911 之後紐約地區的緊張時刻裡顯得特別有效。她每天早上在管理員還未到辦公室之前,就對潛在客戶進行陌生電訪。她每月有一次機會向個別的廣告代理商做特別的促銷簡報,她鎖定旅館業與娛樂業為對象,因為這些業者在過去幾年幾乎不做廣告了。這套銷售策略,造就她成為其公司的頂尖業務員。9

在既定的業務轄區裡,緊接著要對每一位顧客量身訂製一套銷售策略。凱洛·舒伯對她的顧客採用特別的策略。在 911 之後,紐約地區的旅遊業與娛樂業遭受嚴重打擊,她的銷售策略是鎖定紐約鄰近地區而會到紐約投宿旅館的人為其廣告對象。對於電影院的顧客,她的策略是「在窘困時刻裡,更應該觀賞電影解悶」。當紐約的緊張氣氛稍微減緩,舒伯也隨之改變其銷售策略,以符合局勢的變化。10

最後,每一次的銷售拜訪或與顧客的見面,都應該搭配與顧客需求相容的策略。藉著對每次銷售拜訪的行動來擬定特別的計畫,而業務員也應利用人員銷售的優勢來做為行銷傳播工具。每一次銷售拜訪的目標,應隨著銷售過程的不同而改變,直到得到客戶的成交承諾為止。而隨後的銷售拜訪重點就要放在確保客戶的滿意度上,並延伸與顧客的關係。

顧客關係開發

圖 19-3 將顧客關係開發分為三種主要活動：尋找潛在客戶、拜訪前的規劃、接觸客戶。上述活動與銷售過程的其他部分，存在著高度的關聯性，而且不需將其拆開為個別的行動。

業務員在製藥業中扮演著非常重要的角色，而不同的顧客則需應用於不同的銷售策略。

尋找潛在客戶

潛在客戶（prospecting）可定義為銷售者尋求與確認合乎條件的購買者。潛在客戶有下列各種不同來源：既有顧客、個人接觸、各種工商名錄、電腦資料庫、商業刊物及貿易展示會等。潛在客戶也可能在看到廣告後，打電話來詢問或寫信要求得到進一步的資料，此類回應則稱為查詢（inquiries），公司通常要求業務員加以追蹤。

> **潛在客戶**
> 銷售者尋找與確認合乎條件的購買者，而這些購買者對銷售者而言，是比較容易接近且有能力購買，以及願意將該產品或服務列入考慮的人。

運用教育式的研討會也是吸引潛在客戶的好方法。Gartner 是一家研究與諮詢公司，旗下共有 400 位業務員，負責邀請客戶及潛在客戶參加該公司每年所舉辦的 300 場研討會，而每一場研討會都有特定的領域內容。參加研討會的人員均需付費，但參加者若購買該公司的服務項目，30 天內則可持入場券退費。此一教育式研討會可幫助該公司找到新顧客，以及向既有顧客再促銷一些服務項目。[11] 新科技的發展也能幫助業務員更有效率地找到潛在客戶，範例請參閱「運用科技：辨識最佳的潛在客戶」一文。

一位合格的購買者必定會理性地找尋業務員，而且他有購買能力，並至少願意考慮購買。為了界定合格的潛在客戶，業務員或公司可以另外擬定條件，如客戶的區域範圍、市場功能（如僅向批發商銷售）或最低銷售量。

拜訪前規劃

在進行**拜訪前規劃**（precall planning）時，業務員應對顧客的狀況做進一步的了解。業務員或許需要前往潛在客戶的營業據點做拜訪，以便對其需求有更多的了解。總部設在美國亞特蘭大的南方貝爾（BellSouth）電訊公司，即要求其業務員蒐集合格的潛在客戶之相關資訊，而當南方貝爾公司的業務員蒐集適當資訊後，就需在最短時間裡擬定銷售簡報。

> **拜訪前規劃**
> 業務員在做業務拜訪前，應專注於顧客狀況的了解。

在規劃一件特別的銷售簡報時，銷售代表必須考慮某些因素，且最好設定一個可以衡量的銷售拜訪目標（sales call objective）。亦即訂定此次將拜訪

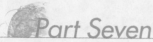

的期望結果,例如「顧客將會立即下訂單購買 400 個單位」。

　　銷售簡報的方式也必須在銷售規劃中決定。一般而言,一項有系統的銷售簡報,有助於購買者與銷售者雙方的溝通。業務員可在腦中思考或以書面方式訂定該簡報大綱,而該大綱必須具有彈性,足以進行**機動式銷售**（adaptive selling）。換言之,銷售者必須隨時見機行事,以因應顧客的情況與問題。

　　與機動式銷售完全相反的方式,則是罐裝式銷售簡報（canned sales presentation）。事實上,這是完全靠銷售代表以原稿背誦的方式來做簡報,甚至以電子媒體製作成自動化簡報。罐裝式銷售簡報不適合企業對企業的人員銷售,但用於消費性商品,如銷售百科全書給一般家庭卻非常適合。雖然罐裝式銷售簡報可以製作得相當完整而有邏輯,但相對地缺乏彈性,因此使用性也會受到限制。

　　書面銷售建議書（written sales proposal）是以文字和圖表製作的另一種銷售簡報。在重要的銷售案裡,長期以來大多使用書面銷售建議書,因其可依不同的客戶而做不同的修正。銷售建議書可以在買賣雙方面對面會談時,用來界定產品規格和協商之細節。

　　在拜訪前規劃的期間裡,業務員也要決定如何利用產品型錄、視聽器材和電腦設備等銷售工具。例如,鄧白氏（Dun & Bradstreet）公司附屬的 Dun's 行銷服務部門,就利用電腦來展現其 BusinessLine 產品的功能,它對銷售簡報有非常大的效果。

關鍵思維

選擇一個熟悉的產品,並找尋一位對該產品有興趣的潛在客戶。假設你正在規劃一個銷售簡報,以便將該產品推銷給該潛在顧客:

* 你對該潛在客戶提出三個問題,並逐一說明這些問題為什麼重要。
* 列出該潛在客戶三個可能關心的事項,你如何對這些關心事項提出建議。
* 描述你將獲得潛在客戶同意購買的策略,並討論其優劣勢。

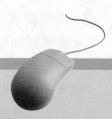

運用科技

辨識最佳的潛在客戶

　　請參考下列利用科技協助業務員找尋最佳客戶的方法:

* Pro Premium、One Source、SalesWorks、Companies、Executives 等線上資料庫,都可以各種不同的標準在資料庫上搜尋,協助業務員辨識潛在客戶。
* 業務員可以免費加入 InnerSell.com 的會員。假如有一位業務員的客戶需要某產品,而恰巧該業務員無法提供時,那麼他可以在這個網站上找到供應該產品的供應商。假如該客戶向這位供應商完成交易,則此業務員可以得到 10% 的

佣金。大約有 1,000 名業務員是這個網站的會員。

* Jigsaw Data 是另一個線上找尋潛在客戶的網站。每個月每位業務員只要繳付 25 美元,就可上網抓取 25 份合約書。也可以採行另一種方法,若業務員能交出 25 份的合約書給這個網站,就可免付 25 美元。雖然 Jigsaw 成立不久,但它已經有 5,000 名的用戶,而其資料庫裡已經存放超過 440,000 份的合約。該資料庫以每天近 3,000 份合約書的速度增加中。

在拜訪前規劃時，業務員也必須思考如何將產品和服務的特色轉換成明顯的效益，以便於向顧客傳遞。**特色**（feature）只是產品或服務在某方面事實的陳述，而**效益**（benefit）則是描述該項特色能夠帶給顧客什麼好處。例如，三菱公司的可攜帶式傳眞機具有內建麥克風的特色，而它的效益則是可以免持聽筒講話。優秀的業務員在與顧客做溝通時，會將重點放在效益而非特色上面，因爲這些才是顧客最感興趣的地方。

接觸顧客

關係開發的最後一項是接觸顧客。包括銷售拜訪的安排，通常需要與顧客事先約定時間；在第一次的銷售拜訪中，業務員在自我介紹後，就應該嘗試做進一步的銷售活動。一般的禮貌和商業禮節有助於建立業務員良好的第一印象；反之，忌諱的行爲則會減低業務員在銷售過程中的機會。圖 19-4 列示部分忌諱的行爲。

■ 顧客關係的發展

當業務員完成接觸顧客後，就可開始發展顧客關係。此時，業務員必須伺機提出有效的銷售簡報，而當顧客採取行動如購買承諾時，那麼顧客關係就建立了。

進行銷售簡報

想完成一次成功的銷售簡報，業務員必須要達成**來源可信度**（source credibility），也就是確認顧客的需求已經可以從業務員、產品或服務，以及業務員的公司三者的組合而獲得滿足。在達成來源的可信度上，業務員的個人特質如服裝、儀容和態度等，也非常重要。

某些銷售方法能夠幫助達成來源可信度，如圖 19-5 所示，以事先準備的題目向顧客詢問和努力的傾聽都非常重要。業務員應該小心不要誇大其產品或服務的功能，且任何說辭都要有事實根據。若能利用第三者的證明，如顧客的滿意信函及感謝狀（testimonials）等，都可提高來源的可

機動式銷售
業務員在拜訪時與客戶談論其關心問題，適時對當下情況做回應而調整行為。

特色
對產品或服務在某方面事實的陳述。

效益
描述該項特色能夠帶給某特定顧客什麼好處，例如可攜帶式傳真機具有內建麥克風的特色，其效益為可以免持聽筒講話。

來源可信度
亦即確認顧客的需求已經可以從業務員、產品或服務，以及業務員的公司三者的組合而獲得滿足。

| 圖 19-4 | 接觸顧客：忌諱的職業倫理與禮節 |

一項針對 250 位祕書、行政助理和門房的意見。業務員前來拜訪時，常犯的倫理和禮節忌諱如下：
- 沒有事先預約就前來做銷售拜訪。
- 假裝認識決策者。
- 對待祕書不禮貌。
- 不願意說明前來拜訪的目的。
- 遲到。
- 過度堅持約會的要求。
- 浪費時間在不必要的交談上。
- 無法赴約時，沒有主動聯繫取消。

圖 19-5	銷售時的傾聽與詢問

- 記住，如果你不傾聽顧客的說話內容，你就不可能對你的顧客提出任何解決問題的方案。
- 當你是一位很好的傾聽者，你就不會失去掌控會談的機會，以及失去顧客的注意。
- 從傾聽中，你將可學到一些有價值的事情。而在建立顧客關係時，這種學習過程是不會停止的。
- 傾聽可以得知銷售簡報該如何進行下去，並能回應潛在客戶告訴你的話。且在必要時，也要澄清潛在客戶的訊息。
- 將你的簡報加以計畫和系統化，而使你知道要提出哪些問題。將你的問題說清楚，且前後要有連貫性，以避免客戶的混淆。
- 在簡報時，要記筆記以確保採取適當的追蹤活動，或方便規劃下一次的拜訪。

信度。最後，降低購買者風險的保證書和保固契約，也都有助於來源可信度的建立。

傑洛德‧鮑爾是杜邦公司銷售部門主管和外勤行銷經理（目前已退休），針對銷售簡報中傾聽和詢問之重要性時說：「許多人都認為，一場成功的銷售簡報，業務員應該是一位能言善道者。但對杜邦公司而言，我們認為，成功的關鍵是擔任一位好的傾聽者，而我們在銷售訓練中也特別強調這一點，業務員應該只講20%的時間，剩下80%的時間是要去傾聽。還有一項技巧，就是要有能力提出好的詢問題目。所以，提問和傾聽的技巧是杜邦公司銷售訓練的重點。」

在做銷售簡報時，銷售代表要在顧客承諾購買前，先解決購買者顧慮的問題。然而購買者顧慮的問題包羅萬象（如「你的價格太高了」、「我不喜歡那種顏色」、「我很滿意目前的供應商」等），統稱為異議（objections）；為了銷售成功，這些問題都必須獲得解決。異議是一種銷售阻力（sales resistance），有些顧客因顧慮而未說出口的問題也包括在內。業務員應盡可能地猜測這些顧慮，以便在銷售簡報前，就先提出合適的顧客導向答案以做為回應。業務員也必須了解，這些問題和顧慮是購買者嘗試去做一項正確決策的一部分，而消除顧客疑慮則是整體銷售過程的一項要素。

銷售代表若不多花心思去尋找合格購買者，則其所拜訪的對象可能就是一位邊緣顧客，該顧客或許沒有能力購買該項產品，或購買後得到的利益有限。不論在什麼情況下，業務員均應以耐心與關心的態度來看待購買者的問題。圖 19-6 詳細列述了顧客不合理的顧慮和異議事項。

獲得顧客的承諾

在一般情況下，購買者會從許多潛在銷售者中進行挑選，因此銷售代表應負起責任，以獲得顧客的承諾。事實上，就算只剩下一位銷售者可供應商

圖 19-6	顧客不合理的顧慮與異議之處理

當顧客提出一項完全沒有根據，且非事實或不合理的異議時，業務員可依循下列指示來回應：

- 維持顧客的尊嚴，禮貌地說明你的立場。
- 不要與顧客爭辯。縱然贏得爭論，卻損害了與顧客間的關係。
- 認真看待顧客的感覺。告訴顧客你只是想把事情做好，並設法在說出你的看法後達成協議。

- 堅定立場，就事論事。
- 切勿以公司的政策做為立場的理由，這將引起對政策的批評。
- 若確實必要，就可拒絕不合理的要求。若同意不合理的要求，則類似情事將會一再發生，而終將危及或損害雙方的關係。

品時，顧客也可選擇不買。

　　購買者與銷售者的良好關係，有賴於雙方的堅定承諾。基本上，顧客的承諾涉及了購買者和銷售者雙方的經濟交易（當業務員完成一件銷售案後，顧客就要立即購買），或者雙方同意進行一項交易。有些顧客是以一張採購單的方式來完成承諾。其他的例子，包括同意繼續銷售協商、簽訂長期配銷合約；或接受銷售者維持特定存貨水準的建議，以滿足當地的需求等。

　　為了得到承諾，專業業務員必須花費心思，提供顧客一切有關的資訊。其次，專業業務員也必須了解購買者不願意做出承諾時，原因是當時所要做的簡單承諾，不合乎他們的利益。

　　以關係為導向的業務員，必須在說服、過度堅持或催促以獲得承諾之間拿捏得宜。購買者不喜歡在他們認為時機未成熟時被迫做出決定，而業務員則必須認清，壓力下的決定，很有可能會產生購買後的後悔。這將有害於關係的建立，甚至會導致關係的破裂。

加強顧客關係

　　銷售過程的最後階段則是加強顧客關係，如圖 19-3 所示。此步驟之目的，在於確知顧客的期望是否達成或超出，以便能夠持續購買者和銷售者雙方的滿意關係。這個階段會涉及各種售後追蹤活動，例如輸入及交運顧客的訂單、對顧客的員工提供訓練、協助銷售商品和商品布置的活動，以及解決顧客的問題等。

　　業務員也可以藉著持續適時地提供資訊、關心顧客即將進行的產品改善、注意顧客的滿意度而必要時得做改善、告訴顧客產品的其他用法、擔任顧客未來可能的業務顧問等，來強化與顧客的關係。許多業務員成為顧客知己的情形並不罕見，而當他們被詢問到各種不同問題時就會提供意見，甚至

有時這些問題根本與銷售方面無關。

業務員也應該主動尋求顧客的回應,而非等問題出現才做。詢問如「做為你們的供應商,我們的表現如何?」等諸如此類的問題,這是一件重要的事,並要持續地為顧客建立附加價值,且定期做追蹤。業務員不要認為從既有顧客取得訂單是理所當然的,業務員要定期地做業務檢討,以加強提供顧客的附加價值;或許還要與管理階層一同和顧客見面,來分析銷售和利潤績效,以確認未來努力的方向。

19-3 銷售管理活動

銷售經理必須把重點放在改善銷售業務上。成功的銷售經理獲得升遷之前,通常就是一位成功的業務員,而在成為銷售經理之後,他們仍要持續從事某種形式的人員銷售工作,或許是對自己的顧客群進行銷售,或者是與業務員一同進行銷售拜訪,或成為銷售團隊的一員。圖 19-7 列示了銷售管理的活動,包括擬定銷售策略、設計銷售組織、拓展與指導業務員,以及評估效能及績效。

這些活動對銷售經理的要求,比對業務員的期望為高。業務員的工作重點是在顧客關係的建立,而銷售經理則必須要與顧客、業務員和公司其他人員等一起把工作做好。許多銷售組織是以不同的層次安置不同職位的銷售經理人,亦即在不同的銷售管理層次裡,分別擔任不同的行政管理工作。有些銷售組織正採取轉移的做法,將行政管理階層轉成具有創業者精神的銷售管理階層。一個有趣的範例,請參閱「企業家精神:一家具有創業精神的銷售組織」一文。

■ 擬定銷售策略

銷售管理的開始是擬定銷售策略,以便執行廠商的行銷策略。行銷策略強調的是對目標市場擬定行銷組合,而銷售策略則鎖定目標市場裡的特定顧

圖 19-7　主要的銷售管理活動

| 擬定
銷售策略 | → | 設計
銷售組織 | → | 拓展
業務員 | → | 指導
業務員 | → | 評估業務員
的效能和績效 |

客做銷售。[13] 銷售策略有下列兩個重要元素：關係策略、銷售通路策略。

擬定關係策略

　　雖然重視顧客關係是一項明確的**趨勢**，特別是企業對企業的銷售，但其中卻存在著各種不同類型的關係。購買者有不同的需求，並希望以不同的方式購買不同的產品，因此，如何對特定顧客群擬定特定的**關係策略**（relationship strategies），對銷售商而言是一件重要的事。大多數的廠商均需要對三到五種不同的顧客群擬定關係策略。圖 19-8 列示了四種基本的關係策略。

　　關係策略的範圍從交易關係到合作關係，而其間是解決方案關係和夥伴關係。當公司從交易關係轉移到合作關係時，變化的重點則是從銷售產品變為增加附加價值，而關係的時間架構變得更長，產品更為客製化，顧客數量也就更少了。再者，服務顧客的成本變得更高，而買賣雙方之間的承諾也就更為需要。

> **關係策略**
> 以顧客銷售關係為基礎的架構，包括諮詢者策略、供應商策略和系統設計者策略。

圖 19-8　關係銷售策略

	交易關係	解決方案關係	夥伴關係	合作關係
目標	銷售產品	→		加值
時間架構	短	→		長
產品和服務	標準化	→		客製化
顧客數量	許多	→		少
服務成本	低	→		高
承諾	低	→		高

企業家精神

一家具有創業精神的銷售組織

　　戈爾（W. L. Gore & Associates）公司製造與銷售包括手術用軟管、吉他弦線，以及冬天的夾克等各式各樣的塑膠製品。公司裡的任何人在業務同仁之前皆無職銜，也沒有誰是某人上司的這碼事。所有的工作都採團隊方式運作。在這個動態式的團隊裡，每個部門都有自己的構想與策略。銷售領隊則必須要獲得其追隨者的擁護。這些銷售領隊的功能，與其說是上司倒不如說是教練，他們透過面對面的方式，花費不少時間在教導、引導和鼓勵業務員。而這些業務同仁忙著擬定他們的業務轄區、銷售預測，然後與他們的銷售領隊相互討論。業務員是以慰留顧客，以及長期的來往關係而論功行賞，並不重視業務員短線的個別銷售。這種具有創業者精神的做法，每一年都為戈爾公司贏得超過 10 億美元的銷售。

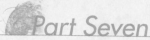
擬定銷售通路策略

銷售通路策略
指公司如何利用公司的外勤業務員、電話行銷、獨立銷售代表、配銷商、網際網路和商展等方式，開始和維護與顧客的接觸。

　　銷售通路策略（sales channel strategy）是指公司如何開始和維護與顧客的接觸，涉及利用公司的外勤業務員、電話行銷、獨立銷售代表、配銷商、網際網路和商展等方式，[14] 這種策略可確保顧客均能得到業務員的注意。銷售通路策略必須是有效能（把工作做好）和有效率（合理的成本）的。

　　主要策略決策是以服務顧客的成本來權衡顧客的偏好。低成本的方法通常用在交易關係上，而高成本的方法則用在合作關係上。例如，讓顧客直接從網際網路上購買，就是一種在交易關係上具有成本效益和服務顧客的方法。另一完全相反的案例，則是許多公司如 IBM 等，均利用昂貴的多功能全球性客戶團隊來服務合作關係的顧客。解決方案關係和夥伴關係策略通常會採用不同的方法，因此，關係策略和銷售通路策略會有密切的關係。

　　在傳統的銷售策略裡，外勤業務員要對所有顧客完成全部的銷售活動，這可能是一種有效能的方法，但通常是高成本的。因此，許多銷售組織都在找尋低成本的銷售通路如電話行銷和網際網路等，以取代昂貴的外勤銷售，且這種方法的潛在效益很明顯。假設一次個人銷售拜訪成本是 250 美元，而一次電話銷售成本是 25 美元，若由電話銷售來代替個人銷售，則公司每次就可節省 225 美元。若以網際網路取代個人銷售，所節省的金額將會更多。

　　對於小型顧客和許多交易關係的顧客，外勤銷售能夠以電話銷售、網際網路和其他銷售通路完全取代之。在某些情況下，外勤銷售可以和電話銷售或網際網路整合。例如，可以透過電話或網際網路來尋找潛在客戶；一旦找到潛在客戶之後，業務員就必須進行個人銷售拜訪，以建立解決方案、夥伴或合作關係；然後再透過電話或網際網路，來進行各種服務或再購等活動。茲舉二例來說明不同的做法：

團隊銷售常被許多公司用來做為符合大量需求及照顧重要顧客的好方法。一些廠商應用多功能的銷售團隊，做為其銷售通路策略的一部分。

- 應用工業科技（Applied Industrial Technologies）公司透過 380 家分公司、900 位外勤業務員和 1,400 位內勤業務員，完成 150 萬種不同工業產品的配銷工作，每年銷售額超過 15 億美元。而外勤業務員會與顧客一起討論決定其需求，以便於訂價的協商。該公司提供每位顧客一套外部網路（extranet），以方便顧客採

購產品、檢視訂單的狀態，以及得到各種相關資訊。顧客也可透過電話向內勤業務員下訂單或取得資訊。這種方式可以讓顧客選擇對其較為方便的銷售通路，若顧客增加電話的利用，尤其是網際網路，廠商對這些顧客的服務成本就可因而下降。[15]

- 全錄公司將網際網路整合為一複雜的銷售通路策略，其中包括零售店、配銷商和外勤業務員。小型顧客一般都向零售店採購供應品，所占用該公司的系統容量不大，而這些顧客現在已可利用公司的網站進行線上採購。如果有問題，該網站也提供免付費電話，可以找到公司的服務人員。外勤業務員則與大型顧客建立不同類型的關係。顧客關係一經建立後，大部分的顧客服務功能都可透過每一位顧客的外部網路來執行。[16]

上述案例是許多公司執行的銷售通路策略類型。目前的**趨勢**是，不同類型的顧客關係會使用不同的銷售通路，盡可能以較便宜的方式取代昂貴的銷售通路。

儘管這些趨勢可應用於大多數的顧客上，但是許多公司對最重要的顧客則會採不同的**團隊銷售**（team selling）方式。這些銷售團隊通常具有多重功能，成員也包含了不同管理階層的人員。對於主要的顧客通常使用夥伴關係或合作關係，而這種方法常稱之為全國性客戶、主要客戶或全球性客戶等計畫。團隊銷售是一種昂貴的銷售通路，但在某些情況下，能讓銷售和利潤獲得非常大的成長。Kele & Associates 公司是建築自動化周邊設備的製造商，所使用的方法就是一個很好的例子。該公司擬定一項全國性客戶計畫，而該銷售團隊的成員包括行銷、銷售、會計和資訊科技部門的人員，他們一同執行客製化的策略，以服務公司最重要的顧客。該銷售團隊會分析每一位顧客的業務，以便在關係上能增加其更大的價值，而應用該策略在這些顧客上，也確實讓業務成長得非常快速。[17]

▰ 設計銷售組織

為了執行成功的銷售策略，公司必須設計一個合適的銷售組織，再依其隨後的策略之改變而加以調整。設計銷售組織需要注意一些重要問題：

- 業務員是一般人員（即業務員銷售整個產品線的產品）或是專業人員（僅銷售特定產品或僅銷售給特定顧客）？
- 如果是專業人員，他們是產品專業人員、市場或顧客專業人員、或功能性（新業務或既有業務）專業人員？

關鍵思維

選擇一件熟悉的產品，透過外勤業務員的人員銷售方式推銷：
- 有什麼其他銷售通路可用來結合外勤業務員的人員銷售方式？
- 請說明各種銷售通路之優缺點。
- 若同時應用多種銷售通路時，請問銷售經理所面臨的主要挑戰是什麼？

團隊銷售
銷售方法之一，公司會針對不同顧客的購買需求資訊而組成特殊的銷售團隊。

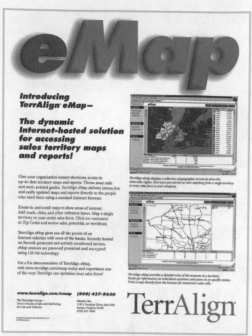

銷售經理可以使用新科技來幫助設計更佳的銷售組織決策，例如 TerrAlign 公司，即利用繪圖軟體來規劃有效的業務轄區。

- 要採取嚴密控制的集權式業務員組織，或採分權式的組織，以方便銷售活動和決策能與顧客的距離更接近？
- 為提供適合的銷售服務範圍，公司總共需要多少業務員？
- 如何將特定顧客和區域分派給業務員，以便劃分成業務轄區？
- 如何將離職率（業務員離職的比例）納入設計銷售組織的決策裡？

　　許多公司對類似問題的發生也會採不同的處理方法。例如，微軟公司為了回應技術開發的遲緩，遂增加 450 名的業務員組成團隊，專門鎖定 12 個產業的大客戶，以爭取簽訂多年期的軟體開發合約。[18] 而卡比斯（Carbis）公司則採相反的方法，為因應石油探勘業及化學公司減少採購資本設備的結果，於是決定刪減 25% 的業務員；因此，剩下的業務員只能將時間放在有興趣採購的顧客上。[19]

拓展業務員

　　在業務員的拓展上，有三項主要的活動：業務員的招募、挑選，以及訓練。

招募和挑選

　　招募（recruiting）是指尋找職務應徵者的過程，挑選（selecting）則涉及如何從應徵者之中遴選而雇用的過程。業務員的招募和挑選，是極具挑戰性的工作。雇用具有銷售潛力的應徵者，對一個銷售組織的成功與否具有決定性的作用，而若雇用錯誤則將付出不低的代價。雖然難以計算，但一般估計指出，要辭退一位業務員所花的代價是其薪資的 50% 至 150%。因此，許多銷售組織為了要雇用到真正的人選，就訂定了一套嚴謹的招募和挑選過程。這個過程通常包括規劃招募與挑選（銷售職務分析、確認應徵該銷售職務者的資格條件、擬定一份職務說明書），尋找可能前來應徵的人選、評審這些應徵的人選（從履歷表、面試、測驗、推薦人的確認、背景調查等篩選應徵者），再決定挑選其中的人選，並正式雇用之。[20]

資訊圖文集團（Information Graphics Group）公司有一套詳盡的招募和挑選過程，而最近才針對此過程稍做修改，以增進雇用人員的順利度。在面試過程中，對應徵擔任銷售職務者提出不同劇情的腳本，要求其回答在該情境下應如何行事。這個面試需要公司裡兩位高階業務人員陪同參加，整個過程就得花上一整天的時間。應徵者也得擔任銷售簡報的演出者，並且參與午餐以觀察其如何應對進退。在這個過程結束時，銷售部門副總經理與高階業務人員

銷售訓練的方式變化多端。例如，一位西裝製作師傅正在訓練一批業務員成為零售人員，以便他們可以提供更有價值的建議給客戶。

共同檢視每位應徵者的成績，並決定錄取的人選。這些過程的修改，幫助資訊圖文集團公司改善其業務員的雇用程序。[21]

訓練

銷售訓練可以分成以下兩大類：初期訓練、持續訓練。新進的業務員接受初期訓練（initial training），而其通常是強調產品的知識和銷售技巧。當廠商想在變動的環境中維持競爭優勢時，就必須對所有的業務員進行持續訓練（continual training）。

一項針對 300 位銷售主管的調查發現，不論是對新進或在職的業務員來說，幾乎有 80% 的銷售訓練都被認為非常具有價值。銷售訓練的主題大多圍繞在產品知識（88%）、銷售技巧（79%）、電腦技巧（61%）、溝通技巧（52%）。而大部分的銷售訓練則是利用室內課程（77%）、工作報告或手冊（54%）、一般研討會（46%）、角色扮演（44%）、CD-ROM 光碟（39%）、視聽錄影帶（34%）和網際網路（32%）。有超過 40% 的銷售主管指出，他們未來也會考慮使用某些形式的線上銷售訓練課程。[22]

茲以 Aramark Uniform Services 公司成效卓著的訓練計畫為例說明之。該公司在其所在地鄰近的 212 個辦公室裡，大約有 300 名業務員、 38 名銷售經理和 98 名行政經理。銷售訓練經理訂定一套多階段的訓練方法，第一階段是公司內部訓練計畫，凡是公司各部門新進人員都必須接受該訓練。第二階段是諮商式銷售技巧訓練，委託外面一家銷售訓練公司代訓，本訓練計畫是銜接第一階段的訓練，重點在於六項重要銷售技巧的傳授。第三階段是以網路為主的訓練計畫，旨在加強學員先前接受各階段訓練裡所學到各種知識。這

不少銷售組織提供其業務員不同的報酬做為誘因。松下公司以其產品獎賞業務團隊裡績效卓著的業務員。

些訓練的效益評估結果還不錯，凡有參加這三階段訓練計畫的業務員，業績平均高出只參加其中一部分訓練的業務員業績 60%。[23]

指導業務員

指導業務員達成公司的目標與目的，一般都會占用銷售經理的大部分時間，其中的工作包括業務員的激勵、監督和領導。

激勵

激勵業務員的目的，是為了讓業務員能朝特定目標盡最大的努力，並協助他們克服逆境。大多數的銷售公司在業務員的激勵方案上，都提供了各種金錢和非金錢的報酬。

金錢報酬依然是業務員最喜愛的獎賞方式，但有晉升機會、有成就感、有成長機會以及工作獲得保障，也是他們所企盼的。大多數公司業務員的薪酬是薪資和誘因的組合，誘因的薪酬包括佣金、獎金或兩者皆有。近年來業務員的報酬增加了，2004 年全美對業務員的報酬採混合制（即薪資加獎金加佣金）的水準為：業績頂尖者年所得為 153,417 美元，業績居中者年所得為 92,337 美元，而業績低的也有 63,775 美元，換算所有業務員的平均所得有 111,135 美元。這些數字意味著，不同層次的所得比 2001 年的水準提高了 10 至 20%。[24]

不少公司也採用銷售競賽和公開表揚方式以激勵業務員，除了以金錢做為誘因外，也可採取國外旅遊、贈送禮品或隆重的頒獎典禮等方式。有一項研究指出，最具有誘因的方案是現金、獎牌或獎狀、表揚餐會、旅遊度假、商品或禮物犒賞。[25]

監督和領導

銷售自動化系統

電腦化系統可以協助經理監督業務員拜訪報告、行程和費用報告等繁瑣雜事。

銷售經理需監督業務員每天經辦的業務狀況，而**銷售自動化系統**（sales automation systems）則可協助經理監督業務員拜訪報告、行程和費用報告等繁瑣雜事。

另一方面，領導活動採取較為謹慎的溝通方式，以激勵業務員達成公司的整體目標。領導功能之一是輔導（coaching），或定期對業務員提供指導和

回饋。另一種重要的領導活動則是舉行銷售會議，以團結業務員的力量達成共同的目標。

許多公司利用監督方案來協助業務員的發展。例如，希悅爾（Sealed Air）公司挑選高業績者，以三年時間來輔導新進者與低業績者，而這些輔導者花費工作時間的 20% 輔導這些受訓者，並協助他們希望要改進的地方。擔任輔導者的高業績業務員，本身也需準備接任銷售管理的職位。希悅爾公司有超過 90% 的管理階層曾參加該監督方案。[26]

儘管可以科技來協助監督業務員，然而領導是相當費神的事情，無法全部藉助於科技。而銷售經理也要處理一些人際關係的問題，如吸毒、酗酒、性騷擾、員工工作壓力、虛報費用及其他涉及到人的問題等。業務員與公司裡其他員工會發生的問題並無二致。

傑洛德‧鮑爾是杜邦公司銷售部門主管和外勤行銷經理（目前已退休），論及領導者在銷售功能的重要性時說：「爲確保達成利潤的成長，杜邦公司必須改變業務員的管理方法。因精簡而導致管理跨距擴大，以及更多的自我管理團隊；監督及網絡也變得愈來愈重要了。當然我們期待領導者能提出令人佩服的願景，也希望銷售領導者能夠爲其團隊建立自尊，引導情緒及知識、技巧、能力等，也能讓團隊感受到鼓舞。你可能會說我們正在從『銷售管理』提升到『策略領導』上。」

評估績效和效能

銷售經理必須建立衡量績效和效能的標準，而根據標準評估績效和效能，再採取適當的追蹤行動。業務員績效（salesperson performance）係指個別業務員達成工作的預期程度。業務員效能（sales force effectiveness）的評估其實就是對整體銷售組織的評估。銷售組織的內部和外部因素，如產品品質或競爭者等，也會影響到業務員的效能。

設定標準

評估績效和效能的標準，經常與量化結果或配額（quotas），如總銷售量、毛利、市占率、新客戶增加數、舊客戶保留數等有關。這些配額至少有一部分是根據銷售經理的預測而來的。

銷售經理也要在特定預算內達成這些配額。由於人員銷售的成本高，要在預算限制內達成目標，則是一個很大的挑戰。因爲差旅相關費用如住宿費和餐費，與業務員的薪酬水準一直在增加中。

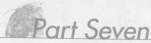

銷售成本節節增加，而將產品價格提高的困難度也愈來愈高。因此，為了維持有利的銷售費用對銷貨收入的比率，不管經濟情況如何變化，業務員每年都會被要求更多的銷售。

評估績效

為評估個別業務員的績效，銷售經理也可以採取行為基礎觀點或結果基礎觀點，或兩者的組合。行為基礎觀點（behavior-based perspective）的定義是預期的銷售行為，如以銷售拜訪次數或銷售簡報的技巧，再根據業務員的行為來評估其績效。結果基礎觀點（outcome-based perspective）則是強調銷售活動的結果，如總銷售量。以行為基礎觀點評估的業務員績效，會比以結果基礎觀點的接受度大。

分析效能

銷售經理也可以將銷售、成本、獲利性和生產力加以分析，用以評估銷售組織的效能。他們以該年度的數字與前年度的數字相比較，以判斷進步的狀況。若有可能，銷售經理也會將其隸屬的業務員績效與競爭者的績效相互比較。例如，在雜貨包裝業裡，各品牌的市占率之資料是公開的，因此與主要競爭者比較是常有的事。

圖 19-9 為一個簡單的業務員生產力分析之例。請注意第 2 區和第 4 區的銷售額是領先的。此外，第 2 區中的每位業務員之平均銷售額和銷售費用都優於其他地區，但是每位業務員的平均拜訪次數卻是最低。這可用來解釋為何銷售費用較低的原因，但也有可能是第 2 區的業務員沒有對顧客提供足夠

圖 19-9　業務員效能評估之例

	第 1 區	第 2 區	第 3 區	第 4 區
銷售額	$10,000,000	$12,000,000	$10,000,000	$12,000,000
銷售費用	$ 1,000,000	$ 1,200,000	$ 1,500,000	$ 1,500,000
銷售拜訪次數	5,000	4,500	4,500	6,000
建議書數量	100	105	120	120
業務員人數	10	15	10	15
每位業務員銷售額	$ 1,000,000	$ 800,000	$ 1,000,000	$ 800,000
每位業務員銷售費用	$ 100,000	$ 80,000	$ 150,000	$ 100,000
每位業務員銷售拜訪數	500	300	450	400

的接觸所致。

　　雖然數字無法詮釋整個現象，但數字的分析卻能夠提供銷售經理做深入的觀察。結合個人觀察、顧客資訊的數量分析，以及業務員的檢討，銷售經理就可以用來評估業務員的效能。

19-4 人員銷售的倫理和法規議題

　　因為人員銷售的活動具有高度的可見性，故倫理和法規的議題對業務員和銷售經理極為重要。在建立以信任為基礎的顧客關係上，倫理行為則特別重要。許多專業性團體如國際銷售和行銷主管協會、美國行銷協會、直銷協會等，以及許多公司對於業務員均採取嚴格的倫理規範。請見圖 19-10 。

　　銷售經理必須為其業務員的行為負責，並且要以身作則。而銷售經理也必須知道買賣雙方互動的相關法律、競爭者的資訊蒐集，以及對其業務員的管理。

　　為了安全起見，業務員應誠實地對待顧客，並了解有關業務規範的法律，且所有的業務員都要受相關的交易合約等法律之約束。業務員的口頭承諾和購買訂單都具有約束的效用，從過去 50 年的法律訴訟案件得知，業務員漫不經心的口頭說明，也會讓公司背負許多不必要的法律責任。而這些問題包括開立無用的保證書、未提示警告訊息、沒有證據而毀謗競爭者的商品或服務、錯誤地敘述商品或服務的功能、非法干涉業務關係等。[27]

　　圖 19-11 列示了購買者認為違背倫理的特定銷售行為，有意與顧客建立長久關係的業務員應避免發生這些行為。一些研究指出，當購買者發現業務員有違背倫理的情事時，他們會避免與該業務員往來。[28]

　　銷售經理和業務員之間的關係也會有一些倫理和法規的問題。例如，

圖 19-10	專業業務員的倫理規範

做為一位合格的專業業務員，謹向下列人員和組織宣誓：

顧客
在所有顧客關係上，我宣誓：
- 我將以誠實與正直對待所有顧客。
- 正確將產品和服務提供給所有顧客，讓其決策能夠符合買賣雙方的共同利益。
- 熟悉所有相關的資訊，用以協助我的顧客在產品和服務上達成目標。

公司
在與僱主、同事和我代表的團體之關係下，我謹守：
- 我可支配的資源只能用在合法的業務上。
- 公司託付的所有權和機密資訊，我要尊重和保護。

競爭者
對市場的競爭者，我謹守：
- 只在合法與合乎倫理的情況下，蒐集競爭者的資訊。
- 僅在誠實、確實且正確資訊或有事實根據下，方能敘述競爭者的產品和服務。

圖 19-11	違背倫理的銷售行為

研究指出，顧客認為違背倫理的銷售行為如下：

- 誇大產品或服務的特色或效益。
- 銷售時隱瞞產品的可利用性。
- 銷售時隱瞞競爭性產品。
- 向顧客推銷不需要的產品或服務。
- 只重視自己的利益而枉顧客戶利益。
- 回答自己不甚了解的問題。
- 偽造產品證明書。
- 透過他人。
- 假裝市場研究人員，從事電話行銷。
- 不確實的保證或保固。
- 沒有法律約束的口頭承諾。
- 對顧客計畫購買的產品，不提供相關資訊。
- 接受顧客好處，而使公司蒙受不利。
- 銷售具有危險性的產品。

1964 年公布的美國民權法案禁止對年齡、種族、膚色、宗教、性別或移民國籍的歧視。該法案對業務員的招募和挑選、績效評估和獎勵等措施等，也發生了影響作用。 1992 年公布的美國殘障人士法案，以及美國平等就業機會委員會公布的削減性騷擾指南等，也同樣對業務員的招募和其他的銷售管理功能產生影響。

以上僅就行銷從業者所觸及的相關倫理與法規問題做簡述。在達成銷售利潤的目標壓力下，銷售經理應知道遵守市場和工作場所的法規是十分重要的；銷售經理應以身作則，並提供合適的訓練、監督、加強和指導業務員。為與顧客建立以信任為基礎的關係，行銷從業者不應只因它是法規、或認為這些法規是正確的而必須遵守；反而應抱持著因為有了這些法規，方能讓企業有健全經營方針的想法。

19-5 未來的人員銷售和銷售管理

企業環境的改變，對於人員銷售和銷售管理也有很大的影響，而業務員和銷售經理必須具備各種技巧，方能在未來邁向成功之途。 MOHR Development 公司的兩項研究，即建議業務員和銷售經理未來應具備的能力，如下所列。[29]

業務員應具備的能力：

1. 將顧客與公司的策略目標整合在一起，而達成雙贏。
2. 考慮顧客對產品需求前，要評估企業潛力，以及提高顧客關係的價值。
3. 了解公司與客戶的決策對財務的影響性。
4. 將公司資訊組合，建立以客為尊的關係。
5. 研擬諮商式解決問題方法，並有意願接受改變。
6. 建立一個承諾顧客與供應商關係的願景。
7. 從顧客、同事和上司處所得到的回應，做為自我評估和持續學習的依據。

銷售經理應具備的能力：

1. 提供策略性願景。
2. 善用關係，組合公司的資源。
3. 影響公司的策略。
4. 有效地輔導業務員。
5. 探討業務員績效的成因。
6. 挑選具有潛力的業務員。
7. 善用科技。
8. 發揮人員銷售的效能。

　　具備這些能力，將使業務方面人員未來能邁向成功康莊大道。不過，要重視的仍是業務員與顧客之間的關係建立，以及銷售經理與業務員之間的關係建立。而業務員和銷售經理都需具備溝通和人際關係的技巧，此外，了解科技而有效地加以運用也是不可或缺的。

摘要

1. **了解人員銷售在行銷傳播組合上所扮演的角色和重要性。** 人員銷售是許多公司在促銷組合和整體行銷努力上最有價值的一部分。業務員所要完成的極端重要任務，就是獲得收益。在今日的競爭環境裡，特別注意顧客需求及期望是必要的，而人員銷售則能夠達成此任務。業務員會提供市場重要的資訊給公司，並進一步改善行銷作為。

2. **探討以關係為觀點的人員銷售之重要步驟。** 銷售過程中有三個步驟：開發、發展、強化與顧客的關係。開發顧客關係是業務員對潛在顧客的尋找與辨識，接著必須規劃初步的銷售拜訪和接觸顧客。

　　發展與顧客的關係，業務員必須能夠提出有效的銷售簡報。銷售拜訪對業務員非常重要，而使用詢問法與傾聽技巧去注意顧客的所有需求，以便能得到顧客的承諾。

強化與顧客的關係，業務員必須以顧客為導向，持續符合或超越顧客的期望。銷售關係亦需要業務員針對不同顧客使用不同的策略，以減少浪費每次銷售拜訪的時間。為了關係銷售的成功，業務員要得到顧客的信任。而在建立信任上，業務員應該要做到以顧客為導向、誠實、可靠、有能力、有人緣。

3. **辨識業務員與銷售經理在工作責任上之異同。** 依照銷售經理的工作職掌，因其經常要涉入人員銷售的某種程度，如同運動隊伍一樣，業務員像球員，而銷售經理就像教練。銷售經理必須年復一年地督導銷售競爭團隊的每一件事，包括發展團隊策略等。而業務員則是要集中心力照顧客戶，然而銷售經理不僅要照顧客戶，更應確保公司的其他人也能成功。

4. **論述銷售管理的主要活動。** 銷售經理的主要活動是擬定銷售策略、設計銷售組織、拓展業務

員，以及評估績效與效能。銷售經理必須招募與挑選業務員，並提供他們足夠的有效資源。大部分的銷售經理是以積極的角色訓練業務員，他們必須協助激勵業務員發揮潛力，並評估他們的績效。銷售經理在快速變化的環境中，必須完成上述的種種活動，這也意味著要隨時調整銷售策略以維持其競爭力。

5. 認清業務員與銷售經理所面臨的重要倫理議

題。業務員應避免做出違背倫理的銷售行為，以博得顧客的信任。這些行為包括欺騙、強加推銷不需要的產品給顧客、隱藏資訊及銷售危險的產品等。

銷售經理是員工之表率，不可對部屬濫權。銷售經理也必須處理一些人際關係的問題，如吸毒、酗酒、性騷擾、員工工作壓力等，若忽視這些問題，那麼違背倫理之情事將層出不窮。

習題

1. 請論述業務員在整體行銷努力上的三項主要任務。

2. 銷售支援業務員與新業務業務員之任務有何不同？

3. 請列出幾種不同型式的直銷業務員。

4. 業務員從事關係銷售時，必須要能博得顧客的信任。請問業務員必須具備何種屬性，方能博得顧客的信賴？

5. 銷售過程的第一個步驟是開發顧客關係。請討論這個開始階段的三項主要活動。

6. 請參閱「運用科技：辨識最佳的潛在客戶」一文，試問你對於業務員利用科技來改善找尋潛

在客戶的看法如何？

7. 業務員與顧客來往時，倫理行為有多重要？在回答問題之前，請參閱圖 19-3 和圖 19-10，並思考業務員在建立信任上的屬性。

8. 請參閱「企業家精神：一家具有創業者精神的銷售組織」一文，哪一方面是戈爾銷售組織最具備創業者的精神？

9. 請參考圖 19-7，並請敘述銷售經理在五種活動領域上的主要責任。

10. 業務員的招募和挑選，與業務員的規劃有何關聯性？

行銷技巧的應用

1. 請回顧圖 19-11 違背倫理的銷售行為。回憶你做為一位消費者時，曾經歷過上述的行為嗎？請舉例說明你如何開始信任業務員？如何決定購買？並請建議業務員要博得顧客信任時，其銷售行為應該是什麼？

2. 對一位潛在客戶尚未準備承諾時，有些業務員會以「立刻就買吧」的方式催促，似乎能給購買者一個立即購買的好理由。請舉出業務員建議購買者若不立即下單購買，價格將要上漲的

例子。假如價格實際並未上漲，業務員是否就違背了倫理？假如該購買者曾答應要下訂單已幾個月了，但實際卻未然，這種行為是否構成欺騙？

3. 請參訪一家零售店，打聽你計畫購買的某件產品特色資料，並請評估你所接觸的業務員之傾聽技巧。該業務員是否為一位好的傾聽者？該業務員的傾聽技巧如何影響其可信賴性？

網際網路在行銷上的應用

活動一

請參訪輝瑞公司網站 http//www.pfizer.com。

1. 需具備哪些條件,方可成為輝瑞製藥公司的銷售代表?

2. 輝瑞公司已完成了哪些購併的工作?這些購併對輝瑞公司的人員銷售及銷售管理,帶來了哪些影響?

3. 輝瑞公司如何涉及電子商務?哪些人可以從該網站購買藥品?

活動二

請檢視 www.salesforce.com 網站。你可以隨意瀏覽該網站,以得到一些基本資訊及產品說明。

1. 試問有哪些銷售工具可以協助業務員發展顧客關係?

2. 銷售經理如何利用這個網站來協助他們訓練業務員?

3. 這個網站要如何改善?

行銷決策

個案 19-1 鈕星:對業務員實施 STEP 訓練

1980 年代後期,美國汽車業陷入低迷狀態。消費者對汽車品質、訂價、廣告和拙劣的銷售方法均普遍感到不滿,而美國本土的汽車價格又實在太貴了,以致於外國汽車趁虛而入,其市場占有率不斷地竄高。在這種環境下,通用汽車公司揚棄了以前的做法,而推出一種與眾不同的汽車,從此鈕星汽車開始寫下一頁輝煌的成功故事。

在 1993 年,鈕星汽車變成了一顆沖天炮,銷售量暴增,通用公司竭盡心思想要把鈕星成功的方法移植到其他車款上。產業分析家指出,鈕星汽車的勝出有以下幾個原因:不二價、顧客導向銷售、沒有複雜的退款辦法;最重要的是,它是一部價格合理的好車。在汽車業裡,鈕星在 J. D. Power 所發布的銷售滿意度(SSI)和顧客服務滿意度(CSI)之名次相當高,而且經常是排名第一。

在強敵環伺下,鈕星的業務員讓公司穩住陣腳,其中一個主要的關鍵因素,即是業務員接受了「鈕星訓練與教育夥伴」專案訓練計畫,或稱 STEP 計畫,而它是一項設計用來開發業務員工作技巧的全方位訓練計畫。

STEP 計畫加強灌輸業務員在推銷鈕星的五種主要價值觀:顧客喜好、優越、團隊、信任與尊重,以及持續改善。

在銷售訓練課程中特別加強上述價值觀,而 STEP 為鈕星建立目標的第一步就是對外開放經銷權。銷售經理將該業務員訓練計畫,轉為從經銷商那裡選拔有興趣者,以成為鈕星車款專門的經銷商,然後連同業務員一起受雇於該公司尚未開張的鈕星直營店。

STEP 計畫要求業務員放棄以往銷售汽車的方法,也就是高壓操弄的銷售技巧,而改以鈕星的銷售理念取代之。即是對業務員賦予諮商者角色,以六項主要關鍵因素建立顧客對鈕星的喜好,分別是傾聽、建立互信、物超所值、雙贏文

化、追蹤以確保顧客的期望已實現、持續改善顧客對品質的認知。

此銷售訓練以自我學習模式與研討會方式組成。自我學習的部分花費 11 小時完成，而學習活動的特色則是以閱讀指定的作業及觀賞錄影帶為主。指派的作業很容易在一段時間內完成，隨後的訓練就是安排其他的工作活動。

鈻星訓練成效的衡量有三種方式。第一，每一個訓練階段的受訓者，都要提出對教材、方法及講師的心得報告；第二，每一個訓練階段後都有一次筆試；第三，60 天後對受訓者的績效檢定，而受訓者需將受訓所學得的技巧表現出來。

所有的指標，在在都顯示 STEP 訓練計畫是成功的。

問題

1. 你對 STEP 計畫的評語是什麼？

2. 以前的銷售經驗對於鈻星工作候選人是一項資產嗎？如果是，是屬於什麼類型的經驗？

3. 鈻星如何對不同背景的傳統汽車經銷商進行招募、甄選、激勵及評估銷售績效工作？

4. 鈻星的銷售過程如何進行？請以你購車的經驗互做比較。

行 銷 決 策

個案 19-2　愛德華‧瓊斯公司：建立顧客關係

愛德華‧瓊斯（Edward Jones）公司是全美最大的網路經紀商，在美國國內有超過 10,000 家分公司。約翰‧巴赫曼（John W. Bachmann）管理這家合夥公司已有 22 年了，公司的成長亦大多靠他的努力而來。而他的經營理念與其他經紀商同業有明顯的不同。

愛德華‧瓊斯公司的經紀人販售一系列的金融產品，包括共同基金、壽險、各種年金、信用卡與家庭融資貸款等。他們領取 40% 的佣金報酬，而顧客也都清楚該筆費用，且他們沒有其他的薪資或獎金。

該公司僅投資一些銀行商品，所以在投資銀行商品與經紀商兩者的操作上，不會發生利益衝突。該公司的研究分析師均不准許擁有這些銀行的股票，因此也排除了另一種可能的利益衝突。愛德華‧瓊斯公司不提供線上交易，也不鼓勵投機，而近幾年來大部分同業都在從事上述兩項業務。然而，該公司也沒有設立電話中心來積極地向客戶電話推銷金融產品。

巴赫曼幫公司建立了員工與顧客之間的密切關係。該公司從鄉下與小鎮開始發展，且成功地將業務逐漸擴展到美國各大都會區，也擴展到加拿大與英國。該公司的高階管理階層以細心規劃為基礎，而設定了清晰的目標，也開創了一個受讚許的環境，讓其經紀人都能成長並且成功。

接近顧客的方法均大同小異，該公司投資代表傾力與客戶建立一對一的關係，而對客戶提供個別的關懷與投資建議。該公司信賴長期投資理念，也希望客戶能夠分享這個理念。與一些金融公司的做法相反，它並不鼓勵客戶從事網路交易，且該公司也不提供網路交易。該公司的投資代表通常在愛德華‧瓊斯公司的辦公室裡與客戶會面，用以建立個人關係，並研擬一套長期的投資策略。這種個人化的方法，協助投資代表了解客戶的想法與財務需求，以便提供給客戶最佳的投資建議。依據巴赫曼的說法是：「我們要以價

值關係去服務市場，而我們並不鼓勵你去賭博。」

問題

1. 為何你認為愛德華‧瓊斯公司是成功的？

2. 競爭者能夠從愛德華‧瓊斯公司爭奪一些業務嗎？

3. 你認為愛德華‧瓊斯公司需要提供線上交易嗎？為何要或不要？

4. 你將建議愛德華‧瓊斯公司未來有些什麼改變，以增加其成長的機會？

直效行銷傳播

Direct Marketing Communications

Chapter 20

學習目標

研讀本章後，你應該能夠

1 了解直效行銷傳播的目的，並敘述其特性。

2 探討直效行銷傳播成長的因素。

3 了解直效傳統行銷技術，如直效信函、廣播、平面媒體和電話行銷。

4 回顧直效行銷傳播應用電子媒體科技之案例。

5 了解行銷從業者在應用行銷傳播時，所面臨的倫理及法規議題。

司凱捷美國（Skechers USA）公司在流行休閒鞋業裡，是一朵世界級的奇葩，其營業範圍遍及澳大利亞、智利、中國、印度和日本等 100 多個國家。該公司經常有流行產品上市，以 20 條產品線供應 200 種不同款式的產品。做為一家多元通路的國際行銷從業者，司凱捷透過各式各樣的零售賣場，包括百貨公司、精品店和運動品專門店、網路商店，以及公司直營零售店銷售產品。在美國國內，司凱捷擁有 125 家的直營店；在美國以外，該公司透過 30 家全球性配銷商，以及 22 家公司直營店販售其產品。

創立於 1992 年的司凱捷公司生產時髦的鞋類產品，並以印刷精美的平面廣告和製作精良的電視廣告建立聲譽。當司凱捷邁入第二個十年時，多角化成為其成功經營之要件。添加新產品線，藉以吸引新人口統計區隔群體的目光。從製造馬靴起家，司凱捷的生產線擴大到服飾、便服，和高級時尚的鞋業產品。該公司將各種合適的人口統計群體一一列入其營業對象，目前正對年輕人、各年齡層的婦女、藍領與白領的男性上班族，以及熱愛駕車者等展開銷售訴求。

除了加添新產品和新顧客區隔外，

司凱捷也對其配銷商通路與行銷傳播工作進行多元化經營。特別是網際網路已成為該公司最倚重的通路，而其在多元化顧客基礎下的許多消費者，也對網路購物以及利用電子郵件做為溝通工具的興趣十分濃厚。因此司凱捷行銷活動逐漸轉向電子郵件，進而取代往昔以紙本型錄的寄送工作。在 2004 年時，電子郵件已經成為司凱捷的主要行銷傳播工具了。

在 2004 年之前，司凱捷還無能力對電子郵件的行銷活動成果給予精確的評價。不過，在對資訊科技設備與應用方面的一番更新後，該公司已可追蹤電子郵件行銷活動，而成果的確非凡。通常舉辦一次電子郵件廣告活動，其目標無非是增加在美國 125 家直營店的人潮，以及該公司網路商店的業績。追蹤結果發現業績確實比以往高，該公司遂全力啟動電子郵件的行銷。今天司凱捷的資料庫裡，擁有 80 萬名消費者登錄在其網站的名單，分別在網站或以產品登錄卡進行購物。不過依規定，司凱捷需要得到這些消費者同意後，該公司方可與其接觸。但從司凱捷利用電子郵件的成果看來，應用資料庫而採用適當行銷傳播組合，以便對個別消費者進行直效傳播，這種可以鎖定對象的行銷傳播的確可以讓公司獲得競爭優勢。

象所周知，雅芳公司透過其數以千計的銷售代表從事直銷。該
公司也利用各種直效行銷傳播的方法，包括直接回應雜誌的廣
告和電話行銷，做為整合全世界行銷傳播工作的一部分。

從第 16 章裡我們得知，大部分的行銷從業者都會利用多種傳播方式接觸其目標市場。而這些不同的接觸目標市場方式，有時就形成整合式行銷傳播（IMC）計畫，這些計畫的重心即為直效行銷傳播。本章要討論直效行銷傳播的角色和特性，並檢視其成長原因。直效行銷傳播（DMC）方式，包括信件、錄影帶、電話、業務員與電腦等各種互動式的方法。在本章最後，將以論述與直效行銷傳播相關的倫理及法規議題做為結論。

20-1　直效行銷傳播的角色

直效行銷傳播
一種直接與目標顧客溝通的過程，以電話、郵件、電子工具或人員拜訪等方式鼓勵顧客回應。常用的直效行銷傳播方法有直效信函、電話行銷、線上電腦購買服務、有線電視購物網路、資訊式廣告等。

互動式行銷
屬於電子商務的一部分，即直接與目標顧客接觸，並鼓勵其回應。

　　直效行銷傳播（direct marketing communications）主要目的有二：第一，藉著向顧客或潛在顧客尋求直接而立即的回應，以建立良好關係。顧客的回應可能是購買，也可能是向行銷從業者索取更多的資訊或函覆其有興趣的資料。第二，直效行銷傳播的目標在維持與增進顧客關係，不論這種關係是由直效行銷傳播或其他方法建立，已日益重要。

　　應用直效行銷傳播技術，以接觸個別消費者和企業。例如，美國每年在直效行銷的銷售額約 2.2 兆美元，其中 54% 屬於消費者市場，46% 屬於企業市場。[1] 在企業對企業的市場裡，直效行銷廣泛地應用於企業服務、化學及其相關產品、房地產和批發業等方面。而在企業對企業的直效行銷中最重要的工具，以銷售量而言是電話行銷和直效信函，幾乎占了總銷售量的 70%。[2] 至於報紙、電視、收音機和**互動式行銷**（interactive marketing）也應用在直效行銷中，互動式行銷被歸類為線上直效行銷，屬於電子商務的一部分。例如，網際網路行銷即符合了第 16 章裡直效行銷傳播的定義：直接與消費者溝通，並鼓勵其做出回應。但值得注意的是，並非所有的電子化行銷都涉及線上直效行銷。

　　以直效行銷方式賣給消費者最多的產品項目有：軟體、電腦、唱片、書籍、禮品、居家裝飾品和服飾等。而在消費者市場中，利用最多的銷售工具則是電話行銷、直效信函、報紙和電視。[3] 互動式行銷的銷售量仍然相當小，然而其年成長率大於其他對消費者的直效行銷類型。

　　直效行銷是整合性傳播策略的重要因素。例如，2005 年時，克萊斯勒汽

車公司運用直效行銷傳播，並搭配人員銷售、廣告及公共關係推銷新上市的 Charger 肌肉車（muscle car）。該公司的目標為 10 萬名發問者（handraisers）——分別來自 Charger 汽車展示會或在其網站簽名索取更詳盡資料的潛在顧客。[4] 克萊斯勒公司與通用汽車、福特、凌志等公司一樣，逐漸增加直效信函的應用，並將其做為整合式行銷傳播活動的一部分。

在企業對企業的領域裡，惠普公司利用直效行銷結合一些行銷傳播做法，如以大眾媒體廣告、人員銷售、促銷（商展）、公共關係等販售電腦。而電話銷售更是惠普公司直效行銷中特別重要的部分。

20-2 直效行銷傳播的特徵

與其他行銷傳播方式相較，直效行銷傳播有幾個不同的特點。第一，直效行銷是以特別揀選的視聽眾為目標，而非一般的視聽大眾。其次，直效行銷通常涉及雙向溝通，而從顧客得到的回應可形成互動。最後，直接回應結果之可衡量性相當高，而行銷從業者可以決定何者成效良好、何者不佳。

20-3 顧客資料庫

直效行銷傳播的一個關鍵因素是，現有顧客或潛在顧客之清單或資料庫的利用。**清單**（lists）裡有姓名、地址、電話號碼、人口統計資料、生活型態、品牌及媒體偏好，以及消費方式。而企業對企業的清單則包括公司的特徵，如年度銷售、主要決策者、信用和過去採購的紀錄，以及目前的供應商等。這些清單可以從顧客交易紀錄、報紙、商展紀錄，或其他足以清楚表示既有或未來顧客資料中加以編輯。除可自行編輯清單資料外，公司也可透過購買、租用、複製或一次使用權等方式而得到清單。

這些清單往往有電腦化資料庫的形式，且可讓直效行銷業者鎖定一個明確定義的目標市場，而非訴求於大眾市場。以**資料庫行銷**（database marketing）或使用電腦資料庫科技來設計、產生和管理顧客資料清單，已經蔚為風氣。[5] 圖 20-1 說明而資料庫如何協助行銷傳播。

顧客資料庫可以相當龐大。例如，Focus USA 公司擁有一套內含 1,900 萬筆小型商業資料的資料庫，其中包含

> **清單**
> 現有顧客或潛在顧客的清單或資料庫，包括姓名、地址、電話號碼、人口統計資料、生活型態、品牌及媒體偏好，以及消費方式。

> **資料庫行銷**
> 蒐集與使用儲存於電腦裡的個別顧客之特殊資訊，使行銷更有效率。

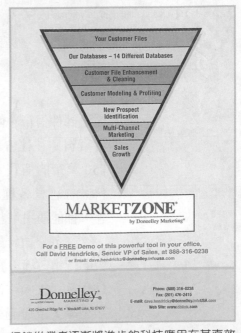

行銷從業者逐漸將進步的科技應用在其直效行銷計畫中。Donnelley 行銷公司以電腦化資料庫和相關服務，為直效行銷業提供最合適的活頁式資料。

圖 20-1　　顧客資料庫對行銷傳播規劃、整合與執行的協助

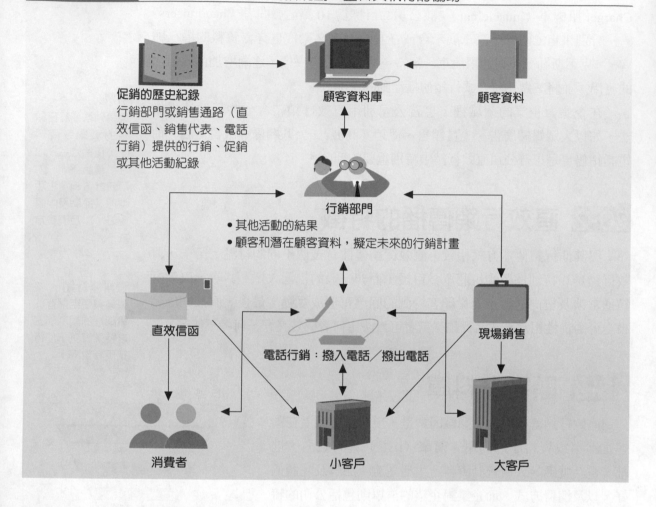

電子郵件信箱、傳真號碼、公司類型、員工人數及年度銷售資料等。[6]而消費者資料庫往往會比企業顧客資料庫還大。例如，MKTG 服務公司即提供了150 萬筆的消費者個人相關資料庫，且是已重新確認過去 90 日內的居住資料。在經營各種不同產品的行銷從業者中，從園藝供應品服務到金融服務等，都能運用這些清單協助其建立通路，以達到銷售目的。[7]

　　許多公司針對其目標視聽眾的特殊需要，遂利用資料庫資訊進行量身訂製的行銷傳播方式。女性服飾零售商 J. Crew 公司即利用其資料庫資料，以個性化款式來吸引個別的消費者，特別是那些曾瀏覽該公司網站以及閱讀該公司型錄，或逛過該公司 170 家零售店中任何一家，但卻沒有購買意願者為其主要的訴求對象。根據 J. Crew 公司的業務主管表示，公司能藉此了解當前購買者的偏好，從而將其行銷訴求個性化，並在線上立即與無購買意願者進行互動與追蹤，該公司計畫將那些觀望者轉變為積極主動的購買者。[8]產業專家

也明確指出,利用資料庫以個性化款式吸引個別的消費者,將為行銷從業者產生更佳的效果。至於如何將資料庫運用在直效行銷傳播上,請參閱「運用科技:資料庫並不僅僅適用於大型企業上」一文。

直接反應導向

直效行銷傳播往往訂有行動的最後期限,並會提供特殊誘因,以鼓勵立即行動。如一件銀行的直效信函即表示:「請來電詢問超低的 6% 房貸、免資金來源調查、6 月 1 日截止。」其他一些行銷傳播方式通常並不要求既有或潛在顧客立刻回應。例如,公共報導和其他各種廣告所期望達成的功效,並不局限在特定的時間裡;而人員銷售目的是在尋求回應,但是業務員往往需要與顧客往來一段時間後,方能得到回應的結果。

可衡量的行動目標

雖然所有的行銷傳播都要設法達成可衡量的結果,但其目標通常不若直效行銷的目標明確。例如,新品牌廣告活動的目標,可能是對其視聽眾的品牌知名度達到 65%。然而,在直效行銷傳播裡,行銷從業者往往會設定更明確的行動目標,如購買或索取資訊的人數,在活動結束後,這些目標就會以購買或索取資訊的累計人數來加以衡量。

行動目標也讓行銷從業者以幾種不同的方法對直效行銷加以測試,而行銷從業者隨後就能有所依據用來修正其訊息和媒體,以達成最佳的結果。例

運用科技

資料庫並不僅僅適用於大型企業上

小型企業正逐漸感受到以資料庫為行銷努力架構的好處。在美國波士頓開設三家名為桃樂絲(Dorothy)乾洗店的業主鮑勃·戴文尼(Bob Devaney),他每星期都發一次電子郵件給客戶。在此之前,戴文尼說他從未有多餘時間對企業做有關促銷的工作:「我就像一隻無頭蒼蠅,整天忙著維修機器,忙著與顧客寒暄。」從 2001 年開始,戴文尼放棄以報紙夾帶折價券的廣告信函郵寄方式,改以電子郵件寄發。在 2005 年時,他的電子郵件名單增加到 3,000 名,而且每週還以 25 至 30 名的擴充速度成長。目前有許多顧客常將附有優惠辦法的電

子郵件轉寄給朋友或親戚,而已登錄的顧客很容易透過電子郵件訊息傳遞,將潛在顧客帶過來。

戴文尼利用電子郵件與既有顧客搏感情,並且引進了許多新顧客。他的顧客很期待看到他的電子郵件,在這 4 年裡,只發生三位顧客拒收的情形而已。戴文尼現在完全靠電子郵件做生意,他說:「我做生意已經有 25 年了,而電子郵件是我所經歷過最棒的事物。我一個月只要花費 50 美元就可發出 5,000 封信函,我在同一天裡就可做完所有的促銷工作,真是乾淨俐落呀!」

經驗
分享

「能夠準確衡量結果，往往是直效行銷傳播最重要的優點，特別是要比較廣告所達到效
果的時候。在競爭劇烈的企業對企業客戶市場裡，它的另一大優點是行動隱密性的能
力。為評估我們活動的範圍及目的，競爭者必須依賴外勤業務員的報告，而這方法是
緩不濟急且不正確的。」

唐·康狄克（Don Condit）是位於科羅拉多州　　　公司擔任簿記員和帳戶監督員。唐的工作表現
Fort Collins 郡的康狄克（Condit）傳播公司總　　為其贏得多項頭銜，包括美國行銷協會頒發的
裁，專長為企業對企業行銷傳播。在創辦該公　　Gold Effie 獎。唐畢業於紐約漢彌爾頓學院，
司前，曾在紐約波普森（Poppe Tyson）廣告　　他對直效行銷傳播的優點做了前述的評論。

唐·康狄克
康狄克傳播公司
總裁

如，KinderCare 學習中心頭一次應用直效行銷時，對住戶投遞廣告信函的方
式並無差異化。但在測試幾種不同方法，以慫恿家長攜帶小孩前來登記加入
各種安親班、閱讀班和一般課程班後，該中心發現其中最有效的訴求方式，
是以不同的市場區隔來搭配不同的班別服務。現在，當家長前往當地一家
KinderCare 學習中心參觀時，其中有 90% 的家長會填寫一張卡片，表示樂意
該中心人員前往拜訪他們，而在這些探視當中約有 4 至 5% 會成為該中心的新
客戶。[9]

20-4 直效行銷傳播的成長

近年來，直效行銷傳播在行銷傳播的比例日益攀升。從 2000 年到 2007
年間，直效行銷的傳播效率提高，每年銷售額的成長率約達 9%。[10]

2007 年時，直效行銷支出預計將達 2,550 億美元，於企業市場和消費者
市場兩者是旗鼓相當的。且直效行銷的支出也呈現穩定的成長，2002 年至
2007 年間的成長率預期將為 12%。[11] 接下來，本節將探討直效行銷傳播在全
球的成長及背後的催化因素。

■ 全球直效行銷傳播

在全球的行銷中，直效行銷傳播已日顯重要。多年來，美國本土的行銷
從業者已受夠國內市場飽和之苦，而國外的直效行銷業者也已十分普遍進入
美國市場拓展業務。雖然美國市場對於某些產品已經相當飽和了，但具有特
色的國際性產品仍在美國擁有很大的成功機會。例如，英國旅遊當局即針對
美國 75 萬名銀髮族使用直效信函活動，結果吸引了 8,000 人的直接回應，而

也有超過 28,000 人次的上網點選。在這次活動結束時有 4% 的回應率，超過英國旅遊業的預期目標達二倍之多。[12]

亞洲是對直效行銷業者最具吸引力的地區。妮夢·瑪珂絲、帕塔哥尼亞、Eddie Bauer、J. Crew 和維多利亞的祕密（Victoria's Secret）等公司的型錄，在日本、新加坡和香港均非常成功。亞洲的直效行銷消費支出也預測將會增加，尤其是在環太平洋國家的增加幅度，已超越了美國 2002 至 2007 年間每年 12% 的預期成長率了。而台灣、南韓、香港、馬來西亞及菲律賓等國家，預測每年成長率將可達 15% 或者更高；在澳洲及泰國，於 2005 年的直效行銷預期也將達到年成長 10%。在這個地區中，只有日本的直效行銷消費成長較為緩慢，預測每年約只有 5% 的成長率。[13]

在歐洲國家，每年的直效行銷支出成長亦超過美國，愛爾蘭更是以 19% 領先，而德國、義大利、荷蘭、奧地利、西班牙及法國的年成長率約為 10%。拉丁美洲同樣也是成長中的區域，即使阿根廷在經濟衰退下，其每年直效行銷支出成長仍足以與美國相抗衡。[14]

歐洲直效行銷成長緩慢的原因，可能是 1998 年歐盟對消費者隱私權的嚴格規定生效了。本章末節將對侵犯隱私權部分有更詳細的探討。這些規定均要求行銷從業者在使用直效行銷活動中任何的顧客財務資料前，都必須事先獲得許可。例如，建立包含顧客所得情況的資料庫，若沒有事先明確地獲得資料庫中所有顧客的同意，則是被禁止的。目前歐盟對非歐洲企業並不強制實施這些規定，若這些規定也開始強制執行，那麼在歐洲市場的直效行銷成本勢必大幅增加。[15]

■ 成長的催化劑

客製化產品、零散型市場、產品價格敏感度、電視網和報紙的視聽眾萎縮，以及強調立即銷售等，都是促使直效行銷傳播成長的原因。今日的行銷從業者被迫需更明確地鎖定目標市場，以便可以更有效地接觸它。

促使直效行銷傳播成長的另外原因，如生活型態的改變，使雙薪家庭有更多的支配所得但卻無時間購物，因而形成對方便、省時、可靠之購物方法的需求。而在這種情形下，利用空閒時在家購物的方式變得更具吸引力。因

直效行銷傳播成長的原因之一是進入全球化市場。Johnson & Hayward 公司從事全球化直效行銷傳播已超過 30 年。

關鍵思維

寇特妮·諾爾頓（Courtney Knowlton）是某女性雜誌的行銷經理，正準備一項直效信函廣告的活動，用以吸引新訂戶。她想要獲得最高的回應率（訂閱回應數與寄出信函的總數之比率）。她很細心地準備高品質的信函，並將既有訂戶從她郵寄名單裡排除。請問你會給寇特妮哪些額外的意見，以增加訂閱之回應率？

買賣雙方溝通容易,再加上可使用信用卡消費,而產品大都可被接受,使得直效購物成為許多消費者的另一種選擇。

科技進步亦是直效行銷傳播成長的主要原因之一,且顧客資料庫可以更精確地被建構和運用。**預測式模型**(predictive modeling)資料庫也讓行銷從業者更有效地接觸到預定目標,以避免浪費而提高其獲利。精密的電腦化統計技術如類神經網路(neural networks)等,則能夠計算出顧客特徵權數,如年齡、所得、教育、工作經驗等。而利用人工智慧的技術,類神經網路也可以學習藉著檢測資料樣本,以及計算預測值及觀察值之間的關係,探知哪些是較有可能回應的目標顧客。

預測式模型
運用顧客資料庫,以類神經網路等技術更有效地達成預定目標。

20-5 直效行銷傳播技術

直效行銷傳播包括直效信函以及某些廣播節目的廣告,如資訊式廣告、直接回應的電視廣告和收音機廣告等均屬之。直接回應廣告也會出現在報紙和雜誌中,其他技術尚包括電話行銷和輔助性電子媒體。

直效信函

直效信函
任何將訊息透過公開或私下傳遞給潛在客戶的廣告方式,包括簡單的傳單到信件、小冊子、錄影帶、回函卡等。

直效信函(direct mail)包括任何將訊息透過公開或私下傳遞給潛在客戶的廣告方式,涵蓋範圍的複雜度各有不同,可從簡單的傳單到信件、小冊子、錄影帶、回函卡等。直效信函每千人的回應率比其他廣告媒體來得高,這也就是為何有那麼多小公司和產業的龍頭廠商,如 IBM、通用汽車、洛克希德和美國運通等公司會採用直效信函的原因。直效信函的優缺點整理請見圖 20-2 所示。

直效信函在內容訊息和送達方式上,也有很大的彈性。其訊息可書寫在明信片或以光碟的方式傳送;再者,直效信函也可以針對少數視聽眾做為訴求對象,並可針對潛在顧客的特殊需求而設計。例如, Midwest Corvette

圖 20-2　直效信函的優缺點

優點	缺點
• 含有訊息的內容。	• 每單位的展露成本較高。
• 訊息內容和送達方式具有彈性。	• 有可能延遲送達。
• 充分涵蓋目標市場。	• 缺乏其他媒體的支援。
• 受到其他媒體的干擾較少。	• 容易被視為垃圾郵件。
• 為數眾多的消費者喜歡郵購。	• 被視為浪費且對環境有害。

Specialties 公司即透過其零件雜誌接觸旗下品牌 Corvette 的車主，並按照 Corvette 車主之清單發送廣告，而該公司也避開了對該產品沒有興趣的消費者。

康狄克傳播公司總裁唐·康狄克，在談論直效信函之效果時說：「我們一直在尋找一種特別有效的直效信函方法，而能讓每封信函就好像是專為某一讀者書寫的個人信函一樣。但在所有的方法中，要以真誠口氣向每位讀者述說的方式為最佳。也就是要以一種直接、誠實和善意的語氣，來談論相關的問題。在寄送的信函裡，我們也為各不同區隔族群的讀者量身製作了每一封信函，如此，將能成功地達成直效信函所要接觸的讀者。」

直效信函可採用單張式的小傳單，或印製精美的多張式傳單方式。本圖片是《消費者報導》應用一份多張式傳單，寄給該雜誌的訂閱戶。

行銷從業者利用直效信函，幾乎可以百分之百地涵蓋其預定目標市場，而受到其他媒體的干擾也較少。例如，電視或收音機廣告與其他廣告或平常節目一起播出，雜誌廣告也與文章和其他廣告並列，但是直效信函在閱讀時，通常比較不受競爭者的干擾所影響。

或許直效信函最大的優點，是其潛在的有效性。在許多國家，包含美國和英國，從直效信函或其他形式的郵購型錄上採購，已成為一種普遍的行為了。直效信函的購物族群大多為高所得者，這也迫使尚未使用直效信函的高級品廠商紛紛爭相仿效。例如，高級品零售商妮夢·瑪珂絲公司即利用耶誕節型錄多年，而諾得史脫姆公司則增加針對女性購物者的高級品型錄清單，其他著名的高級品直效信函行銷業者尚包括 Robert Redford's Sundance、 The Sharper Image、 Herrington 和服飾零售商 The Territory Ahead 等公司。

直效信函也有其缺點，它是所有廣告形式中每千單位成本最高者，而大宗郵件寄送時間有時長達六個星期，所以直效信函可能會延遲送達。再者，消費者很容易將其視為垃圾郵件，在尚未接觸其訊息前就被扔掉。雖然它在某些國家非常流行，但在一些國家裡並非是重要的行銷方法。例如，型錄與直效信函的訴求在南非、澳洲、巴西等國家就沒什麼效果。[16] 最後，消費者逐漸認為直效信函是浪費且對環境有害的。

直效信函的類型

直效信函有許多類型，如圖 20-3 所示。最常見的是銷售信函（sales let-

Callaway 高爾夫球場發行的內部機關報是一份全彩雜誌，內容刊登有關高爾夫比賽賽程、職業好手專訪以及相關新產品資訊，郵寄給股東、零售商、顧客和體育媒體。

ter），它通常有收信人姓名，以及隨函寄出的型錄、價格表、回函卡和信封等。而明信片則往往做為提供折扣、促銷或吸引人潮的用途。明信片也可與大型出版物裝訂在一起，如雜誌封底或產品資訊表單等，用意是除了可以塞進信箱之外，也能讓消費者有一個經濟而容易的回應方式。這種結合式的明信片稱為複式明信片（double postcard plus, DPC+），它能讓行銷從業者有機會傳遞並描述訊息和圖畫。雖然成本較高，但是回應率也高，所以在某些情況下還是可加以利用。

有些公司發行一種稱之內部機關報（house organs）的刊物，郵寄給特定的視聽眾，其形式或許是簡訊、消費者雜誌、股東報告或經銷商通訊等。而以電子郵件發行的內部機關報也逐漸流行。例如，夜總會連鎖店藍調之家（House of Blues）公司提供訂戶每週一次免費的電子簡訊，並定期更新流行歌曲排行榜及其他實況轉播的資訊。

到 2005 年為止，平面型錄的銷售額已達 1,550 億美元。[17] 蘭斯恩德、Eddie Bauer、帕塔哥尼亞和潘妮百貨等公司，都印製了出名的型錄。型錄也提供一種愉快而方便的購物樂趣，而取代了人們在商店內的購物方法。消費者可以享受瀏覽型錄的樂趣，利用簡單而可靠的郵件、電話或傳真等方式來訂購。而部分型錄零售商的員工都經過特別訓練，其送貨系統也都具有相當的效率。型錄在企業對企業的直效行銷上，特別是辦公室用品和家具，也扮演著相當重要的角色。

當初一般商品零售商如施樂百等即率先利用型錄，而在今天更有可能用於對利基市場的訴求上。如今在家具市場，發行具有利基型錄的成功廠商有 L. L. Bean Home、Linen Source、Restoration Hardware、Pottery Barn 和 Hold Everything 等公司。

圖 20-3	直效信函的種類

銷售信函：通常寫有收件者的姓名，會隨函附上小冊子、價目表、回函卡及信封等。
明信片：一般用於提供折價、促銷或吸引人潮的訊息。
型錄：附帶產品圖片並加以描述。
影帶型錄：與平面型錄的目的相同，但以錄影帶或光碟表現。
推廣性的錄影帶和錄音帶：寄送給挑選過的視聽眾。
促銷用互動式電腦光碟：讓收件者選擇他們感興趣的資料。
廣告傳單：一般是可摺疊的單張傳單，同時附有銷售信函。
填塞式廣告單：將廣告單夾在其他郵件，如銀行或信用卡的對帳單或型錄裡。

推廣性錄影帶（promotional videocassettes）、DVD 和 CD-ROM 光碟片等因錄有產品資訊，也已成為流行的直效信函之方式。CD-ROM 光碟片具有多項優點，不但可儲存更多容量且體積更小，因而也降低了郵資成本。而 DVD 光碟片則提供電腦及大眾市場 DVD 播放機額外的玩賞能力，如 BMW 汽車在《浮華世界》（*Vanity Fair*）雜誌的讀者回郵活動中，利用 DVD 光碟片來推銷其三種系列的汽車。此外，為了試圖爭取比 BMW 傳統買家更年輕的讀者，DVD 光碟片的內容特別以男性電影演員克利夫‧

型錄銷售愈來愈多。消費者喜歡這種方便、簡單和可靠的型錄購買方式。

歐文（Clive Owen）及流行歌手瑪丹娜（Madonna）駕駛 BMW 車來完成冒險任務，以做為新商品之訴求。在這種情況下，使用 DVD 以迎合較年輕族群的目標市場策略，也使 BMW 汽車成功地達成品牌知名度及銷售目標。[18]

廣告傳單（leaflets/flyers）通常以標準的紙張規格（8.5 × 11 英寸）印製成單面或雙面的廣告；而填塞式廣告單（statement stuffers）係指在銀行或信用卡對帳單裡夾帶廣告單。

企業對企業直效信函

前述論及的各種直效信函，常被用於企業對企業的行銷裡。鑒於銷售拜訪成本的提高，迫使行銷從業者應用直效信函來開創商機，以促成銷售目的，並提供售後支援服務的資訊。例如，全錄公司對企業採購部門主管進行一項名為「吃掉競爭對手的午餐」之直效信函活動，該活動的目標是鼓勵潛在顧客接受全錄公司銷售代表的邀約。總共寄出 4,000 封信函，令人驚訝的是它有 9.4% 的回應率。這項直效信函活動全程有全錄公司的業務員參與，先由業務員提供郵寄名單，再由其追蹤所有回函的顧客。這項活動藉由一項趣味十足的小玩意來引爆，而持續不斷地收到回函，這個小玩意就是把餐盒當做信封封套的一部分。餐盒裡塞滿野餐食譜卡片，為了兜售全錄數位印表機，它還附帶一份回函，若將其寄回就有機會得到一台瓦斯烤爐。[19] 若要了解如何製作一份成功的企業對企業直效信函，請見圖 20-4 的說明。

■ 廣播媒體

雖然電視和收音機廣告大多用於大眾廣告，但也可以用於直效行銷傳播。在電視和收音機上使用資訊式廣告和直接回應廣告，是廣受歡迎的直效行銷傳播方式。

| 圖 20-4 | 企業對企業直效信函的極大化效果 |

- 把目標擴及到各年齡層的決策者。
- 在銷售循環中，儘可能早一點接觸決策者。
- 量身打造且附有催促採購的訊息，需傳遞到銷售過程中的每一階段裡。
- 以適當的技術水準來接觸有相同購買決策的人。
- 認清執行長可能不會參與，除非該次的採購量足以引起其注意。
- 了解銷售循環的長度與步驟，然後再做計畫工作。
- 發展直接訊息的基礎在於購買者的需求、目標及策略。
- 確認直接溝通的回應就是立即追蹤。
- 顧客到你的網站瀏覽時，要確保網站的形象及內容與你的直效訊息是相容的。

資訊式廣告

資訊式廣告
一段長時間的電視廣告，類似脫口秀或新聞節目。

　　資訊式廣告（infomercial advertising）係持續（通常是 30 分鐘）在電視節目裡播放廣告的方式。資訊式廣告將廣告內容與娛樂混合在一起，看起來更像一般電視劇，而不會讓人覺得這是一個廣告。資訊式廣告在有線電視上的成效甚佳，每年的銷售額超過了 10 億美元。資訊式廣告的產品種類有健身器材、化妝品、小型廚房用品、美髮和個人照護用品等。而知名的資訊式廣告廠商則有 Bowflex、Soloflex、Proactiv 面皰乳霜、Ron Popeil's 旋轉烤肉架、喬治・福爾曼（Geroge Foreman）室內外烤爐等。

　　在混亂的廣告環境中，資訊式廣告的成效突出，且 30 分鐘的廣告並不像一般的 30 秒廣告，讓觀眾來不及抓住重點。而且，資訊式廣告有足夠的時間讓行銷從業者詳細說明其產品內容。例如，Adams 高爾夫公司即用資訊式廣告介紹它非傳統的「Tight Lies」高爾夫球球桿，邀請著名的高爾夫評論家傑克・惠塔克（Jack Whitaker），以及專業高爾夫球員比爾・羅傑斯（Bill Rogers）及漢克・哈尼（Hank Haney），解說原因並證明該球桿的承載重量，且比傳統球道木桿更容易擊球。這創新的 Tight Lies 高爾夫球桿，也獲得國際高爾夫球協會（International Network of Golf）頒發「年度突破性產品」獎，而加入該公司會員的人數也持續增加中。迄今，Adams 公司以資訊式廣告推薦其他產品也相當地成功。

　　資訊式廣告的特色是直接回應電話，且能夠以快速的方式衡量其結果。再者，它能從訂購單上所獲得的資訊，再開發成資料庫。

　　資訊式廣告亦有其缺點。首先，其播出時段會受到限制；若在有線電視與主要電視網的午夜節目裡播出，則很難將訊息接觸到目標市場。雖然資訊式廣告在成本效益上具有潛力，但平均製作成本也甚高。若將製作成本加上播出費用，資訊式廣告則是所有直效行銷傳播方法中成本最昂貴的。

　　最後，資訊式廣告的形象並不好。因為它大多被認為有過度渲染之嫌，

而製作品質不佳、缺乏專業說明等亦為其缺點；此外，有人認為在節目中隱藏廣告，是一種欺騙的行為。某些產品的資訊式廣告受到公眾的抨擊，而這些廣告都在聯邦商業委員會的網站，以及非營利組織的網站如 www.informercialscams.com 和 www.informercialwatch.org 被列為觀察對象。資訊式廣告裡所列示的清單常引用一些文章或政府公告，以斷章取義的方式做為其內容，諸如節食食品或藥草、健康食品、治療禿頭藥品、舒緩肌肉疼痛藥品，以及瘦身食品等比比皆是。[20] 若想有效解決這類的問題，惟有從製作品質的提升，並吸引更多讓人信任的廣告主參與。最近幾年來，一些主要的大公司，如賓州（Pennzoil）、福特汽車公司的 Mercury 部門，以及人力銀行網站 Monster.com 等，也已開始使用資訊式廣告，亦即表示這種直接訴求方式的可信度正增加中。如今 20% 的資訊式廣告，幾乎被《財星》雜誌前 1,000 家廠商所占有。[21] 當資訊式廣告漸漸成為行銷傳播主流之際，這種宣傳工具開始被視為值得注意的創業家精神的法寶，請參閱「企業家精神：誕生在愛荷華州的資訊式廣告遍及全國各電視與廣播頻道」一文。

直接回應電視廣告

　　直接回應電視廣告（direct-response television advertising）一般都為 30 秒、60 秒或 90 秒鐘的廣告，內容包括美國 800 或 900 開頭的免付費電話號碼，以及可以下單訂購的地址。與一般大眾廣告不同的是，直接回應廣告會慫恿消費者立即回應。有些主要廣告主的直接電視回應廣告是以音樂節目型態播出，例如 Time-Life Music（*AM Gold* 和 *Ultra Mix*）以及 Millennium

> **直接回應**
> **電視廣告**
> 電視廣告包括美國 800 或 900 開頭的免付費電話號碼，以及可以下單訂購的地址，慫恿消費者要立即的回應。

企業家精神

誕生於愛荷華州的資訊式廣告遍及全國各電視與廣播頻道

　　1986 年，在愛荷華州的 Fairfield 小鎮，成立了一個非常適合於好萊塢的產業。提摩太·霍桑（Timothy Hawthorne）在此地創辦了 Hawthorne Direct 公司，它是全美國第一家專門製作資訊式廣告的公司。從那時候開始，該公司替蘋果、日產和 Time-Life 等公司製作了超過 500 則資訊式廣告。該公司雇用 70 名員工，一年營收達 1,200 萬美元，而它在資訊式廣告產業中的市占率達 15%。

　　的確，消費者在忙得不可開交的生活裡，不論是哪種行銷傳播都必須創新、易懂、醒目，方能引起注意。霍桑不但把自己看做是廣告人，也當做是

視聽傳播人，亦是說故事的人。他應用一種「有夢相隨，圓夢最美」的意境嵌入其產品的廣告。

　　有別於往昔言過其實的資訊式廣告，今天的資訊式廣告需要靠多層面的消費者研究、產品發展，並且小心鎖定所揀選的消費者，方能發生效果。對各種訊息的訴求要加以測試，並了解消費者的直接反應，以便詳細了解何事可為、何事不可為。因為具備這些特色，霍桑的遠見因而激發了許多公司如迪士尼、路華（Land Rover）等公司，也提出具有其自己特色的資訊式廣告，這一點也不足為奇。

Partners（*Swing Is King*）。其他利用直接電視回應廣告的主要產品尚有 Intuit's Quicken 公司的財務軟體程式、美強生（Mead Johnson）公司的 Boost Vanilla Shake、葛蘭素・威廉（Glaxo Wellcome）公司的 Flonase、施樂百公司的工具、億創（E*Trade）公司的電子股票交易系統等。而平面媒體，即使是最突出的雜誌及報紙等，也經常使用直接回應的電視廣告來爭取新訂戶。例如，《時代》雜誌及《運動畫報》雜誌即經常使用這種方法；《芝加哥論壇報》（*Chicago Tribune*）則是結合直接回應電視廣告與直效信函，以獲得新訂戶與舊訂戶的續訂。[22]

直接回應電視廣告有時也透過無線電視網播放，但大多以有線電視播放居多。有線電視能夠以特定電視節目，並有效地鎖定目標視聽眾。例如，密蘇里州春田市的型錄零售商 Bass Pro Shops 公司，即在有線電視熱門釣魚節目中播出直接回應廣告。如同資訊式廣告一樣，這種形式的直效行銷傳播能夠建立顧客的資料庫，並可立即評估結果。

直接回應收音機廣告

直接回應收音機廣告（direct-response radio advertising）是在廣告中透露電話或地址，而能產生立即回應的能力。此外，與其他直效行銷傳播方式相較，它較能直接鎖定特定的聽眾，且成本相對較低。然而，收音機並不是一種具有特別動態性的媒體，而收音機的聽眾也大多正在忙著其他事情，以致無法專心聽清楚電話號碼或地址；尤其是在開車時，雖然聽了收音機廣告，但卻不方便將地址寫下來。

> **直接回應收音機廣告**
> 在收音機的廣告中透露電話或地址，慫恿消費者要立即回應。

▪ 平面媒體

儘管無法像其他直效行銷傳播媒體那樣完全鎖定目標傳播對象，但報紙和雜誌也提供了一個直接回應的機會。消費者也可以回應有地址、訂購單或電話號碼的廣告，其回應的方式可能是購買或索取更多的相關資訊。使用直接回應平面廣告的方法之一是單張插入（freestanding insert, FSI），本書第 18 章中已論述過此部分。

雜誌也可結合其他形式的直效行銷傳播。一些行銷從業者會將回函卡片放入雜誌內，且**讀者回函卡**（reader-response cards）有時也會結合廣告，並允許消費者索取更多的資訊。讀者若要有關某項產品更多的資料，則可在雜誌的產品廣告聯絡回函卡上圈選號碼，並將其寄回給雜誌出版商。而另一種方式是將磁片夾在雜誌內，例如，《富士比》雜誌的磁片內就有美國運通、

雪佛蘭、 Embassy Suites 和美林證券等的廣告資料，而美國線上（America Online）公司則大量使用磁片來吸引新的訂戶。

電話行銷

電話行銷（telemarketing）是一種互動式的直效行銷傳播方法，係利用撥打電話的方式，以拓展和加強顧客的關係。以其每次的接觸成本為基礎，電話行銷較人員銷售便宜，但又比大眾廣告和直效信函昂費，不過其豐厚的利益卻足以支撐所增加的額外費用。根據直效行銷協會的估計， 2007 年的電話行銷之銷售，將會超過 1 兆美元。[23] 從支出費用及銷售額而言，電話行銷則是主要的直效行銷傳播工具。

撥出式電話的行銷，有時則稱之電話銷售（teleselling），係由行銷從業者主動撥打電話給顧客或潛在顧客。而撥入式電話的行銷，大多發生在顧客打電話給行銷從業者索取資訊或下訂單。無論是何種情況，電話行銷都有著雙向溝通的優點，回應者可以詢問或得到答案，而行銷從業者亦可針對未來顧客的個別需要，提供量身訂製的訊息。

電話行銷在企業對企業行銷上是非常流行的，它也能有效地擴展國際行銷業務。電腦直接供應商捷威公司在愛爾蘭都柏林設立了電話行銷中心，以做為進入歐洲市場的灘頭堡；假日旅館和 Radisson 飯店則在澳大利亞設立電話行銷中心，以統籌整個亞太地區的業務；而蘋果電腦也分別在法國、英國和德國設立電話行銷中心，用來服務歐洲市場。

科技能提升電話行銷的生產力。**預測式撥號系統**（predictive dialing system）能夠略過答錄機、忙線、無人回應等訊號，可以為電話行銷業者每小時節省 20 分鐘的時間。預測式撥號系統可以自動在每分鐘內按預先設定的電話號碼撥號，撥號成功時就會立即傳給現場的電話行銷人員，便可在終端機上同時收到顧客的資訊。

不幸的是，電話行銷人員也常給人不好的印象，消費者往往視電話行銷業者為不受歡迎人物。一般的抱怨包括電話行銷侵犯隱私權、使用誤導手段和浪費時間等。許多消費者組織也警告消費者對電話行銷要加以防備，甚至有些還不只是提出警告而已，更促使消費者對電話行銷做主動的反擊。例如，Junkbusters 公司在 www.junkbusters.com 網站上提供了一些問題的處理方法，如電話行銷業者問「你為什麼不要呢？」若你

電話行銷
一種互動式的直效行銷傳播方法，係利用撥打電話的方式，以拓展和加強顧客的關係。

預測式撥號系統
自動撥號機器讓電話行銷人員更具生產力，它可以略過答錄機、忙線、無人回應等訊號，撥號成功時就會立即傳給現場的電話行銷人員。

林肯木材國際公司在招募新經銷商時，應用電話行銷做為其傳播組合的一部分。在本幅平面廣告及該公司網站上的廣告，免付費電話成為其特色之一。

不想聽這些垃圾電話，Junkbusters 公司將會建議你該怎麼回答。[24]

因民眾對電話行銷業者缺德的作為感到氣餒，也促使聯邦商業委員會（FTC）提列一份消費者向 FTC 登記有案的全國性「電話勿擾」清單，嚴禁電話行銷業者撥打電話給這些消費者。依據 FTC 的報告，登記在電話勿擾名單裡的人有 92% 已經很少聽到電話行銷的電話，而有 78% 的人說他們幾乎沒有接到這種電話了。不過，FTC 同意某些形式的電話行銷電話，諸如來自於政黨或慈善組織、意見研究人員的撥打電話，或來自於某公司對於某消費者在過去 18 個月曾向其採購的撥打電話，或來自於某公司要答覆在過去 90 天裡消費者向其詢問的電話，或來自於消費者承諾願意接聽的某公司電話。[25] 此外，由 FTC 推動的全國電話勿擾登記法律，已經在 30 個州實施了。[26] 對電話行銷業者而言，該訊息內容已經夠清楚了，要成為一位合法的行銷從業者，才可能被消費者接受，且切勿用電話打擾那些沒意願聯絡的人。而就一般觀點而言，電話行銷業者應該集中於民眾所感興趣與期望的事物上，並符合直效行銷協會（Direct Marketing Association, DMA）所制定的行為規範。DMA 則應要求會員能夠遵守「電話勿擾」清單，然而，它的缺點是沒有列舉違規的罰則。電話行銷業者也可以成為企業及消費者之間的溝通工具，而在許多案例中，特別在企業對企業的市場環境下，要站在消費者的觀點，才是一種有效且受人青睞的方法。

即使消費者與合法公司的電話行銷業者往來時，還是要小心。美國全國消費者聯盟提出了最常見的電話行銷詐欺案例，請見圖 20-5 列示。電話行銷業者應注意，一般人大多不願花時間去接聽突如其來的推銷電話，所以在做電話陳述時應簡短有力。

圖 20-5　　美國全國消費者聯盟列舉的十大電話行銷詐欺案例

1. 在家工作計畫：承諾虛偽的利潤，實則推銷器材。
2. 獎金與摸彩：謊稱中獎，但要先付費用。
3. 信用卡：謊稱先支付費用方能申辦信用卡。
4. 預付貸款費用：要求事先預付費用的假貸款。
5. 銷售雜誌：付錢預訂，卻收不到雜誌。
6. 隨意添加電話服務項目：未經同意即增加消費者的電話服務項目。
7. 購買者俱樂部：對未經授權的消費索取信用卡及銀行帳戶費用。
8. 信用卡掛失保險：以恐嚇或誤導方式購買沒有必要的信用卡保險。
9. 奈及利亞（Nigerian）騙術：聲稱要開出兌現支票，騙消費者說出銀行帳號。
10. 撥打按通話數付費（pay-per-call）的電話：一些 900 號碼電話及其他按通話數付費電話，事實上卻不然。

電子媒體

直效行銷傳播除了廣播媒體外，還有其他幾種電子媒體可資利用。這些電子媒體雖然不像其他形式經常被使用到，但也逐漸開始流行，如互動式電腦服務、電腦攤位和傳真機等。

互動式電腦服務

本書曾提及**互動式電腦網路**（interactive computer networks），已逐漸應用在直效行銷傳播上。傳統的網路是利用數據機通過電話線發揮功能，但現在的無線網路則利用通訊衛星，以及簡單的網路存取設備，也能達到同樣的功能，並逐漸成為直效行銷傳播的一個要素。這些包括來自掌上型電腦的網路版個人數位機（PDA），以及黑莓（Blackberry）機和網路手機。

當電子商務持續快速成長時，很自然地可以預期將有更多的直效行銷傳播會透過網際網路。這是因為電子商務增進了直效行銷傳播的關鍵要素——顧客資料庫的應用。換言之，消費者一旦從事電子化的購買，他們將成為銷售者之顧客資料庫的一部分，而做為其日後直接溝通的用途。與其他直效行傳播形式比較，這種成本明顯較低。此外，這種傳播方式也可以接觸到全球的顧客，而讓行銷從業者對使用這種傳播工具有強烈的誘因。

值得注意的是：第一，雖然網際網路使用者的人數不少，且不斷地成長，但並非都與直效行銷有關。其次，線上使用者對於未經同意的電子郵件，或稱垃圾郵件（spam）特別厭惡；有些消費者收到這些垃圾郵件時的反應激烈，甚至會杯葛或反擊寄信者，而反擊方式包括以負面訊息回應廣告主，例如寄出數以千計回信或含有巨大檔案的炸彈電子郵件，以癱瘓對方的電腦數小時之久。

另外值得關心的是，網際網路也常受到塞車的影響。許多使用者抱怨如果要瀏覽幾個網站需要花費很多時間，而這將削弱以電腦網路做為傳播工具的能力。另外，電腦駭客也可能會干擾網站的運作，甚至讓網站癱瘓。駭客就曾經成功地癱瘓許多知名網站，包括亞馬遜、雅虎、微軟和電子海灣等，使其關閉了幾個小時。美國聯邦調查局（FBI）警告行銷從業者，網站安全性是與所連結的其他網站有關；亦即有保護的網站與保護性低的網站連結，仍有可能會受到駭客的攻擊。

雖然有這些的不確定性，但透過互動式電腦網路的直效行銷傳播成長得相當快。對於有電腦設備且希望與零售商或服務業者接觸的消費者而言，它不啻為一個理想的媒體。許多公司也鼓勵消費者與其接觸，而在廣告和產品

的包裝上也會公布它們的網址。

　　康狄克傳播公司總裁唐‧康狄克，在評論網路行銷傳播成長時說：「欲向顧客推銷價格極高的設備，則以網路促銷方式之成長較為緩慢，且在不同的目標視聽眾之市場成長率也不同。例如，未來幾年，食物處理行業的工程師在尚可不依賴網路的同時，製藥處理工程師卻早已習慣運用網路以尋找新設備及替代的供應商了。」

互動式電腦攤位

互動式電腦攤位

屬於一種電子行銷媒體，通常擺設在零售店裡，利用觸碰式螢幕技術，讓消費者透過網際網路擷取資訊。

　　另一種電子行銷媒體是**互動式電腦攤位**（interactive computer kiosk）。這些攤位一般都設有觸碰式電腦螢幕，讓消費者點選有興趣的資訊。有些互動式電腦攤位提供零售店所沒有的產品資訊，消費者可以直接打免付費的電話訂購。遊客多的城市也常利用這種攤位來幫助觀光客找尋目的地，而這種電腦攤位亦常被飯店、旅館及觀光景點當做是直效行銷的傳播工具。型錄零售商也使用電腦攤位，設法對購物中心及機場顧客增加額外的展露機會及銷售量。隨著顧客愈來愈熟悉電腦科技，電腦攤位的使用率也逐漸地增加。上選、辦公用品倉儲及史泰博等公司即利用電腦攤位提供電腦或其他產品，讓顧客可以在該公司的網站直接採購；IBM 公司則在就業博覽會上，利用電腦攤位直接與應徵者溝通；而一些製藥公司也在醫生辦公室設有電腦攤位以推銷藥品。

傳真機

傳真即時系統

可以立即以傳真的方式回應 800 免付費電話索取的資訊。在該系統裡，當傳真機收到資訊要求時，會立刻將資訊回傳給資訊要求者。

　　傳真機可以讓消費者傳送書面文件。然而，用傳真機做為直效行銷的傳播工具，則僅限於企業對企業的顧客。直效行銷業者都以傳真機來接收顧客的訂單。稱為**傳真即時系統**（fax-on-demand systems）的新科技，可以立即以傳真的方式回應 800 免付費電話索取的資訊。在該系統裡，當傳真機收到資訊要求時，會立刻將資訊回傳給資訊要求者。布萊恩‧德克薩斯公用事業（Bryan Texas Utilities）公司利用一個需求傳真系統來加強其客戶服務活動。在一具按鍵式電話上，顧客可以在要求獲得其帳戶的資訊時，就能立即從傳真機上接收到這些資訊。[27]

　　利用傳真機做為企業對企業的行銷傳播工具，也會發生一個問題，即大多數的企業不希望其傳真機被濫發的傳真資料者占線。現在，一般實務上的做法，則是未經請求的資訊只能利用下班時間來傳送，這將使傳真機等待撥通的時間得以舒緩些。有些州如德州、奧勒岡州和佛羅里達州等，更是禁止

以傳眞機濫發未被要求的資料。

許多企業對企業的行銷從業者，包括會計師事務所和設備製造商等，均要靠資訊傳送來吸引客戶。這些行銷從業者發現，傳送書面文件資訊，要比聲音或影像來得更爲有利。而許多潛在顧客也偏愛閱讀量身訂做的書面資料，而比較容易抓到重點。因產品價格、方便性、送貨時程及其他行銷組合變數經常變動，因此利用傳眞機來更新極爲方便。許多傳眞資料並不顯示在紙張上，而是存於電腦檔案中，只要在傳送前鍵入幾個動作即可更改。目前，電子郵件也有同樣的功能，因此傳眞機在直效行銷的重要性上也已降低了。

20-6 直效行銷傳播的倫理和法規議題

本節將討論有關直效行銷傳播的倫理與法規議題：侵犯隱私權、詐欺行爲、自然資源的浪費。

侵犯隱私權

當消費者資料庫愈是高度發展，隱私權就愈被關心。從各種調查中皆得知，消費者不相信公司會妥善保管他們的個人資料。而在對抗侵犯隱私權上，大多數人認爲政府應該要有積極的作爲。[28] 消費者的擔心並非無稽之談，根據聯邦商業委員會的報告指出，在 2000 至 2005 年間，有 2,730 萬的美國人確曾被盜用其資料。[29]

消費者也擔心他們對公司如何使用個人資訊的行爲無能爲力，他們不希望個人資訊被洩漏而收到太多廣告訊息。有些人則擔心個別消費者行爲的詳細檔案，會造成行銷從業者的差別待遇。例如，公司若知道某位消費者只會參觀卻買得少，則可能會讓他多花時間等候或不給他好的價格。

在這一波對消費者隱私權的關切聲中，亦催促了一連串的聯邦立法活動，在 2003 至 2004 年間，美國國會推出了 19 項隱私權法案。這些法案主要是環繞在窺伺軟體（spyware）的利用、信貸資料的利用、個人銷售資料、無線電話管制，以及以電腦爲基礎的傳播管制等上面。[30] 這些法案有多少會被通過尚未得知，但從這些立法跡象顯示，未來幾年裡政府在隱私權的管理將趨於嚴格。同時，相信會有不少消費者亦厭惡與行銷從業者及網路商店分享個人資訊。

關於兒童的隱私權則是特別敏感的問題。消費者團體指出，線上服務對

年輕消費者未來生活的影響遠超過電視，且認為一些線上行銷業者在操弄兒童。例如，有些公司以獎品換取個人資料，如電子郵件地址和生日資料，卻將這些資料用在直效行銷傳播上。批評者認為，行銷從業者應該充分揭露這些資訊將如何被利用，如果資訊是以可辨識的個別方式呈現，而非成為群體資料時，則需經家長的同意才可以。31

美國行銷從業者對政府立法管制消費者隱私權的潛在威脅，顯得格外機警。然而，其他國家的消費者卻早已習慣於嚴格的隱私權規定。歐盟各國保證人民對其個人資訊有完全的控制權，如果有公司要得到某位消費者個人資訊，則必須得到該消費者的同意，以及說明該資訊將如何使用。歐盟也要求其他國家的行銷從業者必須遵守歐盟的嚴格法律規定，該項規定也要求，公司不能傳送個人資料到隱私權保護法律不如歐盟嚴格的國家。此外，歐盟的法律也禁止使用攔截資料的電腦程式（cookies），以追蹤顧客在網站的偏好，也不准業者利用其他業者的資料庫來招攬生意。32

有些直效行銷公司為了避免有觸法的疑慮，也正採取一些措施，以避免侵犯消費者的隱私權。目前已有很多公司不願再將其所擁有的顧客清單出租給其他公司使用了。例如，麥當勞、費雪（Fisher-Price）公司和花旗集團等，也不再出租其顧客清單。許多廠商會讓顧客自己選擇是否願意列入被其他公司使用的清單裡，有些廠商則會詢問消費者願意接受廣告信函的次數。

■ 詐欺行為

電話行銷立法的增加，至少有一部分是針對許多電話行銷業者的濫用而來的（請見圖 20-6）。當消費者訂購並付款而尚未看到產品時，消費者即已展現對銷售者的高度信任，故直效回應行銷業者所仰賴的就是這種信賴。但卻有一些直效行銷活動傷害了這種信賴。

在歷經 30 年之後，行銷從業者終於讓消費者相信 800 號電話是免付費的，但有些行銷從業者卻要求消費者在撥 800 號電話後，再按下一些代碼，而消費者往往在不知情的情況下，讓該通電話變成要付費的 900 號電話號碼。其他的濫用方式尚有來自摸彩行銷業者的 900 號電話促銷，但消費者獲得的獎品卻不等值於撥打該次的電話費。

號碼自動顯示系統（automatic number identification systems）和**來電闖入號碼系統**（caller ID intrusion systems）也引起了倫理和法規上的問題。這些系統辨認回應者打進來的電話號碼後，即做為廣告或促銷之用途，而根本不知會消費者。這不僅侵犯隱私權，也有機會獲得未登錄的電話號碼，而伺機向

號碼自動顯示系統
此系統能夠將廣告或促銷電話一打進來的時候，就顯示出對方的號碼。

圖 20-6   電話行銷規定

所有從事電話行銷的企業，都必須遵照 2003 年 1 月 29 日公布的電話行銷規定（TSR）行事。這些規定是依據 1994 年通過的電話行銷、詐欺消費者與預防濫用法訂定的。這些規定的主要內容如下：

- 電話行銷業者嚴禁打電話給已經向聯邦商業委員會登記為「全國性電話勿擾」的消費者。
- 電話行銷業者必須傳送來電號碼顯示資料。
- 禁止有誤導的行為。
- 電話行銷業者必須揭露有關購買該次的成本、限制條件，以及退貨或取消購買的政策。
- 禁止濫用的行為，包括使用侮辱的語言、接聽者已表示不願意被干擾時。
- 電話行銷業者必須保留一份「電話勿擾」名單，其餘的嚴禁在當地時間的早上 8 點前和晚上 9 點後撥打。
- 公司必須對於交易的紀錄保存 24 個月。
- 電話行銷規定的強制性。聯邦商業委員會和各州的檢察官得以對每天每次的違規，處以 11,000 美元的罰款。

其推銷產品。

　　網路欺騙也是另一個直效行銷傳播所關心的問題。許多電話行銷騙局（見圖 20-5）也以電子郵件推銷產品。例如，經常以電子郵件傳送奈及利亞（Nigerian）騙術、在家工作計畫，以及提供假信用卡等詐欺行為。另外，電子郵件也經常被利用來提供假冒的生意及加盟的機會。

　　由於消費者關心所謂的垃圾電子郵件問題，促使美國政府在 2003 年制定了反垃圾郵件法（CAN-SPAM Act, Controlling the Assault of Non-Solicited Pornography and Marketing Act）。該法規定以電子郵件傳送廣告信函時，得提供消費者（收件者）要求退出寄信名單的機制，寄信者和公司若有違法將受處罰。在此法案下，凡以虛假或標題誤導的資訊都屬欺騙行為，一律被禁止。寄發商業廣告的信件則應可被辨識為廣告信函，寄信者的信封上必須明列確實的地址，不得以信箱號碼替代。違背反垃圾郵件法最高將處以罰鍰 11,000 美元。[33] 除了反垃圾郵件法外，美國有 33 州政府還頒布管制屬於商業廣告電子郵件的法律。[34]

■ 浪費自然資源

　　行銷決策對環境造成不少影響，因此對自然資源的使用也益加受注意。對於直效信函產業，垃圾郵件不但受到了消費者的抱怨，也受到了管制機構的關切，且更引發一些問題，如過度消耗垃圾掩埋場、對木材生產和砍伐的影響、連帶對紙張成本的浪費。

　　眾所周知，消費者不願意收到他們未索取的信函。而行銷從業者有兩種方法可以將無法寄達和拒絕信函減到最低，以杜絕浪費。首先，行銷從業者

可利用美國郵政總局來查詢全國地址變更的資料，而利用這些資料可以先過濾無法寄達的信函，如此一來將可節省不少郵資。

此外，直效行銷業者也要告知消費者，他們有權可以將其名字自郵寄清單中除去。直效行銷協會推動了一項「優先」計畫，讓消費者選擇不再收到未經同意的信函和電話。而行銷從業者也應該使用一些方法以傳達給消費者，讓其對計畫能有所了解，因而減少未經同意的郵件數量，以及提高直效行銷傳播的效率。

無論是在家庭或是在公司，另一項直效行銷傳播被詬病的問題，則是浪費時間處理未經要求的訊息。非經同意傳遞的訊息相當困擾消費者，且也會被迫明顯地降低工作效率。但若明白且熟悉這些限制，那麼大部分合法的行銷從業者將能更關心有哪些目標消費者能夠購買其物品，以及如何與這些消費者直接聯繫的方式。

要杜絕直效行銷傳播的浪費，消費者與關心這些事情的公司需要共同努力，方能獲得預期的改變。而行銷所面對的大部分倫理和法規問題都是事實。不論是隱私權的侵犯、詐欺行為、資源浪費，或其他行銷上的重大倫理或法規議題，消費者都必須主動出擊，才能產生有利的改變。

摘要

1. **了解直效行銷傳播的目的，並敘述其特性。** 直效行銷傳播是利用一種或多種媒體，來針對目標視聽眾做傳送。直效行銷傳播的目的之一，就是利用電話、信函或人員的拜訪來得到顧客，以獲得潛在顧客的回應。另一目標則是維持與增強日益重要的顧客關係。
直效行銷傳播和其他行銷方式有幾個不同的地方。第一，其運用顧客資料庫或清單，以精確地瞄準視聽眾。第二、它比其他行銷傳播方式更能得到立即的回應。最後，其目標為特定消費者的行為，故所獲得的結果有很高的可預測性。

2. **探討直效行銷傳播成長的因素。** 零碎型市場的增長，讓鎖定範圍不大的直效行銷方法益加吸引人。而生活型態的改變也使得人們追求方便、省時和可靠的採購方式。或許直效行銷傳播成長的最大驅動力之一就是行銷資料庫的出現，它讓行銷從業者能更深入了解具有生產力的目標顧客。

3. **了解直效傳統行銷技術，如直效信函、廣播、平面媒體和電話行銷。** 直效信函可應用的方式，從明信片到錄影帶、型錄皆有。平面印刷和廣播媒體常被用來做為直接回應的廣告，而資訊式廣告則成為一種針對目標市場的有力行銷方式。即使撥出式的電話行銷經常被消費者認為是一種騷擾，但撥出式和撥入式的電話行銷卻依然十分盛行。這些不同的方法各有其優點及限制。而行銷從業者通常會使用多種方法，來接觸其目標視聽眾。

4. **回顧直效行銷傳播應用電子媒體科技之案例。** 互動式電腦服務、互動式電腦攤位，以及傳真等，則是目前使用於直效行銷傳播中三種較為

新穎的傳播科技。這些工具能立即將資訊提供給顧客或企業對企業買主，有時還可讓顧客和銷售者在非上班時段交易。

5. 了解行銷從業者在應用行銷傳播時，所面臨的倫理和法規議題。當資料庫清單變得愈來愈精細時，就有愈來愈多的人關心隱私權被侵犯的問題。而濫用消費者隱私權，將導致以立法來限制。電話行銷是最為人所詬病的，它被不肖

行銷從業者用來詐騙消費者。一些行動則能夠防止闖入或不當的騷擾。垃圾郵件及未自動索取的信函也已經嚴重地浪費了自然資源與消費者的時間。行銷從業者、消費者和直效行銷協會等機構，應該共同致力於處理這些問題，否則，肯定會有更多消費者被犧牲，也將會有更多法規來管制這些問題。

習題

1. 請定義直效行銷傳播，並敘述其特徵。
2. 何謂資料庫行銷？其對直效行銷傳播的成長有何影響？
3. 請參閱「運用科技：資料庫並不僅僅適用於大型企業上」一文，除了應用每週寄發一封附有優惠價的電子郵件外，桃樂絲乾洗店還可以使用何種方法來吸引與慰留顧客？
4. 請論述直效信函的優缺點。
5. 何謂資訊式廣告？你認為哪一類型的產品最適合利用它，原因何在？
6. 請參閱「企業家精神：誕生在愛荷華州的資訊式廣告遍及全國各電視與廣播頻道」一文，為

何資訊式廣告會在行銷傳播中不受重視的環境下，搖身一變成為主流呢？
7. 何謂互動式電腦服務？它和互動式電腦攤位的差異何在？
8. 資料庫行銷常被批評侵犯隱私權。行銷從業者是否要關心此事？又要如何才能消除消費者心中的疑慮？
9. 回顧圖 20-6 的電話行銷規定，你認為美國聯邦政府對電話行銷的管制有其必要性嗎？
10. 直效行銷業者有什麼方法可以減少其傳播方式所造成的浪費？

行銷技巧的應用

1. 以三到五位同學為一組，任選兩則資訊式廣告進行分析，看看其是否符合美國電子零售協會（Electronic Retailing Association）所制定的標準：
   a. 一項「付費的廣告」應該出現在節目的起頭與結束的地方，而有訂購的機會。
   b. 廣告主的名字應該公開。
   c. 製作的廣告不能有所誤導、虛假的聲明或故意略過事實，也不能具有煽動和攻擊性的內容。

對於最後一項，組員們有何意見？請彙總你們的意見並在課堂上討論。
2. 假設你是大學校友基金委員會的主席，委員會目前正在籌辦一項需要聯絡 30,000 位校友的新圖書館募款活動。目標是在 18 個月內募得 100 萬美元。第一項要做的工作就是確定在這個活動中，需要利用何種傳播媒體。而所有校友幾乎分散在全美各地，並且有 10% 的校友旅居海外。你將推薦委員考慮以何種方式與校友聯繫？並請簡單說明你的理由。

a. 直效信函
b. 電話行銷
c. 人員銷售
d. 直接回應電視廣告
e. 電子郵件
f. 傳真

3. 遇到下列情況你會使用何種直效行銷傳播？
a. 通知你的客戶你的零售店即將舉行拍賣。

b. 介紹你自己和公司給業務轄區的潛在客戶。
c. 邀請既有客戶在下個月一項商展中參觀你的攤位。
d. 展示你的公司新研發的軟體程式。
e. 讓歐洲的建築管理者熟悉你最新的地面移動裝備。
f. 讓 1,200 名經銷商了解你的公司現況。

網際網路在行銷上的應用

活動一

　　請上司凱捷公司的網站 http://www.skechers.com，請瀏覽該網站，包括連結其電子信箱。

1. 請問消費者在該公司的電子信箱註冊會得到哪些好處？
2. 請問該公司採取哪些步驟，以便提供更多的誘因讓你連結電子信箱註冊？
3. 請問該公司如何將電子信箱結合行銷傳播的努

力，例如電視與平面媒體的廣告，而構成該網站的特色？

活動二

　　商業機構通常利用網路來提供消費者和管理者有用的資訊。請至直效行銷傳播協會所架構的網站 http://www.the-dma.org 。你能發現直效行銷管理協會正在重視對直效行銷工作的倫理問題的證明嗎？

個案 20-1　思科公司利用電子郵件達成目標

　　思科公司以做為全球首屈一指的電腦網路產品供應商，協助企業客戶使用網際網路和區域網路而聞名。思科公司常把價錢壓到最低，並利用其網站 www.cisco.com 來降低對顧客的服務成本，且將絕大部分的顧客支援系統放在網站上。該公司與其策略夥伴如微軟、甲骨文、IBM、EDS 和惠普等公司並駕齊驅，20 年來一直都被認為是科技公司中的菁英。在 2005 年時，思科是 *CRN* 雜誌舉辦「配銷通路上支援轉售商」競賽活動中，得

到優勝廠商獎者之一。

　　思科公司現在以直效行銷傳播為其主軸。複雜設備需要人員銷售的配合以完成銷售循環，該公司也利用直效行銷支援其銷售工作，以及外勤的工作夥伴。多年來，公司利用電腦網路做為其業務員與顧客的直接溝通工具。最近，該公司更進一步利用最新版本的直效信函系統，以進行大規模的電子郵件廣告活動。

　　早期的電子郵件廣告活動證明是高效率與高

利益的，且一次廣告活動可獲得 55% 的回應率，約有 220 萬美元的額外銷售，而投資報酬率可達 1,200%。最近的廣告活動，則針對大企業如 AT&T、富國銀行（Wells Fargo Bank）、德意志銀行（Deutsche Bank）等公司的執行長、技術人員及經理等。該活動之一是針對 40,000 名技術人員贈送技術手冊，而他們也有權決定索取何種產品的資訊。思科公司則利用這些潛在客戶的回應資訊，而來決定是否做為業務員的線索。該活動之二是利用傳統的信函寄給執行長和經理，因為根據研究，這些人對傳統信函接受度遠高於電子郵件。而當這些活動產生一些有用的銷售線索時，思科公司的管理階層也考量到這些線索的品質。有些人認為將技術手冊做為贈品而獲得的線索並不確實，但即使如此，該公司也指出該廣告活動的整體結果是可以接受的，且轉換的消費者的比率也令人滿意。

在隨後的電子郵件活動中，思科公司郵寄給 124,000 位既有顧客，慫恿其加入更高價的網路系統。根據其網站的點選紀錄，電子郵件收到了 35% 的回應，與直效信函比較，使用電子郵件則節省了 50% 的成本。

除了開始時使用回應電子郵件外，思科公司也分別在 Hoover's Online、Bloomberg.com、CFO.com 等網站刊登廣告，以及在《紐約時報》（*The New York Times*）、《財星》、《華爾街日報》等刊物上，刊登直接回應廣告，也都收到了數量龐大的回應線索，而這些線索都對該公司的外勤業務員具有相當大的用處。在行銷人員收到這些線索之前，公關部門就已經開始分析這些線索，並判斷哪些公司何時會採購，且願意花多少錢採購。

思科公司視其直效行銷為刺激產品需求不可或缺的要素。因為產品的複雜性，網路業的客戶並不知道他們到底需要購買些什麼。而為了加速銷售循環，利用直效行銷傳播的電子郵件已成為思科公司最重要的策略了。

思科公司的執行長約翰·錢伯斯（John Chambers）在來到該公司之前，曾於 IBM 公司從事行銷，他一直都很重視顧客服務，以及利用科技建立顧客關係的推行者。在此情況下，思科公司又再一次證明它懂得利用科技，即使是最簡單的電子郵件，也能夠以低成本而適時的訊息傳遞給顧客。然而顧客也是贏家，因為保持其科技網路設備於一定的水準，亦是成功的要素之一。

問題

1. 除了提供銷售線索外，思科公司的電子郵件直效行銷傳播對其行銷人員有哪些助力？
2. 除了電子郵件行銷外，尚有哪些直效行銷傳播方法對思科公司也是非常有效的？
3. 思科公司有哪些方法可以衡量電子郵件的功效？這些方法如果用在直接回應平面媒體或網路廣告會有何不同呢？

行銷決策

個案 20-2 **Musicland** 公司以直效行銷傳播建立關係

Musicland 公司曾是上選公司的子公司，以 Suncoast Motion Picture、Media Play 和 Sam Goody 等名稱在美國、波多黎各、維京群島等地，設立了 900 家的音樂及軟體零售店。 Musicland 公

司在顧客忠誠度方案中大量利用直效行銷傳播，該方案主要是用來鼓勵再購而讓顧客得到物超所值的享受。該方案稱為 Replay，實行之初即遭遇到極大的問題，造成了顧客大量的流失，其撥入式的電話行銷代表也引起不少顧客的抱怨。而登記名冊也做得很差勁，因為符合資格的顧客所收到折價券，卻無法在時限內用來做為採購用途。因此，Replay 的會員數持續下降，零售店經理也不願意繼續推動該項方案。Musicland 公司的顧客忠誠度方案似乎與預期結果背道而馳。

Musicland 公司後來透過位於密里蘇達州的 Group 3 行銷公司的資料庫行銷專家幫忙，加強其顧客忠誠度方案。Replay 的基本理念仍保留，且成立了一個消費者俱樂部用來提供會員折扣，以及其他促銷品、懷舊歌曲和新產品等相關資訊，而入會費則是每年繳費 8.99 美元。同時也增加直效信函與會員的聯繫次數，並將信函內容更加客製化。

現在每兩個月寄送一次簡訊，以及每個月寄送 4 到 5 張的明信片。因該簡訊而產生的店內或線上回應有 16 至 18%，而明信片則增加 5 至 7% 的回應率。簡訊也比明信片更客製化，所有訊息內容則引用自資料庫裡的顧客資訊。訊息內容大多以顧客對音樂和影片的喜好、生日、鄰近的連鎖店，以及最近的消費紀錄來量身訂做，而明信片則著重在新上市產品的介紹。

當會員加入 Replay 時，都會留下基本資料，而當其利用會員卡消費時則會留下購買紀錄。這些紀錄每天都會傳回給 Group 3 行銷公司，而線上購買則會自動將資料匯入資料庫中。

每一期的簡訊都會有一頁是為個別的 Replay 會員量身訂做的，其個人化的資訊包括點數累積、兌換贈品的情況，以及產品資訊等，都是為了迎合會員的喜好所設計。其餘的個人化資訊則

包含在簡訊的夾頁之中。

Musicland 公司的每一家零售店，都會收到一張在該店消費排名前 50 名的顧客紀錄。當這些顧客再度蒞臨採購時，他們的名字將會直接顯示在電子螢幕上。這也使得零售店的員工對這些重要顧客在踏進店門時，就能喊出這些客人的名字以示歡迎，並逐漸認識他們。這些線索也讓零售店以更人性化的方式來服務這些頂級顧客。

Musicland 公司利用 Replay 資料庫以電子郵件，寄發優惠券以及特殊產品給會員，只要會員在線上簽署同意就可得到這些服務。而這種選擇方式也給 Musicland 公司帶來了巨大的收入，以及更多的消費者加入線上直效行銷傳播的行列。

零售店的經理也開始熱烈支持 Replay，而在零售店裡也到處可見推廣 Replay 活動的標幟。很顯然地，該公司希望將其線上傳播炒熱成為一個有趣形象，例如其展開的「抵制劣質禮品」廣告活動，是將旗下的 Sam Goody 零售店定位為劣質禮品的終結者，藉以吸引人潮而增加零售店的銷售。在 2005 年時，該項廣告活動贏得美國公共關係協會以及國際企業溝通者協會等兩個團體頒發的最高榮譽獎。Musicland 公司正努力延伸線上活動方案，其擁有 160 萬名付費會員、一個有意義的資料庫、一個友善的接觸面，以及具有高度客製化的行銷傳播，Replay 的未來將是一片光明。

問題

1. Musicland 公司如何利用資料庫的資訊來增加零售店的促銷及人員銷售？

2. Musicland 公司如何使用資料庫來改善市場區隔化和目標行銷？

3. 你建議用什麼方法來評估 Musicland 公司的 Replay 方案中，各種直效行銷傳播工具的效果？

照片資料來源

第 5 章

第 6 章

第 7 章

第 8 章

第 13 章

Images provided by Timbuk2 Designs, Inc., p. 361

Courtesy Target Corporation, p. 366

Courtesy Avon, p. 367

Courtesy Spiker Communications, p. 370

Mary Beth Camp/Matrix, p. 371

Courtesy General Motors Corporation, p. 376

© M. Hruby, p. 379

Photo by Mario Tama/Getty Images, p. 379

© John Abbott, p. 382

第 14 章

Photo by Tim Boyle/Getty Images, p. 391

Courtesy Mall of America, p. 394

Courtesy Mall of America, p. 394

John Roberts, p. 396

Courtesy 7-11 of Japan, p. 396

Photo by Piotr Malecki/Liaison/Getty Images, p. 398

Greg Girard/Contact Press, p. 398

Courtesy of Evolution Robotics, p. 399

Courtesy Amazon.com, p. 401

© John Madere, p. 404

© Red Morgan, p. 408

Chuck Solomon, p. 411

Photo by Justin Sullivan/Getty Images, p. 412

© Marc Joseph, p. 412

第 15 章

Courtesy W.W. Grainger, p. 423

Courtesy Ingram Micro, Inc., p. 424

Courtesy W.W. Grainger, p. 426

Photo by Tim Boyle/Getty Images, p. 428

Courtesy DoveBid, Inc., p. 429

Courtesy United Parcel Service of America, Inc., p. 434

Courtesy Knight-Ridder, Inc., p. 434

Courtesy Unilever, P.L.C., p. 436

© Jeff Zaruba, p. 439

Courtesy TRANSFLO Corporation, p. 440

© Lester Lefkowitz, p. 441

第 16 章

Photo by Jamie Squire/Getty Images, p. 449

Courtesy Benjamin Moore & Co., p. 451

Courtesy Wisconsin Milk Marketing Board, Inc., p. 451

Courtesy Samsung Electronics North America, p. 452

Courtesy WNBA Enterprises, LLC, p. 454

© Flip Chalfant, p. 455

Used with permission of Memorial Sloan-Kettering Cancer Center, p. 458

Courtesy Omega Ltd, p. 458

Courtesy Bailey's Nursery; Art Director: Tim Ward; Creative Director/Copywriter/Photographer: Michael La Monica, p. 463

Courtesy Timex Corporation, p. 467

Courtesy Liberty Mutual Insurance Company, p. 471

© 2002 Wyeth Consumer Healthcare, p. 472

第 17 章

第 18 章

第 19 章

第 20 章

索引

感謝您對麥格羅‧希爾的支持

您的寶貴意見是我們成長進步的最佳動力

姓　名：＿＿＿＿＿＿＿＿＿＿ 先生／小姐　學校系所：＿＿＿＿＿＿＿＿＿＿＿＿

電　話：＿＿＿＿＿＿＿＿＿＿＿　E-mail：＿＿＿＿＿＿＿＿＿＿＿＿

住　址：＿＿＿＿＿＿＿＿＿＿＿＿＿＿＿＿＿＿＿＿＿＿＿＿＿＿＿

購買書名：＿＿＿＿＿＿＿＿＿＿＿　購買書店：＿＿＿＿＿＿＿＿＿

學　　歷：　□高中以下（含高中）　□專科　□大學　□研究所　□博士

領　　域：　□管理　□行銷　□財務　□資訊　□工程　□文化　□傳播
　　　　　　□創意　□行政　□教師　□學生　□軍警　□其他

職　　業：　□學生　□一般職員　□專業人員　□中階主管　□高階主管

您對本書的建議：
　內容主題　□滿意　□尚佳　□不滿意　因為 ＿＿＿＿＿＿＿＿＿＿＿＿
　譯／文筆　□滿意　□尚佳　□不滿意　因為 ＿＿＿＿＿＿＿＿＿＿＿＿
　版面編排　□滿意　□尚佳　□不滿意　因為 ＿＿＿＿＿＿＿＿＿＿＿＿
　封面設計　□滿意　□尚佳　□不滿意　因為 ＿＿＿＿＿＿＿＿＿＿＿＿
　其他 ＿＿＿＿＿＿＿＿＿＿＿＿＿＿＿＿＿＿＿＿＿＿＿＿＿＿＿＿

您的閱讀興趣：　□經營管理　□物流管理　□趨勢資訊　□身心保健　□人文美學
　　　　　　　　□銷售管理　□行銷規劃　□財務管理　□投資理財　□溝通勵志
　　　　　　　　□商業英語學習　□職場成功指南　□六標準差系列
　　　　　　　　□麥格羅‧希爾 EMBA 系列　□其他 ＿＿＿＿＿＿＿＿＿＿

您從何處得知　□網路　□目錄　□逛書店　□廣告信函　□行銷人員　□他人推薦
本書的消息？　□其他 ＿＿＿＿＿＿＿＿＿＿＿

您通常以何種　□書店　□郵購　□電話訂購　□傳真訂購　□團體訂購　□網路訂購
方式購書？　　□目錄訂購　□其他 ＿＿＿＿＿＿＿＿＿＿＿＿＿＿＿

您購買過本公司出版的其他書籍嗎？　書名 ＿＿＿＿＿＿＿＿＿＿＿＿＿＿＿＿

您對我們的建議：
＿＿＿＿＿＿＿＿＿＿＿＿＿＿＿＿＿＿＿＿＿＿＿＿＿＿＿＿＿＿＿＿＿
＿＿＿＿＿＿＿＿＿＿＿＿＿＿＿＿＿＿＿＿＿＿＿＿＿＿＿＿＿＿＿＿＿
＿＿＿＿＿＿＿＿＿＿＿＿＿＿＿＿＿＿＿＿＿＿＿＿＿＿＿＿＿＿＿＿＿

* 如有任何建議，歡迎來函：tw_edu_service@mcgraw-hill.com

100
台北市中正區博愛路 53 號 7 樓
麥格羅‧希爾國際股份有限公司　台灣分公司　收
McGraw-Hill Education (Taiwan)

麥格羅‧希爾國際股份有限公司

McGraw-Hill
全球智慧中文化
http://www.mcgraw-hill.com.tw